长江上游生态屏障建设与灾害管理研究

黄萍　主编

中国环境出版集团 · 北京

图书在版编目（CIP）数据

长江上游生态屏障建设与灾害管理研究/黄萍主编.
—北京：中国环境出版集团，2020.12
ISBN 978-7-5111-4563-5

Ⅰ.①长… Ⅱ.①黄… Ⅲ.①长江流域—上游—生态环境—环境保护—研究 ②长江流域—上游—林业经济—灾害管理—研究 Ⅳ.①X321.25 ②X4

中国版本图书馆 CIP 数据核字（2020）第 259567 号

出 版 人 武德凯
责任编辑 赵楠婕
责任校对 任 丽
封面设计 宋 瑞

出版发行 中国环境出版集团
（100062 北京市东城区广渠门内大街 16 号）
网 址：http://www.cesp.com.cn
电子邮箱：bjgl@cesp.com.cn
联系电话：010-67112765（编辑管理部）
010-67162011（第四分社）
发行热线：010-67125803 010-67113405（传真）

印 刷 北京建宏印刷有限公司
经 销 各地新华书店
版 次 2020 年 12 月第 1 版
印 次 2020 年 12 月第 1 次印刷
开 本 787×1092 1/16
印 张 29.5
字 数 656 千字
定 价 126.00 元

本书得到成都信息工程大学、四川省人民对外友好协会、德国艾伯特基金会及四川省高校人文社科研究基地“气象灾害预测预警与应急管理研究中心”、四川省社会科学高水平研究团队“旅游大数据可视化决策研究团队（2015Z177）”的大力支持和出版资助。

顾　　问：马洪江　杨宇成　肖月强

学术顾问：陈国阶　艾南山　徐邓耀　彭文斌

主　　编：黄　萍

副 主 编：郭创乐　何兴贵　孙艳玲　李贵卿　陈刚毅

撰 稿 人：

安　程　安俊秀　鲍　文　陈福明　陈刚毅　陈国阶　陈　刚　陈海军
陈　静　陈　军　陈　敏　陈　帅　丛日玉　杜宛燕　德村志成
段黔冰　范瑜越　方　杰　冯汉中　冯蕴仪　谷明成　郭创乐　郭剑英
郭曦榕　郭志武　韩丽琴　何　源　胡卸文　黄　萍　何兴贵　戢　培
蒋大勇　蹇东南　蒋志华　金玉洁　赖廷谦　冷康苹　李　婧　李昌建
李朝安　李冠奇　李贵卿　李国平　李文静　李汶桐　李阳旭　李永祥
李跃清　李云君　李　伟　李怀瑜　梁　垚　柳锦宝　刘布春　刘敦虎
刘　巧　刘思齐　刘　伟　刘琰琰　刘　颖　刘　宇　刘　源　刘志红
刘　晶　陆雅君　吕远洋　马显春　马昭凤　慕建利　南　山　欧阳首承
潘　安　彭兆荣　彭文斌　覃建雄　钱妙芬　秦美玉　宋雪茜　宋培争
石培华　苏　谦　孙艳玲　孙　健　谭炳炎　唐　真　陶　丽　滕　磊
涂平刚　汪嘉杨　王　皓　王旌璇　王　菁　王明田　王　平　王仁磊
魏　鸣　文　革　文智丽　吴建国　吴　洁　向　宇　肖　晓　肖　汉
熊明均　熊光明　徐邓耀　徐海军　徐水森　徐新建　徐　同　闫紫月
杨　帅　杨　力　杨宇成　叶帮苹　叶　智　尹子重　游　娜　岳　健
曾　利　詹　飞　张　碧　张纯刚　张　菊　张　葵　张文秀　张鑫鑫
张玉芳　赵　靓　郑华伟　钟泽敏　周生辉　周小军

学术编辑：郭曦榕　刘　巧　苏　谦　何　源　吕智颖　徐　同　游　娜

序言一

诚如德国弗里德里希·艾伯特基金会（简称德国艾会）前主席安珂·福克斯在其祝贺德国艾会与四川省人民对外友好协会（简称四川友协）共同在川开展合作20周年的贺词中所说："德国艾会在川开展合作着眼于两个目标的实现：一是要有助于四川经济社会和生态的可持续发展，并以此配合中华人民共和国的改革开放进程；二是要以我们工作的开展深化中华人民共和国与德意志联邦共和国业已存在的友好关系和合作。"

30多年来，德国艾会在四川实施的合作项目达300多个，为四川经济发展与社会进步做出了贡献。有众多重要的政府部门、科研机构和大专院校的参与，我们的合作才成果倍出、惠及人民。

2005年，德国艾会开启了与成都信息工程大学的项目合作旅程。十多年来，双方以及四川友协共同合作，积极努力，在探究和促进四川生态、资源、区域协调可持续发展上不断形成新进展、新成果、新思维，也可以说合作是在合适的时机抓住了恰当的主题。特别是2008年"5·12"汶川特大地震后，双方把岷江流域生态恢复与长江上游生态屏障建设确定为合作重点并取得了一系列成果。

在这些合作成果被汇集成册并即将付梓之际，我谨代表德国艾会以我个人的名义，向四川友协、成都信息工程大学及其他参与项目合作的单位由衷地表示祝贺和感谢。

我相信这一成果的出版对从事相关工作的政府部门、科研院校、企事业单位及社会各界人士、相关领域的专家学者具有一定的参考价值，并愉快地期待在四川继续推进该项目的深入合作。

仁恺（签名）

艾伯特基金会北京代表处首席代表

2020年4月9日

序言二

弗里德里希·艾伯特基金会（简称艾会）成立于1925年，是德国历史最悠久、规模最大的政治基金会，以魏玛共和国第一任总统弗里德里希·艾伯特的名字命名。

自20世纪80年代初，艾会就开始了与四川的合作之旅，并于1985年在成都设立了首个在华办公室。近40年来，艾会将生态保护与促进区域经济社会协调发展作为在川合作的重点，特别是将长江上游生态屏障建设、农村经济发展、扶贫攻坚、防灾减灾等列为了重中之重的研究领域，并取得了卓越成效。

成都信息工程大学2005年成为艾会在川的重要业务合作伙伴。该校自2005年起每年都承担上述重点领域相关项目的具体组织和实施工作，其成效受到艾会和四川有关部门的赞许和关注。

我作为新任的艾会驻华代表，在2018年7月初上任伊始专门到四川成都信息工程大学与该校校长进行了会晤，参观了学校校史馆。特别是了解了该校承担合作项目的具体负责人黄萍教授及其带领的团队所付出的持久努力，这使我印象深刻。我为这部反映了艾会与成都信息工程大学长期携手合作成果的作品的付梓感到由衷高兴，也对本书即将呈现于广大读者面前充满期待。我相信该书的出版能让大家更深入、更全面地了解艾会在中国、在四川所推进的友好合作，它必将载入中德友好合作史册！

康怀德博士（签名）

艾伯特基金会北京代表处首席代表

2020年9月10日

前　言

长江上游从长江发源地到干流湖北宜昌段，全长4 511 km。干流和主要支流流经青海、甘肃、陕西、西藏、四川、云南、贵州、重庆、湖北九省（自治区、直辖市），流域面积105.09万km^2，占长江流域面积的59%。该区域是中国藏族、羌族、彝族等少数民族的重要群居地，也是我国重要的农牧区和资源富集区，是长江流域水资源的根基和源泉，特别是地处我国一级阶梯与二级阶梯的过渡地带，地质构造复杂，地貌类型和生物种群丰富多样。特殊的地理区位和生态环境，使长江上游被赋予了特殊的生态环境功能，成为整个长江流域的生态屏障。

1998年，国家在四川省率先启动以天然林保护和退耕还林为核心的生态屏障建设工程。20多年间，长江上游各省份相继推进生态屏障建设，对改善长江上游生态环境、促进经济社会协调发展做出了积极贡献。但是，长江上游也面临一些亟待解决的问题。

第一，如何减轻灾害、危害的问题。长江上游是我国自然灾害种类多、分布广、发生频率高、灾情重、抗灾难的区域，受极端天气灾害及地质灾害影响大，防灾减灾形势十分严峻。仅四川在2009—2015年，受自然灾害影响，年平均受灾人口已达3 675.1万人，直接经济损失611.8亿元。其中，“5·12”汶川特大地震、“7·10”映秀泥石流、“4·20”芦山地震、“6·24”茂县泥石流，不仅造成巨大生命和财产损失，致使部分河段堵截，形成堰塞湖，破坏流域生态环境，而且使区域地质环境条件更加脆弱，孕灾环境的威胁加剧。

第二，怎样处理生态保护与当地居民的利益协调问题。长江上游生态保护是一个长期性的系统工程，需要依靠当地居民投入劳动力，而长江上游又是一个贫困面大、贫困人口众多的地区。在2001年划定的592个国家重点扶持贫困县中，云南省内数量为73个，贵州、陕西均为50个，甘肃为43个，四川为36个，湖北为25个，青海为15个，重庆为14个。如果忽视当地居民的生存利益，不能使他们在退耕还林、退耕还草中找到新的受益途径，就难以稳定生态保护成果。因此，如何提高当地经济水平和农民增收能力，成为各级政府和全社会亟待解决的问题。

第三，如何处理长江上游生态屏障建设与社会经济协调发展的持续性问题。长江上游地区已经不是一个以自然区为主要特征的区域，而是一个自然区和经济区重叠的区域，客观上存在着自然生态系统和经济社会系统两个互相作用、互相制约的系统。自20世纪50年代以来，人类为了生存和发展，从自然界获取资源发展经济的同时，也向自然界排放了大量废弃物，造成了受影响区域生态系统失调，环境质量下降。反过来，生态系统失调，不仅使该地区遭受了巨大的经济损失，也进一步制约了经济社会的发展。一是使自然灾害更为频繁地发生；二是增大了经济和社会发展的矛盾和难度；三是加深了贫困程度。现在重新进行长江上游生态屏障建设，是在国家西部大开发战略形势下、在可持续发展理论指导下、在对过去长江上游经济发展和环境破坏进行反思的基础上提出来的。国家将建设长江上游经济带和长江上游生态屏障的任务同时叠加在这一区域，就是要走生态、经济、社会协调发展之路。但是，怎么走，值得探讨。

正是基于以上思考，2005年德国弗里德里希·艾伯特基金会、四川省人民对外友好协会与成都信息工程大学携手合作，共创了“长江上游生态屏障保护与区域发展战略论坛”这一学术平台，自2005年平台创建至2019年，三方已合作15年，共同举办了15届学术论坛，产生了一批专题研究成果。

15年来，一批专家学者针对长江上游生态脆弱区实际问题，在防灾减灾、灾害应急管理、生态环境保护和区域旅游发展等方面开展了多视角、多领域的学术交流与研究讨论，取得了一些有价值的学术研究成果，我们将其整理编写出版，供政府、企事业单位、高校及科研院所等从事相关工作的专家学者及相关专业的师生参考。

黄　萍

2020年8月8日

目 录

第一部分 综 论

第二部分 生态文明与旅游

第三部分　抗震文化与灾后重建

第四部分　灾害预测预警

第五部分　灾害应急管理

第六部分 农业气象减灾

第一部分

综　论

共创长江上游生态保护学术平台 促进跨学科跨界交流合作①

黄萍[1] 杨宇成[2] 彭文斌[3] 段黔冰[1] 刘巧[1] 文智丽[1]

（1. 成都信息工程大学；2. 四川省人民对外友好协会；3. 四川师范大学）

长江上游是指长江宜昌以上的江段，位于我国西部的内陆腹心区域，流域范围涉及青海、甘肃、陕西、西藏、四川、云南、贵州、重庆、湖北等九省（自治区、直辖市），流域面积 105.09 万 km^2，占整个长江流域面积的 59%；人口 1.9 亿人，占长江流域总人口（约 4 亿人）的 47.5%。

长江上游是国家重要的生态屏障和水源涵养地，集丰富自然资源与独特人文资源于一体，也是我国最典型的生态脆弱区和贫困人口集中区，既肩负着维护国家生态安全的重要责任，也担负着促进区域经济社会和谐发展的重要任务。为了推动长江上游坚定不移走生态优先、绿色发展之路，加快建设长江上游生态屏障，构筑生态文明家园，为子孙后代留下绿水青山、蓝天净土，2005 年以来，成都信息工程大学与德国弗里德里希·艾伯特基金会（简称德国艾伯特基金会）以及四川省人民对外友好协会建立了研究合作的战略伙伴关系。截至 2017 年，已经分别联合四川大学、西南民族大学、西华师范大学、乐山师范学院、重庆文理学院、四川省旅游发展研究中心等单位，共同举办年度学术论坛 13 期，组织科学考察活动 2 次，在四川搭建起了一个以长江上游的生态保护、灾害管理、经济社会和谐发展为主题的，面向海内外的跨学科、跨界、跨区域的综合性学术交流平台，吸引了众多学者的关注和参与。每年的学术活动都以纪要形式在《四川友协简报》发布，并上报中国人民对外友好协会和四川省委、省政府、省人大、省政协等领导部门。

1 肇始于世界遗产保护与管理

首届论坛肇始于 2005 年 12 月，由四川省人民对外友好协会、德国艾伯特基金会、四川大学、成都信息工程大学在成都联合主办，主题为“2005 保护与管理·世界遗产论坛”。以此作为开坛主题有三个原因：第一，四川省是整个长江上游乃至整个长江流域国家生态安全的关键区域，四川省生态文明建设和绿色发展必须体现出保护与开发协同的可持续发展理念。而世界遗产既是地方经济发展的重要载

① 本文是第十五届“生态·旅游·灾害——2018 长江上游资源保护、生态建设与区域协调发展战略论坛”文章。

体，又是人类需要保护的重要资源。世界遗产的保护状况可以作为衡量四川省生态屏障建设和生态文明建设成效的重要标志。第二，截至2005年四川省的世界遗产数量达到了4处，在中国仅次于北京，位居第二，且覆盖了自然遗产、文化遗产、文化自然双遗产三种类型，这在全国各省（自治区、直辖市）中是少有的。通过对世界遗产的自然生态、文化传承、经济价值、科学功能等开展综合研究，可以为四川省生态屏障建设和生态保护工作提供可借鉴的人类文明智慧和历史经验。第三，随着全球化进程的加速和对"保护文化多样性"呼声的增强，"世界遗产"问题已日益成为社会各界关注的问题。世界遗产一旦申报成功，就意味着遗产地要履行《保护世界自然和文化遗产公约》，承担起为全人类有效保护世界遗产的重任。但当时在世界遗产保护管理和开发利用问题上，无论是四川省还是中国其他省份，都存在认识和实践上的不足。如果科学指导长期缺位，实践操作者就难免在短期利益和希望快速见效的心态驱使下，损坏世界遗产。为此，首届论坛主办方共同邀请了60多位海内外专家学者和政府官员、遗产地管理部门领导共同开展讨论。

论坛上，美国育利康基金会（Unicorn Foundation）主席、四川大学育利康遗产研究所专家弗德瑞克女士［法］（Martine Frederique Darragaon，中文名：冰焰）、世界银行集团国际金融公司中国项目顾问甘安哲博士［美］（Anthony J. Kane Ph. D.，原南京大学—约翰斯·霍普金斯大学中美文化研究中心主任）、四姑娘山自然保护区管理局特别顾问大川健三［日］（Kenzo Okawa）及中方与会代表分别作了主题发言或书面报告，就世界遗产涉及的保护与管理、开发与利用、历史研究与文化价值、可持续发展等诸多问题进行了热烈、广泛而深入的研讨。与会代表一致认为：论坛会集了既有理论素养，又不乏实践经验的中外专家学者、政府官员和实际工作者，提出了不少具有较高学术研究和实际应用价值的建议，开辟了理论与实践相结合，跨学科、跨界、跨区域研究世界遗产问题的先河，为今后合理保护、有效管理和永续利用世界遗产奠定了良好基础，也为中国文化遗产的保护提供了一些可资借鉴的重要建议。代表还强调，世界遗产是全人类共同拥有的财富，倾力保护是大家共同的责任，建议将这个议题作为下一届论坛持续讨论的主题。

2 聚焦长江上游生态屏障建设与生态经济和社会协调发展

2006年、2007年继续围绕世界遗产保护管理分别举办了"2006世界遗产地：生态与社会协调发展论坛"与"2007长江上游生态屏障与和谐社会暨第三届世界遗产地论坛"。值得指出的是，时任德国艾伯特基金会驻华代表菲希特先生曾在2007年春与四川省人民对外友好协会共商合作项目会议上提议：把"长江上游生态屏障建设"项目确定为今后3年与四川合作的重点，推动长江上游走生态、经济和社会协调发展之路。因此，本论坛自2007年起就开始将"长江上游生态屏障建设”纳入了学术研讨的重点。

2006年与2007年两届论坛对世界遗产地的生态与社会价值、保护与旅游开发、生态与文化多样性、申报与后续责任，以及推进生态与社会协调发展的政策、战略、措施、途径和模式等问题展开了深入研讨，提出了许多具有创新性的观点。出席论坛的美国育利康基金会主席弗德瑞克女士作了《世界遗产：千年的挑战》的主旨演讲，她阐述了世界遗产保护的目的、问题及其可能的解决途径。在演讲的最后，她以世界公民的身份呼吁：“我们只有一个地球，我们应该谨记宇航员鲁斯蒂·施维卡特（Rusty Schweickart）所说的：我们不是太空船的乘客，而是机组人员；我们不是地球的居民，而是地球公民。二者间的差别是责任。”与会者指出，论坛开展的研讨有助于促进遗产地人类和生态的交互作用与协调发展。在研究生态与社会的关系时，应当注意克服两种倾向：一种是割裂生态与社会的关系，忽视生态因素对社会的影响；另一种是过分突出生态因素对社会的影响，强调地理生态决定论。这两种倾向都不利于正确理解生态与社会的关系。事实上，特定的生态状况是社会运行的基础条件，没有良好的生态条件就谈不上社会系统的良性运行。同时，人类社会的价值观、社会组织与制度安排以及人类的行为模式等，都会对生态系统产生影响。人类社会对自身行为的适当调整，可以减缓生态衰退，促进生态治理，实现人与生态的协调发展。与会者也针对四川省内的世界遗产地生态衰退的严峻问题，提出了遏制遗产地生态状况恶化、缓解生态压力的有效措施：一是进一步建立和完善生态成本内部化机制，抑制各种将生态成本外部化的行为；二是进一步明确政府在生态保护中的职责作用，加大生态保护投入力度，完善生态保护的投入机制，形成多元化的生态保护投入格局；三是进一步完善生态宣传和教育机制，提高全社会的生态意识，促进公众自觉调整自身行为，积极主动地参与到生态保护中来。

在长江上游生态屏障建设问题上，大多数与会代表指出：长江上游作为长江流域水资源的根基与源泉，是一个自然区和经济区交叠的区域，其间还分布着重要的世界自然遗产和文化遗产。长期不合理的开发造成了上游地区生态系统失调、环境质量下降、自然灾害频发、经济和社会发展压力加剧。具体表现为：一是森林质量不高，草地退化，土地沙化速度加快，水土流失严重，水生态环境恶化；二是有害外来物种入侵，生物多样性锐减，遗传资源丧失，生物资源破坏形势不容乐观；三是资源危机显现，关系国计民生的重要资源人均占有量偏低；四是生态功能继续衰退，生态安全受到威胁；五是农业和农村面源污染严重。此外，过度开发水能（长江上游已有上千座建成的电站，正在建设的有数十座大型水电站）也可能引发经济社会问题。

此外，在2007年的论坛上，与会代表针对前一年进入《世界遗产名录》的“四川大熊猫栖息地”的建设进展及其面临的困难展开了讨论。大家认为世界遗产已经成为一种新型“资本”，其相关工作对于国家和地方都是一种可以塑造形象的行为。因此，既要呼吁国家对此进行有序管理，又要重视地方民众的共同参与，坚持在保护的基础上进行科学适度的利用，维护生态与社会的协调发展，处理好长远利益与眼前利益、开发建设与资源保护的关系，是世界遗产资源可持续利用的根本保障。同时，代表还提出应将文化遗产与自然生态共存体的边界、生态环境的保护和修复、生态文明与生态屏障建设、人与自然和谐发展和生态与社会协调发展的经验案例、协调生态环境与当地居民利益以及保护文化多样性等问题相关的政策、战略、措施、途径和模式等一系列议题，纳入论坛长期深入探讨的范畴。至此，论坛初步呈现出四个特点。

（1）多层面。论坛邀请的与会者来自政府、民众、学界等多个社会层面。同时，还从发言安排上确保不同层面的声音在本届论坛上得到充分表达。不少发言引发了学界和业界的热烈对话。

（2）多学科。与会专家学者研讨的 21 个重点论题涉及人类学、社会学、生态学、经济学、生物学、管理学等领域，使与会者拓宽了研究世界遗产相关问题的视角。

（3）多部门。负责四川省世界遗产工作的省世界遗产办公室、负责基层管理的乐山大佛管委会和峨眉山世界遗产办公室以及重庆市非物质遗产研究基地等来自不同城市的不同部门的代表也分别提交论文并发言，介绍了各自的经验。

（4）多国家。多位日籍和美籍专家学者参会发言，会上还对“德国莱茵河上游中段河谷世界文化遗产图片展”在华巡展的情况进行了介绍等，这些都增添了论坛的国际交流特色。

3　大灾之下的责任与使命

2008 年，四川“5・12”汶川特大地震给长江上游的岷江流域造成了巨大生态环境破坏，社会经济发展也受到不同程度的影响。为了实时了解灾害影响和灾后重建的情况，在成都信息工程大学、四川省人民对外友好协会和德国艾伯特基金会的共同支持下，论坛组委会联合相关科研院所先后于 2008 年、2010 年两次组织了具有深远意义的灾区科学考察。2008 年 11 月中旬实施了新增合作项目“‘5・12’汶川特大地震对岷江流域生态环境影响实地科学考察”，并将当年计划举办的“长江上游合理开发与生态文明建设论坛”调整为“灾难・流域生态暨第四届遗产保护与管理论坛”。2010 年 10 月实施了“重走汶川地震灾区，见证岷江流域恢复重建科学考察”项目。两次科学考察共集聚了川渝两地 7 所高校的环境科学、地理学、管理学、经济学、民族学、文化人类学、历史学等多学科专业的 32 名师生参与，其中，博士生 7 名，硕士生 13 名，本科生 6 名，教师 6 名。德国艾伯特基金会派出塞尔吉奥・格拉斯先生、四川省人民对外友好协会派出杨宇成秘书长作为观察员全程参与两次科考活动。科考活动引起了新闻媒体的广泛关注，中国教育在线、新华网、凤凰网、《中国教育报》、《华西都市报》、《成都商报》、《天府早报》、四川新闻频道、四川教育电视台等40多家媒体跟踪并实时报道了科考活动。两次科考活动被四川省人民对外友好协会评为“年度国际合作优秀项目”。

2008年的科考重点是“5·12”汶川特大地震对岷江流域自然生态、文化遗产和聚落的破坏情况；对羌寨、藏寨等民族社区文化生态的影响程度；地方经济社会及旅游业灾后重建规划的基本条件；地震遗迹的资源价值与可利用保护情况；岷江源头的生态质量和保护状况等内容。科考队分为资源环境、区域经济、旅游生态、非物资文化遗产、人类学五个专业小组，采取实地考察、采访当地民众、与当地政府及相关部门座谈等方式，掌握了大量丰富的第一手资料，形成系列专题考察报告《断裂的记忆——汶川地震灾区非物质文化遗产考察报告》，并于2010年由中国戏剧出版社公开出版，同时考察队成员围绕灾区考察问题公开发表了5篇相关学术论文，真实、客观地借鉴了历史并对其进行研究分析，得到的观点为各级政府进行灾后恢复重建决策提供了科学依据。

2010年的考察重点则是灾区的全面恢复重建。汶川地震灾区恢复重建采取的是“对口援建”赈灾模式，中央提出了“三年任务、两年完成”的攻坚目标。这次科考分为自然生态、区域经济和文化遗产保护三个专业考察小组，采用前一次的考察方式，收集了丰厚的第一手调查资料，整理完成了《川渝两地大学生赴岷江流域地震灾区考察纪实》《灾区标语说重建：汶川地震带沿线重建考察纪实》《凤凰涅槃重生，大灾过后我们更加坚强——写在5.12汶川地震两周年之际》等专题报告。科考队员亲自见证了经过700多个日夜奋战的灾后恢复重建成就，见证了曾经山崩地裂、满目疮痍的汶川灾区发生的翻天覆地的变化，也带着思考探索、考察灾区未来可能遭遇或面对的次生灾害，考察灾区的经济、社会、文化、生态等建设将面对的问题与困难，为政府部门提供保护生态和文化的对策建议。此次考察发挥了专家学者的重要决策咨询作用，在社会各界产生了积极影响。

4 走向生态·旅游·灾害的多视角多领域关注

从2011年起，本论坛将学术研讨的重点确定为三个方面：一是长江上游的灾害预测、预警与应急管理；二是长江上游生态屏障与生态文明建设；三是长江上游旅游与经济、社会、文化、生态的协同发展。2011—2017年，已开展了7届学术论坛，有近500人次参加。来自海内外近100多所院校的专家学者为论坛贡献了宝贵智慧，共同打造出了一个以“长江上游的生态·旅游·灾害”为核心议题的跨学科跨界学术交流平台（表1）。

表1　2011—2017 年举办的年度论坛主题

时间	论坛主题
2011 年	生态・旅游・灾害——2011 灾害管理与长江上游生态屏障建设战略论坛
2012 年	生态・旅游・灾害——2012 长江上游生态脆弱区灾害管理与产业发展战略论坛
2013 年	生态・旅游・灾害——2013 长江上游生态旅游扶贫与防灾减灾战略论坛
2014 年	生态・旅游・灾害——2014 长江上游生态保护与灾害管理战略论坛
2015 年	生态・旅游・灾害——2015 长江上游灾害管理与区域协调发展战略论坛
2016 年	生态・旅游・灾害——2016 长江上游生态安全与区域发展战略论坛
2017 年	生态・旅游・灾害——2017 长江上游灾害应对与区域可持续发展战略论坛

百家争鸣才能推动学术进步。2005—2017 年，论坛本着包容开放、兼收并蓄的原则，广泛会集多学科专家学者共同对话，反映出中国对流域发展问题学术研究的新尝试、新方向、新趋势。目前，论坛对长江上游生态开发与保护、灾害预测预警与应急管理、区域可持续发展等领域的探讨逐渐走向深入，同时长江上游生态屏障建设中面临的特殊灾害影响、灾害风险评估、有效实施防灾减灾管理工程、灾害数据库建设以及如何协调生态安全与文化、经济、社会发展关系，快速兴起的大众旅游背景下旅游者的空间移动对长江上游生态环境、传统文化、社区安全带来的影响、冲突及解决路径等多学科交叉的综合问题，逐渐成为论坛关注的热点。自 2014 年以来，许多参与和支持论坛发展的同人一致希望，论坛组委会将一年一度的论坛持续举办下去，力争将论坛办成长江上游地区一个有影响力的学术分享与交流平台，争取成为国家建设长江经济带战略问题研究领域中有吸引力的学术品牌，为促进长江上游生态屏障建设和长江经济带建设事业做出积极贡献。

作者简介：黄萍，博士，成都信息工程大学管理学院院长、教授，硕士生导师，四川省高校人文社科研究基地“气象灾害预测预警与应急管理研究中心”主任；杨宇成，四川省人民对外友好协会德国项目顾问；彭文斌，四川师范大学历史文化与旅游学院研究员；段黔冰，成都信息工程大学党政办主任、教授；刘巧，硕士，成都信息工程大学管理学院办公室主任；文智丽，硕士，成都信息工程大学管理学院研究生。

长江上游生态屏障建设新思考[①]

陈国阶

（中国科学院成都山地灾害与环境研究所）

摘要：生态屏障是由生态系统构成的占有特定空间并能提供生态安全保障功能服务的生态复合大系统。生态屏障建设是以人类生态安全为核心的宏观生态建设过程，以维护生态系统的良性循环、使区域自然过程和人文过程和谐统一为目标。目前，长江上游生态屏障建设已取得重大成就，但生态屏障建设是一个向理想状态逐步接近的无止境的过程，因此提出到某年建成生态屏障是不科学的。面对发展的新态势，长江上游生态屏障建设的重点需要作战略转移，应强调提高生态系统服务功能；宜林则林，宜草则草，宜湿则湿，宜湖则湖，宜荒则荒；生态林与经济林建设应同步推进；逐步由绿水青山变为金山银山，实现经济发展与生态环境保护双赢。

关键词：生态系统；生态屏障建设；生态服务权衡；战略重点

1　生态屏障建设的生态学基础

自从 1998 年长江洪水后生态屏障建设被提出以来，不管是政府部门还是专家，对这一词汇的使用率都非常高。但对生态屏障的概念好像没有一个很严格的界定。为此，笔者按不同的概念层次，提出以下几个观点。

1.1　什么叫生态系统？

生态屏障建设作为经过多年实践的科学概念，是与生态系统密切相关的，从某种意义上说，生态屏障就是生态系统的集合体。因此，理解生态屏障首先要对生态系统要有较好的认识。笔者认为，生态系统是占有一定区位空间，由生物及其所依托的环境构成的统一整体。这里特别强调，生态系统突出的是生命跟周边环境的关系。每个生态系统都具有各自独特的组成、结构、层次和功能。但无论大小，不同的生态系统都具有同一特征，即以生命或生物为核心。

1.2　什么叫生态屏障？

笔者认为，生态屏障是为人类生活、生产、生态提供安全保障的多种生态系统

---

① 本文是第十四届“生态・旅游・灾害——2017 长江上游灾害应对与区域可持续发展战略论坛”文章。

功能及其所依托的空间格局。其空间格局比生态系统大，并且占有特殊的区位（如处于地形高处或河流上游）。简单用一句话来概括，就是众多生态系统及其服务功能的宏观体现。生态屏障包含众多生态系统，但不是所有生态系统都有屏障功能。生态屏障包括三大要素：第一，有客观存在的生态系统，同时该系统能提供服务功能。生态系统功能是生态屏障的自然属性和自然过程，而这里要求其提供的服务是针对人类的。因此，生态系统是生态屏障存在的前提条件。第二，生态系统功能服务的对象是人类，它们要为人类社会经济发展提供基础支撑和安全保障。所以生态系统功能服务，不是指生态系统为生物提供的服务，也不是为其自身提供的服务，而是生态系统为人类提供的服务。这种服务是以人类的价值取向为标准的，即符合人类需求的服务，是能使自然生态系统与人类发生关系的一项功能[1]。由此可见生态屏障的意义就在于它能为人类提供生态安全服务。第三，自然生态系统和生态屏障都占据特定的空间和区位，它的服务也有一定的空间范围，并且具有地域性[2]。不同地区的生态屏障空间范围不同，具体服务功能也有所差异。我们经常说的长江上游生态屏障，就有两大空间范围，即上游生态屏障自身占有的空间及其提供生态保护服务的空间。前者往往指长江流域上游山区，后者主要指长江流域中下游。现在全国有两大生态屏障，一个是青藏高原生态屏障，另一个是黄土高原和川滇生态屏障，它们服务的范围都不只是屏障本身占据的空间，而是更为广阔的空间，其具体的生态安全屏障功能与长江上游生态屏障功能既有交叉，也有区别。

1.3 什么叫生态屏障建设？

生态屏障与生态屏障建设之间的区别为：生态屏障是一个客观存在的实体，而生态屏障建设更多地体现了人类为利用生态屏障功能为其服务做出的努力，即由人类对其进行一定的干预，按照人类的需求把它修复、完善和提高，是人类为谋求区域安全和发展而对现存与之相关的特定生态系统进行保护、修复、完善、提高和优化的战略行动[1,3]。显然这是由人类来主导谋划的。所谓建设，不是自然界建设自己，而是由人类开展的一类活动。建设的目的和核心是谋求人与自然的和谐发展，包括人类活动（生活、生产、生态）和自然生态系统变化过程及其相互交叉、冲突、缓和与协调的综合过程，是人类以谋求与自然协调共生、循环再生、发展优生、安全互生为目标的顶层设计和战略行动。

可见，从生态系统到生态屏障再到生态屏障建设，是层次不同而又相互联系的科学概念。生态系统是一个自然生命系统和自然过程，生态屏障主体是自然实体和过程，虽然自然起主导作用，但其已与人类产生了关系。而在生态屏障建设中，人类是主导因素，建设生态屏障是人类按照自身安全的需要对自然存在的生态系统的屏障功能加以保护、发挥的有目的的行动和过程。

生态屏障建设的对象是自然生态系统及其存在的区域空间，而生态屏障建设的目的是满足人类（区域居民）社会经济顺利发展的要求并保障其安全。所以它又包含两个层面的概念，一是生态屏障实体的存在，它具有保护人类社会经济发展不受冲击、较好保障生命系统安全的潜在服务功能。二是在这个基础上，人类对其功能进行修复、扩大、增强、提高，并将之纳入为人类服务轨道的活动。前者属于自然属性，遵循自然规律；后者具有人类特殊的功利性，遵循人类利益和价值取向[4]。

因此，生态屏障建设的重点和难点就是处理自然规律与人类需求间的矛盾，要点是既要利用生态系统功能为人类服务，又要保证人类活动与利益的获取不破坏生态系统功能、不违背生态系统演化规律。因此，必须处理好两类关系：一类是人与自然的关系，另一类是人与人的关系。前者主要依靠科学技术，后者主要依靠机制、体制、政策和法规。

2　生态屏障建设是无止境的过程

2.1　为什么提出这样的命题

当生态屏障建设的命题被提出来后，有很多人特别是部分政府部门，只把它当成一个短期或者一个体现政绩的任务。2015 年各地在制定“十三五”规划时，不少人提出，要在“十三五”末建成长江上游生态屏障，并将其作为重要的目标和指标写进规划文本。但笔者认为，这种提法是不科学的，生态屏障建设是无止境的，不可能在某一年就建成。如果我们定下某年就要建成长江上游生态屏障的目标，那么是不是以后就没有生态建设的任务了？这显然既不符合实际，也不符合人类发展的需要。

目前，生态屏障建设已经取得了重大进展，特别是实施退耕还林以后，包括四川在内，全国的森林覆盖率明显提高。全国森林覆盖率在 20 世纪 80 年代只有 12%，90 年代已经提高到 16%，截至 2017 年，森林覆盖率已经达到了 21.63%。四川省 2006 年森林覆盖率只有 28.98%，2016 年已经达到了 36.88%。随着森林覆盖率的提高，生态环境质量的改善也越发显著，水土流失得到控制，长江上游河流含沙量明显下降。

但是，应该看到，生态屏障建设是一个渐进的过程，我们取得的成就是初步的。虽然森林覆盖率提高了，但是森林系统服务功能仍处在较低水平。目前，全国森林中，中幼林的面积占到总面积的 65%，森林每公顷蓄积量只有世界平均水平的 69%。而我国木材进口量仍占用材总量的 50%。可见，我国森林系统提供的物质财富和生态服务功能都还不理想，仍需要恢复和提高。

2.2　生态安全是一个综合、系统、理想的概念

只有较安全，没有永远的安全和最安全。没有人能保证生态屏障建设了以后就不会有天灾人祸，以后就不会再有洪水、泥石流、滑坡、干旱等自然灾害。如果有此想法，是不科学也是不可取的。

2.3　生态屏障建设的目标是动态的

随着全球气候变暖，自然生态系统在变化，生态系统结构和功能也随之改变，人类活动和价值追求也在变化，变化以后的不确定性很大，这对人类安全提出了新的挑战。再者，随着人类生活水平的提高、社会经济发展，对自然的作用方式、模式、强度都会发生变化，还会带来人与自然的新矛盾、新冲突，产生新的生态问题。显然，变化无止境，生态屏障建设就没有终点[3]。

笔者认为，生态屏障建设的使命及目标应与时共进，及时适应新变化。我们的责任是不断地处理好人与自然之间的关系，避免冲突，防止恶化，追求协调，保障安全。

生态屏障建设，就是在广阔地域开展的生态建设系统工程，是国家宏观发展战略的重要组成部分。笔者认为，生态屏障建设有几个主要任务：一是植被恢复，二是生物多样性保护，三是对已经退化的生态系统功能进行修复和提升，四是对不符合人类生态安全需要的自然过程进行适当的调整。也就是说，我们要尊重自然、顺应自然，要保护自然、爱护自然。当然，不是所有自然过程都符合人类利益、符合人类需求，所以对不符合人类需求的自然过程进行一定的调整是合理的、必要的。如水利资源要得到有效的利用和调控，水土流失要加以治理，重大的自然灾害要进行有效预防等。但在利用自然的过程中，要科学、合理、有序、有度，目标是在利用资源的同时，尽力维持生态系统的良性循环。归根结底，生态屏障建设的重要成果就是整个生态系统质量的提高，关键就是要把处于退化的过程、逆向演替的过程转变为正向演替的过程。

3　生态屏障建设需要新的战略思维

长江上游生态屏障建设，自 1998 年推进以来已逾 20 年，不管是生态屏障本身还是长江上游的土地利用、社会经济发展等都已发生巨大改变，我们应该认真总结成功与失败的经验教训；认真研究如何面对未来的新形势、新要求，进一步提高长江上游生态屏障建设的水平和质量，更好地发挥生态系统服务的功能，促进长江上游社会经济发展和生态安全。为此，笔者认为，长江上游生态屏障建设需要有新的战略思维，实现若干重要战略转变。

（1）生态屏障建设的重点应从提高森林覆盖率转向提高生态系统服务功能。以此作为战略定向，会对未来的战略安排和工作重点产生影响。如果继续将提高森林覆盖率作重点，我们的发展空间已不大，并且许多地方虽然种了树、造了林，但树种比较单一。笔者在梓潼县调研时发现，那里几乎所有的山丘都一片翠绿，但 90% 的树种都是柏树。虽然提高了森林覆盖率，但是生态功能并没有得到太大提高。由于地理结构的原因，四川省能够造林的地方已经不多了，适合造林的区域也已利用了 95% 左右。即便覆盖率再提高一两个百分点，对改变整个生态系统服务功能也不再是起主导作用的因素了。因此，从现在起不能只关注森林覆盖率，而是要在现有森林生态系统的基础上着力提高森林生态系统的服务功能。着力提高物种多样性、生态系统多样性、景观多样性；增加森林生态系统的层次结构，即构造乔、灌、草、枯枝落叶层的立体结构，优化不同物种、树种在空间上的配置；加速中幼林的成长，提高森林积蓄量；提高森林防灾防虫、抗逆能力；提高对全球气候变暖的适应能力和应对极端气候的能力。

地方政府较重视森林覆盖率这个指标，很重要的原因是这个指标好计算，证据好采集。生态服务功能的计算比较难，要记入政绩很不容易。因此，科技工作者应尽快研究出一套科学的、容易掌握的生态系统服务功能的评价指标体系，为政府和各地生态屏障建设的成果提供科学的衡量标准。

（2）由退耕还林发展到退耕还林、还灌、还草、还湖、还湿地、还水生生态与陆生生态系统、还生态景观。之所以提出后面这几个“还”，是因为过去不仅毁林，同时也曾因过载放牧导致草场退化、沙化；大量湖泊湿地被开垦造田；许多生态系统和生态景观被占用、被破坏，生态系统功能大大受损；不少物种灭绝或处于濒危状态。和森林生态系统一样，这些也应得到恢复。因此，重点不能只放在造林上，而应该各方面一起推进。森林在生态系统中的确很重要，是生态系统的主体或主导群落，特别是在中国这样森林资源不丰富的国家，重视森林是正确的。但是，如果没有良好的草原、湖泊、湿地，生态系统是不完整的，生态屏障是残缺的，生态安全是无法实现的。

还应该指出的是，宜林的空间是有限的，在不宜造林的地方造林会事倍功半。费钱费力造了林，结果却见不到林，这种教训不少。十多年前，笔者就提出“宜林则林，宜草则草，宜荒则荒”的观点[5]。但对“宜荒则荒”许多人不大理解，觉得太消极。但笔者坚持认为，“宜荒则荒”是尊重自然的一种表现。自然地理环境演化规律决定了生态系统多样性和区域差异性。四川、云南的干旱河谷，我国西北的广大荒漠地带、严重干旱区都是不宜造林的，我们现在为了提高森林覆盖率，到那儿造林，资本的投入收效甚微。当然可用水去灌溉让树木成活、成林，但在干旱区，水比其他资源还短缺。北方干旱区造林，一棵树就是一部抽水机，实际上加重了北方缺水问题。因此，对不能造林的地方，能长草就让它长草；草都长不了的地方，就让它荒，不要乱开挖、乱扰动。这样更能保护生态系统多样性。

（3）从强调营造生态林向生态林与经济林并重转变。开始实施退耕还林时就已有严格规定，经济林只能占20%，生态林占80%。笔者认为，当时确立这种规定是为了防止各地都去造经济林而忽略生态林，或变相将造林变成种经济作物，达不到还林的目的。但笔者认为，不是所有没有经济效益的生态林，就一定有生态效益（如马尾松林、柏木林），许多经济林（包括茶园、有多层次结构的各种果树林等）同样具有防治水土流失等多种生态功能。因而到目前这个阶段，不能过分限制经济林的比例。笔者调查了很多经济林，发现生态效应的实现关键不在于是纯生态林还是经济林，关键在于能不能做到生态效益与经济效益协调或双赢。我们更应关注的是因地制宜而不必教条地执行规定比例。在山区，居民有经营能力的，能营造成片的药材林（如红豆杉、银杏等）、茶园、果园，只要不造成水土流失，就应让其发展。而很多远离居民点的地方，又是陡坡地，发展经济林很困难，也没有多大经济效益，就应该营造成生态林。处于两者之间的，则可以经济林与生态林并重或相互依托、交错发展[6]。

（4）要从绿水青山向金山银山转变。毕竟每个生态系统都有服务功能，我们可以利用服务功能更好地提高当地的经济水平。在维护和提高生态系统功能的基础上，设法将其功能转化为能产生经济效益和社会效益的生产力，即将绿水青山变成金山银山。现代生态学提出生态系统服务权衡的概念，笔者认为，可以利用这个新的科学理念，寻求绿水青山与金山银山的协调。

生态系统的服务功能是多方面的，怎么利用、利用哪些功能、利用到什么程度、如何既利用又保护，需要认真权衡。要根据人类的价值取向、需求来选择。如一个森林系统可以吸收二氧化碳、制造氧气、保持水土、供应木头等，在这个区域，哪些服务功能对经济社会发展最有利，对维护生态系统的良性演替最有利，我们就选择或重点利用与此相关的功能。如四川亚丁属于生态脆弱的景区，如何提高该地区服务功能又不破坏景观，笔者建议，不要搞大众旅游，搞高端生态旅游，既不降低经济效益，又不造成景观和生态系统的损害。也就是说，生态系统服务功能有很多种，选择对人类发展有利的、最优的而且与自然生态系统相协调的功能，这就是我们利用的方向和选择的方式。这需要我们有新的思维，需要做深入的科学研究、分析和评价，不能粗枝大叶，不能想当然，更不能盲干乱干。

参考文献

[1] 陈国阶．对建设长江上游生态屏障的探讨［J］．山地学报，2002，20（5）：536－541.

[2] 潘开文，吴宁，潘开忠，等．关于建设长江上游生态屏障的若干问题的讨论［J］．生态学报，2004，24（3）：619－130.

[3] 陈国阶．论生态建设［J］．中国环境科学，1993，13（3）：219－223.

[4] 陈国阶，何锦峰，涂建军．长江上游生态服务功能区域差异研究［J］．山地学报，2005，23（4）：406－412.

[5] 陈国阶．关于长江上游生态建设的几点思考［J］．科技导报，2000（7）：59－61.

[6] 陈国阶．长江上游生态屏障建设若干理论与战略思考［J］．决策咨询，2016（3）：20－24.

作者简介：陈国阶，中国科学院成都山地灾害与环境研究所研究员，四川省科学技术顾问团顾问，四川省环境保护委员会科学顾问。

基于自然语言处理的都江堰灾害方志数据分析①

苏谦　冯蕴仪

（成都信息工程大学管理学院）

摘要：地方志（也称方志）具有极高的社会价值和信息价值，其中的灾害记录对该地区灾害历史分析有显著的意义。本文从都江堰方志入手，选择1911—1984年这一时期都江堰地区水旱灾害为研究对象，以自然语言处理技术为主要研究手段，应用光学识别技术和分词处理/词频统计方法，将书本中记录的水旱灾害信息自动提取为结构化的数据，并据此从时间、空间的角度分析了都江堰水旱灾害历史。这些成果既为掌握都江堰水旱灾害历史提供数据支持，也是自然语言处理技术在方志信息分析中的一个新尝试。

关键词：地方志；自然语言处理；时空分析；都江堰

1　引言

作为人类现存的最伟大的水利工程之一，都江堰已经有两千多年的历史。在造福川西平原的同时，都江堰水利设施及其周边地区仍然面临水旱灾害的威胁。据记录，仅1964年，都江堰地区洪涝灾害就造成44 857亩②农田受灾，大量牲畜损失。了解并分析都江堰地区的水旱灾害历史，将这些灾害信息以数字化的方式保存下来，一方面，能帮助当地政府和相关部门掌握灾害发展规律，推进防灾减灾工作；另一方面，对推动地方灾害历史深度研究和多种历史灾害数据的交叉比对等，也有非常高的价值。

地方志（也称方志）即按一定体例，全面记载某一时期某一地域的自然、社会、政治、经济、文化等方面情况或特定事项的书籍文献。由于历史的原因，都江堰灾害记录很少以电子数据的形式存在，更多的是在各种文献中，特别是在方志中记录。然而，因为方志属于非结构化文档，要从这些方志中提取相关的灾害信息并非易事，故主要以人工处理为主。人工处理有效率低下、成本高和对专业能力要求高等缺点[1]，其高昂的成本常常令人望而却步[2]，使得大量方志中的灾害信息无法被挖掘和利用。

---

① 本文是第十四届“生态·旅游·灾害——2017长江上游灾害应对与区域可持续发展战略论坛”文章。

② 1亩$=666.67\ m^2$，下同。

新兴的大数据处理技术为解决这个问题提供了新的思路。本文尝试形成一种以自然语言处理为基础的研究方法，对都江堰地方志中记载的水旱灾害数据进行自动识别提取，并基于得到的数据集进行时空分析和讨论，更加高效准确地分析都江堰水旱灾害历史。

2　研究现状

通过方志研究灾害历史是常用的方式。如明代晋东南自然灾害研究[3]、清代冰雹灾害统计的初步分析[4]以及山西明清时期旱灾统计及区域特征分析[5]等。但这些研究是以人工的方式提取数据，耗费巨大，而且基本只提供统计性或者结论性数据，其采集的原始数据无法共享和重复利用。

为了解决上述问题，有学者开始考虑方志信息化方法，并尝试建立灾害数据库。陈家其[6]提出了将太湖流域历史灾害的数据以升降序排序罗列的方法，而郑景云等[7]尝试对历史资料中记载的民国时期自然灾害进行了信息化处理，并于 2002 年建立了过去 2 000 多年的环境变化数据库。在这个过程中，信息存储与检索利用了计算机，但是基础灾害数据的提取依然完全依赖人工。

随着信息处理尤其是自然语言处理技术的进步，对于方志这种非结构化数据的处理方法有了新进展。崔婷婷和王铮[8]对地名自动识别进行了尝试，徐云和龙光宇[9]进行了电子病历信息识别的研究；王世昆[10]归纳总结出中医医案普遍的语言特点，采用基于统计学方法对明清古医案中症状、制病机理进行了识别标注。这些研究取得了相当的成效，对于特定符号（如时间、关键词等）识别准确率达到 90%[11]。

基于对文献的搜索，发现无论是已有的基于方志的研究，还是利用方志建立的灾害数据库，都没有针对都江堰水旱灾害方面的专题研究和分析。而自然语言处理技术的发展，为利用技术手段帮助分析方志提供了基础，本文将利用这种方法进行分析。

3　研究分析框架

3.1　基本分析过程

根据文献整理和问题分析，本文提出了研究的基本框架，如图 1 所示。

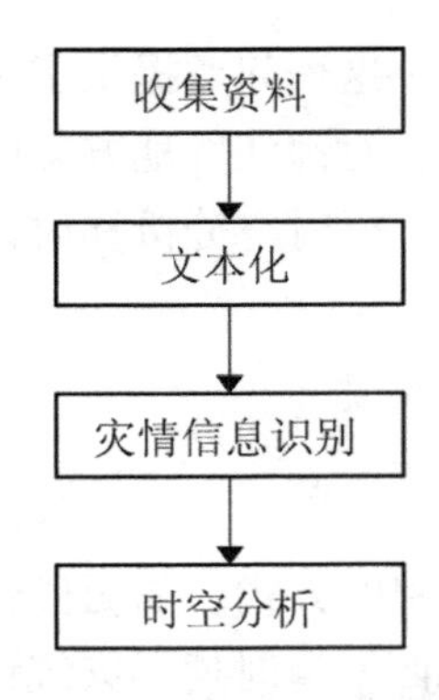

图1 研究的基本框架

主要的内容包括：

（1）收集资料

收集已公开的与都江堰地方志相关的文献资料，并初步定位其有关灾害描述的章节。

（2）文本化

利用光学字符识别技术（Optical Character Recognition，OCR），将图片文件转换成为文本文件。

（3）灾情信息识别

利用分词和词性标注算法从这些文本中提取与水旱灾害相关的灾情、时间、地点等关键数据字段，进而从文本中自动识别灾害信息。然后利用词频分析对上述关键字进行计数，形成有关都江堰水旱灾情的数据记录表。

（4）时空分析

从时间、空间等多个维度分析灾情记录，形成反映都江堰水旱灾害历史全貌的信息成果。

下面分别对过程中文本化、灾情信息识别及时空分析采用的主要技术、方法等做更进一步的描述。

3.2 文本化

扫描的图片资料不能直接被计算机识别，必须将其转化为文本资料才能做进一步的分析。OCR是指通过检测暗、亮模式确定其形状，然后通过模式识别等方式将形状翻译成计算机字符的过程；是转化的标准模式。

OCR的关键衡量指标是识别正确率，此外，还可以在指标中增加拒识率和误识率。而从使用的角度出发，软件的识别速度、用户界面的友好性、产品的稳定性、易用性及可行性等，也是需要关注的。

3.3　灾情信息识别

分词是利用自然语言处理技术（NLP）的内容。NLP 的目标是实现在人与计算机之间用自然语言进行有效通信，是涉及计算机科学、人工智能和语言学等的交叉应用学科。根据 NLP 处理能力和处理对象的不同，基本可以分为词法分析、句法分析和语法分析三个逐渐递进的领域，其基本内容如图 2 所示。

分词可以用来识别文本中的关键词语，例如，水灾、旱灾、洪涝等，可以用来提取文本中特定领域的关键信息。而词性标注可以识别一个词语的基本性质，例如，1982 年可以标记为时间 + 年，而都江堰则可以标注为地名，等等。结合分词和词性标注，能够从海量文本中获取关心的关键词语，从而勾勒出事情的全貌。

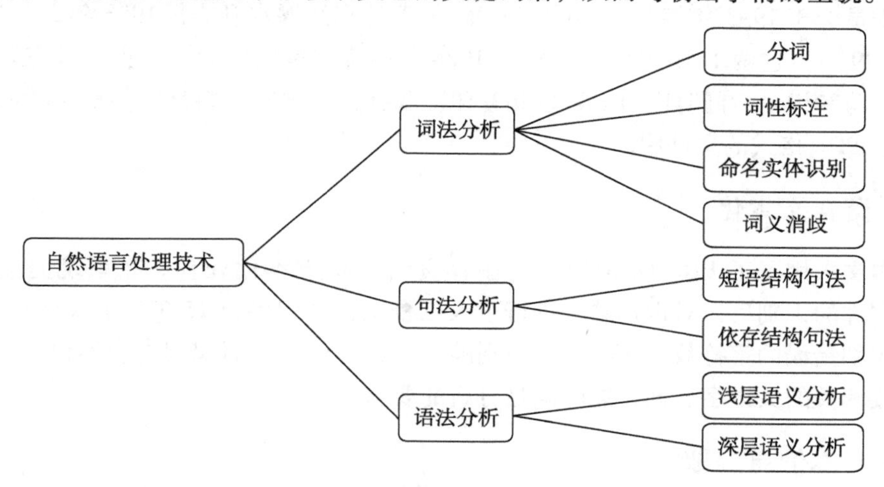

图 2　自然语言处理技术概览

词频分析是通过遍历文本，分析某个词出现的频度并计数生成相应的统计量。利用词频分析可以基本确定某些特定事件发生的次数。

对灾害记录文本进行分词并完成词性标注后，可以获得灾害发生的时间、地点、类型等信息，再结合词频分析，就可以生成包括时间、地点、类型和次数等信息的灾害记录表，为进一步的分析奠定数据基础。

3.4　时空分析

通过对灾害数据的时空分析，可以掌握都江堰水旱灾害历史的概貌。主要的分析指标包括：

（1）水旱灾害发生年份分析——统计水旱灾害发生的年份及次数并绘制图表。

（2）水旱灾害发生集中月份分析——按月统计水旱灾害发生的次数并绘制图表。

（3）水旱灾害发生集中地区分析——按照地名统计发生水旱灾害次数。

进行水旱灾害发生集中地区分析，是为了研究水旱灾害发生地区是否受地理位置等地理因素影响。在同年同月发生的灾害，若发生地区相邻，则可判断当地地形容易受灾，或是处于易发生洪涝的流域。

4 研究结果

4.1 资料收集

通过对都江堰地方志进行搜索，选择了《都江堰志》和《灌县都江堰水利志》两本书籍（扫描电子版）作为基础数据来源。其中《都江堰志》由四川省地方志编纂委员会于1993年编制，共计545页；《灌县都江堰水利志》1983年5月出版，共计279页。这两本书中对1911年至1984年内都江堰发生的水旱灾害都有较为全面的描写和记录，同时内容上可以相互印证和补充。这些资料都以扫描图片的方式保存在PDF格式的文件中。

4.2 资料文本化

本文采用汉王PDF OCR软件对图片资料进行文本化处理。在系统完成对原PDF文件的识别后，对识别结果进行了人工校验；共识别出15 372个汉字和数字，其中识别错误的字符数为332个，识别准确率达到97%，且错误内容不包括与本研究直接相关的关键字、词，能够满足分析的要求。

4.3 文本信息提取

分词和词性标注是识别基础灾情数据的关键。在本研究中，经过筛选后，选择了Corpus - Word - Parser作为分词和词性标注软件。

为了提升分词和词性标注的准确性，根据对原始文献情况的初步研究结果，笔者建立了关键词库以提升识别特定的水旱灾害准确率。词库包括描述灾情关键词如都江堰、岷江、春旱、春干、夏旱、倒旱、大旱、小旱、旱情、暴雨、洪涝、洪水、山洪、大水、洪灾、水灾等，这些将为分词软件提高准确性提供帮助。

通过设置软件并输入已经文本化的灾情文件，就可以得到分词和词性标注结果。以“一九一一年五月二十三日夜，洪水泛涨，岷、沱二江所坏田园甚多。五里坡八月上旬洪水，居民逃避不及，所有田地、房屋被淹没。金马桥山洼处停放淹没死尸六十余具。”为例，分词和词性标注后输出的结果为：

“一九一一/m 年/nt 五月/nt 二十三/m 日夜/nt ，/w 洪水/n 泛/v 涨/v ，/w 岷/x 、/w 沱二江/ns 所/u 坏/a 田园/n 甚/d 多/a 。/w 五里坡/ns 八月/nt 上旬/nt 洪水/n ，/w 居民/n 逃避/v 不及/a ，/w 所有/a 田地/n 、/w 房屋/n 被/p 淹/v 没/d 。/w 金马桥/ns 山洼/n 处/v

停放/v 淹没/v 死尸/n 六十/m 余/n 具/v 。/w ”。

其中“/字母”表示系统自动识别的词性，如/n 表示名词，/nt 表示时间名词，/ns 表示方位名词等。从上面结果可以看出，我们关心的水旱灾情关键的时间、地点和灾害类型等都能够精准地被识别出来，在此基础上通过词频分析后提取特定的词，就形成了某个时间、地点发生特定水旱灾情的次数，从而生成水旱灾情的数据记录表。经过统计，该表一共有 32 条记录，包括了 18 个不同的年份。部分历史数据见表 1。

表 1 都江堰水旱灾害部分历史数据

年份	月份	灾情	地区
1911	5 月	洪水	岷江
1911	8 月	洪水	五里坡
1917	7 月	洪水	金马河
1923	5 月	大雨	成都
1930	6 月	大雨	岷江
1930	7 月	雨	岷江
1931	8 月	洪水	温江

4.4 时空分析

通过对数据表的分析，在 1911—1984 年，都江堰地区共有 18 年出现过 32 次灾害，受灾年份约占总数的 25%。

由图 3 可以发现，都江堰在 1911—1984 年主要遭受的是水灾，仅在 1972 年出现了旱灾。这与都江堰本身作为水利工程，上游岷江水量丰富的特点是一致的。

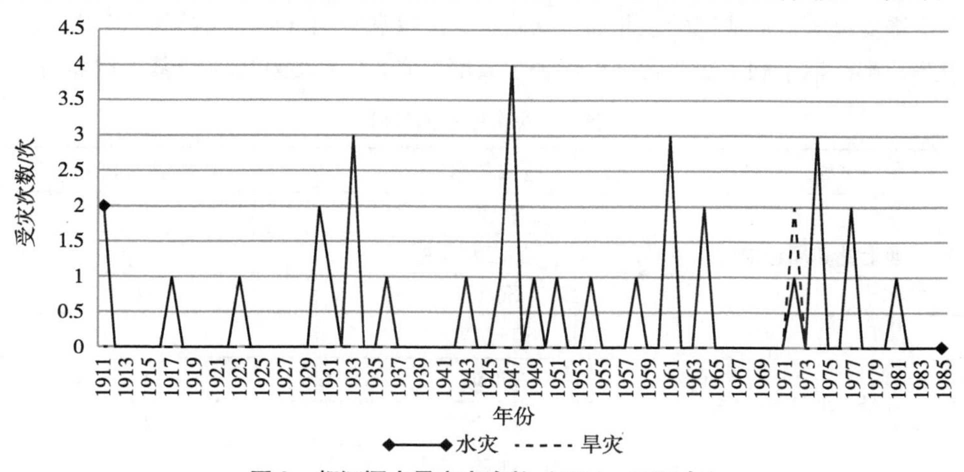

图 3 都江堰水旱灾害次数（1911—1984 年）

图 4 统计了灾害主要出现的月份。从图 4 中可以发现，洪涝灾害发生时间集中在夏季，7 月发生灾害的次数占了所有灾害次数的一半以上。8 月次之，5 月、6 月、9 月、10 月也偶有发生。经过进一步对资料的确认发现，10 月那两次洪涝是受上游地震造成的堰塞湖影响，所以可以确定夏季是都江堰水旱灾害发生的高峰期。这是因为都江堰坐落于岷江流域上，而岷江作为长江上游的重要支流，流经四川多个地区，总长度达1 270 km。岷江的总落差为 3 560 km，蕴含的能量难以估计。当夏季上游雪水融化，岷江水位上涨超过正常水平时，位于其下方的都江堰难免发生洪涝灾害。

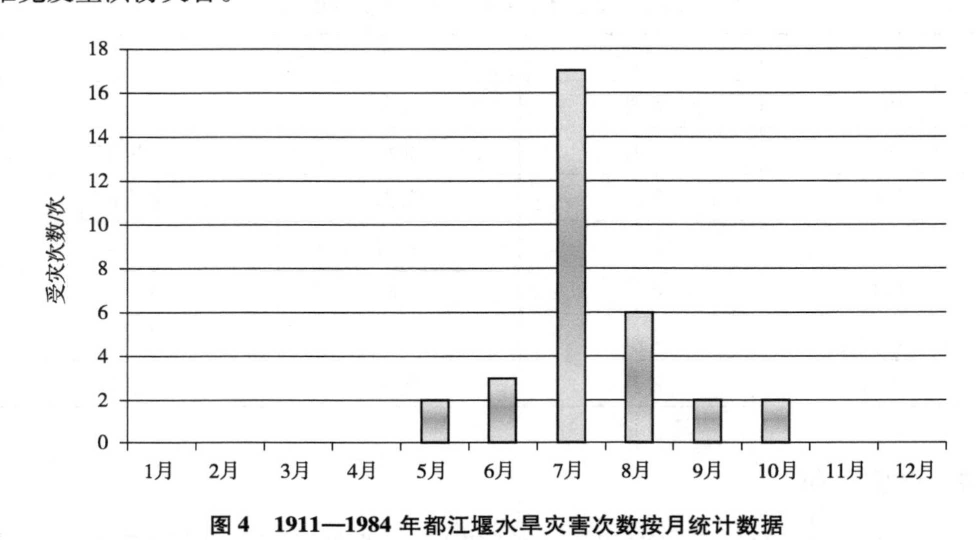

图 4　1911—1984 年都江堰水旱灾害次数按月统计数据

灾害影响的区域见表 2。水旱发生的地区主要集中在都江堰和岷江，这些都是都江堰上游和周边地区。其次是温江地区，包括温江县五里坡、金马河、郫县等，这些地区在成都的西北方向，是岷江水经过都江堰进入四川盆地后的直接下游。成都有两次遭受灾害，而成都的东北面包括新都、广汉和青白江各有 1 次受灾。从这些数据可知，都江堰水利工程非常好地保护了成都平原，使得岷江的水患基本被隔断。

表 2　灾害影响的区域

区域	地域名称	灾害次数
都江堰上游和周边地区	叠溪	1
	都江堰	8
	岷江	14
温江地区	温江县	4
	五里坡	1
	金马河	1
	郫县	1

续表

区域	地域名称	灾害次数
成都	成都	2
成都东北面	新都	1
	广汉	1
	青白江	1

5 总结与展望

本文基于都江堰两本地方志中对灾害情况的记录，利用自然语言处理方法，从中提取了自 1911—1984 年的水旱灾害记录，并从时间和空间角度进行了分析。经过分析，确认了都江堰主要的灾害是水灾，虽然较为频繁，但由于都江堰水利工程的作用，成都平原受灾较少。

本文尝试了利用自然语言处理法从地方志中提取灾害信息，经过检验，证实所给出的方法有效，这将为进一步收集相关资料进行全面分析和交叉比对提供了数据基础，也可以推广到类似的应用场景。

本文只集中对灾害发生的年代、月份等时间信息以及灾害影响的地区进行了分析，对于灾害影响等方面的分析还有待进一步的深入。

参考文献

[1] 朱锁玲，包平．命名实体识别在方志内容挖掘中的应用研究［J］．中国图书馆学报，2011：118－124.

[2] 夏明方．大数据与生态史：中国灾害史料整理与数据库建设［J］．清史研究，2015（2）：67－82.

[3] 李生．自然语言处理的研究与发展［J］．燕山大学学报，2013，37（5）：377－384.

[4] 倪玉平．清代冰雹灾害统计的初步分析［J］．江苏社会科学，2012（1）：218－224.

[5] 王佳，韩军青．山西明清时期旱灾统计及区域特征分析［J］．干旱区资源与环境，2015（3）：166－170.

[6] 陈家其．从太湖流域的旱涝史料看历史气候信息的处理［J］．地理学报，1987（3）：231－242.

[7] 郑景云，张丕远，王桂玲，等．民国时期自然灾害史料的信息化处理［J］．中国减灾，1992（3）：15－18.

[8] 王铮．基于 CRF 的古籍地名自动识别研究［D］．南宁：广西民族大学，2008.

[9] 龙光宇，徐云．CRF 与词典相结合的疾病命名实体识别［J］．微型机与应用，2017，36（21）：51－53.

[10] 王世昆．中医症状病机实体识别及其关系挖掘研究［D］．厦门：厦门大学，2009.
[11] GUL Khan Safi Qamas，尹继泽，潘丽敏，等．基于深度神经网络的命名实体识别方法研究［J］．信息网络安全，2017（10）：29－35.

作者简介：苏谦，博士，成都信息工程大学管理学院信息管理与信息系统专业主任；冯蕴仪，成都信息工程大学管理学院信息管理与信息系统专业本科学生。

第二部分

生态文明与旅游

长江上游滇、黔、桂石漠化片区生态旅游发展研究①

石培华

（南开大学）

摘要：滇、黔、桂石漠化片区位于长江上游，是集中连片特殊困难地区，是国家扶贫开发攻坚战主战场中少数民族人口众多的片区。在诸多有利因素的影响下，滇、黔、桂石漠化片区面临更加有利的发展环境和难得的发展机遇，这些均要求对该区域进行深入的发展研究，以期做好超前引领。本文从该区域特点及生态旅游价值分析入手，分析该区域生态旅游发展前景，提出定位目标与总体思路、谋划发展布局与重点，最后提出对该区域发展的建议，以求助力该区域打造未来旅游发展的新高地。

关键词：滇、黔、桂石漠化片区；生态旅游；发展研究

滇、黔、桂既是承载多重国家战略、极具旅游优势的发展潜力区，又是我国经济发展较为滞后的地区；既是中国与东盟开展国际合作的前沿，又是科技和人才水平发展基础较差的革命老区；既是具有国际品质的潜在旅游区，又是城市化相对滞后、以农业为主导的区域。该区域拥有良好的气候环境、原生态的文化、种类繁多的药材、纯净清透的水源等战略资源，优势凸显，是我国未来最富有吸引力和竞争力的重要地区之一，具有打造世界顶级旅游目的地的条件和潜力。

1　滇、黔、桂石漠化片区特点及生态旅游价值分析

滇、黔、桂石漠化片区大部分处于云贵高原东南部及其与广西盆地过渡地带，属于典型的高原山地构造地形，碳酸盐类岩石分布广，石漠化面积大，是世界上喀斯特地貌发育最典型的地区之一。气候类型主要为亚热带湿润季风气候，年均降水量 880 ~ 1 991 mm。区域内河流纵横，地跨珠江、长江两大流域和元江流域，有红水河、左江、右江、融江、清水江等河流，水能资源蕴藏量巨大。生物资源丰富，森林覆盖率 47.7%，是珠江、长江流域重要生态功能区。

该区域包括广西、贵州、云南三省（自治区）的集中连片特殊困难地区县（市、区）80 个，其他县（市、区）11 个，共 91 个。区域内有民族自治地方县

① 本文是第十届“生态·旅游·灾害——2013 长江上游生态旅游扶贫与防灾减灾战略论坛”文章。

（市、区）83 个、老区县（市、区）34 个、边境县 8 个。据统计，截至 2010 年年末，总人口 3 427.2 万人，其中农村人口 2 928.8 万人，少数民族人口 2 129.3 万人。有壮族、苗族、布依族、瑶族、侗族等 40 多个少数民族。2012 年地区生产总值为4 952.81亿元，年增长率为 13%，石漠化治理面积 447 万 hm^2。城镇居民人均可支配收入和农村居民人均纯收入分别为 18 831.28 元和 5 410.29 元，年均增长率分别为 13.8% 和 17.8%。[1]

对滇、黔、桂石漠化片区现状进行分析，该区域特征可概括为“一个前沿，七个最”。“一个前沿”即该区域是中国西南开放的前沿阵地。片区处于中国大陆西南部，是中国与东盟的接合部；既是西南地区最便捷的出海通道，又是中国通向东盟的陆路、水路要道；随着中国—东盟合作战略的全面推进，泛北部湾区域经济合作、大湄公河次区域合作、泛珠三角区域合作、西南跨省区区域合作不断深化，依托区域优势和政策叠加的优势，滇、黔、桂片区正在成为我国参与国际合作的前沿阵地和改革开放新高地。“七个最”分别指：中国贫困程度最深的石漠化地区、中国最美丽的喀斯特山水地、中国最富旅游发展潜力的地区、中国最典型的民族风情体验地、中国人类历史文化最悠久的地区、中国最原生态的地区、中国最宜人的避暑避寒胜地。

1.1　中国贫困程度最深的石漠化地区

该区域是我国扶贫攻坚的重中之重，是我国 14 个扶贫片区中集中度最高的地方。区内有 67 个国家扶贫开发工作重点县，2010 年，年人均收入 1 274 元（扶贫标准）以下的农村人口有 324.4 万人，贫困发生率高达 11.1%，比全国平均水平高 8.3 个百分点，比西部地区平均水平高 5 个百分点。规划区内岩溶面积 11.1 万 km^2，占总面积的 48.7%，其中，中度以上石漠化面积达 3.3 万 km^2，有 80 个县属于国家石漠化综合治理重点县，是全国石漠化问题最严重的地区。

1.2　中国最美丽的喀斯特山水地

该区域具有高品味、独具特色的旅游资源和品牌。该区域内有中国最美丽的喀斯特自然景观、锥状喀斯特及其发育的喀斯特森林生态系统，在世界范围具有典型性，具备纳入世界自然遗产的地景条件。规划区内共有世界自然遗产地 1 个、国家级自然保护区 13 个、国家级风景名胜区 13 个、国家森林公园 19 个、世界地质公园1 个、国家地质公园 9 个、国家 5A 级景区 2 个。

1.3　中国最富旅游发展潜力的地区

该区域是旅游资源的富集区和引领未来旅游产业的新高地。滇、黔、桂石漠化片区具有典型的喀斯特地貌风情、中越边境风情、少数民族风情、历史文化风情等极具特色的旅游资源，但目前旅游开发处于初级阶段。这些特色资源，与周边紧邻的客源市场和热点旅游目的地形成反差和互补，符合未来市场需求，潜力巨大。旅游业将成为这个地区脱贫和跨越式发展的主导产业，将带动相关产业发展，推动石漠化治理工作开展，激发生态效应，使该区域成为引领未来旅游产业的新高地。

1.4 中国最典型的民族风情体验地

该区域是少数民族的聚集区，拥有丰富多彩的民俗文化。区域跨云南、贵州、广西三省（自治区），集民族地区、革命老区和边境地区于一体，会集了40多个少数民族，是少数民族最聚集的地区之一。民族文化底蕴深厚，民俗风情浓郁，民间工艺丰富，各少数民族的非物质文化遗产色彩斑斓，文化多样性特征显著。

1.5 中国人类历史文化最悠久的地区

该区域拥有悠久厚重的历史文化。滇、黔、桂石漠化地区拥有百越文化、氐羌文化和夷濮文化等古迹文化，以及建筑文化、红色文化、宗教文化、夜郎文化、山地文化、军工文化、巫鬼文化、民居文化、节日文化、酒文化、茶文化、傩文化、蜡染文化等具有很强的独特性、唯一性的文化，是区域旅游发展的灵魂，是个性的完整体现。深厚的文化底蕴，丰富的文化形态，独特的文化内涵与魅力，在当前文化旅游产业地位不断提升的背景下，必将扩大旅游产品的吸引力和影响力。

1.6 中国最原生态的地区

该区域具有独特的生态系统，空气清新、环境优美，是一块纯洁的净土。滇、黔、桂石漠化片区野生生物类群繁多、种类丰富，在丰富的植物区系中，有众多的古老孑遗，如原生性很强且面积很大的喀斯特森林。由于喀斯特地区环境中的钙质含量高，对一些动物的发育和生长非常有利，加速了当地特有种、亚种或新物种的形成。丰富的地方特有物种，对研究区域植物区系，特别是喀斯特植物区系的发生、形成和演化具有重要意义。

1.7 中国最宜人的避暑避寒胜地

该区域气候环境舒适宜人，规划区气候类型主要为亚热带湿润季风气候，常年受西风带控制，大部分地区立体气候明显，温暖湿润，无霜期长，冬无严寒，夏无酷暑，雨量充沛，四季分明，全年宜游，年平均气温为15℃，年平均相对湿度为75%。冬季温暖宜人，夏季清凉舒爽，温和、宜人的气候资源是该片区的核心竞争力。

总之，滇、黔、桂石漠化片区的旅游资源除了种类丰、数量多、品质高等特征外，其独特的气候条件、良好的生态环境、多样化的原生态文化，充分彰显了绿色、生态、文化、养生、健康、和谐等内涵，具有成为世界级旅游目的地的潜质，是我国潜在的未来旅游发展新高地及战略储备地。因此，要充分挖掘资源优势，针对未来的新经济形式（避暑经济、体验经济、情感经济、健康经济、绿色经济等）

进行深度开发、精心策划和组合包装，打造新兴旅游业态，保持旅游业持续增长，使其具有强劲的持续发展能力。

2　滇、黔、桂石漠化片区生态旅游现状特点与发展前景分析

滇、黔、桂石漠化片区旅游资源丰富、规模宏大、品质优良、特色突出，且与周边区域和其他热门景点有较强的互补性。该区域内共有3A级以上景区64个，其中5A级景区2个，4A级景区26个，3A级景区36个。按照行政区划分，广西片区共有33个3A级以上景区，其中4A级景区16个，3A级景区17个；云南片区共有6个3A级以上景区，其中4A级景区3个，3A级景区3个；贵州片区共有25个3A级以上景区，其中5A级景区2个，4A级景区7个，3A级景区16个。

同时，该区域旅游资源分布集中、组合度比较好。区域内喀斯特山水景观规模宏大、景观集中、发育完整，包括了全国绝大部分的喀斯特景观类型。类型包括：地表的峰丛、盆地、谷地、洼地、溶沟、石芽、石林等；地下的竖井、溶洞、暗河；还有瀑布、岩溶、湖群、天生桥等。旅游资源成板块分布，可以作为多个旅游目的地，可全年候、全天候、全区域开展旅游。各地喀斯特发育阶段的典型特征：滇东南以幼年、青年期发育为主；贵州省以青年、中年期发育为主；广西地区以中年、晚期发育为主。

2.1　滇、黔、桂石漠化片区旅游业发展

总体上看，滇、黔、桂石漠化片区旅游业发展呈现以下五方面特点。

（1）旅游业在社会发展中处于引擎地位

旅游业已成为滇、黔、桂石漠化片区国民经济新的增长点和优势产业，领先于社会发展，在拉动内需、扩大消费、安置劳动力就业、建设和谐社会等方面发挥了重要作用，为保增长、保稳定、保民生目标任务的实现做出了巨大贡献。

（2）旅游业发展整体处于初级阶段

该区域旅游业开发处于初级阶段，虽然景色优美但目前还名声不显。旅游业收入较低、规模较小，现有的旅游产品基本上属于初级产品，未加深度开发宣传，利润、附加值低。旅游业信息化程度低，基础设施尚不完善，服务质量较低，有很大发展潜力。

（3）旅游业发展整体不均衡

滇、黔、桂石漠化片区内每个省（自治区）的旅游业发展差距较大，省（自治区）内各县市、各景区景点发展也存在较大的差距，总体上呈现发展不均衡的特点。

（4）旅游业出现新兴亮点

除了传统山水观光之外，该区域风情文化独特、独具魅力，符合未来文化体

验、养生养老、休闲度假、户外运动等市场需求，在此区域开发的避暑度假、养老养生、户外运动等新型旅游产品将逐步受到市场认可，低碳旅游、智慧旅游等新亮点也逐渐受到关注。

（5）旅游业受到高度重视

片区各省（自治区）、市、县政府把旅游产业作为经济社会发展的重要支柱来培育，各级党政领导高度重视，大力引导和扶持旅游业，形成了党委重视、政府主导、市场运作、社会参与的强力推动旅游发展的新理念和新格局，旅游业成为未来该区域地方扶贫和跨越式发展的主导产业。

2.2 滇、黔、桂石漠化片区客源市场

滇、黔、桂石漠化地区拥有大量的客源，能满足多层次的市场需求。据统计，规划区旅游市场包括入境游、国内游和边境游，市场类型多样。具有多个热点旅游目的地，形成了强大的市场外部支撑，旅游市场的发展潜力巨大。该区域旅游客源市场呈现六大特点。

（1）高速交通发展，有利于全球市场开发

中国的高速交通系统正在飞速发展，高速铁路、高速公路以及航空网络的日益完善，使以前交通不便的地区更具备后发优势，其潜力有利于开发全球市场。

（2）周边交通大动脉建设，便于对接重要客源市场

随着国家高速公路、铁路建设，国省干线公路改扩建，形成了“三横五纵”交通运输主通道，强化纵向主通道与边境口岸的联系，使区域交通更加便利，有利于与周边川渝、湖南、广东等省（直辖市）以及长三角、珠三角等地区进行对接。

（3）具备世界性旅游资源，利于吸引入境市场

区域的自然资源与人文资源相间分布，尤其是少数民族民俗文化与优美的自然山水、良好的生态环境组合在一起，相互依托，彰显特色，具备世界级的吸引力，为增加入境市场的客源提供了可能。

（4）国内市场以本区及川渝为主，境外以东南亚为主

从地域结构看，国内客源主要来自该区域以及四川、重庆；其次是北京、上海、浙江等我国主要的客源市场，但市场份额较小。入境旅游的客源主要来自近程的港澳台地区以及东南亚地区；其次是日本、韩国、英国、美国等传统境外市场。

（5）资源丰富，有条件构建多层次多样化市场

滇、黔、桂石漠化片区可以依托得天独厚的环境和资源，以山水观光、避暑度假、养老养生、户外运动、商务奖励、红色旅游、自驾旅游为重点，发展多层次多样化的专项旅游市场。

（6）与周边国家合作，打造国民休闲基地

越南等东南亚地区是该区域居民出国旅游最重要的目的地，也是该区域重要的

客源市场。因此，该区域与越南等地区的跨境旅游合作具有可行性，外部支撑性强，具有较好的发展前景。可将区域建成面向东盟的区域性国际旅游集散中心，并将中越国际合作区建成世界著名的国际旅游目的地，打造国民休闲基地。

2.3 滇、黔、桂石漠化片区旅游发展面临的问题

展望该区域巨大发展前景同时，也要认识到该区域现阶段旅游发展面临的三大主要问题。

（1）石漠化问题严重，生态环境脆弱

片区是全国石漠化问题最严重的地区，土壤贫瘠，资源环境承载力低，干旱洪涝等灾害频发，生态环境脆弱，旅游产品的开发面临较大困难。滇、黔、桂石漠化片区山多、坡陡、水低、谷深、土薄、地贫，地表起伏巨大，石漠化面积达4.9万km^2。

（2）旅游产品开发不足，缺乏吸引力

滇、黔、桂石漠化片区不仅有高品质的自然旅游资源，而且文物古迹、物质与非物质文化遗产众多，具备开发世界级旅游产品的潜力和资源，但是将特色文化转化为有形载体的能力不足，文化与旅游融合不足，打造高品质产品的力度不足，还缺乏能够承载滇、黔、桂石漠化片区旅游核心竞争力的吸引物和龙头景区，旅游吸引物体系不够完善，高品位的旅游景区不多。

（3）旅游要素发展相对滞后，缺乏生产力

滇、黔、桂石漠化片区吃、住、行、游、购、娱以及城市综合服务功能设施建设相对不足，与国际水准还有较大差距。娱乐服务设施建设存在档次低、缺乏特色、缺乏具有高知名度的游客娱乐服务设施等问题。在旅游发展要素方面，未能形成产业合力，缺乏有效的生产力组织，导致旅游产业的各个环节都发展缓慢。

滇、黔、桂石漠化片区生态旅游发展要在综合考虑本地区特点、发展前景和存在问题的基础上，仔细谋划定位目标与发展战略，将该区域打造成世界喀斯特旅游胜地、国家旅游休闲度假消费中心和承接地。

3 滇、黔、桂石漠化片区生态旅游发展定位与总体思路

3.1 总体定位

滇、黔、桂石漠化片区依托区域内多彩民族民俗文化资源、丰富的自然环境资源和红色旅游资源，突出长寿养生和生态休闲特色，以城市为依托、交通为纽带，以国家级风景名胜区、森林公园、历史文化名城、少数民族特色村寨等为主体，努力构建“两地、四区、六基地”的“246”总体定位体系（表1）。

表 1 “246” 总体定位体系

定位体系	解释
两地	世界喀斯特旅游胜地、国家旅游休闲度假消费中心和承接地
四区	旅游扶贫试验区、国民旅游休闲示范区、生态旅游创新区、文化旅游创新区
六基地	喀斯特山水观光度假基地、生态休闲度假基地、养生度假运动基地、民俗文化体验基地、边关览胜体验基地、红色旅游教育基地

在总体定位基础上，该片区还需找准形象定位、市场定位和产业定位。

3.2 形象定位

该区形象定位要以旅游资源为基础，以资源特色与市场导向相结合为原则，打造“地球之花，最美中国”的主题形象（表2）。

表 2 形象定位分析

地球之花	山水之花	旨在体现滇、黔、桂片区绝佳的喀斯特山水风貌
	生命之花	旨在体现滇、黔、桂独特的生态系统、特有的动植物基因库和人类历史文化
	文化之花	旨在体现其多彩的少数民族文化和绚烂的民俗文化
最美中国	生态之美	旨在体现滇、黔、桂原始的森林生态环境、清新的高原山地气候
	景观之美	旨在体现滇、黔、桂美丽雄伟的瀑布景观、神秘奇特的溶洞景观、壮观的大峡谷河流景观、独特的天生桥景观等自然与人文景观
	文化之美	旨在体现滇、黔、桂多姿多彩的民族文化和悠久的历史文化
	生活之美	旨在体现百姓丰富多彩的民俗生活。最终将滇、黔、桂打造成为最美中国的典型代表

3.3 市场定位

首先，要构建全球市场格局。综合考虑滇、黔、桂现有入境客源市场基本情况（表3），结合客源地开发潜力、经济发展水平等多重因素，巩固发展一级市场（中国港澳台地区、东南亚地区、东北亚地区、欧美地区）、拓展二级市场（大洋洲地区、东北亚地区）、开拓机会市场（北欧、东欧、中亚、非洲等地区）。

表 3　主要入境市场特征分析

主要入境市场	群体特征	其他旅游需求
港澳台市场	客群规模大，可支配收入高且喜好旅游，渴望远离拥挤的都市，回归自然；喜欢定期作短途旅游，重视经济价值和安全感；以团队游为主，平均停留时间短，重游率很高，注重抵达旅游度假地的便捷性	商务会谈、探亲访友、户外运动休闲
日韩市场	家庭游为主，逗留时间较长，消费能力强且重游率高；多为年龄较大、游历丰富的中产阶级；对中国文化有着特殊兴趣，在国内平均停留时间为 5 ~ 6 天	休闲度假等
欧美市场	自助旅游为主，注重旅游体验；背包客多为 18 ~ 30 岁年轻人，喜欢新奇、冒险，停留时间较长，平均花费低；自助游客中老年重游率高，会在喜欢的地方进行度假旅游	度假旅游，探险探秘

其次，构建全国性的市场（表 4）。包括基础市场（自身及周边）、主攻市场（周边“火炉”城市和长三角、珠三角、京津三个中心城市群）和拓展市场（以城市为基点，连接全国其他市场）。

表 4　全国旅游市场特征分析

主要国内市场	核心需求	群体特征	其他旅游需求
自身及周边	周末休闲度假、避暑度假、节事会展、蜜月旅游等	对滇、黔、桂的气候、人文、民俗、自然最感兴趣；出游年龄段以中老年游客的比例最大；出游率比较低，但平均消费水平很高	特色自然景观、商务会议等
周边“火炉”城市和长三角、珠三角、京津三个中心城市群	文化旅游、避暑度假、商务会议、高尔夫旅游等	对历史文化、民俗特色、休闲避暑、民族风情最感兴趣；出游率高，但平均停留时间短，平均消费水平不是很高；偏向于近距离多次出游，出游目的性较强；大学生、企事业职工、家庭出游市场活跃；消费理性，对出游价格比较敏感，对住宿、餐饮标准要求较高	自然山水观光、休闲度假、健康疗养度假等
全国其他市场	户外休闲、探秘探险、避暑养生等	注重旅游体验，喜欢新奇、冒险，规模较小但消费能力强	山水观光、文化体验、休闲养生、自行车骑游等

再次，主攻突破专项市场。面向不同群体，依托得天独厚的环境和资源，以山水观光、避暑度假、养老养生、户外运动、文化体验、红色旅游为重点，发展山水观光市场、避暑度假市场、养老养生市场、户外运动市场、文化体验市场、红色旅游市场等多层次多样化的专项旅游市场。

最后，构建粤港澳、长三角、华中生态度假中心。以“三横五纵”交通运输主通道为依托，将市场延伸至粤港澳地区、长三角地区、华中地区（长沙、武汉等），壮大粤港澳地区、长三角地区、华中地区市场，建设生态度假中心。与粤港澳地区、长三角地区、华中地区的旅游部门合作，针对主要客源市场进行联合促销，实现两地资源共享，市场渠道共享。以滇、黔、桂夏季清爽的气候、优美的自然生态环境、独特的历史文化、多彩绚丽的少数民族风情为重点，制定针对粤港澳、长三角、华中生态度假市场的宣传口号与产品推介计划。

3.4 产业定位

该区域产业定位主要可以概括为以下六个方面。

（1）形成跨越式发展的战略性支柱产业

发挥利用滇、黔、桂石漠化片区内的旅游资源优势，充分调动一切力量，将旅游业作为滇、黔、桂最富优势和最具潜力的产业进行培育，实现跨越式发展，围绕旅游构建新的产业体系，未来旅游业将成为滇、黔、桂的核心产业、主导产业，以及滇、黔、桂的战略性支柱产业。

（2）脱贫致富的优势产业与主导产业

通过旅游带动扶贫，加快旅游业发展，刺激带动地方特色产品、旅游商品开发，促进相关产业发展，形成新的产业链，可以拉动贫困地区交通、通信等基础设施建设，改善贫困地区的生产生活条件。尤其要发挥乡村旅游在富民兴区中的重要作用，以乡村旅游为主要抓手大力推进旅游扶贫，通过明确乡村旅游产业化扶贫建设布局与乡村产业化扶贫示范基地建设内容，让旅游产业真正成为带动区域经济发展的重要动力，带动综合产业的发展。

（3）促进开放、提升现代文明的动力产业

充分发挥旅游业在区域内促进对外开放的先行先导作用和窗口作用，良好的旅游环境就是良好的开放环境。通过发展旅游产业，强化开放意识，营造开放氛围，积极建设国际旅游合作实验区，更好地发挥规划区面向西南地区，连接东南亚、东亚等国家的地缘优势，形成促进开放、提升文明水平的动力产业。

（4）增强交流、促进民族共同繁荣的和谐产业

旅游企业的发展能发扬各民族和睦共处的优良传统，有助于民族团结，可以推进民族文化传承创新，巩固发展平等、团结、互助、和谐的民族关系，还能促进各民族交往、交流、交融。以旅游为带动产业，大力实施兴边富民行动，推进沿边开放和跨国旅游合作，能保障边境地区稳定，实现贫困群众脱贫致富。

（5）民族文化保护、传承、创新的载体产业

充分发挥旅游业在民族文化保护、传承、创新中的载体作用，促进文化与旅游的深度融合，通过打造特色文化品牌，扶持特有的创新文化项目，促进民族的文化繁荣，挖掘、整理、抢救、保护、利用民族非物质文化遗产，将其作为推进片区内旅游文化产业创新发展的重要资源。增强文化支撑力，将旅游业打造成民族文化保护、传承、创新的载体产业。

（6）促进生态文明建设、转化生态效益的消费产业

强化滇、黔、桂旅游业的经济功能和对资源环境的保护功能，以旅游产业的生态效益促进地区经济效益和社会效益，提高旅游资源利用率和附加值，实现石漠化景观价值转变，探索将旅游产业作为促进生态文明建设、转化生态效益的消费产业的途径。

4 滇、黔、桂石漠化片区生态旅游发展布局与重点

4.1 滇、黔、桂石漠化片区生态旅游发展布局

滇、黔、桂石漠化片区生态旅游发展布局以该区域的旅游资源分布和旅游产业格局为基础，以城市为依托，以交通为骨架，以游客组织和目的地构建为导向，构建“373”旅游发展生产力布局（表5），即“3省联动，7团支撑，3区整合”。

表5 “373”旅游发展生产力布局

布局	解释
3省联动	贵州石漠化片区、广西石漠化片区和云南石漠化片区联动
7团支撑	以泛黄果树生态文化旅游度假组团、黔东南民族文化生态旅游组团、泛黔南文化景观旅游组团、桂西北山水旅游组团、红水河生态文化旅游组团、左江生态山水文化旅游组团和滇东南生态山水文化旅游组团为支撑
3区整合	整合“黔东南—黔南—桂林”旅游文化创新金三角、“黔西南—滇东南—桂西北”生态文化度假区和中国西南旅游扶贫无障碍旅游试验区

在空间结构上，依托铁路、高速公路、航空等的建设，对接区域周边的贵阳、昆明、南宁、桂林等大型口岸集散地，加快中心城市和产业集聚区发展，增强辐射带动功能，推动与北部湾经济区、黔中经济区、滇中经济区的融合发展，加强与珠三角地区、长三角地区、成渝地区的经济联系，扩大对外特别是对东盟国家的开放与合作，形成布局合理、联系紧密、特色鲜明、城镇体系完善的以“口岸集散，八城服务，六廊串联”为特点的空间结构（表6）。

表6　“口岸集散，八城服务，六廊串联”空间结构

空间结构	涉及地区	主要目的
口岸集散	贵阳、昆明、南宁、桂林	依托四个交通功能比较发达的口岸集散地，进一步优化升级公路交通服务体系，发挥辐射带动作用，形成大市场、大联合、大发展的格局，进而带动规划区域旅游的跨越式发展
八城服务	安顺市、六盘水市、凯里市、兴义市、百色市、河池市、都匀市和文山市	做大做强中心城市，做强八个枢纽节点，形成八个中心服务基地。加快发展壮大旅游业，使这些城市成为区域内旅游集散中心、口岸集散地，更好地带动和支撑片区旅游业的发展
六廊串联	曲靖—安顺—贵阳—都匀、凯里—桂林、怀化旅游走廊，昆明—兴义—百色—南宁旅游走廊，蒙自—文山—百色—河池旅游走廊，六盘水—安顺—兴义—文山—河口、天保旅游走廊，贵阳—百色—龙邦旅游走廊，都匀—河池—南宁—凭祥、防城港旅游走廊	以“三横五纵”的高铁路线、覆盖各省的高速路网和干支线机场为骨架，依托交通要道，构建六条旅游走廊。要重点打造以六大特色走廊为支撑，彻底贯通滇、桂、黔石漠化片区至滇中、黔中、川渝、湖南、广东等省区的大通道，形成旅游产业发展轴

4.2　滇、黔、桂石漠化片区生态旅游重点规划

该区域重点规划应以泛黄果树生态文化旅游度假组团、黔东南民族文化生态旅游组团、泛黔南文化景观旅游组团、桂西北山水旅游组团、红水河生态文化旅游组团、左江生态山水文化旅游组团和滇东南生态山水文化旅游组团为支撑，突出主题旅游，打造精品旅游路线，形成特色品牌线路。

5　滇、黔、桂石漠化片区生态旅游发展措施与建议

滇、黔、桂石漠化片区生态旅游发展要以科学发展观为统领，深入贯彻落实中央相关文件的要求，按照文件对滇、黔、桂三省的定位，以三省（自治区）的“十二五”旅游业发展规划、旅游总体规划等为依据，以保障和改善民生作为旅游发展的出发点和落脚点，通过旅游发展为扶贫攻坚创造更好的条件，有效提高扶贫攻坚整体水平。以资源环境承载力为基础，以旅游项目为载体，优化旅游产业结构

和空间布局，提高资源利用水平，利用旅游推进石漠化综合治理，不断改善生态环境，促使旅游发展与生态建设形成良性互动格局。努力将滇、黔、桂建成世界喀斯特旅游胜地、国家旅游休闲度假消费中心和承接地，创建旅游扶贫实验区、国民旅游休闲示范区、生态旅游创新区、文化旅游创新区“四区”以及避暑度假基地、户外运动基地、康体养生基地、养老与家庭度假示范基地、文化体验基地、修学旅游基地六个基地。

在滇、黔、桂石漠化片区生态旅游发展时要坚持三大发展战略和六大发展路径。

5.1　发展战略

一是旅游引领，创新跨越。以旅游为引领，整合综合发展要求，促进旅游产业与农业融合，引导当地农民参与旅游业，从而推动农村人口向城市人口转变；以工业的理念发展农业，以旅游龙头企业为推手促进农业产业化和规模化，实现城镇化、特色工业化、农业产业化和旅游产业化同步，发挥旅游业对多行业、多产业的引领带动作用，形成“旅游带百业、百业扶旅游”的良性环境。

“246”以总体定位体系为主导脉络，通过定位创新、项目创新、业态创新、产品创新、体制创新等创新，全面构建更具活力的滇、黔、桂旅游发展平台，推进滇、黔、桂旅游产业转型升级、后发赶超。

二是融合突破，复合发展。充分发挥旅游业的产业互联效应，大力加强旅游业与工业、农业、商业等相关产业的融合发展，向会议会展、文化创意、体育休闲、健康与社会保障、旅游商品制造加工等多元业态延伸。通过深度挖掘、吸纳、整合、联动相关产业资源，将旅游业与其他产业、城市建设、区域经济发展无缝对接。在各大产业中融入旅游要素，主动与相关产业发展战略衔接，从纵向和横向培育大旅游产业链。找到旅游业与相关行业发展的内在经济联系和结合点，使旅游业切实成为多产业联合发展的黏合剂，调动相关行业部门共同发展旅游业的积极性和创造性，把发展旅游与发展城市经济真正结合起来，形成合力。

着力打造复合化旅游产品，不断完善和优化旅游产品结构，努力形成以观光型产品为主导，文化体验旅游产品、休闲度假旅游产品、“五养”产品、修学旅游产品、会奖旅游产品、避暑避寒旅游产品、新型交通旅游产品、红色文化旅游产品等并存的复合型旅游产品；在滇、黔、桂自然山水美景的基础上，通过资源整合，打造吸引力建设工程、通达工程、旅游服务要素培养工程、公共服务体系提升工程、旅游人才开发工程、旅游村镇建设工程、旅游营销推广工程等工程体系，形成旅游观光与休闲度假良性互动发展的复合型旅游目的地；充分利用气候资源，实现全年全天候的发展，打造四季旅游产品和早晚旅游产品；充分利用空间资源，实现地面、空中、边境立体化发展，打造避暑、演艺、养生、赏花、怀旧、乡村、垂钓、自驾、低空飞行、骑行、徒步、探险、露营、登山、漂流、攀岩等立体化产品体系。

三是叠加整合，国际引领。全面利用国家对滇、黔、桂区域的优惠政策，包括扶贫开发政策、西部大开发政策、边境开放政策等，全面整合土地、资金、基础设施等支持条件，实现国家政策共享，区域产业政策共制，对外合作政策共通，推动旅游业从单一产业发展向多产业、多部门综合集成发展转变；充分整合滇、黔、桂各省（自治区）的产业资源、旅游资源、交通资源、环境资源、市场资源等，突出特色，形成区域旅游发展合力，打造不同产品体系，实现突破式发展。

滇、黔、桂旅游业坚持国际化发展战略，以产品、服务、观念等的全面国际化提升旅游产业发展的品质，以旅游国际化为先导带动区域国际化发展，以国内市场为基础引用国际先进理念，借鉴国际旅游标准，通过产品、业态、发展模式、体制机制的全面创新，形成发展的战略平台和制高点，发挥片区旅游业在发展速度、发展质量、创新示范等方面的全国引领作用。

5.2 发展路径

为将滇、黔、桂全面打造成与国际度假品牌相媲美的旅游胜地，使其具有国际竞争力和吸引力，该区域具体发展措施和路径可归纳为以下六点。

（1）龙头引领，以点带面

以重点旅游区、重点旅游城市、重点旅游项目来带动滇、黔、桂旅游发展，实现龙头引领，以点带面。以桂西北山水旅游区、红水河生态文化旅游区、滇东南生态山水文化旅游区、黔东南民族文化生态旅游区、泛黔南文化景观旅游区、大德天跨国瀑布旅游区、泛黄果树生态文化旅游度假区“七区”为支撑；以安顺市、六盘水市、凯里市、兴义市、百色市、河池市、都匀市、文山市八个城市为主要节点，服务全区旅游发展；以彭祖坪绿色康寿旅游度假区、玉龙滩漂流侗族风情旅游度假区、马山县红水河旅游带、上林县龙母湖国际生态文化旅游项目、小白山休闲度假旅游区、普者黑民族风情走廊、镇远舞阳河旅游目的地、三都水族村寨群落、黔南民族文化生态保护区、都匀剑江文化休闲带等重点旅游项目为支撑，以大项目带动大投入，形成大产品，推动大营销，增强片区旅游发展实力和后劲。

（2）线路统筹，整合精华

以区内铁路、高速公路、国省干线公路、重点景区内外交通为纽带，以国家级风景名胜区、森林公园、历史文化名城、少数民族特色村寨等为主体，打造精品旅游线路，实现精品线路和重点景区之间的高等级公路连接，带动区域旅游大发展。

（3）两轮驱动，金融支持

两轮驱动，共同促进旅游业发展。一是政府推动。通过推进旅游综合改革、强化旅游规划引导、完善旅游交通网络、改善旅游配套功能、培育多元旅游业态、做大做强旅游企业、规范旅游市场监管、强化旅游形象推广、加强旅游队伍建设等措施，促进旅游业创新发展。二是市场化运作。遵循市场经济规律，采用市场经济办法，强化旅游主管部门在旅游协调、公共服务、旅游基础设施建设、旅游经济宏观调控和监管等方面的职能，强化旅游企业在市场经济中的主体地位，鼓励社会资金投入旅游行业，提高民营投资在整个旅游投资中的比重，促进旅游业跨越式转型。

加强对片区旅游业发展的金融支持。一是争取中央财政支持。通过创建国家旅游度假区、国家红色旅游经典景区、国家5A级景区、全国休闲农业与乡村旅游示范区（点）等国家级名牌，获得中央财政的资金支持。二是撬动社会投资。以旅游全产业链为目标，引入具有专业经验的投资者和管理团队，通过旅游产业基金的设立，撬动社会投资。三是加大招商引资力度。推出一批景区、宾馆、餐饮、交通等商业性的旅游投资项目，积极引进国内外大旅行商、著名酒店管理集团等战略投资者，立足长远发展，高质量招商。四是建立适合旅游企业的审贷机制。通过创新开展旅游投资信贷业务，建立适合旅游企业的审贷机制，在贷款时利益共享、风险分担，增强抗风险能力。在推动旅游业快速发展的同时给金融机构带来发展机遇。

（4）区域合作，多级联动

加强区域合作，建立区域旅游合作机制。一是与泛珠三角、泛长三角等区域共同组建专门的旅游协调组织和工作机构，形成有力的区域监管互动机制。二是着力开发区域整体性旅游产品，建立一体化营销宣传机制，形成更为开放的旅游开发和投资机制。三是在尊重各地文化差异和社会现状的前提下，建立健全各地共同遵守、有利于推进区域旅游合作的规章制度，以规范旅游产业的发展。四是建立一个共同的旅游发展基金，为旅游资源开发、产业投资和业态创新提供及时的资本支持。五是依托出海出边通道和中国—东盟自由贸易区建设，推进与东盟国家在旅游领域的合作，提高对外开放水平。

滇、黔、桂三省政府要充分发挥主体作用，明确责任，分工协作，实现多级联动。一是各地区市、县行业部门要在上级部门指导下，积极落实政策，抓好项目实施；二是建立跨省协调机制和基层组织保障机制，开展多层次多方位的合作交流，每年应召开工作协调会，同时加强基层组织保障，保障好涉及老百姓利益的重大旅游项目的实施；三是建立规划目标责任制度，完善考核评价体系。

（5）融合发展，集成突破

以“大产业、大旅游”的视野观，打破旅游产业传统边界，实现融合发展。深度拓展涉旅要素体系，延伸旅游产业链、拓宽旅游产业面。深化旅游产业与一、二、三产业融合互动发展，推动形成特色关联产业。将农业、林业、水利、工业、体育等资源要素转化成旅游优势，创新融合发展模式，构建产业发展大格局。不断延伸产业链条，努力把资源优势转变为产业优势和经济优势，拓展新的经济增长空间，打造新的经济格局。

从以小散景区旅游为主向集群式大景区旅游转变，实现集成突破。产业集群发展是世界经济发展的重要趋势，也是我国旅游产业的重要发展路径。滇、黔、桂旅游景区在规模化方面完全有条件打造若干集群式大景区，以适应未来旅游发展的要求。如在贵阳—安顺区域建立黔中休闲度假旅游产业集群区，在毕节—六盘水区域建立黔西北高原避暑休闲旅游产业集群区等。

（6）重点工程，跨越发展

滇、黔、桂旅游业未来发展重点是，依托现有资源和项目基础，充分发挥核心优势，在滇、黔、桂石漠化片区遴选出旅游产品体系建设工程、通达工程、旅游服务要素培养工程、旅游扶贫示范工程、生态建设工程、文化保护与旅游创新发展工程、公共服务体系提升工程、旅游人才开发工程、旅游村镇建设工程、旅游营销推广工程十大工程，支撑滇、黔、桂石漠化片区旅游产业跨越式发展。

参考文献

[1] 国务院扶贫开发领导小组办公室，国家发展改革委．滇桂黔石漠化片区区域发展与扶贫攻坚规划（2011—2020年）[EB/OL]．[2013-09-24]．http：//www. chingate. cn/infocus/node/.

作者简介：石培华，博士，南开大学旅游服务学院教授、博士生导师，现代旅游业发展协同创新中心主任，全国旅游管理专业研究生教育指导委员会副主任，全国旅游职业教育教学指导委员会副主任。

社会—经济—自然复合生态系统生态位评价模型①

——以四川省为例

汪嘉杨　宋培争　张碧　刘伟　张菊
（成都信息工程大学资源环境学院）

摘要： 本文在深入分析区域资源、环境、社会、经济综合系统基础上，建立了四川省2001—2010年社会—经济—自然复合生态系统生态位评价模型，复合生态系统生态位包括资源、环境、经济和社会4个子系统生态位。本文将耦合投影寻踪模型应用于复合生态系统生态位评价，采用并行模拟退火算法对评价模型参数进行优化。研究结果表明：2001—2010年四川省复合生态系统生态位呈现先降后升的趋势，复合生态系统生态位评价值从2001年3.132 5下降到2005年的2.849 9，从2005年开始，复合生态系统生态位评价值逐渐上升，到2010年上升至3.330 4。这表明社会对环境重视程度的提高、环保意识的加强，促进了复合生态系统生态位的提高，区域自然生态和环境得以改善。最佳投影方向各分量的大小反映了各评价指标对生态位评价等级的影响程度，分量值越大则对应的评价指标对生态位评价等级的影响程度越大。区域生态位评价等级指标的影响程度最大的10项中有4项是环境生态位子系统指标，表明环境生态位子系统对综合生态位影响最大。发展过程中经济生态位子系统和社会生态位子系统指标值相关系数为0.995 7，表明两子系统基本上保持同步。而经济生态位和环境生态位子系统指标值相关系数为－0.934 6，呈现明显的负相关关系。资源子系统呈现上升趋势。本文研究证明模拟退火优化的投影寻踪耦合模型应用于复合生态位评价，具有实用性和可行性，为区域生态管理科学决策提供了重要依据。

关键词： 复合生态系统；生态位；评价指标；投影寻踪；模拟退火

生态位（niche）又称生态龛，最早由Grinnell于1917年提出，他将生态位视为物种在一特定群落中与其他物种的关系地位，[1]这一定义反映了生物种群所占据的基本生活单位，侧重从物理空间方面解释生态位。1927年，Elton将生态位定义为有机体在与环境的相互关系中所处的功能地位。[2]1957年，Hutchinson提出N维超体积的生态位概念，将生态位定义为生物个体或物种不受限制生活的多维生态因子

① 本文是第十三届“生态·旅游·灾害——2016长江上游生态安全与区域发展战略论坛”文章。

空间。[3]1959年，Odum认为生态位是一个物种在其群落和生态系统中的地位和状况，而此地位和状况取决于该生物的生理反应、形态适应和特有的行为。[4]至今，生态位的概念还在不断地补充和完善中，但其本质都是生物与环境之间关系的定性或定量描述，反映生物在环境中所处的地位和发挥的功能。作为生态学重要的基础理论之一，生态位的概念、理论和模型逐步得到发展和完善，不仅越来越广泛地运用于生态学研究，而且逐渐渗透并运用于社会科学各个领域[5-9]，在社会生态系统研究方面同样具有重要的意义。

人类社会实质上是由社会、经济和自然三个不同性质的系统构成的复合生态系统。该系统反映了一个区域对人类各种经济活动和生活活动的适宜程度，以及一个区域在性质、功能、地位、作用及人口、资源、环境方面的优劣势。[10]在该复合系统中，一个区域可以被视为一个“物种”，具有相应的生态位。复合生态系统生态位反映了该区域在多个区域构成的大环境中所占据的地位、发挥的作用及其在资源环境方面的优劣势，体现出该区域对不同类型经济活动以及不同职业、年龄人群的吸引力和离心力[11]。区域的经济、社会发展水平和环境状况决定了它的吸引力，也决定了它在对应的经济子系统、社会子系统和自然子系统中的地位和作用，进而决定了这个区域在经济—社会—自然复合生态系统中的生态位。社会—经济—自然复合生态系统的生态位研究，能够对人类在这个复杂生态系统中的生产和生活产生一定的影响，对于省域可持续发展有一定的促进作用[8-9]。

由于社会—经济—自然复合生态系统的生态位涉及资源、环境、经济、社会等诸多方面，因此需要构建适应于区域实际情况的评价指标体系及评价模型。近年来，不同学者通过构建生态城市、生态位评价指标体系，对不同的区域进行了研究。[12-15]本文在借鉴国内外有关可持续发展理论、宜居城市指标体系以及人类发展指数等评价指标的基础上，构建了四川省复合生态系统生态位的指标体系和评价方法，分别从环境、资源、社会、经济四个方面对社会—经济—自然复合生态系统进行生态位变化评价。

近年来，社会—经济—自然复合生态系统的生态位评价方法主要有全排列多边形综合指数法、生态足迹法、因子分析法等[15-20]。尤海梅等运用全排列多边形综合指数法计算徐州市生态位及复合生态系统综合生态位。[19]李艳春等对2003年中国各省（自治区、直辖市）的复合生态系统生态位作出定量评价。[9]马世骏等采用因子分析法建立了福建省67个县级行政区的综合生态位评价体系。[10]其中，因子分析法属于传统统计分析方法，在计算因子得分时，采用的是最小二乘法，此法有时可能会失效。另外，因子分析法在实际应用中，对数据量和成分也有要求。全排列多边形综合指数法计算简单，但无法反映出各指标对综合评价结果的贡献率大小。生态足迹分析法是一种基于静态指标的分析方法，参数取值具有人为主观性，分析结论需要结合生态足迹需求和供给得出，适用于全球、国家层次的评估，但难以推广到较小的地域范围，也很难深入地区发展的各个环节，因此所提出的政策建议无法做到丰富和具体。探索新的生态位评价方法，研究多种不确定性分析方法在复合生态系统生态位评价中的应用，是推动和丰富生态学发展的一个重要方向。

投影寻踪技术（Projection Pursuit，PP）是用来处理和分析高维数据的一种探索性数据分析的有效方法，通过对数据本身进行挖掘，寻找反映高维数据本身特征的投影[21-22]，在低维空间上对数据结构进行分析，最大限度地反映数据自身特征，避免了信息丢失和人为赋权的主观干扰，使评价结果合理、真实。同时，最优投影方向还可以反映出各评价指标对综合评价结果的影响程度（即各指标的贡献率的大小），为决策提供参考依据[21-22]。因此，本文采用投影寻踪模型模拟区域生态位变化过程，并采用并行模拟退火算法（Simulated Annealing，SA）对模型参数进行优化，用耦合模型对复合生态系统和子系统的生态位进行定量分析和评价，为区域生态管理科学决策提供重要依据。

1　自然—经济—社会复合生态系统生态位评价指标体系的建立

根据四川省的实际情况构建的社会—经济—自然复合生态系统生态位评价指标体系包括目标层、亚目标层和指标层三个层次，目标层是复合生态系统生态位；亚目标层包括社会、经济、自然生态系统生态位，自然生态系统生态位分为资源和环境两个子生态系统生态位；指标层数据来源于四川省统计年鉴，具体的指标和数据见表1。

经济生态位：选用6个指标进行分析评价。人均GDP和人均财政收入，能够反映四川省的经济发展水平的高低；单位GDP能耗和单位GDP水耗，能够反映经济发展能耗水平，单位GDP能耗为全省当年能耗值与当年GDP值的比值；人均进出口贸易总额反映对外经济的发展情况；人均货运量反映交通运输的能力。

社会生态位：选用9个指标作为代表性指标。城镇居民恩格尔系数是衡量一个家庭或一个国家富裕程度的主要标准之一，农民人均纯收入、城镇人均可支配收入和城镇居民恩格尔系数反映人民生活水平；人口密度表示四川省人口分布情况；非农人口占总人口比例用来衡量城市化率；教育经费投入占GDP比例和每万人拥有教师数能够反映出教育保障的情况；每万人拥有医疗床位数和每千人拥有医疗技术人员数能够反映医疗保障的情况。

表 1　社会—经济—自然复合生态系统评价指标体系

目标层	亚目标层	序号	指标层		2001 年	2002 年	2003 年	2004 年	2005 年	2006 年	2007 年	2008 年	2009 年	2010 年
自然生态位	资源生态位	x_1	人均耕地面积/hm²		0.050 8	0.047 9	0.045 8	0.045 4	0.045 2	0.044 9	0.044 8	0.044 5	0.044 3	0.044 6
		x_2	人均水资源量/m³		3 019.58	3 006.00	2 986.73	2 964.00	2 948.00	3 118. 00	4 189. 00	2 609. 00	3 062. 00	3 174. 00
		x_3	森林覆盖率/%		39.70	39.70	39.70	27.94	28.98	30.27	31.27	30.79	34.41	34.82
		x_4	人均林木总蓄积量/m³		17.36	17.29	17.17	18.41	18.92	18.85	18.98	19.10	19.14	19.26
		x_5	旱涝受灾面积/万 hm²		418.9	183.1	218.3	100.5	119.3	119.4	227.9	31.3	239.3	213.6
		x_6	建成区绿化覆盖率/%		22.39	25.76	28.53	31.04	33.54	34.20	35.30	36.40	37.88	38.21
		x_7	人均能源生产量/t 标准煤		1.1	1.3	1.3	1.3	1.3	1.5	1.6	1.7	1.7	1.8
	环境生态位	x_8	水土流失治理面积/万 hm²		420	448	476	503	527	551	571	588	610	633
		x_9	环境污染指标	工业废水排放总量/万 t	105 118.98	108 018.34	106 878.90	106 335.31	122 590.22	187 965.46	253 340.70	108 699.90	107 096.10	93 444.20
		x_{10}		工业烟尘排放量/万 t	71.41	66.57	68.26	70.26	63.40	48.22	33.05	21.89	19.57	25.97
		x_{11}		工业粉尘排放量/万 t	48.63	38.89	41.79	40.41	38.37	28.84	19.32	14.04	11.36	14.14
		x_{12}		工业二氧化硫排放量/万 t	86.78	85.78	95.18	99.40	114.08	108.17	102.26	96.89	94.64	93.76
		x_{13}		工业固体废物产生量/万 t	5 055.53	5 396.86	5 738.19	6 079.52	6 420.87	8 036.09	9 651.30	9 236.90	8 596.90	11 239.20
经济生态位		x_{14}	人均 GDP/元		5 376	5 890	6 623	7 895	9 060	10 613	12 963	15 495	17 339	21 182
		x_{15}	人均财政收入/元		321.37	344.42	394.63	448.83	555.03	696.57	965.22	1 169.38	1 307.33	1 734.94
		x_{16}	单位 GDP 能耗/（t 标准煤/万元）		1.90	1.88	1.76	1.68	1.60	1.55	1.48	1.42	1.34	1.28
		x_{17}	单位 GDP 水耗/（m³/万元）		205	197	184	161	142	120	98	80	77	65
		x_{18}	人均进出口贸易总额/美元		36.73	52.74	66.11	79.95	91.47	126.35	163.18	247.40	269.65	364.15
		x_{19}	人均货运量/t		6.42	6.76	6.71	7.63	8.14	8.51	9.07	12.86	13.14	14.82

续表

目标层	亚目标层	序号	指标层	2001 年	2002 年	2003 年	2004 年	2005 年	2006 年	2007 年	2008 年	2009 年	2010 年
社会生态位		x_{20}	农民人均纯收入/元	1 986.99	2 107.66	2 229.86	2 580.28	2 802.78	3 002.38	3 546.69	4 121.21	4 462.05	5 139.52
		x_{21}	城镇人均可支配收入/元	6 360.47	6 610.76	7 041.51	7 709.83	8 385.96	9 350.11	11 098.28	12 633.00	13 839.40	15 461.00
		x_{22}	人口密度/（人/km^2）	174	175	176	180	180	168	168	168	169	166
		x_{23}	非农人口占总人口比例/%	0.19	0.20	0.21	0.22	0.23	0.24	0.24	0.25	0.25	0.26
		x_{24}	城镇居民恩格尔系数/%	40.23	39.83	38.91	40.19	39.32	37.72	41.19	43.96	40.45	39.50
		x_{25}	教育经费投入占 GDP 比例/%	1.99	2.16	2.04	1.92	1.90	2.09	2.77	2.93	3.19	3.15
		x_{26}	每万人拥有教师数/人	74.58	75.42	75.95	76.38	77.51	78.57	78.76	79.32	79.86	81.45
		x_{27}	每万人拥有医疗床位数/张	23.00	22.09	22.01	22.28	22.56	23.14	24.31	27.41	30.67	33.56
		x_{28}	每千人拥有医疗技术人员数/人	2.96	2.93	2.88	2.82	2.83	2.93	3.00	3.11	3.37	3.60

注：表中旱涝受灾面积、工业废水排放总量、工业烟尘排放量、工业粉尘排放量、工业二氧化硫排放量、工业固体废物产生量、单位 GDP 能耗和单位 GDP 水耗为逆向指标，其余均为正向指标。

资源生态位：研究人口分布与自然资源承载能力之间的关系[10]，选用7个指标进行分析评价。人均耕地面积代表土地资源水平。人均水资源量代表水资源水平。森林覆盖率是反映一个国家或地区森林面积占比情况、森林资源丰富程度及实现绿化程度的指标。人均林木总蓄积量反映当前人均活立木的材积总量。森林覆盖率和人均林木蓄积量代表四川省森林资源水平。旱涝受灾面积表明区域受旱灾和洪涝灾害的程度。建成区绿化覆盖率反映了城市生态绿化情况。人均能源生产量为一次性能源生产总量与人口的比值，代表四川省能源利用情况。

环境生态位：选用6个指标进行分析计算。水土流失治理面积代表的是生态环境抵御和抵抗灾害的能力；环境污染指标主要从经济发展造成的环境压力方面考虑，包括工业废水排放总量、工业烟尘排放量、工业粉尘排放量、工业二氧化硫排放量和工业固体废物产生量。

2 模拟退火投影寻踪耦合评价模型（SAPP）

投影寻踪技术是用来处理和分析高维数据的一种有效的探索性数据分析方法，将其应用于社会—经济—自然复合生态系统评价，建模的基本思路如下。

首先设有由 m 个指标确定的 n 个样本的数据为 X_{ij}^0（$i=1\sim n$；$j=1\sim m$）。

2.1 综合特征值 Z_i 的构造

综合特征值 Z_i 构造为

$$Z_i = \sum_{j=1}^{m} X_{ij} \cdot a_j \tag{1}$$

式中，X_{ij} 为样本指标值；a_j 为投影方向参数，$a_j \in [-1, 1]$。

确定综合特征值 Z_i 的关键是找到反映高维数据特征结构的最优投影方向 a_j。因此需构造一个投影指标函数 $Q(a)$，作为优选投影方向的依据，当指标函数达到极值时，即可获得最优投影方向。

2.2 投影指标函数 $Q(a)$ 的构造

为了构造投影寻踪指标函数，引入类间距离和类内密度两个概念：

类间距离

$$s(a) = \left[\sum_{i=1}^{n} (Z_i - \overline{Z})^2/n\right]^{1/2} \tag{2}$$

类内密度

$$d(a) = \sum_{i=1}^{n}\sum_{k=1}^{n} (R - r_{ik}) \cdot f(R - r_{ik}) \tag{3}$$

构造投影指标

$$Q(a) = s(a) \cdot d(a) \tag{4}$$

式中，a 为投影方向；$\overline{Z}$ 为 n 个 Z_i 的均值，即 $\overline{Z} = (\sum_{i=1}^{n} Z_i)/n$；$r_{ik}$ 表示综合特征值 Z_i 与 Z_k 之间的距离，$r_{ik} = \| Z_i - Z_k \|$ （i，$k = 1 \sim n$）；R 表示密度的窗宽，通常取值范围为 $r_{max} + \frac{m}{2} \leqslant R \leqslant 2m$。$f(R - r_{ik})$ 为随着 r_{ik} 增加而下降的单调密度函数，当 $R > r_{ik}$ 时，$f(R - r_{ik}) = 1$；反之则为0。

2.3　优化投影方向

设定目标函数为：max $Q(a)$；约束条件：$\| a \| = 1$。目标函数含义为当类间距离最大时，类与类之间达到最好的分离程度，类内密度越大，本类中各点聚集性越好。在此情况下，达到最优分类效果，才能得到更好的评价结果。在满足约束条件的情况下，求解出 $Q(a)$ 最大值，也就找到了最优投影方向 a。优化投影方向的方法很多，此处采用并行 SA 法进行优化，建立耦合的 SAPP 模型。模拟退火算法原理见文后参考文献 [23]，基于并行 SA 优化的 SAPP 模型实现过程为：

①在解空间内随机生成初始种群 a_i，给定初始温度、终止温度、退火形式、同一温度下内循环次数等；

②通过式（1）~式（4）进行适应度计算，令当前解为最优解：$a_{i,best}^{t}$，当前适应度为最优值：$Q(a_{i,best}^{t})$；

③随机产生扰动，得到新点 a_i^{t+1}，同样进行适应度计算，若 $Q(a_{i,best}^{t+1}) > Q(a_{i,best}^{t})$，则选定最优解为 $a_{i,best}^{t+1}$；否则，计算新点 a_i^{t+1} 的接受概率：$p(\Delta f) = \exp[-\Delta f/(K \cdot T)]$，产生 [0，1] 区间上均匀分布的伪随机数 rand，若 $p(\Delta f) >$ rand，则接受新点 a_i^{t+1} 作为下一次模拟的初始点，并选定最优解为 $a_{i,best}^{t+1}$；否则仍取原来的点 a_i 作为下一次模拟退火的初始点，最优个体仍为 $a_{i,best}^{t}$；

④退火：退火形式为 $T(t+1) = \gamma \cdot T(t)$，$\gamma$ 为退火系数，$0 < \gamma < 1$；

⑤重复执行步骤②~④，直至达到终止条件，并输出最优解。

3　评价与结果分析

四川省 2001—2010 年社会—经济—自然复合生态系统评价的评价步骤及结果如下。

①由于各指标评价标准单位不一致，且在数量级上存在很大差异，首先按式（5）将原始数据进行规格化处理：

$$\begin{cases} x_{ij} = x_{ij}^{0}/x_{j\max} & \text{对正向指标} \\ x_{ij} = x_{j\min}/x_{ij}^{0} & \text{对逆向指标} \end{cases} \tag{5}$$

式中，x_{ij} 为社会—经济—自然复合生态系统评价指标值；x_{ij}^{0} 为第 i 个样本第 j 个指标的原始值；$x_{j\max}$为第j个指标的样本原始最大值；$x_{j\min}$为第j个指标原始最小值。

②将四川省社会—经济—自然复合生态系统评价样本指标值代入 SAPP 模型中，采用 Matlab 7.0 语言编程实现。并行 SA 优化投影寻踪模型时参数设置如下：种群规模 200；退火形式：$T(t+1) = \gamma \cdot T(t)$，$\gamma = 0.9$，$t$为迭代次数；初始温度$T_0 = 1 \times 10^{10}$，终止温度$T_f = 0$；接受概率公式：$\exp(\Delta f / T) > \text{rand}$，其中 rand 为 0～1 的随机数。投影指标用式（4）计算，在满足目标函数 $\max Q(a)$ 和约束条件$\|a\| = 1$的情况下，经过寻踪优化运算，输出最优的投影方向向量：a = (0.092 2, 0.060 8, 0.023 2, 0.148 1, 0.172 3, 0.204 8, 0.311 4, 0.088 4, 0.264 3, 0.379, 0.363 9, 0.331 8, 0.009, 0.111 2, 0.195 6, 0.153 1, 0.171 4, 0.150 1, 0.088 4, 0.172 4, 0.086 2, 0.177 7, 0.2355, 0.070 9, 0.160 7, 0.145 4, 0.150 4, 0.014 1)，之后可根据式（1）确定四川省社会—经济—自然复合生态系统评价体系每年的综合特征值Z_i，如图 1 所示。由图 1 可以看出，2001 年开始，复合生态系统生态位评价值逐渐降低，从 2001 年的 3.132 5 下降到 2005 年的 2.849 9，2003 年和 2005 年均为低谷，表明 2001—2005 年随着经济发展自然生态系统退化和环境质量问题较为严重。从 2005 年开始，复合生态位综合特征值逐渐增加，到 2010 年增加到 3.330 4，又恢复到 2001 年的水平，表明社会对环境重视程度的提高，环保意识的加强，促进了复合生态系统生态位的提高，区域自然生态和环境得以改善。

为了与本文的评价结果进行对比，在式（5）的原始数据规格化基础上采用多边形综合指标法[9]计算四川省历年复合生态系统生态位评价值，评价结果对比如图 1 所示。由图 1 可以看出，四川省 2001—2010 年两种评价方法的变化趋势是一致的。

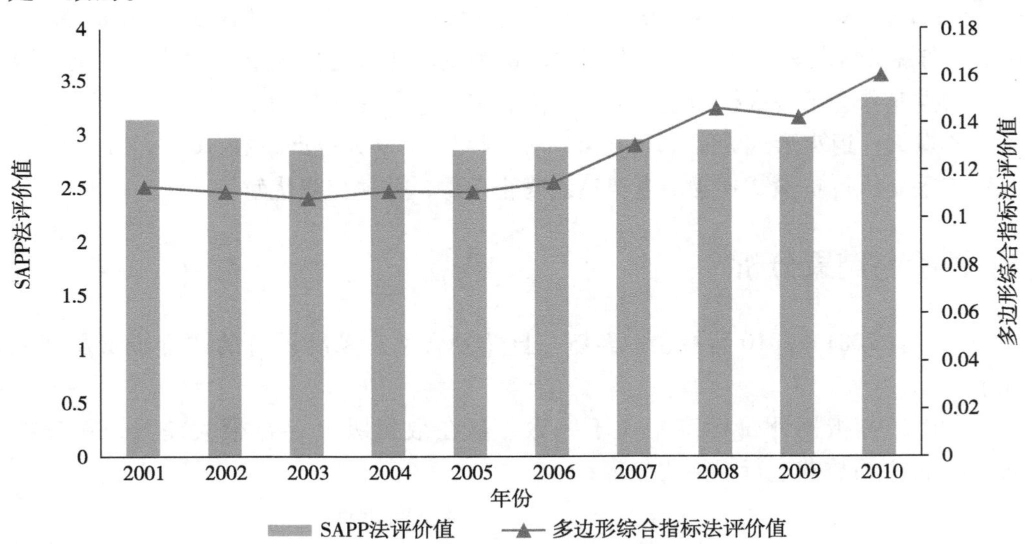

图 1　SAPP 法和多边形指标法生态位综合特征值

投影寻踪模型中，最佳投影方向各分量的大小实际上反映了各个区域评价指标对生态位评价等级的影响程度，值越大则对应的评价指标对生态位评价等级的影响程度越大。据此，可进一步确定区域生态位各个评价指标的权重。由图2可以清晰地看出，区域生态位评价等级指标的影响程度最大的10项依次为：工业烟尘排放量 > 工业粉尘排放量 > 工业二氧化硫排放量 > 人均能源生产量 > 工业废水排放总量 > 非农人口占总人口比例 > 建成区绿化覆盖率 > 人均财政收入 > 人口密度 > 旱涝受灾面积，其中4项属环境生态位子系统，这表明环境生态位子系统对综合生态位影响最大。

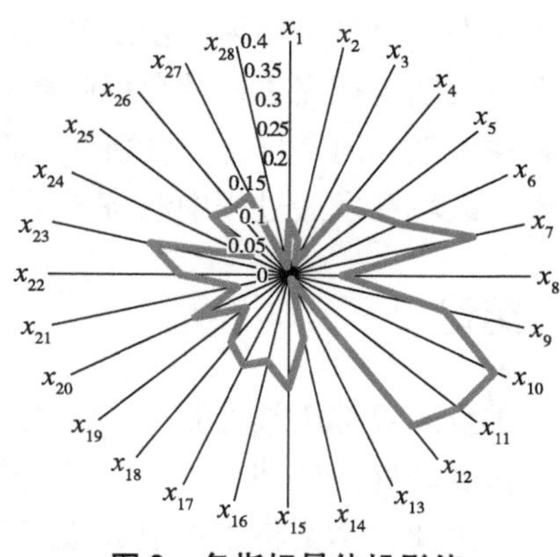

图2　各指标最佳投影值

将表1中四川省资源生态位、环境生态位、经济生态位和社会生态位四个子系统指标值按式（5）标准化处理后，运用耦合模拟退火投影寻踪评价模型计算出各子系统特征值 Z'_i，各子系统特征值分布情况如图3所示。

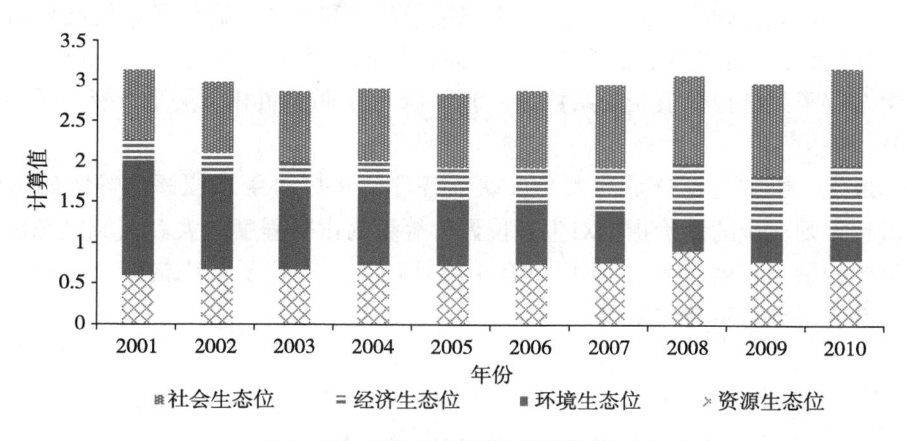

图3　生态位各子系统生态位计算结果

资源生态位：2001—2010年资源生态位呈上升的趋势，2008年达最大值，2009年和2010年又逐渐减少。这是由于经济快速发展，需要消耗很多资源，因此加大了对资源的开发利用力度。环境生态位：环境生态位2001—2010年呈稳定下降趋势，环境污染日益严重。经济生态位：经济生态位也是逐渐呈稳定上升趋势，表明近10年四川省经济发展迅速，与此相对的是环境生态位的相应降低，表明经济发展的同时环境污染加重，当时四川省还处于经济发展破坏环境的阶段。四川省经济生态位和环境生态位在2001—2010年大体趋势上是负相关的，10年间，随着经济发展环境污染问题日益严重的趋势比较明显。社会生态位：四川省2001—2010年社会生态位也是呈逐渐缓慢上升的趋势，说明随着经济发展水平的提高，人民生活的保障机制也在完善，社会保障体系在不断健全。经济生态位和社会生态位基本呈正相关关系，通常情况下经济生态位高的地区社会生态位也比较高，反之则亦然，这说明区域在发展过程中经济子系统和社会子系统基本上保持同步发展。

4 结论

①投影寻踪法具有良好的数据分析和处理能力，通过探索能发现数据间的规律，得到较好的处理结果，可以避免传统的评价方法在确定各指标权重时的主观片面性。因此，本文将模拟退火法用于投影寻踪优化，建立 SAPP 模型并应用于四川省 2001—2010 年社会—经济—自然复合生态系统生态位以及各子系统生态位评价，此模型具有实用性和可行性，可为区域生态管理科学决策提供重要依据。

②2001—2010 年四川省复合生态系统生态位呈现先降后升的趋势，复合生态系统生态位评价值从 2001 年的 3. 132 5 下降到 2005 年的 2. 849 9，从 2005 年开始，复合生态系统生态位评价值逐渐上升，到 2010 年上升到 3. 330 4。这表明环境受重视程度的提高，环保意识的加强，促进了复合生态系统生态位评价值的提高，区域自然生态和环境得到有效改善。经济生态位子系统和社会生态位子系统指标值相关系数为 0. 995 7，表明两个子系统基本上是保持同步发展。而经济生态位子系统和环境生态位子系统指标值相关系数为 -0. 934 6，呈明显负相关关系。资源子系统呈现上升趋势。

③最佳投影方向各分量的大小反映了各评价指标对生态位评价等级的影响程度，值越大则对应的评价指标对生态位评价等级的影响程度越大。区域生态位评价等级指标的影响程度最大的 10 项中有 4 项是环境生态位子系统指标，表明环境生态位子系统对综合生态位影响最大。

参考文献

[1] Grinnell J. Field tests of theories concerning distributional control [J]. The American Naturalist, 1917, 51 (602): 115 -128.

[2] Elton C S. Animal Ecology [M]. London: Sedgwick and Jackson, 1927.

[3] Hutchinson G E. Concluding remarks: Population studies animal ecology and demography [J]. Cold Spring Harbor Symposia on Quantitative Biology, 1957, 22: 415 -427.

[4] Odum E P. Fundamentals of Ecology [M]. Philadelphia: WB Saunders, 1959.

[5] Han B L, Wang R S, Tao Y, et al. Urban population agglomeration in view of complex ecological niche: A case study on Chinese prefecture cities [J]. Ecological Indicators, 2014, 47: 128 -136.

[6] Du H B, Xia Q Q, Ma X, et al. A new statistical dynamic analysis of ecological niches

for China's financial centres [J]. Physica A: Statistical Mechanics and its Applications, 2014, 395: 476-486.

[7] Funk A, Gschöpf C, Blaschke A P, et al. Ecological niche models for the evaluation of management options in an urban floodplain—conservation vs. restoration purposes [J]. Environmental Science & Policy, 2013, 34: 79-91.

[8] 陈亮，王如松，王志理. 2003年中国省域社会—经济—自然复合生态系统生态位评价 [J]. 应用生态学报, 2007, 18 (8): 1974-1800.

[9] 李艳春，王义祥，黄毅斌. 1996—2006年福建省社会—经济—自然复合生态系统生态位变化分析 [J]. 福建农业学报, 2009, 24 (2): 162-166.

[10] 马世骏，王如松. 社会—经济—自然复合生态系统 [J]. 生态学报, 1984, 4 (1): 1-9.

[11] 陈亮，李爱仙，刘玫. 区域人口复合生态系统生态位评价 [J]. 城市发展研究, 2008, 15 (6): 33-36.

[12] 毛齐正，罗上华，马克明，等. 城市绿地生态评价研究进展 [J]. 生态学报, 2012, 32 (17): 5589-5600.

[13] Chervinski A. Ecological evaluation of economic evaluation of environmental quality [J]. Procedia Economics and Finance, 2014, 8: 150-156.

[14] Dai J, Chen B, Hayat T, et al. Sustainability-based economic and ecological evaluation of a rural biogas-linked agro-ecosystem [J]. Renewable and Sustainable Energy Reviews, 2015, 41: 347-355.

[15] Li X B, Tian M R, Wang H, et al. Development of an ecological security evaluation method based on the ecological footprint and application to a typical steppe region in China [J]. Ecological Indicators, 2014, 39: 153-159.

[16] 王健民，王伟，张毅，等. 复合生态系统动态足迹分析 [J]. 生态学报, 2004, 24 (12): 2920-2926.

[17] Salvo G, Simas M S, Pacca S A, et al. Estimating the human appropriation of land in Brazil by means of an Input-Output Economic Model and Ecological Footprint analysis [J]. Ecological Indicators, 2015, 53: 78-94.

[18] Wu X F, Yang Q, Xia X H, Wu T H, et al. Sustainability of a typical biogas system in China: Emergy-based ecological footprint assessment [J]. Ecological Informatics, 2015, 26: 78-84.

[19] 尤海梅，王甜，杨嘉伟，等. 徐州市复合生态系统生态位的变化分析 [J]. 徐州师范大学学报（自然科学版）, 2011, 29 (3): 69-72.

[20] 金书秦，王军霞，宋国君. 生态足迹法研究述评 [J]. 环境与可持续发展, 2009, 34 (4): 26-29.

[21] Michael D S. Statistical Modeling of High-Dimensional Nonlinear Systems: A Projection Pursuit Solution [J]. Atlanta: Georgia Institute of Technology Press, 2005: 13-88.

[22] Zhang C, Dong S H. A new water quality assessment model based on projection pursuit technique [J]. Journal of Environmental Sciences, 2009, 21 (S1): S154 – S157.

[23] Richards M, McDonald A J S, Aitkenhead M J. Optimisation of competition indices using simulated annealing and artificial neural networks [J]. Ecological Modelling, 2008, 214 (2 – 4): 375 – 384.

作者简介：汪嘉杨，博士，成都信息工程大学资源环境学院副教授；宋培争，成都信息工程大学资源环境学院环境科学专业硕士；张碧，成都信息工程大学大气科学学院教授；刘伟，成都信息工程大学国际交流处副处长，副教授；张菊，成都信息工程大学资源环境学院讲师。

基于城乡统筹的生态文明建设标准体系框架研究①

文革　黄萍　王菁　徐同
（成都信息工程大学管理学院）

摘要：城乡二元经济发展模式对城乡生态平衡具有显著影响，城乡统筹就是使城乡生态从对立走向融合。标准化作为科学管理的有效手段，在推进生态文明建设中发挥着基础性与战略性作用。为实施“标准化＋生态文明”战略，本文剖析了城乡二元结构下生态文明建设存在的问题，梳理了生态文明建设标准体系构建的制度基础，建立了生态文明建设标准体系框架，这将有助于在统筹城乡发展的过程中，推行生态文明建设标准化，破解生态环境治理困境，提升生态文明建设的系统性与科学性。

关键词：生态文明；标准化；标准体系；城乡统筹

我国的城乡二元经济发展模式，以及“城市偏向”政策的长期作用，将非农产品的附加值提高到世界平均水平以上，工农产品难以平等交易；同时，城市基础设施建设投入大量资金，对改善农村基础设施的投入相对较少，使得我国城乡之间的各种差距不断扩大，城市和乡村各自为政，独立发展，以最大化各自的经济利益为目标，加剧了生态环境的破坏，恶化了人与自然的关系。城乡统筹就是促进城乡发展，使两者在政治、文化、生态等方面全面协同进步，使城乡生态从对立走向融合。

标准化是使人类社会的生产和生活实现最佳秩序的重要基础和有效手段，它不仅是基本的技术工具，也是重要的经济社会战略。生态文明建设涉及节能减排、污染治理、环境保护等方面的工作，对法律、量化技术、规范比较依赖，通过标准化可以把先进的技术方法、评价指标、安全与健康意识、公益性理念、社会责任感等融入生态文明建设之中，及时吸收国内外先进技术和管理成果，为生态文明建设提供有力技术保障，为指导、提升、考核、监督生态文明建设工作提供科学依据。标准化是生态文明建设的重要抓手，是生态文明建设制度体系的重要组成部分和技术支撑。因此，在统筹城乡发展的过程中，推行生态文明建设标准化，对破解生态环境治理困境、提升生态文明建设的系统性与科学性、实现国家治理现代化和可持续发展具有重要的理论与现实意义。

---

① 本文是第十四届“生态·旅游·灾害——2017长江上游灾害应对与区域可持续发展战略论坛”文章。

1 城乡二元结构下生态文明建设存在的问题

城乡二元结构使有限的环境保护资源大多配置在城市及工业区，造成环境保护和治理上的城乡二元差异，形成了城乡生态文明的失衡，具体表现在以下三个方面。

1.1 农业资源短缺，瓶颈凸显

我国是世界上农业资源严重匮乏的国家之一，资源约束与经济发展矛盾日益突出。一是水资源短缺，目前水资源缺口已由20世纪80年代的400亿m^3上升到21世纪初的500亿m^3；农田平均受旱面积达到5亿亩以上；14亿亩草场缺水；每年因缺水造成的粮食减产达到750亿～1 000亿kg；约8 000万农村人口和4 000多万头牲畜饮水困难。二是耕地资源流失严重，人地矛盾突出。三是草地资源破坏严重，生产力水平低。

1.2 农业资源综合利用水平低下，浪费严重

随着人口增加、工业化和城镇化不断推进，用于农业发展的资源将进一步减少，但我国资源利用水平仍然不高。一是水资源浪费严重。目前，我国水资源利用率只相当于世界先进水平的1/2左右。灌溉水的利用率仅为45%左右，只有国际先进水平的60%；旱地自然降水的利用率平均不到50%，北方灌区的大部分灌溉定额高出作物实际需要2～5倍。二是耕地质量持续下降。一方面土地垦殖和利用强度不断加大，重用轻养，土壤肥力下降问题突出；另一方面片面强调耕地数量的“占补平衡”，忽视质量，导致“占优补劣”问题普遍存在。三是农作物秸秆资源浪费严重。我国秸秆资源十分丰富，每年的秸秆产量约6.5亿t，但有四成以上被废弃或直接烧掉，总体利用效率低。四是有机肥资源流失严重。我国每年产生畜禽粪便约30亿t，大量的粪便没有得到资源化利用，若以年流失率30%计算，全国每年畜禽粪便中氮、磷、钾养分流失量分别为365万t、244万t、271万t，如果对这些养分进行利用，可以增加大量的有机肥供给，减少化肥投入。农业资源利用效率低下的直接后果除造成资源浪费和环境污染外，还进一步加剧了农业资源短缺。

1.3 农村环境污染日益严重，危害加剧

农业资源浪费严重使本来日益严重的农村生态环境问题更加突出，人民群众的身体健康和生命安全受到威胁。主要表现在：一、农村生活垃圾和污水未经处理随意排放，导致农村环境卫生状况恶化，造成地表水和地下水污染；二、畜禽粪便造成的污染问题日益突出；三、化肥、农药和地膜造成的面源污染问题严重。不仅如此，受工业“三废”的影响，部分耕地土壤受到不同程度的污染；一些农村居民还喝不上安全饮用水。这些问题，不仅造成了资源浪费，还导致农业综合生产能力下

降，严重影响了农产品品质和国际竞争力，而且直接导致农村环境恶化，温室气体排放增加，威胁农业生产和人民群众的健康安全。

2　生态文明建设标准体系构建的制度基础

2.1　国家决策

1973 年 8 月，我国在北京召开了第一次全国环境保护会议，确定了环境保护的 32 字工作方针，即“全面规划，合理布局，综合利用，化害为利，依靠群众，大家动手，保护环境，造福人民”。会议讨论通过了《关于保护和改善环境的若干规定（试行草案）》，会议还制定了《关于加强全国环境监测工作意见》和《自然保护区暂行条例》。之后，第八届全国人大第四次会议确立了实施可持续发展战略的目标；十六届五中全会明确提出“建设资源节约型、环境友好型社会”的重大决策。党的十七大报告指出，要建设生态文明，基本形成节约能源资源和保护生态环境的产业结构、增长方式、消费模式，这是我们党首次将“生态文明”写进中国共产党全国代表大会报告。党的十八大报告把生态文明建设提到更高的地位，将其与经济建设、政治建设、文化建设、社会建设一道，纳入社会主义现代化建设“五位一体”的总体布局。党的十九大报告进一步为中国未来的生态文明建设和绿色发展指明了方向、规划了路线。

2.2　法治

1978 年的《宪法》中首次明确了国家保护和管理环境的职能，规定“国家保护环境和自然资源，防治污染和其他公害”。1979 年，作为首部综合性环保基本法的《环境保护法（试行）》的颁布，标志着中国开启了环境保护法治化进程。2007 年修订的《节约能源法》和 2008 年修订的《水污染防治法》，增加了环境保护目标责任制和考核评价制度，之后还将环境保护总局升格为环境保护部。随着大量生态环境法律法规相继颁布以及我国先后加入诸多相关国际条约，我国基本形成了一个以《宪法》为统领、以《环境保护法》为基本法、以生态环境保护与自然资源的专门法为主干、以相关行政法规及行政规范性文件为辅助、以国际条约与国际法为补充的生态文明法律法规体系。

2.3　标准化建设

2015 年 2 月，国家标准化委员会、国家发展和改革委员会、住房和城乡建设部发布了《关于开展新型城镇化标准体系建设工作的指导意见》（国标委农联〔2015〕21 号），规划了新型城镇化标准体系，该体系共有三个层级，分别是指标层、要素层和推进层。在指标层中，有基本公共服务和社会治理、基础设施、资源环境、农业现代化四个类别。2015 年，国务院印发《关于加快推进生态文明建设的意见》（以下简称《意见》），提出了要完善标准体系，把标准体系建设工作作为健全生态文明制度体系的重要手段。《意见》提出，加快制定修订一批能耗、水耗、地耗、污染物排放、环境质量等方面的标准，实施能效和排污强度“领跑者”制度，加快标准升级步伐。提高建筑物、道路、桥梁等建设标准。环境容量较小、生态环境脆弱、环境风险高的地区要执行污染物特别排放限值。鼓励各地区依法制定更加严格的地方标准。建立与国际接轨、适应我国国情的能效和环保标识认证制度。2015 年 12 月由国务院办公厅印发的《国家标准化体系建设发展规划（2016—2020 年）》首次在国家层面明确提出实施“标准化 + 生态文明”战略，将“加强生态文明标准化，服务绿色发展”作为标准化体系规划建设的一个重点领域。

至此，我国生态文明建设在国家政策层面有了强有力的支撑，在法律法规方面也已有了一定的积累，在标准化建设方面有了明确的引领与规划，这些为生态文明建设标准体系框架的构建与落实提供了有效的制度支持。

3　生态文明建设标准体系构建的方法

标准体系的构建分为自上而下和自下而上两种方法。自上而下的方法指的是从最顶层出发，分析标准体系应包括的内容，将其分解形成若干个标准类别，再从各标准类别的内部出发，将其分解为若干个标准子集，这些标准子集再逐层分解为若干个既相互独立又紧密联系的标准文件包。自下而上的方法与自上而下的方法刚好相反，指的是从最底层开始，先形成若干个不同专业领域、不同类别、彼此孤立的标准，然后当标准的数量达到一定程度时，把底层的若干标准组合、归类成为标准包，相关的标准包集成为标准子集，标准子集再集成为标准类别，最终形成一个完整的标准体系。

相比之下，自上而下的方法在标准体系的完整性、逻辑性、稳定性，标准结构功能的合理性，对技术发展的指导价值，渐进集成策略的适应性等方面都比自下而上的方法好。因此，本文使用自上而下的方法构建生态文明建设的标准体系。

4　生态文明建设标准体系框架构建

4.1　框架结构模型

基于城乡统筹的生态文明建设的标准体系涉及城乡统筹、生态文明建设两个方面，同时，还需要遵循标准体系本身的规律，因此，需要先构建框架结构模型指导标准体系框架建立。根据印度学者魏尔曼最早提出的标准体系三维结构思想，结合标准化三维空间的概念，基于城乡统筹的生态文明建设标准体系包括城乡统筹范围、生态文明建设内容以及标准层次属性三个维度。三个维度中以生态文明建设内容为主维，其他两维的属性分解均参照主维来设计，以保证与主维有最大的交叉性和最小的重复性，同时各维度中的各个属性之间又是相对独立的。

城乡统筹发展就是要改变“城市工业、农村农业”的二元思维方式，将城市和农村的发展紧密结合起来，统一协调，全面考虑，树立工农一体化的经济社会发展思路，因此，城乡统筹领域的主要内容包括产业布局、村镇布局、土地统筹与协调、基础设施布局、公共服务布局等。

生态文明建设是为了实现人与自然及人类社会的和谐，缓解人口与资源环境之间的矛盾，改善人类社会发展所带来的资源枯竭、环境污染破坏、生态失衡等问题而采取的符合生态规律的一系列办法和措施，因此，生态文明建设的主要内容包括生态优化、生态保护与生态建设等。

在标准层次属性维上，根据标准应用的范围，分为基础标准、通用标准、专业标准三个层次。基础标准是一定范围内作为其他标准的基础普遍使用并具有广泛指导意义的标准，主要规定了生态文明建设中各部分内容，是在整个城乡统筹中都普遍适用的标准，如术语、分类等；通用标准规定生态文明建设各部分内容，是在城乡统筹某一领域通用的标准；专业标准规定生态文明建设各部分内容，是在城乡统筹某领域中某一方面运用的标准。标准层次属性维能够很好地控制标准的级别，从而调节标准框架的颗粒度，从基础标准到专业标准，框架中制约的标准面向对象越来越精确，颗粒度越来越小。

基于城乡统筹的生态文明建设标准体系框架模型如图 1 所示。

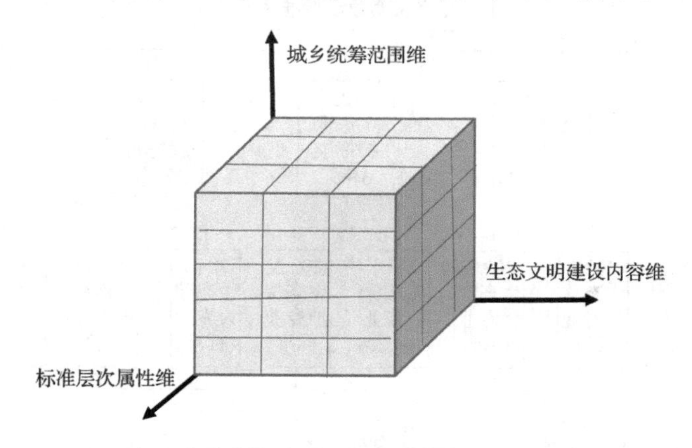

图 1　基于城乡统筹的生态文明建设标准体系框架模型

在整合三维属性构建标准体系时，需要考虑以下四种关系。

（1）系统联系

分析标准体系内各分系统之间及分系统与子系统之间存在的相互依赖又相互制约的关系。

(2) 共性形成关系

要求标准体系表内各层次标准在其低层的个性标准中找出有共性特征的内容，并将共性内容制定成通用标准。研究标准体系框架的关键是充分寻找和挖掘这些共性特征，并根据标准化对象的实际需要制定成通用标准。

(3) 指导制约关系

我国标准有强制性和推荐性两种，前者较后者具有更强的约束性，但总的来说，上层标准对下层标准都有指导制约作用，或者说，上层标准都必须贯彻到下层标准中，下层标准在制定或贯彻时，只能在不违反上层标准的原则下结合具体情况作一定补充。

(4) 功能联系

一是标准相同功能的联系，当功能相同的各要素融合成一个总功能时，总功能远远超过各要素功能的叠加，这是系统效应原理的作用。二是标准不同功能的联系，功能不同的标准可按功能联系安排标准的先后顺序，前者对后者起保障作用。

4.2 标准体系框架

按照《标准体系表编制原则和要求》(GB/T 13016—2009) 对标准体系构建的要求，在以上框架结构模型分析的基础上，建立基于城乡统筹的生态文明建设标准体系，该体系包括 3 个层次，5 个子体系，25 个专业标准，其层次—序列如图 2 所示。

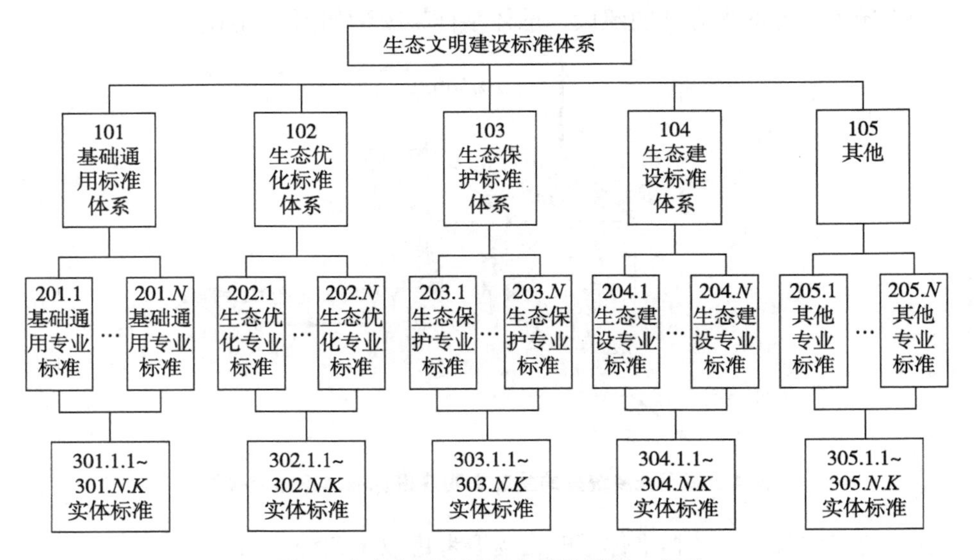

图 2　生态文明建设标准体系层次—序列

(1) 基础通用标准子体系

基础通用标准子体系适用于生态文明建设所有领域的各项活动，包含生态文明建设涉及的各项法律、法规，术语、分类等内容。基础通用标准子体系包含 3 个类别 4 个专业标准，其结构如图 3 所示。

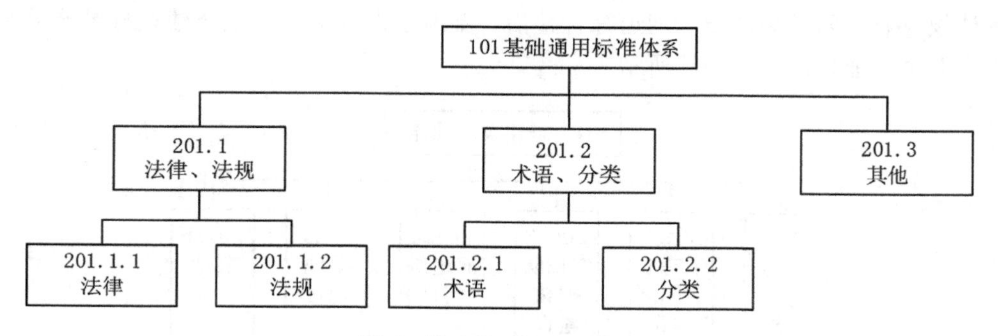

图 3 基础通用标准子体系

（2）生态优化标准子体系

生态优化标准子体系适用于统筹城乡发展过程中矿产资源开采使用、森林资源开采使用、水资源开发利用、草原资源开发利用等活动。生态优化标准子体系包含 5 个专业标准，如图 4 所示。

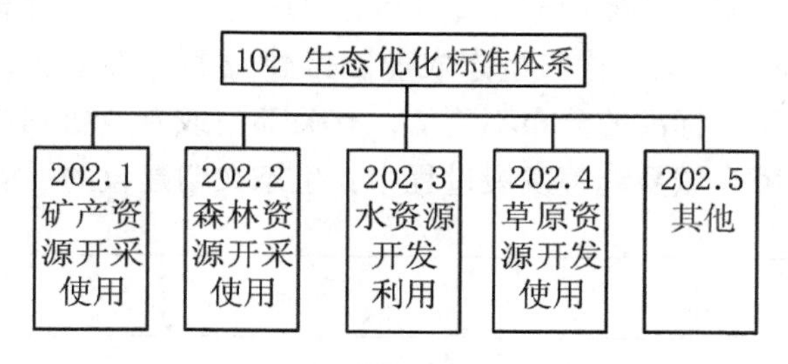

图 4 生态优化标准子体系

（3）生态保护标准子体系

生态保护标准子体系适用于统筹城乡发展过程中退耕还林、退耕还草、水资源保护、荒漠化防治、水土保持、生活污染防治、生产污染防治、养殖污染防治、土壤污染防治等活动。生态保护标准子体系包含 10 个专业标准，如图 5 所示。

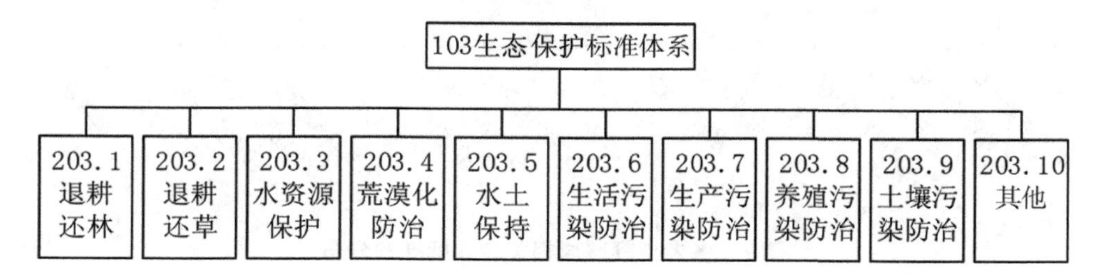

图 5 生态保护标准子体系

（4）生态建设标准子体系

生态建设标准子体系适用于统筹城乡发展过程中生态公益林建设、生态农业园区建设、农田防护林建设、河道综合整治、湿地建设等活动。生态建设标准子体系包含 6 个专业标准，如图 6 所示。

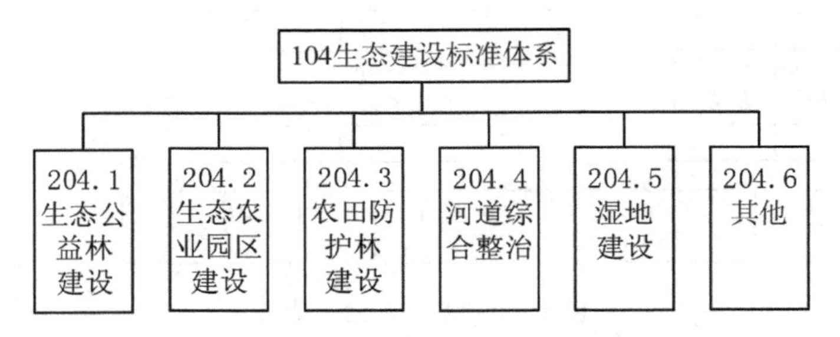

图 6　生态建设标准子体系

5　对标准体系的分析

在本标准体系框架下共梳理相关专业标准 319 个，其中，森林资源优化的标准最多，有 50 个；草原资源优化与生态农业园区建设的标准最少，各只有 3 个，如图 7 所示。由此可见，标准的分布不均衡，有关部门或专业机构应加快相关标准的研究与制定，以保障在城乡统筹发展过程中，生态文明建设的平衡、有效进行。

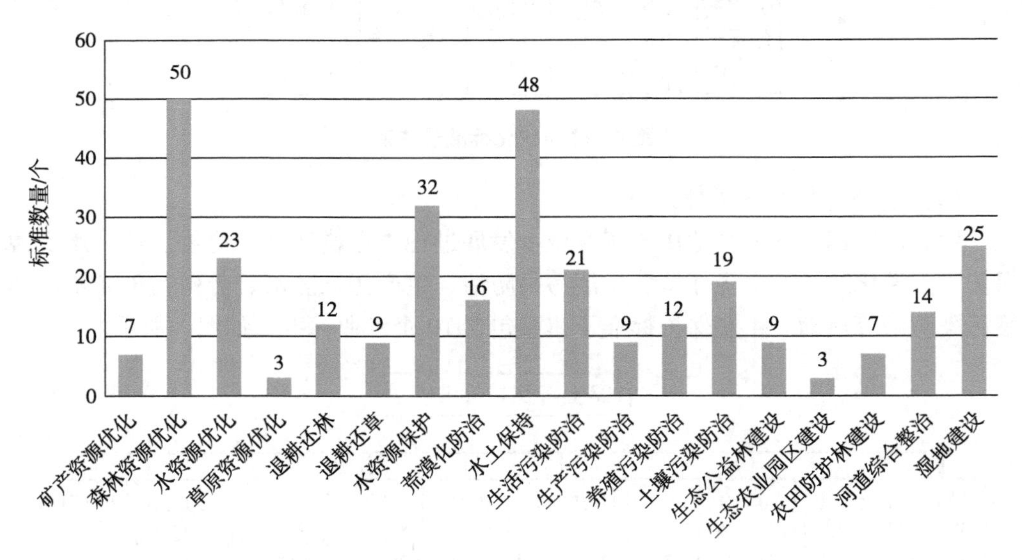

图 7　各专业领域内相关专业标准的分布

6 结语

综上研究，基于城乡统筹的生态文明建设标准体系框架共包括 3 个层次，5 个子体系，25 个专业，在此框架下梳理出 319 个专业标准。在此提出的生态文明建设标准体系仅基于城乡统筹的视角，对于更广范围的生态文明建设标准体系的研究还需要进一步放宽约束条件，考虑更多的活动领域。

参考文献

[1] 黄萍，文革，陈静，等．四川省城乡统筹标准体系构建研究［M］．北京：科学出版社，2017.
[2] 陈伟．中国生态文明标准化：制度、困境与实现［J］．马克思主义研究，2017 (9)：97－109.
[3] 沈斌莉，陈建华，应姗婷，等．基于生态文明建设的城乡发展及融合标准体系研究［J］．中国标准化，2016（12）：20－21.
[4] 彭文英，戴劲．生态文明建设中的城乡生态关系探析［J］．生态经济，2015（8）：173－177.

作者简介：文革，博士，成都信息工程大学管理学院教授、硕士生导师；黄萍，博士，成都信息工程大学管理学院院长、教授，硕士生导师，四川省高校人文社科研究基地“气象灾害预测预警与应急管理研究中心”主任；王菁，成都信息工程大学管理学院教师；徐同，成都信息工程大学管理学院教师。

数字化与新农村生态建设[①]

陈刚毅　刘思齐　游娜

（成都信息工程大学）

摘要：数字化是信息科学和技术发展到新阶段的标志，是直接将自然科学、社会科学、信息科学及其应用技术进行综合运用的新理念，涉及具体的科学技术发展变革。本文结合数字化与新农村生态建设进行了简单的讨论，主要说明了数字化的基本概念以及经济稳定发展遵循的规律问题。

关键词：数字化；新农村生态建设；演化科学；生态环境

1　引言

经济发展与社会进步越来越依赖信息技术的应用。人类正面临一个海量信息的时代，如何更快、更好、更充分地利用信息技术已成为人们关注的热点。信息技术直接将自然科学、社会科学与信息科学的现代空间技术、空间信息和各类应用技术进行综合，以新的信息观念进行信息的获取、存储、管理、查询、分析、应用、共享、可视化等，是多方位、快速精细化表述和传递信息的理论、方法与技术。“数字地球”已成为世界各国21世纪的发展战略，“十五”期间我国已将“数字中国”“数字城市”“数字国土”等列入国民经济和科技发展重点计划，打造了“精准农业”“数字黄河”“数字农村”等重大数字工程，为数字化新农村建设提供了技术保障。我国是农耕历史悠久的文明古国，有着辉煌的历史。数字化对于中国人本应不是陌生的名词，我们的祖先就曾展示过最早的数字化，这就是世界上最早的数字符号——“爻”，它为计算机的出现、发展和信息科学的建立、完善等提供了基础理论和具体实施技术。当人类进入21世纪这一全球数字化时代，生活在农耕历史悠久的文明古国的中国人民肩负着民族复兴的重任，不仅应当赶上当前世界发展的潮流，还应当为数字化的新时代做出贡献。

2　数字化的基本概念

需要说明的是，追溯信息科学的发展史，数字（digital）这一概念，是由国外

① 本文是第三届“生态·旅游·灾害——2007长江上游生态屏障与和谐社会暨世界遗产地论坛”文章。

“返销”国内的。由于文化和语言表达方式的差异，在某种程度上引起了概念的模糊甚至使人们对其产生了误解。数字的本意相当于中国古代文献的“爻”，本是描述事物或事件的记号。将其理解为数量或数值应当是由“数”而产生的误解，其中涉及了数字化和虚拟现实技术的概念问题。

2.1 数字化

数字化就是以符号形式传递信息的特征，其特征的精细化或者说其结构特征的直观性展示了自然资源、经济、社会、文化等事件的时间、空间静止并以动态等方式揭示过去、现在和未来的演化过程，以结构性突出事件的差别性。

应注意的是，数字化不能等同于数值或数量化。数字或数码（digital）、数值（number）、数量（quantity）不是一个概念。数字化应当理解为刻画事件的精确性，为信息科学的术语。数字化精细于事件的差异性，而不是数量形式的平均值、插值等形式混同的数量或数值的“精确性”。因为数量计算可以做到将不存在的事件计算得比存在的事件更精确，而背离了实际的精确性。例如，平均数可以计算得要多精确就有多精确，然而此“精确”却不是实际的精确。如数值的平均值、插值等运算，可以将本来的“东边日出，西边雨”变成所谓“精细化”的“非晴非雨”。数字化时代，变革的意义就在于走出数量化。李政道先生晚年的《科学与艺术》就注意到了这个问题。数字分析不是数量或数值分析，遂有数字预报不是“数值预报”之说。数字不遵循数值的运算规则，而类似于《易经》中的“爻”，不能“加、减、乘、除”，只是标识、传递信息真实性的精细“符号”，但此“符号”已经不是传统概念的符号法中的符号。数字化是“混成”的求异问题，数量化是形式的“混同”性求同问题，所以“混成”与“混同”不是一个概念。

数字信息是符号信息走向信息精致化的发展结果，信息精致化不仅仅是早期信息的记号化或符号化，尽管目前的数字化主要表现为视觉的图像结构化（包括笔者和欧阳首承提出的“结构预测法”[1]），还没有走出欧氏空间视觉图像的范畴，只能称为初等数字化（“结构预测法”就是数字化预测法）。但数字化还应当包括非欧空间的视觉、听觉、嗅觉和触觉信息等动态过程的结构化。广义或完善的数字化应当是多方位的识别信息的结构化，能将事件描述得更精细，以便识别事件的特性求异，而不是统一为数量化形式的求同。数字化的实质是广义的结构化，尽管可以数学的数量符号标识它，但不能将其误解为数量或数值。简而言之，数字化是在精确地体现具体事件的差异性，使其更符合实际。

2.2 虚拟现实技术

虚拟现实（Virtual Reality，VR）技术，笔者认为翻译有误，Virtual 一词的英文含义虽有真实的、虚拟的两种意思，但这里所传递的含义应当是过程事件之“过去、现在和将来”变化的演化概念。所以英文为 Virtual Reality 的 VR 技术应当是指事件的自然环境、资源、生态、经济、社会和城乡建设等客观变化反应的过去、现在和未来的真实过程，其中，过去、未来是现在不存在的。即“VR 技术”应当是以数字化过程实现模拟的 PR（Process Reality）技术。此名词的提出可能受到了分支科学的影响，但它的意义已远超过最初提出者的预料。

3 演化的基本原理

近年来人们已经习惯于“以不变应万变”。但实际上所有的事物都是变化的，因此才有“时间可以改变一切”和“与时俱进”的说法。显然，科学发展观也是在与时俱进的，不过，事物变化原理或事物变化遵循的规律，并未被当代科学完全破解。这也是被当代科学遗漏的重要定律，即演化的搅动能守恒定律[2-4]。

实际上，只要是运动的稳定性问题，几乎都遵循这个定律，即

$$E = m\overline{\omega}^2$$

式中，E 表示能量；m 表示质量；$\overline{\omega}$ 表示平均角速度。

上式是搅动能守恒的宏观表达式，其微观式去掉平均符号即可。上式的直接物理意义是演化自物质的旋转，旋转的平衡被称为稳定性，是以三环旋转方式完成能量传递的。凡是符合三环的能量传递就可以维持稳定的平衡性发展，否则就会呈现不稳定性进而改变旧的体制结构。将其应用于经济体系，就会得出只有遵循城市、村镇、农村城乡一体化三大战略圈层才能保持平衡的结论。从地理区域来说，这三者已经构建了搅动能守恒定律的准三环（图 1），通过构建第二大战略圈层（村镇）和加大第二大战略圈层的发展力度，能促进农村发展和城市建设，形成体现系统构成自我制约的稳定发展模型，以自然演化科学原理支撑地理区域经济的可持续发展。

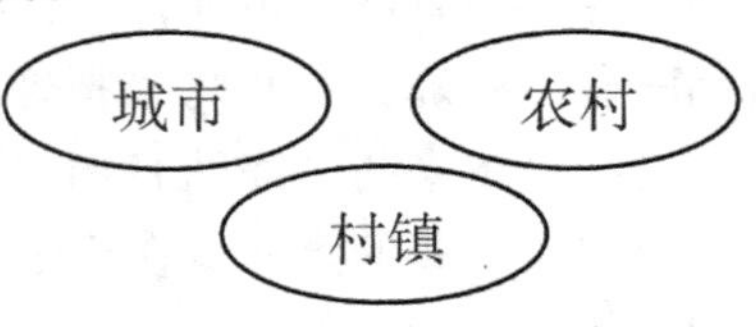

图 1 数字村镇战略圈的三环结构

4 城乡一体化可持续发展的三环结构问题

在我国城乡二元结构偏差相对严重的背景下，消除由城乡二元体制所造成的经济不自由因素，形成并扩大城乡互动发展的经济自由显得至关重要。所以，当务之急是根据统筹城乡发展的根本要求，加大体制创新力度，破除旧体制下失衡、矛盾的城乡关系，建立新型的、符合城乡统筹发展要求的城乡关系。

在建设城乡一体化的系统演化工程中，城市为一环，农村为另一环，在过去的城乡二元体制中，依据自然科学演化原理，在两环系统下，系统是不稳定的，必然因发生演变而产生破坏性作用。我们使城乡资源共享构造新的一环，构建了城乡一体化演化工程的三环稳定结构（图 2）。通过数字村镇实现资源共享，形成城乡互

动、协调、可持续发展关系，即形成在新农村建设体制下的新型的城乡关系。

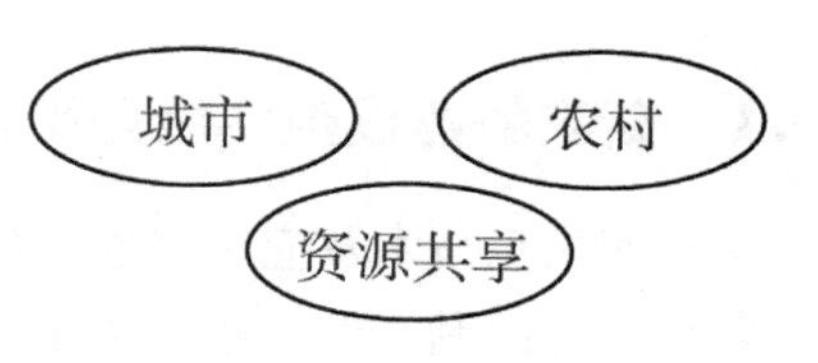

图2　城乡一体化三环结构

例如，用数字技术可对村镇土壤资源、农业气候资源、水资源等数据进行采集、加工、储存和开发利用等方面进行规范监控管理，实现农业生物种植资源数字化、作物适生地条件分析、配方施肥、科学喷水和喷药等科学种植技术应用（图3）。

在创新体制建设和新农村建设的新型城乡关系中，要坚持四个原则：一是平等原则，即要确保城乡地位的平等性。二是开放原则，即要确保城乡资源的开放性。三是互补原则，即要确保城乡产业发展的互补性。四是协调原则，即要确保城乡发展的协调性。

围绕数字新农村进行信息的精细化分析和村镇间的时空差异性特征分析，直观展现村镇自然资源、经济、社会、文化的时空特征和演变，并以空间结构体现事件的差异性，实现新农村的可持续发展。

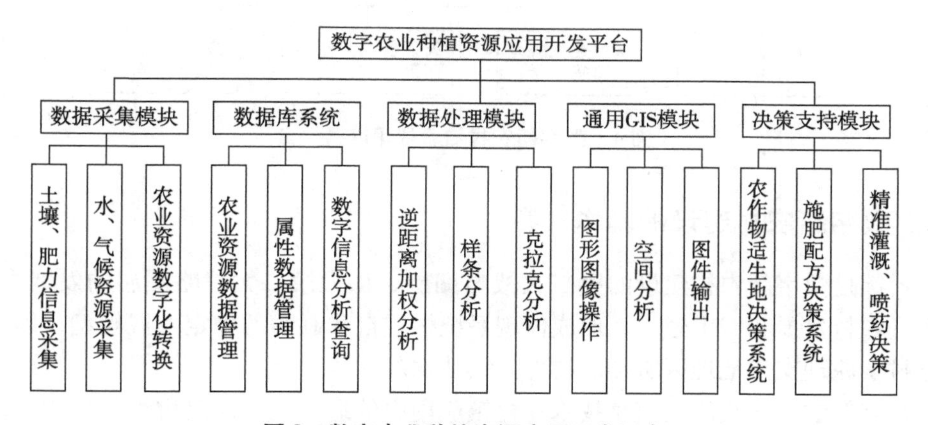

图3　数字农业种植资源应用开发平台

5　数字新农村建设

围绕数字新农村对信息进行细化分析和村镇间的差异性特征分析，充分利用信息资源促进村镇社会、经济发展，以信息技术促进村镇产业发展、提升基层政务管理效能、增强社区服务能力为目标。研制适合我国村镇特点的助农、富农、便民、乐民的信息系统和产品，以数字化带动相关产业的发展，促进经济增长方式的转变，体现“信息兴业”；以数字新农村提高村镇管理和公共服务能力，体现“信息强政”；以数字村镇提高对村镇农民和社区居民的服务能力，探索村镇信息化建设的发展模式，促进新农村建设跨越发展。

5.1 新农村建设数字服务平台

空间信息技术及应用服务平台为新农村建设提供技术支撑和保障。卫星遥感信息除用于资源调查外，还可用于地球环境监测、自然灾害预报、建造数字新农村、精准农业以及提供各种数字地图。卫星导航除用于交通工具导航定位外，在针对各种目标的监控系统中也得到广泛应用。应指出，全球定位系统（GPS）、地理信息系统（GIS）、遥感（RS）和卫星通信之间的融合（3S + C），将为新农村建设开辟崭新的方向，具有各种组合功能的新业务和新型用户终端产品将不断涌现，新农村空间资源的开发和利用将步入产业化阶段。如城乡建设规划监管将实现对政府职能和城乡一体化进程的调控；灾害预测、监测预警与应急系统将保障城乡一体化建设长效安全；数字信息与服务将推动城乡一体化可持续发展。数字新农村信息应用服务平台将为城乡一体化建设提供技术支撑和科学保障（图4）。

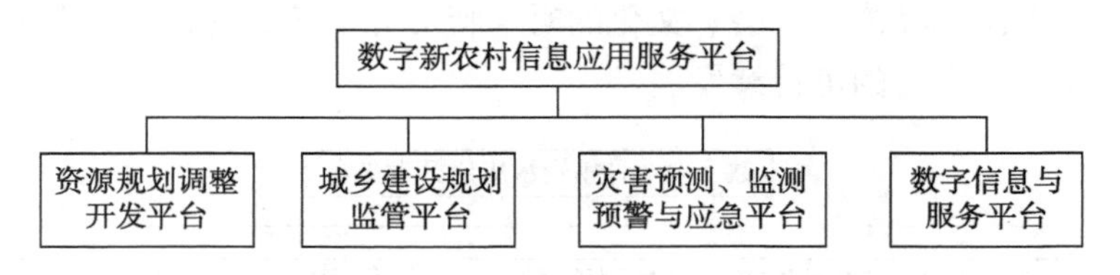

图4　数字新农村信息应用服务平台

5.2 数字新农村建设的基本内容

村镇是数字新农村建设的第二大战略圈层，加大第二大战略圈层的发展力度，能促进农村发展和城市建设，形成体现系统构成自我制约的稳定发展模型，以自然演化科学原理支撑地理区域经济的可持续性发展。

数字新农村必须研究信息技术在村镇应用中的适应性，确定村镇信息化总体技术框架、建设模式和技术规范。研究村镇信息化软、硬件配置方案，村镇信息化建设评价指标体系，计算机、广播电视和电信网络在村镇信息传播中的综合利用模式，村镇信息应用服务系统建设模式，不同村镇类型信息化技术应用模式等；研究制定村镇信息快速采集与更新、多源信息整合与建库、应用服务系统构建、信息网络整合等方面的技术规范。其主要内容如下。

（1）数字村镇数字信息服务平台

提供村镇信息目录服务、智能搜索服务，构建构件库，建立村镇信息服务平台，支持村镇信息智能获取和信息化应用系统的定制开发。

（2）村镇数字信息快速采集与处理、信息集成与更新

开发村镇空间信息快速采集与处理的适用技术，开发相应的软硬件系统；研究村镇信息快速、低成本集成处理与获取更新技术，开发相应的软硬件系统，实现村

镇空间、社会与经济等信息资源的有效集成与充分利用。

研究村镇异构空间框架数据的建模技术，实现多尺度村镇地理空间框架数据集成与融合；研究村镇社会、经济等多源信息的空间化整合技术，实现村镇属性信息与空间信息的一体化整合和表达；研究实现便捷、易用、低成本的村镇空间信息增量更新的技术与方法。

（3）村镇产业数字信息服务系统

把握村镇产业空间布局，加快产品市场流通，研究开发村镇产业服务信息系统，为发展村镇优势产业及现代服务业提供技术支撑。

研究多源异构数据集成技术和市场信息智能推送技术，建立村镇市场菜篮分析关联模型，开发村镇产业链服务信息系统；开发村镇招商引资服务信息系统，实现招商项目全程信息化管理；开发村镇民俗旅游服务信息系统，实现旅游资源空间管理、电子地图自助导游、旅游景观虚拟展示和智能语音向导服务等功能。

（4）村镇/社区数字信息服务系统

以提高村镇居民素质与生活质量为目标，研究开发村镇/社区数字信息服务系统，提升村镇/社区服务居民的能力。开发适合村镇/社区的医疗卫生服务、社会保障与就业服务、数码文化娱乐等信息系统和培训课件，综合利用计算机、广播电视和电信网络等信息基础设施，实现村镇/社区医疗、社会保障、就业、培训以及文化娱乐综合信息服务。

（5）村镇政务管理数字信息系统

研发村镇政务管理信息系统，合理配置行政资源，提高基层政府对规划建设、土地监察与人口管理的能力和政务管理水平。开发村镇规划建设信息管理系统，实现对村镇重要基础设施建设信息的有效管理；开发村镇土地监察系统，实现村镇土地执法监察过程的信息化、实时化和规范化；研究村镇一站式办公业务流再造方法和控制模型，开发村镇一站式办公系统，实现村镇行政审批核心业务的一站式服务。

6　结语

数字新农村能使城市、村镇和农村形成三环空间，遵循三环稳定性构成一体化发展体制，稳定组织结构，提高城乡发展的协同度、融合度，实现城乡经济、社会、文化的可持续发展，但还应考虑以下几点。

（1）加强城乡空间布局总体规划。将城市中心组团与周围村镇及农村作为一个整体，统一编制城乡产业发展、土地利用、水资源利用、自然资源开发、生态环境平衡、城市人口、基础设施等专项规划，最终建立一个城乡相互配套和衔接、管理有序、落实到位的规划体系。建立资源、经济和生态平衡的准三环结构制约性自组织机制（图5），在其引领下完善各专项规划和布局规划，通过第二环的生态平衡机制，调节资源循环，实现经济可持续发展，通过三环稳定性，保证规划实施的有序推进。

（2）三环一体化关键在于维护好联系三环的通道，即畅通的联系渠道和良好的信息共享基础技术设施。因此，城乡交通、信息通信等区域性基础技术设施必须先行规划和建设，形成内外衔接、城乡互通、方便快捷的信息网络，从而保证城乡空间信息互动、城乡生产活动联系密切、城乡居民远距离就业以及乡村居民生活消费行为的便利。

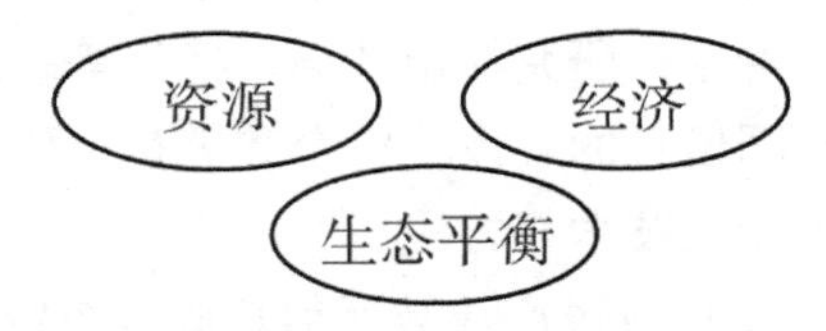

图5 资源、生态平衡与经济建设“三环”结构

（3）“以民为本”的具体措施，必须遵循人民生活的三环稳定性。应当积极解决城市、村镇或农村都没有很好解决的废水、废气、固体废物处理问题，同时变形象工程为真正遵循演化搅动能守恒定律的基础工程。

参考文献

[1] 陈刚毅，欧阳首承．数字化支撑经济发展［J］．中国信息化，2006（7）：50.

[2] CHEN GY，OU YANG BL，PENG TY. System Stability and Instability：A Extended Discussion on Significance and Function of Stirring Energy Conservation Law［J］．Engineering Science，2005（3）：44－51.

[3] 欧阳首承，陈刚毅．随机性的破灭与量化可比性的终结［J］．香港科学研究月刊，2006（2）：141－143.

[4] 欧阳首承，McNeil D H，林益．走进非规则［M］．北京：气象出版社，2002.

作者简介：陈刚毅，成都信息工程大学教授，四川省高校人文社科研究基地“气象灾害预测预警与应急管理研究中心”学术委员会委员；刘思齐，成都信息工程大学管理学院硕士研究生；游娜，成都信息工程大学管理学院教师。

基于系统论的世界遗产资源保护模式研究①

——以世界自然与文化双遗产地峨眉山为例

陈敏[1]　蒋大勇[2]

（1. 成都信息工程大学管理学院；2. 四川省林业和草原局）

摘要： 如何科学完整地保护管理好世界级的遗产资源，一直是我国理论界和决策层关注的重点。本文通过对峨眉山世界遗产资源的深入调研，总结出峨眉山世界遗产地基于系统论的遗产资源综合保护模式，分析了该模式要素结构和模式功能，提炼出该模式的特点是具有高度权威、集中统一的综合管理机构，该特点是整合资源优势、科学保护管理遗产资源的必备条件和关键所在。另外，本文进一步总结了综合保护模式的借鉴意义，以期为其他遗产资源完善保护管理模式提供支持。

关键词： 系统论；世界遗产资源；保护模式；峨眉山

根据联合国教科文组织世界遗产委员会制定并通过的《保护世界文化和自然遗产公约》（简称遗产公约），世界遗产资源是指人类共同继承的自然和文化资源，是亿万年的地球史上、数千年人类文明发展的过程中遗留下来的不可再生的遗产，如具有突出、普遍的历史、艺术、科学价值的人造工程或人与自然的联合工程以及考古遗址地带等。世界遗产资源的不可替代性、不可再生性，决定了世界遗产资源不仅具有国家意义，而且具有世界意义。

如何科学完整地保护管理好世界级的遗产资源，一直是我国理论界和决策层关注的重点。[1,2]2000 年泰山索道修建之争、2001 年曲阜的水洗孔庙、2003 年武当山遇真宫的失火以及 2005 年圆明园防渗风波等，有关世界遗产资源保护的问题无不向人们昭示：处理好世界遗产资源的保护与开发关系的先决条件是要有一个有效的保护管理模式。而中国的遗产资源管理事业起步较晚，各遗产资源地由于现实情况的差异，其保护管理并没有一个固定的模式。那么，什么样的保护管理模式是适合中国的遗产资源管理现状的呢？我们怎样才能科学完整地保护好人类财富，使之世代传承、永世共享呢？

本文针对峨眉山世界自然与文化双遗产地的资源保护管理情况，进行了长期多次的调研和深入的访谈，在科学分析的基础上，总结出了峨眉山世界遗产地独具特

---

① 此文于2010 年2 月发表于《四川林业科技》第31 卷第1 期，是第三届“生态·旅游·灾害——2007 长江上游生态屏障与和谐社会暨世界遗产地论坛”文章。

色的资源保护管理模式，即基于系统论的世界遗产资源保护管理模式。文章从模式结构、模式要素和模式功能方面，进行了详细的剖析，提炼出该模式的特点是具有高度权威、集中统一的综合管理机构，这是整合资源优势、科学保护管理遗产资源的必备条件和关键所在。基于系统论的世界遗产保护模式是有效的保护模式，该模式对世界遗产地实施保护管理有广泛的借鉴意义[3]。

1 峨眉山世界遗产地简介

峨眉山风景名胜区是一处集自然资源与人文资源于一身的世界遗产地。1982 年峨眉山被国务院批准为国家重点风景名胜区，1996 年 12 月，峨眉山以其特殊的地理位置，雄秀神奇的自然景观，典型的地质地貌，保护完好的生态环境，丰富的历史文化和佛教文化遗存以及极高的历史、美学、科研、科普和游览观赏价值，被联合国教科文组织世界遗产委员会列入《世界遗产名录》，成为全人类共同的自然与文化双遗产资源，得到全世界永久性的保护。

从系统论的角度分析，峨眉山世界自然与文化双遗产，是一个自然与文化遗产资源高度富集的系统。它的物种、景观、保护区以及景区内的每个组织、群体乃至每个人，都是这个资源系统的组成部分。为了保护遗产资源而输入的每一项管理活动，既是该资源系统的重要组成要素，又是决定峨眉山资源系统功能是否完善的关键。著名学者普利高津构建的“耗散结构”理论认为，在一定条件下，开放系统处于远离平衡态的非线性区内时，若发生涨落，系统的组织化、有序化程度将不断提高，系统内部结构更趋复杂而精致、功能更趋完善，系统逐渐由低级向高级发展。

只有当人类充分认识到自己是峨眉山资源系统的一部分，才有可能真正实施与大自然协调、和谐发展的遗产资源保护措施。自 1993 年以来，峨眉山管理委员会作为遗产保护的核心机构逐渐运用“整体大于局部之和”的系统论思想，围绕“同心圈层式”保护结构这一核心理念，把看似孤立的管理要素系统地整合起来形成合力，对遗产资源保护实施综合管理，不断推动系统内的减熵活动，使峨眉山世界遗产资源系统远离平衡态，并在新的层次上形成新的资源保护模式，保证和促进了整个资源系统的可持续发展。

2 峨眉山世界遗产资源保护管理的系统模式

就世界遗产资源的保护模式看，国际上大致分为两种。一种是欧美模式，如美国的遗产资源由设在华盛顿的国家公园管理局管辖，下设的丹佛规划中心负责编制国家公园的总体规划、专项规划、详细规划，保证了规划设计的统一性、规范性和权威性。另一种是苏联模式，即一切自然与文化资源均归国家所有，由政府管理、政府经营、政府保护，其管理经费与员工开支全部由国家包揽。[4]中国的遗产资源管理事业起步较晚，各地遗产资源的保护、管理没有一个固定的模式。借鉴美国黄石公园的遗产资源综合保护管理战略，峨眉山管理委员会在遗产资源的综合保护管理方面进行了探索和尝试，逐渐形成了基于系统论的世界遗产资源保护管理模式。

2.1 模式结构

峨眉山世界遗产资源保护管理模式在结构上由两个部分组成：一部分是模式的核心——“同心圈层式”保护结构；另一部分是综合管理五大促进要素，即依法管理、完善规划、科研考察、教育宣传、适度开发，五大要素有力促进了遗产资源保护，管理要素的功能整合又形成合力，为资源系统注入了负熵流，通过系统不断地与外界进行物质、能量和信息的交换，整个系统资源达到时间、空间和功能的有序状态，从而形成一个兼具整体性、关联性、时序性、等级结构性和动态平衡性的新的耗散结构，组成一个远离平衡态的资源生态系统，达到“整体大于局部之和”的资源管理整合功效（图1）。

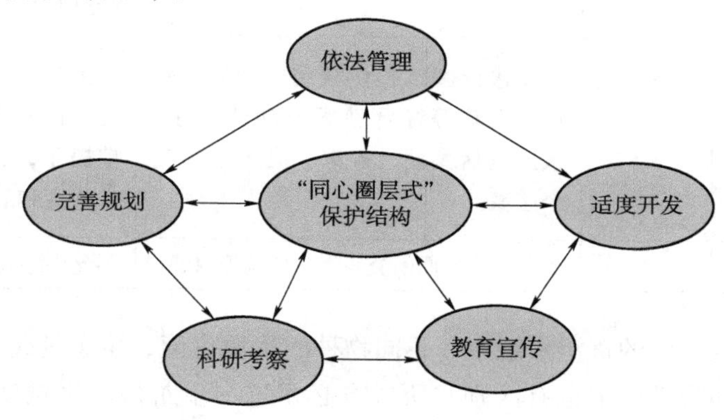

图1 峨眉山遗产资源保护模式示意

2.2 模式要素

对遗产资源的保护是综合管理工作的内容之一，也是管理工作的核心和重心。同时，对遗产资源的保护又是遗产综合管理工作的出发点和最终目的。只有在有效保护的基础上，才能对峨眉山遗产资源实施规划、研究、宣传、教育、监测和立法等综合管理措施。

（1）模式核心——“同心圈层式”保护结构

依据遗产资源的特点和分布情况，在《峨眉山风景名胜区总体规划（2002）》（以下简称《规划》）里，将峨眉山划分为不同区域，圈定了风景游览区、生态保护区、服务接待区和特殊功能区，并以风景游览区为核心区、生态保护区为围护区、旅游村为开发建设区、外围保护地带为风景环境过渡区，实行分区管理。《规划》还针对风景游览区和生态保护区内的自然遗产资源和文化遗产资源提出了专门的保护要求，制定了不同的保护措施（表1）。

表1 峨眉山遗产资源分区保护

序号	保护分区	面积/km²	保护内容	保护措施
1	风景游览区	91	以景观保存、生态观光、佛教文化等的保护和展示为主要内容。范围包括金顶、洗象池、万年寺、清音阁、四季坪、神水阁、报国寺七个景区	允许游人进入游赏，严格控制与风景区无关的设施建设，对现存设施逐步拆迁
2	生态保护区	137	风景围护区，以植被保存、动物保护等为主要内容	保持自然状况，不允许游人进入游赏，控制人为设施建设，控制区内农村居民规模
3	服务接待区	11	开发建设区以提供接待、度假、商业、市政等综合性服务功能为主。该区包括龙洞、黄湾、报国小区三个区域	以生态或温泉资源为依托，在充分利用资源的前提下，允许一定的开发强度和居住规模
4	特殊功能区	2	景区周边的西南交通大学校园等两处	不允许游人进入

在风景游览区内的资源系统中，不同物种的资源价值、生态地位是不同的，游客的游览需求和管理要求也有区别，所以有必要进一步对核心区域实行分级保护。在遗产地的核心区划分出特级、一级、二级和三级保护区，与外围保护地带一起形成“同心圈层式”保护结构（表2）。

表2 峨眉山遗产核心区资源保护对象

序号	分级保护区	保护级别	面积/km²	保护对象	保护措施
1	特级保护区	特级	17	五个珍稀植被群落分布区	不得建设建筑和设施，禁止游人进入，全区停耕、禁伐、禁猎
2	一级保护区	一级	58	所有人文和自然景点以及除特级保护区外的剩余地带	允许建设必要的游览步道，观景设施，防护设施，按规划恢复的宗教、文化设施以及少量与服务、接待和市政等相关的设施。禁猎、禁伐，尽量保持自然环境原状，控制居民人数

续表

序号	分级保护区	保护级别	面积/km²	保护对象	保护措施
3	二级保护区	二级	61	非核心景区内的生态环境和动植物栖息地	除允许机动交通通过外，不允许游人进入该区游览。全区禁伐、禁猎，全区封山育林
4	三级保护区	三级	18	旅游村、旅游点和特殊功能区	允许适当强度的资源开发利用，允许建设一定数量的接待床位和文化、娱乐、市政等设施；安排一定数量的居民和社会服务设施
5	外围保护地带	四级	262	峨眉山城市规划建设区、高桥镇、罗目镇等	基本保留原有生产生活活动及土地利用形态，禁止污染环境和有碍景观的项目，全区加强绿化

这个“同心圈层式”保护结构，避免了外来影响对遗产资源真实性和完整性造成的破坏，较好地遵循了世界遗产资源保护要“将原真性充分完备地传承下去”的原则（联合国教科文组织）。同时，作为一个完整的自然生态区域和人文景观胜地，该模式较好地保持了遗产构成要素、周边环境和保护过程的完整性，彰显出峨眉山遗产地资源保护第一和以可持续发展为指导的思想。

（2）综合管理五大促进要素

“同心圈层式”保护结构（图2）是峨眉山资源保护模式的核心。同时，由于我国正处于社会经济的转型期，这些珍贵资源正面临着多方面的威胁和挑战，处在被损害和蚕食的边缘。这既有历史的原因，也有人为的原因——综合管理不到位[3]。综合管理不到位包括认识不到位、立法不到位、体制不到位、技术不到位、资金不到位、能力不到位和环境不到位等。在峨眉山的管理实践中出现过政出多门、多头管理的现象。有的职能部门只考虑部门利益和小集体利益，有利益的事情就争，没有利益的事情就丢。峨眉山景区管委会提出了依靠综合管理手段保护世界遗产资源的思路，即以管委会为大龙头，围绕“同心圈层式”保护结构，从保护、规划、立法、科研、教育、监控六个方面，一手抓资源保护，一手抓综合管理，在为遗产地创造良好生态环境效益、社会效益和经济效益的同时，为保护遗产增强后劲。

1）遗产资源保护第一

遗产资源保护具有多目标性，既要保护好资源系统，生生不息、代际相传，又要充分展示遗产资源的真实性与完整性；既要保护遗产资源的本底价值和直接应用价值，又要保护其间接衍生价值。对峨眉山遗产资源实施“同心圈层式”的保护，实现保护的多目标性，要求对遗产资源进行全方位、多角度的综合管理。

①特级保护区
②一级保护区
③二级保护区
④三级保护区
⑤外围保护地带

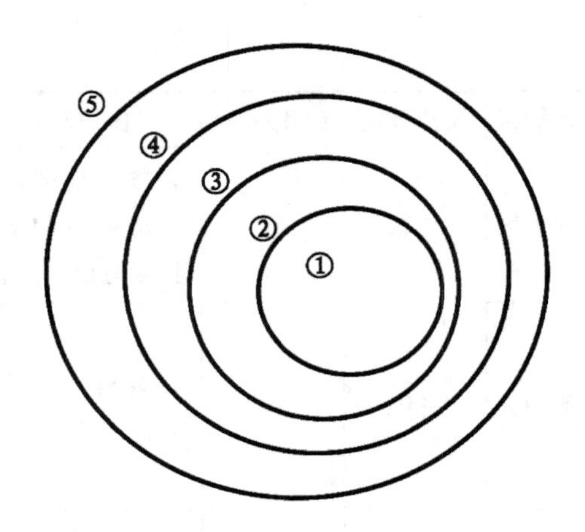

图 2 “同心圈层式”保护结构

2）规划先行

《峨眉山风景名胜区总体规划》进行了三次编制或修编，一次比一次强调遗产保护的重要性。特别是 2002 年的第三次修编，从世界自然与文化遗产的高度，为峨眉山遗产资源保护指明了方向，并从科学的角度，整体把握了资源保护管理的脉络，确定了在新的历史背景下峨眉山资源管理的侧重点和整体框架。修编的内容涉及科研、立法、监控和宣传教育等内容，同时完善了科研、立法、监控和宣传教育环节之间的能动效应。

3）依法管理

峨眉山管委会提出了“依法管理三步曲”：第一步，立法保护。立法具有两层含义，一是明确对国家和世界有关遗产资源保护的法律法规的尊重。二是根据自身特点立法，完善景区管理法规，遗产资源可以利用，但是必须服从规划；遗产地内可以建设服务设施，但必须要以有效地保护资源为前提，为资源服务。第二步，宣传法制管理。峨眉山通过干部、群众和游客建立依法治理宣传网络，开展正面教育活动。第三步，严格执法。管委会组织综合执法队伍，一方面严肃执法纪律，规范执法管理行为；另一方面依法整治违法违规经营和其他不良行为，保证遗产资源综合管理执法的连续性和有效性。

4）科学研究

峨眉山拥有世界上最典型、保存最好的亚热带植被类型，以及丰富的历史文化遗存，具有极高的科学研究价值和保留价值，是一座科学考察的资源宝库；同时依靠科学研究方面的优势，峨眉山将定量与定性相结合、理论与实际相结合、多学科知识相结合、宏观研究和微观研究相结合、人类思维和信息技术相结合，不断探索总结出贯穿保护、规划、宣传、教育、开发、利用环节的科学方法和理论体系，更好地促进了这个开放复杂系统的资源结构优化。[5]

5）教育和宣传

世界遗产地的主要功能之一是教育和宣传。1997 年峨眉山风景名胜区管理委员会成立，职能之一是向遗产资源的管理经营者、游客、当地居民和国民宣传讲解遗产资源的内容、结构、品位、作用以及如何保护资源环境、如何与遗产资源形成良性互动等知识，致力于提高全社会对世界遗产的保护意识。同时该机构还承担着引导、支持、教育当地居民积极参与遗产资源的保护管理，帮助当地居民改善生活质量和提高经济收入的责任。这些宣传教育举措提高了管理者对资源保护管理的理解，加强了法律法规和规划的执行力度，是对科研成果的有力展示，与保护、管理、规划、立法、开发、利用等职能形成合力，促进了整个资源系统的动态平衡和良性互动。

6）适度开发

从发展的角度看，对遗产资源的适度开发是对世界遗产环境的进一步美化，对其内涵的进一步挖掘和展现可以深化遗产资源的原真性和完整性，提升遗产资源的价值[6]。

2.3　模式功能

峨眉山基于系统论的世界遗产资源保护管理模式以《遗产公约》和可持续发展理论为指导，通过完善资源保护的五大要素，从功能上优化了峨眉山资源系统，对加强资源保护，强化资源管理，发展景区旅游，促进世界遗产地环境、社会和经济的持续健康发展，发挥了明显的系统功效和促进作用。综合运用实地调查、监测监控和地理信息系统等技术，建立生物多样性保护管理信息系统，提高遗产地的科学保护水平是峨眉山世界遗产资源保护管理的总体目标，六大系统工程形成了有力的支撑体系（图 3）。

①生态安全系统工程为峨眉山生态安全提供了科学、系统和可视的分析和决策管理工具，包括生态承载力研究，峨眉山生态风险分析、评估和区划，生态安全和预警系统研究及开发，峨眉山人口密集区和主要公路沿线生态环境预警研究，基于 GIS 的峨眉山生态安全与预警系统开发等。

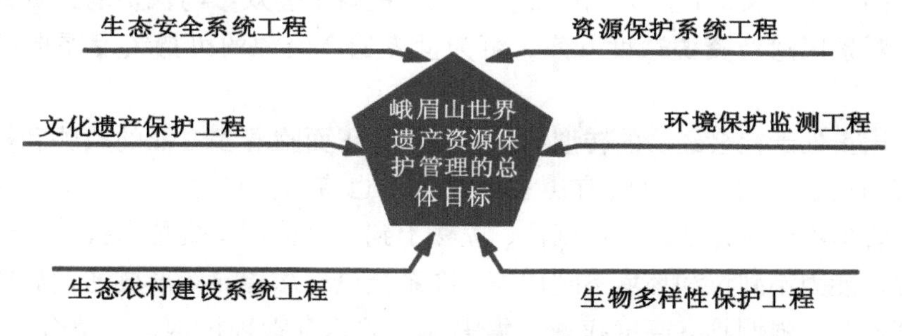

图 3　峨眉山世界遗产资源保护管理模式的功能结构体系

②文化遗产保护工程包括文物普查与文物升级保护、古建筑维修保护和改造建筑外观等项目，设立了文物管理局，成立了文物执法大队，对文物进行巡查和保护，保证文物的安全。

③生态农村建设系统工程既实现了旅游项目的功能，又保护了生态环境，科学地利用了资源，包括生态经济建设工程、峨眉山中草药种植、“峨眉灵猴”等系列绿色旅游产品生产加工、生态农家乐建设、生态环保住宅工程等。

④生物多样性保护工程为遗产资源的保护提供基础资料，包括资源普查工程、野外植物资源状况监测体系、环境质量动态监测体系、珍稀动植物繁育恢复工程、基础设施建设工程等，旨在建设完善的峨眉山珍稀动植物数据库、药用植物数据库、峨眉山动植物数据库、峨眉山植物图像数据库等。此外，加强了对噪声的监测和治理，合理安排游人线路，为野生动植物营造适宜的生活环境。包括建立退耕还林保护、特别保护区保护、珍稀植物园保护、野生动物生存环境保护和森林火警预防等保护体系。

⑤环境保护监测工程采用国际先进技术对环境指标进行监控，包括水体监测与保护、大气环境监测与保护、固体废物污染治理和拆除有碍景观的建筑物与构筑物等项目。

⑥资源保护系统工程包括草原保护修复、河湖和湿地保护修复、天然林保护、防沙治沙、水土保持、矿山生态修复、退耕还林还草等项目，最大限度保护各种自然生态资源。

3 结论及借鉴意义

①基于系统论的世界遗产资源保护管理模式，清晰地展示出基本功能框架，即在“保护第一”的核心原则下，制定科学的遗产资源保护规划；严格依法管理，为利用遗产资源开展科学研究和教育培训活动提供依据；科学研究不仅推动遗产保护研究的深化与保护技术的完善，还有利于传播自然与文化遗产的保护理念；遗产地作为自然与文化遗产资源的科普教育、环境教育、可持续发展教育基地，既提高了科学保护的水平，又加强了人们的保护意识，提高了公众参与保护的自觉性；在保护基础上对景区遗产资源适度开发，可为世界遗产资源的可持续发展提供支持与保障。

②我国正处于社会经济的转型期，珍贵资源正面临着多方面的威胁和挑战，处在被损害和蚕食的边缘。这既有历史的原因，也有人为的原因——综合管理不到位。综合管理不到位包括认识不到位、立法不到位、体制不到位、技术不到位、资金不到位、能力不到位和环境不到位等。在系统论理念指导下形成的世界遗产资源保护管理模式，强调具有高度权威、集中统一的综合管理机构，是整合资源优势、科学保护管理遗产资源的必备条件和关键所在，既符合中国国情，又符合世界遗产

保护要求，可供其他遗产保护地借鉴。

③在此模式框架下构建的遗产资源保护六大系统工程，进一步从功能上优化资源系统，加强资源保护，强化资源管理，对世界遗产地环境、社会和经济的持续健康发展，发挥了明显的系统功效和促进作用。

参考文献

[1] 李文华，闵庆文，孙业红．自然与文化遗产保护中几个问题的探讨［J］．地理研究，2006，25（4）：561－569.

[2] 李双杰．改进中国自然文化遗产资源管理——国际会议述评［J］．旅游学刊，2002，17（1）：77－79.

[3] 杨锐．中国自然文化遗产管理现状分析［J］．中国园林，2003，19（9）：38－43.

[4] 甘丽，邓莹．我国遗产资源制度管理模式探析［J］．商业文化，2007（7）74－76.

[5] 郑易生．自然文件遗产的价值与利益［J］．中国园林，2002（2）：26－28.

[6] 毛历辛．旅游开发与世界遗产保护［J］．商业研究，2004（19）：169－170.

作者简介：陈敏，博士，成都信息工程大学管理学院副教授，美国圣地亚哥州立大学访问学者。

基于时滞效应的农业科技进步评价研究①

刘敦虎[1]　赖廷谦[1]　杨力[2]

（1. 成都信息工程大学；2. 西南交通大学经济与管理学院）

摘要： 农业科技进步是我国科技创新战略的重要组成部分。已有研究缺少对农业科技投入与科技产出间时滞效应的系统分析。本研究基于科技投入和科技产出两个维度对农业科技进步进行评价，构建综合的农业科技进步评价指标体系，进而基于PCA（主成分分析法）与滞后阶数回归模型，运用面板数据回归方法计算出各类科技进步投入指标与产出指标的滞后阶数。实证分析结果表明，相较于传统的科技投入指标，科技资金投入类和外向型经济类指标对科技产出水平有更加显著的正向影响，且持续时间较长。据此，本研究提出可从优化农业创新资源配置、加强农业科技投入以及完善评价与激励政策等多方面推进农业科技的可持续发展。

关键词： 农业科技进步；评价指标；时滞效应；面板数据回归

1　引言

2015年5月20日，农业部等正式发布了《全国农业可持续发展规划（2015—2030年）》（以简称《规划》），《规划》将是今后一个时期内指导农业实现长期可持续发展的纲领性文件，《规划》不仅提出了未来一个时期推进农业可持续发展的五项重点任务，还明确指出到2020年，农业科技进步贡献率要达到60%以上，要进一步实现农业产能的优化升级。由此可见，在我国农业可持续发展，要将“农业科技创新”作为源源不断的推动力。然而现有研究大多从规模水平、贡献率等角度展开研究，缺少对农业科技投入与科技产出间滞后效应的深入刻画与系统分析。因此，在中国经济步入“新常态”的时代背景下，本文基于时滞效应对农业科技进步中的投入与产出问题进行深入研究，构建紧扣现实背景的农业科技进步评价指标体系，对有效识别农业科技进步中的关键作用因素、科学评价农业科技进步水平、促进农业科技创新政策的全面落实具有重要的理论意义与实践价值。

---

① 本文原载于《农村经济》2015年第9期，是第十一届“生态·旅游·灾害——2014长江上游生态保护与灾害管理战略论坛”文章。

2 关于农业科技进步的研究进展

从已有研究成果看，农业科技进步是农业科技创新研究领域中的热点问题，国内外学者从定性和定量角度对其进行了较为全面的研究。[1]根据研究的时间和主题进行归纳可以发现，早期的研究成果（20 世纪 80 年代）主要从定性分析的角度集中讨论农业科技进步与农村经济发展以及农业发展的关系。陈伟民（1990）[2]研究提出了“农业科技进步的效率观”。朱希刚（1994）[3]从狭义和广义两个角度对农业科技进步的内涵进行解析，指出农业科技进步不仅包括农业生产要素效率水平的提高还涉及农业管理、决策以及人员素质等综合实力的提升。此时的研究注重从内涵、作用以及运行规律的角度对农业科技进步进行研究分析。研究中期阶段（2000—2010 年），学者开始采取 C－D 生产函数和索洛余值法对国内各省区农业科技进步作用进行量化测度分析，但测算方法单一，测算结果误差较大[4]，亟待从测算指标的选取以及测算方法上寻求改进。2012—2014 年的研究成果表明，一方面，是在测算方法和测算模型上有了较大的突破和进展，面板数据模型开始大量应用于测算过程中。刘玉春、修长柏（2014）[5]基于格兰杰因果分析法和面板数据模型就农村金融发展的相关属性与农业科技进步贡献率的作用关系进行实证检验分析，并指出农业科技进步对农村经济发展的影响存在滞后效应。杨雪姣等（2014）[6]基于获取的面板数据将 DEA－Malmquist 指数法引入农业科技进步贡献率的分析中。肖干、徐鲲（2012）[7]通过建立动态面板数据模型，实现了从效率、结构、规模对农村科技进步贡献率的测度分析。另一方面，研究开始关注农业科技进步与农业经济发展、社会、环境以及生态效益等的相互影响关系。鲁钊阳（2013）[8]基于动态面板数据，对农业科技进步与农业碳排放间的作用关系进行了实证分析，并指出农业碳排放量与农业科技进步水平间呈现出负相关关系。陆文聪、余新平（2013）[9]通过实证分析验证了农民的农业收入和非农收入与农业科技进步水平间存在着正向的、显著的关系。刘玉春、修长柏（2013）[10]利用 VaR 多变量模型对农村金融、农民收入增长以及农业科技进步水平三者间的关系进行了实证分析。

综上所述，现有针对农业科技进步的研究，主要集中于总量方面，以 C－D 生产函数和索洛余值法来度量测算科技进步对农业经济发展的贡献率。已有研究较多地使用了面板数据模型并主要针对省级层面展开分析。然而，对农业科技进步贡献率的测度仅仅是农业科技进步与农业经济关系中的一个方面。实现对农业科技进步全局、全面的把握，还需要构建恰当的综合评价指标体系，从科技投入、科技产出以及经济—社会—生态等多角度来评估科技进步对农业经济发展的作用，衡量农业科技发展的实际水平。

3 农业科技进步评价体系的构建

构建农业科技进步评价体系旨在通过多元化、多维度、多层次的指标体系，衡量和评价某区域的农业科技进步水平[11]，进而通过评价值，客观、真实地对农业科技进步的状态、问题、趋势以及政策落实情况进行全面、系统的描述。

3.1 评价指标的选取

本研究中评价指标的选取主要遵循以下原则。

（1）数据可获取性。通过调研发现，我国农业农村科技信息的统计并不完善，部分科技评价数据难以取得，因此本文基于评价数据的可获取性，参考已有文献的研究成果[12-14]，选取农业科技进步投入与农业科技进步产出作为评价体系的一级指标。

（2）指标的综合性。一方面，针对农业科技进步投入指标，本研究从农业科技资金、农业科技人才、农业科技相关政策以及农业科技物资等多个维度进行考量，形成了4个二级指标，11个具体的测量指标；另一方面，针对农业科技进步产出指标，本研究将其划分为农业科技产出（包含农业产业进步与农业科技成果转化）、经济产出以及社会与环境产出3个类别，进行综合评价。

（3）指标的客观性。研究选取的指标大多是可量化的定量指标，同时其数据的来源比较权威，能够客观、真实地反映评价主体的实际情况。

（4）指标数据的连贯性。鉴于后续研究中将使用面板数据模型，因此被选取指标的数据需要在一定周期内保持相对的稳定，本研究以成都市20个县（市、区）作为评价样本，采集其2010—2014年的农业科技进步的相关统计数据作为分析计算的基础。

3.2 评价指标确定

综上所述，研究从农业科技投入和农业科技产出两方面对农业科技进步进行评价，构建紧扣现实背景的农业科技进步评价指标体系。体系中将科技进步投入分为农业科技资本投入、农业科技人员投入、农业科技政策投入以及农业科技物资投入4个类别，共11个具体投入指标。同时，本研究将农业科技进步产出归纳为农业科技产出（包含农业产业进步与农业科技成果转化）、经济产出、社会及环境产出3个类别，共14个产出指标，如表1所示。

表1　农村科技进步评价指标体系

一级指标	二级指标		测量指标（三级指标）
农业科技进步投入	农业科技资本投入		①农业科技财政投入强度
			②农业 R&D（研究与试验发展）经费支出的 GDP 占比
			③农业龙头企业 R&D 经费支出的销售收入占比
			④农业技术改造经费支持总额
			⑤委托外单位进行农业科技研发的经费支出额
	农业科技人员投入		①万人农业科技人员占比
			②中高层次农业技术人员占比
	农业科技政策投入		①农业项目获立项总数
			②农业 R&D 经费加计扣除所得税减免额的总经费占比
	农业科技物资投入		①人均农业科技固定资产原值
			②农业科学技术研究机构数量
农业科技进步产出	农业科技产出	农业产业进步	①农业标准化水平
			②农业企业通过 ISO 认证实现标准化的水平
		农业科技成果转化	①劳均农业机械总动力
			②旱涝保收率
			③农业技术合同平均成交额
			④农业劳动生产率提升程度
			⑤农业专利转化的专利授权总量占比
	经济产出		①土地产出率（每公顷种养面积产值）
			②初级农产品向高附加值产品的加工率/转化率
			③农产品出口占总产值比例
			④乡镇企业利润率/收益率增长程度
	社会及环境产出		①农村大中型沼气工程人均生产量的提升程度
			②万元农业增加值水耗
			③从业人员人均工资

4　农业科技进步评价的滞后性测度

4.1　数据来源与方法选取

本研究选取成都市的 20 个县（市、区）作为评价样本，鉴于农业科技进步产出所具有的滞后性，指标数据主要来自《成都市统计年鉴》（2010—2014）、《成都市国民经济和社会发展统计年鉴》（2010—2014）、《成都市第二次农业普查主要数据公报》（2008），同时还有部分数据来自成都市科学技术局、原成都市农业委员会等相关部门。

当前，已有多种成熟的方法可用于进行滞后效益的测度，其中最为典型的方法是回归分析法，因此，本文借鉴刘志春等（2015）[15]的研究思路，首先基于2010—2014年的数据，利用PCA（主成分分析法）对11个农业科技进步投入指标进行综合分析，计算出标示3类农业科技进步产出效率的综合评分值；其次，基于构建的滞后阶数回归模型，对计算所得的2010—2014年的综合评分值及其滞后项进行面板数据回归；最后，得到不同显著水平下（0.01、0.05、0.1）回归模型的系数值，从而标示出该计算周期内，成都市20个县（市、区）农业科技进步投入的平均滞后水平。

4.2 数据预处理

本文将农业科技进步产出划分为农业科技产出、经济产出、社会及环境产出3个大类，其中农业科技产出又分为农业产业进步与农业科技成果转化。根据上述分类，研究应用PCA（主成分分析法）将评价体系中各指标归集为3类产出，并根据采集到的2010—2014年的数据，利用SPSS 15.0软件计算出标示3类农业科技进步产出效率的综合评分值：E_1、E_2、E_3。

4.3 滞后阶数回归模型建立

本研究中的11个农业科技进步投入指标，在客观上都存有滞后的特性，其投入效益不会及时地反映出当期的农业科技进步产出，因此，本研究建立11个投入指标的1～3阶滞后量回归模型。

①投入指标的1～3阶滞后量：

1阶滞后量：T_{1-x_i}；二阶滞后量：T_{2-x_i}；三阶滞后量：T_{3-x_i}；

②确定模型的因变量：E_1、E_2、E_3；

③建立回归模型：

$$E_1=\alpha_{0i}+\alpha_{1i}x_i+\alpha_{2i}T_{1-x_i}+\alpha_{3i}T_{2-x_i}+\alpha_{4i}T_{3-x_i}+\varepsilon_1,\ 1<i<11 \quad \text{模型（1）}$$

$$E_2=\beta_{0i}+\beta_{1i}x_i+\beta_{2i}T_{1-x_i}+\beta_{3i}T_{2-x_i}+\beta_{4i}T_{3-x_i}+\varepsilon_2,\ 1<i<11 \quad \text{模型（2）}$$

$$E_3=\gamma_{0i}+\gamma_{1i}x_i+\gamma_{2i}T_{1-x_i}+\gamma_{3i}T_{2-x_i}+\gamma_{4i}T_{3-x_i}+\varepsilon_3,\ 1<i<11 \quad \text{模型（3）}$$

④回归模型结果分析：

回归模型数据计算结果如表2所示，鉴于模型中变量较多，因此表中只展示了与因变量显著相关的自变量的回归结果。

表 2 滞后阶数回归模型数据分析结果[1]

产出类型	投入指标	滞后阶数	相关系数	影响程度
农业科技产出（农业产业进步 & 农业科技成果转化）	农业科技财政投入强度	1 阶	0. 912 *	强
		2 阶	0. 816 *	
	农业 R&D 经费支出的 GDP 占比	3 阶	0. 078 **	较弱
	农业龙头企业 R&D 经费支出的销售收入占比	2 阶	0. 577 ***	较强
		3 阶	0. 412 *	
	委托外单位进行农业科技研发的经费支出额	1 阶	0. 186 *	一般
	万人农业科技人员占比	2 阶	0. 091 **	较弱
	农业项目获立项总数	1 阶	0. 332 ***	较强
		3 阶	-0. 513 **	负向影响
	农业 R&D 经费加计扣除所得税减免额的总经费占比	3 阶	0. 061 *	较弱
	人均农业科技固定资产原值	2 阶	0. 080 **	较弱
		3 阶	0. 066 *	较弱
	农业科学技术研究机构数量	3 阶	0. 059 *	较弱
经济产出	农业科技财政投入强度	1 阶	1. 286 *	强
		2 阶	0. 556 *	强
	农业 R&D 经费支出的 GDP 占比	1 阶	0. 589 *	强
	农业技术改造经费支持总额	1 阶	2. 589 ***	强
		2 阶	2. 181 ***	强
	农业龙头企业 R&D 经费支出的销售收入占比	1 阶	1. 127 *	强
		2 阶	0. 556 *	较强
	委托外单位进行农业科技研发的经费支出额	3 阶	0. 722 **	强
	万人农业科技人员占比	1 阶	0. 470 ***	较强
	农业项目获立项总数	2 阶	0. 712 *	强
	农业 R&D 经费加计扣除所得税减免额的总经费占比	1 阶	0. 427 ***	较强

续表

产出类型	投入指标	滞后阶数	相关系数	影响程度
社会及环境产出	农业科技财政投入强度	0 阶	0.155***	较弱
		1 阶	0.176***	较弱
	农业 R&D 经费支出的 GDP 占比	0 阶	0.166***	较弱
		1 阶	0.171***	较弱
		2 阶	0.173***	较弱
		3 阶	0.189***	较弱
	农业技术改造经费支持总额	0 阶	0.276**	一般
	农业龙头企业 R&D 经费支出的销售收入占比	0 阶	0.232**	一般
	万人农业科技人员占比	0 阶	0.321*	较强

注1. 所有回归模型数据都通过 Hausman 检验；

2. ***、**、*分别表示在 0.01、0.05、0.1 的水平上显著。

如表 2 所示，表中按照回归系数的高低对影响程度进行了分类处理，分别标注了“强、较强、一般、较弱、弱”5 个类别，以便后面进行分类解析。

（1）与农业科技产出显著相关的指标分析

如表 2 所示，科技人员投入、科技政策投入相较于科技资本投入对农业科技产出的影响要弱很多，且持续的时间相对较短。比如指标农业科技财政投入强度的 1 阶、2 阶相关系数是最大的（0.912/0.816），且呈显著的正向影响；指标农业龙头企业 R&D 经费支出的销售收入占比的 1 阶、2 阶正向影响程度较强（0.577/0.412）；指标农业项目获立项总数的 1 阶相关系数为 0.332，呈现正向影响，但 3 阶相关系数为 -0.153，呈现较强的负向影响。余下指标的相关系数均在区间（0.05，0.1）浮动，呈现较弱的正向影响。经上述分析可知：传统的科技投入方式，如人员、政策、物资等，对农业科技产出水平的影响并不显著，产出效益在投入水平的作用下反应不敏感，同时也未表现出明显的滞后效应，即影响的幅度和持续的时间都相对较弱。相反，譬如农业科技财政投入强度、农业龙头企业 R&D 经费支出的销售收入占比等农业科技资本投入类和外向型经济类指标则对农业科技进步产出水平有较为显著的正向影响，且持续时间较长。

（2）与经济产出显著相关的指标分析

如表 2 所示，总体上看传统、典型的生产型科技进步投入指标的影响都比较强，比如指标农业技术改造经费支持总额的 1 阶、2 阶相关系数都较大（2.589/2.181），说明其影响程度很强；指标农业科技财政投入强度的 1 阶、2 阶影响也都比较大，呈现出显著的正向影响。同时，余下的各项指标的相关系数基本大于 0.4，说明这些指标都表现出一定的影响，同时可以发现其影响较多为 2 阶，说明指标呈现出相对较长时间的滞后效应。

（3）与社会及环境产出显著相关的指标分析

如表2所示，只有指标农业R&D经费支出的GDP占比呈现出较长时间的滞后效应（0.171/0.173/0.189），且影响程度相对较弱，余下相关指标农业科技财政投入强度、农业技术改造经费支持总额、农业龙头企业R&D经费支出的销售收入占比以及万人农业科技人员占比等未能表现出长期影响，作用效应仅仅表现在当期。由此可见，农业科技进步投入的社会产出往往是即时性的，随着科技进步投入的加强，劳动生产率、资源消耗量以及从业人员的工资水平都会得到及时改善。

上述分析表明，由于部分农业科技投入指标对产出的影响程度相对较小，同时农业项目获立项总数指标表现出相反的滞后效应，因此，本研究在表1与表2的基础上重点选择了关联影响程度较强和时滞效应明晰的指标，形成农业科技进步水平评价的关键指标，其中农业科技财政投入强度、农业R&D经费支出的GDP占比、农业龙头企业R&D经费支出的销售收入占比、农业R&D经费加计扣除所得税减免额的总经费占比、农业技术改造经费支持总额以及万人农业科技人员占比6个指标作为基准年投入指标，其产生的投入效应将长时间影响农业科技进步的产出。

5　结论与建议

本文对农业科技进步中的投入与产出问题进行深入研究，从农业科技投入和农业科技产出两个主要维度对农业科技进步进行评价，构建紧扣现实背景的农业科技进步评价指标体系。体系中将农业科技进步投入分为农业科技资本投入、农业科技人员投入、农业科技政策投入以及农业科技物资投入4个类别，共11个具体投入指标。同时，本研究将科技进步产出归纳为农业科技产出（包含产业进步与科技成果转化）、经济产出以及社会及环境产出3个类别，共14个产出指标。本研究综合应用PCA（主成分分析法）与滞后阶数回归模型，根据采集到的成都市20个县（市、区）2010—2014年的统计数据，计算出各类科技进步投入指标与科技进步产出指标及其1～3阶滞后项在不同显著性水平下的相关系数。回归模型数据分析的结果显示：

（1）传统的科技投入方式，如人员、政策、物资等对农业科技产出水平的影响并不显著，产出效益在投入水平的作用下反应不敏感，同时未表现出明显的滞后效应。相反，科技资本投入类和外向型经济类指标则对科技产出水平有较为显著的正向影响，且持续时间较长。

（2）典型的生产型科技进步投入指标对农业经济产出的影响都比较强，且呈现出相对较长时间的滞后效应。

（3）科技进步投入的社会产出往往是即时性的，随着科技进步投入的加强，其社会与环境产出将迅速加以体现。

综上所述，本文建议，首先，成都市农业科技进步平均水平不高，科技进步投入的产出效率需要有效提升，重点要持续增加农业科技投入，尤其需要优化农业科技创新资源的配置[16]，加强配套政策的引导、扶持与落实；其次，鉴于农业科技进步各项投入指标以及各类产出之间客观存在的滞后效应，政府应加强顶层设计，完善激励机制与评价机制，转变考核观念，推行农业科技投入的可持续性政策[17]；再次，应塑造良好的农业科技发展的环境、平台，建立完善农业科技创新生态系统，促进科技成果转化与新知识、新技术的转移与共享，实现科技成果与农村经济发展的有效对接[18]，在我国经济运行走势分化，下行压力仍然明显的背景下，以农业科技进步促进农业经济的提质、增效、升级。

参考文献

[1] 姜明伦，李瑞光．农业科技进步评价指标与评价方法研究综述［J］．农村经济与科技，2008（1）：64－65.

[2] 陈伟民．试论农业科技进步［J］．经济研究，1990，12：31－36.

[3] 朱希刚．农业技术进步及其“七五”期间内贡献份额的测算分析［J］．农业技术经济，1994（2）：02－10.

[4] 丁晨芳，高明杰．农业科技进步研究综述［J］．科技进步与对策，2007（11）：213－216.

[5] 刘玉春，修长柏．农村金融发展与农业科技进步——基于时间序列的格兰杰因果分析［J］．科学管理研究，2014（3）：109－112.

[6] 杨雪姣，王春瑞，孙福田．基于DEA方法对黑龙江省农业科技进步贡献率的测算及分析［J］．开发研究，2014（2）：109－112.

[7] 肖干，徐鲲．农村金融发展对农业科技进步贡献率的影响——基于省级动态面板数据模型的实证研究［J］．农业技术经济，2012（8）：87－95.

[8] 鲁钊阳．省域视角下农业科技进步对农业碳排放的影响研究［J］．科学学研究，2013（5）：674－683.

[9] 陆文聪，余新平．中国农业科技进步与农民收入增长［J］．浙江大学学报（人文社会科学版），2013（4）：5－16.

[10] 刘玉春，修长柏．农村金融发展、农业科技进步与农民收入增长［J］．农业技术经济，2013（9）：92－100.

[11] 林毅夫．制度、技术与中国农业发展［M］．上海：上海人民出版社，2005.

[12] 于敏．农业科技进步评价研究——以宁波市为例［J］．科技进步与对策，2010（8）：97－99.

[13] 张建．农业科技进步评价体系的建立及其在贵州农业的应用初探［J］．西南农业学报，2010（1）：261－265.

[14] 李敬锁，袁学国，牟少岩，等．农村科技进步评价指标体系研究［J］．中国科技

论坛，2013，8：123－127.
[15] 刘志春，陈向东．基于时滞效应的我国科技园区创新效率评价［J］．管理学报，2015，12（5）：727－732.
[16] 李学勇．发挥科技进步对社会主义新农村建设的支撑作用［J］．中国软科学，2006，7：1－5.
[17] 王振华，张广胜．人力资本、追赶效应与农业科技进步［J］．中国人口资源与环境，2013，12：131－135.
[18] 陈良玉，陈永红．中国农村科技工作新思路探研［J］．中国软科学，2007，1：15－22.

作者简介：刘敦虎，博士，成都信息工程大学科技处副处长、教授；赖廷谦，成都信息工程大学教授；杨力，博士，西南交通大学。

气候舒适度对中老年在职员工职业健康的影响研究①

李贵卿　戢培　杜宛燕
（成都信息工程大学管理学院）

摘要：本文分析了中老年在职员工的身体特征——身体能力、认知能力、情绪适应能力；职业健康的主要衡量指标——身体健康、心理健康、社会适应健康等；影响中老年在职员工的气候舒适度指标——气候、温度、湿度、风速、日照等。在此基础上构建了气候舒适度对中老年在职员工职业健康影响的理论分析模型、气候因素影响人们的穿衣防护模型，并建议将气候因素纳入国家职业健康安全体系以改善人们的职业健康，另外，还应注意气候因素对职业健康的影响也受到个人因素（健康行为、卫生保健）和组织因素（工作套件、社会保障）的调节。

关键词：气候舒适度；中老年在职员工；职业健康；通用热气候指数

1　中老年在职员工的职业健康

1.1　中老年在职员工身体特征

联合国对老龄化社会的传统标准为：一个地区60岁以上人口达到总人口的10%；新标准为：65岁以上人口占总人口的7%，即该社会进入老龄化社会。中国2016年60周岁及以上人口占总人口的16.7%；65岁及以上人口占总人口的10.8%，已经进入老龄化社会。2013年的《中共中央关于全面深化改革若干重大问题的决定》指出，研究制定渐进式延迟退休年龄政策，退休年龄将采取“小步渐进”方式，逐渐将退休年龄提高到65岁。2017年9月的《中国健康事业的发展与人权进步》白皮书指出，中国的人均寿命2016年已提高到76.5岁，居民的主要健康总体上优于中高收入国家平均水平，提前实现联合国千年发展目标。第六次人口普查数据表明，中国大学以上学历人口比重达到8.93%。中国60岁及以上人口中，健康状况较差的仅占26.9%，且这些人中有不少具备较高技术水平，积累了丰富的专业技术和领导经验。未来20年，随着中国转变经济发展方式和第三产业发展，对劳动者体力要求下降，而对沟通能力等要求将提高，对老年人力资源的需求将上升。《“十三五”国家老龄事业发展和养老体系建设规划》指出，要加强老年人力

① 本文是第十四届“生态·旅游·灾害——2017长江上游灾害应对与区域可持续发展战略论坛”文章。

资源开发，将老年人才开发利用纳入各级人才队伍建设总体规划，鼓励各地制定老年人才开发利用专项规划，鼓励专业技术领域人才延长工作年限。一般发展中国家规定男子55岁以上，女子50岁以上为老年人；根据中国老龄委数据显示，2015—2035年，中国将进入急速老龄化阶段，如何积极发挥50岁以上逐渐进入老龄阶段的员工的积极性，对缓解中国人口抚养比不断上升的局面有着重要意义。

50岁以上的员工，有些人仍然全职工作，如机关事业单位领导及管理人员、企事业单位科研工作者、工程技术人员、教师、医生、律师等。人们到了50岁以后，各种身体机能在减退，患慢性病的风险也明显增大。一是身体能力，50岁以后，骨质加速减少，血压会升高，患消化系统疾病比例提升，女性一般会经历更年期；60岁以后，从走路到思考、从反应到阅读、从发言到心跳，各种机能都慢了下来；心脏供血减少、动脉硬化、消化功能减退、肺活量减少、睡眠深度降低、性反应变得迟钝；65岁以后，部分老年人会丧失部分听力、嗅觉和味觉，喜欢吃味道更重的食物来补偿味觉和嗅觉的减退；触觉也变得迟钝。二是认知能力，50岁左右，词汇表达、语言记忆、归纳推理、空间定向四大功能达到了顶峰，数字能力、感知速度有所减退；到60岁后，认知机械成分，如感觉输入、注意力、视觉和动态记忆、辨认、比较分类等认知硬件退化；而阅读与写作、语言理解、教育程度、职业技能等涵盖个人生活技能的实用认知成分有所提高。三是社会情绪特征，到了50岁后，积极正面的身份认同和代际关系密切相关，随着孩子参加工作或建立小家庭，出现"空巢综合征"，此时，人们反而有更多的时间来追求职业兴趣；到了60岁后，老年人开始回顾往事、重新审视自己的人生并融入更广阔的社区，社会支持对老年人的身体和精神健康很重要，有助于减轻疾病症状，降低对个人健康护理的需求。由于老年人生理机能的下降，气候条件对他们的健康影响就更加敏感。

1.2　职业健康

广义的职业健康是指在生产过程中针对影响员工身心健康的各种因素所采取的一系列治理措施和开展的保健工作。狭义的职业健康主要探讨职业疾病产生的原因，并采取相关预防措施来避免或减少危害，增进员工的身心健康水平并提高其工作效率。

影响职业健康的因素主要有：①物理因素，包括噪声、振动、光线强度、温度、气压和辐射等因素；②化学因素，包括刺激性或有毒气体、重金属、腐蚀和粉尘等因素；③生物因素，包括来自相关动植物体内或体外的传染性微生物或致病原因素；④人类功效因素，包括工具设计、工作条件或工作环境方面造成的不舒适或致病因素；⑤心理因素，主要包括员工不良情绪或心理压力等因素[1]。

为了改善员工的职业健康，1994年4月，英国标准协会等13个全球主要标准定制机构、认证机构与专业组织整合诸多安全管理体系标准共同发布了OHSAS

18001 即职业健康安全管理体系标准，旨在以风险评估为核心，建立管理体系来加强职业健康效益控制，采用策划—实施—检查—改进（PDCA）循环，以及预防为主、持续改进、动态管理的思想，为改善员工的职业健康起到了保障作用。职业健康安全管理体系，以消除或尽可能降低可能暴露于职业健康安全危险源中的员工所面临的风险为目的[2]。2001 年国家标准委员会和国家认证认可监督管理委员会联合发布《职业健康安全管理体系　要求》（GB/T 28001—2001，2011 年 12 月 30 日 GB/T 28001—2011 代替 GB/T 28001—2001），以消除或尽可能降低可能暴露于与组织活动相关的职业安全危险源中的员工和其他相关方所面临的风险；在考虑工作场所构成时，组织也宜考虑差旅或运输中在客户或顾客处所工作或在家工作人员等的职业健康安全影响，这些影响也与气候因素密切相关。

2　气候因素与职业健康

人类自身对气候和天气的改变非常敏感，气候因素影响健康的方式主要有三种：一是通过极端天气事件直接影响健康，如高温热浪引起的热相关疾病甚至死亡；二是通过自然生态系统间接影响健康，如昆虫媒介的地理分布范围扩大将造成虫媒传播疾病发病的增多；三是以人类社会系统为媒介间接影响健康，如极端天气频发导致人们流离失所而产生的精神压力等。气候变化对职业健康的影响主要表现在以下五个方面。

第一，温度升高。气候变化最显著的特征就是外界空气温度升高，从而带来高温天气热暴露的增加，这既是环境危害，又是职业危害。暑热天气的延长以及高温高湿天气的增多，可直接威胁职业人群的健康，引起中暑、热衰竭、热痉挛、热晕厥、热疹等问题[3]。另外，气温升高会加剧工作场所中有毒化学物质的蒸发，引起呼吸系统、神经系统等疾病[4]。

第二，空气污染。外界温度的升高，会加快大气中化学污染物之间的光化学反应速度，造成光氧化剂的增加。气候变化会导致空气污染相关疾病（如呼吸道疾病）、过敏性疾病（如由过敏原和刺激物引起的肺敏感性疾病）的增加。对于某些职业人群，如从事长途运输、室外公共设施维修、景观美化和建筑行业的人员，长期在户外工作，会长时间暴露于呼吸刺激物和过敏原[5]。

第三，紫外线辐射。气候变化会改变云层的分布，从而影响地面的紫外线辐射水平，使户外工人更多暴露在高强度的辐射中，由此增加与紫外线辐射相关的健康影响风险，如紫外线辐射引起的眼疾和皮肤病。另有证据表明，过量的紫外线辐射会增加唇癌、鳞状细胞癌、基底细胞瘤和恶性黑色素瘤的发病风险[6]。

第四，极端天气事件。由于全球性的气候变化，造成极端天气事件（如洪水、干旱、海啸、飓风）出现得更加频繁和密集，使某些职业人群疲于处理各种危险事件，造成救援、应急和清理工作量的不断增加，增加了这些从业人员直接暴露于极端天气事件的风险[6]。例如，在洪水救援或清理的过程中，会使这些人员更多暴露于霉菌和过敏原的危害中，而高温天气对于穿戴个人防护设备的工作人员来说，中暑的风险也会增加；此外，参与救援和清理任务的工作人员还会产生心理压力反应。

第五，其他因素。气候变化还会通过影响人类社会的经济活动和工作环境，影响职业人群的健康。如由于全球气候变化产生的减排要求和经济发展的需要，造成传统产业转型和新兴产业的出现。传统产业的转型可能会导致工人下岗，而新兴“环境友好型”产业也可能会在减少环境危害的同时带来新的危害，尤其是带来新的职业健康问题，例如，在核发电过程中，原料处理、废弃物处置等环节会造成相关工作人员暴露，增加了受到核辐射的危险。

3　适应职业健康的气候舒适度指标

气候舒适度是一种反应气象条件对人体感受影响的指数[7]，通常指人们无须借助任何消寒、避暑装备与设施就能保证生理过程的正常进行、感觉良好且无须调节的气候条件。气象气候条件是影响人类生产生活的重要自然因素，对它的过程监测和趋势预报可以指导工农业生产、资源配置以及社会决策。人类生活在自然环境中，虽然凭借自身智慧已经对自然环境进行了前所未有的改造，但是人类机体的健康以及精神状态都受到大气候或小气候的理化性质影响。气候条件主要通过影响大气和人体间直接进行的能量交换和物质交换对人体生理机能产生影响，而且气象要素对人体生理和心理的影响是综合的。因为不同气象条件下的人体感觉会影响人们的学习工作状态，气候舒适度会指导人们的穿着、出行、生产实践。合理的气候舒适度与职业健康关系模型，必须以人体热交换机制为基础，综合考虑环境因素、人体代谢呼吸散热和服装热阻等各种因素的影响[1]。

3.1　气温的影响

气温对人类健康的影响最为明显：高温会导致心脏负荷和肾脏机能受损，还可能导致注意力、精确性、运动协调和反应速度等机能的降低；而寒冷能够引发慢性支气管炎或流行性感冒，可以造成冻疮或冻僵等损伤，可以导致高血压或脑溢血等发生。一般气候舒适度的气温指标如表 1 所示。

表 1　有利于职业健康的气温舒适度

气温	很适宜	适宜	较适宜
年平均气温/℃	18~20	16~18 或 20~22	<16 且>22
气温年较差/℃	≤20	20~27	>27
年平均气温日较差/℃	≤8	8~10	>10
7 月份平均最高气温/℃	≤28	28~32	>32
1 月份平均最低气温/℃	≥0	-5~0	< -5
日最高气温≥35℃年日数/d	≤0.5	0.5~9	>9
日平均气温≥10℃初终年日数/d	≥225	195~225	<195

3.2　湿度的影响

相对湿度通常与气温、气压共同作用于人体，影响人体的健康。在夏季三伏时节，由于高温、低压、高湿度的作用，人体汗液不易排出，出汗后汗液不易蒸发，使人感到烦躁、疲倦和食欲不振；冬季湿度过低，空气过于干燥，易引起上呼吸道黏膜感染。一般气候舒适度的湿度指标如表 2 所示。

表 2　有利于职业健康的湿度舒适度

湿度	很适宜	适宜	较适宜
年平均相对湿度/%	60~70	50~60 或 70~80	<50 或>80
年平均降水量/mm	600~800	400~600 或 800~1 000	<400 或>1 000
降水≥25mm 年日数/d	≤5	5~10	>10
积雪初终间日数/d	≤10	10~60	>60

3.3　风速的影响

风对人体产生的影响主要由其流动速度造成，当风速大于 0.5m/s 时，就有吹拂感觉，长期暴露会有不舒适感觉。一般气候舒适度的风速指标如表 3 所示。

表 3　有利于职业健康的风速舒适度

风速	很适宜	适宜	较适宜
年平均风速/（m/s）	≤2	2~3	>3
最大风速/（m/s）	≤20	20~25	>25
春季平均风速/（m/s）	≤2.5	2.5~3	>3

3.4　日照的影响

长期缺乏日照，容易导致心情抑郁；紫外线作用下能合成维生素 D，促进骨钙化和生长，紫外线还能促进机体的免疫反应、加强甲状腺机能，但紫外线照射过度，对人体健康有害，人的皮肤经过紫外线照射后，会发生色素沉淀和红斑；日照甚至会影响人的寿命。一般气候舒适度的日照指标如表 4 所示。

表 4　有利于职业健康的日照舒适度

日照	很适宜	适宜	较适宜
年平均日照时数/h	1 200 ~ 1 500	1 000 ~ 1 200 或 1 500 ~ 1 800	<1 200 或 >1 800
年晴天日数/d	≥100	80 ~ 100	<80

3.5　特殊天气的影响

特殊天气是指季节性出现的灾害性天气，包括寒潮、台风、旱涝灾害、梅雨和沙尘暴等。寒潮袭来对人体健康危害很大，大风降温容易引发感冒、气管炎、冠心病、肺心病、中风、哮喘、心肌梗死、心绞痛、偏头痛等，有时还会使患者的病情加重。梅雨天气持续，使人感觉不适，产生恶劣情绪，也是妇科病、关节炎、皮肤病易发时期。一般气候舒适度的特殊天气指标如表 5 所示。

表 5　有利于职业健康的特殊天气舒适度

特殊天气	很适宜	适宜	较适宜
寒潮年日数/d	≤20	20 ~ 50	>50
涝灾年日数/d	≤10	10 ~ 20	>20
雾天年日数/d	0	0 ~ 10	>10
干旱年日数/d	≤80	80 ~ 100	>100

3.6　极端天气的影响

气候变暖对人类的直接影响是极端高温产生的热效应，对儿童、老年人、体弱者及患有呼吸系统疾病和心脑血管疾病等慢性疾病患者影响最大。极端高温容易导致人们中暑、水肿、晕厥。气候变暖对人类健康的另一个重要影响，是导致某些传染病的传播和复苏，这将给社会带来极大的恐慌。气候变暖时空气中的某些有害物质，如真菌孢子、花粉和大气颗粒物质浓度随温度和湿度的增高而增加，使人群中过敏性疾病（过敏性鼻炎、过敏性哮喘）和其他呼吸系统疾病的发病率提高，气候变暖也会使大气污染加据，大气污染物引发的过敏症、心肺异常和死亡的发生率将相应增加。一般气候舒适度的极端天气指标如表 6 所示。

表 6 有利于职业健康的极端天气舒适度

极端天气	很适宜	适宜	较适宜
极端高温持续时间/d	0	0 ~ 3	>3
极端低温持续时间/d	0	0 ~ 3	>3
极端干旱持续时间/d	0	0 ~ 3	>3
极端降水持续时间/d	0	0 ~ 3	>3

4 气候舒适度对职业健康影响的理论分析框架

4.1 职业健康的测量指标

世界卫生组织（World Health Organization，WHO）在《阿拉木图宣言》中指出，职业健康不仅是人体的生理健康，而且要求个人在工作的心理状态和岗位环境都处在一个较为完满的状态。根据这个定义，职业健康至少包含三层含义：身体健康、心理健康、社会适应健康[8]。需要特别指出的是，心理健康的判断，必须考虑个人所处的时代、文化背景、年龄、情境等方面的因素。组织为了改善员工的职业健康，会采取职业健康促进措施，从用人组织管理、环境、劳动者、教育、卫生服务等方面，以多种干预行为提升劳动者的职业健康水平。通常职业健康促进工作采取健康教育和政策、法规、行政、经济等方面的工作手段，达到使组织及个人行为、组织环境与社会环境改变的目的。由于日益严重的工伤、职业病问题以及提升有助企业国际市场竞争的社会环境的需要，一些发达国家率先开展了建立职业健康与安全（OHS）体系的活动。20 世纪 90 年代，美国、英国、日本、挪威等国家和某些组织，以指导性政策或行业、国家标准的形式发布了许多关于职业安全健康体系的文件，使得 OHSMS（职业健康安全管理体系）至今仍为一种重要管理方法。

4.2 气候舒适度的选择指标

气候因素中气温对人类健康的影响最为直接：极端高温对儿童、老年人、体弱者及呼吸系统、心脑血管疾病等慢性疾病患者影响最大，不仅容易导致人们中暑、水肿、晕厥，还可能导致注意力、精确性、运动协调和反应速度等机能的降低；而寒冷能够引发慢性支气管炎或流行性感冒，可以造成冻疮或冻僵等损伤，可以导致高血压或脑溢血等疾病发生，也可能导致心脏负荷升高和肾脏机能受损等。因此，气温是影响人类职业健康的重要气候因素。

人类对气候因素中湿度变化也非常敏感：空气湿度过高时，人体中松果腺体分泌的激素较多，使得体内甲状腺素及肾上腺素浓度降低，使人无精打采；长时间在湿度较大的地方（如高山、海岛）工作，还容易患风湿性、类风湿关节炎等病症。而湿度过低，导致皮肤干燥，嘴唇和手等敏感部位皲裂、受到刺激，甚至感染；湿度过低，在喉咙黏膜和呼吸道脱水的情况下，容易诱发感冒和流感；湿度过低后，空气中的霉菌、真菌和尘螨等过敏源会诱发过敏和哮喘。

人体的热交换与风速直接相关：人体不断产生热量，也在不断向外界环境散热，人体必须与周围环境处于相对稳定的热平衡，而呼吸和皮肤扩散热量都与风速有直接关系；当然风速对人体散热特性的影响，也随着环境温度的变化产生差异。

气候因素中辐射对人类健康的影响显著：适量的阳光照射，能使人体组织合成维生素 D 并促进钙类物质的吸收；日照对人的精神也有很大影响，阴雨笼罩的日子很容易产生负面情绪，阳光普照的时候心情更为舒畅；炎热的夏天如果光照时间过长，可能导致头痛头晕、耳鸣目眩、心烦意乱，并可诱发白内障等疾病，因此直接影响员工的职业健康。

4.3　气候因素对老年人职业健康影响的理论模型构建

研究气候因素对老年人职业健康的影响，必须综合考虑气候因素和社会因素。

如图 1 所示，选取气温、湿度、风速、日照等因素作为气象因素，研究气象因素对老年人职业健康的影响。人体舒适程度除受气温影响外，还与湿度、风速、辐射以及人体代谢、服装热阻等诸多因素有关，是多因素共同作用的结果。在气象数据方面可以采用中国气象数据网（http：//date. cma. cn）提供的观测资料（包括平均气温、平均水气压、平均风速、日照时数等）。自适应穿衣防护模型是当前考虑因素最全面、最具有普适性的人体舒适度指标。如果工作场所中具备职业健康安全管理体系，对中老年在职员工职业健康会产生有利的影响。气候因素对职业健康的影响程度，还受到个人因素（健康行为、卫生保健）和组织因素（工作条件、社会保障）的调节，也就是当个人的健康行为和卫生保健水平较高或环境的工作条件和社会保障条件水平较高时，能放大气候因素对职业健康的积极影响，反之亦然。如图 1 所示，在进行气候因素对老年人职业健康影响分析时选取员工的身体健康、心理健康、社会适应健康等指标来衡量；职业健康安全管理体系（OHSAS 18000）和 GB/T 28001—2011 是系统阐释在工作场所如何保障员工的职业健康的文件，因而必须把气象相关因素纳入职业健康安全管理体系文件（用于制定和实施组织的职业健康安全方针，并管理其职业健康安全风险），分析其中影响职业健康的多种因素，才能构建完善的老年人职业健康分析模型。完善老年人职业健康安全保障机制有利于控制和降低职业健康安全风险，最大限度地减少生产事故和职业病的发生。建立老年人职业健康安全管理体系，就可以通过管理体系中 17 个要素的实施及自我检查、自我纠正、自我完善（PDCA 循环）机制，促进安全生产管理水平的提高，改善气候条件对职业健康的影响。

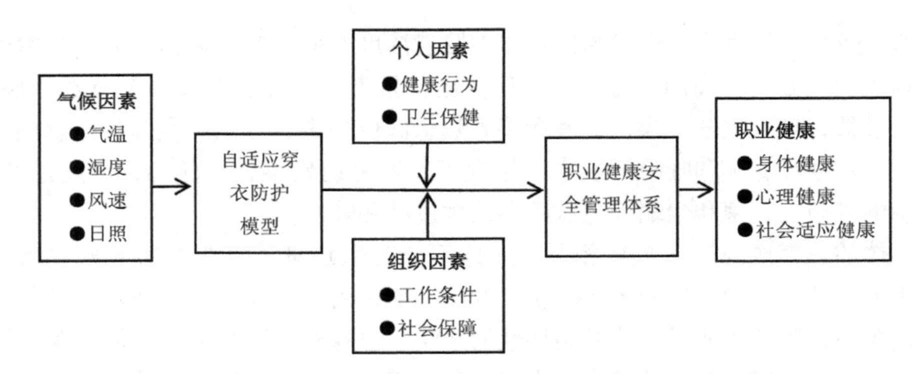

图1　气候因素对职业健康影响的分析理论模型

50～60岁这个年龄阶段，既是中老年在职员工的疾病多发期，也是中老年在职员工的职业高原平台期；由于气候的不可控，因此只有通过自适应穿衣模型，改善人体的舒适度，从而改善职业健康水平。保障中老年在职员工职业健康，除了中老年在职员工自身改善健康行为，加强卫生保健外，还需要组织为中老年在职员工改善工作条件，提供更为完善的社会保障。比如可以给接近老年的员工购买一些补充特殊疾病保险、意外险，在这些条件具备的情况下，实施职业健康安全管理体系，才能使中老年在职员工处于一个健康的生产生活环境中，帮助中老年在职员工安然度过疾病多发期，克服职业高原平台期给他们带来的不舒适感，提高中老年在职员工的职业健康水平。

参考文献

[1] 王雁飞．基于公平感知视角的员工职业健康研究述评与展望［J］．外国经济与管理，2012（4）：65－72.

[2] 张倩，黄德寅，刘茂．职业健康安全管理体系研究进展［J］．中国公共安全，2014（2）：24－27.

[3] 李国栋，张俊华，焦耿军，等．气候变化对传染病暴发流行的影响研究进展［J］．生态学报，2013（11）：6762－6773.

[4] 史云峰．气候变化的发展效应——气候变化与发展方式转型的关系研究［D］．北京：中共中央党校研究生院，2013.

[5] 陈雪，孙小明，赵昕奕，等．近三十年北京地区人居气候舒适度变化研究［J］．干旱区资源与环境，2009（1）：71－76.

[6] 时勘，周海明，朱厚强，等．健康型组织的概念、结构及其研究进展［J］．苏州大学学报（教育科学版），2016（2）：15－26.

作者简介：李贵卿，博士，成都信息工程大学教授，四川省高校人文社科研究基地“气象灾害预测预警与应急管理研究中心”副主任；戢培，硕士研究生，成都信息工程大学管理学院；杜宛燕，硕士研究生，成都信息工程大学管理学院。

四川内河流域传统旅游资源及其线路的设计[①]

杨帅
（乐山职业技术学院）

摘要： 受到自然环境等因素的影响，四川的主要城市大都是沿江或沿河分布，由此形成了具有地域特色的传统旅游资源，本文在简要分析四川内河流域主要传统旅游资源的基础上，通过分析这些资源分布的特点，拟设计出更加舒适、更具文化特色的旅游线路，以更好地适应未来个性化旅游的需求。

关键词： 四川内河流域；传统旅游资源；线路设计

1 四川内河流域传统旅游资源的地理分布

1.1 传统建筑文化旅游资源的地理分布

梁思成先生曾说："建筑活动与民族文化动向实相牵连，互为因果。"博大精深的巴蜀文化，对四川建筑产生了深刻影响。四川位于中国西南部，在封建割据的时代，由于山川阻隔，这里的建筑远离封建专制思想的影响，形成了与北方的建筑文化完全不同的风貌。在建筑格局上没有固定的模式，依据地形地貌以及建筑材料的不同，形成了活泼自然、质朴率真的建筑风格[1]。四川的城市，基于各地不同的地理环境，大多依于自然，融于自然，融于山水，实为"山水城市"，具有水光明媚、层次迭宕的风姿。城市命名多与山、水、江、河有关，如温江、内江、乐山、彭山、灌县等，这与巴蜀的山水文化无不关联。寺院道观众多，受峨眉山佛教圣地、青城山道家修性的影响，几乎省内所有梵刹古观都与之有内在联系。加之儒教的文庙、武庙广布，每一座县城和重镇都可以找到它们的踪迹。历史上著名的人物纪念地，诸如武侯祠、桓侯庙、杜甫草堂、三苏祠等都建于此，为它都涂上了历史的色彩。山寨、官寨、村寨众多，这是四川建筑文化的另一个特点。这一方面与民居依山水聚集分不开，另一方面与明、清时期对少数民族实行的改土归流政策有关。当地土司作为政权的象征，土司所在地通称为官寨。由于地方武装拥兵自保，各地不乏各种形式的碉堡与炮楼，给城镇、聚落的建筑增加了特色。四川民居中的合院天井、重台天井、深宅大院、进仕府第，都十分独特，是巴蜀文化在建筑中的生动

① 本文是第十三届"生态·旅游·灾害——2016长江上游生态安全与区域发展战略论坛"文章。

反映。

1.2 宗教文化旅游资源的地理分布

四川的宗教旅游资源非常丰富。四川有着许多佛教、道教名山。在中国独特的文化与社会条件下，佛、道两教对山岳自然环境有着极为相似的追求，都认为优美的自然环境有利于修行，因而长期以来许多著名的寺观都建于山林[2]。四川的宗教建筑众多，主要以佛教和道教建筑为主。随着西学东渐，教堂也在四川出现。古代宗教建筑主要建造在名山奇峰之上。四川寺庙众多，目前在四川省境内保存较好的上千座寺庙中，绝大部分为佛教庙宇，经历代培修，许多庙宇至今保存完好。汉语系佛教寺院主要分布在四川盆地及其地区。峨眉山作为世界自然与文化遗产，山上寺庙林立，其中以报国寺、万年寺、伏虎寺、华藏寺等寺庙最为著名。此外，四川还有成都大慈寺、文殊院、昭觉寺、石经寺、新都宝光寺、遂宁广德寺、灵泉寺、绵阳圣水寺、乐山乌尤寺、广元皇泽寺、平武报恩寺等著名佛教寺院。藏传佛教主要分布于甘孜、阿坝、凉山三州[3]。神秘色彩浓厚，民族特色突出。历史上四川是道教活动的重要区域，境内遍布道教名山宫观。目前保存较好且在教内外有较大名气的道教宫观及宫观群落，如位于成都市内的天师道祖庭鹤鸣山、第五洞天青城山，位于绵阳市境内的七曲山文昌宫，位于眉山市内的瓦屋山及其周边宫观群落等都坐落于此。同时，四川道教文化资源主要集中在川西、川北一带，距省会城市成都较近，交通的可达性较强。而且自然山川与历史人文相结合，资源层次高[4]。

1.3 饮食文化旅游资源的地理分布

饮食文化的发展还依赖于人们的风俗习惯。据史学家考证，古代巴蜀人早就有“尚滋味”“好辛香”的饮食习俗。贵族豪门嫁娶良辰、待客会友，无不大摆厨膳、野宴、猎宴、船宴、游宴等名目繁多的筵宴。到了清代，民间婚丧寿庆，也普遍筹办家宴、田席、上马宴、下马宴等，因而造就了一大批精于烹任的专门人才，使川菜烹任技艺世代相传，长盛不衰。今天的四川风味融合了成都和重庆以及乐山、江津、自贡、合川等地方的菜品特色[5]。成都地区的饮食文化特点是“荤素并用，如一席高贵筵席，其中必有一素菜，另有一样带麻辣味的。注重调料，专用郫县豆瓣、德阳酱油、保宁醋等。辅料注重色彩，以青、红、绿色相衬”。[6]许多著名川菜都来源于成都，比如麻婆豆腐、宫保鸡丁、樟茶鸭子、干烧什锦等。重庆地区川菜“主要由筵席式、大众便餐式、家常风味菜式和民间小吃菜式构成，注重调味，有鱼香、麻辣、怪味、荔枝等20多种常用味型，花色品种数十个，享有‘一菜一格，百菜百味’的盛誉”[7]。在传统文化里，四川的“大河帮”位于长江上游江津、合江、炉县、宜宾、乐山一带，旧时把“大河帮”归为“下河帮”，是相对于成都、绵阳一带的“上河帮”而言的，其特色同时具有川南和川东风味。“大河帮”出名的菜肴为东坡肘子，“此菜以在苏轼家乡眉山餐厅制作的最为精美”[8]。而“小河帮”，旧时，人们把长江中下游及嘉陵江上游一带的川菜流派，统统归入“小河帮”，主要分布地区包括川北蓬安、南充、广元、合川等。“小河帮”习惯于传统菜、民间菜，有“九大碗”中的芙蓉蛋、豆皮蒸肉、蛇子肉、扣鸡、扣肉、春芽炒蛋、回锅肉、炒杂办、原汤醉肉等，也有著名的南充特产如顺庆羊肉、川北凉粉等。达县盛产牛肉，其特制的灯影牛肉，既供内销又装罐头出口。达县荷包鱼、羊尾、合川肉片、三台豆豉、盐煎肉、遂宁荷花藕，也都驰名各地。另外，还有“自内帮”又称为盐帮，分布于自贡、内江、荣县、威远、资中一带。“自内帮”川菜有别于“上河帮”成都菜的华美、婉约、精致，也有别于“下河帮”重庆菜的粗犷、豪放、丰厚。此外，还有“资川帮”，“资川帮”是以资中为代表的花江流域各个县份，包括威远、简阳、仁寿、井研、富顺地区的风味。

1.4　民俗文化旅游资源的地理分布

民俗文化是我们的母体文化，是我们民族精神、传统文化乃至民族凝聚力、亲和力的主要载体，是我们发展先进文化的精神资源和内在基因。有效开发民俗文化资源，积极培育民俗文化产业，不仅具有推动我国民族文化大发展大繁荣，维护国家民族文化安全的政治和文化价值，还具有广泛的市场前景和独具特色的经济价值[9]。四川的民俗文化，是历代四川人在盆地这样一个独特的自然地理环境中，受社会经济和地域文化等因素的影响，形成的影响四川人思想和行为规范的一系列社会及文化现象。四川的民俗文化是很多因素在历史演化过程中积累形成的，这些因素涉及四川的自然地理环境、物产资源、生产方式及工具、民族迁徙和分布与周边文化的影响等。四川自古就是民族迁徙交汇的区域，除汉族之外，境内分布有羌族、彝族、藏族、土家族、苗族、回族、纳西族等 15 个世居的民族，共有人口 360 多万人，约占全省总人口的 3.7%。四川的少数民族分布地区约占全省土地总面积的 60%，主要分布在西部高原山地和南部边缘山地，以西部的甘孜藏族自治州、阿坝藏族羌族自治州、凉山彝族自治州最为集中。众多民族各具特色的民俗习惯，构成了四川民俗文化的多样性特征，也是形成四川民俗文化深厚的民族性之原因所在[10]。

1.5　红色文化旅游资源的地理分布

四川是红色旅游资源大省，红色旅游产业在四川旅游产业中占据着显著地位。据有关统计，四川现有红色旅游景点 120 多个，其中，被列入国家第一批红色旅游景点的有 23 个，国家级爱国主义教育示范基地 19 个，省级爱国主义教育基地 101 个[11]。国家级爱国主义教育基地有广安邓小平同志旧居、仪陇朱德故居暨朱德铜像纪念园、乐至陈毅故居、泸定桥革命文物陈列馆等；省级爱国主义教育基地有冕宁彝海结盟纪念地、泸定红军飞夺泸定桥纪念馆、通江红四方面军王坪烈士陵园、平昌刘伯坚烈士纪念碑、宣汉王维舟纪念馆、广元红军碑林、凉山会理会议纪念地等。此外，还有许多红色旅游资源分布在国家及省级风景名胜区、自然保护区、森林公园及历史文化名城（镇）中，如松潘草地、夹金山、甘孜红军会师遗址、巴山游击队纪念馆、空山战役遗址、华蓥山、八台山、花萼山、红军血战剑门关遗址、磨西会议遗址、蒙顶山红军纪念馆、芦山红军遗址、天全红军遗址等[12]。

1.6 “三国”文化旅游资源的地理分布

四川是全国“三国”文化旅游资源最丰富、知名度最高、开发价值最大的地区。全省“三国”文化旅游资源的分布情况大致为：成都地区主要的“三国”遗迹有成都武侯祠暨刘备墓（惠陵）、万里桥、九里堤、弥牟八阵图遗迹、大邑子龙庙、赵云墓、新都马超墓、蒲江严颜殿等。闻名中外的都江堰也与三国文化密切相关。德阳地区的主要“三国”遗迹有广汉雒城遗址、张任墓、罗江庞统祠墓、绵竹双忠祠等。绵阳地区的主要“三国”遗迹有富乐山、富乐堂、西山蒋琬祠墓、梓潼七曲山大庙、卧龙山、李严故居等。广元地区的主要“三国”遗迹有翠云廊（梓潼—剑阁）、剑门关、姜维衣冠冢、邓艾墓、葭萌关、费祎墓、鲍三娘墓、摩天岭、朝天关、明月峡古栈道等；南充地区的主要“三国”遗迹有陈寿万卷楼、王平墓、谯周墓、阆中张飞墓、桓侯祠、严颜寺等。其他地区的主要“三国”遗迹有攀西地区的诸葛亮五月渡泸处、泸州武侯祠、资中武庙、自贡桓侯宫、芦山县姜庆楼等[13]。

2 四川内河流域传统旅游资源线路的设计

2.1 四川宗教旅游线路设计

根据四川省的宗教旅游资源分布状况，可设计一些宗教旅游线路，如乐山至峨眉山一线，从成都出发，可先到新津观音寺，再到乐山大佛、夹江千佛岩，直至峨眉山，飞来殿；剑门蜀道一线，可设计由江油云岩寺至平武报恩寺，再到广元千佛崖及皇泽寺摩崖造像的线路；在一些传统的宗教节日，可开发出短线寺庙朝圣之旅，如在成都市区及郊县，可到成都市内文殊院、昭觉寺，或到新都宝光寺、龙泉石经寺、新津观音寺等著名寺庙浏览；四川境内大佛数量多，可设计“大佛之旅”的专题线路，参观朝圣乐山大佛、荣县大佛、安岳卧（大）佛等，以及重庆的大足石刻、潼南大佛、江津大佛等；还可设计道教文化旅游线路，先到著名道观青羊宫、道教发源地大邑鹤鸣山、道教圣地青城山，再到广元市剑阁县剑阁鹤鸣山道教公园，也可将线路延长至陕西华山、终南山、万寿宫等道教名胜古迹；还可以开发藏传佛教之旅，到甘孜、阿坝藏区领略藏族文化风情、参观寺庙等[14]。2015 年 5 月，由四川省旅游协会主办，荣县佛文化旅游有限公司承办的第四届荣县大佛文化旅游节隆重开幕。巴蜀佛文化旅游景区相聚自贡荣县，共商佛文化旅游精品线路建立并将其逐渐打造成世界品牌。经协商编制出三条佛文化旅游精品线路。一是四川佛文化旅游精品线路 3 日游线路：成都—峨眉山—乐山大佛—荣县大佛—安岳石刻—遂宁观音故里—成都；二是 5 日游巴蜀佛文化旅游精品线路：成都—峨眉山—乐山大佛—荣县大佛—大足石刻—重庆—潼南大佛—安岳石刻—遂宁观音故里—成都；三是重庆—大足石刻—荣县大佛—乐山大佛—峨眉山—成都—遂宁观音故里—安岳石刻—潼南大佛—重庆 5 日游线路。由荣县大佛景区、峨眉山景区牵头，四川省旅游协会、重庆市旅游协会协调，线上五大景区积极响应，达成 3 年时间准备、3 年时间推动、3 年时间形成品牌的共识[15]。

2.2　四川红色旅游线路设计

四川省的红色文化旅游独具特色，既有许多红军长征遗址，又有川东将帅故居与川陕革命根据地的遗址。红军长征在四川，经过的时间长，活动的范围广，曾翻越过长征中最艰难的雪山，跨越过最艰苦的草地，举行过重要的会议，进行过激烈的战斗，留下了彝海结盟、安顺场、泸定桥、夹金山、红原草原、红军长征纪念总碑、红军长征四渡赤水的太平渡和二郎渡、华蓥山游击队根据地等重要革命遗址。2015 年，为配合国家旅游局红色旅游精品线路的征集，四川省将将帅故里、重大战役遗址、灾后遗址以及长征沿途遗址旅游项目进行整合，推出了十大红色旅游精品线路[16]，构成了四川“长征丰碑、伟人故里、川陕苏区”三大红色旅游品牌。四川十大红色旅游精品线路分别是[17]：

（1）追寻伟人足迹，感受改革新貌旅游线路：成都—资阳乐至—仪陇—广安；

（2）红岩精神寻踪，伟人故里思源旅游线路：成都—华蓥山旅游区—小平故里—重庆；

（3）川陕缅英烈，巴山耀华夏旅游线路：重庆（成都或西安）—巴中城区川陕革命根据地博物馆—川陕苏区将帅碑林—恩阳区恩阳红色古镇—平昌县刘伯坚烈士纪念馆—通江县红四方面军总指挥部旧址纪念馆—通江县王坪烈士陵园—南江县巴山游击队纪念馆—重庆（成都或西安）；

（4）剑门雄关险，嘉陵山水奇旅游线路：成都—红军血战剑门关遗址（剑门关景区）—昭化古城—旺苍红军城—苍溪红军渡—阆中古城—成都；

（5）蜀道风云，灾后新貌旅游线路：成都—红军血战剑门关遗址（剑门蜀道剑门关景区）—昭化古城—白龙湖风景名胜区—青川县城—唐家河旅游区—青川县东河口地震遗址公园—成都；

（6）雪山草地，长征丰碑旅游线路：成都—小金（红军达维会师桥）—两河口会议遗址—马尔康（卓克基会议遗址）—刷经寺—红原—瓦切（红军长征纪念碑）—若尔盖—巴西会议遗址—九寨沟、黄龙—川主寺红军纪念碑碑园—茂县—汶川—成都；

（7）强渡大渡河，飞越泸定桥旅游线路：成都—石棉安顺场—泸定磨西会议遗址—泸定桥—岚安乡—成都；

(8) 四渡赤水，醉美川南旅游线路：成都—泸州—古蔺（太平镇、二郎镇）—贵州赤水—黄荆老林—成都（或重庆）；

(9) 金沙水拍云崖暖，情深意长大凉山旅游线路：成都—西昌—冕宁—会理—昆明；

(10) 纪念抗战胜利，重走史迪威公路（乐西公路）旅游线路：成都（大邑）—峨眉山市—金口河大峡谷—乐西公路蓑衣岭—石棉安顺场—汉源—冕宁—西昌。

2.3 四川“三国”文化旅游线设计

四川是旅游资源大省，“三国”文化旅游资源丰富，品位很高，在全国具有鲜明特色和突出的比较优势，旅游开发潜力巨大。四川现存的“三国”遗迹数量众多，有100多处，成都—德阳—绵阳—广元一线尤为集中，其中武侯祠、剑门关、桓侯祠、七曲山大庙、庞统祠、平襄楼等均属全国重点文物保护单位[18]。开展“三国”文化旅游，对丰富四川文化旅游产品、开拓入境市场、加快川北地区旅游的发展，把四川建成旅游经济强省和文化强省都具有重要的意义和作用。现阶段，“三国”文化旅游线是四川正全力打造的精品线路之一，从成都的武侯祠到德阳罗江庞统祠、剑门关、阆中张飞庙、广元昭化古城等，连接起了德阳、绵阳、广元等地主要景点，是川北方向一条主要的旅游线路；按照相关规划，四川的“三国”文化旅游主要有四个旅游支撑中心：成都市、绵阳市、广元市、南充市；六个旅游支撑点：梓潼七曲山、剑州古城（剑阁普安镇）、剑阁县城（下寺镇—剑门关镇）、青川青溪镇、昭化古城、阆中古城；两个精品旅游区：成都武侯祠、剑门蜀道。成都武侯祠旅游区：以武侯祠为核心，辐射大邑县子龙祠墓和青白江八阵图。武侯祠采取“以大带小”方式，帮助、带动子龙祠墓和八阵图的开发建设。剑门蜀道旅游区包括剑门关、古柏蜀道、七曲山大庙、昭化古城、明月峡栈道。一条旅游精品主环线路：成都武侯祠—绵竹诸葛双忠祠—罗江庞统祠墓—绵阳富乐山、蒋琬祠墓—梓潼七曲山大庙—古柏蜀道（拦马墙、柳沟）—剑州古城（普安镇）—古柏蜀道（翠云廊、石洞沟）—剑门关—昭化古城—广元明月峡栈道—阆中张飞庙—南充陈寿万卷楼—成都[19]。四川旅游要加强区域合作，尤其是省际间的合作，只有以资源的关联性、旅游链的完整性、消费的舒适性为首要原则，从完整的“三国”文化旅游市场角度联手设计旅游线路，开发旅游产品，打造旅游品牌，才能充分体现四川“三国”文化旅游的整体性。

2.4 四川茶文化旅游线设计

四川在发展旅游业的进程中早已提出了发展专项旅游的口号，但如今的四川专项旅游仍需进一步开展。以茶文化专项旅游为例，其中所含内容主要是富有地方特色的四川茶馆、来源于民间的各种茶俗、名茶胜地的茶史博物馆及产茶盛地的工艺流程展示等。这些内容，有的已经纳入四川旅游中，作为旅游行程中的项目供旅游者选择。成都散布在街头巷尾的茶馆、蒙山的茶史博物馆等，现在都已成为四川旅游中的一部分。而许多民间茶俗、制茶工艺等还有待于人们的进一步开发，使这些古老的艺术展现于人们的眼前。将茶文化的内容纳入旅游行程，要充分考虑线路安排的合理性。在四川的旅游行程中，一条比较轻松的茶文化旅游线路就是参观蒙顶山观仙茶的种植与加工过程，其中还可以开发让游客学制茶叶的项目，使游客亲身体验茶叶制造的过程。之后参观茶史博物馆，了解茶叶与茶文化的历史及其在四川的发展状况。在对茶文化有了一定的了解后，游客便可来到成都的老茶馆（如顺新老茶馆），品川茶、看川剧，体味四川的民间文化，体味蕴含其中的茶文化[20]。具体而言，可设计三条茶文化旅游线路：一是川甘青道，这是我国汇聚世界级旅游景区最多的区域。川甘青道主干道串联了我国三大旅游城市之一，被联合国命名的亚洲首个“美食之都”的成都市，都江堰—青城山、大熊猫栖息地、黄龙、九寨沟四大世界遗产地；我国世界文化遗产预备名录“藏羌碉楼与村寨”和被誉为亚洲最美丽湿地的“若尔盖湿地”。成都—九寨沟旅游热线公路西线即沿此条道路修建，是我国串联世界遗产最多的国际旅游热线。二是川藏道，这条茶马古道串联了著名茶叶生产地蒙顶山、茶马贸易暨茶叶生产加工中心雅安、明清时期藏区三大茶马贸易中心康定和被誉为藏区三大文化中心之一的德格，沿线分布着著名的泸定铁索桥、理塘寺等名胜，有众多使用不同方言的族群，神秘的格萨尔文化、浓厚的藏传佛教氛围、华贵的民族服装服饰、欢快优美的民族歌舞、独具特色的石木碉房和崩空藏寨，令人神驰遐想。沿途自然生态保存良好，自然风光美丽。三是川滇道，也是我国西部最神秘的民俗科考大道。川滇道茶马古道主干道穿越了风景秀丽的小相岭、以适宜冬季阳光度假休闲而闻名的美丽安宁河谷、我国著名的“月城”和航天城西昌、西部钢城攀枝花，有螺髻山、邛海—芦山、二滩水库、红格温泉等著名生态景区[21]。

3　结语

四川有河流 1 400 多条，流域面积约 500 km^2 以上的有 343 条，蕴藏了充足的水资源和巨大的水能资源。四川属于长江水系。长江横贯全省，宜宾以上称金沙江，宜宾至湖北宜昌河段又名川江或蜀江。川江河段长 1 030 km，流域面积 50 km^2。川江北岸支流多而长，著名的有岷江、沱江和嘉陵江。在这些沿江、沿河地区，分布有大量的传统文化旅游资源，有的已经开发，有的正在开发，而更多的传统文化旅游资源因各种原因还处于“养在深闺人未识”的状态。近年来，甘肃、广东、重庆、四川、湖南等省（自治区、直辖市）不断发展内河旅游，加大资金投入，或购买游船，或推出水上旅游项目，丰富了当地的旅游产品。为贯彻落实《国务院关于加快长江等内河水运发展的意见》（国发〔2011〕2号），2012年3月15日，四川省人民政府印发了《关于加快长江等内河水运发展的实施意见》（川府发〔2012〕9号）。在内河航运发展的同时，四川旅游业面临前所未有的机遇，一方面，内河流域在中国历史上扮演过重要的角色；另一方面，内河流域具有大量自然与人文资源，涵盖的很多传统旅游资源与线路具有重要的开发价值，遵循重视文化内涵与地方特色的原则，开发传统旅游资源及线路，必将为旅游业的可持续发展注入新的活力。

参考文献

[1] 权小芹．四川古建筑的历史文化内涵窥视［J］．哈尔滨职业技术学院学报，2015（1）：171.

[2] 王雪梅．挖掘四川的宗教旅游资源［J］．西南民族大学学报（哲学社会科学版），1999（56）：113－114.

[3] 吴霞，等．四川省佛教文化旅游资源现状分析与对策［J］．资源开发与市场，2012（10）：958－959.

[4] 雷晓鹏．论四川道教文化资源的深度开发［J］．四川行政学院学报，2009（2）：67.

[5] 佚名．四川的饮食文化［EB/OL］．［2008－06－24］http：//blog. sina. com. cn/s/blog_ 4efc75df01009 u1z. html.

[6] 王大煜．川菜史略：2000年版［M］．合肥：安徽人民出版社，2000：267.

[7] 周勇．重庆：一个内陆城市的起［M］．重庆：重庆出版社，1997：469.

[8] 周炫宇．近代成渝地区饮食文化地理研究［D］．成都：西南大学，2014：40.

[9] 刘文芳．民俗文化资源的产业化的经济优势分析［J］．社科纵横，2012（5）：17.

[10] 杨琴．四川民俗文化与民俗旅游开发［D］．重庆：重庆大学，2007：29－31.

[11] 高乃云．四川红色旅游资源开发利用的现实审视与路径优化［J］．绵阳师范学院学报，2014，33（7）：110.

[12] 佚名．四川主要红色旅游资源最全介绍［EB/OL］．［2009－09－10］．http：//www. sc. xinhuanet. com/content/2009－09/10/content_ 17662069. htm.

[13] 沈伯俊．努力打造川陕三国文化旅游精品线（上）［EB/OL］．［2008－11－4］．http：//blog. sina. com. cn/s/blog_ 4fb14d180100alrn. html.

[14] 王雪梅．挖掘四川的宗教旅游资源［J］．西南民族大学学报：哲学社会科学版，1999（56）：116.

[15] 四川省旅游协会．巴蜀联手打造佛文化旅游精品线路［EB/OL］．［2015－06－08］．http：//www. scta. gov. cn/sclyj/lydt/xykd/system/2015/06/8/000641535. html.

[16] 刘星．我省将推十大红色旅游线［N］．四川日报，2015－07－30（1）．

[17] 李彦琴．四川发布10大红色旅游精品线路［N］．成都商报电子版，2015－07－

30（11）.

[18] 方海川，冯佳．四川三国文化旅游资源的整合与深度开发［J］．四川烹饪高等专科学校学报，2010（1）：37.

[19] 吕一飞．四川三国文化旅游开发的战略思考［J］．成都大学学报：社会科学版，2006（6）：73－76.

[20] 段敬丹．浅议四川茶文化旅游资源的开发［J］．攀枝花学院学报，2006，23（2）：26.

[21] 喇明英，徐学书．四川茶马古道路网系统及其文化与旅游价值探讨［J］．社会科学研究，2011（4）：161.

作者简介：杨帅，四川安岳人，博士，副教授，乐山职业技术学院旅游系，主要研究方向为民族文化与旅游经济。

从乡愁、乡创、乡建谈乡村旅游与民宿发展问题[①]

德村志成
（世界旅游城市联合会，日本国际观光学会）

引言

随着经济的快速发展，旅游者对旅游产品多样化的需求也大为增加，乡村旅游便是在这样的环境下兴起并快速地得到旅游者喜爱的。近年来，国内“乡村旅游”正处于快速增长期，然而乡村旅游的主要意义并未因此被正确的认识，常有旅游者不知为何而来，走马观花似的行走于乡间，而忘记走访乡村的真正意义。事实上，这样的行为很有可能破坏乡村原有的淳朴，也或多或少影响乡村的自然生态。因此，探讨乡村旅游的定义和核心，让乡村旅游在中国得到健康的发展有其必要性，也是当务之急。

谈到乡村旅游的发展，就不得不提近年经常出现于各种场合的乡愁、乡创、乡建和民宿等词汇，目前乡村旅游的发展最关键的就是这些问题。那么什么是乡愁、乡创、乡建，它们所隐藏的深层意义是什么，解读这些问题就成为我们在发展乡村旅游时首要的工作，否则乡村旅游的发展必将带来祸患而非喜悦。另外，我们发展乡村旅游最重要的就是要在有效保护乡村生态资源的基础和原则上开发，这个理念必须坚持并贯彻到底，否则宁可留住乡村的原真性也不要盲目地开发。

首先，笔者将探讨乡愁、乡创、乡建的内涵所在。乡愁是对家乡的感情和思念，是一种对家乡眷恋的情感状态。对故土的眷恋是人类共同而永恒的情感。远离故乡的游子、漂泊者、移民，谁都会思念自己的故土家乡。乡创是以乡村为背景进行的一种创业行为，当然这种行为重要动力是对乡村的热爱之情，肯为乡村的发展倾注全力，才会将发展乡村视为实现美好梦想的行动。乡建的意义很好理解，新中国成立前有晏阳初、梁漱溟等的乡村建设运动，进入 21 世纪以来有国家推行的“新农村建设”，重在改变农村面貌，给予农民更好的生活[1]。

就笔者个人的理解，乡愁是每个人对乡村特有的情感；乡创于一群有理想的人而言，则是一种实现美梦和憧憬的努力。乡建在过去是为乡村可持续发展而展开的一项伟大工程与行动，而当前则有另外一项任务，那就是为酷爱乡村旅游的人创造

---

① 本文是第十三届“生态·旅游·灾害——2016 长江上游生态安全与区域发展战略论坛”文章。

与维护好乡村的生态资源。三者看似都有其各自的意义和内涵，但它们彼此之间是密不可分的。为了记得住乡愁、推动乡村的发展，乡创和乡建正在全国各地热烈地展开。为的就是满足希望一解乡愁的人、在乡村共筑美梦的人和想要建设乡村保护乡村的人的愿望。他们虽然各有情怀、各有美梦、各有理想并且各司其职，但最终都有一个共同的目的，就是希望留下美丽乡村的原景与原貌，同时共创共享乡村的美好。然而我们必须清楚地认识到当前的乡村旅游发展，已经出现了一些值得我们深思和重视的问题。

1 乡村旅游的发展与问题

谈乡愁、乡创、乡建就不得不从乡村旅游的发展谈起。随着市场需求的不断扩大与变化，对旅游产品多样化的要求也逐渐增加，这是旅游发展的规律，也是一种正常现象。在这些旅游产品中“乡村旅游”受欢迎和重视程度最高，但是由于快速的发展，也存在着一些发展的难题与误区。

1.1 快速发展的主因

乡村旅游之所以能够快速地发展成为当前最受欢迎的一项旅游产品，主要是因为经济的繁荣虽然带给了人类极为丰富的物质享受，但精神享受却不断远离，人类开始意识到它的重要性，因而产生了体验乡村生活的渴望。这样的现象在城市化率越高的地区越明显，紧张的都市生活使城市居民向往宁静和安逸，因此，以乡村为背景的旅游产品就应运而生了。

随着“绿色环保”新观念的普及，人类渴望返璞归真，回归大自然的愿望更是势不可当，回归自然已经成为一种时尚，这也进一步推动了旅游者对乡村的向往和体验乡村生活的需求，乡村因有着大都市所没有的淳朴和宁静，成为旅游开发的焦点，被开发成乡村旅游产品（图1）。当然，如果乡村失去了原本的淳朴和宁静，其自然价值也就不复存在了（图2）。

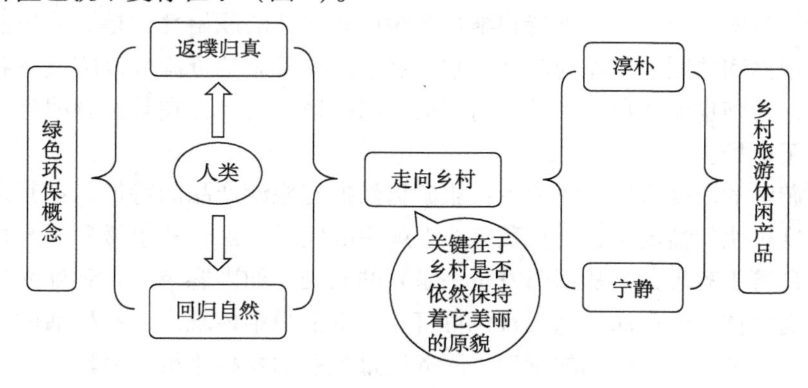

图1 绿色环保概念

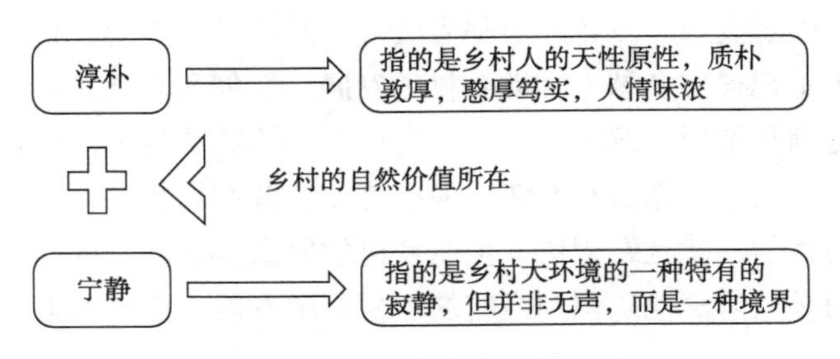

图2　乡村自然价值分解

近年来，国内乡村旅游正处于快速增长期。乡村旅游的兴起为城市居民提供了一种良好的休闲生活方式。乡村旅游的开展带动了农村、渔村、畜游牧村等的经济发展，也为农民、渔民、畜游牧民等提供了一条脱贫致富的道路，让地方的农、渔、畜牧业资源得以有效利用，更为旅游者提供了一个非常有意义的旅游产品。

当前乡村旅游在全国各地如火如荼地展开，一片繁荣景象的背后也存在着诸多问题。特别是脱离原意的发展模式处处可见，原景遭到破坏的情况也时常发生。大量的城市居民冲着乡村的美丽景象一哄而上，将乡村当作景点景区来看、来游，把乡村搞得如闹市般热闹喧哗。如此的发展结果到底是不是我们想要的、是不是真正意义上的发展乡村旅游，已经成为当前乡村旅游发展过程中一个不容忽视的重大问题。

1.2　存在的问题

任何事物在快速的发展之后必然衍生问题，这个现象是普遍存在的，在中国乡村旅游的发展过程中也同样存在。如农村、渔村、畜游牧村的人文与自然结构，可能在被破坏后瓦解，传统文化可能流失，邻里可能因竞争而产生矛盾，甚至可能产生诸多污染问题，这些都会在快速发展之后呈现出来。事实上，目前有些问题已经严重到我们不得不去重视的程度了。

当把乡村作为旅游产品去开发时，不会因为我们高举着保护乡村风貌的旗帜，乡村旅游就有所不同。尽管维持和维护乡村旅游产品的原始性，是这项旅游产品开发的重要依据和原则，但作为产品，它依然必须具备旅游资源、设施设备和服务等基本要素，否则也无法形成产品推向市场。同样地，它也存在着经营战略，否则也难以立足于市场。

从旅游学的角度来看，由于乡村旅游仍然拥有旅游产品的特征，在其发展历史较短且速度过快的情况下，就隐藏了众多棘手的问题。由于竞争激烈，乡村旅游市场出现了良莠不齐现象，从而引发了一系列的问题，如内容单一，到处充斥着仅提供吃喝和简单休闲的产品，毫无特色可言，基本上很难体现出乡村生活的乐趣，加上规模过小，又缺乏规范化的管理，服务质量极差的乡村旅游产品比比皆是，今后如不能拟定一个妥善的管理方针，产生严重问题的可能性将大为增加。

这样的发展模式到底是否能为市场提供一个优质的旅游环境和产品，确实让人感到怀疑。我们明白这个市场将会继续存在，因为它已经是一个流行的旅游产品，但正因如此，加速对乡村旅游产品品质的改善，才是势在必行的举措，否则将会让这个原本颇富深意的旅游产品，因失去原有的价值进而失去市场。在此，笔者认为乡村旅游的发展，应该从正确认识乡村旅游的定义开始。

2　乡村旅游的定义

尽管乡村旅游正在各地红火发展，但事实上完全读懂其定义并根据定义进行开发的并非多数，绝大部分乡村旅游产品依然存在着认知错误和偏差。其原因甚多，定义不清就是主要原因之一，市场上出现各式各样对乡村旅游产生误读的产品，从某个意义上来说也是可以理解的。

目前，世界各国对于乡村旅游的定义和见解都有所不同。经济合作与发展组织对乡村旅游的定义是：在乡村开展的旅游，田园风味是其中心和独特的卖点。在法国，这种与乡村紧密结合的旅游被称为“绿色旅游”“生态旅游”或“可持续性旅游”。在中国，学者对乡村旅游比较普遍的看法是：它是以农民为经营主体，以农民所拥有的土地、庭院、经济作物和地方资源为特色，以为游客服务为经营手段的农村家庭经营方式。当然也有人认为这只不过是一种“农家乐”的概念。日本农林水产省对绿色旅游（Green Tourism）的看法则是：旅游者应拥有丰富的绿色农村地域，享受着当地的自然、文化，并和居民进行交流，进而过着悠闲的假期生活的停留型休闲活动。这大致上就是将其作为一种生活方式，是利用假期到农村的一项活动[2]。

2004 年在贵州举行的乡村旅游国际论坛上，与会专家最终形成了一个比较统一的意见，他们认为中国的乡村旅游至少应包含以下三点：一是以独具特色的乡村民俗民族文化为灵魂，以此提高乡村旅游的品位和丰富性；二是以农民为经营主体，充分体现“住农家屋、吃农家饭、干农家活、享农家乐”的民俗特色；三是乡村旅游的目标市场应主要定位为城市居民，满足都市人享受田园风光、回归淳朴民俗的愿望[2]。

从上述定义中我们可以总结出在乡村休闲旅游中旅游者到乡村的主要目的就是参观、学习、体验和感受乡村的文化、生活与环境（图 3）。因此，这三个要素，如果没有特色或被破坏消失，乡村旅游产品是无法打造的或者说很难打造的。

同时从以上定义来看，很多人对乡村旅游的定义基本上以农村为载体，而忽略了渔村和畜游牧村的存在，但笔者认为在乡村的概念下，包含农村、渔村和畜游牧村等比较恰当，毕竟他们也是乡村旅游体验的对象之一。既然如此，那么乡村旅游的基本要素有以下几项：首先地点必须是真正的农村、渔村或畜游牧村，主体必须是农民、渔民或畜游牧民，必须要有乡村的民族民俗、文化内涵，足以满足市场的需求。

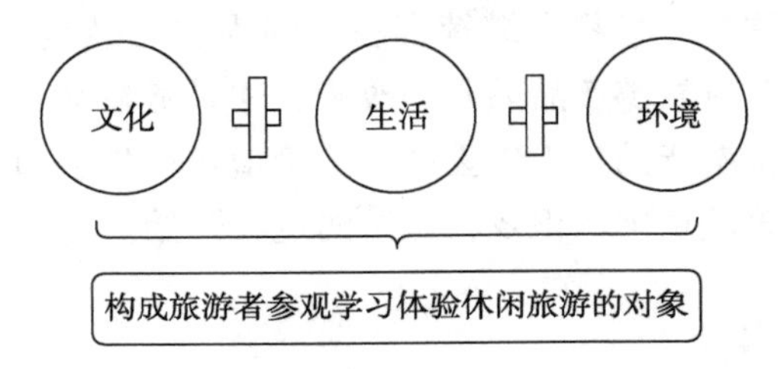

图3　乡村休闲旅游的三大主轴

当我们探讨乡村旅游问题时，笔者认为其出发点是相当重要的，如从单纯的旅游角度来看，乡村旅游的整个过程中必须包括旅游的六大要素，否则就很难称得上乡村旅游，因为它依然属于旅游的范畴[2]。

3　对乡村旅游发展的认识

乡村作为旅游发展的背景或载体，提供了一个创造旅游产品极佳的素材，这对于当今这样一个旅游产品需求多样化的时代而言，有着极为重要的意义和作用。这是有意投资乡村旅游发展的企业或个人的绝佳机会。不过，如何理解乡村旅游的定义和背后的意义，是我们必须学习的，否则，盲目地进入乡村进行开发很可能会给乡村带来毁灭性的破坏，而非有益的投资建设。

在理解乡村旅游定义后，有哪些事情是我们必须认清的呢？当我们作为投资主体或个人进入乡村时，首先必须认识到在乡村旅游发展中，无论何时村民始终是核心人物，而村景则是核心场景，他们与投资主体或个人之间的关系就如同电影的主角与配角，村民与村景永远都是主角，而投资主体充其量就是配角。在这样的基本认识下展开开发建设是必要的，任何本末倒置的行为都不应该在乡村旅游发展中发生，这是发展的基本原则和理念。

3.1　村民

村民是乡村旅游的主角，他们在发展上有着难以替代的作用，他们肩负着至少以下三个任务：一是乡村旅游的接待者；二是乡村体验的指导者；三是乡村文化的传播者（图4）。因此，乡村旅游的发展如果缺少村民的参与，基本上和其他产品就没有区别了。所以村民在乡村旅游发展中的地位与功能，必须获得绝对的尊重和理解，这是我们

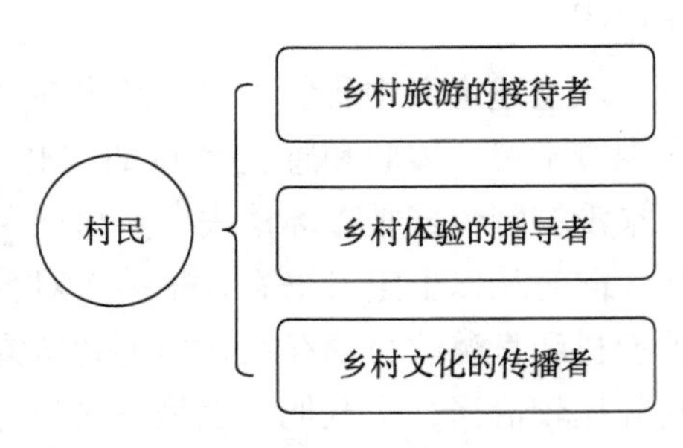

图4　村民扮演的角色

首先要认清的原则。

3.2　乡景与村景

乡景与村景（图5）是乡村旅游发展的重要资源，它承载着整个乡村的发展历史，使其以立体的形式呈现在我们眼前，它更是引发乡愁的主要原因之一，是旅游者到乡村旅游的主要目的之一。选择乡村作为旅游去处的旅游者，绝大部分是想借乡景或村景的美好来追忆过去，或是想追寻找书本上所描述的美景，在心灵上找到一个归宿，一解“乡愁”。因此，乡景与村景是整个乡村发展的核心资源。

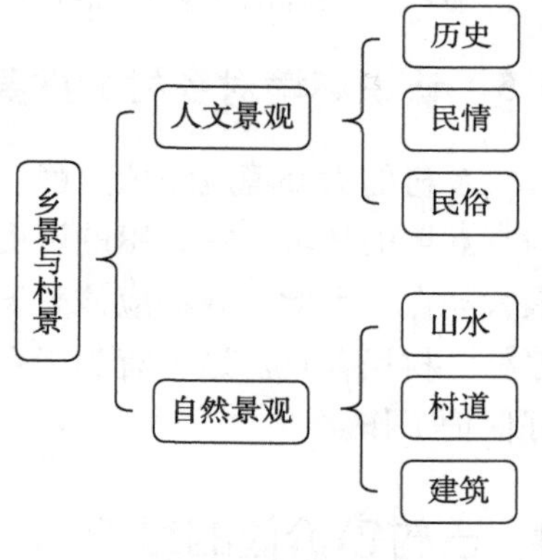

图5　村景的构成

3.3　不容破坏的资源

乡村旅游发展的核心在于使民俗民情民风、自然风光和乡村美景得到很好的保护，也就是说，乡村旅游必须建立在这些核心价值不被破坏的基础上，这才是乡村旅游的生存之道。特别要指出的两大不容破坏的结构一是人文结构，二是自然结构（图6）。

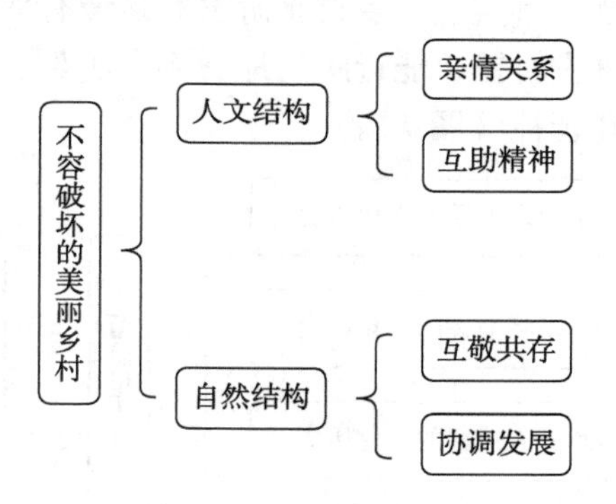

图6　美丽乡村的构成

乡村的人文与自然结构，是乡村日积月累形成的财富，是乡村最大的价值所在。乡村重视人与人的亲情关系，有一股热血的互助精神。乡村提倡天地人和谐的发展，这样的结构被破坏对乡村旅游的发展极其不利，结构的破坏很可能使乡村最美丽的一面消失，失去发展的机遇。

3.4　不容破坏的生态环境

生态是自然的馈赠，它的重要性如下：第一，生态是人类最大的财富；第二，生态为人类提供最美好的景象；第三，生态的破坏将影响人类五感和与之相关的器官；第四，生态是人类赖以生存的必要条件；第五，生态和谐是人类安居生活的保障；第六，生态的失调必然导致人类的浩劫。

3.5 认识环境对乡村的重要性

乡村的大环境应该依照静、净、境的原则维护与打造，也就是打造宁静、洁净与有意境的环境。古村镇的历史文化是整个乡村的核心，当然也是乡村旅游产品的最大亮点。因此，我们应该意识到古村镇价值——古、纯、善，即历史久远、环境淳朴、村民善良。这些有利于乡村发展的资源，我们在开发时必须优先考虑如何做好保护工作。

4 古村镇价值的维护

如果乡村中依然存在着保存完好的古村镇，那么这个古村镇就是一个宝藏，就是乡村发展最大的财富，它的文化是历史的见证，这才是乡村旅游的灵魂所在。由此可见，乡村古村镇的保护自有其深厚的意义和广泛的影响。它最大的意义和影响就在于留给后人学习的机会，让后世子孙看到、听到、嗅到、尝到、触到前人所遗留下来的财富，它是前人的智慧结晶。

这些伟大的财富难以估算价值，因此，如何让后世通过某种方式来学习，是古村镇文化传承的一大课题。事实上，乡村旅游发展是最有效的学习、体验与传承模式。旅游者通过旅游走进古村镇，能近距离地看到、听到、嗅到、尝到、触到前人所遗留下来的文化精髓和精神（图 7）。

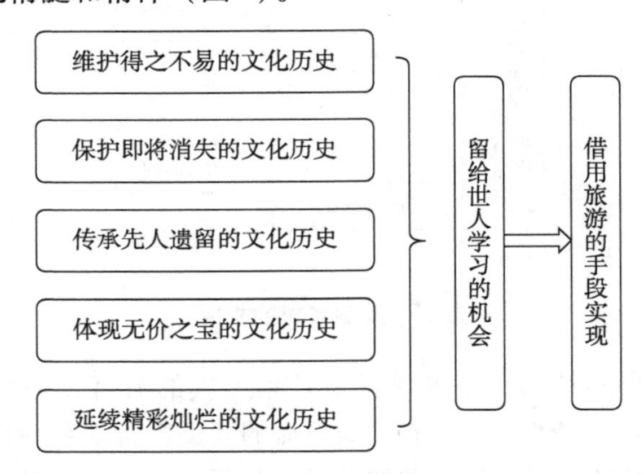

图 7 古村镇保护的意义和目的

笔者认为文化是有生命力的，因此，它能够流传千年，文化有一种神奇的力量能够让旅游者在观光、学习和体验中，感悟到它的美丽与魅力，进而在不知不觉中成为传播文化的使者。

另外，好奇心是一种人类特有的本能，在经济条件允许的情况下，人类往往自发亲近大自然，希望感受自然的神奇力量。但当他们外出旅游时，不管是否抱有目的，旅游者首先接触到的是不同的文化，同时很可能对此产生记忆，于是旅游者就成为文化的传播者，这就是文化的神秘力量。因此，我们有责任、有义务借乡村文化或者是古村镇文化的吸引力，让来到这里的旅游者成为当地文化传播者（图8）。

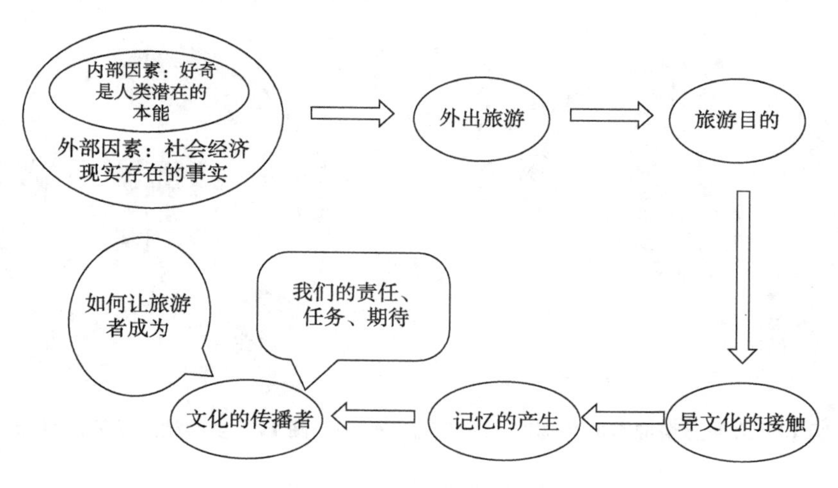

图8　让旅游者成为文化的传播者

事实上，常态性旅游往往都会让旅游者由于一次旅游成为某种文化的传播者。因为旅游者在旅游的过程中，通常都是通过好奇、质疑、理解、学习、体验等步骤去接触异文化的，在这个过程中人与人的交流则是促使旅游者最终成为文化传播者最有效的办法（图9）。

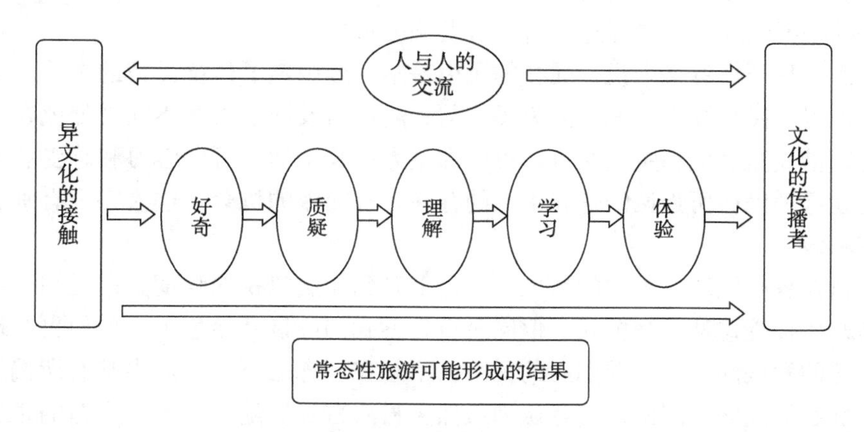

图9　旅游者如何成为文化的传播者

从结果来说，乡村休闲旅游必须守住“纯”性，发挥“特”性，展现“个”性，体现“温”性。而这些都是从文化衍生出来的思想与理念，必须坚守维护。再则，从旅游休闲的角度来看，乡村旅游产品具有的特点就是可以让旅游者大范围地感受乡村的美丽风光，小范围地体验乡村文化所衍生的各种民俗、民情与民风，乡村应该是一个能够让人细品后回味多多的地方，是一个能够让人放松、让人慢下来的地方（图10）。如果乡村是一个能使人细细品味乡愁的地方，那么乡村更应该是让人常常忆起，时常想去的地方，甚至是让人想长住的地方（图11）。

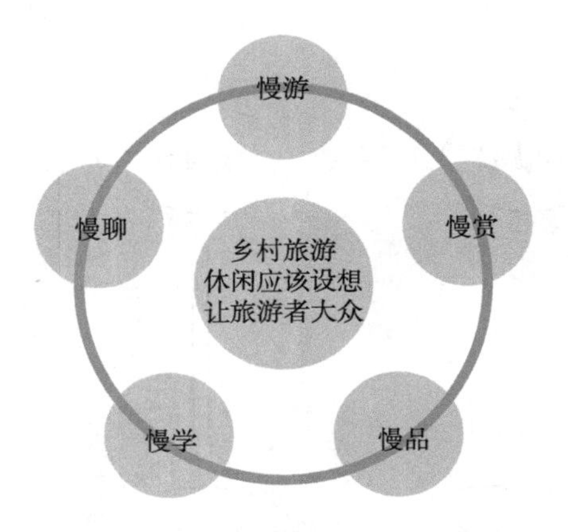

图10　乡村旅游应有的“慢”

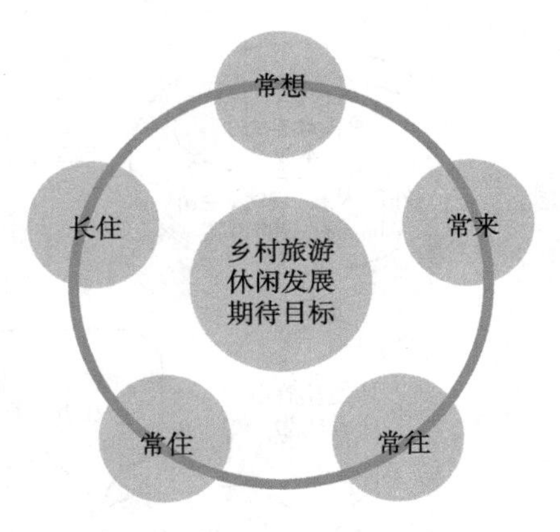

图11　乡村旅游发展的目标

5　乡村旅游与民宿协调发展的问题

乡村旅游的最大特点是既可休闲也可以学习、体验，那么为了满足这样的市场需求，住宿设施的普及与完善是必须的。近年来，在全国各地热火朝天地开展的民宿建设，是一个非常正常的现象。因为民宿是旅游者走进乡村、忆起乡愁、感悟乡村美好的必要设施，也是促进乡村经济发展的重要手段。

然而，从严格意义来说，现在的民宿基本完全脱离了传统民宿的本质。主要原因是国内很多民宿没有主人，因为民宿与一般住宿设施最大的不同之处就在于，旅游者可以借住宿之便和主人交流，可以和主人一起生活，可以学习和感受主人的温暖，也就是说民宿所强调的是有主人的存在，有交流的机会。这些完全有别于一般的旅馆和饭店。

民宿在乡村旅游发展中的地位，已经上升到无法忽视的程度。这证明了市场已经逐渐开始接受这种住宿模式。但同时也告诉我们应该开始思考，如何更好地解决今后民宿的发展问题。当前国内的民宿，不管在理念上还是打造中都有所偏失，存在令人忧心的问题，因此，笔者认为虽然乡村旅游发展绝对少不了民宿的跟进，但跟进是一个发展上的现象，我们不能让这个现象有所偏失，否则这样的发展不但对乡村发展不利，对环境的破坏更将造成伤害。为此，我们有必要重新认识民宿的本质，并在此基础上开辟一条正确的发展道路。

6 认识传统民宿与创新民宿

所谓的传统民宿，笔者想以日本为例展开讨论。“民宿”一词发源于日本，在民宿的发展史上日本是较早发展民宿的国家，也是亚洲发展相对比较好的国家。日本始终认为民宿经营是以副业形式为主要模式的，根据民宿的经营特点和现状，制定了相当明确的法律法规，这些规定均和一般的宾馆、饭店有极大的不同，这点就已经凸显出民宿的特点。

首先，对传统民宿的定义是位于农山渔村或观光地等的一般民家，得到运营许可，以自宅提供给旅游者住宿的住宅。民宿（潮宿）是指利用自用住宅空闲房间，结合当地人文、自然景观、生态环境资源及农林渔牧生产活动，以家庭副业方式经营，为旅客提供乡野生活之住宿处所。这说明了民宿基本不以规模来论，主要是家庭式的经营，强调家庭的温馨和主人的魅力。多年后我国台湾省也引进了民宿的理念，并走出一条依然有主人，但同时又强调精致设施的新路，随后国内大陆有些地区也引进了民宿理念。（图 12）。

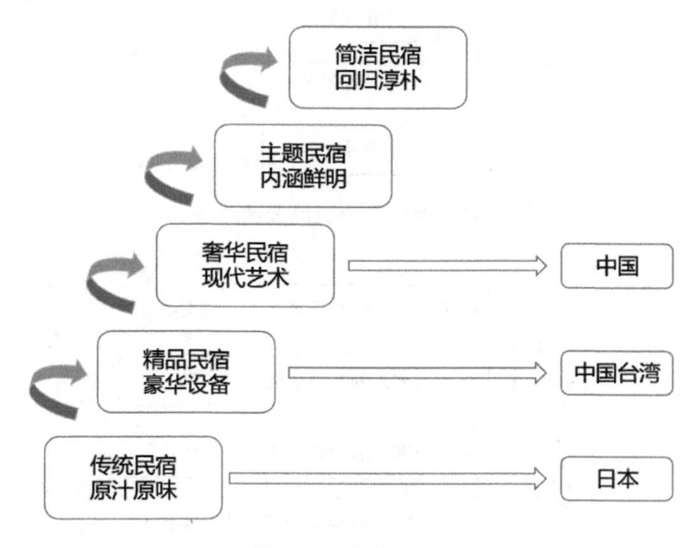

图 12 民宿的发展

笔者认为今后的民宿将会朝向主题鲜明、内涵明确的主题民宿方向发展。设施设备也将逐渐简洁回归淳朴的发展路线。乡村是民宿发展的主要背景，既然如此，勿忘本源、淳朴洁净是必然的要求。目前的民宿产品绝大部分都存在流行化、时尚化、世俗化、城市化、特色尽失、主题不明等问题。今后应该朝向个性化、特色化、本土化、精致化、文创化发展。产品应具有诱导市场化的特征，在强调产品多样化的同时加强产品的个性化、品牌化和精致化。

日本的传统民宿本来就是以家庭副业的方式经营的，以主人温馨体贴的服务为主要卖点，是一种主客体可以直接交流的住宿设施，民宿和一般旅馆的差异在于主人的个性化经营。近年来，国内企业走进乡村，其作为主体投入大量资金进行所谓的民宿开发，这也形成了一股风潮（图 13）。事实上，由于他们所谓的民宿很多没有主人的存在，而是以一般旅馆的模式经营，理论上很难称得上是民宿，更类似于精品乡居或乡宿。由于投入的资金较高，考虑资金回流后，很自然地会在住宿费的设定上采取高定价的模式，这也和日本传统民宿所标榜的理念截然不同(图 14)。

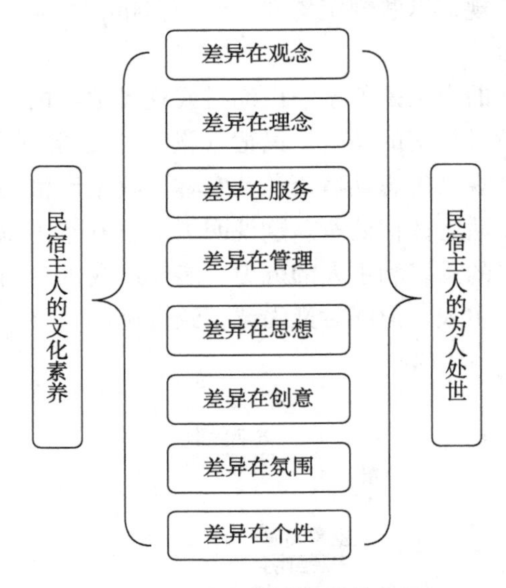

图 13　民宿与旅馆经营的差异

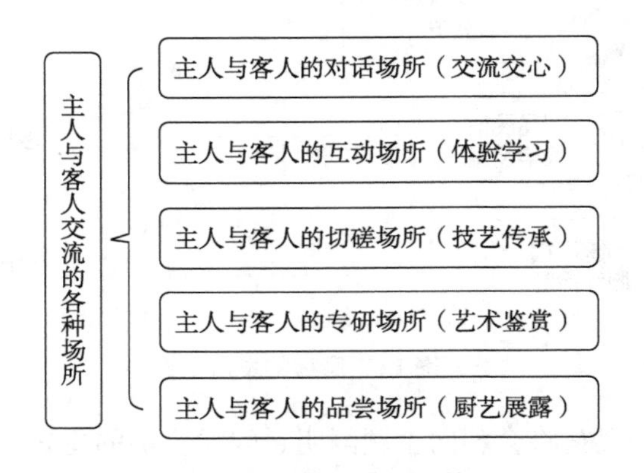

图 14　日本民宿的经营策略

7　乡村民宿在规划与设计中存在的问题

由于民宿非常讲究主人与客人之间的互动关系以及客人与乡村自然环境的接触，因此，在规划时必须非常慎重细心地顾及室内外的空间布局等问题，否则将无法表现民宿内涵。

笔者认为，目前的民宿在室内设计上存在着几个比较严重的问题：一是缺乏对主人的地位和意见的尊重，绝大部分的设计几乎是一面倒的，仅仅考虑到客人住宿空间的问题，完全忽略了主人的存在。事实上，传统民宿主人在整个民宿中的重要性是不容忽视的，毕竟他是客人居住期间一切学习与体验的指导者，因此他的生活空间是整个民宿机能的核心，我们不能忽略这个问题，相反地，应该更加重视主人与客人之间互动场所如何设计，这才是成功的设计理念（图 15）。

如前所述，文化是整个乡村的魂也是根，作为设计师在展开设计之前，必须做好学习的工作，认真研究当地文化的内涵才能展开设计工作，否则该设计最后必然会成为一个缺乏文化要素的作品。目前，众多的民宿设计仅仅是设计师展现现代艺术的作品，而非以乡村文化作为主要素材来展开的作品，这样的设计严格来说已经失去了乡村民宿的特色，这是一个值得我们深思的问题（图 16）。

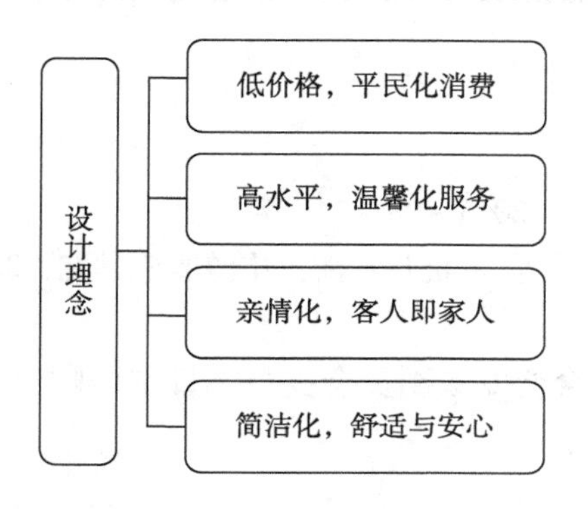

图 15 民宿设计必须考虑的因素

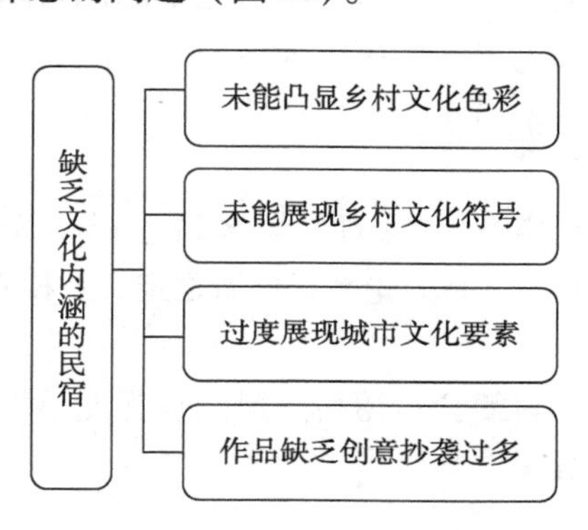

图 16 缺乏文化内涵的民宿设计

当前误把乡村古村镇当作景区来规划的问题相当严重，其带来的问题笔者在前文中已经阐述，乡村的大环境应该尽力维持静、净、境的状态。把古村镇当作景区来规划，对这个村落的发展只有破坏没有帮助，特别是小的村落更是不能被当作景区来规划。首先从空间上来说，小型古村镇与小村落根本无法容纳众多的游客活动。其次一个村落的民居也没有必要全部作为民宿发展，那样村落的发展肯定会呈现失衡状态。我们假设只有几家民宅改成民宿，那么客人在村里活动时，完全没有必要用一般常规性的旅游设施功能来引导他们。当然，超大型古村镇在现实中各种生活机能都比较完善，那么把当它当作景点景区去规划是合理的。因此，我们必须小心地处理，科学地判定被开发古村镇是超大型还是小村落，再根据属性来决定是否用景点景区的概念去规划，这才是维护乡村原真性的基本理念。

8 结语

乡愁、乡创、乡建和民宿等一连串与乡村有关的概念，正随经济快速发展在各地流行起来，这说明乡村的魅力是难以阻挡的，相信这股潮流将会持续一段很长的时间，正因如此，今后乡村发展必将受到各界重视。

从当前的形势来看，乡村发展始终是我国政府非常重视的问题，从三农问题及扶贫政策的推出，政府在这方面所做的努力是有目共睹的，投入的心血是巨大的。因此，今后政府如何制定下一步的乡村发展规划，我们如何配合政府的政策至关重要。

在此之前，不管是已经在建的项目，或正在规划的项目，都应该正确地认识乡村旅游及民宿的定义，并在此基础上创造属于中国的乡村发展特色，这是我们大家共同努力的方向与目标，唯有在此基础上规划的道路，才是走向可持续发展的道路。从理解乡愁、乡创、乡建和民宿等一系列的流行词汇，到真正走上发展道路是一个艰辛的过程，是在摸索中前行的，因此有对有错也有好有坏是非常自然的现象，但这不能成为理由，更不能成为阻碍正常发展的绊脚石。相信我们的乡村发展一定会走出一条康庄大道。

参考文献

[1] 罗容海．“乡建”与乡愁［N］．光明日报，2015－03－24（7）．
[2] 德村志成．论乡村旅游之定义及核心意义［Z］．杭州：浙江旅游职业学院，2007.

作者简介：德村志成，世界旅游城市联合会专家委员会委员，日本国际观光学会会员。

“大旅游”时代背景下旅游与气象融合发展探析[①]

李婧　黄萍
（成都信息工程大学管理学院）

摘要：中国旅游业已快速步入“大旅游”时代，标志之一就是国内旅游市场大众化成为新常态。在散客化、个性化趋势推动下，气象与旅游的融合发展成为必然。本文从气象与旅游的天然耦合关系角度，分析了旅游气象资源、气候变化、气象信息预报与旅游业的联系，并立足于旅游市场需求变化，提出旅游与气象融合的三大路径：科技渗透融合、产业延伸融合和产业创新融合，同时结合当前气象服务社会化改革发展要求，基于“旅游＋气象”的产业融合模式提出了推进融合的策略。

关键词：大旅游；气象与旅游融合；气象服务社会化

1　引言

如今，国内旅游市场的大众化成为新常态，随着旅游业的迅速发展，旅游市场的需求也发生了改变，人们对旅游产品的关注更多转移到了品质与服务方面。旅游与气象具有天然的耦合关系，在散客化、个性化旅游需求趋势推动下，二者的融合发展成为必然。因此，如何结合旅游市场需求变化与当前气象服务社会化改革发展要求，推进旅游与气象的产业融合，是需要深思与探讨的问题。

2　旅游与气象的耦合关系

2.1　旅游气象资源与旅游业的联系

欣赏独特的自然景观是人们旅游的重要目的之一，大自然独特的气象气候条件形成了如吉林树挂、漠河极光、黄山云海、泰山日出、蓬莱海市蜃楼、云南玉龙雪山等丰富的自然景观，旅游气象资源为旅游业提供了观赏价值，带动了旅游消费，因此，旅游气象资源是旅游景区发展的先决条件之一。例如，在我国恩施地区气象旅游资源非常丰富。当地气候四季分明，冬暖夏凉，夏季最高气温不超过30℃，是

① 本文原载于《安徽农业科技》2016年13期，是第十二届“生态·旅游·灾害——2015长江上游灾害管理与区域协调发展战略论坛”文章。

人们避暑的好去处。温暖湿润且光照时间长的气候条件是这里多种珍稀树木得以生长的基础条件，因此，恩施地区建立了有“华中天然植物园”之称的自然保护区。在该地气候条件的长期作用下，大面积裸露的碳酸盐岩岩溶地貌发育形成了伏流、瀑布、溶洞及石林等独具特色的自然景观。冬季，由于其特殊的地形，高低海拔温度差异大，低山淅沥小雨时，高山则是大雪飘飞，造就了当地独具特色的美丽冬景[1]。

我国还有很多像恩施这样旅游气象资源丰富的地区，对于这些地区来说，旅游气象资源是当地旅游业发展所依赖的基础条件，因此，对旅游气象资源的合理开发不仅可以促进当地旅游业的发展（如利用独特的自然景观吸引大量游客，扩大经济收益），同时也为周边产业提供了更大的发展空间。

2.2 气候变化与旅游业的联系

旅游业是一个依赖气候的产业。近几年，与旅游、气象的相关研究成为新热点。随着国家工业化的快速发展，二氧化碳和工业污染物的排放量增加，受温室效应与人类活动影响，全球气候逐渐变暖，旅游业发展正面临着气候变化的威胁。由于气候变暖的影响，许多季节性旅游项目的气候条件发生了变化，改变了当季景区旅游特色，使一些依赖季节旅游的景区游览人数有所下降[2]。气候变化还对旅游企业在冷气与暖气、制冰、灌溉和供水以及保险支出等方面的成本产生影响，使旅游运作成本升高[2]。例如，受全球气候变暖影响，一些依赖滑雪项目的旅游景区出现了暖冬天气，使得当地积雪厚度不足，雪况下降，导致前来滑雪的游客明显减少，为了维持滑雪场的旅游人数，不得不人工造雪，导致成本大幅增加[2]。高温、暴雨、台风、泥石流等突发性自然灾害，也会对景区环境和基础设施造成破坏，甚至造成人员伤亡，给旅游景区带来损失。此外，气候变化还会影响到水资源、生物多样性、食品安全、基础设施建设等方方面面，从而间接影响到旅游业[2]。

旅游业的能源利用及二氧化碳排放情况是旅游对环境产生影响的重要因素，世界旅游组织研究显示，旅游业对全球温室气体排放负有一小部分责任，而旅游交通能源消耗是旅游业能源消耗的重要组成，从全球看，占到了旅游业总能耗的94%[3]。2003年世界旅游组织和气象组织召开的首届气候变化和旅游会议认为，气候变化正在对不同旅游目的地产生影响，但同时也不能忽视旅游、旅游交通对气象的反作用。由此可见，旅游业与气候变化有着密切的联系。

2.3 气象信息预报与旅游业的联系

（1）旅游气象预报

旅游人数与气象条件有着直接的关系，针对不同景区特点和游客需求提供不同的气象预报服务是旅游气象服务中的重点内容，降温、大风、雨雪等天气都会给游客的出行带来不便，因此旅游景区天气预报、短时临近预报和精细化预报等气象预报服务，为旅游者选择安全舒适、品质优良、观赏期最佳的旅游环境提供了保障。

去庐山赏雪景是我国冬季旅游的一大热点，因此，关于庐山雪景的观光时机与雪景维持时间的预报成为庐山旅游气象服务的重要内容。2003年，庐山气象台为此专门成立了课题组[4]，研究总结了有关庐山冬季降雪及雪景景观维持时间的客观分析方法，计算出最佳观赏时间与雪景维持时间，为游客提供了更好的服务。

旅游指数预报是旅游气象预报中又一重要内容。它结合气温、风速和具体的天气现象，从天气的角度出发给市民提供出游建议。旅游指数分为5级，指数越高，越不适合旅游。旅游指数还综合了体感指数、穿衣指数、感冒指数、紫外线指数等生活气象指数，给市民提供更加详细实用的出游提示。比如，当空气中负氧离子含量较高时，适宜外出运动。风寒指数越高，人体舒适度越差，则不宜出行。紫外线指数表示太阳紫外辐射对人体皮肤损害程度，提醒公众避免紫外辐射的危害等。随着旅游业的发展，人们越来越关注旅游的品质，因此通过旅游气象指数的预报可以更准确地为游客出行提供气象信息，从而提升旅游质量。

深圳是我国重要旅游城市之一，其旅游业占该地区经济总量比重越来越大。而考虑到气温、降雨、风速、雷电、雾、霾、紫外线等气象因素对人们旅游出行的影响，2014年深圳市气象局组织制定了深圳市《旅游气象指数等级》标准，该标准的提出既保证了旅游的品质，也保护了旅游者的身体健康。

（2）旅游气象灾害预警

暴雨、干旱、高温、雷电、泥石流等旅游气象灾害对旅游资源、旅游景观、交通、景区设施和人身安全等方面都会带来危害，因此旅游气象灾害的研究分析、灾害预警信息的发布和应急措施的制定对旅游资源的保护和游客的生命安全有着重要的现实意义。

气象灾害具有时空性和规律性。以我国青海地区为例，每年5—9月是冰雹、暴雨洪涝、雷电、高温、大雾、龙卷风等灾害的多发季节，而5—10月也正是青海的旅游旺季，青海海东地区是严重旅游气象灾害高发区，西宁市、黄南州等地次之，这些地区也是青海雷电灾害高发和受灾人数最多的地区[4]。因此，需要对气象灾害发生特点进行分析并找出其发生规律，及时发布预警信息、采取防御措施保障人身安全，减少景区损失。

3　旅游市场需求变化

我国现代旅游业的兴起是市场经济的需求，从一开始就被定位了经济属性，近几年，随着经济增长与旅游热的不断升温，人们对旅游的需求也在不断扩大，旅游市场供需要素从传统的吃、住、行、游、购、娱6个方面向6+N转变（图1）。

经济增长改变了市场需求的结构，在市场作用下，各个产业相互驱动，协同发

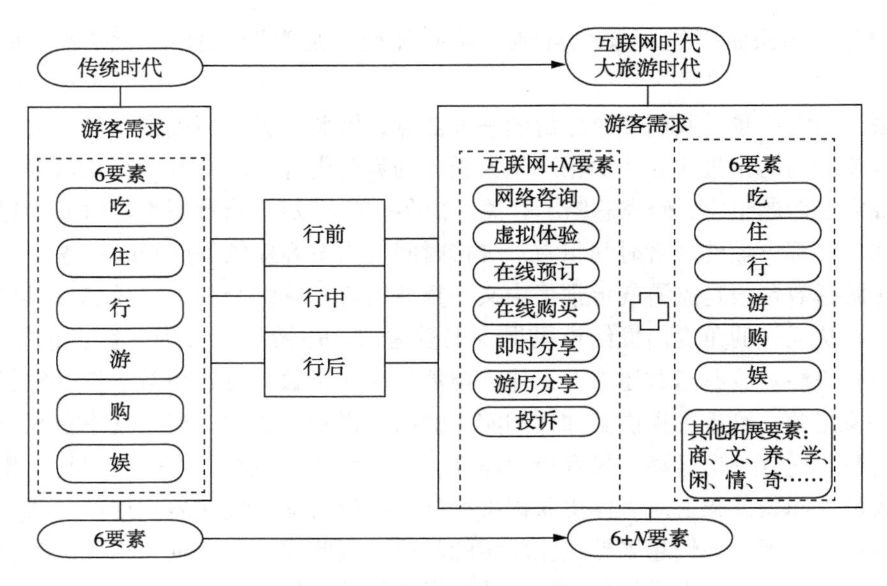

图1　供需要素向6+N转变

展。随着近几年移动互联网的高速发展，旅游App、手机旅游天气、地图等旅游移动互联网产品使用率明显增长。根据中国互联网发展状况统计调查，截至2015年6月，旅行时在网上预订火车票、机票、酒店、旅游度假产品等的用户规模达到2.29亿人，占网民总数的34.3%。其中，手机旅行预订用户规模1.68亿人，是整体在线旅游预订市场规模的73.4%。

“旅游+气象”的产业融合发展模式将旅游产业与气象产业相结合，两大产业相互驱动协同发展，这种产业结合是满足市场需求的一大方向。旅游气象资源、旅游气象信息预报都属于旅游气象产品，通过“互联网+”“旅游+”等形式拓展性发展，将气象科技渗透融合于旅游业，开发新的旅游气象产品，再利用互联网等手段快速推进市场带动周边产业发展，刺激消费，进一步满足市场需求正成为一种新模式。旅游业正在成为新常态下中国经济增长的新引擎。

4　“旅游+气象”模式产业融合路径

中国的旅游业已快速步入“大旅游”时代，如今，在旅游市场的需求和国家气象现代化战略的共同驱动下，旅游气象服务进入了发展的黄金机遇期，基于“旅游+气象”的产业融合模式，走出了科技渗透、产业延伸、产业创新三方面融合的发展路径。

4.1　科技渗透融合

科技渗透融合就是立足“旅游+气象”模式，将先进的科学技术运用到旅游与气象两大产业，利用其关联性与相互作用，提升产品技术水平，实现旅游与气象的产业双赢。

第一，移动互联网与旅游业均属发展迅速的行业，随着人们的需求不断增加，基于旅游、气象、服务的方便快捷的移动互联网产品的发展将大有前景，因此，可以将资源投入旅游 App、手机旅游天气地图等旅游移动互联网产品的开发，通过迎合顾客消费习惯实现市场融合。第二，在利用现代科学技术开发新的气象服务产品的同时也要注重提升现有旅游服务产品的质量和精确度。尤其是有地形特殊性、旅游季节性特点的景区，旅游气象服务产品更应多样化、精细化，尽可能满足游客对旅游服务的多方面需求。第三，完善旅游气象灾害预警系统，提高对旅游气象灾害分析和预测的能力，并利用广播、网络、电视等信息传输手段及时发布预警信息，实现全程网络化、自动化的信息发布，及时采取灾害应急措施，确保游客安全，最大限度地减小灾害损失。第四，利用 3D 视觉体验技术、模拟技术以及科技馆现场参观讲解等形式传播旅游与气象相关科普知识，通过网络、电视等平台宣传旅游气象方面的科普产品，使更多的人关注旅游气象。最后，气象部门可以根据各景区特点，推进旅游景区气象观测系统的建设，增加气象观测设备，提高对气象旅游资源的观测与研究能力，更准确有效地为旅游业服务。

旅游与气象处于一个相互联系、相互影响的系统中，二者密不可分，因此将科学技术融入旅游气象服务，不仅为景区旅游资源、旅游质量、游客安全方面提供了更好的保障，也促进了旅游与气象两大产业市场的协同发展。

4.2　产业延伸融合

“旅游 + 气象”模式的产业延伸融合，是利用产业间的发展优势互补，推动产业融合。旅游产业与气象产业的延伸融合发展，将旅游气象推向社会化、市场化，赋予旅游气象产业新的附加功能和更强的竞争力，形成新的产业体系，从而实现产业间的融合。比如，将旅游气象服务基础设施与公共气象服务体系建设作为政府投资和扶持的重点领域，为其设立旅游气象服务建设专项资金，并将其重点投向大型旅游景区气象景观观测、气候资源监测、天气观测预报、气象信息服务系统、气象灾害预警、气象服务标识系统等直接服务民生需求的工程项目中。这种方式加速了资源的流动与重组，有助于打破产业区域之间的壁垒，增强产业之间的联系，从而推动产业的融合发展。

4.3　产业创新融合

创新是产业融合的内在动力，是“旅游 + 气象”产业融合模式发展的内在需求。创新主要包括体制机制创新、旅游气象资源开发创新、旅游气象产品创新、营销创新、新业态等形式。在旅游创新发展的带动下，体制机制创新深化了气象服务体制改革，建立了科学有效的管理体制和开放、多元的气象服务运行与参与机制。

在产品创新方面，通过开展旅游景区最佳天气景象网络评选活动、旅游气象服务产品创新创意大赛、大学生旅游气象服务创意大赛等创新创意活动，以大众参与的方式探寻服务创新模式，利用不同形式的创新融合，更好地指导旅游气象产业融合的实践发展。

5 “旅游 + 气象”模式产业融合策略

在气象服务社会化改革的非常时期，产业在融合过程中要克服创新与稳定的矛盾，由政府监管，通过创造良好的产业融合环境、制定相关产业政策、扩大产业间的协同合作和培养高端人才等方式实现产业融合。因此，本文针对“旅游 + 气象”模式产业融合策略进行了思考，提出以下几点建议。

第一，政府在产业融合上要起到引路和监管的作用，由政府提供经济支持，创新思维，打造跨界合作机制，大力培育新的旅游气象服务消费热点，根据气象服务社会化改革发展要求，推进现代气象服务社会化（包括公共服务社会化和私人服务社会化）。利用社会投资与私人投资力量相结合的方式推动旅游气象商业化、市场化，开发大众旅游气象消费产品。设立旅游气象服务产业发展基金，发挥财政资金杠杆作用，撬动社会资本进入旅游气象服务市场，实现“小政府、大社会”的转型发展。

第二，互联网、云计算、物联网、知识服务、智能服务的迅猛发展，为产业融合提供有力的工具和支撑环境。旅游气象服务的发展没有空间边界，在互联网环境下，市场化商业模式会快速无限衍生，因此，要主动跨界合作，积极搭建旅游气象相结合的投融资模式，针对不同客户群体推出老年旅游气象服务、养生健康旅游气象服务、体育健身旅游气象服务等多元化旅游气象服务产品，推动旅游气象服务体系建设。在公共服务方面，要加快气象公共服务智库建设，积极主动承接政府购买服务，将旅游公共气象服务作为“大众创业、万众创新”的引擎工程，谋划公共气象服务管理新举措。

第三，在正确处理好部门气象与社会气象、社会效益与经济效益、气象事业发展规律与市场经济规律关系的基础上，深化气象服务体制改革，建立科学有效的管理体制和开放、多元的气象服务运行与参与机制，构建适应用户需求和市场快速变化的及时响应机制，并实行标准化、法制化监管。另外，应根据社会市场需求制定相应的扶持政策和措施，还应大力培育和引导旅游气象服务消费热点，创建旅游气象服务市场消费环境。

第四，建立多学科交叉复合型团队，依靠人才创新、科技创新、跨界合作，实现旅游与气象产业的融合发展。

6　思考与结论

旅游与气象具有天然的耦合关系，从旅游气象资源方面看，天象与气候景观已成为重要的旅游资源类型。气候变化对旅游业有着多方面的影响，而旅游业能源消耗和二氧化碳排放的现状对气候、环境的影响也引起了社会各界的关注；人们旅游出行首先会考虑天气情况，旅游景区的最佳观赏期和客流量也与天气状况息息相关，天气预报服务对旅游业就起着至关重要的作用，灾害预警为人民提供突发自然灾害警示信息，为旅游景区设施以及游客人身安全提供了保障。气象在旅游中的应用已经非常广泛，旅游气象服务业的发展还有较大的提升空间，由此看来，旅游与气象处处彰显着密不可分的联系。

如今，中国的旅游业已经迎来了“大旅游”时代，在旅游散客化、个性化的驱动下，气象与旅游的融合发展成为必然。“旅游 + 气象”模式的产业融合，必定会催生更多旅游气象的新产品和新服务，进一步满足人们对旅游环境与旅游服务更高层次的需求，在融合产业的带动下，新产品的品质也会不断得到提升。除此之外，产业融合还可以促进更多的复合型人才参与进入，开辟市场，提升市场竞争力，极大地促进融合产业的发展。因此要在立足旅游与市场需求结构变化的基础上，结合气象服务社会化要求，通过科技渗透融合、产业延伸融合和产业创新融合三种方式，促进“旅游 + 气象”的产业融合。

参考文献

[1] 黄水林，杨晓兰，汪晓滨，等．庐山冬季雪景旅游气象景观预报［J］．气象，2007（11）：34－40.
[2] 贺小荣，Min Jiang. 国外气候变化与旅游发展研究的新进展［J］．地理与地理信息科学，2015，31（4）：100－106.
[3] 石培华，吴普．中国旅游业能源消耗与 CO_2 排放量的初步估算［J］．地理学报，2011，66（2）：235－243.
[4] 罗生洲，汪青春．青海省旅游气象灾害时空变化特征分析［J］. 青海大学学报（自然科学版），2013，31（1）：71－76，81.

作者简介：李婧，硕士，原成都信息工程大学管理学院农业推广专业，现在甘肃省气象局工作；黄萍，博士，成都信息工程大学管理学院院长、教授，硕士生导师，四川省高校人文社科研究基地“气象灾害预测预警与应急管理研究中心”主任。

金堂县乡村旅游发展战略与对策研究①

肖晓[1]　向宇[2]

（1. 成都理工大学旅游与城乡规划学院；2. 金堂县农林局）

摘要： 近年来，乡村旅游已成为促进农村繁荣、农业增效、农民增收的新型产业，有效拉动了农村经济的繁荣。金堂县地处成都市东北部，是成都平原经济圈内重点发展县，也是成都市城乡一体化发展向外辐射和梯度推进的重要地区。因此，在该县发展乡村旅游具有重要的战略意义。本文从乡村旅游发展背景出发，通过SWOT分析，在理论和实践的基础上，提出了金堂县发展乡村旅游战略及对策，构建了乡村旅游发展的路径和措施。

关键词： 乡村旅游；产业融合全域旅游；金堂县

1　引言

乡村旅游作为一种新兴产业，极大地促进了农村繁荣、农业增效、农民增收，已成为当前破解三农问题的重要途径。2010年，国务院颁发的《关于加快发展旅游业的意见》中就明确提出，要把旅游业培育为国民经济的战略性支柱产业和人民群众更加认可的现代服务业。四川省委、省政府将旅游业定位为重点培育的战略性支柱产业，成都市委、市政府也将打造国际旅游目的地定为发展目标。金堂作为成都市农业大县，具有产业优势、自然优势、文化优势，发展乡村旅游是金堂经济快速发展的重要方法和路径。

金堂县位居成都市东北门户，乡村旅游业起步相对较晚，总体上既有成都市乡村旅游发展的优势，也存在与其他成都市乡村旅游发展相似的短板。但其独特的地理优势、人文环境、自然风光、产业优势等为其发展乡村旅游提供了有力条件。

2　研究区概况

金堂县隶属成都市，位于成都平原东北部，沱江上游。该地区气候温和，年均温度16.6℃，年均无霜期长达285天；年均降水量丰富，可达926 mm；年均实测日照1 298 h。全县幅员1 156 km^2，辖21个乡镇和2个省级工业开发区，是成都平

① 本文是第十四届“生态·旅游·灾害——2017长江上游灾害应对与区域可持续发展战略论坛”文章。

原经济圈内的重点发展县和成都市“特色产业发展区”。金堂因有山川之利，自古即为川西水陆交通枢纽，是成都东部门户。金堂县域赵镇雄踞千里沱江之首，中河、毗河、北河穿城而过，有“天府花园水城”的美誉，曾荣获得“中国人居环境范例奖”“成都十大魅力城镇”等殊荣。

金堂县山、丘、坝皆有，土壤类型丰富，土地肥沃，物产丰饶。全县现有耕地89万亩，森林覆盖率37.02%；水资源总量84.6亿 m^3，人均占有水资源量9 485 m^3；林地面积达2万 hm^2。成德、京昆、成渝、成都二城等高速公路在金堂县境内均设有出口；达成、成渝铁路穿境而过，距蓉欧快铁始发站——亚洲最大的铁路集装箱编组站仅3 km；距成都双流国际机场45 min车程，游客可达性强。

近年来，休闲旅游、电子商务、节庆会展成为全县服务业新的增长点，2016年，地区生产总值达到320亿元，增长13.3%。近5年来，金堂县旅游人次和旅游收入呈逐年上升趋势，旅游发展态势良好。2016年，金堂县接待游客818.16万人次，实现旅游收入9.3亿元，同比分别增长21.46%、27.87%，旅游业已逐步成为金堂区域经济新的增长点。

3　金堂县旅游业发展SWOT分析

3.1　优势

（1）客源优势

从客源市场看，金堂县拥有成都及其周边近2 000万旅游消费群体。2015年成都人均GDP超7 700美元，随着物质的丰富，精神文化需求日益凸显，从消费能力看，具有广阔消费市场。

（2）区位优势

金堂县位于成都东部重要的乡村旅游圈内，紧邻全国著名旅游城市成都市，位于“成都半小时通勤圈”计划范围内，是成都近郊旅游的辐射点。交通区位优势较为明显，是连接川渝旅游线路的重要节点，成青走廊、龙泉山生态旅游带的重要组成部分。旅游客源充足，市场开发潜力巨大。

（3）文化优势

金堂钟灵毓秀、人文蔚起，境内战场遗址、鳖灵文化、码头文化等沱江源文化源远流长。汉代天文学家杨统、北周罗汉佛像画家张景思、享誉海内外的国画大师张大千等名师大家在金堂有不少著述和成果留传后世。金堂的云顶石城，是宋末八大山城防御体系之一，也是川西唯一幸存的南宋末年战争遗址；国家级历史文化名镇五凤古镇是有“东方黑格尔”美誉的贺麟先生的故乡；始建于清乾隆年间的舒家湾天主教堂是川西地区最早建立的教堂之一，神父、会长、贞女及教友的陵墓尚存。从文化上看，拥有哲学文化、码头文化、鳖灵文化、移民文化、宗教文化、孝文化等历史文化名片，适宜发展人文旅游。

（4）节会优势

自2012年以来，金堂县连续举办了国际铁人三项赛、中国龙舟公开赛、非物质文化遗产节等重大赛事（节庆），并成功承办国际食用菌博览会与中国成都节能环保产业博览会等活动，有效聚集了人气。每年策划实施赏花节、产业博览会等具有影响力的农业节庆活动近百次。依托赛事、会展、节庆活动的举办，有效带动了全县餐饮、住宿、会务等接待设施和服务的提升，进一步彰显了“天府水城、田园金堂”的魅力。

3.2 劣势

（1）乡村旅游开发不足，产品尚未形成体系

目前金堂县乡村旅游产品中观光产品所占比例最大，游客停留时间短、旅游消费水平低，旅游产品结构不合理。旅游产品质感低，市场竞争力弱。缺乏品牌旅游产品和特色产品体系，旅游产业链配套不完整。

（2）旅游基础配套设施不够完善，传统景区亟待转型升级

由于投入不足，旅游基础设施不配套，服务功能不齐全，硬件不完善。一是在餐饮、住宿接待方面，星级饭店较少，接待能力较低；二是县域内还未形成旅游环线，景点之间通达程度较低；三是开发较早并有一定知名度的景区，如云顶石城风景区、梨花沟、沱江小三峡等，因缺乏后续的创新和深度开发，市场吸引力逐年下降，亟待升级转型。

（3）缺乏一体化思路，旅游形象尚未形成

目前金堂县乡村旅游处于各景区单打独斗阶段，缺乏一体化的品牌战略思路，在客源市场上无法进行有力的形象推广。

3.3 机遇

（1）全域旅游

近年来，随着旅游消费常态化，游客需求更加个性化与多元化。私家车的普及和带薪休假制度的完善更使旅游者改变了传统的景点旅游方式，突破了景区围墙界限，形成了无边界的大旅游趋势。为了顺应民意，2015年8月，时任国家旅游局局长的李金在全国旅游工作研讨会上首次明确提出全面推动全域旅游发展的战略部署；2016年年初，国家旅游局发布首批“国家全域旅游示范区”创建名单；2017年3月，李克强总理在政府工作报告中也提到了全域旅游，强调要在“十三五”工作任务中完善旅游设施和服务，大力发展全域旅游。

（2）市场机遇

近年来，随着成都打造世界旅游目的地进程的加快，成都旅游业持续发展。2016年，实现旅游总人次和旅游总收入双增长，规模效益再创新高。据统计，全市

全年接待游客总人数突破2亿人次，达2.003亿人次，同比增长4.68%。其中，接待国内游客1.98亿人次，同比增长4.52%；接待入境游客272.31万人次，同比增长17.78%。旅游总收入突破2 500亿元大关，达2 502.25亿元，同比增长22.65%。成都旅游的大发展，必将为处于成都东大门的金堂县带来良好机遇。

（3）后发机遇

与成都东部青白江、龙泉驿等区县相比，金堂县是现代农业大县，城镇化、现代化进程相对缓慢，但从资源禀赋来看，金堂县农业产业基础牢，休闲农业规模大，田园风光美，拥有可用于发展乡村旅游的第一产业与第三产业互动的条件；自然资源得天独厚，千里沱江横贯东西、龙泉山脉纵贯南北，可利用水域和山区面积大，保存有较为完整的自然山水田园风貌，具备充分发挥当前最新科技力量的条件，具有充足的旅游投资空间等，有机会后发制人，后来居上，打造前所未有的旅游新名片。

3.4 挑战

（1）区域竞合

在成都、资阳、德阳、眉山等一级市场周边，乡村旅游产品众多，其中不乏发展很成熟的乡村旅游目的地，其资源、环境和产品各具特色，并具有了较高的品牌知名度和较强的市场影响力。其中一些同质化旅游产品的发展给金堂县乡村旅游发展带来了直接压力和挑战。

（2）市场需求

旅游者对旅行活动的体验性要求更高，可参与、可体验、可亲近的旅游项目和活动更受旅游者的青睐。同时，旅游者的消费观越来越成熟，传统的以观光为主的游览活动已无法满足游客日益提高的旅游消费需求，旅游产业在旅游产品的创新性开发和挖掘方面面临重大挑战。

4 金堂县乡村旅游发展战略与对策

4.1 指导思想

以2017年“中央一号文件”中提出的大力发展乡村休闲旅游产业的相关精神作为指引，充分发挥乡村各类物质与非物质资源富集的独特优势，利用“旅游+”“生态+”等模式，推进农业、林业与旅游、教育、文化、康养等产业深度融合。按照“创新、协调、绿色、开放、共享”五大发展理念，打破传统的经济效益导向和城镇化导向思维定式，大力推行生态旅游、低碳旅游、全域旅游等新型旅游开发理念，依托“中国西部独特的水上城市”“中国人居环境范例奖”“国家园林县城”“国家级生态示范县”“中国书法之乡”“中国龙舟之乡”“四川省文明城市”等品牌和全县高品质、多类型的优势农业资源，充分发挥交通区位优势，突出金堂生态、休闲、运动、康养、度假的特色，全力打造成都近郊休闲旅游目的地和成都后花园，增强旅游业的竞争力，实现旅游产业的转型升级。

4.2 发展思路及对策

旅游是综合性产业，涉及农、工、贸、旅、教、科、文、卫等各行业各部门，也涉及政府、企业、村民等不同主体，必须以全域化的理念和全产业链思维，实施产业联动、部门联动、要素联动，促进产业互动融合发展，构建综合产业综合发展的大旅游格局。本文将从建设、营销及管理三个方面，全方位谋划金堂全域旅游发展路径。

（1）突出三个融合，做好顶层设计

围绕解决“怎么建”的问题，突出农旅融合、文旅融合、商旅融合，对金堂全域进行旅游功能分区，做好顶层设计，构建“四区一轴一带”旅游景观。

四区：在金堂县县城赵镇及周边三星镇、清江镇、官仓镇、栖贤乡 264.4 km^2 范围建设运动休闲康养度假旅游区，使其成为全县乡村旅游发展的龙头和引擎，整合度假、休闲、娱乐资源，打造天府花园水城旅游度假区项目，形成全区发展极点向四周辐射、带动周边区域；在赵家镇、福兴镇、金龙镇、三溪镇 231.29 km^2 范围内建设生态农业田园观光旅游区；在隆盛镇、转龙镇、广兴镇、竹篙镇、又新镇、土桥镇、云合镇、平桥乡 406.57 km^2 范围内建设原乡花田乡村文化体验区；在淮口镇、白果镇、五凤镇、高板镇 278.68 km^2范围内建设山水古镇文化体验旅游区。

一轴：金堂大道生态景观轴。在官仓镇到土桥镇路段 70.49 km 范围内建设金堂大道生态景观轴。在该大道沿线，通过打造立体生态景观工程、标志性景观工程和完善道路沿线标识标牌，将其建设为金堂县乡村旅游发展的生态景观走廊，建成金堂最美生态景观大道。

一带：沱江生态文化景观带。金堂县内沱江自赵镇三江汇合直至五凤镇，主要属沱江水系，主干流在境内流程 49 km，可依托沱江良好的生态环境和水域资源，完善基础设施建设，整合流域内两山一湖、五凤古镇等景区景点建构沱江生态文化景观带。

（2）突出社区参与，激发发展活力

围绕解决“怎么投”的问题，突出社区参与旅游，促进旅游业和社区的相互促进和提升。在乡村旅游开发过程中，采用多种社区参与模式相结合的方式，让当地居民充分参与到乡村旅游规划和发展的每一个阶段，并使其作为旅游利益相关实体的组成部分而存在，最大限度地调动居民参与旅游发展的积极性，其主要方式如下。

一是“ 农户 + 农户”模式。这是以“农家乐”为主的小规模乡村旅游开发模式，乡土文化保留真实，使游客以较低的消费体验最原生态的本地习俗和文化。由于投资和管理能力的制约，此模式适用于规模较小、较为分散的农家乐开发。二是“个体农庄”模式。以规模农业个体户发展为特色，自主经营，完成旅游接待和服务工作。三是“村集体主导”模式。由村集体直接或成立旅游公司对村属资源进行集中开发和统一管理，农户可自愿参加村旅游开发与经营。四是“公司/社区＋农户”模式。引进有经济实力和市场经营能力的公司或企业，直接和农户合作，或者和社区合作；利用社区农户闲置的资产和富余的劳动力，开发各类农事活动，展示真实的乡村文化，实现了组织内部分工，发挥了产品开发经营优势，农民经过培训上岗，提高了服务水平。五是“企业＋政府＋农户”模式。由金堂县、乡镇各级政府和旅游主管部门按市场需求和全县旅游总体规划正确的引导企业和农户在合适的时间、地点进行开发。六是“企业＋村集体＋农户”模式。该模式是“公司＋农户”的延伸模式，公司不与农户直接合作，而是由当地村委会组织农户参与，由旅游公司来组织服务培训及相关规则的制定。

（3）瞄准两个方向，强化品牌营销

围绕“怎么卖”的问题，丰富乡村旅游产品、开发特色旅游商品，强化品牌营销，促进农民增收致富。

1）丰富乡村旅游产品

按照市场导向、保护自然、情景体验、精品打造、可持续发展、社区参与的理念，结合自身的优势旅游资源以及交通条件、基础设施、市场需求等因素，有针对性地进行旅游产品开发设计，形成以运动休闲、康养度假旅游产品为引领，以田园乡愁、自驾、美食、寻古探幽旅游产品为支撑的多元化、复合型旅游产品体系。

2）开发乡村旅游商品

金堂县三溪脐橙、金堂黑山羊、金堂姬菇等在全国享有盛名，这些产品初步形成了旅游商品交易市场，但还存在旅游商品开发效益不显著、旅游商品集聚效应不明显、商品市场机制不健全、缺乏规范的经营和管理等问题。因此提出以下发展建议：一是构建乡村旅游系列商品。首先依托金堂特色水果、食用菌、酒、水产、花卉、小吃、养殖业等产业，开发金堂特色的旅游产品体系；其次将当地特产与传统手艺相结合开发手工艺品系列，如竹工艺品、金丝嵌工艺画，编制工艺品、陶瓷工艺品。二是明确营销策略。确定旅游商品营销的目标市场，以新媒体宣传等方式打造知名品牌，开展互联网营销，打造线上线下相结合的旅游产品交易模式。

金堂县具有丰厚的文化底蕴、悠久的历史、美丽的自然风光和多样化的产业基础，发展乡村旅游具有较好的资源优势。但县域旅游的开发过程中，必须坚持规划引领，统筹兼顾，充分考虑“吃住行游购娱”等旅游要素，构建产业综合发展的大旅游格局，方能形成全域乡村旅游业发展的有效途径。本文从“农旅融合、文旅融合、商旅融合”的角度，对金堂县乡村旅游空间布局、开发思路、品牌营销、管理升级等方面进行分析阐述，以期为同类型的县域旅游开发提供参考和借鉴。

作者简介：肖晓，教授，成都理工大学旅游与城乡规划学院硕士生导师，研究方向为旅游开发与管理、区域发展与人居环境等；向宇，金堂县农林局。

金堂县旅游产业发展可行性分析及战略对策[①]

肖晓　涂平刚

（成都理工大学旅游与城乡规划学院）

摘要： 金堂县拥有良好的自然生态及人文资源禀赋，尤其以丘陵地貌为特征、山水田园为基础的乡村旅游资源得天独厚。本文重点分析了金堂旅游产业发展机遇与优势，得出旅游业可作为金堂县域经济的主导产业重点发展的结论，在此基础上笔者提出了金堂旅游业要抓住机遇，发挥优势，超常规推进、跨越式发展的战略对策。

关键词： 乡村旅游；旅游产业；可行性分析；金堂县

2014 年 8 月，国务院《关于促进旅游业改革发展的若干意见》（以下简称《意见》）出台后，全国上下掀起新一轮旅游提升发展的热潮。四川省和成都市也根据《意见》精神，将旅游工作重新提上重要议事日程，召开专题会议研究并制定出台省、市旅游产业改革发展措施和相关扶持政策，为各地旅游业的健康快速发展明确思路。金堂县作为成都市东大门，地理区位优势明显，县内拥有良好的自然生态及人文资源禀赋，尤其以丘陵地貌为特征、山水田园为基础的乡村旅游资源得天独厚。本文阐述了金堂县旅游业发展现状，分析了旅游产业发展面临的机遇与发展优势，提出旅游业在县域经济发展中的重要战略地位，建议县委、县政府将旅游业作为其经济支柱产业大力发展，并提出要抓住机遇、发挥优势、超常规推进、跨越式发展。

1　发展旅游产业的必要性

随着社会的发展，旅游业已成为全球经济发展中势头最强劲和规模最大的产业之一，其在地区经济中的地位日益提高。首先，旅游产业具有强劲的辐射带动作用，社会效益远远大于其直接经济效益。据世界旅游组织统计，旅游业关联国民经济 109 个行业、39 个部门，旅游业的单位直接增加值与带动相关行业对应项目增加值的比例如下：收入 1∶4.5、投资 1∶5、就业 1∶5。可以说，旅游业在投入和产出上具有明显的杠杆作用。其次，旅游产业的发展过程是美化环境、传播文化和追

---

① 本文是第十四届“生态·旅游·灾害——2017 长江上游灾害应对与区域可持续发展战略论坛”文章。

求人与自然和谐共生的过程，是惠及民生，建设美丽城乡环境，构建和谐社会的重要抓手。再次，做好做大区域旅游，对于优化产业结构、转变经济增长方式、扩大对外开放、推动新型城镇化建设、提升地方知名度和影响力具有重大而深远的影响。

2006—2012 年，成都旅游业增加值在全市 GDP 和第三产业增加值中的比重逐渐增大，2012 年，旅游业完成投资占全市投资的比例由 2011 年的 4. 08% 提升至 5. 36%；完成税收的增速远高于全市税收平均增速，占全市税收比例由 6. 33% 提升至 6. 75%；从业人数占全市就业人口比例由上年的 7. 43% 提升至 8. 30%。数据表明，近年来，成都旅游业平稳快速发展，对全市投资、税收和就业的综合带动效应更加显著，作为全市国民经济战略性支柱产业的地位得到进一步巩固提升。

2　金堂旅游业发展机遇和优势

2. 1　面临的机遇

（1）强大的战略支撑

2009 年，国务院明确提出“把旅游业培育成国民经济的战略性支柱产业和人民群众更加满意的现代服务业”。党的十八大报告也提出要“加快传统产业转型升级，推动服务业特别是现代服务业发展壮大”。省政府于 2013 年明确提出“把四川打造成为全国旅游经济强省和世界旅游目的地”的目标，并出台了《关于加快建设旅游经济强省的意见》。成都市也于 2010 年提出了建设“全国统筹城乡旅游发展的先行样板和旅游综合改革的示范城市”的旅游发展目标，把旅游业作为支柱产业来培育，充分发挥旅游业的先导作用和产业融合功能。

（2）广阔的市场前景

党的十八大明确提出城乡居民收入倍增目标，这将进一步刺激城乡居民旅游消费需求。同时，随着小康社会进程的稳步推进，我国 GDP 在以年均 10% 以上的速度迅猛增长后，我国进入了人均 GDP 3 000 美元的新阶段，人均消费水平将持续增长，消费方式将发生重大变化，我国旅游消费需求已经达到爆发式增长的基线，中国已成为全球第三大入境旅游接待国和出境旅游消费国。

目前的成都，已成为承接全球产业转移的投资热土，国内外领先企业、知名机构、高端人才、产业资金等优势资源加速聚集成都，成都作为“财富之城 · 成功之都”的国际形象广泛传播。尤其是 2013 年承办财富全球论坛、世界华商大会等盛大活动后，成都在国际舞台上的知名度、影响力和美誉度大大提升，成都旅游的市场前景前所未有的广阔。

金堂县地处成德绵经济带与成遂渝发展轴交叉的“黄金三角区”，依托 1 400 万人的特大中心城市成都，向东辐射川东延至重庆，向北经德阳广汉远接西安，向西南通过天府新区拓展至川南各市县，在周边150 km、1 h经济圈范围内有3 000万人口和大量潜在消费群体。工业强县战略不仅给金堂县带来了经济的快速发展，更带来了一大批具有较高消费能力的人口，金堂工业园区、成阿工业园区、成都工业战略前沿区的人口将在未来几年内飞速增长；三星大学城的川师文理学院、西南交大希望学院、西南民航专修学院等院校的建成，不仅提升了整个县城的品位，更是形成了流动人口的另一高速增长点。充足的旅游客源市场，将带来巨大的消费需求，成为拉动金堂县旅游业的重要动力。

2.2　发展优势

（1）人文底蕴深厚

金堂钟灵毓秀、人文蔚起，境内战场遗址、鳖灵文化、码头文化等沱江源文化源远流长。汉代天文学家杨统、北周罗汉佛像画家张景思、享誉海内外的国画大师张大千等名师大家在金堂有不少著述和成果留传后世。金堂的云顶石城，是宋末八大山城防御体系之一，也是川西唯一幸存的南宋末年战争遗址；国家级历史文化名镇五凤古镇是有“东方黑格尔”美誉的贺麟先生的故乡；始建于清乾隆年间的舒家湾天主教堂是川西地区最早建立的教堂之一，神父、会长、贞女及教友的陵墓尚存；有着两千多年历史的金堂山，是唐人李八百三次修道之地，也道家的洞天福地之一。

（2）旅游资源丰富

金堂是成都市自然生态环境最好的地区之一，曾获“中国人居环境范例奖”“国家生态示范县”及“全国绿化模范县”等殊荣。县内旅游资源丰富，田园山水资源优势尤为突出，沱江旅游文化带贯通县境南北，龙泉山生态走廊横卧县域东西，现代农业产业园星罗棋布，遍布各乡镇，人文景观与自然山水相映生辉，旅游多点多极发展格局逐渐形成，为金堂“全域旅游”发展奠定了坚实的基础。

1）“天府水城”独具魅力

“三江汇聚赵家渡”，金堂以“天府水城”而闻名。县城赵镇素有“千里沱江第一城”之称，北河、中河、毗河三条玉带穿城而过，汇聚沱江，县城水域面积达到了5 km^2，有着“东方威尼斯”的美誉。沱江流域金堂段全长59.7 km，沿江而下，青山绿水，碧波轻绕，风景优美的沱江小三峡、轻舟泛水的九龙长湖等自然景观让人流连忘返，是典型的山、河、湖、林等自然生态本底与现代城市人居的有机融合。

2012年5月，金堂被授予“中国龙舟之乡”称号。作为西南地区唯一的国际铁人三项赛专业赛场，官仓国际铁人三项赛场已连续举办3年。龙舟赛、铁人三项比赛与金堂旅游休闲产业相结合，体现出人与自然的和谐，全面展示了金堂“天府水城、休闲金堂”的全新风貌。

2）“田园金堂”别具一格

位于成都三圈层丘陵地区农业大县的金堂，绵延不绝的丘陵地貌孕育出了别具一格的乡村旅游资源。尤其是近年来，金堂大力实施“一镇一园”项目，依托现代农业园区发展乡村旅游，将特色农业资源逐步转化成旅游产品，打造出三溪“中国脐橙之乡”、福兴芍药花海、广兴樱花产业园、转龙鲜花谷等发展前景广阔的乡村旅游产品，逐步形成了“春可赏花（桃花、梨花、樱花、油菜花、芍药花等），夏可亲水（休闲垂钓、激情“铁三”），秋可养生（登山健身、素斋养生等），冬可美食（黑山羊、河鲜等），一年四季主题鲜明相互交错”的特色乡村旅游系列产品，彰显了“田园金堂”的乡村魅力。

（3）精品项目效应渐显

随着五凤古镇一期项目的建成运营和港中旅金堂游温泉度假区项目的正式签约，金堂重大旅游项目的龙头带动作用逐渐显现。五凤古镇一期项目建成以来，前往古镇游览的游客日益增多，尤其在节假日，古镇内的餐饮、住宿基本达到饱和。据统计，2013 年国庆黄金周，五凤古镇接待游客 10.37 万人次，实现旅游收入 961.3 万元，2014 年春节黄金周，五凤古镇接待游客 16.08 万人次，实现旅游收入 1 688.4 万元。旅游的开发不仅促进了当地居民增收致富，更带动了五凤镇交通、水、电、气、视、讯的全面发展。

（4）配套设施不断完善

近年来，金堂县委、县政府高度重视旅游接待工作，全县旅游配套服务设施不断完善。一是随着成青金快速、成德南高速的建成通车和第二绕城高速、五洛快速通建设，金堂“四高速三铁路两快速一轻轨”的对外交通格局正逐步形成，金堂与成都的时空距离大为缩短。二是金堂已开通至成都班线 26 条，实现了与成都中心城市无缝换乘，成功进入成都“半小时经济圈”。便利的外部交通为金堂旅游产业加速发展提供了必要的对外联结通道。三是金堂山一期项目的全面建成和二期项目的启动实施，云顶山、炮台山等景区道路扩宽工程、“百湖工程”及电、视、讯等配套设施提升工程的实施，使各主要景区（点）的基础设施更加完善，为游客提供了更为优质的旅游服务。四是随着五星级标准酒店成都金堂恒大酒店、主题商务酒店观岭悦庭酒店、五星级乡村酒店爪龙溪花园大酒店等高档次酒店的建成运营，绿岛国际会务中心、华地财富广场、财富寰岛等商业综合体项目也全面启动建设。这些项目的建设和投运，将彻底解决未来赴金堂县游客的饮食、住宿、娱乐、购物、休闲问题，使金堂县的旅游接待能力得到跨越式提升。

（5）品牌节会赛事初具影响力

近年来，金堂成功举办了国际铁人三项赛、中国龙舟公开赛、非物质文化遗产节等重大赛事（节庆）活动，并成功承办中国成都节能环保产业博览会等会展活动，有效聚集了人气。同时，策划实施了黑山羊节、国际油菜花节、梨花节、荷花节、红提采摘节、草莓采摘节等具有一定影响力的农业观光和农事体验类节会活动。依托赛事、会展、节庆活动的举办，有效带动了全县餐饮、住宿、会务等接待条件的升级，进一步彰显了“天府水城、田园金堂”的城市魅力。据统计，2011—2013 年，连续三届中国龙舟公开赛的举办，为金堂带来了超过 70 万各地游客。2012 年“国际油菜花节”开幕式当天，金堂县接待游客就突破 3.8 万人次，实现旅游收入 456 万元。

3　面临的挑战和存在的问题

3.1　面临的挑战

（1）周边市场竞争日趋激烈

由于各地旅游业的快速发展，导致了旅游业竞争的加剧。成都周边的许多区县都把旅游业作为经济的支柱产业加以培育和发展并取得了突出成效。如旅游业起步较晚的遂宁大英县，依托丰富的盐卤资源打造了知名景区“中国死海”；双流县将农业产业与旅游产业融合，大力发展近郊游，荣获了“中国生态旅游百强县”“全省乡村旅游示范县”等荣誉；郫县被誉为“中国乡村旅游发源地”，目前已开始拓展海外市场。与这些地区相比，金堂旅游还存在定位不准、特色不明、知名度不高等问题亟待解决。

（2）旅游产品创新难度的加大

随着旅游市场的不断成熟，旅游者也日趋理性，对旅游产品的个性化要求逐步提高。从整个旅游市场来看，个性突出、特色鲜明的旅游产品不少，导致有独特创意的旅游产品开发有一定难度。而金堂县旅游企业普遍存在“软”“小”“弱”的缺点，旅游景区（点）周边吃、住、行、游、购、娱的衔接不够充分，尚未形成规模和集群效应，在产品创新上也存在很大难度。

3.2　存在的问题

金堂县旅游业还处于刚刚起步阶段，发展速度不快、水平不高，还存在着一些困难和问题亟待解决。

（1）旅游产品总体档次低

目前，金堂县景区（点）普遍存在“散、小、弱、差”问题，市场竞争力非常有限。主要表现在：星级旅游产品少，除正在创建国家 4A 级旅游景区的五凤溪景区外，仅有三溪“中国脐橙之乡”1 个国家 3A 级旅游景区；旅游产业链短，景点比较松散，缺少项目支撑，特别是“购”和“娱”较弱。同时，由于基础设施老化，管理缺乏创新，20 世纪曾经一度辉煌的云顶山在新景点层出不穷的旅游市场中，逐渐淡出了人们的视野。千里沱江纵贯金堂，风云变幻，岁月沧桑，两岸众多古迹名胜，孕育了灿烂的沱江文化，但近年来景点分散，沿江各乡镇各自为政的经营弊端日渐显现。金堂旅游产业资源整合和整体推广力度不够，造成金堂旅游形象不突出，资源吸引力不够。

（2）旅游基础配套设施不够完善

由于投入不足，金堂县旅游基础设施不配套，服务功能不完善，硬件不“硬”。一是餐饮、住宿接待方面，星级酒店较少（仅有1家五星级标准酒店和1家三星级酒店），整体接待能力较低。二是县域内还未形成旅游交通专线，景点之间通达程度较差。三是景区间缺乏必要的指示标志，无法让游客更好地选择其他景点，景区内缺少可供游客休息、体验的配套设施，游客参与性不强。

（3）旅游专业管理人才缺乏

金堂旅游管理队伍实力薄弱，专业管理人才十分紧缺。全县旅游系统仅20名在职管理人员，旅游专业“科班出身”的仅有2名。县内景区仅有云顶石城景区和五凤溪景区设有景区管理机构，旅游专业人员较少，除五凤溪景区配备专业讲解员外，其余景区均无专业讲解员。旅游专业人才严重短缺。

4 金堂旅游产业发展战略对策

4.1 解放思想，提高认识

更新思想观念，充分认识发展旅游业对增加地区经济收入、解决当地劳动就业、促进地区产业结构调整和优化、提高人们的物质文化生活水平、改善投资环境、促进招商引资、加快城市化进程和新农村建设等方面的重要意义。金堂作为成都的农业大县，拥有便利的区位交通、良好的生态环境禀赋、丰富的旅游资源等发展旅游业的必备条件。在全国传统产业转型升级，推动服务业发展壮大的关键时期，金堂发展旅游业势在必行。

4.2 创新机制，构建平台

一是强化旅游管理部门职能，赋予明确的管理权限，充分发挥其在旅游规划落实、项目申报、行业管理等方面的行政职能。二是盘活县旅游开发总公司，强化其作为政府平台公司的职能职责，对全县旅游资源进行融资开发、建设、管理，解决旅游项目建设中的资金瓶颈问题。三是推进旅游行业管理市场化，发挥旅游协会管理服务职能，逐步将星级评定、行业标准化建设、宣传营销等旅游行业职能转变为市场主体服务。四是设立旅游产业发展专项基金，用于旅游产品开发、建设、宣传、管理等方面。

4.3 跨越式发展，超常规推进

一是要立足金堂县山水田园核心资源，坚持低碳旅游发展理念，以乡村旅游为主打产品，利用“三江汇聚赵家渡”的天府水城特色，通过节庆、户外运动、公益活动等方式，树立“天府水城，田园金堂”的品牌形象，主打“田园”牌。二是坚持可持续发展，实施“精品”战略，跨越式推进“全域旅游”发展。即打造精品旅游区，推出精品旅游线路，策划精品旅游产品，以高起点搞好旅游资源开发、建设精品景区（点）、创建旅游度假目的地为重点，以党政主导、部门联动、市场运作、社会参与为原则，以强化组织领导和人才队伍建设为保障，强力推动旅游产业超常规、跨越式发展。

4.4　注重生态，开发与保护并重

生态旅游资源是不可再生、不可复制的资源。金堂旅游资源丰富，但我们仍要遵循“严格保护，统一管理，合理开发，永续利用”的原则，对生态景区、革命旧址以及古建筑、古民居、古树木和非物质文化遗产等要加大的保护力度，对目前未敲定开发规划、不具备开发条件的，一定要按照先保护再开发的原则，确保全县生态旅游资源的不被破坏和永续利用，确保金堂旅游业的可持续发展。

新一轮新型城镇化建设的序幕已经拉开，金堂旅游产业发展正迎来重大的历史机遇，处于发展的关键时期。解放思想，提高认识，发挥旅游产业的带动功能，确立旅游业在金堂县域经济中的支柱产业地位刻不容缓。金堂发展旅游产业优势突出，市场前景广阔，具备打造成都市近郊旅游目的地的条件，县委、县政府已高度重视，明确了旅游产业在县域经济中的战略地位，将旅游业作为金堂县经济发展的支柱产业，超常规推进，跨越式发展。旅游业发展必将对金堂社会经济发展带来深远的影响！

作者简介：肖晓，教授，成都理工大学旅游与城乡规划学院硕士生导师。研究方向为乡村文化产业、旅游开发与管理；涂平刚，成都理工大学旅游与城乡规划学院硕士研究生，研究方向为旅游开发与城乡规划。

“百牛渡江”与“嘉陵第一桑梓”休闲旅游研究①

徐邓耀[1]　唐真[2]　蹇东南[3]
（1. 西华师范大学；2. 广州大学；3. 中国科学院大气物理所）

摘要：作为极具开发潜力的休闲旅游目的地，南充蓬安县的“百牛渡江”与“嘉陵第一桑梓”旅游区各具特色、相得益彰，知名度逐渐提升。但由于基础设施不完善、从业人员不专业和资源开发不成熟等问题，其潜力未能充分发掘。本文通过文献查阅、实地考察、问卷调查等方法，结合SWOT分析，认为两地在休闲旅游业发展中具有比较明显的区位、交通和资源优势。在此基础上，提出了整合资源、引进团队、借势“经济圈”、树立品牌和加强旅游区环境保护等深度开发策略，旨在为县域经济发展和精品休闲旅游线路打造提供参考依据。

关键词：百牛渡江；嘉陵第一桑梓；休闲旅游

1　引言

“太阳岛”是嘉陵江蓬安段的一个江中岛屿，广阔平坦，水草茂密。从暮春到初秋的每天清晨上百头耕牛从嘉陵江西岸成群结队、井然有序地游去“太阳岛”啃食青草；太阳西下，牛又回游上岸。牛群渡江的气势与场景令人叹为观止，团结协作的精神让人尤为震惊。这种生态奇观被称为“百牛渡江”[1]（图1）。百牛渡江仅在蓬安可见，它不同于泰国的大象文化和广东的中山牛文化，是国内外罕见的人文生态奇观。“嘉陵第一桑梓”旅游区自然风景秀丽，乡土气息浓厚，两岸田野农家，炊烟袅袅，呈现出一幅桑梓田园画卷，曾被唐朝“画圣”吴道子诗赞“锦绣嘉陵三百里”[3]。2010年被批准为国家4A级旅游区（图2）。

进入21世纪，我国休闲旅游发展迅速，我国著名休闲理论研究专家马惠娣指出，休闲旅游是以休闲为目的的旅游。它更注重旅游者的精神享受，更强调人在某一个时段内所处的文化创造、文化欣赏、文化建构的存在状态；它通过人共有的行为、思想、感情，创造文化氛围、传递文化信息、构筑文化意境，从而达到个体身心和意志的全面而完整的发展；它为激励人在当代生活中的许多要求创造了条件[4]。西方未来学家预测，人们将把生命中一半甚至更多的时间用于休闲，发达国家全面进入“休闲时代”，发展中国家将紧跟其后[4]。休闲旅游是中国旅游发展的

---

① 本文是第十四届“生态·旅游·灾害——2017长江上游灾害应对与区域可持续发展战略论坛”文章。

必然趋势，也是解决当前中国旅游业发展瓶颈问题的重要渠道[5]。“百牛渡江”与“嘉陵第一桑梓”有独特的乡村牛文化和桑梓家园文化以及优越的区位和浓厚的人文底蕴，为发展休闲旅游奠定了良好的基础。二者具有得天独厚的区位和资源互补的优势。

图1 百牛渡江

图2 嘉陵第一桑梓

2 国内外同类研究评述

国外学者对休闲旅游相关研究的角度、课题和方法多种名样。国外学者对于“休闲旅游”的研究涵盖在“休闲”的范畴之内，专门研究“休闲旅游”（leisure tourism）这一概念的文献数量很少[6]。据不完全统计，在各类期刊网上关于休闲旅游研究的外文期刊论文有700余篇。我国从20世纪90年代开始研究休闲旅游，较国外起步晚，但发展迅速。国内学术界对休闲旅游理论、区域休闲旅游、休闲旅游方式和休闲旅游发展等多个方面进行了广泛的研究和探讨，并取得了一定的成就[6]。据笔者通过中国期刊网统计，发表在各类期刊网上关于休闲旅游研究的论文已有1 400余篇，博硕士论文也已达400余篇。

泰国大象、北极驯鹿和非洲热带草原斑马等特色生态旅游人们早已耳熟能详，百牛渡江知名度却很小。百牛渡江并不是简单的景观复制与模仿，它集“生产、生态、生活”于一体，体现了乡土的草根性与生态的可持续性[7]。与“嘉陵第一桑梓”相似的休闲旅游发展模式国内少见，是现代繁华都市背后一片难得的家园净土。学术界和旅游界均认为二者是不可多得的宝贵的旅游资源，具有极大的研究价值，但经网上检索尚未发现将“百牛渡江”与“嘉陵第一桑梓”休闲旅游结合的类似研究。

3 “百牛渡江”与“嘉陵第一桑梓”旅游资源的SWOT分析

3.1 “百牛渡江”与“嘉陵第一桑梓”发展休闲旅游的优势

（1）区位优势

蓬安县位于四川东北部、嘉陵江中游，国道318线横贯东西，达（州）成（都）铁路从县城通过。南充—大竹—梁平（川渝界）高速公路在2013年年底实现通车，与广（元）南（充）高速、成（都）南（充）高速、南（充）渝高速、南（充）广（安）高速相接，使蓬安加快融入成渝经济圈。嘉陵江黄金水道梯级开发渠化后，500 t级船队可由南充经蓬安上溯至广元，下航重庆[1]。蓬安还可依托四川南充、成都双流、重庆江北三个机场，扩大国内外市场。蓬安水陆空交通体系发达，游客到此快捷便利，为“百牛渡江”与“嘉陵第一桑梓”休闲旅游的发展提供了客源基础。时空距离的缩短，还能满足成渝城镇居民对休闲旅游的重复需求[8]。

（2）旅游资源优势

“百牛渡江”举世罕见，“嘉陵第一桑梓”有面积约4 000亩原生态湿地休闲公园，江滩芦苇丛生，绿草成荫。蓬安县享有“中国锦橙第一县”“南方制种大县”美誉，“石孔贡米”“凤石核桃”香飘华夏，“天府花生”畅销全国，“锦橙100号”风流曼谷，植被种类繁多，有18种珍稀树种[1]，旅游资源丰富多样。

蓬安是汉代辞赋家司马相如故里，司马相如以其“辞宗”“赋圣”享誉中华；唐朝“画圣”吴道子在此描绘嘉陵江三百里锦绣风光；宋朝大文豪周敦颐在此讲学，写下传世佳作《爱莲说》；周子古镇至今已有上千年历史，有明清风格穿斗式木结构民居5 000余套（间），还有武圣宫、万寿宫、濂溪祠等遗址遗迹，保留有盐铺、缝纫铺、铁匠铺等古商铺[1]，文化遗产丰富。蓬安县不仅有丰富的自然资源，还有深厚的人文底蕴作支撑，为百牛渡江和嘉陵第一桑梓休闲旅游的发展奠定了资源基础。

（3）生态环境优势

蓬安县属于中亚热带湿润季风气候，温暖湿润，四季分明，自然条件优越。嘉陵江河曲发育，水面宽阔，江岸风景秀丽。地势南北高，中部低，海拔273.0～827.3 m，丘陵、低山、平坝比为41.81∶26.24∶30.95。2005年蓬安县森林覆盖率就达到了30%，远超全国平均水平。蓬安果桑成林，山水景色怡人，田园风光秀美[1]。为“百牛渡江”与“嘉陵第一桑梓”休闲旅游的开展提供了良好的客观条件。

3.2 “百牛渡江”与“嘉陵第一桑梓”发展休闲旅游的劣势

（1）基础设施不完善

百牛渡江项目现在仍处于开发初期，基础设施十分薄弱。百牛渡江项目距嘉陵第一桑梓牌坊 2～3 km，除游船外还无景区之间的专车，景区之间通达性差，其他基础设施如停车场、饭店、旅店基本没有。“嘉陵第一桑梓”成为国家4A级景区后，发展较为成熟，但还需进一步完善。

（2）休闲旅游专业人才短缺

“百牛渡江”项目与“嘉陵第一桑梓”旅游区缺少专业的高层次管理人员和从业人员。在嘉陵第一桑梓旅游区，没有专业导游介绍史地文化知识，游客只能按照旅游区内的路标游览自然风光。对于百牛渡江项目，游客只能向当地村民询问旅游区信息，无相关的旅游咨询点和专业的旅游区导游。旅游专业人才不能满足游客的个性需求，不能深层次地欣赏、领悟旅游区深厚的文化内涵。

（3）资源开发深度不够

“百牛渡江”与“嘉陵第一桑梓”旅游区资源开发深度不够，司马相如故里是百牛渡江与嘉陵第一桑梓发展休闲旅游的一张重要的文化名片，但至今打造不够完善。“百牛渡江”为国内外难得一见的生态奇观，但开发力度和宣传力度有限，没有挖掘牛的团结互助、勤劳朴实的精神内涵。“嘉陵第一桑梓”旅游区很多民俗文化尚未开发，在景观与文化内涵的打造上都还有所欠缺，发展休闲旅游还有很大的空间。

3.3　蓬安县发展休闲旅游存在的机遇

（1）政府的支持和重视

蓬安县旅游局委托四川旅游规划设计研究院作了“蓬安百牛渡江旅游区总体规划”方案，规划建设嘉陵水岸景区、百牛谷景区、半山庄园景区、嘉陵牛村景区、太阳岛景区五大功能区，规划投资 1.7 亿元打造百牛渡江品牌[9]。从 2010 年至今已成功举办四届嘉陵江“放牛节”。政府的大力支持与重视使“百牛渡江”和“嘉陵第一桑梓”的发展前景大好。

（2）休闲旅游成为时代的新需求

现阶段，双休日休闲旅游在我国国内游发展中占有重要地位[10]。据世界旅游组织在全球范围内的调查显示：到 2020 年，全球参加社会工作的人们每年将有一半以上的时间用于休闲，休闲经济将在旅游产业体系中占据首位，休闲旅游产业将是第三产业中最重要的产业[11]。休闲旅游将成为 21 世纪的新需求，这为百牛渡江与嘉陵第一桑梓发展休闲旅游提供了大好的机遇。

3.4　蓬安县发展休闲旅游存在的风险

（1）生态资源环境保护与旅游开发的矛盾

为了进一步发展旅游业，人类将大力开发旅游资源，不断地对自然生态环境实施改造，游客的增加、机动车辆尾气的排放也会破坏旅游区自然环境和生态环境。如何平衡保护原有生态环境与推进旅游开发二者之间的关系，最终达到可持续发展，是开发旅游资源必须面对的挑战。

（2）资源不可持续性的风险

当地渡江的牛为农户分散养殖，本是用作耕种，不能持续供应观赏的需要。低水温和涨水时节，牛不能下水，一年中只有5—10月约100天时间游客可以观赏到“百牛渡江”[12]的奇观。限制了百牛渡江的发展，这是发展百牛渡江和嘉陵第一桑梓休闲旅游必须面对的挑战。

4 开发“百牛渡江”与“嘉陵第一桑梓”休闲旅游的思路与对策

4.1 整合“百牛渡江”与“嘉陵第一桑梓”资源，开发高品质旅游产品

嘉陵江是蓬安最珍贵的旅游资源。整合区域内的自然景观与文化遗产，构建起一个内涵丰富的休闲旅游廊道。通过精心设计的讲解系统，将百牛渡江、相如古城、周子古镇、湿地、财神楼、船工号子、龙角山等人文、地理、景观、建筑、民俗、民歌等串联成线，形成一条富有地域特色的休闲旅游廊道。根据“百牛渡江”与“嘉陵第一桑梓”资源特点，可大力开发休闲度假、乡村旅游旅游产品。在开发旅游产品时应注意：其一，挖掘旅游区的资源特色，开发特色旅游产品。强调旅游区的原生态，增强参与性和知识趣味性，增加旅游区的吸引力[13]。其二，开发多元化产品。单一的产品对游客的吸引力不够，也不能让游客长时间逗留。其三，增加产品文化内涵。旅游产品是否具有品位和生命力，关键在于其是否具有文化内涵[14]，百牛渡江项目和嘉陵第一桑梓旅游区可以开发相如文化、古镇文化、牛文化、桑梓家园文化、乡村文化，丰富其文化内涵。其四，注重儿童、老年人市场产品的开发。当今大多数游客都是家庭出游的方式，儿童、老年人市场不容小觑。另外，针对“百牛渡江”观赏期短的问题，采用现代科学手段，以实际渡江场景为依托，建造虚拟VR、AR沉浸式体验馆，增强项目的娱乐性、体验性。同时也有效延长“百牛渡江”奇特景观的游览时间。

4.2 引进旅游专业团队，增加景区的竞争力

引进旅游专业团队，增加旅游区的竞争力。如旅游设计研究院、高校相关专业毕业生，对百牛渡江与嘉陵第一桑梓进行统一、科学的规划、管理，对整个旅游区的旅游资源进行合理开发，让其在有序高效的环境下运行，提升旅游区的档次。让旅游营销专业人才对旅游区进行营销，拓宽旅游区市场，提升旅游区旅游形象，增加旅游区经济收入。提升旅游区从业人员综合素质，导游要有良好的职业道德、要了解当地旅游资源、文化习俗，服务人员也必须有较高的素质。

4.3 借势“经济圈”，加强区域合作

不同区域或同一区域的不同旅游地之间除了空间竞争之外，在适宜的条件下，

也存在着互相推动，共同发展的可能[15]。“成渝经济圈”休闲旅游业发展较快，蓬安位于成渝两小时、南充半小时经济圈内，地域优势明显。在发展休闲旅游时，利用周边休闲旅游发展较好地区的区位优势、资源优势、客源优势，建立区域协作关系，互补互利，提升旅游区竞争力。

4.4　树立品牌，打造蓬安旅游名片

好的旅游品牌形象有助于提升旅游区的竞争力、市场开拓力和可持续发展的能力[16]。以“百牛渡江”为品牌，深入挖掘并拓展乡村牛文化，打造原生态牛文化乡村公园，实现“景观牛”“文化牛”“产业牛”一体化发展[9]。在把“百牛渡江”项目建设成为“嘉陵第一桑梓”旅游区的重要支撑的同时，要将“百牛渡江”与“嘉陵第一桑梓”休闲旅游打造成为蓬安旅游形象的一张响亮名片。

4.5　加强旅游区环境保护，走可持续发展道路

休闲旅游发展的基础是旅游资源和对环境的保护，在开发景点时要尽量保护景区原有形态，既尊重经济规律又尊重自然规律[17]。在规划旅游区时要注重开发与自然的和谐，例如在修建道路时，可绕开一些古老的树木，尽量避免人为的裁弯取直。加强对有关专业人员、决策人员、游客有关生态系统的教育[18]，增加人们的环保意识。平衡生态环境与推进旅游开发二者之间的关系，最终达到可持续发展。

参考文献

[1] 郭安平，罗玉明．国家旅游局副局长杜一力到蓬安县调研［N］．四川新闻网南充频道综合，2012－09－07.

[2] 嘉陵江流域（南充段）旅游开发总体规划［Z］．成都：四川旅游规划设计研究院，2006.

[3] 马惠娣．休闲：人类美丽的精神家园［M］．北京：中国经济出版社，2004.

[4] 张雅静．科学发展观视阈下的休闲旅游［J］．哈尔滨工业大学学报（社会科学版），2007，9（5）：87－90.

[5] 孙淼，朱立新．近年来国内休闲旅游研究综述［J］．上海师范大学学报（基础教育版），2006，35（11）：76－80.

[6] 郑建雄，郭焕成，林铭昌，等．乡村旅游发展规划与景观设计［M］．北京：中国矿业大学出版社，2009.

[7] 韩百娟．环城市带休闲旅游产品开发研究——以重庆市巴南区位为例［J］．重庆三峡学院学报，2002，18（2）：80－84.

[8] 四川旅游规划设计研究院．蓬安百牛渡江旅游区修建性详细规划［Z］.2012.

[9] 赵振斌．双休日休闲旅游市场特征及产品开发［J］．人文地理，1999，14（4）：46－49.

[10] 陈雪君．对重庆发展休闲旅游的思考［J］．集团经济研究，2007，11s：157－158.
[11] 李永强，苏定伟．百牛渡江奇观还能延续多久？［N］．华西都市报，2010－05－06.
[12] 康保苓．杭州休闲旅游产品的深度开发研究［J］．商业研究，2006，12：175－179.
[13] 杨永德，陆军．桂林市旅游产品的转型与休闲旅游的创新探析［J］．广西社会科学，2006，5：5－8.
[14] 保继刚，朱竑，陈虹．基于双赢战略的澳门——珠海旅游互动发展［J］．热带地理，1999，19（4）：348－352.
[15] 赵明辉．青岛在新休假制度下的休闲度假旅游发展问题研究［J］．青岛职业技术学院学报，2008，21（3）：1－9.
[16] 陈向红．四川休闲旅游发展研究［J］．乐山师范学院学报，2005，20（12）：88－91.
[17] 钱易，唐孝炎．环境保护与可持续发展［M］．北京：高等教育出版社，2000.
[18] A. J. 维尔．休闲与旅游研究方法［M］．北京：中国人民大学出版社，2008.

作者简介：徐邓耀，西华师范大学教授，享受国务院政府特色津贴专家；唐真，广州大学教师；蹇东南，中国科学院大气物理所博士研究生。

中国西部牧区草地保护建设激励机制研究①

郭创乐[1]　郑华伟[2]　张文秀[3]
（1. 成都信息工程大学；2. 南京农业大学；3. 四川农业大学）

摘要： 草地保护建设具有重要意义，必须充分调动地方政府、牧民、社会组织参与草地保护建设的积极性。本文以中央政府为激励主体，以地方政府、牧民、社会组织为激励对象，通过对各激励对象利益目标的分析，按照保障牧民权益和注重社会福利最大化的原则，分别制定了针对不同激励对象的激励措施，以期有效促进草地保护建设。

关键词： 草地保护建设；机制；环境；措施

草地资源是我国西部牧区发展畜牧业的重要物质基础，其质量和数量的特征决定着牧区社会经济的可持续发展。当前，草地生态"局部改善、整体恶化"的局面还没有得到根本扭转，牧区人草蓄矛盾突出的问题仍未有效缓解，草地负荷越来越重，亟须大力开展草地保护建设[1]。

我国生态保护建设为政府主导型，政府是生态保护建设的投资主体，提高生态保护建设效率的前提是投资者必须选择最优的项目受托人，能够做到在增进自身利益的同时，最大限度地增进投资者的利益；达到这种状态的基本途径就是建立一种有效的激励机制，确保国家有限的资金能够创造最佳的生态效益，保障生态保护建设的可持续发展[2]。从西部牧区实际状况来看，把激励机制理论运用到草地保护建设中，调动经济活动行为主体的积极性尤为重要。

目前，关于草地保护建设的研究主要集中在草地保护建设的重要意义、目标、制约因素、措施对策等几个方面[3-6]，对激励机制的探讨多散见于一些学术论文中，主要涉及经济机制[7]、法律规制[5,8,9]等，系统进行牧区草地保护建设的激励机制构建研究尚不多见[10,11]。因此，本文根据激励机制理论，深入分析西部牧区草地保护建设的激励要素，探讨草地保护建设激励机制的构建，以期为各级政府及相关管理部门制定政策措施提供一定的参考依据。

---

① 本文载于《中国畜牧杂志》2010年第48卷第16期，是第八届"生态·旅游·灾害——2011灾害管理与长江上游生态屏障建设战略论坛"文章。

1　中国西部牧区草地保护建设激励主体及激励目标

由于不合理的利用以及自然因素等影响，我国草地资源破坏严重，草地生态环境日趋恶化。为了尽快改善草地生态环境，促进草地生态良性循环，维护国家生态安全，政府提出了保护建设草地的构想。由此可见，草地保护建设的激励主体是政府，从权限范围和经济实力来看，激励主要取决于中央政府的决定，而地方政府只是在执行过程中偶尔扮演激励主体。

中央政府代表国家作出保护建设草地的决定，其激励目标应该是促进全国整体利益。就西部牧区而言，草地保护建设的目标包括：①遏制草地资源退化趋势，提高草地生产力，保护长江、黄河等河流源头地的生态环境，维护国家生态安全，促进经济社会全面协调可持续发展；②提高西部牧区畜牧产量，增加畜牧产品的有效供给，保障我国食品安全、改善饮食结构；③加快牧区经济发展，提高牧民收入水平，促进少数民族地区团结，保持边疆安定和社会稳定；④改善草地生态环境，有效建设生态文明。

2　草地保护建设激励对象及其利益分析

2.1　激励对象概述

从中央政府的角度看，各级地方政府属于草地保护建设的激励对象。从西部牧区来看，牧民是基本的生产单位，草地保护建设目标的实现，不但离不开牧民的参与，更需要牧民发挥其积极性和创造性，因此，牧民是草地保护建设的主要激励对象。政府的人力、财力以及信息是有限的，为了加快草地保护建设的步伐，应该动员和利用社会各界的力量来参与草地保护建设，因此，社会组织（包括企业与非营利组织）是草地保护建设的重要参与者。由此可见，草地保护建设的激励对象包括牧民、社会组织和地方政府。对于西部牧区草地保护建设而言，其激励对象包括牧民，畜牧产品生产、加工和流通企业以及从事扶贫、生态与传统文化保护等事业的非营利机构以及各级地方政府。

2.2　地方政府行为特征及其利益分析

地方政府作为公共组织，其设立的目的是增进社会公共利益，然而作为一个相对独立的机构，同时需要相对独立的利益。实际运作过程中在为公共利益服务的同时，地方政府必然会尽力增加自身利益。从某种程度来说，谋求自身利益最大化也是地方政府行为自然的倾向。

根据我国目前的政治和财政体制，地方政府的利益目标通常有两个：财政收入和治理业绩。这两个目标既有一致之处，又存在一定的冲突。地方政府财政收入的来源主要有税收收入、上级政府的财政拨款、地方国有企业利润等。良好的治理业绩可以争取更多的上级政府财政拨款，同时也可能带来更多的税收收入。但另一方面，地方政府的某些财政收入与治理业绩之间并不一致，草地保护建设与税收收入和地方国有企业利润在短期内就存在彼消此长的关系；为了获得更多的财政收入，地方政府可能会纵容一些破坏草地生态和污染环境的经营行为。在西部牧区，由于二、三产业还不发达，地方财政收入主要依靠上级政府的财政拨款；治理业绩对于地方政府来说显得更加重要，对于不能直接带来财政收入的草地保护建设以及牧业发展具有较高的积极性。但因为直接获得财政收入较少，可能诱使西部牧区的地方政府引进一些破坏草地生态环境的工业项目来增加税收收入。这个问题在设计西部牧区地方政府激励机制时必须加以充分考虑。

2.3 牧民的行为特点及其利益分析

从整体来看，牧民与其他群体的人一样具有经济理性，对于利益的刺激也会做出反应。只要预期利益足够大，牧民就会改变传统行为来争取该利益。牧民行为主要受自然与社会环境、需求与动机、认知及其态度的影响，但任何因素都不能完全决定牧民的行为；牧民的行为反过来又会影响自然与社会环境、需求与动机、认知及其态度。由此可见，牧民不会完全受制于环境，而是在一定程度上能够根据自己的偏好做出有利于自己的决策。

牧民的行为目标是获取更多的经济收益，牧业发展给牧民带来的最直接的利益就是畜产品产量的增加，畜产品是牧民的基本食物来源和货币收入的主要来源。但产量的增加并不一定带来货币净收入的增长，所以牧民不会仅考虑产量的增加，而是更加关注净收益的增加。此外，牧民的需要是多种多样的，因而其利益也是多元化的。经济收益能满足生理、安全等低层次需要，但高级需要的满足更多地源自社会参与和自由选择。所以，草地保护建设激励机制设计不仅要考虑增加牧民收入，还应为牧民提供更多的参与机会和选择的自由。

2.4 社会组织的行为特点及其利益分析

参与牧区草地保护建设的社会组织包括营利组织和非营利组织：营利组织是从事畜牧生产、加工与流通的企业；非营利组织是从事扶贫、生态保护、传统文化保护等公益事业的非政府组织。对于营利组织而言，追求尽可能多的利润是其最重要的目标；企业虽然会选择承担社会责任，但只是营利的手段而已。在草地保护建设过程中，不能强制企业承担社会责任，而只能设计机制来诱导其主动承担一些社会公益义务。增进社会公益是非营利组织的设立宗旨，其运作方式就是希望通过促进社会利益来获得、维持和增进其社会声誉，实现其所尽社会责任的价值意义。西部牧区大部分地方交通不便、经济发展水平较低、生活条件艰苦，在短期内对企业还缺乏吸引力。政府应该鼓励非营利组织参与到西部牧区的草地保护建设中来，但同时要防止某些组织和个人打着非营利组织的旗号从事营利活动。

3 草地保护建设参与人之间的互动关系及互动环境

3.1 草地保护建设参与人之间的互动关系

无论是作为激励主体的政府还是激励对象的牧民与社会组织，都不是单纯的刺激—反应系统，在对外界变化作出消极反应的同时，还会采取积极行动去影响他人行为。政府、牧民与社会组织是西部牧区草地保护建设积极参与人，他们之间不是简单的单向关系，而是复杂的互动关系。牧区草地保护建设各方参与人以利益为中介，相互影响、相互制约、相互依赖，参与人各自目标的实现都受制于各方行为。

中央政府以税收、中央国有企业利润分配方式从社会组织取得收入，然后将部分收入以财政拨款、财政补贴、转移支付等形式给予地方政府、社会组织和牧民；地方政府以税收、财政拨款、地方国有企业利润分配、规费收取等形式从上级政府和社会组织取得收入，然后以财政拨款、财政补贴、转移支付等形式给予社会组织和牧民；牧民与企业之间以交换方式给予对方利益，但非营利组织只是单方面给予牧民利益；牧民虽然不给予中央政府、地方政府和非营利组织直接的利益，但其行为会对中央政府、地方政府和非营利组织产生间接影响，因为牧民的生产既影响着草地生态环境，又决定着畜产品供给量。

3.2 草地保护建设参与人之间的互动环境

西部牧区草地保护建设参与人之间的互动，不是在真空进行的，而是镶嵌在更大的社会与自然环境里，即参与人的互动关系受制于社会环境。西部牧区的特殊社会环境首先表现在文化的独特性，牧民生活方式单一、思想比较传统、宗教氛围比较浓。其次是牧区人口密度普遍低于种植业地区，牧民居住比较分散，生活封闭，社会交往范围狭隘，信息闭塞，外部社会对牧民生活影响较小。与其他参与人的互动过程中，这样的社会环境可能使牧民处于消极被动的地位，对激励主体的激励措施反应比较缓慢。

4 草地保护建设的激励措施

4.1 对地方政府的激励

地方政府是草地保护建设的组织者、监督者和服务者，主要负责把握发展方向，制定总体发展规划，协调牧户之间、牧户与企业之间的利益关系，营造不同投资主体公平竞争的环境，争取各个渠道的资金扶持相关产业等工作。因此，对地方政府的激励主要体现在政绩评价、财政转移支付和中央财政涉牧资金使用监督三方面。

（1）建立科学的政绩评价体系。西部牧区地方政府政绩的评价应该强调草地保护建设、牧业发展和牧民收入提高等指标，构建绿色经济（考核）制度，将草地生态环境资源的存量消耗、折旧、保护与损失费用都纳入经济绩效的考核之中，进而较好地反映出真实的经济绩效[12]。同时，将财政金融对草地保护建设的支持力度纳入地方政府业绩的考核范围，促使其积极引导社会资金投入，拓宽筹资渠道，增加对草地保护建设的投入；加强牧业生产与科研部门的合作，加大科技推广和技术培训力度，提高畜牧业生产的质量，使草地保护建设与牧业发展更科学地结合起来。

（2）建立财政转移支付制度。国家在草地保护建设的投资上发挥主导作用，加大对牧区的财政转移支付，通过每年的财政预算，按一定比例或总量持续供应牧区，实行专款专用，确保资金连续到位。通过从国民经济中按生态环境损失提取一定比例、征收生态补偿税、发行生态补偿基金彩票等途径，有效筹集资金，推广草地生态环境保护意识。

（3）完善财政涉牧资金使用事前和事后监督机制。草地保护建设不能搞平均主义，要讲究资金和资源利用的效率。对于草地保护建设项目要严格评估和审批，使资金主要用于天然草地恢复与建设、退化草地治理、生态脆弱区退牧封育等项目建设，以此把牧民吸引到这些优势项目上来。提高资金使用效益，强化工程质量管理，积极开展项目效果评估：对于完成项目较好的予以奖励；对于未完成项目建设目标的应有明确的惩罚措施。

4.2　对牧民的激励

对人的激励，首先要了解人的偏好（或需求），投其所好才能激发人的主动性和积极性。根据对牧民生产生活调查，对其激励主要应侧重在制度建设、物质资助、公共品投入、技术培训、收入保障和监督机制建设上，使牧民的生产生活直接受到激励机制的刺激，从而保证牧民积极参与到草地保护建设中来。

（1）资源产权激励

明确草地产权，提高草地的利用效率和生产效率。明晰西部牧区草地所有权，依法规定草地的产权边界，哪些是国家的，哪些是集体的；确定草地集体所有权和草地的真正所有者，赋予村级经济组织草地所有权。强化和稳定草地承包经营权，完善承包合同，将草地使用权承包制度落到实处，协调草地的用、管、建和牧民的责、权、利。完善集体草地处分权，建立健全草地使用权流转制度；对草地资源实行资产化管理、有偿使用，培育草地使用权市场。通过草地产权的明晰，促使牧民自主保护草地生态环境机制、相关利益主体的政治参与和对政府决策的纠错机制的形成。

对于严重退化、沙化和生态特别脆弱、不宜进行生产活动的区域，草地仍应保持集体所有，设为禁止开发区，实行禁牧、休牧制度，遏制草地退化并重新恢复其生产力。同时，完善草地管理制度，对划分到户或联户的草场，根据牧户的草场面积和牧草总量核定适宜的载畜量，牧户与村集体经济组织签订《草畜平衡协议书》，引导草地承包经营者合理利用草地。

（2）财政补贴激励

政府财政补贴有助于激发牧民参与草地保护建设的热情，增强牧区生产发展后劲。按照“谁受益，谁付钱”的原则，运用利益杠杆解决草地保护建设的外部性问题。加快实施生态补偿机制，用宏观调控手段来解决发达地区对草地牧区的利益补偿。对于保护建设草地的牧民，按照单位面积每年给予一定的货币补偿或免费提供一定数量的牧业生产资料，由政府出资解决牧业用水、用电等牧民难以统筹的具体工作，降低保护建设草地的成本，提高牧民保护建设草地的积极性。

另外，应增加西部牧区草地收益和牧民收入。通过技术改造和结构调整，提高草地产出的经济效益，为保护建设草地提供微观经济机制保证；改革蓄产品价格体系，增加草地经济效益，使牧民按照生态环境保护的客观要求科学合理利用草地，并从中得到更多的实惠；在提高蓄产品价格的同时，有效控制生产资料的价格，降低牧民建设保护草地的边际成本，增加牧民经营草地的收益，促使牧民自觉地保护建设草地。

（3）加强教育培训

草地保护建设是一项浩大的系统工程，需要“有文化、懂技术、会经营”的新型牧民，因此必须提高牧民的素质。通过各种渠道为牧民提供学习机会，使牧民能够与各方面的专家建立联系并进行交流，刺激牧民对个人成长的需求，从而起到激励作用，培养草地保护建设所需要的新型牧民。强化并优化对牧民的教育培训，改革教学内容，加强生产知识、生态知识和市场知识的普及。紧扣牧民知识需求，提高牧民综合素质，加速现代观念的传播，提高牧民思想认识，促使牧民积极参与草地保护建设。

4.3 对社会组织的激励

（1）加快公共设施和制度建设。西部牧区公共设施较差是牧业产业化发展缓慢的重要原因，公共设施不完善导致了各种交易成本、监督成本增加，使企业获利能力降低，投资的积极性减弱。因此，有必要加快公共设施和制度建设：公共设施建设包括教育、医疗、公共交通、通信等建设，制度建设包括流通体制、软环境和各项服务等建设。

（2）给予财政补贴和税收优惠。在西部牧区发展生产的牧业企业，政府可从财政贷款和税收两个方面给予企业最大的政策性支持。财政补贴主要用来作为贴息，提供项目资金补贴或无息贷款，鼓励企业扩大信贷，带动牧区畜、奶产品的加工深度和商品化程度。给予在牧区组织牧民生产、带动牧区牧业产业化发展的涉牧企业最大的税收优惠，激励企业发展生产，也有利于提高牧民的出栏率，提高草场的利用效率，增加牧民收入。在发展生产的同时，可为牧民提供就业的途径和机会，分流牧业人口，进一步减轻草地压力，进而促进草地保护建设。

5　结语

草地保护建设是一项系统的、持久的工程，只有政府、社会组织、牧民同心协力，才能取得卓越成就。草地保护建设要取得比较好的效果，使牧区生态环境得以根本改善，基本途径就是建立一种有效的激励机制。针对不同的行为主体（地方政府、牧民、社会组织），结合其特点及利益构成，制定有针对性的激励措施，激发他们保护建设草地的积极性、自动性，从而使草地得到有效保护建设。

参考文献

[1] 洪绂曾. 做好草原大文章是时代赋予的使命 [J]. 中国草地学报，2009，31 (1)：1-3.

[2] 刘明远，郑奋田. 论政府包办型生态建设补偿机制的低效性成因及应对策略 [J]. 生态经济，2006 (2)：81-84.

[3] 杨振海. 努力谱写草原建设新篇章 [J]. 中国草地学报，2009，31 (2)：1-3.

[4] 苏向东. 社会主义新牧区建设应立足于草原生态保护和建设 [J]. 北方经济，2006 (12)：76.

[5] 乌日图那斯图. 草原保护的法律规制 [J]. 内蒙古草业，2007，19 (1)：1-4.

[6] 郑华伟. 甘孜州草地退化的社会经济驱动因子研究 [D]. 雅安：四川农业大学，2009.

[7] 张立中，贾玉山，潘建伟. 草原生态环境保护与建设的经济机制研究 [J]. 内蒙古师范大学学报（哲学社会科学版），2008，37 (2)：65-67.

[8] 王晓毅. 从承包到“再集中”——中国北方草原环境保护政策分析 [J]. 中国农村经济，2009 (3)：36-46.

[9] 杨志勇，盖志毅. 论草原文化建设对草原生态系统可持续发展的作用 [J]. 中国草地学报，2008，30 (4)：113-117.

[10] 李建廷. 建立有效机制促进草地畜牧业可持续发展 [J]. 甘肃农业，1999 (9)：20-21.

[11] 侯光明，李存金. 牲畜品种结构优化及草原资源保护的激励与约束机制 [J]. 北京理工大学学报，2001，21 (5)：663-668.

[12] 吴玉萍，董锁成. 中国草地资源可持续开发的制度创新切入点 [J]. 资源科学，

2001，23（3）：68－72.

作者简介：郭创乐，博士，成都信息工程大学管理学院副教授；郑华伟，博士，南京农业大学人文与社会发展学院副教授；张文秀，四川农业大学经济管理学院教授，博士生导师。

世界自然遗产地生态保护与旅游协同的科技创新模式①

——实证分析“数字九寨”

黄萍

（成都信息工程大学管理学院，四川省高校人文社会科学研究基地
“气象灾害预测预警与应急管理研究中心”）

摘要：当一地方或区域进入《世界遗产名录》，遗产地旅游活动即刻升温，游客大量涌入对环境造成影响，给遗产地资源保护带来较大难度。如何处理遗产保护与旅游开发之间的矛盾，在理论与实践领域都在不断探讨。“数字九寨沟”是我国世界遗产地，也是我国旅游景区率先应用高新技术进行实践探索的典型个案。在建设中，显现出了“协同”保护与开发的作用。本文从协同论角度，分析了“数字九寨沟”“协同模式”的科技创新原理及效果，提出协同长效机制建立的思路。拟为我国世界遗产地、旅游景区协调保护与开发提供一种实践范式。

关键词：世界遗产地；数字九寨沟；保护与开发；协同模式

1　问题的提出

中国1985年正式成为《世界遗产公约》缔约国，在短时间内成为拥有世界遗产类别最齐全、拥有遗产数量位居世界第三的国家[1]。事实证明：“申遗”一旦成功，被戴上“世界遗产”桂冠的地区即刻成为旅游者心目中的最佳“旅游目的地”，旅游活动急速升温，遗产地资源保护与旅游开发矛盾也日益突出。

2001年，世界自然遗产九寨沟，率先启动以信息技术促进资源保护与旅游协调发展的科技创新实践。2004年“数字九寨沟综合示范工程”（以下简称“数字九寨沟”）被列入《建设部2004年科学技术项目计划》和国家“十五”重点科技攻关项目。经过几年的建设，这个投资上亿元的科技创新项目究竟在解决世界遗产保护与旅游开发方面发挥了怎样的作用；产生了哪些效果；从中遇到什么问题；应该怎样加以解决；对我国世界遗产地以及旅游景区的发展有何意义等问题亟待研究。但在文献检索中，笔者发现此方面学术研究成果十分欠缺。党安荣、杨锐、刘晓冬在

① 本文以原载于2007年第8期《旅游学刊》上的《保护与开发：遗产地数字化管理协同功效实证研究——以“数字九寨”为例》一文为基础，内容略有修改，是第二届“生态·旅游·灾害——2006世界遗产地：生态与社会协调发展论坛”文章。

《中国园林》《数字风景名胜区总体框架研究》中，只是提到“2004 年 7 月 24 日，建设部专家评审通过的国家‘十五’重点科技攻关项目‘数字九寨沟’总体规划和实施方案，其有望成为一个新的典范”。[2]此外，没有检索到与其直接相关的研究成果，理论研究明显滞后。2005 年 11 月，笔者到九寨沟参加生态旅游学术会议，其间得以对“数字九寨沟”有所接触和了解，开始关注其进程和效果，从而发现“数字九寨沟”使保护与开发产生了协同效应。因此，依据协同理论作进一步探究，证实了科技创新“协同模式”原理、作用效果的存在。该研究从理论和实践两个方面为我国世界遗产地、旅游景区的保护与发展提供了可资借鉴的经验。同时希望借此引起更多学科专业人士的关注，共同研究这一问题，促进世界遗产保护管理领域整体水平的提高。

2 “数字九寨沟”协同模式产生背景与机理

协同理论产生于 20 世纪 70 年代，其核心思想是：远离平衡态的系统，在外界作用与干预下，系统内部不同要素发生非线性的相互作用，能够产生协同效应，使系统从无序走向有序[3]。遗产地不仅具有保护功能，而且具有旅游展示、教育科研等功能。保护与开发原本就是统一整体。在实践中，普遍注重开发忽略保护，使这个系统远离了平衡态。

2.1 “数字九寨沟”协同思想的缘起

1992 年九寨沟作为自然遗产被列入了《世界遗产名录》，1997 年又被列入世界生物圈保护区网络。自此，九寨沟旅游业步入了快车道。1997 年九寨沟游客人数接近 40 万，到 2001 年，游客人数增长到 120 万人，2005 年已突破 200 万人。2001—2005 年，九寨沟游客量年均增长率达到 14.05%，超出全国平均水平约 3 个百分点，超出四川近 10 个百分点[4]。但最初开发时，九寨沟采取“沟内游、沟内住”的旅游开发方式，在景区内兴建了许多接待性建筑设施，很快破坏了自然景观，迅速对生态环境产生了威胁，游客满意度也急剧下降。

在严峻的形势下，2001 年起，九寨沟管理局开始考虑保护与开发的协调问题，实行严格的“沟内游、沟外住”规定，禁止景区接待经营；并针对游客量不断迅速增加的现实，在全国景区中率先采取了游客限流保护管理策略，而解决的思路最终落到了电子商务上。即通过建立旅游电子商务平台，实施网上预订门票，按照旅游容量控制景区游客量。毋庸质疑，“数字九寨沟”协同思想肇始于这个关键性的思路；或者说，2002 年 1 月 1 日九寨沟自主投入建成的电子商务网站正式开通，是“数字九寨沟”协同模式产生的关键。而它被列入《建设部 2004 年科学技术项目计划》，步入全国数字化景区建设示范工程轨道，则是协同模式逐渐显现的重要基础。

2.2 “数字九寨沟”协同模式原理

“数字九寨沟”是“数字地球”概念的衍生，即以信息技术、管理科学、产业经济学为基础，以计算机和网路技术为依托，集成应用地理信息系统（GIS）、遥感（RS）、全球定位系统（GPS）等现代信息科学技术和方法，结合遗产地自身保护与开发管理理念，通过信息基础设施、数据基础设施、信息管理平台和决策支持平台的搭建，形成向公众开放的数字化、网络化、智能化、可视化的保护管理信息系统。

该项目协同机理蕴含在其“2312”的规划设计思路中，即2个层面——应用系统层和基础平台层；3个内容——资源保护数字化、运营管理智能化、产业整合网络化；12个应用系统[5]（图1）。

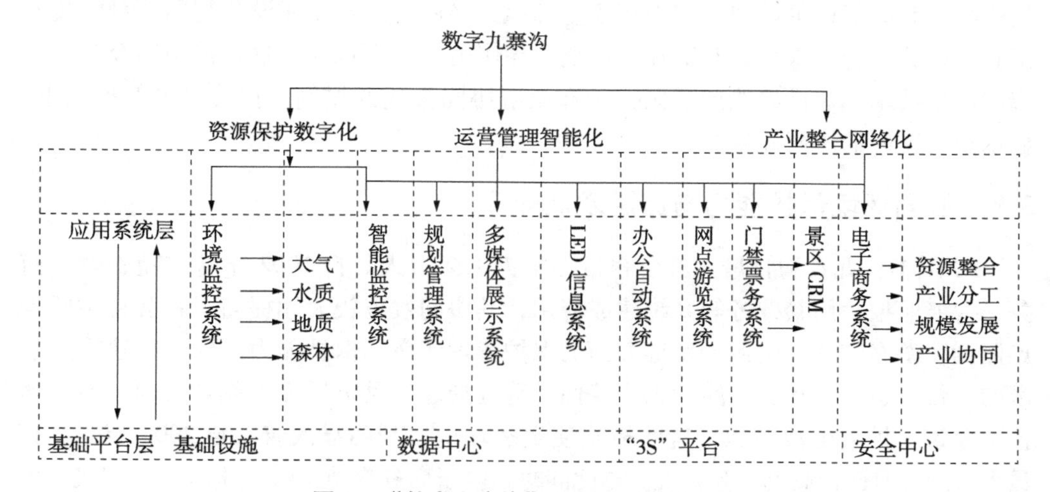

图1 “数字九寨沟”规划设计总体思路

其协同原理表现为：

第一，协同效应原理。协同效应是指复杂大系统内，各子系统协同行为产生出超越各要素自身单独作用的效果，形成整个系统统一的作用效果。如“数字九寨沟”智能监控系统，是集森林防火、植被保护、沟内治安交通监控、景区游客监控、沟口门禁监控、票务窗口监控等多功能于一体的景区联网的监控系统。通过该系统，可以为管理者及时分配、调度管理资源，做好游客疏导，为平衡保护与旅游关系提供可靠决策支持。其联通了资源保护和旅游运营管理两个子系统，成为协同两个系统达到有序连接的重要技术平台。

第二，伺服原理。该原理是指当系统处于不稳定点时，系统的动力学结构通常由几个变量即所谓的序变量决定，而系统其他变量的行为受到序变量的规定，可以自发形成新的有序结构。“数字九寨沟”电子商务系统、门禁票务系统即是如此，在旅游高峰期当网上订票和景区门禁票务售票一达到限量规定值时，系统即会自行停止售票，从而自发控制住景区的旅游容量，保持景区免受人为利益影响，景区运营管理也在容量控制下作出相应决策。

第三，自组织原理。该原理是指当外部输入一定的能量流和物质流后，系统会通过子系统之间的协同作用，通过自身涨落力的推动，形成新的有序结构。“数字九寨沟”电子商务系统实现了此原理，搭建起旅游企业之间自组织协同合作的网络关系，整合了产业链资源。

3　“数字九寨沟”协同模式的功效

2001 年电子商务网站启动建设，至今“数字九寨沟”绝大部分系统已建成使用。2005 年 6 月，“数字九寨沟”国家“十五”重点科技攻关项目示范工程一期通过验收，专家们评价该项目“对国家重点风景名胜区信息化建设和利用信息化技术提升景区综合管理水平具有很好的示范引导作用”。[6]可以说，这是我国迄今第一个应用信息技术创建世界遗产景区保护和旅游协同模式的先例。在技术创新推动下，显示出了良好的协同效果。

3.1　协同环境保护能力与旅游发展效率

2001 年，九寨沟日最大旅游容量测定为 1.2 万人。自 2002 年起，随着电子商务、智能监控、门禁票务等系统建成应用，其协同效应较大地提高了景区在主要景点监测、游客疏导、资源调度等方面的保护管理效率和保护能力。配合新建贯穿景区的人行栈道，变景区公路为无尘路面，管理局还花巨资拆除了原景区内的不合理接待建筑，扩大植被面积，这些措施使生态环境得到明显改善。自 2004 年起，日最大旅游容量已提高到 2.8 万人。与此同时，电子商务变革了传统旅游运营方式，扩大了营销界域，景区旅游收入大幅提高。2001 年，旅游收入仅 0.92 亿元，2002 年增加到 1.27 亿元，2005 年则达到 4.38 亿元，年均增长率 47.71%，是四川省平均增长率的一倍，是全国的四倍[7]。可见，在现阶段我国世界遗产地保护资金筹措的主要来源为旅游收入的情况下，这一协同功效是“数字九寨沟”协同模式的最佳表现。

3.2　协同旅游运营绩效与生态质量

自依靠电子商务平台实行限流管理后，其在协同旅游运营与生态环境效果上发挥了很大作用。2003 年，九寨沟就已实行旅行团 100% 网上订票管理，网上订票占总售票量的 80% 左右（表 1）[7]。旅游旺季游客无须涌堵景区门口等候购票；旅行社和游客可以随时通过互联网了解票务、查询网上订单处理情况。从游客时间分布看，九寨沟平时日接待量仅几千人，基本上控制在专家鉴定提出的最佳旅游容量 6 000 人的范围内。只有黄金周，游客量大增引发的满意度下降和生态环境问题才是对“数字九寨沟”协同能力的最大考验。但是，在旅游运营管理各系统特别是智能监控系统的帮助下，即使当景区游客达到最大容量时，通过游客的合理分流、加强监控与管理、适时调度，景区接待服务也能做到与平时一样从容有序，仍能满足游客的高质量体验需求。自2002年以来，九寨沟景区已连续多年游客投诉率为0，电子商务网客户满意度也达到98%以上[7]。

表1　九寨沟景区网上订票情况表

指标	2001年	2002年	2003年	2004年	2005年
九寨沟景区网上订票数/张	0	327 417	785 078	1 520 684	1 566 896
九寨沟景区总售票数/张		1 229 000	1 075 243	1 838 240	2 015 000
网上销售率/%		26.64	73.01	82.75	77.76

注：因缺失数据，2002年、2005年九寨沟景区总售票数以当年游客数替代。

与此同时，“数字九寨沟”还能协同推进生态环境保护管理质量提升。如通过景区监控系统，管理者能及时通知业务部门为游客集中景点调度环保车载式流动厕所；发现游客随意乱丢垃圾，通知相关部门立即安排人员到位清理，并对游客进行环保教育；游客餐厅则根据电子商务系统提供的游客量信息提前在沟外做好食品粗加工准备，沟内二次加工产生的垃圾、污水事先调度好清运人员和车辆，保证当日及时清运出沟外进行集中处理。使景区尽可能不留下人为活动的“污迹”，给游客保留一个永远的“童话世界”。专家对九寨沟生态环境维持和改善指标的综合绩效评价值由2002年的1.00上升为2005年的1.20[6]。

3.3　协同业务流程优化和综合管理效益提升

“数字九寨沟”作为技术创新项目，推动了管理的变革。如在旅游开发业务管理流程上，景区80%以上的客户受益于网络信息平台优化的核心业务流程，即旅游产品开发→网上推介→销售合同谈判与订立→网上预订→网上支付→客户到达后的信息化管理（电子订单号取票、联网门禁系统）→游客进入景区的监控与接待服务。

在遗产保护上，也建立起了精细动态的数字管理流程，即景区空间信息系统→收集大气、水、森林、地质等资源信息数据→自动分析→自动传播→建立资源数据库→提供管理者进行决策。

业务流程的优化，使组织有序度和经营管理效率得到较大提高。专家应用管理熵和管理耗散结构理论对该项目管理效益的评价表明，管理熵值达到－0.587 5ME，管理微熵值为－5.87MME，管理效率增长幅度达到38.03%[6]。

以电子商务系统为例，这是改变管理环境和业务流程、提高综合效益最典型的例证。自2002年7月，系统上线运行至2006年4月，该系统已稳定实现无差错在线交易约13亿元。其全球性、便捷性特点，对扩大市场占有率、增大销售量都发挥了积极作用。2002—2005年，九寨沟市场占有扩大率是我国世界遗产地平均水平的3倍，游客数量增长率是全国同行业平均水平的1.32倍[7]。因其具有控制游客数量和提供游客信息的功能，景区日常保护与运营管理减少了盲目性，降低了管理成本。2005年，与同行业平均水平相比，九寨沟主营（旅游）业务收益率超出2.34倍[8]。

3.4 协同旅游产业共赢和遗产地生态保护持续互动机制的建立

旅游产业关联性极强，旅游供应商、渠道商、服务商在旅游开发中自组成旅游产业链的合作伙伴关系。任何一个合作者的行为，都会对整个产业链各自利益产生联动影响。“数字九寨沟”的自组织原理，协助建立起了产业协同发展机制，为遗产地资源保护和旅游可持续发展提供了长效支撑。从其运行效果看，基本上探索出了一个基于互联网的“资源整合、专业分工、规模发展”的产业运营协同模式，作用的关键仍然是电子商务系统。该系统涵盖了在线预订旅游线路、酒店、航空机票、景区门票、景区餐厅、旅游保险以及提供行业信息服务等综合性业务；涉及对象从九寨沟景区扩展到四川各主要风景名胜区，通过网络平台提升了各业务伙伴的运营效率，有机地实现了利益捆绑。截至2005年12月，九寨沟电子商务在线交易总额10.43亿元中，非九寨沟景区的交易量超过了774万元。都江堰、四姑娘山等景区通过该网站的门票销售量占各景区门票销售总量的40%左右；每天有近2 000家旅行社通过九寨沟网络购买各景区的门票及其他产品[8]。随着旅游资源和销售渠道整合范围的逐步扩大，产业协同优势将会更加明显，这必然有利于协同推动建立资源保护与旅游产业的良性互动循环机制。

4 “数字九寨沟”协同模式长效机制建立思路

4.1 建立人力资源与信息技术协同的机制

数字景区建设需要与之匹配的人力资源支撑，需要既懂信息技术，又懂旅游专业知识；既懂旅游开发管理，又懂保护研究的复合型人才。从2005年九寨沟管理局人员的学历结构看，大学本科以上仅占20%；只有1名副高级专业技术人员。据调查，在大专及以上学历的人员中，有近1/3的人员不熟悉计算机的使用，缺乏信息技术基本概念和知识。鉴于世界遗产等旅游景区一般地处偏远，在人才获取上受到较大地域限制，应从管理上重视内部人才激励机制的建立，从人本化管理角度加强企业文化建设和管理者素质的提升，制定好员工职业发展规划、薪酬及福利政策，提供良好的培训学习机会，不断改进工作生活条件等。在人才培养上，可与高校建立合作开展学历教育、继续教育等人才定制培养机制，突出信息技术在旅游管理等专业人才培养中的地位，确保技术创新发挥长效效应。

4.2　建立信息技术与科学管理的协同机制

科技创新并不等同于科学管理，它只表明具备了现代科学管理的技术方式。管理和技术的创新活动是一个交替、循环提升的过程。即技术进步总是向管理提出变革要求，管理通常以组织变革的方式保证技术创新顺利实施，巩固创新成果。在市场竞争下技术进步永无止境，管理创新也就不会停止。“数字九寨沟”推动管理创新时，在信息系统支持决策方面，特别是在知识库提供、商业智能等高端应用开发上还欠缺深度，整个系统的应用效率尚显不足。因此，充分利用技术工具实现科学管理水平的不断提高，是建立信息技术与科学管理协同机制的首要条件。这就需要重视科研机构和队伍的建设，建立企业自主创新机制，精益求精、坚持不懈地以科学发展观指导和加强技术设施平台深层次应用开发研究，力争变技术资源为技术资本，变技术平台为精细化科学管理条件；以技术创新不断推动管理体制、运营机制的完善，以科学管理促进世界遗产资源保护与旅游走向可持续发展之路。

4.3　建立遗产保护管理与投入的协同机制

世界遗产是全人类包括子孙后代共同拥有的财富，遗产地管理者不是世界遗产的“业主”，只是“管家”。世界遗产景区科技创新根本目标在于能够保护管理好世界遗产，因此它绝不仅仅是遗产地管理部门自身的发展问题。目前，“数字九寨沟”二期工程的建设正在进行中，需大量资金支持，九寨沟管理局多方努力筹措，缺口仍然较大。因此，须建立起保护管理与投入的协同机制。在组织建制上，应设立国家遗产管理部门（或委员会），统一负责我国世界遗产的整体保护管理，省（直辖市、自治区）及下级地方政府应设立对口管理机构，改变目前多头管理的混乱局面。此外，加强保护立法。建议采取国外经验，建立中国的《世界遗产保护法》，改变目前《文物保护法》《自然保护区条例》《风景名胜区管理条例》等在保护投入等基本条款上的缺失缺陷以及政出多门、管理效果差的现状。在法律中应明确保护的内涵和内容，保护投入的责任分担问题。建立起以政府投入为引导、各个利益群体投入为主体、社会团体和外资投入为补充的多元化保护资金投入体系。让遗产地管理者腾出更多精力投放到对推动技术创新、提升组织管理效率、促进保护与旅游协同管理效果的研究和实践探索中。

5　结语

“数字九寨沟”是企业将信息技术与“保护、开发、科研”整合的自主创新项目，作为一种创新型实践探索，还面临不少问题，需要不断研究、改进和完善。但其在实践中开创的平衡资源保护和旅游开发关系的“协同模式”，对我国世界遗产地、旅游景区加快以科技创新推进保护与开发，步入可持续发展轨道，具有重要借鉴价值。

参考文献

[1] 刘红婴，王健民．世界遗产概论［M］．北京：中国旅游出版社，2003.
[2] 党安荣，杨锐，刘晓冬．数字风景名胜区总体框架研究［J］．中国园林，2005（5）：33.
[3] 陈明．协同论与人类文明［J］．系统辩证学学报，2005（4）：89.
[4] 章小平，冯刚，黄飞，等．数字九寨沟推动管理创新［R］．九寨沟风景名胜区管理局，2005：7－13.
[5] 九寨沟管理局数字．九寨沟总体规划和建设情况［EB/OL］．http：//www. jiuzhaigou valley. com/ad/travel_ meeting/kaifa. htm.
[6] 任佩瑜，章小平，张蓓，等．数字九寨沟项目综合绩效评价报告［R］．九寨沟风景名胜区管理局，2006：3－18.
[7] 任佩瑜，章小平，张蓓，等．数字九寨沟项目营销绩效评价报告［R］．九寨沟风景名胜区管理局，2006：11－22.
[8] 任佩瑜，章小平，张蓓，等．数字九寨沟项目财物绩效评价报告［R］．九寨沟风景名胜区管理局，2006.

作者简介：黄萍，博士，成都信息工程大学管理学院院长、教授，硕士生导师，四川省高校人文社科研究基地“气象灾害预测预警与应急管理研究中心”主任。

成都市智慧旅游乡村发展现状、困境及对策[①]

冷康苹　黄萍　闫紫月　岳健
（成都信息工程大学管理学院）

摘要： 成都是全国农家乐的发源地，是中国第一个4A级乡村旅游景区的诞生地。经过多年的快速发展，成都乡村旅游已经形成较大的产业规模和多样化的产业类型，产业功能不断拓展，在成都及四川旅游业的发展中扮演着越来越重要的角色。近年来，随着乡村旅游需求日益规模化、个性化，成都市智慧旅游乡村建设开始起步，在提供更加优质便捷的旅游信息服务、开展更加有效的旅游营销和宣传、带动农业产业链、价值链的升级和实施更加精准的旅游服务管理等方面都发挥了一定的作用。本文立足于实际调查，通过实证成都周边五个乡村旅游地的智慧旅游建设现状，针对目前乡村旅游点信息化平台建设中的薄弱环节，提出了成都乡村智慧旅游在智慧服务、智慧管理和智慧营销优化升级等方面的基本思路。

关键词： 乡村旅游；智慧旅游乡村；成都

1987年成都成为中国农家乐发源地，2004年成都拥有第一家被评为国家4A级乡村旅游景区的三圣花乡景区。经过20多年的发展，成都乡村旅游取得了显著成就，乡村旅游总收入从2012年的128.5亿元上升到2017年的327.7亿元，是成都市2017年旅游总收入3 033.42亿元的10.8%。特别是近年来，成都市坚持走“乡村旅游+互联网”等产业融合道路，促进乡村旅游提档升级，先后完成4家“省级旅游度假区”、4家“省级生态旅游示范区”、9个“省级乡村旅游特色乡镇”、13个“省级乡村旅游精品村寨”、8个“省级创客示范基地单位”、6个“省级乡村旅游提档升级示范项目”的申创工作，推动了乡村旅游的快速发展。

当前，我国已经进入大众旅游时代，面对数十亿元的国民休闲旅游市场规模，充分发挥成都乡村旅游发展优势，更好适应旅游个性化消费需求，大力推动成都智慧旅游乡村建设，提升乡村旅游的智慧化服务、管理和营销水平，促进乡村旅游供给方式提档升级、走向可持续发展具有重要意义。

---

① 本文是第十五届“生态·旅游·灾害——2018长江上游资源保护、生态建设与区域协调发展战略论坛”文章。

1　智慧旅游乡村概念

智慧旅游乡村是中国政府在实践层面提出的一个全新概念。2015 年，国务院办公厅在下发的《关于进一步促进旅游投资和消费的若干意见》（国发办〔2015〕62 号文）中专门提出实施乡村旅游提升计划，开拓旅游消费空间，明确要求重点加强信息网络等公共服务设施建设，指出到 2020 年，全国将打造 1 万个智慧旅游乡村。

总体上看，学术界对智慧旅游乡村的研究严重滞后于实践。在 CNKI 文献数据库中，输入“智慧旅游乡村”主题词，2015 年以来共有相关文献 128 篇，但是国内学者对智慧旅游乡村的概念理解差异较大，在概念提法上就有“智慧旅游乡村”“乡村智慧旅游”“智慧乡村旅游”等不同表述。不少学者认同“智慧旅游乡村”是“互联网 + 乡村旅游”的一种融合化的乡村旅游新型发展模式，是将智慧旅游运行过程中所使用到的新技术与乡村旅游有效嫁接之后的一种新型乡村旅游方式，是对乡村旅游未来发展方式的一种全新升级[1]；但也有学者持不同观点，认为“智慧旅游乡村事实上并不能算作旅游形态，而是将技术嵌入乡村旅游行业中来达到旅游信息基础架构与高度整合的旅游基础设施的完美融合”[2]。

本文认为智慧旅游乡村是同智慧旅游城市、智慧旅游景区等相一致的概念，都属于智慧旅游概念体系范畴。尽管目前学术界关于智慧旅游概念定义的看法还无法达成一致，但显然普遍认为智慧旅游不是简单地等同于旅游信息化，只有以服务游客为核心的旅游信息化才是智慧旅游。其主要体现在技术和应用两个层面：就技术层面而言，智慧旅游借助信息技术和网络平台，实现了旅游信息服务在旅游活动的全流程、全时空、全媒介、全关联利益群体之间的整合、协同、优化和提升，消除了旅游供需信息不对称、不完整现象，真正做到信息服务透明公开、共建共享、实时互动、高效利用。就应用层面而言，智慧旅游具有三个应用目标：一是为游客提供更加便捷、智能化的旅游信息服务和旅游体验；二是为行业管理提供更加高效、智能化的信息管理平台；三是促进旅游资源的整合和深度开发利用，创建高品质、高满意度的旅游新产品和旅游目的地服务体系[3]。

按照上述对智慧旅游内涵的分析理解，本文认为智慧旅游乡村是乡村在旅游发展中围绕以服务游客的核心目标，借助互联网、物联网、云计算、大数据、人工智能等新一代信息技术，创建更便捷、高品质、高满意度的智能化服务、营销、管理和体验体系，开发一批基于新技术的新产品、新业态，推动乡村旅游转型升级发展。

2　成都市智慧旅游乡村建设现状及问题

成都市为保证乡村旅游可持续发展，2017 年出台《关于加快乡村旅游提档升级的实施意见》，提出 5 年内力争乡村旅游总收入超过 500 亿元。市政府牵头引进了携程、阿里巴巴农村淘宝等一批旅游网络运营商进驻乡村旅游市场，带动了乡村旅游地服务、营销、管理以及产品的创新，增加了乡村旅游吸引力。但总体上，成都市乡村旅游的发展仍然受地理环境、基础配套设施和农村人口文化程度等客观因素限制，发展相对缓慢，亟须通过信息化技术，在智慧服务、智慧营销和智慧管理上打破乡村旅游发展瓶颈。

2.1　建设现状

通过对成都市锦江区、龙泉驿区、邛崃市、浦江县、郫县5个市区县乡村旅游的调查摸底，从中选定了三圣花乡、龙泉桃花故里、中国酒庄、浦江明月村、郫县农科村五个具有典型代表意义的乡村旅游地作为研究对象，采取网络数据采集和电话访谈调查方式，从乡村旅游地官方网站、微信、新浪微博、App、网上预订以及与旅游运营商合作开展网站推广等六个方面进行了智慧化建设水平综合调查（表1）。新浪微博使用情况调查对五个乡村旅游地的旅游营运管理系统、旅游服务咨询信息管理系统、旅游应急安全管理系统、旅游旅游厕所建设、旅游停车场建设、Wi－Fi建设、景区触摸屏建设等智慧服务进行调查（表2）。

关于成都周边5个乡村旅游地信息化建设情况的调查结果显示：在网络数据调查中，只有龙泉桃花故里全面建设了官网、微信、新浪微博、App、网上预订服务，开展与美团、携程的合作，其次是中国酒庄、浦江明月村、郫县农科村建设了调查表中的其中五项。在电话访谈调查中，五个旅游地均没有完成信息化建设。对比数据收集方式，只有三圣花乡、中国酒庄的网络数据与电话访谈数据一致。（表1）

表1　成都周边5个乡村旅游地信息化建设情况调查表

数据收集方式	景点名称	官方网站	微信	新浪微博	App	网上预订	与旅游企业合作开展网站推广（美团、携程）
网络收集	三圣花乡	已建	已建	未建	未建	已建	有合作
电话访谈		已建	已建	未建	未建	已建	有合作
网络收集	龙泉桃花故里	已建	已建	已建	已建	已建	有合作
电话访谈		已建	已建	已建	未建	已建	有合作
网络收集	中国酒庄	已建	已建	已建	未建	已建	有合作
电话访谈		已建	已建	已建	未建	已建	有合作
网络收集	浦江明月村	已建	已建	未建	在建	已建	有合作
电话访谈		在建	已建	未建	在建	已建	有合作
网络收集	郫县农科村	已建	未建	已建	已建	已建	有合作
电话访谈		已建	未建	已建	不清楚	已建	有合作

数据来源：网络收集和电话访谈。

关于成都周边5个乡村旅游地新浪微博的调查结果显示：龙泉桃花故里、中国酒庄和郫县农科村3个旅游地建有新浪微博。截至2017年9月25日调查显示，只有龙泉桃花故里还在更新微博。调查显示，龙泉桃花故里的粉丝数量是郫县农科村的4.7倍，发布消息数量是郫县农科村的56倍（表2）。

表2　成都周边5个乡村旅游地新浪微博调查表

景点名称	新浪微博粉丝数量/人	新浪微博发布数量/条	新浪微博启用时间	新浪微博发布消息截止时间	运营单位
三圣花乡	未建	未建	未建	未建	未建
龙泉桃花故里	2 862	5 302	2011. 12. 01	2017. 9. 20	成都市龙泉驿区桃花故里景区
中国酒庄	1 165	230	2013. 10. 16	2015. 8. 14	成都市大梁餐饮文化有限公司
浦江明月村	未建	未建	未建	未建	未建
郫县农科村	609	94	2011. 12. 18	2014. 2. 20	郫县农科村景区管理局

数据来源：截至2017年9月25日新浪微博数据。

关于成都周边5个乡村旅游地信息系统和基础设施建设的调查结果显示：除了龙泉桃花故里，其余4个乡村旅游地旅游营运管理、旅游服务咨询信息管理和旅游应急安全管理系统建设均不完善。基础设施中5个旅游地的厕所和停车场全部建设完成。龙泉桃花故里和郫县农科村实现了Wi－Fi全面覆盖，剩下的3个旅游地都只在游客中心建设。用于导览导游的触摸屏5个旅游地均建设完成，但浦江明月村的触摸屏已损坏（表3）。

表3　成都周边5个乡村旅游地信息系统和基础设施建设调查表

景点名称	旅游营运管理系统、旅游服务咨询信息管理系统、旅游应急安全管理系统	旅游厕所	旅游停车场	Wi－Fi建设	景区触摸屏
三圣花乡	部分建设	已建	已建	游客中心已建	已建
龙泉桃花故里	已建	已建	已建	已建	已建
中国酒庄	部分建设	已建	已建	游客中心已建，部分景点已建	已建
浦江明月村	部分建设	已建	已建	游客中心已建，部分景点已建	已建，损坏
郫县农科村	部分建设	已建	已建	已建	已建

数据来源：电话访谈。

2.2　存在的主要问题

（1）信息化服务设施建设不完善

2017 年，成都市自驾游、自助游数量占总游客数比例超过了 60%，随着散客化趋势的增强，游客对乡村旅游地服务设施的信息便捷性提出了更高要求。虽然 5 个乡村旅游地均建有停车场和旅游厕所，但目前只有龙泉桃花故里全面建设了旅游营运管理系统、旅游服务咨询信息管理系统及旅游应急安全管理系统（见表 3），即便 5 个乡村旅游地的游客中心均建有免费 Wi – Fi，但网速迟缓，遇到旅游旺季客流高峰期，旅游地与游客之间的信息传递不畅，造成旅游车辆集散换乘调节功能弱，游客排长队候厕及公共卫生脏乱差等问题，严重影响游客的体验感和满意度，影响旅游地的品质和声誉。

（2）新媒体建设不完善，市场推广手段单一

移动互联网时代，多元化、数字化的新媒体平台建设影响着乡村旅游地的宣传的内容和方式，也影响着游客的思维方式、偏好和决策。5 个旅游地中只有龙泉桃花故里全面完成了官网、微信、新浪微博、App 的建设。其中就新浪微博调查情况来看，仅有桃花故里、中国酒庄和郫县农科村建有微博账号，这 3 个旅游地的微博均是由景区管理部门运营，在旅游地举行大型活动时会请专业人员进行网站、新浪微博、微信的软文推广，宣传手段单一，在新浪微博的日常管理中，发布的内容多是转载和图片观赏，优质原创内容少，对用户的吸引力小，与粉丝的互动率低，导致旅游地营销成效弱。目前，中国酒庄和郫县农科村已经停止更新微博，新媒体资源闲置浪费（见表 2）。调查中，5 个乡村旅游地主要还是依靠“口口相传”的传统旅游推广方式，通过旅游会、节、展、赛开展营销，市场影响力小。

（3）移动端支付成为大趋势，乡村旅游地产品和服务有待提升

据中国互联网网络信息中心（CNNIC）的第 41 次统计，截至 2017 年12 月中国手机网民规模达 7.53 亿人，占比 97.5%，消费者使用移动端支付消费成为大趋势。5 个乡村旅游地都能在美团、携程官网实现移动端的在线预订服务，包括预订酒店、旅游线路等（表 1），但是旅游地在线服务产品数量少，产品质量较为低端，不能满足游客个性化的需求。

（4）乡村旅游地信息化管理不到位，旅游人才质量偏低

随着成都乡村游客的增加，给旅游地带来了更多的空间和时间管理问题，这就对旅游地实现办公自动化，提升内部管理素质和空间管理流程提出了更高的要求。在调查中，龙泉桃花故里官网存在开发时间久、界面不美观、功能不完善、运行不稳定、信息更新不及时等问题。浦江明月村官网存在内容少、功能不全、互动性差，没有专人对网站进行维护和优化升级等问题。同时旅游地发生突发性公共事件时，易出现人员配备不到位，应急处置不及时等问题。在日常的管理中，5 个旅游地均存在工作人员信息发布不及时、专业知识不扎实和服务培训不到位等问题，如

郫县农科村的 App 建设，电话中工作人员说不清楚是否建设有 App，但实际情况是已可以在互联网上下载农科村 App。

3　成都市智慧旅游乡村促进对策

3.1　加强乡村信息化基础设施建设

一是政府牵头加速宽带、光纤、通信基站、卫星接收设施等网络建设在乡村的推进。为 PC 端和移动端收集信息，发布信息提供基础，为游客获取信息，选择产品、服务和支付方式提供可行性。

二是借助互联网、物联网、云计算、大数据、人工智能等新一代信息技术加快乡村信息采集标准体系、信息发布体系的建设，实现信息采集、处理、发布的一体化。重点加强人文信息资源、乡村产品、市场需求以及政策信息等信息采集系统建设。

三是建立高效运行机制，保证乡村信息化进程向前推进。建立起部门协作，政府、农村企业、各级电信部门要为乡村信息化提供资金、终端和技术的支持，实现资源共享。

3.2　加强新媒体、新技术在乡村信息化营销策略上的运用

成都乡村旅游地通过官网、微信、微博、App 等新媒体开展营销时，由于人员编制数量问题，会通过聘请外包公司开展网络推广，导致旅游地推广形式批量化、内容趋同化、创新程度低等问题出现。为减少这些问题，旅游地在内容聚合平台（如官网）建设上要更加适应移动化、互动化趋势；在融合媒体客户端如 App 上要原创优质内容与用户推广并重；在微信、微博等互动性较强的平台要建立核心内容原创生产力来留住用户，实现特色化发展。同时与知名媒体如与新浪、腾讯、网易等大型门户网站合作，利用网站的影响力，提升旅游地知名度。

乡村旅游地可引进 VR 技术、可穿戴技术、全息影像技术等新技术，通过互动体验游戏调动游客参与性，提升趣味性，也是智慧旅游乡村未来营销推广的新亮点。

3.3　推进信息化平台的建设，加快智慧旅游乡村建设进程

一是建设乡村旅游智能服务系统。该系统可以满足游客对旅游地的咨询服务、在线导航导览、预订服务、服务点评等线上服务功能需求，打通电子支付通道，与微信、支付宝等国内大型电子平台的合作，为游客提供便捷的支付方式，缩短游客和旅游地空间距离。

二是建设乡村旅游运营管理系统。该系统包括旅游的产品营销推广和管理两个

方面，通过网络渠道实现产品的网络化营销，结合大数据分析预测，找到游客行为和需求的关联性，实现营销资源利用的效率和效果最大化。汇集旅游地产品的各类信息，将旅游产品、价格、管理、渠道和售卖运作集于一体，降低成本，提升营销精准度。

三是建设乡村旅游应急安全管理系统。依托四川省旅游应急管理系统，对接相关数据接口，避免重复建设。有门票的乡村旅游地应建设门禁和泊车系统，提高游客入园效率，完善车辆集散管理手段。在旅游地的关键位置安装摄像头，做到实时监管，保证旅游地旺季时游客和景点的安全有序，淡季时减少旅游地管理成本。

3.4　整合乡村旅游资源，实现“旅游＋体验”的线上线下融合发展

成都乡村旅游地由于文化、经济和地域条件的不同，旅游地大多各自为营，市场的影响力小，因此整合乡村旅游地生态、历史、文化资源，利用“旅游＋”的行业融合性，创新乡村旅游模式，开发类似文化乡村游、工业乡村游、科技乡村游等旅游新模式，带动乡村旅游新热点。利用“旅游＋”信息化技术的共享性，开发线上线下互通的旅游体验性服务，包括水果采摘、蔬菜种植、文化互动问答和动物认养等线下体验服务，在线预约采摘时间、在线观测蔬菜生长情况、在线网络知识问答和在线动物互动等线上体验服务，进一步提升游客旅游趣味性和参与度[4]。

3.5　初步制定《成都智慧旅游乡村建设标准》

由政府牵头，从成都乡村旅游生态、业态、文态等实际情况出发，参考沿海城市智慧旅游乡村发达地区的经验，制定《成都智慧旅游乡村建设标准》，包括体系、路径建设以及软件、硬件基础标准。

完善成都乡村旅游地应急管理措施，做好应急预案准备工作，应对突发性事件，保障游客生命财产的安全和维护公共资源。

加强智慧旅游乡村人才队伍的建设。开展《旅游法》专业知识培训，邀请旅游管理专家开设讲座，外派人员到优秀旅游系统学习管理经验并引进高素质旅游管理人才。

4　结语

成都作为农家乐的发源地，由于初期发展定位模糊、发展迅速，经过20多年的发展，逐渐呈现出同质性高、旅游产品单一、档次低、市场运作迟缓等特点。今后，成都市乡村旅游发展要以服务游客为核心，借助互联网、物联网、云计算、大数据、人工智能等新一代信息技术，促进乡村旅游转型升级，实现旅游服务便捷化，行业监管高效化和营销推广创新化，提升乡村旅游品质，保障成都乡村旅游的可持续发展，最终实现智慧旅游乡村的建设。

参考文献

[1] 毕春梅. 成都乡村旅游的智慧化发展研究［D］. 成都：西华大学，2014.

[2] 罗成奎. 智慧旅游及其应用研究［J］. 黄山学院学报，2012（6）：24－27.

[3] 郝康理，黄萍. 互联网时代智慧旅游建设的创新与实践——以四川为例［A］//宋瑞，等. 2014—2015 年中国旅游发展分析与预测. 北京：中国社科文献出版社，2015.

[4] 吕倩. “互联网＋”视野下智慧乡村旅游发展模式研究［J］. 旅游纵览月刊，2016（9）：161－163.

作者简介：冷康苹，成都信息工程大学管理学院农业管理（休闲农业与乡村旅游）专业硕士研究生；黄萍，博士，成都信息工程大学管理学院院长、教授，硕士生导师，四川省高校人文社科研究基地“气象灾害预测预警与应急管理研究中心”主任；闫紫月，成都信息工程大学管理学院农业管理（休闲农业与乡村旅游）专业硕士研究生；岳健，成都信息工程大学管理学院农业管理（休闲农业与乡村旅游）专业硕士研究生。

第三部分

抗震文化与灾后重建

汶川抗震文化初探①

陈刚毅[1]　陈福明[2]　游娜[1]
（1. 成都信息工程大学；2. 四川省汶川地震灾区重建基金会）

摘要： 地震是一种常见的自然灾害，本文系统总结了几十年来防震减灾的经验教训，形成了符合我国国情的防震减灾的基本思路，并论述了我国在地震监测预报的基础上所进行的加强震灾预防、地震应急、救灾与恢复重建等环节的工作。我国走地震综合防御的道路。现代科学技术的进步和经济的发展，使人们在掌握和应用防震减灾技术方面，不断取得进步。在抗震救灾过程中涌现出许多感人的事迹，体现了中华民族的优良品质，给人类留下了宝贵的非物质文化资源和精神财富。

关键词： 汶川地震；地震文化；初探

1　引言

我国是大陆地震最多的国家。根据21世纪以来对仪器记录资料的统计，我国大陆地震数量占全球大陆地震的33%。我国平均每年发生30次5级以上地震，6次6级以上强震，1次7级以上大震。我国不仅地震频次高，而且地震强度极大。根据日本地震学家阿部胜征的研究，21世纪全球发生的面波震级大于或等于8.5级的特别巨大地震一共有3次，即1920年中国宁夏海原的8.6级地震、1950年中国西藏察隅8.6级地震和1960年智利南方省8.5级地震。可见中国的地震在世界范围内不但数量多，而且强度大。我国地震分布广泛，除浙江和贵州两省之外，其余各省均有6级以上强震发生，一般震源很浅（只有10～20 km），综上所述，我国地震具有活动频度高、强度大、分布广、震源浅的特征。我国作为发展中国家，人口稠密、建筑物抗震能力低。因此，我国的地震灾害影响可谓全球之最。21世纪以来，全球因地震而死亡的人数为110万人，其中我国就占55万人之多，约占全球的一半。因此，可以粗略得到如下结论：我国的国土面积占全球的1/14，人口占1/4，地震占1/3，地震灾害占1/2。

灾难与人类历史并存，正如疾病与生命并存一样，永远不可能避免。人类就是在不断应对各种灾难中学会生存，并逐渐变得聪明。随着人类对自然的了解逐渐加深，很多灾害是可避免的。大禹治水就是顺应自然规律解决水害的经典例证，新中

① 本文是第十届“生态·旅游·灾害——2013长江上游生态旅游扶贫与防灾减灾战略论坛”文章。

国农业生产中治理蝗虫灾害的经验也可为证。即使像地震、海啸这样一些目前看来很难预测的灾害，无法完全避免的灾害也可通过构建人类的制度文明，避免灾难后因救助不及时、不得力而引发的人为灾难。因此，人类对灾难的正确态度是：努力把握自然规律，探索抗灾治灾的制度文明，通过预警机制，将伤害尽可能降到最低。

中国地形地貌复杂，是世界地震、地质灾害和气象灾害等自然灾害频发区，从大禹治水、都江堰水利工程，到黄河灾害治理、唐山大地震灾区重建、汶川地震灾区重建等，五千年中华民族在与自然灾害斗争中形成了人与自然和谐的中国文化。

我国海原大地震在近代史上创造了多个“第一”：当时的北洋政府中央地质调查所，在震后立即决定建立我国第一个地震台；科学考察组第一次进行地震现场考察；提交了中国历史上第一份地震科学考察报告；绘制了我国第一份震区裂度等震线图；在比利时召开的世界万国地质大会上，中国学者第一次站到世界讲台上宣读与海原大地震有关的论文。尽管全球每年都要发生许多破坏性地震，但像海原大地震这样留下丰富的地质遗迹的还极为少见，而具有重要科学考察价值的则更少。海原地震断裂带，是当今世界范围内保存最完整、研究和利用价值最高的地震遗迹，是一部“活教材”。

1976 年 7 月 28 日的唐山大地震，是 20 世纪人类社会惨重的一场灾难。可英雄的唐山人民在党的领导下，在解放军和全国各族人民的支持和帮助下，不仅建起了一座新唐山，获得了“联合国人居荣誉奖”等，现在的唐山已经成为河北的经济中心，在建设沿海经济社会发展强省，打造沿海经济隆起带中发挥着龙头作用。唐山人“公而忘私，患难与共，百折不挠，勇往直前”的抗震精神，是人类战胜自然灾害的光辉典范，也是中华民族和人类社会的精神财富，值得大力继承和弘扬。

之后中国人民又在汶川特大地震中展示了中国文化的无穷力量，留下了灾区人民精神文化重建的宝贵遗产。

2 抗震文化

文化不仅是民族之魂，也是承载民族精神的形式之一。抗震文化就是向社会宣传有关地震、防震的知识和技能，提高人类的防震减灾意识，增强社会的防震减灾能力，通过全社会的共同努力，有效地减轻地震灾害和地震影响，形成人与自然和谐的文化氛围。所谓中国抗震文化，就是我国在系统总结了几十年来防震减灾正反两方面的经验教训并吸取国外一些成功做法的基础上，逐渐形成的符合我国国情的防震减灾的文化；就是在地震监测预报的基础上加强震灾预防，地震应急、救灾与恢复重建等环节的工作，走综合防御的道路的人与自然和谐的文化。《中华人民共和国防震减灾法》确定了预防为主、防御与救助相结合的方针。综合防御本身意味着防震减灾是一项在各级政府的领导下，以法律法规为保障，以地震科技进步与应用为依托，以全民族防震减灾意识的提高和积极正确参与为基础的防震减灾系统工程。中国地震文化正是向社会宣传有关地震、防震的知识和技能，进一步提高全民族的防震减灾意识，增强全社会的防震减灾能力，通过全社会的共同努力，有效地减轻地震灾害和地震影响，形成人与自然的和谐，营造一个更加安全、更加美好的21世纪。

“5·12”汶川特大地震灾害突然袭来，山崩地裂，数万个家园被夷为平地，灾区人民遭受了巨大的生命和财产损失。大灾难之后，在党和政府的领导下，灾区社会井然有序，民众情绪稳定，媒体、社会组织、政府都以最快的速度和最专业的方式投入救灾，全国人民聚力汇成了强大的抗震救灾的洪流，军人、警察、干部群众等社会各界人士冲向灾区，不顾个人安全，抢救生命，有些人献出了自己的宝贵生命，无数的抗震救灾英雄和事迹谱写出一首中国地震文化壮丽诗篇；在灾区恢复重建过程中，灾区人民自力更生、奋发图强重建家园；各省人民政府、企业、个人、社会各界和海外同胞无偿援助参与灾后重建，本应三年恢复重建任务在两年内基本完成，一曲曲可歌可泣英雄事迹，展示了与自然灾害斗争的中国精神。在对抗地震等严酷的自然灾害的过程中，中国人创造了坚韧、刚健、优雅的“抗震文化”，灾民在大灾大难面前继承和发扬了中国文化精神，绽放出耀眼的人性光芒汇成了新时代的无疆大爱，成为我们宝贵的中国地震文化遗产，值得我们永远宣传、学习和发扬。

在“5·12”汶川特大地震中展示了中国抗震文化的无穷力量，留下了灾区人民精神文化重建的宝贵遗产。为推动中国抗震文化进一步深化与发展，建立相互关怀、友爱、理解、宽容与帮助的社会人文环境和信任机制，重建整个社会中人与人之间信任纽带和人与自然和谐的社会发挥着重要作用，推动了我国“五个一”文化工程，有效防范了由自然灾害引发的各种公共危机。

3 汶川精神的特征

汶川地震发生后，在党中央的领导下，万众一心、众志成城、不畏难险、百折不挠、以人为本、尊重科学齐力抗震。伟大的抗震救灾精神，成为中华民族不朽的精神财富。2008—2011年，三年来，四川从悲壮走向豪迈，创造了人类抗击特大自然灾害的伟大奇迹，积累了宝贵的物质和精神财富。从顶层看，从科学救灾到科学重建，从物质重建到精神重建，灾后建设的过程就是文化积累的过程，也由此形成了一种特殊的“抗震文化”。深度挖掘抗震救灾和恢复重建中的文化元素和文化内涵，对充实和丰富人类精神遗产具有深远意义。

3.1 抗震救灾文化精神

2008年5月12日14时28分，汶川特大地震发生。“灾情就是命令，时间就是生命!"汶川特大地震发生伊始，全国解放军和武警官兵就得到了最高指示。向汶川进发！挺进、全速挺进！救援、紧急救援！胡锦涛总书记第一时间作出尽快抢救伤员，保证灾区人民生命安全的指示；温家宝总理第一时间赶赴灾区，指挥救灾；北川师生共铸爱的丰碑；武警官兵生死挺进汶川；陆航团战士用生命飞翔；新闻"战士"向世界报告；消防战士不放弃每一个废墟底下的生命；白衣"战士"舍生忘死救治伤员……数日之间，13 万官兵云集灾区。一支支救援队，从祖国的四面八方奔来。

谭千秋、向倩、张亚米等教师张开身躯保护学生，牺牲自己；王洪发、曹代成等公务员埋藏自己失去亲人的悲伤，尽力安置受灾居民；三岁的小郎真被救出后用左手向救助他的武警叔叔敬礼致谢；马健同学为了"我一定要救你出来"的承诺，冒着生命危险徒手掏了 4 个多小时，终于从死亡线上救出了同学向孝廉；年仅 9 岁身材矮小的小林浩不顾自己负伤从废墟中救出了 2 名同学；陈光标听到汶川大地震消息的第一时间，命令公司的 60 辆工程车辆直接掉头开赴灾区展开救灾；张祥青一次又一次追加捐款，为灾区捐助善款超过亿元；许多城市血库的献血预约和收养孤儿的热线被打爆；一些以乞讨为生的人慷慨解囊，将一张张零钱塞进捐款箱；十万民众在天安门广场喊出的"中国万岁!""四川加油!""汶川雄起!"的声浪经久不息，传遍全球。

感人的故事不胜枚举，太多太多……

一个个动人的场景，一幅幅难忘的画面，一句句震撼人心的声音，使我们看到，汶川大地震震荡了中华民族心灵的尘埃，光大了中国优秀的文化，再现了一个真实的中国。

灾难终将过去，伤口将会愈合，生活将会平静，悲痛之后需要自强，感动之后需要沉思。中华民族有着 5 000 年的历史文化，中国人民在抗震救灾中所表现出来的惊天地、泣鬼神的壮举，以西方流行的亚当·斯密的经济人理论无法求解。灾难将中国文化再一次激活，因为，中国文化早已融入中国人的血液里，渗透到中国人的基因中，在大灾面前，得到了彰显。

我国政府对汶川大地震的救灾工作不仅得到了中国人民的好评，而且得到了世界人民的赞扬。值得我们认真总结。笔者认为，地震文化是一个重要的文化要素，仁爱文化、礼仪文化、诚信文化、感恩文化、人本文化、慈善文化、互助文化、自信文化、责任文化、大局文化、奉献文化、爱国文化在抗震救灾中得到了弘扬和彰显。

中华民族是一个多灾多难的民族，但再大的灾难，也未曾征服过中华民族。之所以多难兴邦，天佑中华，是因为中华民族有着自强不息的民族精神和与时俱进的优秀文化。要把这次抗震救灾中所爆发出来的至善、大爱精神加固、扩充、延伸，使它成为当代中国的优秀文化，一直活在广大民众的心间。要让一个偶发性事件中所爆发的精神力量，变成中华文化的真正灵魂，广泛渗透，成为当代中国的精神主轴和价值坐标。追踪“岁月沧桑”、闪烁“汶川光芒”、期望“源远流长”，以大时空、大尺度通俗解读汶川大地震如何激活仁爱、礼仪、诚信、感恩、人本、慈善、互助、自信、责任、大局、奉献、爱国等地震文化，希冀汶川地震中彰显的中国文化，在中华民族复兴的伟大事业中弘扬光大。建立文化自信，弘扬中国文化，是对汶川大地震最好的纪念。

3.2 灾后重建的抗震文化

四川汶川特大地震灾后的恢复重建，在党中央、国务院的亲切关怀下，在全国各省市的大力支持下，在四川全省人民特别是灾区人民的顽强拼搏下，有序开展、顺利推进，仅用两年多的时间就基本实现了中央提出的目标任务。抗震救灾和恢复重建取得的重大胜利和辉煌成就及其蕴含的伟大抗震救灾精神，是中华民族以爱国主义为核心的民族精神和以改革创新为核心的时代精神的集中体现，是进行爱国主义教育的生动教材，是建设社会主义核心价值体系的宝贵资源。

（1）创造灾后恢复重建历史奇迹的关键因素和重要启示

灾后恢复重建的历史奇迹是在中国共产党领导下创造的，中国共产党的领导是中华民族伟大复兴之本。两年的恢复重建使灾区经济快速发展、社会和谐进步、人民安居乐业，这在中国抗震救灾史上前所未有，在世界抗震救灾史上也堪称奇迹。这个奇迹是在中国共产党领导下创造的。在创造奇迹的过程中，中国共产党的先进性和卓越领导能力得到充分彰显。地震后，党中央周密组织、科学调度，在最短时间内动员全党全军全国人民投入抗震救灾和灾后恢复重建，建立了上下贯通、军地协调、区域协作、全民动员的工作机制，一切为了灾区、全力支援灾区成为全国人民的共同意志和自觉行动。各级党组织发挥战斗堡垒作用，广大党员发挥先锋模范作用，灾区10万多基层党员干部成为灾后恢复重建的“先锋队”、灾区人民的“主心骨”、受灾群众的“贴心人”。灾后恢复重建的历史奇迹，再次证明了中国共产党是以自觉践行全心全意为人民服务为根本宗旨，把以人为本作为执政理念的政党，是能够应对各种风险、驾驭各种复杂局面、具有强大战斗力的马克思主义政党，是中国人民的主心骨。有了中国共产党的领导，不断开创中国特色社会主义事业新局面就有了根本保证，实现中华民族伟大复兴就有了根本保证。

灾后恢复重建的历史奇迹是在社会主义制度下创造的，中国特色社会主义是中华民族伟大复兴之基。优越的社会制度能使人类更有效抗击自然灾害，最大限度减少损失，重建美好生活。在灾后恢复重建中，党中央、国务院总揽全局、科学决策，充分发挥社会主义制度集中力量办大事的优势，颁布恢复重建条例，建立对口支援工作机制，北京、上海、广东等19个省份对重灾区县（区、市）进行对口支援，为灾后恢复重建提供了经济、技术和人才保障。社会主义市场经济体制的不断完善，国家经济实力和综合实力得到极大增强，为灾后恢复重建奠定了坚实的物质基础。中央财政仅2008年就安排了700亿元建立灾后恢复重建基金，在应对国际金融危机规划的 4 万亿元投资中安排 1 万亿元用于灾后恢复重建，各级地方政府及时调整年度财政预算，不断增加恢复重建资金投入，为灾后恢复重建提供了强大支撑。灾后恢复重建是对中国特色社会主义组织动员能力和物质保障能力的一次大考验、大检阅和大展示。正如国外学者所赞叹的，中国在短时间内动员巨大的力量投入，这是其他任何制度所不能比拟的。实践证明，社会主义制度是实现中华民族伟大复兴的制度基础，中国特色社会主义道路是谋求国家富强、人民幸福的唯一正确道路。

灾后恢复重建的历史奇迹是全国各族人民共同创造的，祖国大家庭强大的凝聚力和向心力是中华民族伟大复兴之源。人民群众是历史的创造者，也是抗击自然灾害最深厚、最强大的力量。在灾后恢复重建中，中华民族和衷共济、团结奋斗，全国人民携手并肩、万众一心，前方后方步调一致、同心协力，全力支援灾区恢复重建。对口支援省市派出超过 10 万人的援建大军奋战在恢复重建最前线，大量企业和民间组织以多种方式参与恢复重建，广大港澳台同胞和海外华侨华人慷慨解囊。全国各族人民和世界各地华侨华人的大力支援，极大地激发了灾区人民自立自强的决心信心，极大地激发了灾区人民攻坚克难的智慧和力量。灾后恢复重建的历史奇迹是爱国主义在当代中国生动而有力的诠释。它再次昭示：中华民族大家庭强大的凝聚力和向心力是中华民族历经磨难而不衰、中华文明传承五千年而不断的重要原因，也是实现中华民族伟大复兴的力量源泉。

（2）灾后恢复重建的历史奇迹展现了当代中国爱国主义的新内涵和中国抗震文化特征

爱国主义是一个历史的动态的概念，时代的发展和社会的进步不断为爱国主义注入新的内容。灾后恢复重建的历史奇迹为爱国主义的发展提供了生动鲜活的素材，并展现了当代中国爱国主义的时代内涵和时代特征。

当代中国爱国主义的核心是热爱中国共产党、建设和发展中国特色社会主义。一般而言，爱国主义是对祖国的忠诚和热爱，但在不同历史时期具有不同的内容。在当代中国，坚持爱国主义与拥护中国共产党的领导、建设和发展中国特色社会主义本质上是一致的。没有中国共产党的坚强领导，没有中国特色社会主义的制度优势，就不可能创造汶川震后恢复重建这一世界灾后重建史上的奇迹。事实再次证明了一条真理：没有共产党，就没有新中国；只有社会主义才能救中国，只有中国特色社会主义才能发展中国。因此，当代中国爱国主义不仅表现为热爱祖国的锦绣山河、悠久历史和灿烂文化，而且表现为拥护和坚持中国共产党的领导，建设和发展中国特色社会主义。

当代中国爱国主义的要义是国以民为本、民以国为家。传统的爱国主义通常表现为对民族独立的维护，对国家富强的追求，对祖国人文地理的珍爱。在封建专制王朝中，统治者漠视甚至压迫剥削人民群众，历史上儒家所倡导的“民为邦本”也仅仅流于学理，统治者充其量是做做表面文章。而在当代中国，爱国主义的内涵发生了深刻变化：在爱国主义的两个基本要素——国与民的关系上，“国以民为本”和“民以国为家”有机地结合起来，融为一体，相辅相成。这种爱国主义对传统爱国主义既是继承，更是创新。灾后恢复重建的过程就是中国共产党将“国以民为本”和“民以国为家”有机统一的过程。党和政府以民生为先，将以人为本理念贯穿灾后恢复重建的全过程和各方面。在灾后恢复重建中，民生问题最受关注，民生建设投入最多，民生项目进展最快。人民群众从灾后恢复重建中得到了巨大实惠，感受到祖国大家庭的温暖，增强了对伟大祖国的信任感、归属感和自豪感。

当代中国爱国主义的显著特征是维护民族团结、促进世界和谐。爱国主义在历史上往往与民族主义联系在一起。与历史上的爱国主义不同，当代中国爱国主义的一个显著特征就是对内强调民族团结和共同繁荣，对外倡导国际合作和世界和谐。在民族关系上，我们党一贯强调巩固和发展平等、团结、互助的社会主义民族关系，促进各民族共同繁荣发展、共同团结进步。在国际关系上，我国始终不渝走和平发展道路，主张弘扬民主、和睦、协作、共赢精神，推动建设持久和平、共同繁荣的和谐世界。民族团结的政策与和谐世界的构想，在灾后恢复重建中再次被实践和印证。在灾后恢复重建中，各族人民团结一致，全国人民心系灾区，危难之际众志成城、共克时艰，充分展现了我国各民族患难与共、守望相助的爱国主义精神，谱写了民族团结的新篇章。“5·12”汶川特大地震发生后，中国政府以开放透明、交流合作的崭新姿态，积极寻求与国际救援人员合作和国际人道主义援助；同样，当其他国家如海地、巴基斯坦等发生重大自然灾害、急需国际援助之际，中国政府和人民在第一时间给予支援。这充分表明，中国发展离不开世界，世界繁荣稳定也离不开中国。

在抗震救灾和灾后重建三年中形成的“抗震文化”，具有坚韧、刚健、理性、开放、智慧、温情、包容的特点，是人类社会的宝贵财富，能为世界人民抗击特大自然灾害提供启迪、借鉴、武装和支撑。

3.3 防震减灾

汶川地震后，北川和银厂沟许多的建筑物至今还掩埋在山的下面，地震中心的映秀镇现在也依然到处可见坍落的“采石场”。而坍落的“采石场”的自然坡度基本上遵循7/11的规律。

此种现象揭示了一个人们值得重视的自然原理，即在地球上存在曲率空间与欧几里得空间转换的自然坍落度问题。实际上，人类早在现代文明之前，就已经知道了7/11这个被称为神秘的结构比（实质是7/11隐含了圆周率 π），并记载于中国古代的《河图》和存在且至今还遗存于埃及、美洲的金字塔等的曲率与直线[1]乃至诸多曲率与直线的转换关系中。7/11是大自然曲率空间与欧几里得空间转换的结构比。显然，满足这个结构比则体现搅动能守恒律的稳定性，遂有自然物质具有能量自转换和传递机制。不满足结构比，按搅动能守恒律的物质演化性，物质不能形成能量自转换和传递机制，会因演化的剧烈不稳定能量造成破坏性[2]。地球上的金字塔尽管经受4 000余年的地质变化和风吹雨打，今天依然还屹立于人们的面前正是基于这个原理。因此，人类建筑物的重建，应尊重曲率空间与欧几里得空间转换的结构比，以实现人类自身建筑物真正和谐于自然的环境化。或者说，人们在爱护或保护环境时，也应当真正懂得自然环境的和谐内涵。

人们在治水的历程中，经历失败的教训，至今已经初步懂得了“为洪水让路”[3,4]。地震灾后重建中，城镇和新农村建设选址和建筑结构也必须注重搅动能守恒律的曲率空间与欧几里得空间转换的结构比，特别是处于地震断裂带时，要为能量转换留有空间。首先是建筑物重建工程的选址，除了应当注意地质条件外，选址的坡度应当小于或等于7/11，即使发生地震，也无山体垮塌之忧。

人类的视觉由于进化的正前方性，被“设计”为欧几里得空间（欧氏空间），于是有些人总是“以直为美”。由此可见，人类具有先天的局域性。为此，人们必须以智慧纠正人类自身的局域性错觉，以维护其自身的生存。掌握曲率空间与欧氏空间的转换，是人类自身求生的需要。赞叹“活着真好”的人们应积极改造自己的认识观，不要为视觉所迷惑。

3.4　地震实验基地

严重的地震灾害及加速发展的震灾形势给社会公众带来了对防震减灾的强烈需求。而地震预报和在预报基础上的震灾防御是实现地震减灾最基本的途径。因此，地震预测是人类面临的古老的问题，也是全球性的科学难题。

从20世纪60年代中期开始，世界上一些地震频繁发生的国家相继开展有计划的地震预报研究，其中美国于1964年组织了一批有声望的地震科学家拟定了地震预报的研究规划，开展了与地震孕育、发生相关的地震活断层调查、地震前兆观测和地震孕育理论研究等地震预报研究，并于80年代在加利福尼亚州一个名叫帕克菲尔德的地震区建立了地震预报实验场。日本政府从1964年开始推行地震预报研究的第一个5年计划。1994年已进入第7个地震预报5年计划，其重点是地震预报实用化和确定地震预报方法、提高地震预报精度的观测研究，加强地震预报的基础研究和新技术开发。苏联则从60年代初开始，在中亚远东地区建立一系列地震预报实验场，开展地震预报的现场研究和基础性的实验论研究。而“5·12”汶川特大地震就是天然的中国地震实验场、研究基地。

4　抗震文化承传

由四川省有关部门可设立汶川抗震文化的研究组织，使之具有权威性、合法性、唯一性，以便对外交流，开展规范的活动；应成立编辑委员会，编辑出版相关文献，具体可以分类进行，如人物卷、建筑卷、文学卷等；建设世界地震博物馆，使其发挥参观学习、科研交流、展示教育的作用；建一座汶川大地震无名纪念墙，与抗震纪念碑、抗震纪念馆有机地组成抗震纪念群体，形成地震文化区；切实加强地震遗址的保护和利用。地震遗址是汶川大地震最直接、最有力的证明，也是最具文物价值和文化价值的遗迹。应及时采取措施，保护这些地震遗址，使其充分发挥教育子孙、警示后人的作用。

4.1 以文艺作品展现汶川抗震救灾和家园重建中的英雄事迹和地震文化

以文艺作品展现汶川抗震救灾和家园重建英雄事迹和地震文化，借助电影、电视剧；话剧、小品；诗歌、文学、图书；地震文化专网等形式，宣传地震文化。宣传大爱文化精神和防灾减灾知识，切实加强自然灾害自我防护和发扬灾害面前抗灾救灾的精神。

4.2 举办中国地震文化国际论坛会

以汶川地震抗震救灾和恢复重建的抗震文化为基础，汇集世界各国（多发地震国）的抗震救灾经验，研讨抗震救灾与精神重建中人与自然和谐的抗震文化。

4.3 抗震文化教育基地

建立防震减灾文化教育中心、地震防护演练、地震博物馆体验、地震预测预防实验教育基地。

4.4 抗震文化传播

抗震文化是中国文化的深化与发展，要进一步发扬光大，首先应在青年一代中继承与发扬，特别是要在青年一代中重点开展抗震文化教育与精神重建。利用文化艺术形式，开展丰富多彩的地震文化活动，使青少年从小受人与自然和谐的中国抗震文化影响，激励有志青年攻克自然灾害预测预防的世界难题。

5 结语

地震是一种严重威胁人类安全的自然灾害。那些曾发生在人类居住区，尤其是人口稠密、经济发达地区的大地震，给人民和社会造成了巨大的灾难，使不少人心理上蒙上一层恐惧地震的阴影，甚至谈震色变。也使人们沉思怎样才能更有效地减轻地震灾害，为人类营造一个更加安全的生活环境。

人类在灾难中的遭遇及其在灾难中所表现出的精神和力量，都值得后人去反思、感悟，并从中吸取教训。地震是可预测、预防的，在系统总结了几十年来防震减灾的经验教训后，我们逐渐形成了符合我国国情的防震减灾的基本思路，即在地震监测预报的基础上加强震灾预防、地震应急、救灾与恢复重建等环节的工作，走综合防御的道路。《中华人民共和国防震减灾法》已确定预防为主、防御与救助相结合的方针。现代科学技术的进步和经济的发展，使人类在掌握和应用防震减灾技术方面，不断取得进步，形成了中国抗震文化。这些都是宝贵的非物质文化资源。在抗震救灾过程中涌现出许多感人的事迹，体现了中华民族的优良品质，给人类留下了宝贵的精神财富。

参考文献

[1] 欧阳首承，陈刚毅，林益．信息数字化与预测 [M]．北京：气象出版社，2009.

[2] 陈刚毅，陆雅君．减灾、防灾与“给能量留有空间”的对策问题 [J]．中国工程学，2011，13 (2)：98 - 102.

[3] Chen Gangyi, OuYang Bolou, Peng T. Y.. System Stability and Instability: A Extended Discussion on Significance and Function of Stirring Energy Conservation Law [J], Engineering Sciences, 2005, 3 (3): 44 - 51.

[4] Chen Gangyi, OuYang Bolou., Fan Xia. The changeless technique researches for city flood control and reduced the disaster [J]. Engineering Sciences, 2006, 4 (1): 254 - 258.

作者简介：陈刚毅，成都信息工程大学教授，四川省高校人文社科研究基地“气象灾害预测预警与应急管理研究中心”学术委员会委员；陈福明，四川省汶川地震灾区重建基金会；游娜，成都信息工程大学管理学院教师。

空间生产与应灾文化表征

——对震后章村住房重建的案例研究[①]

张纯刚

（天津理工大学）

摘要：居住空间重建是震后重建的重要内容之一。灾害情境下村落边界的开放与多元主体的介入，使居住空间成为国家、社会组织以及村庄等多元主体共同的干预对象。在这样的背景下，居住空间生产表现出重建主体的外部化、重建目标的公共化以及重建主导知识去地方化的特征，国家叙事征用个人空间，生成了整齐划一的震后居住景观。而重建空间作为新的空间文本，又进一步表征着当下的国家式应灾文化。

关键词：灾害；空间生产；空间文本；应灾文化表征

"5·12"汶川特大地震震后重建历时3年多，给灾区带来了"整体性跨越"[1]，也带来了震后空间格局的剧烈变迁。面对震后重建的小镇，就连在当地生活了一辈子的老居民也"经常有一种身处异乡的时空错觉"[2]。灾区空间景观的变迁，实际上意味着新的空间形态的突现。列斐伏尔指出，空间"永远是政治性的和策略性的"，空间"看起来其纯粹形式好像完全客观的……其实是一个社会产物"[3]。灾后重建研究大多将住房重建视作物质空间重建，住房仅被视作重建的对象和外在的客体，并未就灾害情境下的空间生产予以反思性的审视，例如，特定形态的震后居住空间景观是如何被社会地建构而成的、空间生产实践映射着何种灾害文化特征等，为回答如上疑问，本文以震后四川章村的农房重建为对象，基于2009年1月和2月、2010年8月、2012年7月的四次田野调查资料，从微观层面讨论震后空间生产的过程及内在逻辑，并进一步阐述空间文本的文化表征。

1　震后住房重建与新的空间格局的形成

章村重建是以Z基金会为主导、多元主体以基金会为平台共同参与的重建。基金会等外部机构的介入，使章村住房重建的参与主体从单一转向多元，住房重建也

---

① 本文2017年7月发表于《青海民族研究》第28卷第3期，是第十四届"生态·旅游·灾害——2017长江上游灾害应对与区域可持续发展战略论坛"文章。

就表现为围绕选址、设计、施工等建造环节的空间磋商。下文通过对重建方案确定、重建资金管理、施工与监控、差异化诉求应对等几个方面的事件过程描述，勾勒住房重建的基本脉络。

1.1 统规统建方案的确立

Z基金会开展初期需求评估发现，对于如何重建，村民意见各异，原地重建与集中重建的意向皆有。但出于两方面原因，统规统建方案获得了压倒性优势。一是受新农村观念的影响，从镇政府、Z基金会到村干部，都认为新房建起来必须整齐划一、有新农村的样子。二是由于援建资金的吸引力和强制力。Z基金会提出将给村里带来500万元援建资金，而村干部也宣传只有统一修建，才能获得基金会的资助和政府配套的基础设施。在这两重因素作用之下，统一规划后在新址建新房的方案得以确立。

为此，Z基金会首先完成了章村地形测绘，制作村庄地形图，然后邀请设计专家进行户型设计。随后，Z基金会以需求评估和户型设计为基础，形成了《章村灾后恢复重建整体规划方案》，通过传统散居模式弊端和集中居住优势的对比，进一步明确了农房重建的统规统建模式，即集中居住、统一规划、统一建设，引导村民小组相对集中居住、集中居住点的建筑风格趋于一致。统规统建作为一种具有诸多优势的重建方案被确定下来。

1.2 重建资金来源及发放方式

镇政府印发的《章村灾后重建信息宣讲材料》指出，建房款的来源包括政府补助、基金会援助、农户贷款以及农户自筹等几个渠道。一是政府补助按户发放，标准为：1～3人户1.6万元；4～5人户1.9万元；6人及以上每户2.2万元。二是Z基金会提供的补助，标准为每人1 200元。但由于Z基金会在实际计算中，将基础设施投资部分也包括在内计算人均可获得的“折合”金额，因而实际发放的现金补助则少于该“折合”金额，虽其宣讲中已有说明但因宣传讲解做不到位，一度引发村民对Z基金会的质疑。三是农户贷款，符合条件的重建村民均可从信用社获得最高2万元、期限3～5年的贷款。四是其余资金缺口部分由农户家庭储蓄或亲友借贷补充。在以上资金来源中，政府补助与Z基金会补助是无偿提供给农户的建房资金，是建房的主要资金来源。按照与当地镇政府的援建约定，这两笔补助均由Z基金会统一管理和发放。

Z基金会最初采取按工程进度、分批把建房补助款打入农户粮食直补账户的非现金方式发放。由于出现户主户名错误、账号错误、无法建户、一人两名、操作失误等情况，放款速度不能满足农户和施工队的建房资金需求，Z基金会因此陷入与村民和施工队的矛盾之中。随后Z基金会经过与机构财务部协调，决定简化程序，由村干部负责，向重建户直接发放现金，并由基金会人员在场监督。

1.3 住房施工与进度监控

《汶川地震灾后恢复重建城乡住房建设专项规划》规定“要在两年内基本完成汶川地震灾区农村住房恢复重建工作”，震后重建的特殊背景，产生了对重建进度的特别要求。在这样的宏观时间约束下，章村农房重建也被纳入紧密的进度控制之中。

一是以补助发放调控进度。基金会根据重建进度，按“四四二”比例分三次发放建房补助，即完成地基和底圈梁发放总补助款的40%；完成主体墙、构造柱及上圈梁，发放第二批的40%；完工验收后发放剩余20%。由此，补助使用方向得以控制，款项专用于建房；同时重建进度成为获得资金的条件，补助分批发放成为管理重建进度的具体策略。

二是以“倒排工期”保证进度。“倒排工期”已经成为住房重建制度安排刚性一面的代名词[4]。章村所在镇镇长作为灾后重建包村干部，特别关注重建进度。镇干部于2009年3月7日到章村召集村组干部和村民代表开会，明确表达了对重建时间节点的要求：3月15日前，每户都要确定建房地点；5月12日前要确保全部动工，否则无法获得补助；要确保9月30日前完工95%，年底村民要全部入住新房。政府官员直接在场宣讲，以明确的完工时点倒逼施工进度。

三是以质量监理保证品质。震后住房重建不但要保证进度，更要保证质量。施工监理工作由基金会邀请的志愿机构开展，为农户提供建筑技术、合同签署等方面的培训，评估各个施工队的施工是否符合规范，指出需要纠正的施工问题等。

四是以日常协调保障住房重建。村组干部是重建的重要协调者，发挥着协调村民及援建各方之间关系的功能。主要是协助基金会开展日常事务性工作，如统计名单、发放补助、接待到访、组织开会培训、处理施工方之间或施工方与农户之间的纠纷等。在援建背景下，村主任、村书记、会计、妇女主任以及生产队长等村组干部，在配合基金会协调各项日常事务、推进住房重建方面发挥了重要作用。

1.4 差异化诉求的分类应对

社区需求是灾后恢复重建的核心内容，而“统规统建”的重建政策又很难满足不同群体的需求。[5]针对统规统建方案未能涵盖的差异化诉求，基金会和村组干部采取了分类应对的策略。一是拒绝冲突性诉求。其一，不允许看风水。因为任何一户调整自家房屋朝向，就会影响整条街的布局。其二，不允许房屋外观影响整体一致性。例如，一个房屋临路的村民计划修全木结构房屋，并已经买好了木材，村干部得知后立刻阻止。二是默许非冲突性诉求。统建单包及建全现浇房被默许存在，表明并非所有个体性需求都被禁止。统规统建是按照基金会的统一规划，由施工队以包工包料（双包）的方式建造。单包即只包工不包料，农户自己购买建材，然后由施工队施工。全现浇房即在现场绑扎钢筋，在现场支模并整体浇筑而成的房屋。

单包农户的诉求是从建材的角度省钱，全现浇户则是从结构的角度考虑抗震性。这两种房屋的外观设计以及重建位置均符合统一规划，没有产生冲突，因此被默许。三是策略性妥协。如上文提到的一样，另一户村民也同样要建木结构房屋，由于这一户并不临路，且独门独院，基金会最终与其达成协议并延后发放了补助款。可见，无论是禁止、默许还是协商，实际上都是对差异性个体需求的有限容忍，且最终限度都是为了保障不对统规统建方案的实施产生负面影响或将影响控制在最低限度。

截至2009年10月，全村517户重建新房全部建成，村民陆续搬入新居，住房重建工作基本完成。重建后的村庄以一种全新的景观形态呈现出来。首先，从空间分布上看，居住点分布更为集中，房屋分布依从村中道路，分列两侧。其次，从房屋外观上看，房屋户型统一，瓷砖使用、门窗位置和颜色款式、外窗防护网等基本一致，如精确复制一般，很难从外观加以区分，视觉的一致性遮蔽了农户的差异性。

2　居住空间生产的内在逻辑

居住格局变迁的情形并不少见，如林耀华《金翼》一书中描述的东林和芬洲生意赚钱后建造新居[6]，卢晖临讲述的村民被“形势”与“潮流”裹挟而攀比争盖楼房的故事[7]，以及阎云翔所述下岬村因隐私观念变化而出现单元房的情况[8]。但对比即可发现，本文所述的事件过程所呈现的震后章村住房重建显然不同于个体性房屋建造，在建造主体、建造目标及主导建造的知识动力等方面，均表现出震灾背景下的特殊性。

2.1　谁在重建：重建主体的外部化

以社区为边界，参与章村住房重建的多元主体主要包括两类，即以受灾群众和村组干部为代表的社区层面的内部力量，以及日常情境中不会轻易介入社区的中央政府、地方政府、以Z基金会为代表的社会组织等外部力量。从重建过程可以看出，建造活动的主体环节均由外部力量代理。

首先，房屋建造的统筹角色从村民转移到基金会。基金会作为驻村援建机构，实际上成为章村农房重建的协调者。房屋建造不再由农户自主决定，如何建造、建造效果以及具体建造活动的展开，均由基金会或基金会所邀请的专业机构完成。

其次，房屋格局的变迁受到外部力量影响。震后房屋建造格局发生了两个重要变化，一是在规划点集中建造，而不是原地重建；二是房屋采取全新户型，房屋的选址、户型与风格等不再由村民自主决定，而是转由外部力量“代理”。房屋建造多以包工包料的方式进行，房屋不再由农户“亲手”建造。建房资金同样并非主要靠个人筹措，而是大部分源自政府补贴与基金会援助。

因此，章村的震后农房重建实际上表现为这样的过程：由基金会整体协调，统筹外部政策资源、智力资源与资金支持，通过施工队统一施工，实现农房重建。章村村民作为重建者、新居的拥有者和使用者，实际上却在很大程度上被从居住空间的建造过程中“剔除”出来，转而由国家、Z基金会、专家设计团队、监理机构等外部力量代理，这表现在重建主体外部化的特征中。

2.2 为何而建：重建目标的公共化

房屋重建的完成除了意味着居住功能的恢复，还意味着宏观层面灾后恢复重建目标的实现。因此，居住空间建造也就不再是单纯的个体行为，而是以完成重建规划、实现灾后重建为目标的公共行为。

住房重建从规划到实施的过程表明，其作为整体性的重建被赋予了特别的关注。首先，基金会以地形测绘为依据进行村庄整体布局，再将所有个体农户作为整体布局中的元素加以编排，依据整体布局实现个体的空间定位，充分表明重建规划先总后分、由整体到局部的内在特征。其次，村组干部和基金会在回应不按照集中居住统一标准重建的农户时所说的“其他人怎么办”的内在逻辑使整体的管理顺利实现，并维护了统规统建的权威性。最后，重建进度隐含整体观念。重建进度并不单纯是对重建进展具体情形的阶段性描述，而是对个体集合而成的整体的抽象描述，并进而成为镇政府、基金会对村庄整体重建进程进行管理的依据。

因此，无论是从规划层面看，还是从管理方式以及对重建进度的关注来看，都表现出外部力量对作为公共事务的重建的特别关注。在这样的重建环境下，对整体的重建更重于对个体的重建，灾民个体的重建构成了整体并得到了外界帮助。

2.3 建造依托：主导知识的去地方化

章村农房重建受基金会等外部力量影响较大，地形测绘、村庄规划、户型设计以及工程监理等都是以外部知识的形式进入章村并发挥作用的。这些抽离了章村生活情境的外部知识强势介入社区并与地方性知识遭遇，直接表现为外部知识对地方性知识的排斥与压制。因此，房屋重建的主导知识表现出明确的去地方化特征。

首先，在外部力量进入章村并依照规划进行重建的情况下，集中重建与新的户型设计，实际上意味着居住空间的新建及其与原有居住空间的断裂，章村日常状态下不良的房屋建造习惯和建造方式就成为被否定的知识，如看风水等习俗。其次，被忽略的知识可由重建木结构房屋的两个案例看出，木工知识本身并未被否定，只是在章村这一场域中采用木结构建房的个人方式和个人经验被外部力量主动忽略，即对其不置可否但不予采纳。再次，默许的知识。全现浇结构房屋建造表明，其结构虽然不同于统建的砖混结构，但却得到了基金会和村组干部的默许。全现浇结构房一方面处于集中居住点，在规划区域内；另一方面是户型及外观与统建一致，未与规划发生实质性冲突，因此在一定程度上与外部力量所倡导的知识具有同质性。

由此可见，章村农房重建集中表现为两类知识的冲突式互动。外部知识以标准化的方式对待复杂现实，对现实的介入抽离于具体情境，并倾向于使干预对象保持对外部的清晰可见，将复杂现实抽象化并形成一般模式。地方性知识则是针对具体问题的个性化应对，强调对具体情境的把握，用于解决问题的知识具有地方关联性而非由外部介入。知识的冲突式互动过程表明了外部知识对地方性知识的无声强制——面对外部知识，地方性知识处于边缘、弱势和抗争以获得空间的境地，外部知识的运作决定性地影响着社区的居住空间建造议程。

综上，章村农房重建不再仅仅作为个体叙事而存在。从重建的主导力量来看，是外部力量在重建；从重建目标来看，更强调整体性和公共性而非个体性；从知识依托来看，所基于的是外部知识而非地方性知识。因此，章村农房重建除了实现个体居住功能的恢复，另一种更为宏大的叙事便是整体上表现为外部力量主导，基于外部知识运作，为实现公共目标而展开的重建过程，即以社区外部力量为主导的国家式应灾。正是在这一过程中，形成了整齐划一的震后居住景观。

3　讨论：灾害、空间生产与应灾文化表征

景观不是影像的聚积，而是以影像为中介的人们之间的社会关系的展现，是已经物化了的世界观。[9]因此，静态的空间文本必须被置入动态的建构过程与建构背景之中，才能够被理解。透视章村重建过程，居住空间重建不仅是物理空间的生成和居住功能的续接，更是各种观念和策略遭遇的场域。这一过程集中表现为灾害情境下多主体关于空间生产的想象，而作为共同想象产物的空间文本则进一步表征着应灾文化。

3.1　灾害情境：空间对象化与多主体介入

灾害作为一种特殊的临时性社会情境，制造了一种不同于平常状态的社会行动场域。

首先，灾害认知方式隐含着相应的社会行动方式。“5·12”汶川特大地震从救援开始就被国家比喻为一场“战役”，这种关于社会事实的想象建构了救灾过程的基本特征：集中决策、资源密集投放、快速解决问题。[10]就章村而言，93.2%的倒房率表明，作为生存条件之一的住房遭遇严重破坏，意味着重建已经超越个人日常应对的范畴，而需要非常状态下的特别应对，也就成了一个公共事件。

其次，村落边界的开放与外部力量进入。在灾害情境下，由于依靠自己的力量无法使原有秩序得到恢复，借助外部力量也就成为一种必然，村落共同体也就从平常期的闭合状态转向了非常状态下的开放状态，外部力量以各种方式进入乡村社会中来。[11]对于国家而言，灾害不再被简单地认为是“上帝”的行为，个人和组织也无法通过保险独自应对灾害，人们对政府行动提出了迫切要求[12]；大震情境下有

效的危机管理对国家合法性的巩固也具有重要意义[13]，因此国家也就越来越多地参与灾害管理并成为不可获缺的行动主体。对于非政府组织而言，国家相关政策的支持引导、机构的属性和目标定位、灾区贫困村的实际需要等，共同造就了非政府组织积极参与重建的时势。[14]

Fritz 指出，灾害使得重要的社会过程被压缩成在一个很短的时期，通常的个人行为进入公共视线，社会过程以及社会的和个人的特征之间的联系越发明显，那些通常在数年时间中发生的人类行为过程和周期，在灾害中则在数小时、数天或数月内呈现，很多通常仅为个人的行为，也会公开展示。[15]这时，灾害情境的特殊性以及社会行动在时间上和行动主体上的密集化，使村落居住空间成为多元主体和社会行动的干预对象。章村不再是一个隔离的、边界明确的主体，而是成为多种力量共同作用的场所，居住空间成为被干预的对象。

3.2 空间生产：国家叙事与居住空间征用

灾害情境下多元主体共同介入章村住房重建，使住房建造由个体事务转变为公共事务，个体建造叙事叠加了国家叙事，空间生产的过程也就表现为国家叙事征用个人空间的过程。

首先，灾害干预促成了村落住房重建中国家叙事的形成。Saracoğlu 等针对土耳其城市转型的讨论表明，自然灾害话语在政府使其城市转型政策合法化的过程中发挥了重要作用[16]。在章村，自然灾害下的毁屋重建，充分考虑到建筑抗震性能自是题中之义。除此之外，灾害还使得地方政府与援建机构借用灾害话语，将新农村建设等观念统合进来，进而通过政策供给、资金供给、知识供给等予以落实。在宏观层面，中央政府和地方政府通过重建规划的制定和重建资金的供给框构重建格局；在村落微观层面，基金会通过与地方政府建立备忘获得合法援建身份，并进一步通过具体规划、资金供给及管理、智力资源供给等主导社区议程。因此，尽管章村重建是包括中央政府、地方政府、援建机构尤其是章村村民在内的多主体参与的过程，但显然在框构灾害、决策相关问题和社区议程的过程中，各级政府部门、基金会等外部力量发挥了更为决定性的作用。从重建主体的外部化到重建目标的整体化，再到重建主导知识的去地方化，都表明国家叙事成为住房重建的主线。

其次，国家叙事的叠加产生了特定的空间效应。由于个体建造叙事中叠加了国家叙事，日常情境下原属个人行为的空间建造，就从单纯的个人事务转向公共事务，决策权由村民转移到外部力量手中。于是，个体居住空间格局因受到规划的直接影响而发生改变，原本位于院落内部的正房直接面向公共的街道，可供个体直接安置的空间如厕所、柴房、厨房、圈舍等则被置于正房后方的小院落之中。居住空间中具有展示功能的正房直接被灾后家园重建这一宏大社会工程所征用，个体性空间被置于隐蔽的后院。可见，居住空间生产过程中的国家叙事将村落住房的分散性、差异性视作要予以纠正的问题，并以简单化、统一性作为策略，从而形成对个性化诉求的强制，从整体上形塑了章村整齐划一的居住格局，最终呈现出清晰化的震后重建村庄景观。

3.3　空间文本："现身"的灾害与应灾文化表征

空间以及空间中所有部件，不仅承担实用功能，而且作为现实的空间景观、表象，构成多重空间文本，为多重叙事与阅读提供着可能性，空间由此表现出特定的政治、历史、文化蕴涵。[17]灾害情境下生成的空间文本并不是静态的和孤立的客体，在被观看的过程中它参与意义建构，表征着应灾文化。

首先，空间文本使灾害再次"现身"。一方面，居住空间的重建表明被灾害破坏后的断壁残垣的消除，意味着被地震损毁的住房在物理结构和居住功能上的恢复，消除了地震的破坏效应，从而使地震"隐身"。另一方面，在所有实行"统规统建"的地震灾区，恢复重建房屋与周边的传统建筑都不一样，重建房屋有鲜艳的颜色，是一种地震的标志，人们一看就知道是地震时期损毁严重，在当地政府的帮助之下恢复重建的，政治象征意义明显。[5]从这个意义来说，空间形式的独特性又使建造动力的独特性得以凸显，灾害以有序空间这样一种意象再次"现身"。地震虽然过去了、消失了，但是空间文本成为媒介物，表现"所有灾害体验集团性的共同记忆"[18]，形成关于应灾模式的稳定的心理认知模式。

其次，空间文本表征着应灾文化。在汶川地震的救援与恢复重建中，国家力量发挥着重要作用。"5·12"汶川特大地震发生后，中国政府组织开展了历史上救援速度最快、动员范围最广、投入力量最大的抗震救灾斗争，最大限度地挽救了受灾群众生命，最大限度地减少了灾害造成的损失，夺取了抗震救灾斗争重大胜利。[19]震后的重建工作，则见证了不屈中国的坚强砥柱——中国共产党所拥有的制度优势的不竭力量，彰显了"中国精神"的强大动力。[20]显然，震后恢复重建是以国家等村庄外部力量为主导的过程。就居住空间重建而言，地震灾区农村重建的住房，无论是面积、位置还是建筑类型都发生了非常大的变化，国家行政干预是推动这种变化的主要力量。[21]灾后重建这样规模巨大的规划工程，既是为了满足数量庞大的受灾民众重建生活和生产的需要，也是为了展示国家能力和宣扬中华民族的特性。[22]

章村新的空间文本的出现，强化了外部干预性力量尤其是国家在灾后恢复重建中的角色。虽然空间文本是静态的、凝固的，但它经由观看、阅读、解码而形成的观念传递则是动态的、跨时空的。这一新的空间文本不仅意味着物质空间的重构，还意味着社会关系和社会观念的重构，使国家式应灾的观念进一步强化。新的居住空间使震后恢复重建这一事件"可视化、定型化"，客观上达到了"淡化灾害本身的记录与记忆，强化救灾和恢复建设的成就"[23]的效果。换言之，空间文本成为触发点，成为现实版的展览馆，成为媒介物，表达着应灾模式和观念。通过观看的实践实现观念的传递，使符号意义得以进一步生产和再生产。此时，空间文本具有了双重属性，既是居住空间生产的目的，又是进一步表征意义的策略；既由观念建构，又表征观念，形成社会记忆。空间文本从生成的一刻起，便获得了持久的生命力，不断进行自我言说，参与意义建构与传递。这样，作为社会建构物的空间，也就不再是纯粹的物质空间，而是各种观念交锋的场域。这也提示我们，对于当下新农村建设、城市更新等各种空间实践的理解，不能不注意到空间生产中所隐含的“特定政治、历史、文化”[17]，唯有如此，空间的动态的复杂性才能被充分揭示。

参考文献

[1] 张忠，王明峰．汶川震区经济增长幅度高于四川全省平均水平［N］．人民日报，2013－05－13.

[2] 侯大伟，车玉明，刘铮．创造人间奇迹的伟大力量［N］．新华每日电讯，2010－05－12.

[3] 包亚明．现代性与空间的生产：第1版［M］．上海：上海教育出版社，2003：62.

[4] 陈文超．实践经济：国家与社会的共谋——以地震灾区贫困村民住房重建为例［J］．天府新论，2011（3）：53－58.

[5] 李永祥．灾后恢复重建与社区需求——以云南省盈江县的傣族社区为例［J］．贵州民族研究，2015，36（10）：73－76.

[6] 林耀华．金翼：中国家族制度的社会学研究［M］．北京：生活·读书·新知三联书店，2008：24－25.

[7] 卢晖临．集体化与农民平均主义心态的形成——关于房屋的故事［J］．社会学研究，2006（6）：147－164.

[8] 阎云翔．从南北炕到“单元房”——黑龙江农村的住宅结构与私人空间的变化［M］//黄宗智．中国乡村研究：第一辑．北京：商务印书馆，2003：172.

[9] 居伊·德波．景观社会：第一版［M］．王昭风，译．南京：南京大学出版社，2006：3.

[10] 朱健刚，胡明．多元共治：对灾后社区重建中参与式发展理论的反思——以“5·12”地震灾后社区重建中的新家园计划为例［J］．开放时代，2011（10）：5－25.

[11] 赵旭东．平常的日子与非常的控制———一次晚清乡村危机及其社会结构的再思考［J］．民俗研究，2013（3）：58－69.

[12] Richard Sylves. Disaster policy and politics：Emergency management and homeland security［M］. Washington：CQ Press，2008：4.

[13] Dennis Lai Hang Hui. Research note：Politics of Sichuan earthquake，2008［J］. Journal of contingencies and crisis management，2009，17（2）.

[14] 陆汉文，沈洋，何良，等．非政府组织与灾后重建：第1版［M］．武汉：华中师范大学出版社，2011：2.

[15] Charles E. Fritz. Disaster［M］//Merton R K，Nisbet R A. Contemporary social prob-

lems: an introduction to the sociology of deviant behavior and social disorganization. New York and Burlingame: Harcourt, Brace & World, Inc., 1961: 654 – 655.
[16] Saracoğlu, Demirtaș – Milz N. Disasters as an ideological strategy for governing neoliberal urban transformation in Turkey: Insights from Izmir/Kadifekale [J]. DISASTERS, 2014, 38 (Ⅰ): 178 – 201.
[17] 童强. 空间哲学：第1版 [M]. 北京：北京大学出版社，2011：150.
[18] 樱井龍彦. 灾害的民俗表象——从“记忆”到“记录”再到“表现”[J]. 文化遗产，2008 (3)：76 – 87，158.
[19] 胡锦涛. 在出席纪念四川汶川特大地震一周年活动时的讲话 [N]. 人民日报，2009 – 05 – 13.
[20] 张忠等. 汶川彰显“中国精神”——写在汶川特大地震五周年之际（上）[N]. 人民日报，2013 – 05 – 12.
[21] 卢阳旭. 灾害干预与国家角色——汶川地震灾区农村居民住房重建过程的社会学分析 [D]. 北京：中国社会科学院研究生院，2012：110.
[22] 朱健刚，胡明. 多元共治：对灾后社区重建中参与式发展理论的反思——以“5·12”地震灾后社区重建中的新家园计划为例 [J]. 开放时代，2011 (10)：7 – 27.
[23] 王晓葵. 国家权力、丧葬习俗与公共记忆空间——以唐山大地震殉难者的埋葬与祭祀为例 [J]. 民俗研究，2008 (2)：5 – 25.

作者简介：张纯刚，博士，天津理工大学马克思主义学院讲师，主要从事灾害社会学、农村社会学研究。

龙门山地震区生态系统均衡发展模式研究[①]

何源
（成都信息工程大学管理学院）

摘要： 在地震及其次生灾害的共用作用下，龙门山地震灾区生态环境变得更加脆弱。灾后灾区重建任务主要集中在经济社会方面，对生态环境重建的投入不足，加之灾区高碳化产业结构，造成灾区生态系统功能退化，灾区生态系统出现弱均衡现象，严重影响灾区生态系统的可持续发展。灾区生态弱均衡可防可控，通过在灾区树立低碳均衡发展思想，制定灾区生态低碳发展路径；加大节能减排工作力度，调整灾区产业结构；推行退耕还林政策，发展林木产业，推进生态农业低碳建设；构建森林碳汇示范基地，实施低碳生态战略，推动灾区生态系统全面可持续发展可达到防控目标。

关键词： 地震灾害；统筹重建；低碳生态；系统均衡；生态产业

1 引言

地震是一种突发性自然灾害，它不仅会造成人员伤亡和房屋、工程建筑物、构筑物的损坏也会造成地面变形等破坏，而且还会对社会公众的心理及社会秩序造成影响。有关地震对生态环境的破坏和影响尚鲜见系统的研究报道。强烈地震对生态环境的破坏和影响，不仅对自然界动植物的生长、生存产生严重后果，而且潜在地威胁着人类长期的正常生活。

生态环境是自然界生物周围存在的适应生物特性和生活习惯的基本情况和条件。地震事件对生态环境的影响是多方面的，对地质、水环境、生物链都会造成严重破坏：地震导致了大面积地表破坏、海啸、大气污染（有毒气体溢出等），也往往会造成气候山体滑坡、泥石流等次生地质环境灾害；灾后紧急救援阶段，防疫过程中使用的大量消毒剂、灭菌剂以及产生的生活垃圾、生活污水、腐烂动物尸体等污染物，威胁着河流水环境和群众饮用水的安全，会产生严重的水环境安全隐患；地震破坏了当地生态系统的平衡，改变了部分珍稀动物的食物结构和生活习性，导致其数量的减少，造成了生态功能的下降。总的来说，地震造成了土壤和地下水污染隐患，生态环境资源承载力降低[1]。

---

① 本文是第八届“生态·旅游·灾害——2011 灾害管理与长江上游生态屏障建设战略论坛”文章。

龙门山地震受灾地区是生态环境非常敏感的地区，是长江上游重要的生态屏障，地震对灾区脆弱的生态环境造成了极大破坏。地震之后，灾区水土流失面积增大，侵蚀程度增强。其中2008年“5·12”汶川特大地震中139个受灾区、县震后水土流失面积为149 160 km^2，占灾区县幅员面积的50.77%，较地震前新增水土流失面积14 812 km^2，增加11.03%。其中，轻度流失面积减少3 029 km^2；中度流失面积增加5 158 km^2，占新增流失总面积的34.82%；强度水土流失增加4 660 km^2，占新增流失总面积的31.46%；极强度水土流失增加3 520 km^2，占新增流失总面积的23.77%；剧烈侵蚀增加4 503 km^2，占新增流失总面积30.40%。生态的重建有利于形成环境友好型经济增长模式，对灾区科学可持续发展具有积极的促进作用[2]。

生态环境的修复对灾区重建和可持续发展有着重要的支撑作用。生态友好是各种力量互相制约的结果，也是各种力量协调共生的结果，只有协调人与生态系统的和谐发展，才能协调社会中各种要素的共同发展。社会生态与自然生态形成的复合生态系统，互相影响、互相制约、互为因果。灾区“经济—社会—生态”系统统筹重建必须尊重自然规律，保障生态环境的修复和社会经济的重建均衡进行。

2 灾区生态结构

生态系统可以分为人类生态和自然生态两个子系统。自然生态系统为人类生态系统提供物资和能源支持，人类生态子系统通过人类行为影响自然生态系统。两个子系统相互作用，达到动态均衡，使这个生态系统结构稳定。灾区生态系统表现弱均衡，这是地震造成生态承载力减弱，在恢复重建过程中灾区自然生态子系统与社会经济子系统的协调性降低，灾区生态系统出现结构性问题，处于一种生态系统稳定性下降的系统运行状态，如图1所示。在弱均衡状态下，灾区生态环境与社会经济之间原有的动态均衡被打破，若在灾区重建过程中调控不当，灾后生态系统极易发生不可逆突变。

2.1 系统间发展不协调

生态环境重建速度与社会经济重建速度失调，生态环境重建跟不上经济社会重建，生态系统出现弱均衡状态。2009年，生态恢复，包括林业、环境、水土保持、草地等方面的灾后重建和土地利用项目共计177个，估算总投资206亿元，占总投资的2.2%。而用于经济恢复的生产力布局与产业调整项目共计11 236个，估算总投资1 595.5亿元，占总投资的17%。在投资项目数量上，经济恢复项目是生态恢复项目的63.5倍；在投资额度上，经济恢复项目是生态恢复项目的7.7倍。由此可见，生态恢复与经济恢复失调，生态恢复跟不上经济恢复。用于城乡住房建设、城镇市镇体系建设、农村建设和公共服务设施建设等的社会重建项目共计16 401个，估算总投资4 672.1亿元，占全省灾后恢复重建估算总投资的49.8%。用于社会重

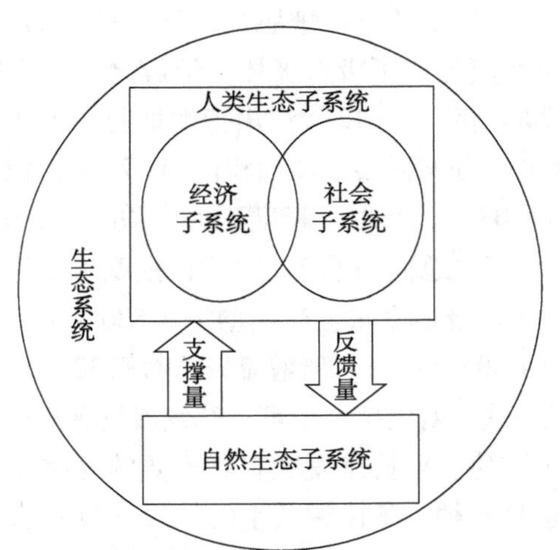

图1　生态系统弱均衡结构

建的总投资是经济重建的2.9倍，是生态重建的22.6倍。

截至2011年年中，51个重灾县经济产业加快恢复发展，灾后恢复重建的目标任务完成情况良好，灾区经济社会快速恢复。全省社会固定资产投资完成6 469.5亿元，新开工项目18 215个，但直接对灾后生态环境恢复投资的项目非常少。在灾区，生态修复、土地整理等有关生态环境项目相对经济社会项目实施进度滞后，生态环境重建与经济社会重建速度不匹配，造成生态系统出现弱均衡状态。

2.2　生态系统功能退化

大规模余震和震后气候异常变化，造成生态系统功能进一步退化。震后大规模余震直接影响到生态系统功能恢复。汶川地震造成的滑坡分布区域面积约48 678 km^2，滑坡总面积711.8 km^2。直接损毁农田33.59 km^2，其中旱地损毁28.94 km^2，占损毁农田面积的86.16%，水田损毁4.65 km^2，全省林地损毁3 286.67 km^2，受损林木蓄积1 947万 m^3，森林覆盖率下降0.5%[3]。大规模余震对地震灾区生态环境造成了重复破坏。

震后异常气候对生态恢复造成影响。2010年，西南地区的大旱灾，导致震后新增林木生长受到严重影响。这次大旱导致地震灾区本已脆弱的自然生态保护区及其周边水源枯竭、湿地面积缩小，野生动植物生存和栖息环境受严重影响。同时，有害生物种群数量迅速增加，危害严重，森林生态系统失去平衡。四川省林区有害生物发生面积343.8万亩，其中中度以上危害170.03万亩。与正常年份相比，发生面积上升71.9%。地震灾区在地震和恶劣气候的双重影响下，生态功能不但没有恢复，而且出现退化现象。

2.3　建筑工程影响环境

大量集中的恢复重建工程对灾区生态环境造成新的破坏。按照建造建筑物一般经验，城镇地区建造砖混和框架结构的建筑物产生的建筑垃圾量为 1.0 ~ 1.5 t/m^2，建造其他木质和钢结构的建筑物产生的建筑垃圾量为 0.5 ~ 1.0 t/m^2。按照建筑垃圾最低产生量 0.5 t/m^2，每户房屋面积 80 m^2 估算，汶川地震后 145 万户房屋在建造过程中将至少产生 0.58 亿 t 建筑垃圾。在这些建筑垃圾中，有大量未经处理就被直接运往郊外或乡村，采用露天堆放或填埋方式处理，消耗大量的土地资源，清运和堆放过程中的垃圾遗撒和粉尘污染又会引起严重的环境污染，破坏生态环境。

除了建筑垃圾外，大量建筑材料在生产、开采和使用过程中也可能对环境有不同程度的污染。比如钢筋、砖瓦、石灰、油漆生产会排放大量的甲醛、氨气等有害物质，建材黄沙、石子开采破坏了生态环境，建筑产品在建造过程中使用的水泥等粉尘材料飞散到空气中影响空气质量，裸露的建筑钢材在风吹日晒下被氧化后污染水土环境，等等。灾区大规模集中重建工程，对灾区脆弱的生态环境造成新的威胁。

2.4　社会生态遭到破坏

人类作为社会存在物的相互交往方式对解决灾后生态危机起着决定性的作用。任何社会制度都必须与自然相适应，必须使利用自然的手段和方式方法适应自然条件。灾后社会民众在治安上缺乏安全感、在生活上缺乏满足感、在环境上缺乏认同感，社会生态体系不够稳定[4]。因而在民事纠纷、心理疾病和监管机制等方面须予以关注。

（1）民事纠纷激增。灾后合同违约、邻里不和、遗产争夺等诸多问题较易引起民事纠纷。彭州市震后一个月共发生 500 余件民事纠纷案件，比震前一个月上升近两倍。又如，绵竹市震前每年纠纷不超过 4 000 件，2009 年却达到 15 321 件。

（2）心理疾病隐患。地震对受灾者造成不同程度的心理创伤，并在身心、认知以及行为等方面造成持久的影响。根据受灾者个性及所经历的事件不同，有的创伤者会随着时间的推移而逐渐恢复，但也有的个体由于多种因素而延迟恢复，最终发展为 PTSD（Posttraumatic Stress Disorder）患者[5-8]。

3　生态系统框架

灾区生态系统要满足人类生态学的满意原则、经济生态学的高效原则、自然生态学的和谐原则以及胜汰原理、拓适原理、生克原理、反馈原理、循环原理、多样性及生态设计原理等。灾区生态重建是基于灾区及其周围地区生态系统承载力，走向可持续发展的一种自适应过程，必须通过政府引导、科技催化、企业兴办和社会参与，促进生态卫生、生态安全、生态景观、生态产业和生态文化等不同层面的进化式发展，实现环境、经济和人的协调发展。灾区生态重建的5个层面如图2所示，其中每一层都是一类三角形的经济—社会—自然复合生态系统[9]，5个层面之间相互联系、相互制约。灾区生态系统恢复有其自身的特点和客观规律，必须认识清楚，并按客观规律建设灾区。

3.1 系统演化特征

灾后生态重建系统是一个由灾区自然生态系统和人类社会再生产过程组成的复杂的巨系统，其本质是灾区人民在灾后通过重建生产与生态系统发生物质、能量、信息交流，这种无限循环的输入、输出功能，保证了它在灾区空间和时间上的有序性和重建生态系统各个组成部分的有机联系及相互制约，并使系统遵循生态规律不断发展和演化。灾区生态系统是非平衡系统，灾后生态系统耐受性降低，其演化的不可逆性决定了灾后生态恢复是一个漫长过程。受地震影响，灾后生态系统表现出如下特征。

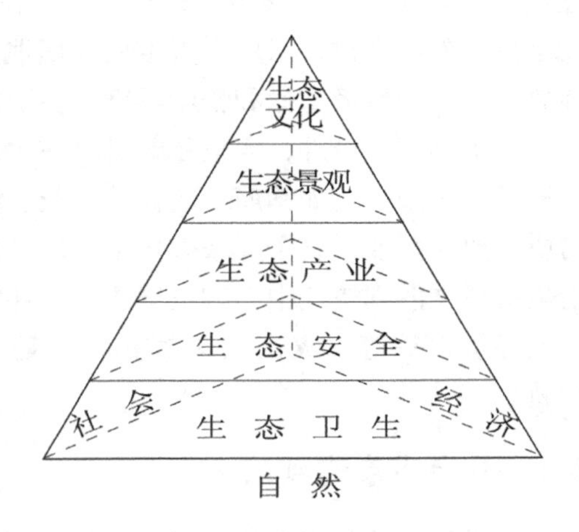

图2 灾区生态重建的五层三维立体框架

（1）非平衡态演化。灾区生态系统各因子之间，时时刻刻都在进行着能量、物质及劳动力的输入与输出。这种无休止的输入/输出，正是灾区生态系统内还没有达到平衡的表现，越不平衡就越需要能量和物质的流动[10]。这种输入/输出过程是灾后生态系统自身调节的过程，目的是使灾区生态系统尽量保持稳定状态。地震摧毁大片森林和农田，破坏了原有生态系统的稳定，造成灾区生态系统某些子系统功能和作用减弱或消失，子系统间出现弱均衡状态。从灾区生态系统整体来看，地震破坏一个生态因素或改变某个生态因素的性质或强度，实际上都是改变灾区生态系统一个特殊的输入输出关系，都会引起灾后生态系统能流、物流等总体网络结构的连锁反应。这种连锁反应还不至于造成整个灾区生态系统的崩溃，只是使各子系统从灾前均衡状态过渡为灾后一个相对不协调的弱均衡状态。灾区生态系统的弱均衡状态，要求灾后重建的管理者必须根据灾区社会生产中各因素在生态系统整体运动中的功能和作用去规划和安排生产。决定灾区生态系统哪些因子应该增加、哪些因子应该减少，这种增加和减少会引起什么样的变化，应该采取什么补救措施以及确定灾后各子系统输入、输出量的大小。这样，才有可能实现灾后重建的良性循环。

（2）系统耐受性降低[11]。灾区经济生态系统各个层次上的子系统，既具有差异性（各生态子系统在灾后重建中发挥不同的功能和作用）又具有同一性（不同生态子系统的功能作用都维持灾区总体系统稳态、调节着灾后系统的进化演替)。但灾后生态系统这种调节具有一定的限度，即构成灾区生态系统整体的各子系统在一定限度内可调节灾区整体的动态均衡。灾区生态系统的耐受程度，是自然生态修复系统耐受性和人类社会重建系统耐受性的集合。它可能有三种状态：当人类所采取的各种重建措施与自然生态修复耐受性基本相符合，灾区生态系统处于均衡状态，灾后生态系统总体耐受性限度提高，功能增强，并且大于灾区各个子系统单独功能之和；当社会重建措施与自然生态修复耐受性有部分不适应，灾区生态系统处于弱均衡状态，灾后生态系统总体功能可能在各子系统功能之和附近摆动；当社会重建措施与自然生态修复耐受性不适应时，灾区生态系统失衡，灾后生态系统总体功能小于各子系统功能之合。灾后，人类社会的重建力度远大于对自然生态的重建力度，人类社会环境在震后得到快速恢复甚至是超过震前水平，但自然生态环境没有恢复到震前，甚至出现了退化。自然生态在地震破坏下，耐受性已经降低，与人类社会快速恢复相比，就显得更低。这将导致灾区自然生态种群数量的大量减少，加重灾区自然生态种群萎缩与人类扩张的矛盾。

（3）生态演化不可逆性。对于灾区自然生态系统来说，系统的进化演替沿着裸地→地衣苔藓植物→草本植物→灌木植物→乔木植物→顶级群落循环，其进化过程也都是不可逆的。这种不可逆性，决定了下一级进化必须以上一级进化的结果作为基础[12]。因此，逐层进化的生态演替规律决定了灾区自然生态恢复是一个循序渐进的漫长过程。2008 年汶川地震造成岷江流域汶川县境内产生滑坡体 206.5 km^2，崩塌的滑坡体填充的河流面积 3.45 km^2，崩塌的大石块堆满了岷江河床两岸，这种条件下植被是难以修复的。岷江河床两岸震后的地貌特征与 1955 年康定地震后的大渡河非常相似。康定的大渡河两岸经过 55 年自然生态恢复，目前也只是在一些大石块上面长出了苔藓。可见，灾区生态的恢复是一个非常缓慢的过程。

3.2　灾区发展规律

生态规律是经济规律发挥作用的基础，经济规律对生态规律有反馈调节作用。生态规律制约经济规律，经济重建首先必须遵循生态规律。对于灾区生态系统，具体表现如下。

（1）灾区生态发展规律制约灾区经济重建规律。灾区生命系统与无机环境共同构成了灾区生态系统，它是灾后社会再生产的物质基础，是灾区社会生产中的劳动对象。人们进行灾后重建，要开发资源，这必然引起灾区生命系统和无机环境间原有的动态均衡发生变化，这种变化有脱离灾区生态规律约束力倾向时，灾区生态系统就会自动降低物质和能量消耗，尽量维持灾区生态系统稳定。如果人们在灾后重建过程中，只是一味运用经济规律追求灾后恢复生产的最大化和经济重建中资源输出的最大化，最终将会导致灾区生态资源的动态体系失衡，破坏经济重建的物质基础，从而也就制约了灾区经济发展。

(2) 灾区生态规律制约灾区重建发展中生态要素的比例关系。灾区生态资源是各要素按一定比例组合的动态体系，因此人们在灾后重建过程中资源的开发利用必须遵循上述比例，维持灾区生态要素比例的相对稳定和均衡发展。否则，同样会导致灾区资源动态体系失调，限制经济规律在灾区经济发展中的作用。灾区生产重建首先要遵守生态资源按比例开发原则，才能保证重建过程中按比例分配经济资源和劳动时间，才能协调灾区自然生态和经济社会间的均衡关系。

(3) 灾区生态系统中某些资源具有特殊使用价值（比如以虫草为代表的名贵中药、以松茸为代表的食用菌、以白玉县银矿为代表的矿产资源等），其生长量、更新能力小且慢甚至无再生能力，而社会需求量很大。如果灾后生产重建过程中以竭泽而渔的方式来满足社会需求，灾区资源最终将耗尽，破坏灾区经济的可持续发展。

(4) 某些经济规律是由生态规律演化或派生的。如灾后经济重建要以农业恢复为基础，农业恢复又要以灾后粮食生产恢复为基础的规律就是由生态规律中的食物链规律派生出来的。

3.3 生态外部效益

生态效益是指生物种群的物质和能量转化效率及维持生态环境稳定的能力。从经济学的角度看，生态效益具有外部性，这是灾区地方政府对生态环境重建力度不够的一个重要原因。生态效益外部性有正、负外部性两种。灾区生态环境的建设和破坏都具有外部性，灾区生态环境建设具有正的外部性，而生态环境的破坏则具有负的外部性。龙门地区的 2008 年汶川地震造成四川省泥石流堆积灾害迹地达 343 万亩，堆积量达 42.96 亿 m^3，森林水源涵养功能降低 30.24 亿 t，10.74 亿 m^3 泥沙进入长江，森林碳汇储备能力每年损失 78.1 万 t，森林释放氧气能力降低 67.38 万 t[2]，直接影响长江中下游地区发展，对中下游地区产生负外部性；地震灾区实施退耕还林还草工程，不仅极大地改善了上游地区的生态环境，而且使下游地区生态环境得到改善，具有强烈的正外部性。

由于灾区生态效益外部性的存在，使得灾区地方政府只从短期效益和局部利益出发，将短期经济恢复重建目标置于生态可持续发展目标之上，将地方恢复重建置于整个地震灾区的生态恢复重建之上，将当届政府、部门政绩目标和地方利益置于生态可持续发展目标之上。由于短期经济恢复重建的政绩目标或灾区局部利益目标与长期的生态恢复目标相偏离或不兼容，导致灾区生态恢复重建过程中出现的地方政府各种“不作为、难作为、乱作为”等现象。在追求经济的快速恢复过程中，不惜以消耗资源、破坏环境拉动震后经济的恢复，致使灾区已出现“高能耗、高排放”的高碳化产业结构。

4　低碳实践模式

面对灾区出现的高碳化趋势，灾区生态系统重建，应该注入低碳理念和技术，实施低碳战略，实现经济生态科学发展[13]。低碳战略的制定，需要通过均衡思想，调整好生态与经济、生态与社会的关系；通过低碳技术，实现灾区生态结构从高碳化向低碳化逐步过渡；围绕减源增汇目标，在灾区构建低碳工业循环体系、低碳农业循环体系和生态保障循环体系，三大核心体系交叉循环，促使生态系统良性低碳发展，如图 3 所示。

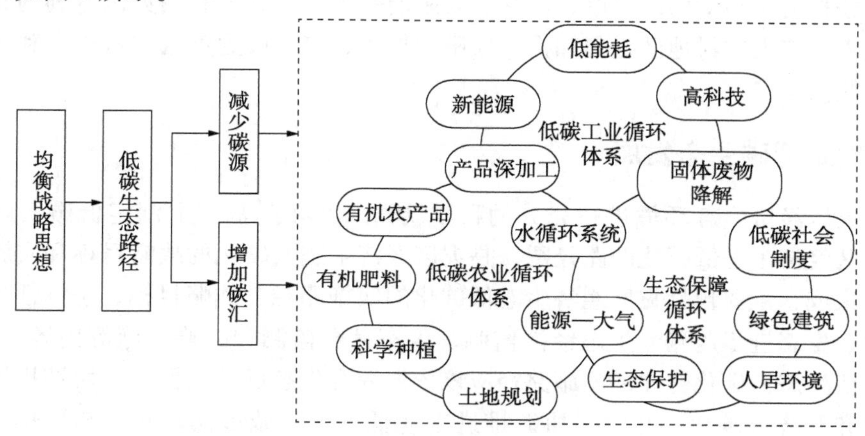

图 3　低碳均衡生态实践框架

4.1　树立均衡战略思想

灾区低碳生态重建首先要明确保护环境就是保护生产力、建设环境就是发展生产力的观念，坚持保护优先、预防为主、防治结合，坚持源头控制与末端治理相结合，坚持灾区生态资源开发与保护并重，加大灾区低碳生态环境建设和保护力度，坚决抵制以破坏灾区生态环境为代价的重建，消除灾区生态恢复与经济资源消耗之间的矛盾，彻底扭转灾区局部地区边重建边破坏的被动局面。

灾区经济生态系统受地震破坏造成的弱均衡可控可防，通过调整灾区资源开发模式，实施低碳生态发展战略，走以低碳为核心的生态重建之路。制定灾区经济生态战略，需要注意灾区生态系统的特点，实现低碳转变[9]。

（1）对灾区生物资源的开发和利用，要由以野生采猎和出售原料为主转变为以人工种养和深加工为主。应重点推动名贵药材、珍稀植物、珍稀动物以及经济价值较高的动植物、菌类和微生物行业发展，保护开发利用好“天然基因库”，要尽量维持灾区生物的多样性。加强对野生品种动植物研究和资源基地建设，使正在退化的生物资源得到恢复和发展。要特别重视各种生物资源的深度加工和综合利用，通过产业化发展和品牌营销策略扩大生物资源开发的规模和效益。

（2）对灾区自然旅游资源的开发利用，要由重开发利用轻保护转变为开发利用和保护并重，坚持在灾区走低碳生态旅游的发展道路。高度重视灾区旅游景区水源地的涵养和保护，保证灾区以水为主的景区的可持续利用。要使灾区旅游设施同旅游资源互相协调，并做好灾后旅游区的环境综合管理。要根据灾后旅游区生态环境的自然承载能力，采用合适的经济生态政策对灾区旅游旺季的游客数量进行合理调节，使其与灾区环境承载能力相适应，避免对灾区生态环境造成破坏。

（3）在灾区应大力开发和利用低碳能源，转变受灾地区能源消费方式，要由以煤炭和薪材为主转变为以水电、沼气、太阳能等为主。充分利用灾区有利的光照资源，在灾区广大农村地区提倡和推广太阳能技术，使之成为灾区农村生产和生活的辅助用能。

4.2 确定低碳生态发展

对灾区经济生态环境进行充分的科学调研，并在此基础上制定低碳实践路径图。灾区经济生态低碳化的路径图，是灾区经济生态低碳化的战略目标和实施路径的一种集成，主要包括灾区经济生态低碳化的实施路径、战略目标、基本任务、监测指标、生态进步监测、生态经济监测、生态社会监测和战略措施等内容。其一，灾区经济生态低碳化重建的实施路径应该依据综合生态低碳化原理，协调推进生态低碳化和经济低碳化，在灾区协调推进工业低碳化、城市低碳化、知识化、轻量化、绿色化和生态化，先后实现灾区经济发展与生态环境均衡发展，经济与环境双赢。其二，制定灾区经济生态低碳化重建的战略目标：在21世纪前50年灾区经济生态低碳化达到世界中等水平，实现经济增长与生态环境退化的绝对脱钩，在灾区基本实现经济生态低碳化；在21世纪后50年，在灾区实现经济与生态环境的互利耦合，灾区生态低碳化达到世界先进水平，实现全面生态低碳化。制定灾区经济生态低碳化的监测指标，并进行有效监测。其三，依据国家生态指标和环境指标，建立灾区生态监测指标，对灾区单位GDP能耗、环境质量、土地质量、生态效益、生态结构等低碳生态指标进行有效监测。其四，确定灾区经济生态低碳化的战略措施，在灾区推进低碳理念在生态经济、生态社会和生态意识三个方面的突破，实现低碳产业在领域、地理和科技的三维布局，确保灾区灾后重建的资源安全、能源安全和环境安全。一般来说，灾后20年是经济生态低碳化非常关键的时期[14]。在此期间，灾区重建完成，随着灾区工业化和城市化进程，灾区人口规模将逐渐恢复、增长并达到最大值，灾区资源需求和环境压力有可能达到最大值。因此，有必要通过灾区生态战略研究，确定灾区未来20年经济生态低碳化的发展路径。

4.3 抓好产业节能减排

在灾区落实节能减排目标责任制，加大问责力度，采取综合性措施和有力手段，做好节能减排工作，确保灾区完成节能减排目标。

（1）淘汰灾区落后产能，严控高耗能、高排放行业不合理增长。对灾区火力发电、炼铁、炼钢、造纸等高耗能、高排放的行业进行摸底调查，制定相关政策，推动技术改造，淘汰落后产能。加强对灾区重点区域、重点行业的预警预报，对未按规定限期淘汰落后产能的企业，依法吊销排污许可证、生产许可证、安全生产许可证，不予审批和核准新的投资项目，不予批准新增用地。不再审批、核准、备案灾区“两高”和产能过剩行业扩大产能项目。未通过环评、节能审查和土地预审的项目，一律不准在灾区开工建设。对灾区违规在建项目，责令停止建设；对违规建成项目，责令停止生产[15]。

（2）推动灾区工业、建筑、公共机构等重点领域节能减排。加强灾区电力、钢铁等重点行业节能减排管理，抓好列入国家“千家企业节能行动”和省“百家企业节能行动”的灾区企业。加强灾区新建建筑节能监督，确保灾区城镇新建建筑执行节能强制性标准的比例达到全省要求。抓好灾区重点流域水污染治理和重金属污染治理工作，积极推进以灾区工业企业、公共机构为重点的合同能源管理。

（3）在灾区加快实施节能减排重点工程。安排下达灾区节能减排专项资金，在灾区重点支持节能减排工程建设、循环经济发展、淘汰落后产能、污水处理、垃圾处理以及工业污染治理等项目，灾区建设投资向节能减排能力的项目倾斜。组织实施“节能产品惠民工程”，在灾区推广节能产品。

4.4　构建森林碳汇基地

森林不仅是一个多资源、多功能的综合体，也是一个以社会、经济、生态作为复合经营对象的生态、社会、经济系统。森林的价值决定了其与人类社会和经济发展多渠道的关联，决定了森林要为社会综合发展服务，林业事业是灾区生态保障体制中最重要的一个组成部分。大力发展灾区林木业，构建森林碳汇基地，有利于灾区生态恢复，也有利于解决生态与经济间的高碳弱均衡问题。森林是陆地生态循环中最主要的碳汇，生长良好的森林具有最强的固碳能力。在灾区建设碳汇基地，应坚持“以营林为基础，普遍护林，大力造林，采育结合，永续利用”的林业建设基本方针，尽可能多地保护灾后现存森林碳库，改变传统林木采伐机制，增加森林碳汇。由于森林碳汇对森林蓄积量有直接影响，导致我国森林碳汇存在总量不足问题。因此，面对全国总体性森林碳汇不足问题，灾区具备发展森林碳汇的优势。充分利用灾区山地植树造林、提高森林覆被率可以弥补长期以来全国森林资源过度消耗造成的碳库缺口，达到在灾区构筑森林碳汇基地的目的，为碳贸易、碳金融打下坚实的基础。为发挥森林碳汇功能和森林其他生态功能的作用，在灾区提高森林碳汇容量最主要的途径就是大力植树造林。在灾区提高森林覆盖率，增加森林碳汇容量，有利于灾区的生态平衡和可持续发展。

5 结语

本文通过对灾区生态结构进行分析，发现灾区生态系统间发展不协调、生态系统功能出现退化、集中重建工程对环境造成不利影响、社会生态系统遭受破坏，系统结构表现出弱均衡特性。为了使灾区生态系统达到新均衡，本文在对生态系统演化特征、灾区发展规律、生态外部效益三个方面进行分析的基础上，提出了在灾区推行低碳生态重建的实践模式，确立了以均衡思想为指导，规划低碳实践路径，构建以低碳工业循环、低碳农业循环和生态保障循环为核心的新格局，推动灾区生态环境形成良性低碳发展。

参考文献

[1] 徐玖平. 地震救援·恢复·重建系统工程 [M]. 北京：科学出版社，2011.

[2] 徐玖平，何源. 四川地震灾后生态低碳均衡的统筹重建模式 [J]. 中国人口·资源与环境，2010，20 (7)：12－19.

[3] 徐新良，江东，庄大方，等. 汶川地震灾害核心区生态环境影响评估 [J]. 生态学报，2008，28 (12)：5899－5908.

[4] 徐玖平，李姣. 汶川地震灾区和谐社会建设的低碳模式 [J]. 中国人口·资源与环境，2011，21 (4)：1－9.

[5] Xu J P, Song X C. Posttraumatic stress disorder among survivors of the Wenchuan earthquake 1 year after: Prevalence and related risk factors [J]. Comprehensive Psychiatry, 2011, 52 (4) 431－437.

[6] Xu J P, Wu Z B. One－year follow－up analysis of cognitive and psychological consequences among survivors of the Wenchuan earthquake [J]. International Journal of Psychology, 2011, 46 (2): 144－152.

[7] Xu J P, Liao Q. Prevalence and predictors of posttraumatic growth among adult survivors one year following 2008 Sichuan earthquake [J]. Journal of Affective Disorders, DOI: 10.1016/j.jad.2011.03.034.

[8] Xu J P, Song X C. A cross－sectional study among survivors of the 2008 Sichuan earthquake: prevalence and risk factors of post－traumatic stress disorder [J]. General Hospital Psychiatry, 2011, 33 (4): 386－392.

[9] 马世骏，王如松. 社会—经济—自然复合生态系统 [J]. 生态学报，1984，4 (1)：1－9.

[10] 钱学森，于景元，戴汝为. 一个科学新领域——开放的复杂巨系统及其方法论 [J]. 自然杂志，1990 (1)：3－10，64.

[11] Varela FG, Maturana HR, Uribe R. Autopoiesis: The organization of living systems, its characterization and a model [J]. Biosystems, 1974, 5: 187－196.

[12] Cornish - Bowden A, Cárdenas, ML. Self - organization at the origin of life [J]. Journal of theoretical biology, 2008, 252: 411 - 418.
[13] 徐玖平，卢毅. 低碳经济引论 [M]. 北京：科学出版社，2011.
[14] Iba T. An Autopoietic Systems Theory for Creativity [J]. Procedia - Social and Behavioral Sciences, 2010, 2: 6610 - 6625.
[15] 徐玖平，李斌. 发展循环经济的低碳综合集成模式 [J]. 中国人口·资源与环境，2010，20 (3)：1 - 8.
[16] Xu J P, He Y. The autopoietic restoration pattern of low carbon ecosystem equilibrium: Lessons from the 2008 Chinese Ms 8.0 Earthquake [J]. Disaster Advances, 2012, 5: 5 - 14.

作者简介：何源，博士，成都信息工程大学副教授，研究方向灾害经济管理、灾害系统工程。

地震灾难救助预期中的“信任”关系①

南山
（四川省社会科学院，四川震灾研究中心）

摘要：地震之后的社会混乱是可以预料的普遍现象，灾民无序地散状分布，原有行政管理体系和机制暂时失效，直接造成救助信息失真，降低救助资源投放效率与投放措施的有效性。消除、处理以上问题，可以通过改善救助阶段受灾群体的信任关系实现。

关键词：救助；预期；信任

地震灾难的救助活动是在灾难紧急救援基础上展开的连续性工作，包括灾民临时安置、基本生活和医疗防疫保障、心理干预、失联人员找寻等跟进性后续工作。灾难救援强调短时间内的工作效果，也就是必须要在最短的时间内展现出具有权威性、专业性的工作成果，才能得到受灾群体的认可和信任。

《重兵汶川》中曾写道，“5 月 17 日，应该是曲新勇非常难忘的一天。这一天，他们花费了 20 多个小时营救一名妇女，但其仍未能生还。他这样叙述当时的情况：当时她的亲属情绪激动，开始骂我们，说我们营救不得力。我们的战士都非常难过，但谁也没说话，默默地收拾好工具，离开现场。我在一旁看着，心里非常沉重。我对战士们说，‘你们不要难过。你们尽力了，你们也不要怪亲属，要理解他们的心情’。战士们听到我的话，忍不住眼泪涌出。那么多日子，再苦再累再危险，他们都没有落过泪”。[1]

与灾难救援不同的是，灾难救助的关键是在确保不出现次生性灾害的基础上高效调集生活保障资源，最大限度地覆盖所有受灾群体，合理分流灾民密度，缓冲和消除地震灾害带来的连锁性灾难事件。以“5·12”汶川特大地震后的广元市为例，广元是四川省六个重灾市州中唯一中心城区受灾严重的地区。全市 7 个县区居民的房屋均遭受不同程度的损失，约百万人失去了家园[2]，在市区某机关工作的赵某对当时的情景至今记忆犹新。他家的房子也成了危房，只好用彩条布搭起了简易帐篷，一家三口就这样住了 20 多天。但吃饭成了大问题，因为怕有余震不敢回家做饭，只能用开水泡方便面吃，只有刚满 3 岁的儿子能喝受灾较轻的邻居送来的稀饭。[3]

---

① 本文是第十二届“生态·旅游·灾害——2015 长江上游灾害管理与区域协调发展战略论坛”文章。

这种情况虽可以自我救助，但是也因脱离了正常生活秩序而出现了许多困难。人们面临更为严峻的是对异地生活的受灾群体救助问题，这往往涉及更多因素。

占地 1 121 亩的汉旺武都板房区，共搭建了 9 690 间临时住房，容纳了来自汉旺镇、清平乡和天池乡三地的灾民，是整个“5·12”汶川特大地震灾区最大的板房安置点。大灾过后，生活不易，如此庞大的聚居地，家家都有一本难念的经。自力更生艰难，对外来者的帮扶也难免有照顾不到的情况。周佑全在地震后查出膀胱瘤，由于不属于地震造成的直接伤害，没能纳入政府免费医治的范围；而武都板房区唯一一个专注于医疗项目的公益组织中的无国界医生，也只是在心理方面展开援助，虽然逐家走访，但并不涉及身体病症患者的救济。[3]应当充分注意和肯定政府（中央政府、地方政府）采取了所有能调动的相关资源和紧急措施，因此其在灾难救助体制机制中居于主导地位。与 2008 年“5·12”汶川特大地震抢险救援工作同时展开的是四川各地灾区向群众提供基本生活保障的行动，他们及时兑现中央钱粮补助政策，确保受灾群众临时过渡安置有饭吃、有衣穿、有水喝、有房住、有医疗。如重灾区广元市委、市政府在第一时间解决了 35.5 万户、112.6 万“三无”人员和“三孤”人员基本生活问题，广元全市 148.3 万人、43.76 万无房户，在 2008 年 8 月 10 日前全部住进过渡房，受灾群众过渡安置总体完成。2013 年“4·20”芦山地震，在四川省委、省政府领导下，雅安市在 6 月底之前过渡安置 23.4 万户、79.7 万人。2014 年“8·3”鲁甸地震，政府在 2015 年 8 月全面完成灾区城乡居民住房维修加固工程。

然而地震之后的社会混乱仍是可以预料的普遍性现象，灾民无序地散状分布，使原有的行政管理体系和机制暂时失效，直接造成救助信息失真以及降低救助资源投放效率与投放措施的有效性减弱。如何消除、处理以上问题，主要依靠增强或是改善救助阶段受灾群体的信任关系。如 2014 年 8 月 3 日云南省鲁甸县发生 6.5 级强烈地震，震后的救助工作就涉及震后灾民临时安置用地与农村土地产权矛盾这一敏感问题。山区缺乏可供集中安置的安全适宜的土地，集体公共用地往往不能满足突然的应急安置需求。如果临时征用个人拥有使用权的土地，其依据、补偿标准及具体办法往往有可能引发新的矛盾，并且临时征用的土地出于住房安置需要必然要做地面硬化处理，这实际上改变了土地的用途，其后续补偿如何进行，既关系到灾民的及时安置，也关系到保护相关利益者的合法权益。而这一问题又会引发急需被安置的灾民、土地使用权拥有者、政府三者之间的矛盾和不信任关系。因此，灾难救援的信任支点是怎样更有效地“救人”，而灾难救助的信任来自每一个受灾个体对于灾后救助公平、公正的认定。如果说对于救援的信任度主要是由实施救援者的权威、效率与效果决定的，那么对于救助的信任度则体现为实施救助者与被救助者以及被救助者之间关系，这三者关系同样受到社会结构的制约。

“4·20”芦山地震，社会捐助的物质分配是当时救助工作的重点和难点，我们在灾区现场就遇见企业积极主动地要为某村的特定困难群体捐款，但是该村村委会担心可能引发其他村民的不满和其他村的质疑而不愿接受的情况。为解决因社会捐助物质、资金难以也不可能平均发放引发社会不稳定的问题，提高社会捐助资源的使用效率，四川省第一次打破行政层级限制，搭建党政部门、群众性团体组织和社会力量应对灾害的跨界平台，第一次探索用法律法规界定、规范和协调党政部门、社会力量在重大灾害中关系，第一次将社会管理服务项目纳入灾后重建总体规划长期开展。先后与中国扶贫基金会、南都公益基金会、壹基金等数百家社会组织携手合作，对接实施公益项目 1 401 个、基金约 32.5 亿元。[3] “5・12”“4・20”“8・3”等地震灾后救助实践证明，使用行政部门的行政措施调集救助物资、资金和网格化的分配物资、资金具有规模效益，但是由于在同一受灾群体中灾难对每个体造成的伤害程度并不相同，因此，平均分配的救助资源对于受灾个体的作用也并不相同。信任是以个体为支点的互动结构，政府（集体）对个体的救助行动构成个体灾后基本生活的保障，但是信任关系则是要得到生活能够继续的希望，看到使其恢复的具体途径才可能形成的。受灾个体对于救助预期，看重的不是“得到多少”，而是“得到了什么”。有饭吃、有衣穿、有水喝、有房住、有医疗只是灾民的应急性、暂时性生活需求，灾后的生活能否继续下去，不仅取决于政府的救助力度，更取决于灾民在受灾之后还有没有适合自己的社会网络和自己可以掌控的让生活继续下去的社会资本。天津“8・12”爆炸事件的善后工作，受灾人群的救助预期和要求基本趋同，他们对于政府的信任取决房屋的赔偿（补偿）是否得到满足。这是因为在城市受灾群体看来，这场灾难所造成的特定物质损失（自购住宅和居住环境被破坏）不仅是其私有财产的存量被大幅度降低，更是对其社会地位、生活方式与生活水平受到巨大的冲击。我们对该事件的调查发现，由于高房价使房产成为该地区资产结构中的重要因素，此次事件的利益受损者实事上“随着这场爆炸，已经从中产阶级所沦为社会底层”的房主。而在远离爆炸事故区的天津市区，却有许多人认为这些人已经得到应有的补偿“够了，没亏”。灾难的利益受损者和非利益受损者相互之间在“谁在灾难中受到了什么样的损失”和“应当如何合理的补偿个人受到的损失”的问题上存在分歧，更难以形成彼此的信任关系，这既是因为人们往往习惯于用价格与价值背离的排他性市场竞争思维模式来衡量人际关系，更是因为灾难状态下不同人群由于身份、社会角色的不同会出现救助预期的差异。虽然不同群体因相关利益关系的不同所出现的分歧可以通过充分的信息披露、沟通和协商、比较、妥协等方式逐渐予以消除，但是灾难救助预期中的信任与被信任关系也就是政府与灾民的互信关系主要依靠救助主体与被救助主体的相互配合和理性沟通建立。政府与灾民在权利方面的预期只是基于市场补偿式的博弈，还是更深入地考虑到社会网络的恢复，决定着相互之间能否建立信任关系。

“5・12”汶川特大地震后农村灾区救助预期中的信任问题进一步说明人们的信任来自能否得到社会网络的支援。斯科特通过研究东南亚地区的农村与农民问题，敏锐地提出“农民的道义经济学”的概念。他的研究发现，在家庭之外，有一整套网络和机构，在农民生活陷入经济危机时常常起到减震器的作用。一个人的男性亲属、朋友、村庄、有力的保护人甚至包括政府，都会帮助他渡过疾病或者庄稼歉收的难关。事实上亲友帮助他，正是因为有个心照不宣的关于互惠的共识；他们的帮助就像在银行存款一样，以便有朝一日需要帮助时能得到兑付。[4]前资本主义村庄内的社会压力，也有某种再分配的功用；富裕农民要仁慈待人，主办开销较多和规模较大的庆典，救助暂时的穷困的亲戚邻居，慷慨地捐助当地的圣祠庙宇。[5]斯科特警告如果农民没有得到最低限度的生活费保障，农业经济的商品化又完全取消了上述各种传统的社会保险，农民就会发出有关生存准则的道义呼吁。因为有些地区农民的境况，就像一个人长久地站在齐脖深的河水中，只要涌来一阵细浪，就会造成灭顶之灾。[4]

根据国家发改委宏观统计指标显示，2000—2012 年，我国城镇居民人均储蓄与农村居民人均储蓄绝对额差距上升了 4 倍多。[6]根据《中国家庭金融调查报告 2012》，我国城市家庭的总资产和财富净值分别是农村家庭的 10.16 倍和 12.45 倍，二者差距十分明显。城乡基本公共服务投入同样呈现出严重不均等的问题，以卫生费用为例，城市和农村人均卫生费用 1990 年相差 120 元，2012 年扩大到 1 913.1 元，上升近 16 倍。在义务教育经费的支出方面，2012 年农村小学、初中经费支出分别低于全国平均水平 85.7 元和 89.6 元。由此可见，以目前展开的农村基本公共服务和社会保障网络当前仍处于低水平状态。快速推进的城市化进程吸引着大量农村劳动力以及资源从农村流出，“差秩格局”的传统农村社会结构发生了极大变化，也就是斯科特所说消解了传统村庄内生的某种社会再分配功能。涂尔干发现当人们不能再以相似的背景与生活经验亲密互动，维持集体意识的“机械团结”时，取而代之的应当是由专业分工促成的人们互相依赖（信任）的“有机团结”暂时也没有在农村的普遍形成。在这样的情况下，如果“礼俗社群”的社会网络不能发挥作用，“法理社会”的契约关系与社会救济功能又不能顾及需要帮助的弱势群体，那么社会的“碎片化”状态不仅使面临危机的人们持续处于生存的危机状态，还会使他们在所生活的社区中失去应有的尊严和自信，更难以与其他人建立起信任关系。上述“5·12”汶川特大地震灾区访谈记录和其他访谈都表明当前农村家庭和个人只能凭借自己的力量面对各种困难，他们难以预期能够得到自己生活于其中的村落、社区的帮助，反而警惕着同一村落、社区的其他人可能出现的对于自己生活困境的歧视和不理解。

人类的信任并不是一个非黑即白的议题。信任与情境相关，判断的标准取决于我们处于何种利益结构的场域。如果我们生活在一个相互信任的文明社会中，主动相信别人是一件很容易的事。但是如果我们生活在充斥着欺骗、假话、阴谋、阳谋甚至奉行暴力法则的社会中，我们会本能地拒人于千里之外，我们在确信付出信任就可以得到回报以前就很难首先去信任别人。如果说日常生活中的信任还仅是一个与生活成本有关的问题，那么在面临灾害的威胁时，我们只有在稳定的信任关系下，才能发出有效的求救信号，才能得到帮助或去帮助处于危机状态的人。灾害危胁应该使每一个人、每一类社会组织放弃日常生活中的财富、权力、身份等级和界线，万众一心、众志成城。然而我们也发现，既便是在危机之中，有关灾害的信息沟通依然是由社会结构导向的，这使我们面对的危胁往往来自两个方面，一是不依我们的意志为转移的自然灾害，二是我们所处环境的社会关系。当前我们的社会面临的一个重大考验——如果社会结构存在着阻碍社会流动的问题，人们又普遍缺乏来自乡土的人文关怀和家庭情感社会网络的支援，那么可以预见那种仅仅为生活和生计打拼的社会行为，将具有极大的不确定性。因为往往个人对于社会行为以及经济行为是否成功的评价是以被社会承认的归属感为标准的，如果失去归属感，人的行为指向则有可能因感觉到被抛弃而出现偏差。我们对发生在成都、杭州的公交车纵火案件进行分析就会发现，犯罪者实施犯罪的原因之一就是与家庭、乡土（归属地）情感性社会网络断裂，使其在单一市场交易性社会网络中的失败感、挫折感和被抛弃感无法缓解最终集中暴发出破坏性。信任关系不是基于利益输送的等价交换关系，也不是源于绝对等级差别的服从理念，而是出自尊重每一个人公平正义价值观的信仰，这也是属于社会结构的体制机制应不断进步的方向。

参考文献

［1］成都军区政治部．重兵汶川［M］．成都：四川人民出版社，2008：67.

［2］李瑾，陶野，何先鸿．惊天动地［M］．北京：作家出版社，2008.

［3］四川“5·12”民间救助服务中心．灾区行［Z］.2010：58.

［4］中共四川省宣传部．“4·20”芦山强烈地震恢复重建新路子研讨会文集［C］．成都：四川人民出版社，2015：185.

［5］詹姆斯·C. 斯科特．农民的道义经济学［M］．南京：译林出版社，2007.

［6］四川“5·12”民间救助服务中心．灾区行（内部资料）［Z］.2010.

［7］陈剑．建设常态现代国家：中国改革报告2015［M］．北京：法律出版社，2015.

作者简介：南山，四川省社会科学院研究员、四川震灾研究中心首席专家。

“5·12”汶川特大地震对四川旅游业影响研究①

郭剑英　熊明均
（乐山师范学院）

摘要： 本文对四川2004年1月—2009年8月的旅游统计数据进行季节调整后，利用旅游本底线法建立四川的入境旅游人数、旅游外汇收入、国内旅游人数和国内旅游收入的本底趋势方程。利用方程计算值与消除季节影响值之间的差值曲线图判断地震的影响时长及影响量。入境旅游受地震的影响，至今仍未恢复到正常水平，“5·12”汶川特大地震使四川入境旅游人数和旅游外汇收入分别减少178.13万人次和46 105.90万美元；而国内旅游影响时长为10个月，即2008年5月—2009年2月，“5·12”汶川特大地震影响期间四川国内旅游人数和国内旅游收入损失量分别为2 458.30万人次和272.41亿元。

关键词： 季节调整；旅游本底线法；旅游影响；“5·12”汶川特大地震

“5·12”汶川特大地震给四川旅游造成巨大损失，地震造成了部分地区的旅游资源、旅游基础设施和服务接待设施损毁，30余万名旅游从业人员面临失业，四川旅游业遭受了巨大考验。对偶然事件的影响评估，人们往往用相邻年比较法，但该方法存在很多不足之处。[1] 国内外学者对偶然事件给当地旅游业造成的影响进行的定量化实证研究，提供了多种定量化研究的思路和方法。[2-5] 采用科学系统的方法对地震给旅游业造成的影响进行准确量化分析，有利于深入认识偶发事件对旅游业的影响规律，为科学制定旅游危机管理对策提供参考依据。

1　旅游本底线法简介

1.1　旅游本底线法的理论基础

旅游本底线法（Tourism - Background - Line）是指在不受偶然事件严重冲击和干扰的情况下，某国（地区）旅游业发展所呈现的天然趋势方程，它反映了旅游业发展在自然稳定状态下的趋势和其随时间变化的规律。[6] 天然趋势方程的数学建模

① 本文2010年发表于《资源与人居环境》第4期，是第十一届“生态·旅游·灾害——2014长江上游生态保护与灾害管理战略论坛”文章。

方法与传统的回归分析一致。旅游业的发展受到偶然突发事件的影响，这种影响可能是积极的，也可能是消极的。旅游业的损失量（或增长量）就是旅游本底值（*B*）与旅游统计值（*S*）之间的差值。因此旅游本底线法常用来定量化评价偶然事件或旅游危机事件对旅游业的影响。

1.2 旅游本底线法的计算方法

李锋等对旅游本底线法进行了阐述。[1,5]旅游本底线法包括四个步骤：①利用内插法修订偶发事件发生期内的统计数据。②建立旅游本底线方程。选取足够量的样本数据，根据最小二乘法原理，对数据进行拟合，建立旅游本底趋势方程。③偶发事件影响期内各年（月）旅游影响量的计算。将旅游本底值（*B*）减去旅游统计值（*S*）就得到影响量。④偶发事件旅游损失量（或增长量）和影响时长的确定。旅游损失量应该是偶发事件的负向影响量的绝对值减去危机后补偿性恢复反弹期的旅游补偿增量。旅游增长量就是事件的正向影响量减去事件后反弹期的下降量。影响时长为负向（正向）影响期时长加上反弹期时长。

1.3 旅游本底线法的修订

由于旅游统计数据属于时间序列，包括趋势循环成分、季节性成分、不规则成分和历法效应四个部分。[7]为了提高不同月度之间数据的可比性，进行季节调整是国际上常用的方法。季节调整就是把原始时间序列中存在的季节性成分、历法效应剔除的过程。季节调整后的序列只包含趋势和不规则成分，更好地揭示月度序列的特征或基本趋势。目前国际上常用 X－11－ARIMA、X－12－ARIMA 和 TRAMO/SEATS 三种模型来实现季节调整。[8]本文将旅游本底线法和季节调整相结合，首先利用 X－12－ARIMA 模型计算旅游统计时间序列的季节指数，并用季节指数得到消除季节影响的数据，如果消除季节影响的资料有明显的趋势，则用回归分析建立旅游本底趋势方程，利用方程计算偶发事件期内的旅游影响量，并确定影响时长。

2 数据来源与数据处理

研究表明，2002—2003 年突发的“SARS”事件（重症急性呼吸综合征，Severe Acute Respiratory Syndrome）对我国旅游业的影响时间直至 2003 年 12 月，即 2003 年 12 月全国旅游业就恢复到正常发展状态[4]。根据四川旅游政务网公布的旅游统计信息，本文对四川省 2004 年 1 月—2008 年 4 月各月的入境旅游人数、国内旅游人数、旅游外汇收入和国内旅游收入进行季节调整，然后建立旅游本底趋势方程，以此评价 2008 年“5·12”汶川特大地震对四川旅游业的影响量和影响时长。以纵向时间段内的时间序列为基础，分别用 SPSS（统计产品与服务解决方案软件）和 X－12－ARIMA 软件的模型模拟，选择最优的本底线趋势方程模型。

3　“5 · 12”汶川特大地震对四川旅游业影响研究

3.1　季节指数的确定

根据四川省2004年1月—2008年4月的旅游统计数据，利用X－12－ARIMA软件计算出入境旅游、旅游外汇收入、国内旅游人数和国内旅游收入的季节指数，见表1。入境旅游的高峰期为每年的5—10月，而旅游外汇收入最高的月份则是6—10月和12月。从国内旅游来看，2月、3月、5—10月是旅游高峰期，而国内旅游收入最好的月份是3月、6—10月。

表1　四川省旅游统计的季节指数

月份	入境人数	旅游外汇收入	国内旅游人数	国内旅游收入
1	0.25	0.26	0.79	0.65
2	0.33	0.40	1.08	0.84
3	0.52	0.67	1.39	1.40
4	0.8	0.89	0.90	0.78
5	1.03	0.95	1.26	0.80
6	1.14	1.16	1.17	1.35
7	1.18	1.22	1.00	1.10
8	1.28	1.23	1.02	1.11
9	1.65	1.50	1.20	1.26
10	2.04	1.77	1.21	1.15
11	0.86	0.76	0.38	0.51
12	0.92	1.19	0.60	1.05

3.2　季节影响的消除与旅游本底方程模型的建立

利用旅游统计时间序列的每个观察值除以相应的季节指数可以对时间序列消除季节影响。然后就可以利用消除季节影响的数据与时间建立旅游本底方程模型，见表2。

表 2 旅游本底线模型

	旅游本底方程	R^2
入境旅游总人次	$y=0.19x+5.67+1.41\sin(24.18x-2.47)$	0.751
旅游外汇总收入	$y=50.93x+1\,726.65-461.7\sin(0.21x-173.36)$	0.648
国内旅游总人数	$y=13.47x+901.4-190.21\sin(4.77x-45.07)$	0.655
国内旅游总收入	$y=1.32x+37.49-8.13\sin(4.23x+0.47)$	0.667

3.3 “5·12”汶川特大地震对四川旅游业的影响

（1）“5·12”汶川特大地震对入境旅游的影响

利用入境旅游总人次和旅游外汇总收入的旅游本底线趋势方程计算所得值作为本底值，减去消除季节影响值得到差值。利用差值与时间做差值变化曲线，可得入境旅游人次差值变化曲线见图 1，旅游外汇收入差值变化曲线见图 2。由图 1、图 2 可以看出，自 2008 年 5 月起，入境旅游人次和旅游外汇收入差值曲线的振幅明显高于震前水平，截至 2009 年 8 月仍未出现在横轴附近规则震荡，表明入境旅游仍未恢复到震前水平。2008 年 5 月—2009 年 8 月，“5·12”汶川特大地震使四川入境旅游人数和旅游外汇收入分别减少 178.13 万人次和 46 105.90 万美元，见表 3。实际上入境旅游还受到 2008 年国际金融危机叠加影响，本文未对金融危机的影响进行分离。

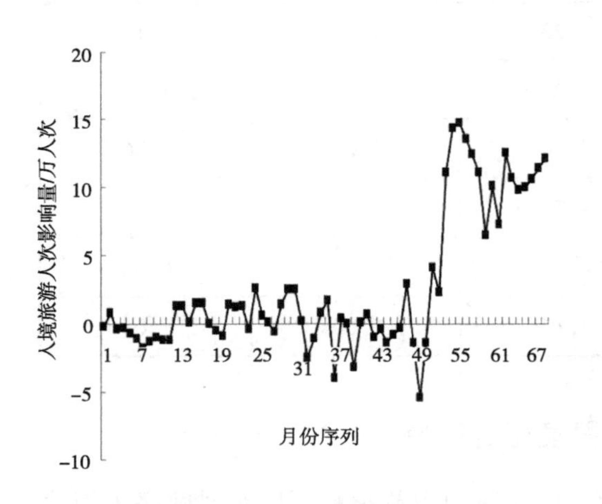

图 1 四川入境旅游人次差值变化曲线 （2004.1—2009.7）

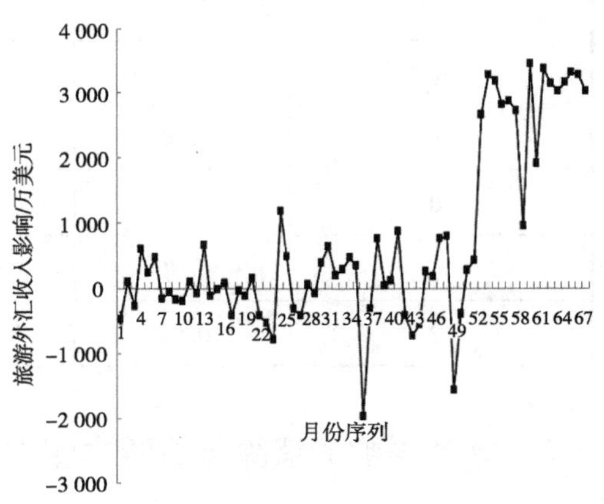

图 2 四川旅游外汇收入差值变化曲线 （2004.1—2009.7）

表3　"5·12"汶川特大地震对四川入境旅游的影响

时间	消除季节影响的入境旅游人次/万人次	旅游本底线方程计算出本底值	影响量/万人次	消除季节影响的旅游外汇收入/万美元	旅游本底线方程计算出本底值	影响量/万美元
2008.5	4.01	15.14	11.13	1 348.23	4 007.82	2 659.59
2008.6	2.32	16.62	14.30	753.2	4 027.12	3 273.92
2008.7	2.79	17.52	14.73	894.38	4 066.17	3 171.79
2008.8	3.75	17.24	13.49	1 311.58	4 125.52	2 813.94
2008.9	3.76	16.18	12.42	1 331.82	4 204.77	2 872.95
2008.10	4.32	15.38	11.06	1 588.7	4 302.69	2 713.99
2008.11	9.19	15.68	6.49	3 464.7	4 417.22	952.52
2008.12	6.85	16.99	10.14	1 102.8	4 545.56	3 442.76
2009.1	11.07	18.36	7.29	2 773.34	4 684.30	1 910.96
2009.2	6.30	18.80	12.50	1 460.65	4 829.60	3 368.95
2009.3	7.40	18.11	10.71	1 843.74	4 977.30	3 133.56
2009.4	7.23	17.02	9.79	2 108.54	5 123.15	3 014.61
2009.5	6.60	16.60	10.00	2 112.41	5 262.99	3 150.58
2009.6	6.75	17.38	10.63	2 081.59	5 392.89	3 311.30
2009.7	7.49	18.85	11.36	2 225.77	5 509.41	3 283.64
2009.8	7.85	19.94	12.09	2 578.8	5 609.64	3 030.84
合计	—	—	178.13	—	—	46 105.90

（2）"5·12"汶川特大地震对国内旅游的影响

利用国内旅游总人次和国内旅游收入的旅游本底线趋势方程计算所得值作为本底值，减去消除季节影响值得到差值。利用差值与时间做差值变化曲线，国内旅游人次差值变化曲线见图3，国内旅游收入差值变化曲线见图4。由图3、图4可以看出，自2009年3月起，国内旅游人数和国内旅游收入差值曲线的震荡变化呈现一定的规律性，即在横轴附近规则震荡，说明国内旅游已经恢复到正常水平，"5·12"汶川特大地震对四川国内旅游的影响时长为10个月，即2008年5月—2009年2月，不存在恢复性反弹期。"5·12"汶川特大地震影响期间，四川国内旅游人次和国内旅游收入损失量分别为2 458.30万人次和272.47亿元，见表4。

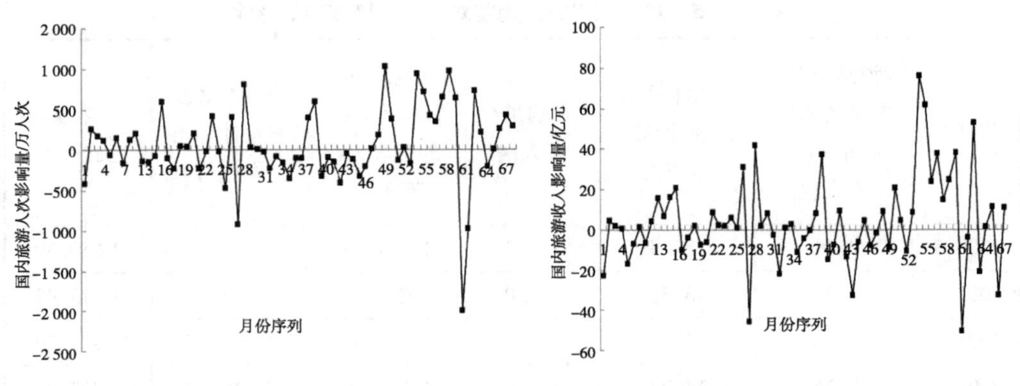

图3　四川国内旅游人次差值变化曲线（2004.1—2009.7）

图4　四川国内旅游收入差值变化曲线（2004.1—2009.7）

表4　“5·12”汶川特大地震对四川国内旅游的影响

时间	消除季节影响的国内旅游人次/万人次	旅游本底线方程计算出本底值	影响量/万人次	消除季节影响的国内旅游收入/亿元	旅游本底线方程计算出本底值	影响量/亿元
2008.5	600.71	1 542.14	941.43	39.6	115.57	75.97
2008.6	1 085.65	1 799.85	714.20	43.86	105.26	61.40
2008.7	1 305.13	1 735.12	429.99	81.81	105.22	23.41
2008.8	1 142.85	1 495.35	352.50	82.08	119.44	37.36
2008.9	910.37	1 557.85	647.48	95.7	110.15	14.45
2008.10	850.88	1 830.21	979.33	84.05	108.42	24.37
2008.11	1 182.55	1 824.46	641.91	85.26	123.18	37.92
2008.12	3 578.71	1 576.83	-2 001.88	165.63	115.08	-50.55
2009.1	2 559.87	1 579.45	-980.42	116.01	111.70	-4.31
2009.2	1 119.01	1 852.77	733.76	74.35	126.80	52.45
合计	—	—	2 458.30	—	—	272.47

4　结论

入境旅游人次、旅游外汇收入、国内旅游人次和国内旅游收入统计是四川旅游业发展情况的集中体现。本文选取上述四项指标进行季节调整，结合旅游本底线法，得出“5·12”汶川特大地震对四川旅游业的影响。在入境旅游方面，直至

2009 年 8 月入境旅游仍未恢复到震前水平，2008 年 5 月—2009 年 8 月"5・12"汶川特大地震使四川入境旅游人次和旅游外汇收入分别减少 178.13 万人次和 46 105.90万美元。在国内旅游方面，"5・12"汶川特大地震对四川国内旅游的影响时长为 10 个月，即 2008 年 5 月—2009 年 2 月，2 月国内旅游已经恢复到正常水平。地震影响期间，四川国内旅游人次和国内旅游收入损失量分别为 2 458.30 万人次和 272.41 亿元。其后地震对四川国内旅游业的影响已经消除，国内旅游的恢复带动四川旅游向前发展。

参考文献

[1] 李峰，孙根年．基于旅游本底线法（TBLM）的旅游危机事件研究——以 2003 年"SARS"事件为例［J］．人文地理，2006，90（4）：102－105.

[2] Thomas A. Birkland, M. EERI, Pannapa Herabat, et al. The Impact of the December 2004 Indian Ocean Tsunami on Tourism in Thailand［J］. Earthquake Spectra, 2006, 22 (6): 889－900.

[3] Goodrich, J. N. September 11, 2001 attack on America: A record of the immediate impacts and reactions in the USA travel and tourism industry［J］. Tourism Management, 2003, 23: 573－580.

[4] 朱明芳，刘思敏．TRAMO/SEATS 在危机事件中对旅游影响研究的应用［J］．旅游学刊，2007，22（6）：69－74.

[5] 李峰．基于本底线的不同性质旅游危机事件影响对比研究［J］．旅游学刊，2009，24（4）：73－78.

[6] 孙根年．我国境外旅游本底趋势线的建立及科学意义［J］．地理科学，1998，18（5）：442－448.

[7] 王书平．国民经济数据的季节性影响与调整［J］．商业时代，2009，2：8.

[8] 文兼武，刘冰，杨红军，等．对 GDP 进行季节调整的方法［EB/OL］．http://www.nxtj.gov.cn/tjzs/200906050025.htm.

作者简介：郭剑英，乐山师范学院教授，四川省哲学社会科学研究基地"四川旅游发展研究中心"主任；熊明均，乐山师范学院。

第四部分

灾害预测预警

演化工程与长效减灾技术①

陈刚毅　刘思齐　游娜

（成都信息工程大学）

摘要： 本文采用欧阳首承提出的搅动能守恒定律原理，研究了城市突发暴雨的防洪减灾理论体系的长效技术。结果显示，按第二环流开发城市人工湖，既可实现低防护标准的高抗洪能力，也能改善生态环境。本文以成都市以50年一遇标准建立的暴雨洪水城市防洪设施计算时，发现演化工程可将成都防洪能力提高到抵御200年一遇暴雨洪水的水平，而200年一遇的防洪设施则可达到长效防洪、减灾的目标。由此可见“演化工程”不但在防洪、减灾上改变以往高坝、高堤防洪措施遗留的隐患，还在恢复城市生态平衡、解决水资源短缺等方面具有重大的生态环境意义和经济效益。

关键词： 演化工程；搅动能守恒；能量转换；长效技术；生态环境

1　引言

经过贝格森、柯依雷、普利高津和欧阳首承等相继40余年的努力，人们终于明白了自牛顿以来的数量分析体系不是演化科学，特别是欧阳首承还提出了搅动能守恒律并解决了此原理下的演化技术和工程设计的具体问题。这个理论既体现了物质存在的相互制约性，也给出了“演化工程”的分析方法[1,2,3,4]。即使作为产品设计的数量估算法，传统的数量分析方法也遗漏了搅动能守恒的演化制约性。考虑到物质演化是自然界的基本问题，即使作为工程设计也有如何遵循演化原理“演化工程”问题。为此，笔者在对搅动能守恒律原理的引伸性讨论中提到治水的长效技术[4]。

近年来，随着城市建设的高速发展，其人工的“石漠化效应”已在扩大，自然生态绿化面积急剧减少。尤其是高耸的钢筋混凝土建筑物加剧了局地的差异性，引发了突发天气，诸如城市的突发性暴雨、对流风暴和异常高温天气等。暴风、骤雨配合人为的下垫面排水能力加大，致使市区的暴雨产、汇流历时缩短以便水流积聚。若遇到宣泄不畅，极易造成积水致洪现象。

---

① 本文是第十六届“生态·旅游·灾害——2019长江上游生态屏障建设与区域可持续发展战略论坛”文章。

据资料显示，近年来邻水城市或非邻水城市，均呈现洪灾上升并且地下淡水水位下降现象。几十毫米的强降水，就因“积水致灾”而交通堵塞。这些应引起人们注意，是成为亟待解决的新问题。

洪水是一种自然现象，自有其运行规律。“车流也不等于车祸，洪水不等于洪灾”，本应是常识性问题。所以，目前对“洪灾、水患”有待重新认识。美国1980年防洪、减灾总结报告中指出：美国在此前60年间的防洪、减灾的投资达数百亿美元，但洪水灾害一直呈上升趋势，表明防洪工程和减灾措施没有实质性效益。1993年大洪水（损失120亿~180亿美元）后，美国才意识到应退出洪泛区[5]；荷兰经历1995年大洪水，才有人提出给洪水“让路”。实际上，中国古代就有诸多防洪治水的成功案例可供借鉴，如“大禹治水”的成功在于“顺水之性，因势疏导”；李仪祉的“蓄洪以节其源，减洪以分其流，亦分配其容量，使上有所蓄，下有所泄，过量之水有所分”，这可以说是很完善的防洪、治水理论和方法体系。至公元前256年，秦蜀太守李冰父子提出了“防洪、分沙、水资源利用”治水策略，开创水利工程的先河，都江堰水利工程不仅是当时的治水丰碑，并在2 000多年后的今天还在运转。使四川有了“天府之国”的称誉。它创造的奇迹不仅引起了欧阳首承的感叹，也启发了其致力于能量转换的研究，进而发现中国古代水利学家所运用的原理正好是他想要寻找的搅动能守恒律。

中国历史某种程度上可以说是治水的历史，对于治水古人不仅有丰富的经验也有完善的理论体系，而美国在1927年大洪水后才改变了堤防“万能”的观点，认识到“堤防不可能高到足以防御任何水文记录的洪水，也不可能坚固到抵御任何漫溢或水力冲刷”[6]。可以说，古代中国的水利界的专家们，完全有能力做到“有洪无害，蓄洪节能”的长效治水技术，而无须“年年洪水年年堵”。但之后的部分水利界人士却搬用了第一推动体系的“高坝平湖”理论。经历半个多世纪后，逐步显现出高坝截留所导致的水库淤积、生态恶化，近半个世纪以来修建的“高坝、平湖”式的水库，已经近90%患上了“病水库”，并还遗留了“年年暴雨，年年灾”的问题。

为此，笔者运用搅动能守恒律原理研究了其相应“演化工程”，初步设计规划后拟建立城市暴雨防洪、减灾长效技术体系，并借此说明“顺水之性，因势疏导”的储能、减灾的“演化工程”理论。本文使用资料为成都市的实际资料，也给出具体的技术分析。

2　洪水演进与洪灾的基础原理

洪水是自然科学问题，但洪灾不一定是自然科学的问题。对洪灾的研究不能限于局部洪灾所受到的生命和财产损失问题，而要以物质结构的演化观念认识洪水演进规律，建立顺应自然的长效防治洪灾技术。

2.1 搅动能守恒律原理

显然，系统体现的是能否构成自我制约的体系问题而非质点假说，它源于物质的稳定形式的存在性，或不稳定形式的演化性。这才是自然界的基础科学，也是不可回避的本质性问题。

将搅动能守恒律原理具体地运用到演化工程上，其中最重要的概念是搅动能（ω^2），它包括了传统的动能（V^2）。我们应当认识到传统第一推动体系的动能守恒是不完善的能量守恒律，限制能量传播，不等于可以限制物质输送。由此也揭示了动能守恒定律之所以不能保证能量守恒的原因。所以，搅动能守恒定律是当代科学的重要发展。其中较系统的说明见文献［4］，本文仅简单提及。

可以说300年来，无论动能守恒或总能量守恒，都没有告诉人们能量是如何变化的和以什么方式转换或传递的，以及转换或传递的过程。与牛顿的第三定律类似，没有给出相互作用的运动方式和作用过程，仅仅表现了作用或运动的结果。也可以说是牛顿、爱因斯坦未料到传统的动能没有体现搅动能[3]。作者认为在现代，搅动能是非常重要的贡献，其引发了观念的重大变革。即搅动能守恒不仅包括了动能守恒，也体现了动能的转换或传递方式和过程，既是自然科学的结果定律，也是演化的过程定律和原理。

2.2 城市洪水运行的三环准稳定性问题

洪水及其运行必然遵循自然物质的演化规律，也必然有其自身的物质、能量传输和转换规律。例如，长江流域的中、下游天然形成的洞庭湖、鄱阳湖和太湖三大湖泊，可“蓄、泄”并用，使自然状态的长江“有洪无灾”[7]。只是人类活动后，因与湖争地又忽略了泥沙的沉积引发了洪灾问题。对仅作为气象的梅雨而言，100～200 mm的降水其实不能算作异常暴雨，目前却因正常的梅雨而导致洪灾，这实质上道破了灾害并不完全是来源于自然。近年来“年年暴雨，年年堵；年年洪水，年年灾”，已经成为一个严重问题了。

为此，不妨重述构成洪灾的洪水体系结构：

（1）暴雨集水区汇流的洪水强度为Q_1，它与暴雨的降水强度、集水区面积、地面渗透率（或下垫面的饱和度）、蒸发等因素有关。按水文习惯，以最大径流表示。

（2）天然（或人工）湖泊的蓄洪能力为Q_2，即搅动能的第二环流。它完全可以转化洪灾的水流和能量。蓄洪能力越强，防洪能力越大。长江洪量高于黄河达10倍以上，但其洪灾确低于黄河，不能不说与其洞庭湖、鄱阳湖和太湖蓄积洪峰的能力有关。

（3）洪水通道的排洪能力为Q_3。排洪能力主要受到河道环境条件影响，当泥沙沉积于河道时，排洪能力会下降；河道排洪能力必然与河堤的高度、坚固程度有关，加高河堤虽可增大排洪能力，但河堤加高又会有溃堤的危险。显然，溃堤不仅排洪能力为零，还可加大洪灾，造成防洪经费上升，洪灾损失加重。此原理早在4 000多年前已被中国人所认识，然而4 000年后人们却热衷于高坝、高堤，反而加大了洪灾的风险。人们在追逐科学中反而走向了不科学。

鉴于上述分析，按搅动能守恒律，进行如下计算。

令 Q_1 为第一环流；Q_2 为第二环流；Q_3 为第三环流。

取，$E = Q_1 - Q_3$，

当 $E > 0$ 时，称 E 为洪灾的不稳定能量；

当 $E \leqslant 0$ 时，无洪水泛滥，或称为无洪灾。

显然，Q_1、Q_2、Q_3 既表示了洪水、蓄洪和排洪关系结构，也体现了洪水运行过程和能量传递的特征。于是可得，

$$Q_1 \leqslant Q_2 + Q_3 \tag{1}$$

为有洪无灾；

$$Q_1 > Q_2 + Q_3 \tag{2}$$

为有洪即灾。

由式（1）和式（2）可以看出，洪水系统主要受洪水强度、蓄洪能力和排洪能力三环流的制约。

显然，若 $Q_2 = 0$，洪灾发生的基本条件是，

$$Q_1 > Q_3 \tag{3}$$

当发生突发性暴雨洪水时，Q_1 主要由暴雨强度所决定。此时即使气象暴雨预测准确无误，洪水照样发生，并因 $Q_2 = 0$，而导致洪灾。所以是否发生洪灾不是完全由暴雨预报和洪水所决定的。人们应更注重认识洪水的运行规律，并应确立“洪水不等于洪灾”的意识。

目前，人们多采用皮尔逊－Ⅲ型曲线按50年、100年、200年等一遇或大型水库为数百年、千年或万年一遇的标准推测洪水（现在又加以考虑最大可能暴雨的水文气象方法）以确定 Q_1。显然，若只以高堤增大排洪量 Q_3，已被“防洪经费上升，洪灾损失加重”的实例证明是行不通的。

按搅动能守恒律原理和洪水运行 Coriolis（地转偏向）力作用原理推断，会发现天然形成的第二环流 Q_2，洪水并不直接涌向第三环流 Q_3。这也是为什么黄河的洪峰流量还不如长江的支流，反而多洪灾的原因。因为黄河的主河道由于地形的作用而成为左向弯曲河流，而 Coriolis 力使其洪流右弯，极易导致河堤垮塌而成洪灾。欧阳首承教授将其称为“不合天道”，而为北半球左向弯曲的河流（南半球反之）不符合自然规律。这也说明了治理黄河的基本原理。

因此，与其以 Q_3 为主要考量设计修筑高堤，倒不如顺其自然地构筑第二环流 Q_2（或称人工的蓄洪湖）。目前至少在地图上还见不到黄河花园口以下有较大型的

蓄洪湖。另外，洪水通过第二环流 Q_2 的容纳性不仅可以化解洪灾，实现长效防洪减灾，还可将洪灾转化为可利用的水资源达到储能和防旱的目的。

3 城市长效防洪、减灾的可行性技术

显然，要充分认识洪水运行的自然原理，必须区分洪水不等于洪灾。即使暴雨预报有所失误，也可以通过建造或改造 Q_2 达到减弱、消除洪灾的目的或做到“有洪无灾”。即

$$Q_2 \geqslant Q_1 - Q_3 \tag{4}$$

因受到具体环境条件和历史遗留问题、观念的限制，笔者认为上面讨论的问题仍有广泛宣传的必要。目前，有关城市还在投入大量资金用于大城市的河道改造（如成都市防洪达标“2020年”河道改造预算费用就达17亿元[8]），所以更应将城市长效防洪、减灾技术提上议事日程。为此本文应用搅动能守恒原理，结合具体案例进行分析性说明。

3.1 Q_1 计算方法

水文研究中 Q_1 计算方法很多。以城市雨水渗透设施计算方法（目前美洲多用 Sioberg - Martebsson 法，欧洲多用德国 Geiger 提出的计算方法）[9]确定设计暴雨重现期为 T 后，据暴雨强度公式、集雨面积及其相应的平均径流系数，可得径流量与降雨历时的关系曲线如图1所示。

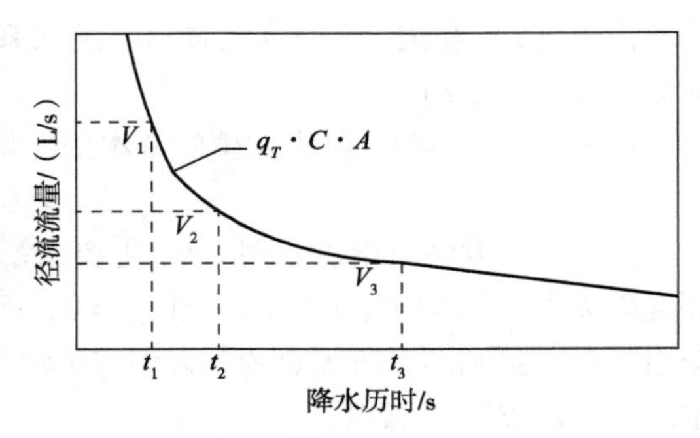

图1 降水历时与径流流量关系

图中曲线与坐标轴所围成的面积为降雨洪水总径流量。如以式（4）计算人工湖的容量，则涉及如下具体设计问题。

$$Q_1 = \int_0^{T_0} 3\,600 \frac{q_T}{1\,000}(C \times A + A_0)\,\mathrm{d}t \tag{5}$$

式中，Q_1——重现期为 T，降雨历时为 T_0 的降雨总径流量，m^3；

T_0——整个降雨的历时，h；

t——降雨历时，h；

q_T——重现期为 T，降雨历时为 t 的暴雨强度，hm^2，L/（s · hm^2）；

A——集雨面积，hm^2；

A_0——设施直接承受降雨的面积（可忽略不计），hm^2；

C——平均径流系数（市区0.5～0.8，郊区0.4～0.6）。

于是，可将式（4）简化为：

$$Q_1 = Q_T \cdot t = 3\ 600 \cdot C \cdot A \cdot t \frac{q_T}{1\ 000} \tag{6}$$

为简化计算，用式（5）代替式（6）。t_1、t_2、t_3 时刻的径流量分别为图1中的 V_1、V_2、V_3 对应的曲线点和坐标轴所围面积。它与式（4）计算得到的径流量相比，有一定误差。后经 Sjoberg 和 Martensson 的实际资料分析，得出补偿系数为1.25[9]，改进了式（5）的计算结果，即

$$Q_1 = Q_T \cdot t = 1.25 \cdot (3\ 600 \cdot C \cdot A \cdot t \frac{q_T}{1\ 000}) \tag{7}$$

3.2　城市人工湖设计与河道排洪量问题

设置人工湖既要“有洪无灾”，也要蓄洪储能和维持生态平衡，不仅仅是防洪、减灾。为此，人工湖的设计应考虑为，

$$Q_2 \geqslant E \tag{8}$$

式中，Q_2——湖泊蓄洪能力或称为人工湖容量；

E——洪灾不稳定能量。

河道排洪量 Q_3，传统上是以泄洪量为主，但在演化的搅动能守恒和生态平衡理论中，则转换为河流自身与其周围环境容量，尤其是对城市河流而言应尽可能蓄水储能，并完善整体水循环问题。

4　城市长效防洪、减灾措施分析

笔者结合成都市区泄洪河道的具体情况[8]，拟在北外环路府河大桥处和南河上游的清水河龙爪堰处建造两个湖泊。以下给出较具体的分析计算。

4.1　北外环路府河大桥人工湖分析计算

考虑人工湖吸纳上游洪水，此处河道排洪量 Q_3 为0，则有

$$Q_1 = Q_2 = 1.25 \cdot \left(3\ 600 \cdot C \cdot A \cdot t \frac{q_T}{1\ 000}\right) \tag{9}$$

考虑到石堤堰有一分支河流可容纳、分流上游洪水，所以府河洪水量从石堤堰（进水闸断面）开始计算。我们给出府河全河段的集雨面积和在各暴雨强度下洪峰流量统计资料（表1和表2），表中各种频率的洪峰流量计算公式见式（10）。

洪峰流量（m^3/s）计算推理公式[8]（半经验，半理论）：

$$Q_T = 0.278\ \psi \times S \times \frac{F}{\tau} \tag{10}$$

式中，Q_T——最大径流量，m^3/s；

ψ——洪峰径流系数，$\psi = 1 - \tau^n \times \frac{u}{S}$；

S——暴雨强度，最大一小时暴雨量，mm/h；

F——流域面积，km^2；

n——暴雨公式化指数；

τ——流域的汇流时间，h；

n——产流参数，即产流历时内流域平均入渗强度，mm/h。

表 1　府河全河段集雨面积统计

控制断面	集雨面积/km^2	各种频率的洪峰流量/（m^3/s）		
		200 年一遇	100 年一遇	50 年一遇
石堤堰（进水闸断面）	0	0	0	0
北外环路府河大桥	103.11	309	274	240
东风渠进水口	108.9	326	290	254
洞子口（沙河进水口）	135	405	359	315
望江楼站（南河汇入口）	505	1 310	1 160	1 010
华阳水位站	744	1 900	1 700	1 490

表 2　市气象站历年实测 24 h 最大暴雨量　　单位：mm

时段	200 年一遇	100 年一遇	50 年一遇
1 h	114.5	106	96
6 h	223.2	201.6	180
24 h	367.4	325.6	283.8

取 $C = 0.57$，设 $t = 1$ h，由上表可知，$A = 103.11$ km^2，$q_T = 114.5/3\ 600$（m/s），计算可得成都北外环路府河大桥 200 年遇暴雨持续 1 小时产生总径流量，即人工湖泊蓄水量 Q_2 为，

$$Q_1 = Q_2 = 1.25 \cdot \left(3\ 600 \cdot C \cdot A \cdot t \frac{q_T}{1\ 000}\right)$$

$$= 1.25 \times (0.57 \times 1145 \times 103.11 \times 10^6) = 8.4 \times 10^6 (m^3)$$

同理得设计人工湖蓄水量（表 3）。

表3 人工湖蓄水量 单位：$10^6 m^3$

时段	200年遇设计	100年遇设计	50年遇设计
1 h	8.4	7.8	7.0
6 h	16.4	14.8	13.3
24 h	26.9	23.9	20.8

根据表3可以得到设计标准为200年一遇的人工湖蓄水量为$26.9\times10^6\ m^3$，此湖可起到调蓄府河中上游洪水的作用。

成都地势平缓，通常人工湖防洪水位设计深度不超过3 m，而设计蓄水量为$26.9\times10^6\ m^3$的人工湖大约占地8.97 km^2。如将人工湖用作城市供水或防止地下水位下降设施，人工湖水位深度可达到15～20 m，若汛期的湖水防洪水位能达至15 m，防洪能力可提高5倍，并可将湖水的面积减到1.8 km^2。不仅长期有效解决了洪灾的问题，也解决了地下水位补充、城市用水和维持生态环境等系列性问题。

4.2 南河上游的清水河（龙爪堰）人工湖泊的估算

表4为南河上游各段数据，人工湖选址于龙爪堰。因南河市中心段200年一遇洪水已整治达标。按上述方法可得出容量为$24.9\times10^6\ m^3$，则人工湖面积仅需1.66 km^2。

表4 清水河段集雨面积统计

控制断面	集雨面积/km^2	各种频率的洪峰流量/（m^3/s）		
		200年一遇	100年一遇	50年一遇
清水河外环路大桥	79.37	313	286	260
清水河龙爪堰	141	498	451	404

一般情况下，成都平原24小时雨量超过100 mm，望江楼水文站相应流量超过400 m^3/s时，成都市区即“有洪有灾”。本文设想实施后府河、南河上游洪水经人工湖调蓄后可减小洪水流量600 m^3/s，可将望江楼水文站和华阳水位站200年一遇洪峰流量削减到50年一遇以下的水平。

换言之，望江楼水文站和华阳水位站50年一遇的设施可防200年一遇的洪水，目前达到200年一遇设施则能够达到“长效”效果。成都市地形自西北向东南倾斜，人工湖所蓄洪水可同时降低东风渠、沙河洪水压力，使成都东南部包括该市数百家大中型企业存量资产近300亿元的区域内“有洪无灾”，其经济效益可想而知。

5 长效技术的讨论

本文仅以成都市突发暴雨时的防洪、减灾为例作了简单的说明，其结果是初步的，但显示的效果是明显的。尽管按演化科学的观点，不会有绝对的长效问题，但这里的长效技术概念是针对第一推动体系的强力抗衡观念提出的。之所以称为“演化工程”，也是为强调不依赖强力的抗衡技术实施工程，而是依顺其自然的“借力泄力”或以转移能量方式维护工程。所以“长效技术”作用绝不限于防洪。在如何应对固体的扭切力、流体的阻力和物体的塌落或坍缩等问题，其作用都不是传统的惯性系数量分析方法所能替代的。或者说在工程设计估算过程中，目前数量分析中的非规则算法，在某种程度上可引入“演化工程”中，使方法变得简单或实用。

5.1 长效防洪技术与“顺水之性，因势疏导”

“顺水之性，因势疏导”实质上就是搅动能守恒律原理和技术在洪水运行问题上的具体体现。早在4 000多年前的古代中国，就已经知道可通过第二环流（间接环流）转移或传递物质或能量，以容纳和分散式传递的方式实现了有效的防洪、减灾。几千年的实践已证实其“长效性”，并取得了在大江大河统一调度和实施的宝贵经验。本文仅针对近年来“年年洪水，年年灾”的现实，从搅动能守恒的角度说明演化工程的有效性。形式上是“老生常谈”，实质却是希望使人们认识观念发生重大改变。我们认为“年年洪水，年年灾”的情况，应当是当代科学体系遗留的后患。

5.2 城市人工湖与地下水

随城市的国际都会化，地下水位下降已是目前被普遍关注的问题，尤其是如何解决沿海城市因地下水位的下降所导致海水的地下“入侵”问题已成为沿海城市面临头的等大事，并且已经迫在眉睫。然而其实这是仅需构造“顺水之性”的“第二环流”就可轻易地化解于“一念之间”的简单问题，关键是观念的改变。

5.3 “演化工程”问题

传统的数量分析体系，为产品、工程设计提供了一套较系统的方法。但因其是建立在物质不损坏前提下，以强力抵抗的“振动”泄力方式转移能量，忽略了自然界是以旋转的改变物质结构的方式传递物质和转换能量的。所以，真正做到防洪、减灾，无须使用“以硬对硬”的强力抗争，而要以“借力打力”的方式传输物质和转移能量。300年来的数量分析体系没有涉及演化问题，也限制了科学的进展。物质因其旋转性而导致其演化性是不可避免的，为此以强力“抵抗演化”，即“水来土囤”（至少是对大江河）是行不通的。

“演化工程”的实质，是强调并明确物质演化原理，并在演化的前提下研究如何应对“化灾为利”的理论和技术。简言之，“演化工程”是以顺其自然的旋转方式转移其破坏性，而不是违背自然规律的“对抗”物质损坏性的工程体系。

致谢

本工作的原始创意来自欧阳首承教授，感谢他对本文提出重要的修改意见。

参考文献

[1] 欧阳首承，等. 走进非规则 [M]. 北京：气象出版社，2002.
[2] OuYang，S C，Lin Y，Wang Z，et al.. Evolution Science and Infrastructure Analysis of the Second Stir [J] . Kybernetes，2001，30 (4)：463 – 479.
[3] OuYang，S. C，Lin Y，Wang Z，et al.. Blown – Up theory of evolution science and fundamental problems of the first push [J] . Kybernetes，2001，30 (4)：448 – 462.
[4] 陈刚毅，欧阳伯嶙，袁东升，等. 系统的稳定性与演化性——搅动能守恒律意义和作用的引伸性讨论 [J] . 中国工程科学（待刊）.
[5] 李长安. 长江洪水资源化思考 [J] . Earth Science – Journal of China University of Geosciences，2003，28 (4)：461 – 466.
[6] 陆德福. 美国21世纪洪泛区管理 [M]. 郑州：黄河水利出版社，2000.
[7] 陈进，王健. 长江与黄河历史洪水对比 [J]. Journal of Yangtze River Scientific Research Institute，2009，19 (4)：39 – 41.
[8] 成都市城市防洪规划报告（2001—2020年）（内部）.
[9] 汪慧贞，李宪法. 北京城区雨水入渗设施的计算方法 [J]. 中国给水排水，2001 (11)：37 – 39.

作者简介：陈刚毅，成都信息工程大学教授，四川省高校人文社科研究基地“气象灾害预测预警与应急管理研究中心”学术委员会委员；刘思齐，成都信息工程大学管理学院硕士研究生；游娜，成都信息工程大学管理学院教师。

四川省滑坡灾害气象预警模型建立与验证①

李云君[1]　刘志红[1]　吕远洋[2]　柳锦宝[1]　王平[3]

（1. 成都信息工程大学；2. 北京华云星地通科技有限公司；3. 广安市气象局）

摘要： 四川省滑坡灾害严重，特别是2008年发生地震灾害之后，灾情显著加剧，如何预防滑坡灾害是事关保护人民生命财产安全的重要问题。滑坡灾害的预警模型研究是滑坡灾害预防领域的核心课题。文章研究内容主要分为两个部分：①四川省滑坡灾害危险性评价。本文以确定性系数的方法量化坡度、地形起伏度、地质岩性、植被覆盖度、地震烈度和年均降雨量因子，建立逻辑回归模型，定量地进行四川省滑坡灾害危险性区划，并对结果进行验证。结果表明，四川省滑坡灾害高危险性区域主要呈“Y”字形分布，此外，川中、川东北地区滑坡灾害危险性也非常高，这与四川省滑坡灾害的空间分布情况相符。②滑坡灾害气象风险预警模型研究。在前期滑坡灾害与降雨量统计分析、滑坡灾害危险性评价的基础上，以滑坡灾害危险性评价为静态因子，日降雨量数据为动态因子，通过逻辑回归模型，以当日降雨量概率化值、滑坡灾害危险性值、前一日降雨概率化值、前两日降雨概率化值、前三日降雨概率化值为临灾模型影响因子，各因子对预警结果影响程度按上述顺序递减，建立了地质—气象耦合的临灾气象预警模型。通过检验区数据对模型的检验表明，该预警模型能成功预警80%以上的滑坡灾害；通过滑坡灾害群发个例检验发现，该预警模型与四川省现用模型相比，预警区域明显减小，空报率和漏报率大大降低。

关键词： 四川省；滑坡灾害；逻辑回归；显示预警模型；气象预警

1　引言

基于气象因素的地质灾害区域预警方法主要分为三大类，即隐式统计预警方法、显示统计预警方法和动力预警方法[1]。隐式统计预警方法以降雨为单一触发机制，核心内容是对降雨阈值的确定，不能表达地质环境对滑坡灾害的影响，对于地质环境复杂的地区，该方法不能满足实际需求。动力预警方法是依据物理机制的预警模型，主要根据降雨前、降雨过程中和降雨后降水入渗斜坡坡体内的动力转化机制，描述在整个过程中斜坡坡体内地下水动力作用变化与斜坡坡体状态及其稳定性

① 本文是第十一届“生态·旅游·灾害——2014长江上游生态保护与灾害管理战略论坛”文章。

的对应关系。该方法尚处于对试验场地或单个滑坡区的研究探索阶段。显示统计预警方法将地质环境因素与降雨参数等迭加建立预警模型，充分考虑了预警区域的地质环境因素，比较适用于地质环境模式比较复杂的区域。

四川省早期的滑坡灾害预警模型主要为隐式统计预警模型，仅考虑降水因素，以降水阈值作为滑坡灾害预警的唯一标准进行小尺度预警预报；而后，采用专家打分的方法，对以往的隐式预警模型进行了改进，虽然模型预警精度有所提高，但该方法存在主观性较强、精度较低等缺点，仍不能满足业务要求。

综上所述，以往对四川省滑坡灾害预警模型的研究虽取得了一定的成果，但受滑坡灾害灾情数据不完整，地质数据、降水数据精度差的限制，缺乏针对全省范围、地质—气象因素耦合、更客观、更精细化的地质灾害预警模型[2-4]。

本文全面收集了2008—2013年滑坡灾害灾情数据、30 m分辨率DEM数据、包含加密雨量站和区域气象站在内的小时降水数据等资料，基于目前应用最广泛、适用性最强的显式统计滑坡灾害预警模型[1]，从提高滑坡灾害危险性评价精细化程度，更客观、合理地确定降雨量与滑坡灾害发生概率的关系两个方面出发，建立好报预警模型，力求提高预警精度，限制空报率和漏报率，从而提高滑坡灾害气象预警准确率。

2　数据与方法

2.1　数据来源

本文选取国内外研究中普遍适用[5-11]的地形因子、地质因子和气象因子作为静态评价指标，以滑坡灾害发生当日降水量和前期累积降水量作为动态指标，结合四川省环境特征，重点使用坡度、地形起伏度、地质岩性、地震烈度、植被覆盖指数、年均降雨量、日降水量等因子建立显式滑坡灾害预警模型。本文收集整理数据如表1所示。根据原国土资源部《县（市）地质灾害调查与区划基本要求》中的实施细则，地质灾害预警最佳单元为1～3 km，因此本研究经ArcGIS软件重采样，每个影响因子数据分辨率统一为1 km。

表1　模型数据整理

数据类型	名称	时间	来源	备注
文本数据	四川省滑坡灾害灾情数据	2008—2013年	四川省地质环境监测总站	共9 354个
	四川省降水数据	2008—2013年	四川省气象台	h
矢量数据	四川省水文地质岩性数据	1981年	四川省环境科学研究院	1∶20万（53 m）

续表

数据类型	名称	时间	来源	备注
栅格数据	四川省 DEM （数字高程模型）	2009 年	地理空间数据云 （http：//www. gscloud. cn/）	30 m
	四川省 NDVI （归一化植被指数）	2000—2011 年	地理空间数据云 （http：//www. gscloud. cn/）	250 m
	四川省地震烈度	2010 年	四川省地质环境监测总站	3 000 m

2.2 研究方法

显式统计预警方法充分反映了预警地区地质环境要素的变化，可以通过不同的耦合手段，灵活地调节地质因子和降水因子的权重系数，随着调查研究精度的提高能相应地提高地质灾害的空间预警精度[12]。

逻辑回归模型[13]：是半定量的多元统计分析方法，用于解决不连续变量的特殊对数线性模型，国内外多位专家学者的研究表明逻辑回归模型在地质灾害研究中具有假设简单、限制条件少、操作简单、能自动筛选影响因子等明显优势，并且解决了二元模型未考虑的地质灾害因子相互依赖的问题[14,15]，对同一地区的地质灾害危险性评价或预警所需计算量比支持向量机、人工神经网络法小，结果准确率较其他方法更高。本文选取逻辑回归模型作为显式地质灾害预警模型中地质灾害危险性评价和地质—气象因子耦合的基本方法。

逻辑回归模型建模方法如下：

$$Z = \ln\left(\frac{p}{1-p} = A + B_1X_1 + B_2X_2 + \cdots + B_nX_n\right) \tag{1}$$

$$p = \frac{\exp(Z)}{1 + \exp(Z)} \tag{2}$$

式中，p 为地质灾害发生概率，取值为［0，1］；（$1-p$）为地质灾害不发生的概率；X_1，X_2，…，X_n是影响地质灾害发生的因子；B_1，B_2，…，B_n是各影响因子对应的逻辑回归系数。

在解决地质灾害问题中，逻辑回归模型受异质数据同化方法的限制[16]。本文分别选用确定性系数（CF）方法[17-18]和降雨量概率化的方法解决地质灾害危险性因子和日降雨量因子异质数据同化的问题。

3 滑坡灾害危险性评价

滑坡灾害危险性评价是在查清滑坡灾害活动历史、形成条件、变化规律与发展趋势的基础上，确定滑坡灾害发生的潜在可能性的大小，是显式滑坡灾害预警的基础。

3.1　滑坡灾害危险性区划

在采用二元回归模型进行滑坡灾害的危险性评价时，需要解决两个主要问题。一个是滑坡影响因子的选择。本文选定了坡度、地形起伏度、植被覆盖度、年均降雨量、地质岩性和地震烈度6个影响因子。

另一个是滑坡因子的量化问题，即异质数据类型的合并问题。本文采用确定性系数（CF）法作为滑坡因子量化的方法。

将剔除误差数据后的8 761条有效滑坡灾害历史灾害记录分为建模数据（占总记录的70%）和检验数据（占总记录的30%）。根据张锡涛[19]、常鸣[20]的研究，地质灾害点影响范围在2 km内，本文建立地质灾害点3 km缓冲区，利用ArcGIS软件空间分析功能、矢量数据工具集等功能在缓冲区外随机生成与有效地质灾害点相应数量的未发生地质灾害点。

使用ArcGIS软件栅格数据提取工具提取地质灾害发生点和未发生地质灾害点致灾因子CF值，以地质灾害是否发生为因变量，坡度、地形起伏度、地质岩性、植被覆盖度、年均降水量和地震烈度CF值为自变量在SPSS软件中建立逻辑回归模型。

逻辑回归模型通过对因子相关性的分析，判断因子间相互依赖的程度，分析发现，坡度与地形起伏度相关性超过0.5（见表2），二者相互依赖性较高，应合并为一个因子，故本研究只保留坡度因子进行建模。

表2　因子间相关性

	地震烈度	地质岩性	坡度	地形起伏度	年均降雨量	植被覆盖度
地震烈度	1.000	-0.001	-0.008	-0.011	-0.281	0.014
地质岩性	-0.001	1.000	0.011	0.032	-0.152	-0.016
坡度	-0.008	0.011	1.000	0.610	0.015	0.097
地形起伏度	-0.011	0.032	0.610	1.000	0.012	0.083
年均降雨量	-0.281	-0.152	0.015	0.012	10.000	-0.310
植被覆盖度	0.014	-0.016	0.097	0.083	-0.310	1.000

多次随机生成未发生地质灾害点并循环建模，似然比检验-2LL值无明显变化，卡方检验结果较小，说明模型结果稳定；Cox & Snell R^2 超过0.4，Nagelkerke R^2 超过0.5，表明模型总体拟合度较好；各因子均通过显著水平为0.05的Wald检验，且因子间相关系数很小，相互独立；模型对地质灾害发生的预测准确率达到78.9%。

最终确定地质灾害危险性评价模型如下：

$$H = \frac{\exp\left(-0.343 \times X_1 + 1.774 \times X_2 + 0.742 \times X_3 + 1.216 \times X_4 + 1.458 \times X_5 - 0.144\right)}{1 + \exp\left(-0.343 \times X_1 + 1.774 \times X_2 + 0.742 \times X_3 + 1.216 \times X_4 + 1.458 \times X_5 - 0.144\right)} \tag{3}$$

式中，H 为地质灾害危险性值；X_1为地质岩性 CF 值；X_2为年均降水量 CF 值；X_3为植被覆盖度 CF 值；X_4为地震烈度 CF 值；X_5为坡度 CF 值。

通过 ArcGIS 空间分析功能获得地质灾害危险性区划：以 0.1 为间隔，将四川省滑坡灾害危险性分为 10 级，从分类后的结果可以明显看出，四川省滑坡灾害危险性超过 0.8 的主体区域呈“Y”字形分布在四川盆地西缘和盆地西北部龙门山断裂带附近、川西凉山州中部鲜水河断裂带附近以及雅安市西部和东部，川东北巴中、南充、达州也是滑坡灾害高危险区集中分布的区域；滑坡灾害危险性在 0.4 ~ 0.8 的区域主要分布在除四川盆地外的川东大部分区域，川东南泸州市、宜宾市大部分区域，川西凉山州中部、攀枝花北部，甘孜州鲜水河断裂带附近，川西高山高原区也有零星分布；川西大部分区域、川北若尔盖湿地保护区、四川盆地地区滑坡灾害危险性小于 0.4，不易发生地质灾害。

3.2 评价结果的合理性验证

滑坡灾害危险性分区面积占比及检验区灾害点占比如图 1 所示，四川省滑坡灾害危险性在 0.1 ~ 0.2（2 级）的区域的面积最大，占全省面积的 22%，随滑坡灾害危险性增加面积呈减小趋势，危险性在 0.4 以上各区间面积波动很小，约占全省面积的 5%。提取检验区历史灾害点滑坡灾害危险性值，各级危险性灾害点数量比例如图 1 所示，灾害点危险性在大于 0.9 区间达到峰值，占总灾害数的 35%，随滑坡灾害危险性降低，灾害点数量迅速减少，危险性在 0.4 以下的历史灾害很少，只占总灾害数的 6% 左右，危险性大于 0.8 的区域仅占四川省面积的 20%，但 71% 的灾害点都集中在这一区域，这一特点与实际情况相符；滑坡灾害危险性大于 0.9 的区域仅占四川省面积的 5%，但 35% 的历史灾害点分布于这个区域内，达到精确的目的。

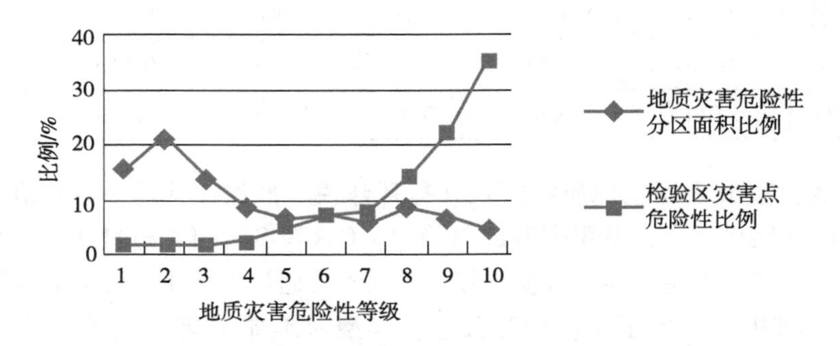

图 1　滑坡灾害分区面积及检验区灾害点危险性比例

同时以 ROC 曲线检验滑坡灾害危险性评价模型对滑坡灾害发生的敏感性，可得到曲线下面积达到0.819，同样说明该模型对滑坡灾害是否发生敏感性很高，能达到提高滑坡灾害预警准确性的目的。

从四川省滑坡灾害空间分布来看，主要有两个显著特征，一是条带状分布的特点，这与四川省地震烈度分布间有强烈的呼应关系，沿龙门山断裂带、安宁河断裂带和龙泉山脉呈条带状分布的特点尤其明显；二是川东北地区滑坡灾害有群发性特征，体现为川东北地区滑坡灾害密度远高于其他地区。滑坡灾害规模级别空间上呈条带状分布和川东北集中性分布的特征极为明显，特大型滑坡灾害主要分布在龙门山断裂带、零星分布在安宁河断裂带附近，集中分布在川东北巴中、南充、达州三市。上述分布特征在模型结果中都得到了较好的表现。

4　滑坡灾害气象风险预警模型建立

在滑坡灾害危险性区划的基础上，以降雨量作为诱发因子建立地质—气象耦合的预警模型，研究发现降雨是滑坡灾害诱发的最主要因素，但是不同雨型的降雨诱发滑坡灾害的机制具有明显的差异性，一直以来确定累积降雨量时数是滑坡灾害气象预警的一个难点。逻辑回归模型可以通过显著性检验，自动去除相关性差的因子解决了这一问题。

4.1　滑坡灾害与降雨量统计分析

本文通过对2008—2013年有准确降水量的7 872个历史滑坡灾害点当日和前期降水量进行统计，初步确定滑坡灾害发生当日、前期降水量的规律。如图2所示，有5 160个（约占总滑坡灾害的65%）历史灾害当日降水量对累积降水量（7日累计降水量，下同）的贡献超过40%，其中1 395个（约占总滑坡灾害的18%）历史灾害当日降水量对累积降水量的贡献率超过80%，说明四川省滑坡灾害受当日降水量影响很大，历史灾害点的当日降水量在100～200 mm频次最多；有2 093次滑坡灾害（约占总滑坡灾害的27%）前一日降水量对累积降水量的贡献率超过40%，滑坡灾害次数随降水量贡献率增大而减少，近50%的滑坡灾害前一日降水量超过50 mm，说明四川省滑坡灾害同样受前一日降水量影响。

约7%的滑坡灾害前两日、前三日、前四日降水量对累积降水量的贡献率超过40%，前两日、前三日、前四日降水量集中分布在25 mm之下，说明四川省滑坡灾害与前两日、前三日、前四日降水有一定的关系，但是相关性较小；由此为了节约计算成本，本文只提取滑坡灾害的当日降水和前四日降水建立滑坡灾害预警模型。

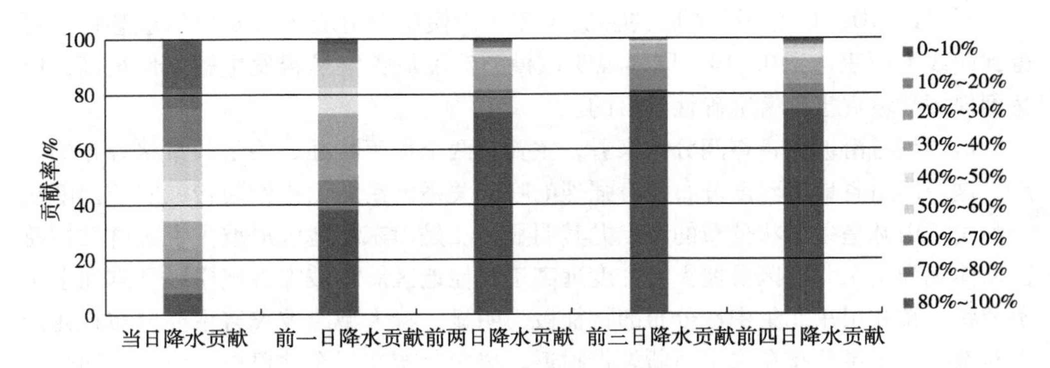

图 2　滑坡灾害发生当日及前四日降水对累积降水量的贡献

4.2　滑坡灾害气象预警模型

本文基于四川省近 4 000 个区域自动站小时降水数据，提取距历史灾害点最近的雨量站日降水量平均值，保证了滑坡灾害发生当日、前一日、前两日、前三日、前四日降水量的准确性。经处理后得到有准确降水量的历史灾害点 7 130 个，其中 4 991 个灾害点（70%）为建模数据，2 139 个灾害点（30%）为检验数据。以滑坡灾害危险性作为静态因子，概率化的降水量作为动态因子，滑坡灾害是否发生作为自变量建立逻辑回归模型，如表 3 所示，前三日、前四日概率化降水量未通过显著性检验，已剔除。

表 3　方程中的变量

因子	偏回归系数	标准误差	检验因子	自由度	显著性检验	exp（*B*）：OR
滑坡灾害危险性	3. 589	0. 130	791. 509	1	0. 000	33. 048
当日降水量概率化值	11. 545	0. 368	1 053. 980	1	0. 000	133 175. 572
前一日降水量概率化值	9. 748	0. 648	250. 309	1	0. 000	31 081. 809
前两日降水量概率化值	14. 302	1. 190	159. 988	1	0. 000	3 668 158. 024
Constant	-4. 310	0. 109	1 739. 165	1	0. 000	0. 011

剔除前三日、前四日概率化降水量后重新建模，根据 SPSS 分析得到的结果，Cox & Snell R^2 为 0. 54，Nagelkerke R^2 为 0. 72，表明模型总体拟合度很高；各因子均通过显著水平为 0. 05 的 Wald 检验，且因子间相关系数很小，相互独立；模型对滑坡灾害发生的准确预测率达 82. 3%。建模结果如下：

$$p=\frac{\exp\left(3.589\times H+11.545\times D_0+9.748\times D_1+14.302\times X_2-4.31\right)}{1+\exp\left(3.589\times H+11.545\times D_0+9.748\times D_1+14.302\times X_2-4.31\right)} \tag{4}$$

式中，D_0为滑坡灾害发生当日降水概率化值；D_1为滑坡灾害发生前一日降水概率化值；D_2为滑坡灾害发生前两日降水概率化值；p为滑坡灾害发生概率，p越接近于1说明滑坡灾害发生的确定性越高。

各因子Wald值如表4所示，结果表明，当日降水量对滑坡灾害预警值影响最大，其次是滑坡灾害危险性，再次是滑坡灾害发生前一日降水量，滑坡灾害发生前两日降水对预警结果影响最小。该结果表明四川省滑坡灾害受集中性强降水影响较大，这与四川省降水特征吻合，从降水的角度验证了四川省滑坡灾害高发的原因。

表4　因子Wald值

因子	Wald
滑坡灾害危险性	791.509
当日降水量概率化值	1 053.980
前一日降水量概率化值	250.309
前两日降水量概率化值	159.988
Constant	1 739.165

4.3　预警结果验证

通过检验数据对预警模型结果进行验证（表5），有80%的滑坡灾害能成功预警，其中30%的滑坡灾害预警结果大于0.75，有18%的滑坡灾害预警结果大于0.99；有90%的特大型、大型滑坡灾害能成功预警，其中40%的特大型、大型滑坡灾害预警结果大于0.75，12%的特大型、大型滑坡灾害预警结果超过0.99。与现阶段四川省运行的概率化预警模型41%的预警准确率相比，漏报率大大减小。

表5　模型验证统计

p	滑坡灾害预警比例/%	大型、特大型滑坡灾害预警比例/%
≥0.5	80	90
≥0.75	30	40
≥0.99	18	12

滑坡灾害预警应达到空报率与漏报率的平衡，本研究针对未参与建模的群发性滑坡灾害个例检验模型的空报率和漏报率。据统计，2013年7月10日有群发性滑坡灾害在川东北地区发生，原有概率化模型预警结果与逻辑回归模型预警比数结果显示：原有概率化预警模型三级预警区几乎覆盖四川省中部、西北部所有区域，但这些区域并没有滑坡灾害发生，空报率非常大；二级预警区在西南区域出现误差，给实际预警工作的开展造成极大的不便；没有一级预警区，对当日大型、特大型滑坡灾害强度的预警准确性很低。而逻辑回归模型三级预警区相对集中；三级预警区

面积较小，能包含当日所有滑坡灾害点，同时限制了空报率；二级预警区主要集中在滑坡灾害群发区，包含了所有的大型、特大型滑坡灾害，提高了滑坡灾害强度预测水平；一级预警区面积很小但集中分布于大型、特大型滑坡灾害附近，对实际预警工作的开展起到了很好的指导作用。

5 结论与展望

本研究在国内外滑坡灾害预警模型的基础上，结合四川省地质岩性特征、降雨特征以及两者的相关性分析，建立基于逻辑回归模型的滑坡长期监测预警模型和滑坡危险性区划，构建面向四川全省的显示滑坡灾害临灾气象预警模型，并对预警模型的结果进行验证，主要得到以下结论：

（1）四川省滑坡灾害具有明显的空间分布特征，具体表现为沿龙门山断裂带、鲜水河断裂带、安宁河断裂带呈带状分布，在川东北地区呈集群性分布。

（2）当日降雨量对诱发滑坡灾害的贡献量最大，前一日次之，随着日期前移，降雨量对滑坡灾害发生的影响减弱。

（3）使用确定性系数的方法量化致灾因子，可建立致灾因子和滑坡发生与否的逻辑回归模型，形成四川省滑坡灾害危险性区划。本文研究结果显示四川省滑坡灾害高危险性区域呈“Y”字形分布，此外川中、川东北滑坡危险性也非常高，这种分布与实际滑坡灾害发生情况相符。

（4）基于滑坡灾害危险性、当日降雨量、前一日降雨量、前两日降雨量因子和逻辑回归方法，建立了滑坡灾害临灾气象预警模型，通过 2 139 个灾害点的验证，模型的预报准确率达到 82%。并选取 2013 年 7 月 10 日作为个例，进行了滑坡灾害空间预警效果评价，结果表明，本研究预警模型在提高预警精度的基础上缩小了预警范围，减小了空报率，使整体预警精度有了较大的提高。

参考文献

[1] 刘传正，刘艳辉．地质灾害区域预警原理与显式预警系统设计研究［J］．水文地质工程地质，2007，34（6）：109－115.

[2] 刘艳辉，方志伟，温铭生，等．川东北地区强降雨诱发崩滑流灾害分析［J］．水文地质工程地质，2014，41（2）：111－115.

[3] 侯圣山，李昂，周平根．四川雅安市雨城区地质灾害预警系统研究［J］．地学前缘，2007，14（6）：160－165.

[4] 李媛．区域降雨型滑坡预报预警方法研究［D］．北京：中国地质大学（北京），2005.

[5] 齐信，唐川，铁永波，等．基于 GIS 技术的汶川地震诱发地质灾害危险性评价——以四川省北川县为例［J］．成都理工大学学报：自然科学版，2010，37（2）：

160 - 165.

[6] Cross M. Landslide susceptibility mapping using the matrix assessment approach: A Derbyshire case study [J]. Geological Society, London, Engineering Geology Special Publications, 1998, 15 (1): 247 - 261.

[7] 唐川，朱静. GIS 支持下的地震诱发滑坡危险区预测研究 [J]. 地震研究，2001，24 (1): 73 - 81.

[8] 陈晓利，祁生文，叶洪. 基于 GIS 的地震滑坡危险性的模糊综合评价研究 [J]. 北京大学学报（自然科学版），2008，44 (3): 434 - 438.

[9] Conoscenti C, Di Maggio C, Rotigliano E. GIS analysis to assess landslide susceptibility in a fluvial basin of NW Sicily (Italy) [J]. Geomorphology, 2008, 94 (3): 325 - 339.

[10] 唐川，朱大奎. 基于 GIS 技术的泥石流风险评价研究 [J]. 地理科学，2002，22 (3): 300 - 304.

[11] 兰恒星，伍法权. 基于 GIS 的云南小江流域滑坡因子敏感性分析 [J]. 岩石力学与工程学报，2002，21 (10): 1500 - 1506.

[12] 兰恒星，伍法权. GIS 支持下的降雨型滑坡危险性空间分析预测 [J]. 科学通报，2003，48 (5): 507 - 512.

[13] 王济川，郭志刚. Logistic 回归模型：方法与应用 [M]. 北京：高等教育出版社，2001.

[14] 许冲，徐锡伟. 逻辑回归模型在玉树地震滑坡危险性评价中的应用与检验 [J]. 工程地质学报，2012，20 (3): 326 - 333.

[15] 许冲，戴福初，徐素宁，等. 基于逻辑回归模型的汶川地震滑坡危险性评价与检验 [J]. 水文地质工程地质，2013，40 (3): 98 - 104.

[16] 刘明学，陈祥，杨珊妮. 基于逻辑回归模型和确定性系数的崩滑流危险性区划 [J]. 工程地质学报，2014，22 (6): 1250 - 1256.

[17] Heckerman D. Probabilistic interpretations for MYCIN's certainty factors [J]. arXiv preprint arXiv: 1304, 3419, 2013.

[18] Shortliffe E H, Buchanan B G. A model of inexact reasoning in medicine [J]. Mathematical biosciences, 1975, 23 (3): 351 - 379.

[19] 张锡涛，刘翔宇，谢谟文，等. 基于岩质滑坡引发泥石流的影响范围评价模型 [J]. 工程地质学报，2013，21 (4): 598 - 606.

[20] 常鸣，唐川，苏永超，等. 雅鲁藏布江米林段泥石流堆积扇危险范围预测模型 [J]. 工程地质学报，2012，20 (6): 971 - 978.

作者简介：李云君，成都信息工程大学资源环境学院硕士研究生；刘志红，博士，成都信息工程大学资源环境学院教授；吕远洋，工程师，北京华云星地通科技有限公司；柳锦宝，博士，成都信息工程大学资源环境学院硕士生导师；王平，高级工程师，四川省广安市气象局。

关于增强青藏高原及周边地区气象综合观测能力的思考[①]

李跃清
（中国气象局成都高原气象研究所）

摘要：从青藏高原对于天气、气候变化及其异常天气气候的影响出发，分析了青藏高原及周边地区气象综合观测能力的现状，指出高原气象综合观测能力是制约我国气象灾害科学与技术发展的首要问题；并进一步提出了增强青藏高原及周边地区气象综合观测能力的总体目标、重点研究方向、优先主题及其基础条件和可行性。

关键词：青藏高原；气象灾害；综合观测；思考

1 引言

青藏高原是世界上平均海拔最高、范围最大、地形最为复杂的高原，其复杂的大地形和巨大的热源作用对我国、亚洲、北半球乃至全球的天气、气候及环境变化都有着非常重要的影响。青藏高原气象状况不仅影响青藏高原及周边地区，而且会给下游广大地区都会带来暴雨风雪、干旱洪涝等严重气象灾害及多种次生自然灾害，广泛影响着生态、环境、社会安全（Yeh，1950；Bolin，1950；Yeh，1957；叶笃正等，1957；叶笃正等，1979；章基嘉等，1988；周秀骥等，1995；陶诗言等，1999；Ding et al.，2001；吴国雄等，2003；Randel et al.，2007；徐祥德，2009）。由于我国气象造成的灾害占到全部自然灾害的70%以上，并且在气候变暖的环境下，干旱、洪涝、暴雨、风雪等气象灾害日益加剧（李崇银等，2009），高原气象及其灾害影响一直都是受大气科学界关注的焦点和难点。

国内外围绕青藏高原开展了不少气象观测分析、科学试验和理论研究，如由中国科学家实施的1979年、1998年两次青藏高原大气科学试验，与日本、美国、韩国等共同开展的多次高原联合现场观测试验及科学研究，在2004年中日JICA计划中完成的高原及周边地区综合监测、资料同化、预测技术和业务应用研究等。这些工作都充分表明：青藏高原气象学及其灾害预测的每一次进展都与高原及周边地区气象观测能力的改善密切相关（徐祥德，2009）。青藏高原及周边地区气象综合观测能力的强弱已成为制约我国气象灾害科学理论与业务技术发展的首要问题。

---

① 本文是第十三届“生态·旅游·灾害——2016长江上游生态安全与区域发展战略论坛”文章。

由于气象观测在整个高原气象及其灾害预测的重大科学问题与关键技术中的基础地位，观测站网的布局与功能是最重要的。但是，由于青藏高原环境恶劣、气候复杂、生态脆弱、人烟稀少，加之高原及周边地区又是气候系统多圈层相互作用的典型区，使气象观测网站建设难度增加。目前的状况是：气象测站稀疏，代表性较差，整体布局不合理，针对性不强，且高原西北部还为空白区；观测内容单一，多为大气压、温度、湿度、风等常规要素，对热源、水汽、大气物理化学过程等特殊要素观测非常欠缺；观测规模不够，探空观测太少，观测手段不多，站网功能不完善，探测技术有限，观测精度偏低，卫星遥感应用技术亟待提高等。这些造成了青藏高原及周边地区，尤其是对我国天气气候灾害有重要影响的高原关键地区，现有观测布局及其观测能力不能满足其科学研究与业务服务的基本要求。那么，如何有效地解决这一重要的基础性问题呢？下面，本文从气象灾害预测需求方面，提出了增强青藏高原及周边地区气象综合观测能力的思路与途径。

2　总体目标

为了增强青藏高原及周边关键地区气象观测能力，笔者将总体目标定为：紧密结合气象业务研究与数值模式技术对高原气象观测的主要需求，正确认识高原及周边地区现有业务观测站网的现状，尤其是薄弱环节；分析高原及周边地区大气变化与我国重大天气气候灾害的关系，确定天气气候变化的高原影响关键区与敏感点；在此基础上，有针对性地开展点、面结合的高原及周边地区气象观测布局与技术试验，从观测地点、要素、技术方面，设计青藏高原及周边地区气象观测站网布局，扩展和改善其综合观测能力。其涉及的关键科学问题是：青藏高原及周边地区业务观测站网的功能评估与优化布局；高原及周边地区大气变化的关键物理过程与天气气候影响敏感区域；高原及周边地区气象观测布局与关键技术试验；适合研究高原及周边地区大气变化及其影响的综合观测布局设计。

3　重点研究方向与优先主题

青藏高原的存在不仅影响局地环流，还影响大范围环流和季风演化，其大地形和大气热源对于中国乃至全球的天气气候和环境都有着重要影响作用（叶笃正等，1979；章基嘉等，1988；周秀骥等，1995）。陶诗言等（1980）系统分析了中国低值系统的分布与特征，指出青藏高原地形影响下产生的西南涡等中尺度系统，是引起我国夏半年暴雨的主要原因之一。并且，在青藏高原大地形与环流的相互作用下，高原东侧复杂地形区大气边界层流场的异常变化是我国长江上游暴雨等灾害性天气的前兆信号（Li et al.，2007）。吴国雄等（1998；1999）指出青藏高原的感热加热，是造成东亚环流季节突变的重要原因，并驱动着亚澳季风，高原“感热抽吸气泵”在调制东亚季风及全球气候中起着重要作用。徐祥德等（2002）得到青藏高原是形成东亚季风区水汽分布非均匀特征的重要因素的结论，其作为南北热量和水汽交换的巨大屏障，对来自低纬海洋的远距离水汽输送起着“转运站”的作用，并与中国和东亚旱涝异常有密切的关系。青藏高原是我国和东亚灾害性天气的前兆信号区，干旱与洪涝灾害的上游敏感区，也是气候变化的重要关键区。如何准确地认识这些天气气候变化影响的关键区与敏感点，并构建有效、合理的综合观测系统及数据应用分析平台是非常必要的。

但是，由于青藏高原及周边地区观测站网布局待优化，功能不完善，高原西部，尤其是一些天气气候变化关键区基本观测资料缺乏，现有部分资料分辨率低、代表性差，目前高原及周边地区观测站网还难以很好地反映高原大气的基本状态与重要变化；对于高原及周边地区热源、水分、大气系统的观测能力极为薄弱；获取高原及周边地区大气影响重点区域和关键变化的基本信息存在困难。由此造成了青藏高原影响大气环流、天气气候的基础数据不充分，高原气象观测资料使用价值低，研究成果可靠性不高，存在较大不确定性，难以在实际业务中应用，这成为制约我国气象科技研究与业务应用的一个主要瓶颈问题。因此，提升青藏高原及周边关键地区气象观测能力的重点研究方向应该是：认识青藏高原及周边地区天气气候变化影响关键区与敏感点。

（1）预期目标。通过评估检验、科学试验和分析研究，进一步认识高原及周边地区大气热力、水汽和环流变化的基本特征及其天气气候影响，揭示青藏高原及周边地区天气气候变化影响的关键区和敏感点，在布局试验的基础上，设计基于敏感点与关键区点、面结合的，科学合理的高原气象综合观测系统，为改进和完善高原及周边地区气象观测站网提供物理基础和建设依据。

（2）关键科学问题。青藏高原及周边地区大气变化的主要特征及其天气气候学意义；基于高原影响的灾害性天气气候异常的关键区与敏感点；高原及周边地区站网分布、观测要素、仪器配置科学合理的综合观测优化布局。

（3）研究内容。在已有研究基础上，深入分析青藏高原及周边地区大气热源、水汽、环流的三维结构和变化特征及其与我国天气气候异常变化的联系，分析确定意义明确、关系稳定、影响显著的我国天气气候变化的高原上游关键区和敏感点，研究设计优化青藏高原及周边地区气象综合观测站网布局。

（4）研究主题。高原及周边地区大气时空分布特征及其观测、高原及周边地区大气变化异常影响及其观测、高原及周边地区大气热源与天气气候的关系及其观测、高原及周边地区水汽循环与天气气候的联系及其观测、高原及周边地区大气系统活动对天气气候的影响及其观测五个主题。

①高原及周边地区大气时空分布特征及其观测：收集、整理青藏高原及周边地区常规地面与探空、卫星、再分析和加密试验等资料，更系统、全面地分析高原及周边地区大气的基本特征及其时空变化，准确掌握高原及周边地区大气压、温度、

湿度、风等基本状况的空间分布特征与时间演变规律，重点是大气热源、水汽、环流的三维结构随时间的变化，在此基础上，评估高原及周边地区现有观测站网对高原大气的基本观测能力，研究调整、补充的优化布局。

②高原及周边地区大气变化异常影响及其观测：应用高原及周边地区地面与探空、卫星、再分析等观测资料，分析高原及周边地区大气变化过程与不同区域、纬度和层次大气变化的关系，研究高原及周边地区大气压、温度、湿度、风等变化对下游地区大气异常的影响，揭示高原及周边地区与下游大气变化的联系（如遥响应、遥相关等过程与联系），尤其是对我国天气气候异常的主要影响，如影响的分布格局与异常程度，在数值模拟与科学试验的基础上，评估高原及周边地区现有观测站资料网对下游大气变化可能的指示作用，研究调整、补充的优化布局。

③高原及周边地区大气热源与天气气候的关系及其观测：通过常规观测、再分析和卫星遥感等资料，分析高原及周边地区大气感热、潜热变化与下游我国广大地区大气过程的各种联系，尤其是与干旱少雨、暴雨洪涝、高温热浪、低温雨雪等灾害的关系，寻求高原热源影响灾害性天气气候的重要区域，确定高原及周边地区大气热源天气气候变化影响的关键区与敏感点，开展数值模拟与科学试验，分析验证高原热源影响重要区域的分布位置、基本要素及其设备技术，在此基础上，研究高原及周边地区大气热源的观测优化布局。

④高原及周边地区水汽循环与天气气候的联系及其观测：通过常规观测、再分析和卫星遥感等资料，分析高原及周边地区水汽循环变化与下游我国广大地区水汽收支、干旱少雨、暴雨洪涝等现象与过程的各种关系，寻求高原水汽循环变化影响灾害性天气气候的重要区域，确定高原及周边地区大气、水汽、天气气候变化影响的关键区与敏感点，在数值模拟与科学试验的基础上，分析验证高原及周边地区水汽循环影响天气气候变化的主要输送通道、循环收支重点区、辐合（散）区，并研究基于这些重要区域的高原及周边地区大气水汽的观测优化布局。

⑤高原及周边地区大气系统活动对天气气候的影响及其观测：通过常规观测、再分析和卫星遥感等资料，分析高原及周边地区高原涡、切变线、西南涡、南亚高压等系统活动与下游我国广大地区干旱洪涝、持续性强降水、低温冰冻雨雪等灾害的各种关系，寻求高原天气气候系统影响灾害性天气气候的重要区域与关键信号，确定高原及周边地区大气系统天气气候变化影响的关键区与敏感点，应用数值模拟与科学试验，进一步分析和验证高原及周边地区大气系统影响天气气候变化的主要活动源地、移动路径和生存消亡区，并研究高原及周边地区主要影响区域大气系统活动的观测优化布局。

技术路线是：结合常规、卫星、科学试验和再分析等资料，系统分析高原及周边地区大气压、温度、湿度、风等状况的基本特征及其时空变化，深入研究高原及周边地区大气重要变化对下游地区的异常影响，由此分析高原及周边地区天气气候变化影响的关键区与敏感点，重点围绕天气气候系统活动、水汽循环、大气热源等开展专项观测布局与技术试验，确定高原及周边地区天气气候变化影响的关键区与敏感点，在对现有观测站网评估的基础上，设计高原及周边地区基于大气变化主要过程及其重要影响的综合观测优化布局。

4 基础条件与可行性

目前，国际大气科学技术已进入一个新的时代，构建多时空、多手段、高精度、多要素一体化的综合观测平台是一个重要的趋势。由于电子技术、探测技术和信息技术的进步，气象观测新技术、新方法不断出现，雷达、卫星观测大量应用，地基和空基有机结合，极大地推动了气象观测在时空、手段、精度、要素等方面的发展。20 世纪 90 年代世界气象组织（WMO）等发起了“全球气候观测系统（GCOS）计划”，21 世纪初，我国制定了《中国气候观测系统实施方案》，完成了“中国气候观测系统”总体设计（张人禾等，2008）。目前，我国气象综合观测业务系统已初具规模，已建成常规气象观测、农业气象观测、酸雨观测、沙尘暴监测、大气成分观测、雷电地闪观测的地面气象观测站，新一代多普勒天气雷达和风廓线雷达，大气本底基准站和大气成分本底站，GPS/MET 系统，极地气象观测站，中小尺度天气加密气象观测站，常规高空观测站等。并且，我国风云极轨和静止气象卫星技术水平及其地面应用系统也处于世界先进水平。

青藏高原气象学也进入了多圈层相互作用的新阶段，开展站网布局研究和观测工程建设，增强青藏高原及周边地区气象综合观测能力是其突出的标志。经过中国气象局的努力，高原及周边地区气象业务观测站网建设水平和观测技术水平不断提升，另外，我国先后开展了两次青藏高原大气科学试验，通过中日气象灾害合作研究中心项目（JICA 计划），新建了高原及周边地区 GPS 水汽无人自动气象站、边界层通量综合观测站网，促进了青藏高原及周边地区气象综合观测系统与探测技术的发展。

扩展并改善青藏高原及周边地区气象业务观测站网，重点实施增强青藏高原及周边地区天气气候变化影响敏感区域的观测，已具备了较好的基础条件，并具有实际的可行性。具体情况如下。

（1）我国青藏高原气象科学研究与业务具有较好的长期积累；在高原气象观测、高原热力、动力作用及其对大气环流和灾害性天气气候影响研究方面已有坚实的基础；对于高原热力作用、高原环流系统、高原水汽循环等变化及其影响的关键区已有初步认识，尤其是青藏高原及周边地区气象观测站网的布局理论与技术也取得了一定成果（Li 等，2015；李跃清，2011）。

（2）青藏高原及周边地区的气象观测能力已有明显改善；业务气象观测站网稳定发展，多要素区域自动气象站网覆盖面增大；科研观测站网也不断扩展，尤其是在大气边界层与陆面过程、大气环境与化学等特殊要素观测站的建设方面进展较快；针对关键区域、关键时段和关键要素开展的大气科学专项试验如大气热源、水汽、西南涡等加密观测试验（李跃清等，2012）布设的固定与移动加密观测站网，也增强了其综合观测能力。

（3）拥有开展地气系统过程观测的先进设备、技术并进行了各项前期工作；气象卫星具有红外、可见光、近红外、微波等多通道探测能力，是对地表参数定量分析的一种有效手段，卫星遥感可减小空间非均匀性和复杂度的影响；结合地面实测资料，基于卫星遥感能够计算地表辐射通量；由于微波遥感不受光照条件限制，具有一定穿透能力，在地表参数反演方面有突出优势；目前，我国已在有关数据、技术和经验等方面有较好的基础条件。

（4）从事高原气象观测与技术的人才队伍不断成长；通过不断开展高原大气科学试验，培养了一批懂得观测基本理论，掌握观测基本技术的一线科研与业务人员，也造就了不少既懂气象预报又懂大气观测的复合型人才，为高原气象观测理论与实践提供了重要的智力保障。

5　结论与讨论

（1）作为世界上自然灾害频繁、种类众多、损失严重的国家，我国气象造成的灾害占到全部自然灾害的70%以上，而青藏高原则是其重要的影响因素之一，并且这种影响日益突出。因此，青藏高原及周边地区气象综合观测能力是保障我国气象灾害科学理论与业务技术发展的首要基础问题。

（2）青藏高原及周边地区现有气象观测站网还有待优化、完善，尤其是布局不够合理，针对性不够突出，功能不够强大。一些天气、气候变化关键区基本观测资料缺乏，对大气热源、水汽、物理化学过程等特殊的观测相当欠缺。青藏高原及周边地区，尤其是对我国天气、气候灾害有重要影响的高原关键地区现有观测站网难以满足气象灾害研究与业务的基本需求。

（3）必须围绕青藏高原及周边地区的业务观测站网功能评估与优化布局、大气变化关键物理过程、天气气候影响敏感区域、气象综合观测布局技术试验、适用于高原及周边地区大气变化及其影响的综合观测布局设计等关键科技问题，增强青藏高原及周边地区气象综合观测能力，从而实现青藏高原及周边地区气象观测站网的科学布局，有效扩展和改善其综合观测能力。

（4）通过评估检验、科学试验和分析研究，揭示青藏高原及周边地区天气、气候变化影响的关键区与敏感点，是增强青藏高原及周边地区气象综合观测能力的重点研究方向。并且，应加强对青藏高原及周边地区大气变化的特征及其意义，影响天气、气候灾害的关键区与敏感点，位置、要素与设备有机结合的综合观测优化布局技术的研究。

（5）国际大气科学技术和高原气象学科的发展为增强青藏高原及周边地区气象

综合观测能力提供了一个前所未有的机遇。而且，我国青藏高原气象研究与业务的长期积累，尤其是高原及周边地区气象观测布局理论与技术的逐步发展，气象综合观测能力的明显改善，先进的地基、空基和天基探测技术的不断创新，高原气象观测与技术人才队伍的顺利成长，都为增强青藏高原及周边地区气象综合观测能力提供了坚实的基础。

参考文献

[1] Yeh T C. The circulation of the high troposphere over China in the winter of 1945 – 1946 [J]. Tellus, 1950, 2: 173 – 183.

[2] Bolin B. On the influence of the Earth's orography on the westerlies [J]. Tellus, 1950, 2: 184 – 195.

[3] Yeh T C. On the formation of quasi – geostrophic motion in the atmosphere [M]. Journal of the Meteorological Society of Japan, 1957 (the 75th Anniversary Volume): 130 – 134.

[4] 叶笃正，罗四维，朱抱真．西藏高原及其附近的流场结构和对流层大气的热量平衡 [J]．气象学报，1957，28：108 – 121.

[5] 叶笃正，高由禧，等．青藏高原气象学 [M]．北京：科学出版社，1979：278.

[6] 章基嘉，朱抱真，朱福康，等，青藏高原气象学进展，北京：科学出版社，1988：268.

[7] 周秀骥，罗超，李维亮，等．中国地区臭氧总量变化与青藏高原低值中心 [J]．科学通报，1995，40（15）：1396 – 1398.

[8] Randel W J, M Park. Deep convective influence on the Asian summer monsoon anticyclone and associated tracer variability observed with Atmospheric Infrared Sounder [J]. J Geophys Res, 2007, 111: D12314.

[9] 陶诗言，陈联寿，徐祥德，等．第二次青藏高原大气科学试验理论研究进展（一）[M]．北京：气象出版社，1999：348.

[10] Ding Y H, Zhang Y Q, Ma G Q H. Analysis of the large – scale circulation features and synoptic system in East Asia during the Intensive Observation Period of GAME/HUBEX [J]. Journal of the Meteorological Society of Japan, 2001, 79: 277 – 333.

[11] 吴国雄，孙菽芬，陈文，等，青藏高原与西北干旱区对气候灾害的影响 [M]．北京：气象出版社，2003：207.

[12] 徐祥德，青藏高原“敏感区”对我国灾害天气气候的影响及其监测 [J]．中国工程科学，2009，11（10）：96 – 107.

[13] 李崇银，黄荣辉，丑纪范，等．我国重大高影响天气气候灾害及对策研究 [M]．北京：气象出版社，2009：187.

[14] 陶诗言，等．中国之暴雨 [M]．北京：科学出版社，1980：225.

[15] Yueqing Li, Wenliang Gao. Atmospheric Boundary Layer Circulation on the Eastern Edge

of the Tibetan Plateau, China, in Summer [J]. Arctic, Antarctic, and Alpine Research, 2007, 39 (4): 708-713.

[16] 吴国雄，张永生．青藏高原的热力和机械强迫作用以及亚洲季风的爆发Ⅰ：爆发地点［J］．大气科学，1998，22（6）：825-838.

[17] 吴国雄，张永生．青藏高原的热力和机械强迫作用以及亚洲季风的爆发Ⅱ：爆发时间［J］．大气科学，1999，23（1）：51-61.

[18] 徐祥德，陶诗言，王继志，等．青藏高原—季风水汽输送“大三角扇型”影响域特征与中国区域旱涝异常的关系［J］．气象学报，2002，60（3）：257-266.

[19] 张人禾，徐祥德，等．中国气候观测系统［M］．北京：气象出版社，2008：291.

[20] Yueqing Li, Lian Yu, Baode Chen. An assessment of design of the observation network over the Tibetan Plateau based on Observing System Simulation Experiments (OSSE) [J]. Journal of the Meteorological Society of Japan, 2015, 93 (3): 343-358.

[21] 李跃清．第三次青藏高原大气科学试验的观测基础［J］．高原山地气象研究，2011，31（3）：77-82.

[22] 李跃清，徐祥德，赵兴炳．西南涡大气科学试验的观测布局理论与实践［J］．中国工程科学，2012，14（9）：35-45.

作者简介：李跃清，中国气象局成都高原气象研究所所长、研究员。

北斗卫星导航系统在山区安全中的应用①

郭曦榕[1]　李伟[2]　李怀瑜[2]　肖汉[2]　刘晶[2]
（1. 成都信息工程大学管理学院；2. 北京大学地球与空间科学学院）

摘要：北斗卫星导航系统是我国自行研制的全球卫星定位与通信系统，具有其他导航系统不具备的导航与通信相结合的优势，其特有的短报文通信功能不受自然灾害造成的地面通信、电力中断等因素的影响，能够彻底消除通信“盲区”，实现信息的全天候、全天时、全覆盖播报。本文从山区安全的应用需求出发，介绍了该系统在山区安全实时监测、预警发布、应急指挥、安全调查和保障人身安全等方面的应用，并给出了实现应用的基本框架和模式，最后通过实例展示了北斗系统在山区安全中的应用效果。

关键词：北斗卫星导航系统；山区安全；定位；导航；短报文

中国是山地大国，包括高原和丘陵在内，约有山地面积704.6万km^2，占国土总面积的73.4%[1]，山区人口占全国总人口的1/3以上[2]。因此，山区是否安全，不但直接制约着中国山区的发展，而且直接影响着国家可持续发展的长远利益。山区普遍面临着山地灾害的威胁，中国是世界上山地灾害严重的国家之一，山地灾害已经成为我国山区安全的“瓶颈”[2]，利用高新技术提升山地灾害整体防治能力为有效破解这一“瓶颈”问题提供了新的途径。近年来，利用计算机技术、网络技术、无线通信技术、空间信息技术、物联网等技术建成的山地灾害监测预警平台在维护山区安全中发挥了重要作用，也为进一步扩大信息技术在维护山区安全中的应用深度和广度奠定了基础。本文以我国正在实施的自主研发、独立运行的全球卫星导航系统——北斗卫星导航系统（BeiDou Navigation Satellite System，BDS）为核心，针对我国山区安全中存在的问题，将该系统的优势与山区安全中迫切需要解决的应用需求相结合，研究了BDS在山区安全监测、应急管理、特殊群体安全监控等方面的应用，并提出了BDS在山区安全中的应用模式和建设策略。

1　BDS在山区安全应用中的优势

山区地形崎岖、交通不便，加之山区居民居住零散，使得通信基础设施建设难

① 本文是第十二届“生态·旅游·灾害——2015长江上游灾害管理与区域协调发展战略论坛”文章。

度大，即使能够通信，也常常因为高山遮挡出现盲区，无法进行消息的互通、互联和互动。特别是在山洪、滑坡、泥石流等自然灾害发生时，常规的通信设施因受到外界因素的破坏和影响将无法正常运行，因此有必要将能够提供全天候、全天时、全覆盖、实时、准确、可靠信息服务的技术应用于山区安全监测管理和决策支持等方面，实现山区安全从监测到应急指挥的一体化联动响应。

BDS 是中国拥有自主知识产权的卫星导航定位系统，具有快速定位、短报文通信和精密授时三大功能，其中短报文通信功能（短信服务）是 BDS 最大的特点，也是区别于其他卫星导航系统的优势。[3] 当通信中断，手机等通信设备无法使用的情况下，北斗的导航和通信功能不需要其他通信系统支持，不但能让你知道时间、地方信息，还可以将自己的位置信息发送出去，使你想告知的其他人获悉你的情况，解决了何人、何事、何地的问题。因此 BDS 的导航和短报文通信功能将有效满足山区安全在监测、预警、应急救援等不同阶段对实时、准确、可靠信息的获取和通信的需求。

2 BDS 在山区安全中的应用

2.1 BDS 在山区安全中的应用框架

BDS 的功能在山区安全中的应用主要体现在山区安全监测、安全管理和安全决策三个方面。北斗的导航功能可以为山区安全管理人员及居民用户提供高精度导航与位置服务，同时通过建设兼容 BDS 的多星多模 GNSS 连续运行参考站网络，还可提供山地灾害等与山区安全密切相关的监测参数的厘米级精准测量数据，如位移、地面沉降等参数；BDS 的短报文通信功能在山区安全常规管理中主要用于传输定时监测数据，紧急状态下可传送人员的位置信息及 120 个字以内的文本，同时在应急救援过程中可实现指挥人员与搜救人员的信息互动。BDS 在山区安全中的应用流程如图 1 所示。

根据 BDS 在山区安全中的应用流程，结合山区安全的实际需要，基于 BDS 的山区安全应用框架分为感知层、接入层、网络层、应用支撑层、应用层，以及与山区安全相关的法律法规体系和标准规范体系。其中感知层主要包括物联网中的常规物理参数传感器及 BDS 传感器等进行精密测量的终端，实现对山区安全监测参数的感知；接入层主要完成各类设备的接入，重点强调各类接入方式，其中包括 BDS 终端常规的通信网络包括有线网、无线网、物联网和 BDS 终端；网络层主要是指互联网（Internet），也可根据具体情况选择内部专用网（Intranet）；应用支撑层主要指具有通用性和可重用性的功能模块集合，主要实现数据处理、数据管理、统计分析、基本 GIS 功能等；应用层是应用软件的集合，主要根据山区安全的实际需求开发的各类基于 BDS 的应用软件，包括山区安全监管系统、应急管理系统和决策支持系统等。BDS 在山区安全中的应用框架如图 2 所示。

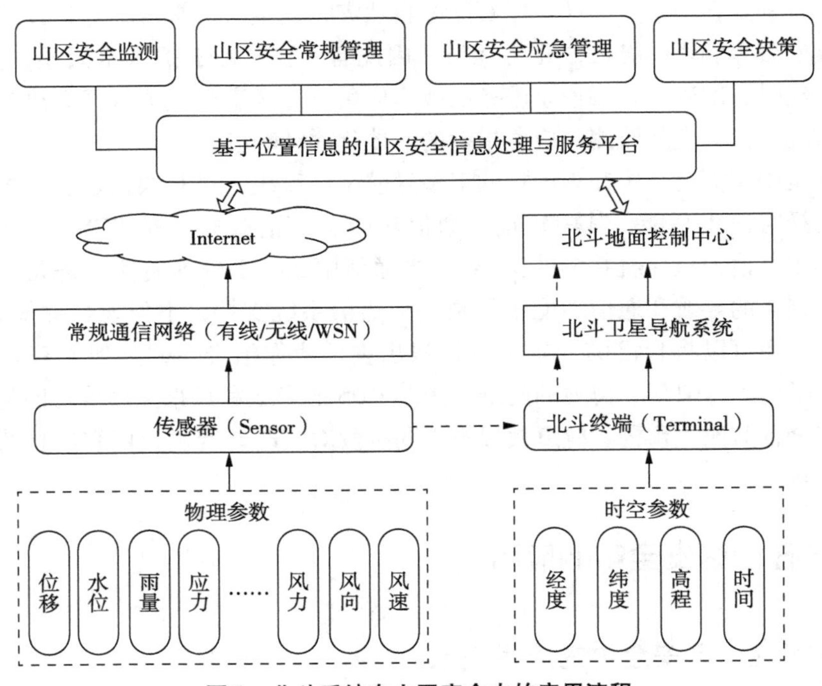

图 1　北斗系统在山区安全中的应用流程

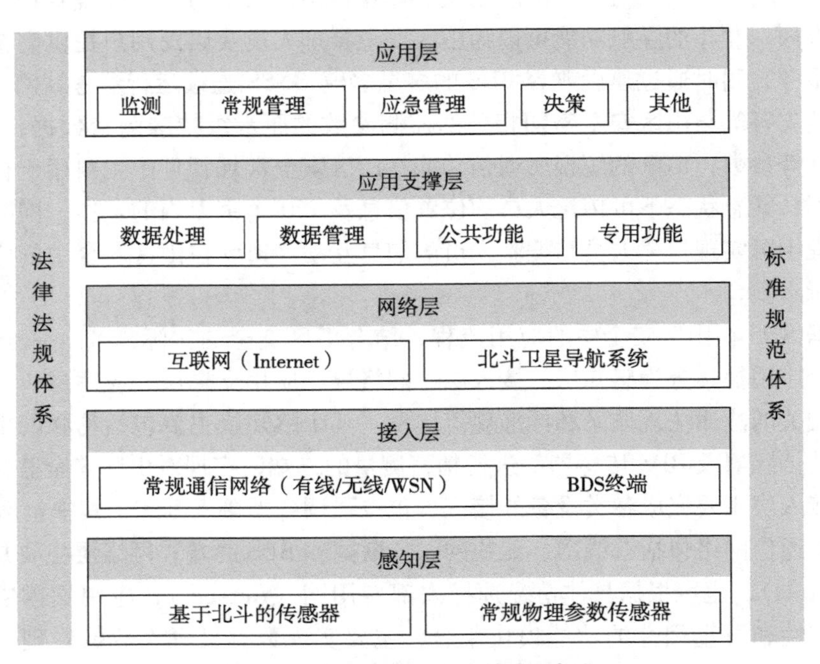

图 2　BDS 在山区安全中的应用框架

2.2 BDS在山区安全中的应用模式

BDS在山区安全中的应用模式是指以BDS在山区安全中的应用框架为基础，按照用户具体需求实现的BDS在山区安全中应用的基本部署方式。主要采用“终端+平台+北斗综合应用服务中心”的应用模式，如图3所示。其中用户包括个人、乡级、县级、市级等各级人员；终端根据维护山区安全过程中不同的用户的需求进行订制，发送维护山区安全所需的监测信息和应用互动信息，如基于北斗的通信终端、应急指挥终端、调查巡护终端、人身安全监护终端等，同时终端还可以接受北斗应用综合服务中心发送的信息；“平台”泛指基于BDS的山区安全管理与服务平台，平台可按照行政区划分级部署，如“市—县—乡”三级模式或“省—市—县—乡”四级模式；也可按照山区所处的具体区域统一部署，如按照流域对山区安全进行管理。平台的功能根据区域的范围、级别以及各自的需求特点进行开发部署，通常应具备管理各类终端、管理和分析数据、发布信息、基于电子地图的GIS分析、接收北斗综合应用服务中心提供的数据和服务等功能；北斗综合应用服务中心通常由具有中国卫星导航定位应用管理中心授予的北斗导航民用服务资质的运营公司搭建，为入网注册用户提供导航定位、数字报文通信服务和基于位置的增值信息服务。

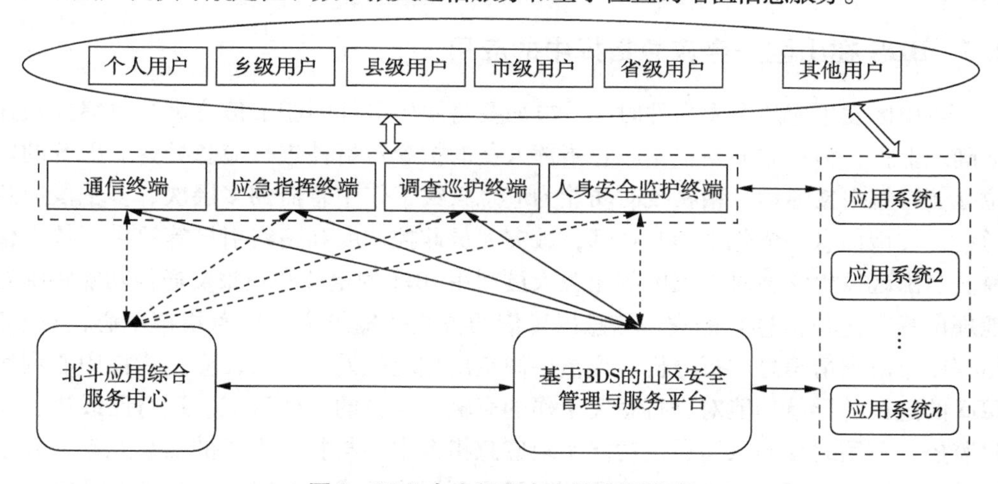

图3 BDS在山区安全中的应用模式

2.3 BDS在山区安全实时监测中的应用

山地灾害是影响山区安全的重要因素，山地灾害发生的地点大多地形险要、通信手段及电力设施缺乏、交通条件不便利，因此不便于专家和决策部门实时动态观看监测数据。将BDS的全天候、全天时卫星导航信息、授时和双向通信服务功能用于野外环境恶劣复杂的山地灾害监测，可以解决地面无线网络无法覆盖或者信号不稳定区域山地灾害监测数据的传输问题，实现对山地灾害的实时监测。BDS在山区安全实时监测中的应用通常采用两种方式，一种是每个参数传感器配置一个独立的基于北斗系统的传输模块；另一种是若干个参数传感器组成一个无线传感网（WSN），通过 WSN 传输给基于北斗的通信模块。例如，对滑坡点的监测，可以分别给雨量计、深部位移计、裂缝计、水位、水温等参数传感器配置一个基于 BDS 的通信传输终端，也可以将各传感器进行组网，再通过一个基于 BDS 的通信传输终端将采集到的各参数集中传输。

2.4 BDS 在山区安全预警发布中的应用

山区居民居住分散，且有的居住地电力和通信设施难以覆盖，这势必造成山区居民无法及时、准确地接收到山区安全预警信息，进而影响到相应的预防和减轻损失措施的应用效果。利用 BDS 的双向通信功能可以接收和发布与山区安全有关的预警信息，不受山地灾害造成的地面通信、电力中断等因素的影响，消除预警信息发布的“盲区”。[4] 由于北斗短报文具有单播和通播两种通信方式，所以山区安全预警发布的方式也分为单播方式和通播方式。其中单播方式实现预警信息定点发布，通播方式实现预警区域群发，通过并行发布方式还可以达到同时向多个不同区域群发预警信息的目的。[5]

2.5 BDS 在山区安全应急指挥中的应用

当山区发生应急突发事件时，一方面要将发生事件的相关信息进行收集并快速准确地上报；另一方面要根据应急指挥人员的指令对事件进行应急处置。BDS 的定位导航、短报文通信、精密授时功能为应急救灾工作中急需的多层次、多手段应急通信，灾情信息一体化采集与处理，救灾人员监控调度和路线引导等提供了技术保障。当山区发生灾害时，灾区的相关人员利用 BDS 的定位和短报文通信功能将附有地理位置（定位信息）的灾情信息以短信的方式传输给灾害应急指挥中心，[6] 应急指挥中心对灾情信息进行分析、评估后制定出相应的处置决策，应急指挥中心利用 BDS 的定位、导航功能对进行救灾工作的车辆、人员的工作区域、运行路线进行实时监控，利用北斗的双向通信功能实现应急指挥中心与救援人员的信息互动，并根据应急预案进行调度和指挥，必要情况下可利用该系统的精密授时功能协同救援。

2.6 BDS 在山区安全调查中的应用

随着我国 BDS 在国民经济中应用领域的不断拓展、芯片技术的不断成熟、产业化发展的不断推进，山区安全调查将成为未来 BDS 应用的一个重要领域。将 BDS 的通信导航技术、遥感卫星技术、地理信息系统技术等高新技术与山区安全调查系统（如山地灾害调查系统、警用地理信息系统）相融合，建立“天地一体化”的山区安全管理与服务系统，将实现山区安全调查的现代化、精细化和实时化。山区安全调查人员利用基于北斗卫星导航系统的终端收集调查对象信息，并附上定位信息和时间信息上报到山区安全管理与服务系统，服务系统对上报信息进行分类、分级、分层等处理后，将其导入数据库，系统根据具体需求对这些信息进行分析、可视化表示等，实现对山区安全调查信息的管理与服务。[7]

2.7 BDS 在保障山区人身安全中的应用

BDS 的信号能够覆盖我国全部国土、领海和岛屿，利用 BDS 或 BDS + GPRS 天地互备方式能够对山区内人员的安全情况进行监测和管理。由于 BDS 特有的报文通信功能在常规通信技术无法触及的地区实现全天候、全覆盖区域播报或点对点播报，山区人员分布广泛，许多山区居民所住的地区偏远、通信不便，所以利用 BDS 可以定期、定时上报人员（山区内留守老人、残疾人、需要监护的重症病人等）安全状况并在紧急情况下发出报警信息，服务中心对上报的信息进行管理分析，根据人员的具体情况采取相应的安全保障措施。

3 应用实例

本文以 BDS 在九寨沟景区应急管理中的应用为例说明 BDS 在山区安全中的应用。该应用采用终端（硬件 + 软件） + 景区应急搜救平台的模式，其中终端的硬件采用中国航天 HT 300 型北斗兼容导航终端；软件采用北京方位科技有限公司与北京大学联合开发的基于北斗兼容系统的数字减灾与应急管理终端软件（以下简称“应急通”）；平台采用九寨沟应急搜救平台。

当景区管理人员或游客在景区遇到洪灾时，通过“水灾害应急通”的登录界面进入“应急通”的操作主界面（图 4）。当需要对灾情进行速报时，在主界面单击“灾情速报”进入信息采集选择界面，选择进入“水灾害信息采集”页面，填写水灾害信息表单，填写完成后单击“北斗”按钮进入北斗短报文发送界面，系统自动将灾害信息转换成北斗协议密文填入发送框，然后填写接收北斗卡号即可，该过程如图 5 所示。用户也可以从主界面直接进入“北斗报文”界面编辑发送的信息，填写联系人或联系人对应的北斗卡号后点击“发送”将报文发送至景区应急搜救平台，如图 6 所示。应急搜救平台接到报文信息后对采集到的灾情信息进行分析并启动相应的应急预案，采取应急措施。

九寨沟应急搜救平台首先需要与各个终端进行网络连接（图 7）。当进入界面且与各个平台终端联通后，应急搜救平台进入灾害监听状态，一旦遇到灾情上报，即刻发生声光报警，并在地图上显示报警位置以及灾害类型图标（图 8）。同时，应急搜救平台会根据灾害位置自动生成缓冲区，根据救援终端最新上报的位置信息查找在缓冲区范围内的一个或多个救援终端，然后根据实际需要派遣一定数量的救援终端持有者前去救援，该过程如图 9 所示。在派遣调度救援终端持有者时，如果其终端 3G/4G 在网，就直接将调度信息以及位置图片信息发送至各个终端

（图 10）；如果终端 3G/4G 不在网，则自动以 BDS 短报文进行下发。

图 4　“应急通”主界面

图 5　“灾情速报”功能

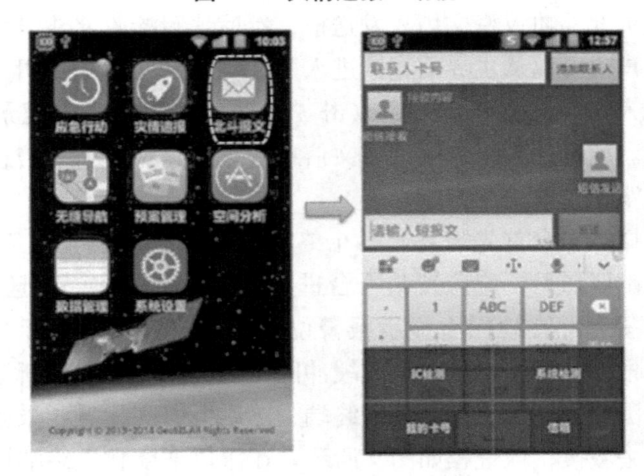

图 6　应急道的“北斗报文”功能界面

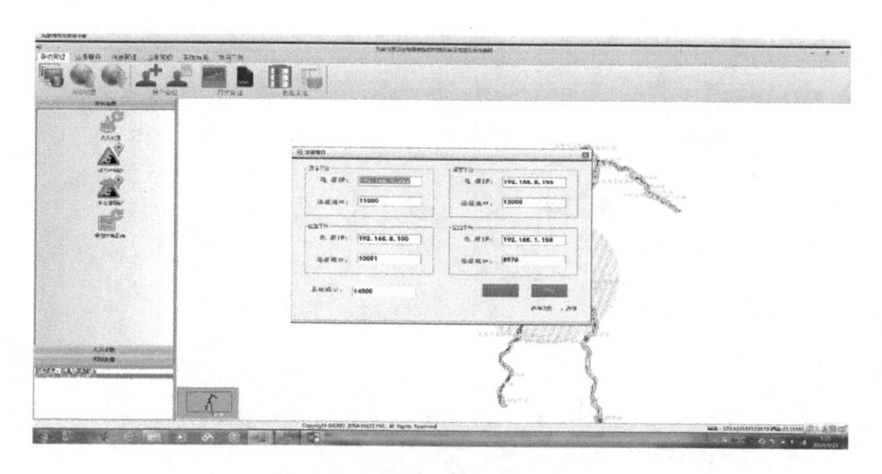

图 7　应急搜救平台与各终端联网

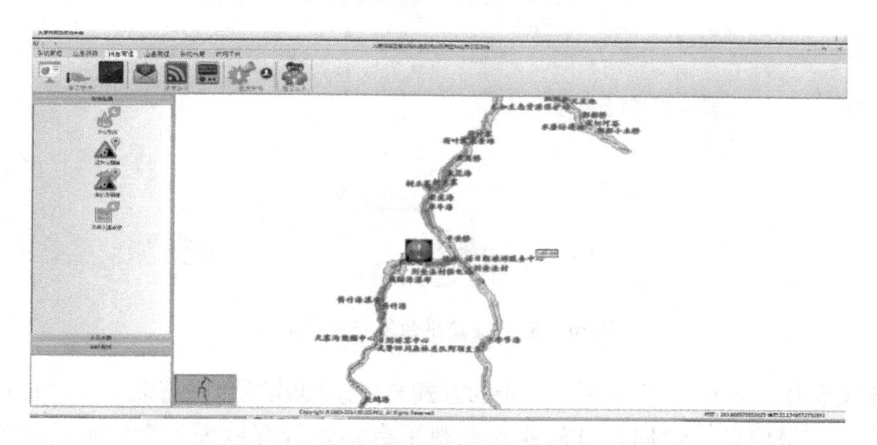

图 8　应急搜救平台显示灾害信息并发送声光报警

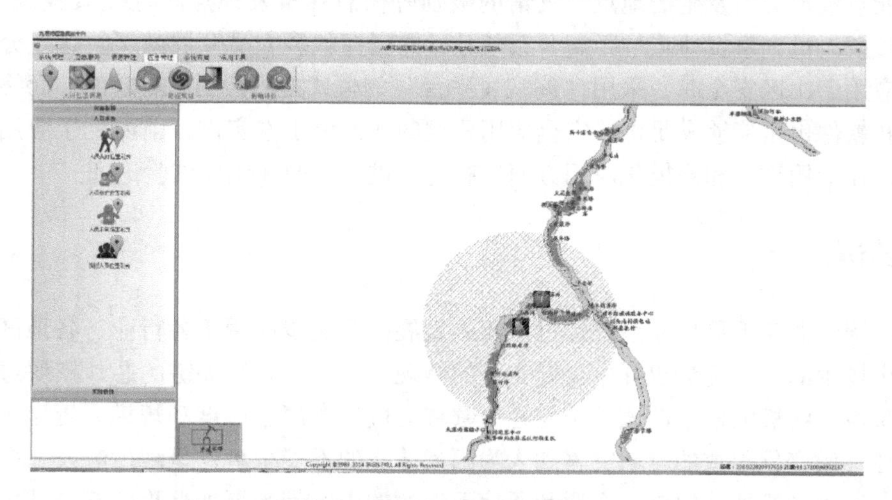

图 9　应急搜救平台查找指定区域附近的救援终端

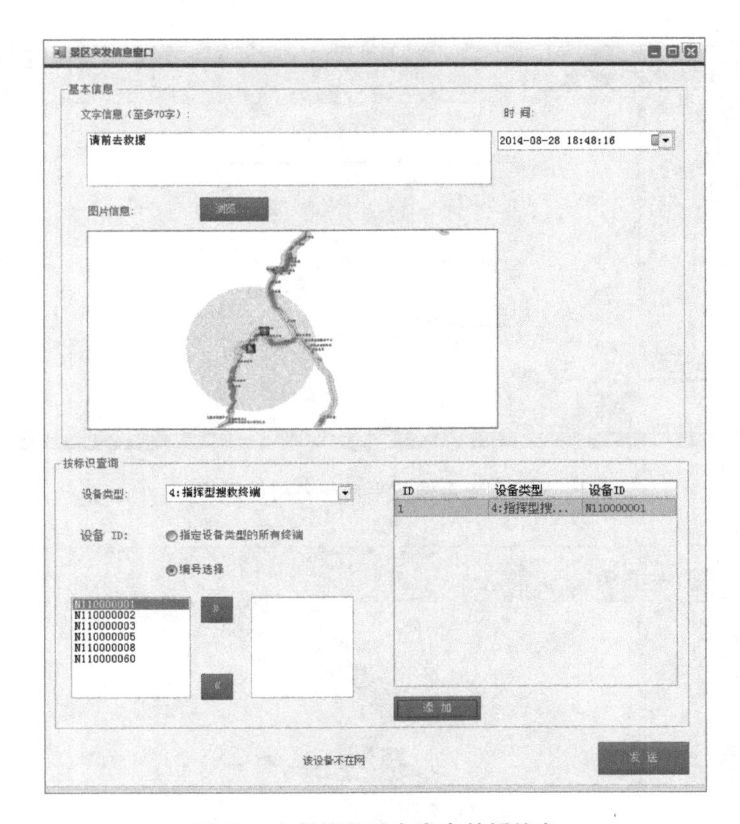

图 10　应急搜救平台发布救援信息

该实例中，BDS 终端能够以注册的方式与应急搜救平台进行联网，并能够及时发出灾情速报信息，管理人员从应急搜救平台接到带有地理位置的灾情报警信息后，能够根据灾情发生的地点、灾情的级别等信息在事发地点附近搜索救援人员，根据救援人员到事发地点的距离分派任务，并指挥救援人员开展救援。这充分说明 BDS 应用于山区安全时，采用“终端 + 平台”的模式是可行的、有效的，而终端的硬件和软件也是能够满足山区安全应用要求的。但由于本实例目前尚处于应用示范阶段，在应用推广和规模化应用方面还有待于进一步的优化和试验论证。

4　结语

我国的北斗卫星导航系统经过多年的发展，已逐步应用于各行业、各地区，在民用市场中的应用优势也开始得到充分的体现，随着该系统关键的芯片模块进入实用化阶段，将极大地推动该系统在各个领域的应用深度、广度和规模。近年来，由于全球气候变化导致的自然灾害和人为因素造成的不安全事件呈现出频发、多发的态势，这无疑给地处偏僻、交通和通信不发达的山区带来更加严重的安全威胁，将 BDS 的优势与山区安全的具体应用需求相结合，可以为提升山区安全保障能力进而提升区域的防灾减灾能力提供一种及时、安全、可靠的技术途径，随着 BDS 应用产业化进程的不断推进，该系统在山区安全中的应用将逐步从应用示范走向应用推广。

参考文献

[1] 钟祥浩，刘淑珍．中国山地分类研究［J］．山地学报，2014，32（2）：129－140.

[2] 崔鹏．中国山地灾害研究进展与未来应关注的科学问题［J］．地理科学进展，2014，33（2）：145－152.

[3] 杨元喜．北斗卫星导航系统的进展、贡献与挑战［J］．测绘学报，2010（1）：1－6.

[4] 杨军，曹冲．我国北斗卫星导航系统应用需求及效益分析［J］．武汉大学学报（信息科学版），2004（9）：775－778.

[5] 范一大，张宝军．中国北斗卫星导航系统减灾应用概述与展望［J］．中国航天，2010（2）：7－9.

[6] 周平根，过静珺，李昂．基于“北斗一号”导航卫星通信的滑坡实时监测系统研究［J］．全球定位系统，2008，5：20－23.

[7] 温静，汪大明，孟月玥，等．北斗卫星导航系统在地质调查领域应用综述［J］．地质力学学报，2012，18（3）：213－223.

[8] 吴才聪，苏怀洪，等．基于北斗的移动应急监控与指挥技术［J］．数字通信世界，2011（12）：60－63.

[9] 朱永辉．基于北斗卫星的地质灾害实时监测系统研究与应用［D］．北京：清华大学，2010.

[10] 赵康宁．北斗导航系统在四川抗震救灾中的应用实践与启示［J］．全球定位系统，2008，33（4）：45－47.

作者简介：郭曦榕，博士，成都信息工程大学副教授、硕士生导师，四川省高校人文社科研究基地“气象灾害预测预警与应急管理研究中心”执行副主任；李伟，北京大学地球与空间科学学院博士研究生；李怀瑜，北京大学地球与空间科学学院博士研究生；肖汉，北京大学地球与空间科学学院博士研究生；刘晶，北京大学数字中国研究院北斗青少年科技创新大赛办公室副主任。

基于底层GIS组件的山洪地质灾害气象预报系统设计与实现①

叶帮苹[1]　刘志红[2]　陈军[2]　冯汉中[1]

（1. 四川省气象局；2. 成都信息工程大学）

摘要：本文通过自主研发的底层GIS组件，在C#语言和.NET Framework 4.0平台上进行“四川山洪地质灾害预报预警系统”的二次开发。系统集成了集成气象数据、地质灾害模型、中小河流洪水模型、山洪模型和SWAT水文模型对山洪地质灾害进行预报预警。实现了从气象数据读取到灾害预报、专题图制作和公报自动输出的完整业务流程功能。

关键词：地质灾害；SWAT模型；底层GIS组件

1　引言

《国务院关于全国山洪灾害防治规划的批复》[1]（国函〔2006〕116号）中明确提出，气象部门负责山洪灾害气象监测、预报预警系统建设及相关防灾减灾预案等项目的实施。国务院常务会议2011年4月6日审议通过了《全国中小河流治理和病险水库除险加固、山洪地质灾害防御和综合治理总体规划》。其中明确指出了做好中小河流防汛和山洪地质灾害防治精细化预报服务，是气象部门加强中小河流治理和病险水库除险加固、山洪地质灾害防御和综合治理的重要工作，更是贯彻落实党中央、国务院对防灾减灾体系建设重大决策部署的重要举措。为了更好地提高山洪地质灾害气象风险预警服务水平，对政府宏观决策提供直接、直观、可靠的数据支持，利用遥感、GIS等空间信息技术、数据库技术、网络技术等搭建一个山洪地质灾害预报预警平台刻不容缓。

目前用于开发的商业GIS平台有很多，如ESRI公司的MapObjects、ArcObject和ArcEngine[2-5]，超图的SuperMap Objects[6,7]，Map Info公司的MapX[8,9]。很多地质灾害系统使用的都是这些平台，例如，基于“3S”技术的重庆市北碚区地质灾害评估预测系统[4]、云南省地质灾害预报预警系统[5]都是以ArcMap和MapGIS为系统平台的核心。这些平台功能强大，能实现GIS数据的存储、管理、分析等各种功能，但成本太高，且业务人员大多是气象专业出身，对地理信息系统不太熟悉，操作较为复杂。

① 本文是第十一届“生态·旅游·灾害——2014长江上游生态保护与灾害管理战略论坛”文章。

组件式 GIS 具有小巧灵活、价格便宜、开发简便等优点，具有很强的扩展性，更加大众化，同时具有强大的 GIS 功能[10]。这使系统的开发成本降低、开发设计更加方便、业务员操作更加顺畅。本系统在成都信息工程大学陈军老师自主研发的 GIS 组件基础上进行二次开发，实现了气象数据的读取与展示、地质灾害预警模型的计算与输出、专题图制作和预警产品制作等功能，为地质灾害的预报预警提供了技术支撑平台。此前以该 GIS 组件研发的“西藏生态环境遥感监测服务系统”[11]等项目，目前已投入运行。

2　功能需求分析

山洪地质灾害预报系统主要是通过集成的山洪地质灾害模型实现山洪地质灾害的预报预警功能。系统主要功能需求如下。

（1）系统需要支持多用户快速方便的读取服务器端实况和预报的降水数据，并应能进行快速浏览与查询；

（2）系统具有能够快速实现的山洪地质灾害模型算法，输出模型结果并能够对结果进行浏览和调整；

（3）系统能够分区域快速制作预警产品，输出专题公报，推广应用到全省各地市州。

3　系统设计

3.1　系统架构设计

为了支持多用户快速同时访问，四川山洪地质灾害预报预警系统采用 C/S 模式（客户机/服务器模式），服务器与客户端之前通过 SOCKET 通信进行指令和数据的传输（图 1）。服务器端实现数据的存储和管理，客户端使用 GIS 组件平台实现降水数据自动读取、基础地理数据与灾害预报结果二维显示与查询、专题图制作和公报自动输出等功能，系统中集成了气象数据、地质灾害模型[12]、中小河流洪水模型、山洪模型和 SWAT 水文模型等山洪地质灾害模型。

3.2　系统功能设计

根据系统需求，本系统的主要功能设计如下。

（1）地图基本功能：底层 GIS 组件地图的放大、缩小、平移、属性查询、全图展示等功能。

（2）多源数据获取：自动读取服务器的实况降水和预报降水数据，并通过 GIS 组件显示在地图上，用其后山洪地质灾害模型的计算。

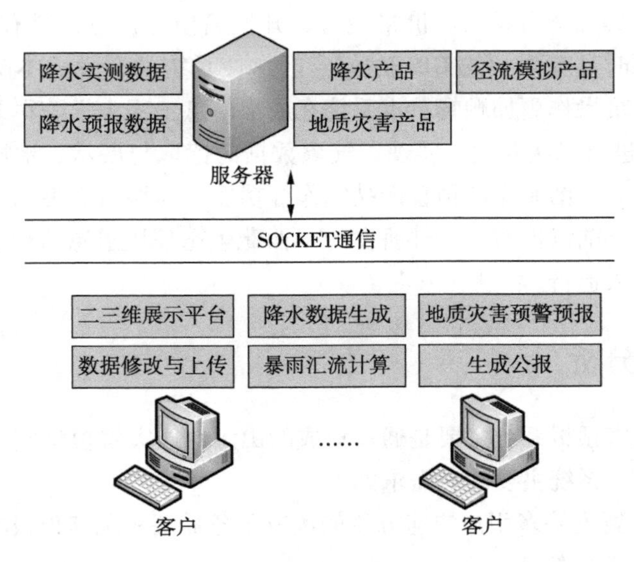

图1 系统架构

（3）山洪地质灾害预报：使用底层GIS组件实现栅格计算、空间分析和区域统计等功能，实现地质灾害模型、中小河流洪水模型、山洪模型和SWAT水文模型的模型计算与结果显示，实现山洪地质灾害预报的功能。

（4）专题图和公报的输出：实现专题图制作的常用功能，如添加文字、比例尺、指北针和图例等功能。

（5）图层控制设置：实现图层的添加、删除和图层属性修改等功能。

（6）系统设置：包括服务器地址设置、数据源设置、模型参数设置等功能。

4 系统开发与主要功能实现

4.1 开发环境

（1）操作系统：Windows7；

（2）开发环境：Visual Studio 2010，.NET Framework 4.0；

（3）开发语言：C#；

（4）GIS平台：自主研发的GIS组件。

4.2 系统主要功能的实现

（1）图形用户界面的实现

本系统采用DotNetBar控件进行图形用户界面（GUI）的设计；以美观、简单、实用为原则设计系统界面的功能区、地图显示区、地图控制区。同时，系统还合理安排了工具栏和状态栏。

（2）地图基本功能的实现

通过底层 GIS 组件在工具条上实现地图显示、地图控制的基本功能，如打开 GIS 数据、放大、缩小、平移、属性查询、全图显示和保存图片等功能，方便用户的地图操作。系统还设计了鼠标滚动、右键菜单来实现地图放大、缩小和平移等功能，方便用户对地图的操作。

组件中的 MapControl. CurrentTool 为枚举类型 eMapTool，通过修改 CurrentTool 的值实现大部分对地图的基本控制和信息查询。eMapTool 的值和对应的功能和基本功能的具体实现方法如表 1 所示。

表 1　基本功能的实现方法

功能	方法或 eMapTool 工具
地图放大	eMapTool. ZoomInMapTool
地图缩小	eMapTool. ZoomOutMapTool
地图平移	eMapTool. PanMapTool
属性查询	eMapTool. IdentifyMapTool
全图展示	IMap. ZoomToFullExtent（）
打开数据	axMapControl1. Maps. ActiveMap. AddLayers（EnumLayers pLayers，bool AutoPos = true）；
保存图片	axMapControl1. OutputAsImage（string pathName，int wPixels， int hPixels，int dpi，EnvelopeDef visRect）；

（3）多源数据读取的实现

利用底层 GIS 组件的 FeatureClass 和 RasterBand 类创建矢量和栅格数据，通过 FeatureLayer 和 RasterLayer 类对数据进行渲染显示，从而实现对实况站点数据和 micap4 类格式的降水预报数据的读取与显示。目前系统可以自动获取过去 10 天以内的累计实况降水和未来一周以内的预报降水数据，并显示在地图上。

（4）山洪地质灾害预报

通过底层 GIS 组件 MemDataArrayRasterWorkspace、RasterDataset、RasterCaculator 和 ReclassifyRaster 等类进行栅格数据的创建、栅格数据的计算和栅格数据的分类，实现山洪地质灾害模型算法。系统实现对模型结果指定区域的修改和区域的危险等级调整；通过 GIS 空间分析算法，系统还能实现根据省（市、县）和流域提取区域类的危险地州或区县，并以文字形式在预警公报中输出。

（5）输出专题图和公报

使用制图控件 PageLayoutControl 完成专题图的制作，主要功能包括地图的放大、缩小、平移、全图显示、等比例显示和添加地图元素等。地图要素包括专题图常用的要素，如文字、指北针、比例尺、图例。通过双击某个要素可以设置文本、指北针、比例尺以及图例的字体、字号、颜色、显示样式等属性。与 MapControl 一样，PageLayoutControl. CurrentTool 为枚举类型 ePageTool，通过修改 CurrentTool 的值实现大部分对图层的基本控制和地图要素的添加。ePageTool 的值和对应的功能见表 2。

表 2　专题图制作常用功能

功能	方法或 ePageTool 工具
放大	ePageTool. ZoomInPageTool
缩小	ePageTool. ZoomOutPageTool
平移	ePageTool. PanPageTool
全图显示	PageLayoutControl. ZoomToFullExtent（）;
等比例显示	PageLayoutControl. ZoomTo100（）
添加文字	ePageTool. AddTextPageTool
添加指北针	ePageTool. AddNorthPageTool
添加文字比例尺	ePageTool. AddScaleTextPageTool
添加图形比例尺	ePageTool. AddScaleBarPageTool
选择图形元素	ePageTool. SelectElementPageTool

对于图例的添加需要使用到 GraphicsContainer 对象，通过对象的 AddElement 方法可以实现在地图上添加一个图例对象 LegendElement，示范代码如下：

GraphicsContainer pContainer = axPageLayoutControl1. GraphicsContainer;

LegendElement pEl = new LegendElement（）;

pEl. SetMap（（IViewControl）axPageLayoutControl1. GetOcx（），axPageLayoutControl1. Maps. ActiveMapIndex）;

pContainer. AddElement（pEl）;

（6）图层控制与设置

使用图层控制控件 TOCControl 实现地图对图层的控制，如图层的可见性、图层的叠放顺序和图层属性设置。其中图层属性包括图例样式、标注样式、显示透明度、显示比例尺及地图的坐标系统等信息。通过这些设置，用户可以自由设置每个图层数据的显示样式和状态。系统还提供自动保存地图样式的功能，以便用户下次使用。

5　应用案例

本文以 2013 年 7 月 8 日的实况数据为例，演示系统从数据读取、地质灾害模型计算、结果修改、专题图与公报制作的全过程。案例实现了降水数据自动读取，并集成了地质灾害模型、中小河流洪水模型、山洪模型和 SWAT 水文模型，实现了对山洪地质灾害的预报预警服务、专题图和公报的自动生成。具体业务流程如下。

（1）选择时间，获取降水数据

通过选择降水数据和时间，显示实况或预报降水数据。业务人员可根据需要进行降水数据的查看与修改。

（2）模型计算

根据地质灾害预警模型和山洪灾害预警模型进行山洪地质灾害的预报预警，业务人员可快速得到模型计算结果并对其进行查询和浏览。经测试，地质灾害模型从降水数据读取、模型计算到结果展示，消耗时间不到 10 s，能够快速满足业务需求。

（3）专题图与公报输出

每个预报模块都有一个专题图制作和预警公报输出功能，而且可以分地区或流域范围输出。公报输出过程中，能够自动提取区域内的危险地区并在公报中以文字形式输出。

6　结论

本文介绍了使用 C#语言和底层 GIS 平台开发山洪地质灾害气象预报系统的基本过程和步骤。通过底层 GIS 组件实现了 GIS 系统基本的图层控制，空间插值，投影转换，波段计算，空间统计和空间数据的读取、创建、保存、查询以及栅格数据集的修改等功能，并通过专业 GIS 制图模块实现预警图的制作，实现预警公报的输出。通过底层开发的 GIS 组件进行 GIS 系统的开发不仅节约了开发成本，而且开发更加灵活、便捷，能够很好地满足 GIS 系统开发的功能需求。本系统已经在四川省气象局得到很好的应用。

参考文献

[1] 国务院．国务院关于全国山洪灾害防治规划的批复［R］．中华人民共和国国务院公报，2007.

[2] 孙丽，高飞，胡小华，等．ArcEngine 插件式 GIS 二次开发框架的设计与实现［J］．测绘科学，2011，36（5）：214－216.

[3] 王霞，吴孟泉．基于 ArcEngine 的土地资源管理信息系统设计与实现［J］．山东国土资源，2011，27（9）：56－59.

[4] 刘成，徐刚，黄彦．基于“3S”技术的重庆市北碚区地质灾害评估预测系统［J］．地质灾害与环境保，2006，17（1）：108－112.

[5] 张红兵．云南省地质灾害预报预警系统［J］．云南地质，2006，25（3）：297－302.

[6] 阳俊，郭健，初光．基于 SuperMap IS. NET 的汶川地震灾情地图发布系统［J］．

测绘与空间地理信息，2009，32（2）：179－181.
［7］白小双，江南，张薇，等．基于SuperMap的国界网络电子地图设计与实现［J］．测绘科学，2009，34（3）：206－208.
［8］米宏军，卢才武，冯治东．基于MapX的矿山车辆定位仿真技术研究［J］．金属矿山，2012，4：124－127.
［9］徐博，吕芳．基于MapX控件的地震震中距的快速获取［J］．山西地震，2013，2：39－41.
［10］曾光清，陶佩枫．组件式GIS（地理信息系统）的研究［J］．湖南有色金属，2007，23（2）：65－67.
［11］成都信息工程学院．西藏生态环境遥感监测服务系统技术报告［R］. 2013.
［12］冯汉中，康岚，罗可生，等．泥石流发生的气象预报方法初探［C］//中国气象学会．中国气象学会2006年年会“山洪灾害监测、预报和评估”分会场论文集，2006.

作者简介：叶帮苹，四川省气象台工程师；刘志红，博士，成都信息工程大学教授，硕士生导师；陈军，博士，成都信息工程大学副教授，硕士生导师；冯汉中，四川省气象台台长，教授级高工。

基于因子分析的霾影响因素研究①

孙艳玲　黄萍　李昌建　游娜
（成都信息工程大学）

摘要： 近年来，霾污染问题愈演愈烈，如何打破霾治理的“瓶颈”是目前面临的难题。频繁的霾天气不仅受自然因素影响，更多的受人为因素影响。本文应用因子分析法对我国31个省份的霾影响因素进行因子得分计算、排名和分类，分析各地区霾产生的源头分布以及严重程度，结合当前我国霾治理现状提出治理建议。

关键词： 霾；影响因素；因子分析；聚类分析

1　引言

根据世界气象组织（WMO）的规定，雾和霾是两种不同的低能见度天气现象。由空气中微小冰晶和水滴结合影响空气能见度的是雾；而由悬浮颗粒物影响空气能见度的是霾[1]。霾又称大气棕色云、烟霞、阴霾，在气象学中称为气溶胶颗粒，这些空气中悬浮的细微颗粒，造成空气质量急剧下降。一般情况下，霾在空气的能见度低于10 km，相对湿度小于80%时发生，根据能见度的不同，可分为轻微、轻度、中度与重度四种类型[2]。

据统计，从2012年冬天开始，我国频繁出现大范围霾天气，尤其是我国华北平原、黄淮地区、东北成为霾重度污染区域[3]。据《中国统计年鉴（2015）》数据显示，2014年，我国113个重点城市一半左右的城市空气质量出现严重污染，尤其是集中在京津冀、黄淮地区、成都—重庆一带、长江中下游地区的城市群[4]。根据我国《环境空气质量标准》（GB 3095—2012）的二类空气污染物浓度限值，这些地区的$PM_{2.5}$、可吸入颗粒物、二氧化硫、二氧化氮等污染物的年平均浓度呈现不同程度超标现象，霾形势严峻、不容乐观[5]。

针对出现的严重霾情况，国务院于2013年制定了《大气污染防治行动计划》，全国各地、各部门也出台相应政策、措施对霾进行治理。但这几年霾治理效果并不理想，霾还是频频爆发，有着愈演愈烈的趋势。如何打破霾治理的瓶颈，是目前面临的难题。

---

① 本文2017年发表于《环境保护与循环经济》第37卷第1期，是第十四届“生态·旅游·灾害——2017长江上游灾害应对与区域可持续发展战略论坛”文章。

2　国内外研究现状

2.1　国内研究

近些年，我国出现的严重霾天气，引起了不少学者的关注。总的来看，国内在20世纪90年代后期才开始对$PM_{2.5}$进行研究，前期主要研究霾污染的空间和时间分布特征，由于研究范围大都选择如某一个城市之类的小范围区域，导致研究结果代表性不强。后来研究范围逐渐扩大，一些学者通过分解霾的污染颗粒物，找出污染颗粒物的化学组成成分，试图采用源解析法从污染颗粒物的化学组成找出来源[6]。除此之外，还有学者从不同地区的霾影响因素、自然条件、经济角度以及霾污染的区域传输机制和二次污染过程等多方面展开深入研究[6,7]。在研究方法上国内与国外类似，多使用文献分析、案例分析、数据采集分析等方法。

2.2　国外研究

20世纪，得益于工业革命的欧美国家也深受霾污染影响，发生在欧美的数次霾污染灾难事件引起了当时社会的注意，许多学者纷纷对霾展开研究，并且研究成果丰硕。20世纪六七十年代，学者就清晰地认识到空气污染具有流动性、扩散性、跨区域性等特点。在此基础上，展开了霾联防控制治理的研究，并将先进的研究手段和工程控制技术引入空气治理之中。20世纪60年代，美国加州政府与国会进行霾信息共享，联合制订空气治理管理计划治理霾，效果十分理想。随后众多欧美国家在空气污染治理方面签订《远距离跨国界大气污染公约》，建立跨国界的信息共享平台。

国外还有学者从霾成因、监测等方面进行研究。比较有代表性的有Waston等利用化学质量平衡法对在科罗拉大峡谷采集的霾污染颗粒物样本进行污染物组成分析，Chen[8]等根据对观测数据的分析，指出$PM_{2.5}$颗粒产生源的时间和空间特征、主要来源等对霾成因的作用[9]。NionSirimongkonlertkul等应用主动火灾遥感与地理信息系统对霾来源的监测进行研究[10]。

另外，美国、英国、日本等发达国家在大气污染治理中通过立法明确大气污染防治的主体、标准和措施，制定了完善的大气污染防治法律体系和排放标准。

国内学者多以某一地区和某个专业问题的研究为主，笔者借鉴国外学者的研究和国家治理思路，点面结合，应用因子分析法分析全国以及各地区霾形成的主要影响因素，探讨当前我国霾治理措施。

3　霾影响因素分析

3.1　指标选取

在现有自然气候、天气环境下，根据导致霾产生的人为影响因素以及对霾相关数据的统计，在全国选取二氧化硫排放量（X_1）、氮氧化物排放量（X_2）、粉（烟）尘排放量（X_3）、民用汽车保有量（X_4）、房屋建筑施工面积—累计值（X_5）、秋季卫星遥感监测秸秆焚烧火点个数（X_6）6 个指标，对全省 31 个省（自治区、直辖市）进行研究，寻找霾主要影响因素。

3.2　效度检验

运用 SPSS 19.0 将全国 31 个省（自治区、直辖市），2015 年中国统计年鉴的 6 项统计指标数据进行标准化处理，处理之后进行效度检验，结果见表 1。

表 1　全国 31 个省（自治区、直辖市）KMO 和 Bartlett 检验

取样足够度的 Kaiser - Meyer - Olkin 度量		0.694
Bartlett 的球形度检验	近似卡方	147.047
	df	15
	Sig.	0.000

由表 1 可以看出，KMO 值为 0.694 > 0.5，且 Bartlett 球形检验的 Sig 值小于 0.01，表明原始变量间存在显著的相关性，适合进行因子分析。

3.3　因子提取

运用 SPSS 19.0 对霾相关数据因子分析，得到解释的总方差表，以及旋转后的因子载荷阵，见表 2 和表 3。

表 2　解释的总方差

成分	初始特征值			提取平方和载入			旋转平方和载入		
	合计	方差的/%	累积/%	合计	方差的/%	累积/%	合计	方差的/%	累积/%
1	3.446	57.430	57.430	3.446	57.430	57.430	3.261	54.345	54.345
2	1.413	23.552	80.982	1.413	23.552	80.982	1.598	26.637	80.982
3	0.740	12.330	93.312						
4	0.235	3.922	97.234						
5	0.123	2.055	99.289						
6	0.043	0.711	100.000						

由表2可知，前两个公因子的特征值大于1，第一主成分解释了总变异的57.430%，第二个主成分解释了总变异的23.552%，二者累积贡献率累计达到80.982%，即提取这两个公共因子能代表各省市数据的大部分原始数据信息。

表3 旋转成分矩阵

指标	成分	
	1	2
标准分数（二氧化硫）	0.915	0.129
标准分数（氮氧化物）	0.957	0.214
标准分数（粉烟尘）	0.931	-0.082
标准分数（民用汽车保有量）	0.635	0.677
标准分数（房屋建筑施工面积累计值）	0.195	0.858
标准分数（秋季卫星遥感监测秸秆焚烧火点个数）	0.447	-0.579

由表3可知，二氧化硫、氮氧化物、粉（烟）尘的排放量在第一个公因子上的载荷很高，这些指标主要反映经济发展引发的工业排放，称为霾工业因子；房屋建筑施工面积累计值、民用汽车保有量、秋季卫星遥感监测秸秆焚烧火点个数3个变量在第二个公因子上的载荷较高，反映的是人民生活，是环保意识不足引发的污染，可以称为霾生活因子。

3.4 因子得分计算

根据因子分析的成分系数矩阵以及旋转后的方差贡献，得到因子得分计算公式：

第一个公因子：$F_1=0.285X_1+0.288X_2+0.315X_3+0.127X_4-0.039X_5+0.216X_6$

第二个公因子：$F_2=-0.024X_1+0.028X_2-0.167X_3+0.377X_4+0.551X_5-0.441X_6$

因子综合得分：$F=F_1\times0.671\ 075+F_2\times0.328\ 925$

应用标准化处理的数据计算各因子得分，以旋转后的各个主因子方差贡献率比重为权重计算因子综合得分、排名见表4。

表4 31个省（自治区、直辖市）各因子得分及排名

地区排名	F_1（工业因子得分）	地区排名	F_2（生活因子得分）	地区排名	F（综合因子得分）
山东	2.093 22	江苏	2.744 80	山东	1.738 017 240
河北	1.991 74	浙江	2.668 24	江苏	1.380 799 689
河南	1.604 63	广东	1.338 09	河北	1.374 920 205
山西	1.423 22	山东	1.013 33	河南	1.057 969 896
内蒙古	1.331 86	北京	0.641 58	广东	0.766 602 484

续表

地区排名	F_1（工业因子得分）	地区排名	F_2（生活因子得分）	地区排名	F（综合因子得分）
辽宁	1.251 00	四川	0.598 30	浙江	0.738 436 179
黑龙江	0.869 76	福建	0.378 14	山西	0.689 559 486
江苏	0.712 24	湖北	0.291 35	内蒙古	0.600 340 787
广东	0.486 49	湖南	0.253 61	辽宁	0.531 233 276
新疆	0.355 67	重庆	0.207 36	四川	0.136 164 164
吉林	0.144 49	河北	0.116 48	新疆	0.084 316 787
陕西	0.116 44	上海	0.084 65	陕西	0.027 712 496
安徽	0.024 27	云南	−0.048 89	安徽	−0.002 849 862
四川	−0.090 35	河南	−0.057 33	湖北	−0.053 743 636
浙江	−0.207 45	安徽	−0.058 18	湖南	−0.090 906 511
贵州	−0.220 20	天津	−0.128 57	黑龙江	−0.159 511 942
湖北	−0.222 89	江西	−0.130 16	贵州	−0.242 987 920
湖南	−0.259 77	广西	−0.130 22	云南	−0.266 123 706
云南	−0.372 60	陕西	−0.153 31	江西	−0.299 982 253
江西	−0.383 22	贵州	−0.289 48	福建	−0.327 018 956
广西	−0.535 72	甘肃	−0.393 48	重庆	−0.372 804 516
甘肃	−0.543 98	海南	−0.440 46	广西	−0.402 340 934
重庆	−0.657 17	新疆	−0.469 30	吉林	−0.411 205 672
福建	−0.672 65	西藏	−0.501 46	甘肃	−0.494 476 796
宁夏	−0.786 46	宁夏	−0.546 90	北京	−0.612 041 886
天津	−1.037 24	青海	−0.547 22	上海	−0.674 631 159
上海	−1.046 79	山西	−0.807 26	宁夏	−0.707 662 740
青海	−1.173 49	内蒙古	−0.892 11	天津	−0.738 355 769
北京	−1.226 50	辽宁	−0.937 24	青海	−0.967 494 174
海南	−1.447 04	吉林	−1.544 94	海南	−1.115 950 728
西藏	−1.521 48	黑龙江	−2.259 44	西藏	−1.185 969 976

3.5　聚类分析

分别对31个省份因子得分，应用K均值聚类，结果见表5。

表 5　按各因子得分聚类分类结果

分类	F_1	F_2	F
第一类	山东，河北	江苏，浙江	山东，江苏，河北
第二类	河南，山西，内蒙古，辽宁，黑龙江，江苏	广东，山东，北京，四川，福建，湖北，湖南，重庆，河北，上海	河南，广东，浙江，山西，内蒙古，辽宁
第三类	广东，新疆，吉林，陕西，安徽，四川，浙江，贵州，湖北，湖南，云南，江西，广西，甘肃	云南，河南，安徽，天津，江西，广西，陕西，贵州，甘肃，海南，新疆，西藏，宁夏，青海，山西，内蒙古，辽宁	四川，新疆，陕西，安徽，湖北，湖南，黑龙江，贵州，云南，江西，福建，重庆，广西，吉林，甘肃
第四类	重庆，福建，宁夏，天津，上海，青海，北京，海南，西藏	吉林，黑龙江	北京，上海，宁夏，天津，青海，海南，西藏

4　综合分析

4.1　因子得分聚类结果分析

从综合因子聚类结果看，山东、江苏、河北三省霾污染最为严重，其次是河南、广东、浙江、山西、内蒙古和辽宁六省。

从霾工业因子看，最严重的是山东和河北两省，其次是河南、山西、内蒙古、辽宁、黑龙江和江苏六省。

从霾生活因子看，最严重的是江苏和浙江两省，其次是广东、山东、北京、四川、福建、湖北、湖南、重庆、河北和上海十个省、直辖市。

从排名前三分之一的省、直辖市看，霾污染主要来自工业因子的贡献，只有江苏、浙江和广东三省主要是生活因子的贡献，而霾污染最严重的山东、江苏、河北三省则两因子贡献都较高。这个结果与各省份的产业布局以及生活水平是一致的。

4.2　霾污染源及主要分布

二氧化硫、悬浮颗粒物和氮氧化物的人为排放源主要有以煤和石油为燃料的火力发电厂、工业锅炉、垃圾焚烧、生活取暖、柴油发动机、金属冶炼厂、造纸厂、建筑、采矿、水泥厂以及使用汽油的汽车等。

在工业因子中，排在前例的山东、河北、河南、山西、内蒙古、辽宁、黑龙江和江苏八省二氧化硫排放量占全国的44.93%，氮氧化物排放量占全国的46.80%，粉（烟）尘排放量占全国的52.24%；生活因子中，排在前例的江苏、浙江、广东、山东、北京、四川、福建、湖北、湖南、重庆、河北和上海十二个省市排放的建筑扬尘占全国的73.71%，机动车尾气排放占全国的59.61%，秸秆焚烧排放仅占全国的7.20%。秸秆焚烧排放主要集中在黑龙江、吉林、辽宁和河南四省，排放量占到全国的74.89%。

4.3　霾影响因素分析

根据上述分析结果，霾的主要来源是工业排放和机动车尾气排放，其次是在部分省份污染严重的建筑扬尘、秸秆焚烧。由此可知，我国霾的主要影响因素，一是我国长期的传统工业化道路背景下，高消耗、高污染、高排放的“三高”经济发展方式；二是生产技术跟不上所带来的落后的生产方式；三是随着人民生活的不断提高，高碳化的生活方式。另外，还受产业布局不合理、政策法规不健全、排放标准低、宣传不到位等多种因素影响。

5　霾治理建议

5.1　加快大气质量立法体系建设，使大气污染防治有法律依据

根据我国当前污染源情况，尽快出台和完善环境保护、空气污染控制、机动车空气污染控制、烟尘限制、能源供应与环境协调等方面的系列法律法规。针对不同污染源、不同区域和所处不同发展阶段制定专项的大气污染防治法规条例，尤其对污染严重的区域，应制定比国家法规制定更严格的地方性法规条例体系，实行更严格的排放标准[11]。明确各级政府大气污染防治的权责，并定期、不定期进行评估监控，形成长期治理机制。

5.2　加大生产技术、减排技术和新能源技术等的研发投入力度，推动生产方式转型

从国家层面，针对当前大气污染源头的关键技术问题，优先支持一批围绕经济转型、生产技术创新的专项攻关项目，从根本上解决经济发展与环境污染的矛盾。如煤炭超低排放技术的研发、推广与应用，开发低污染排放的原材料、能源和工艺流程，开发工业污染的回收利用技术，开发工业污染的疏散工艺流程以及提高汽柴油生产质量的技术，进行汽车尾气处理新型气体过滤装置研发等。

5.3　加强供给侧、需求侧改革力度，推动产业转型和能源转型

我国产业结构问题突出表现在低附加值产业，高消耗、高污染、高排放产业的

比重偏高，而高附加值产业、绿色低碳产业比重偏低。劳动力、土地、资源等一般性生产要素投入高，人才、技术、知识、信息等高级要素投入比重偏低，导致中低端产业偏多、资源能源消耗过多等问题。为此，需要加强供给侧与需求侧双侧改革力度，通过推进科技体制改革，促进高技术含量、高附加值产业的发展；通过生态文明体制改革，推动绿色低碳产业发展；通过金融体制改革、社会保障体制改革等淘汰落后产能和“三高”行业。即通过改革、转型、创新，形成合理的产业地区布局、产能结构和创新驱动、资源节约、环境友好型的现代产业发展新体系，推进中国经济健康持续发展。

5.4 各省制定本省排放源清单，制订达标计划和时间表

中央政府应责成各省尽快制定本省排放源清单，并根据当地污染源情况制定地方排放、治理标准和政策措施，制订达标计划和时间表。把山东、江苏、河北、河南、广东、浙江、山西、内蒙古和辽宁九省作为重点考评对象。

5.5 加强政策法规宣传力度，引导全民提升环保、低碳意识

大气污染不是一天形成的，治理也不可能一下子见成效。它涉及立法、政策制度、经济发展方式、生活方式等多层面以及多个主体。因此，应加强环境政策法规的宣传力度，并鼓励带动公众参与监督。引导人民转变生活方式，低碳生活、绿色出行；企业实现环境友好型生产。

参考文献

［1］曹军骥．$PM_{2.5}$与环境［M］．北京：科学出版社，2014.

［2］蒋彪，汪欣欣．雾霾天气的形成原因、危害及应对措施［J］．北京农业，2014，10（3）：8.

［3］陈静，多克辛，于莉，等．机动车尾气与秸秆焚烧对雾霾的影响［C］//中国环境科学学会．中国环境科学学会学术年会论文集，2013：4842 – 4844.

［4］Waston J. G，Chow J C，Houck J. E. $PM_{2.5}$ chemical source profiles for vehicle exhaust，vegetativeburning，geologicalmatriaal，andcoal burning in Northwestern Colorado during 1995［J］. Chemosphere，2001，43：1141 – 1151.

［5］Chen L W A，et al. Chemica – lmassbalance source apportionamentforcombined $PM_{2.5}$ measurem – ents from U. S. non – urban and urban long – term networks［J］. Atmospheric Environment，2010，44：4908 – 4918.

［6］NionSirimongkonlertkul，VivaradPhonekeo. Remote Sensing and GIS Application Analysis of Active Fire，Aerosol Optical Thickness and Estimated PM_{10} In The North of Thailand and Chiang Rai Province［J］. APCBEE Procedia，2012（1）：304 – 308.

［7］李展，杜云松，王斌．2013 年成都地区一次秸秆焚烧特征及成因分析［J］．环境

保护科学，2015，41（1）：65－69.
［8］任保平，宋文月．我国城市雾霾天气形成与治理的经济机制探讨［J］．西北大学学报（哲学社会科学版），2014，44（2）：77－84.
［9］李雪，侯兰兰．京津冀一体化过程中的雾霾治理——共同治理机制的建立［J］．青春岁月，2014，14：469－469.
［10］张军英，王兴峰．雾霾的产生机理及防治对策措施研究［J］．环境科学与管理，2013，38（10）：157－159，165－165.
［11］李娜．我国区域大气污染联动防治法律制度研究［D］．江西：江西理工大学，2014.

作者简介：孙艳玲，成都信息工程大学管理学院副院长、教授，四川省高校人文社科重点研究基地“气象灾害预测预警与应急管理研究中心”副主任；黄萍，博士，成都信息工程大学管理学院院长、教授，硕士生导师，四川省高校人文社科研究基地“气象灾害预测预警与应急管理研究中心”主任；李昌建，成都信息工程大学信息管理与信息系统专业本科生；游娜，硕士，成都信息工程大学管理学院。

广东三次致灾暴雨的天气诊断研究①

陶丽[1]　熊光明[2]　李国平[3]

（1. 四川省气象服务中心；2. 中国人民解放军96163部队；

3. 成都信息工程大学大气科学学院）

摘要：基于MICAPS降水资料和NCEP/NCAR 1°×1°格点分析资料，本文应用湿位涡理论对2010年5月1—15日广东省大范围降水天气（重点是其中的三次暴雨灾害）进行了诊断计算，分别讨论了湿位涡与这三次暴雨过程的关系。结果表明，暴雨的发展与湿位涡（MPV）的变化有较好的对应关系：①对流层低层850 hPa上MPV1负值区的移动，反映了强对流过程位势不稳定能量的释放过程，强降水区通常发生在对流层低层MPV1正值区东北和东南侧的零线附近；②MPV2的发展预示着斜压涡度的发展，当低层MPV2正值增大时对应降水将增加，反之降水则减弱或停止；③当对流层低层MPV1 <0并且MPV2 >0时，暴雨较容易发生。

关键词：湿位涡；暴雨；垂直速度

1 引言

湿位涡（Moisture Potential Vorticity，MPV）是能够同时表征大气动力、热力和水汽性质的综合物理量。其概念和理论得到了深入的研究和广泛应用。吴国雄等[1,2]从完整的原始方程出发，导出了湿位涡方程，证明了绝热无摩擦的饱和大气中湿位涡的守恒性，并由此研究了等熵坐标和等压坐标系中倾斜涡度的发展理论；李国平、刘行军[3]分析了西南低涡暴雨的湿位涡分布特征，揭示了湿位涡与强降水的直接关系；田珍富等[4]利用一个考虑了陡峭地形的16层η坐标模式，对1990年一次发生在湖北省远安县的局地特大暴雨进行了数值摸拟；王建中等[5,6]研究指出湿位涡在暴雨的落区和强度分析中具有重要意义。依据湿位涡理论[7,8]，一些学者分别对我国台风、锋面和西南低涡等暴雨过程的湿位涡进行了分析，他们指出MPV变率的正负对暴雨的发生及演变有很好的指示作用。

广东的暴雨具有发生频次高、强度大、造成灾害重等特点，以往分析广东暴雨发生的强度和落区，主要从气候特征、环境条件、中小尺度扰动、螺旋度、数值模拟等方面进行分析[9,12]，较少从湿位涡的角度进行诊断分析。本文针对2010年5月1—15日广东省发生的大范围降水天气尤其是其中的三次暴雨过程进行湿位涡

---

① 本文是第八届“生态·旅游·灾害——2011灾害管理与长江上游生态屏障建设战略论坛”文章。

及其分量的特征分析，探寻湿位涡与此次暴雨天气的关系，希望能为今后暴雨预报及气象防灾减灾工作提供参考。

2 资料和方法

2.1 资料

本文所用降水资料为MICAPS提供的6 h、12 h、24 h降水资料，广义湿位涡计算所用资料为NCEP/NCAR提供的1°×1°一天4次（00：00，06：00，12：00，18：00世界时间，下同）再分析资料，垂直分层至100 hPa的21层网格点资料。

2.2 湿位涡理论

在斜压大气中，如果不计非绝热加热和摩擦作用，湿位涡具有守恒性。考虑大气的垂直速度的水平变化比水平速度的垂直切变小得多，当忽略垂直速度的水平变化时，p 坐标下湿位涡守恒方程为[13]：

$$MPV = -g(\zeta + f)\frac{\partial \theta se}{\partial p} + g\left(\frac{\partial v}{\partial p}\frac{\partial \theta se}{\partial x} - \frac{\partial u}{\partial p}\frac{\partial \theta se}{\partial y}\right) \tag{1}$$

湿位涡又可分为湿正压项MPV1和湿斜压项MPV2，即

$$MPV1 = -g(\zeta + f)\frac{\partial \theta se}{\partial p} \tag{2}$$

$$MPV2 = g\left(\frac{\partial v}{\partial p}\frac{\partial \theta se}{\partial x} - \frac{\partial u}{\partial p}\frac{\partial \theta se}{\partial y}\right) \tag{3}$$

式中，MPV1是湿位涡的第一分量（垂直分量），表示惯性稳定度（$\zeta + f$）和对流稳定度 $-g\frac{\partial \theta se}{\partial p}$ 的作用，其值取决于空气块绝对涡度的垂直分量与相当位温的垂直梯度的乘积，称为湿正压项。MPV2是湿位涡的第二分量（水平分量），它的数值由风的垂直切变（水平涡度）和相当位温的水平梯度决定，包含了湿斜压性（$\nabla p\theta se$）和水平风垂直切变的贡献，称为湿斜压项。

一般来说，绝对涡度为正值，当 $\frac{\partial \theta se}{\partial p} < 0$（对流稳定）时，湿正压项 MPV1 >0，只有湿斜压项 MPV2 <0，垂直涡度才能得到较大增长，此时MPV2负值越强表明大气斜压性越强；当 $\frac{\partial \theta se}{\partial p} > 0$（对流不稳定）时，MPV1 <0，只有 MPV2 >0，垂直涡度才能得到较大增长。湿位涡的单位记为PVU［（$1PVU = 10^{-6}\ m^2 \cdot k/(s \cdot kg)$）］。

3 暴雨过程概况

广东省2010年5月的暴雨天气具有“三个历史罕见”的特点：①雨量之多历

史罕见。广州五山站5月6日20时—7日8时录的雨量213 mm，仅次于5月历史极值的215.3 mm（1989年5月17日）。绝大部分测站纪录到超过100 mm的降水，南湖一带最大，达244.3 mm，破历史同期纪录。②雨强之大历史罕见。这次降水时间非常集中，在6小时之内出现了超100 mm降水，其中五山站7日1—3时（北京时间，下同）出现了199.5 mm（历史上最强值出现在1975年6月，为141.5 mm）；1小时最大雨量达99.1 mm（历史最强值出现在2005年8月，为90.5 mm）。③范围之广历史罕见。这次大暴雨覆盖了全市大街小巷。由于短时内降雨强度大，城市排水设施排水能力有限，市内路面共有44处严重水浸。广州增城银场、花都狮洞等水库一度超警戒水位。派潭河超警戒水位1.84 m，流溪河街口测站超警戒水位0.78 m。暴雨致使一些航班、火车延误。因此，对这次暴雨进行深入研究以及经验总结十分必要。

3.1 降水的时空分布

由MICAPS提供的6 h、12 h、24 h降水资料对广东省2010年5月1—15日的降水时空分布进行分析，表明广东省在5月上半月共有三次大的暴雨过程（表1）。这三次暴雨过程分别在5月6—7日，5月9—10日，5月14—15日。5月6—7日暴雨的中心位置主要在广东中部地区（25°N，115°E），最大降水量可以达到120 mm；5月9—10日暴雨的中心位置主要在广东西部地区（25°N，112°E），最大降水量可以达到80 mm；5月14日—5月15日暴雨的中心位置主要在广东西南地区（23°N，113°E），最大降水量可以达到140 mm。

表1　2010年5月1—15日发生暴雨的统计

暴雨时间	暴雨中心位置	暴雨平均最大降水量/mm
5月6日—5月7日	广东中部地区（25°N，115°E）	120
5月9日—5月10日	广东西部地区（25°N，112°E）	80
5月14日—5月15日	广东西南地区（23°N，113°E）	140

3.2 垂直速度的时间演变特征

图1给出了2010年5月1—15日广东省暴雨中心区域平均垂直速度的时间—高度剖面图，从图1中可以清楚地看出有三个强的垂直速度负值区即气流强的上升运动区，中心位置对应的时间分别是6—7日，9—10日，14日前后与广东的三次暴雨发生时间几乎一致。从强度来看，14日上升气流最强，中心强度从900 hPa一直延伸到400 hPa以上，中心垂直速度约为 -0.2 Pa/s；6—7日次之，中心强度可从900 hPa一直延伸到500 hPa高度；9—10日最弱，中心较为分散，可以看作有两个降水过程，第一个过程上升强气流达到的高度约为850 hPa，第二个过程达到的高

度较高，在400 hPa以上高度，但低层强度不足，限制了强气流的持续发展。

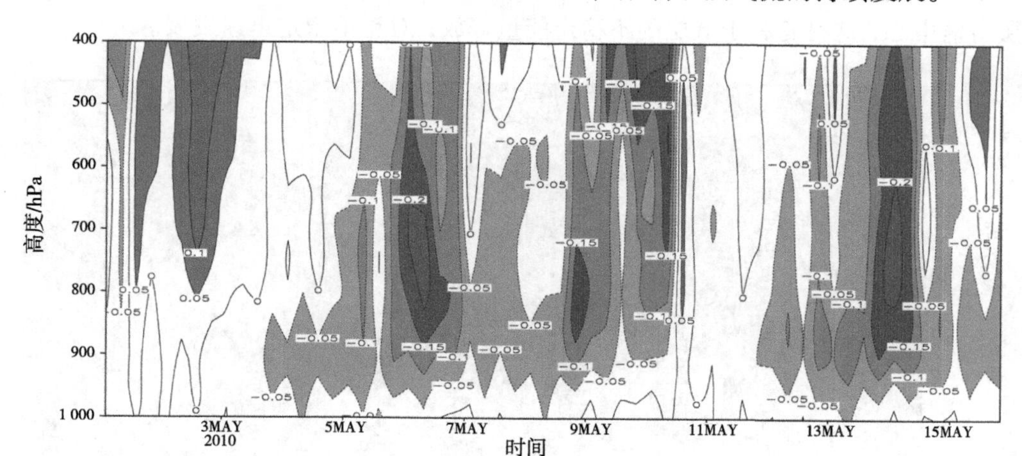

图1　2010年5月1—15日垂直速度的时间—高度剖面（Pa/s）

4　湿位涡分析

4.1　MPV1分析

（1）MPV1的垂直剖面

图2给出了2010年5月1—15日广东暴雨中心区域平均MPV1的时间—高度剖面图，可以看到存在三个大的负值中心（MPV1 <0），即对流不稳定区，在这个大负值区内易产生强对流天气。可看到负值中心所对应的时间与三场暴雨过程发生的时间也较为吻合，即三场暴雨过程都发生在中低层MPV1负值区内，中心值分别为 -0.3 PVU、 -0.35 PVU、 -0.2 PVU。它反映了暴雨区在低层（800 ~900 hPa）具有局地的强湿对流不稳定层结，对流层中层500 hPa以上暴雨区都为MPV1正值区，表明对流层高层为对流稳定区。这种对流层高低层湿位涡正压项呈现“正负区垂直叠加”的结构是暴雨等强对流天气发展的一种有利形势，高层正高值位涡的下传有利于气旋性涡度的发展，低层的负位涡区有利于对流的发展。两者的结合有利于暴雨产生。

（2）MPV1的纬向剖面

为了揭示广东这三场暴雨过程湿位涡的空间结构，沿25°N作MPV1的垂直—纬向剖面图，以6—7日这次暴雨为例（见图3），可以看到900 hPa高度以下MPV1为正值区，从900 ~800 hPa MPV1几乎为负值区，负值中心大约位于850 hPa，最大值可以达到 -1.0PVU，为强对流不稳定区。再从800 hPa向上延伸，又为MPV1正值区，表明对流层高层为对流稳定区，冷空气向下入侵。9—10日和14—15日这两次暴雨过程也有类似的结构特征（图略）。对流层高层正的大值区对应着对流层低层负值中心，这将有利于低层的不稳定能量释放，对流不稳定迅速发展。

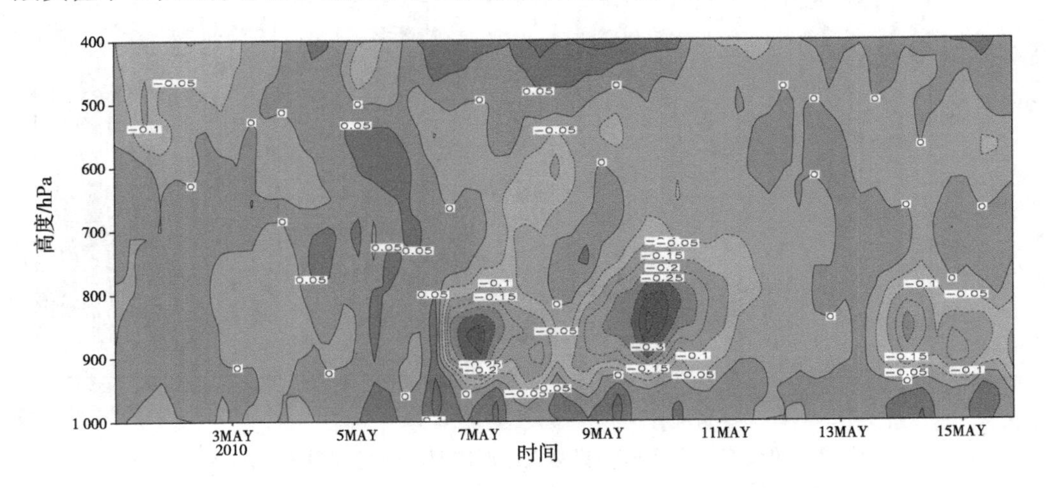

图 2　2010 年 5 月 1—15 日 MPV1 的时间—高度剖面（PVU）

在这三场暴雨过程中，MPV1 的强度中心量级有所不同，MPV1 垂直结构上的正负值配置情况也有不同，导致降水的多少也不同。6—7 日暴雨过程 MPV1 中心最大值为 -1.0 PVU（见图 3），24 小时最大降水量为 120 mm，且暴雨区的对流层高层正的大值区对应着对流层低层负值中心。9—10 日暴雨过程 MPV1 中心最大值为 -1.8 PVU（图略），24 小时最大降水量为 80mm，但是暴雨区的对流层高层无正的大值区与对流层低层负值中心相对应，因此所对应的降水量没有其他两次过程大。14—15 日暴雨过程 MPV1 中心最大值为 -1.0 PVU（图略），24 小时最大降水量为 140 mm，且暴雨区的对流层高层正的大值区对应着对流层低层负值中心。这表明当雨区的对流层高层正值中心与对流层低层负值中心对应较好时，暴雨强度会较大。

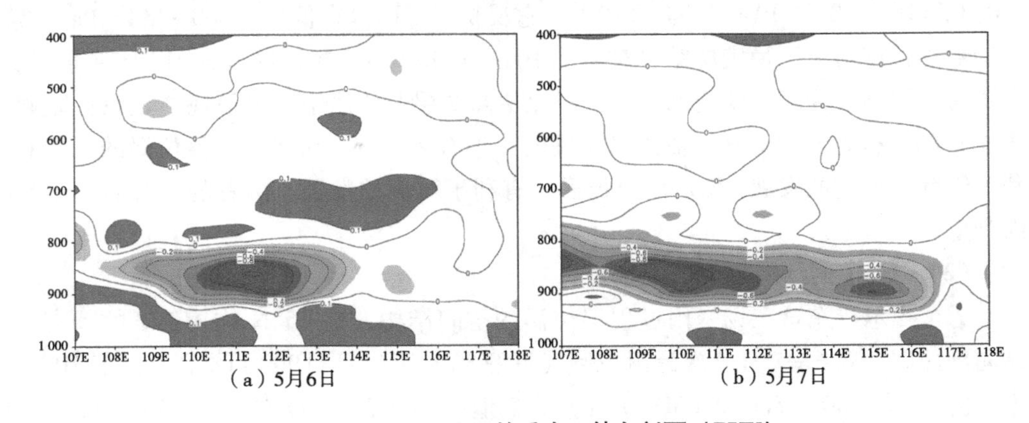

（a）5月6日　　（b）5月7日

图 3　MPV1 沿 25°N 的垂直—纬向剖面（PVU）

（3）低层 MPV1 的分布特征

由于暖湿气流的活动与影响主要发生在对流层中低层，所以本文对 5 月 6—7 日、9—10 日和 14—15 日 850 hPa 位势高度上湿位涡进行诊断分析，分析讨论湿位涡的分布与暴雨发生的位置之间的关系。

6 日在广东、广西、湖南三省（自治区）交界处有一大范围 MPV1 负值区，表明该区域低层大气处于明显的对流不稳定层结状态。其中心位于（25°N，111.5°E），中心值为 -0.9PVU，在中心南部为一 MPV1 密集区。7 日负值区扩至广西西部、广东北部，中心值达到 -0.9PVU，广东北部的负值中心值达 -0.6 PVU。MPV1 密集区也向东北和西南移动，正值区在西南侧。6—7 日广东中部地区（25°N，115°E）出现了暴雨，基本在 MPV1 正值区零线附近的东南部。9—10 日暴雨过程 850 hPa 等压面上 MPV1（图略）的负值中心由湖南南部逐渐向东北和西南扩展，负值中心最大值为 -1.8 PVU。在 10 日广东北部的负值中心值为 -1.0 PVU，中心位置（25.7°N，115.2°E）。正值区位于西南部。9—10 日广东西部地区（25°N，112°E）出现了暴雨，基本在 MPV1 正值区零线附近的东北部。14—15 日暴雨过程的 850 hPa等压面上 MPV1（图略）的负值中心由广西北部一直向西移动，负值中心最大值为 -1.1 PVU，中心位置（25° N，109°E），正值区位于西南部。14—15 日广东西南地区（23°N，113°E）出现了暴雨，基本在 MPV1 正值区零线附近的东南部。

综合以上三次暴雨过程的分析，强降雨区基本都发生在对流层低层湿位涡正压项的正值区东北和东南侧的零线附近，这对诊断暴雨落区有一定参考价值。

4.2　MPV2 分析

（1）MPV2 的垂直剖面

图 4 是 2010 年 5 月 1—15 日 MPV2 的时间—高度剖面图，其分布特征几乎与 MPV1 的时间—高度剖面图（图 2）相反，正值中心所对应的时间三场暴雨过程发生的时间也较为吻合，即三场暴雨过程都发生在中低层 MPV2 正值区内（图 4），三场暴雨的中心值分别为 0.3PVU、0.35 PVU、0.2 PVU。它反映了暴雨区大气斜压性较强，垂直涡度得到较大增长。

（2）低层 MPV2 的分布特征

分别分析这三场暴雨过程与同期 850 hPa 上 MPV2 的演变可以看出，6 日（图 5a）在广西东北部有一大范围 MPV2 正值区，其中心位于（25°N，110°E），中心值为 0.7 PVU。7 日（图 5b）正值区扩至广西北部大范围地区，中心值达到 1.2 PVU，广东北部也有一正值中心，最大值为 0.6 PVU。MPV2 的正值区扩大，中心值增大，表明大气的湿斜压性增强，垂直涡度得到较大增长。对比 6—7 日，MPV1 <0，可知易发生强降水。9—10 日暴雨过程 850 hPa 上 MPV2（图略）的正值中心由广西东北部逐渐向广东东北部扩展，9 日正值中心最大值为 1.2 PVU。在 10 日减弱为 1.0 PVU，中心位置（25°N，114.5°E），表明大气的湿斜压性减弱，暴雨强度减

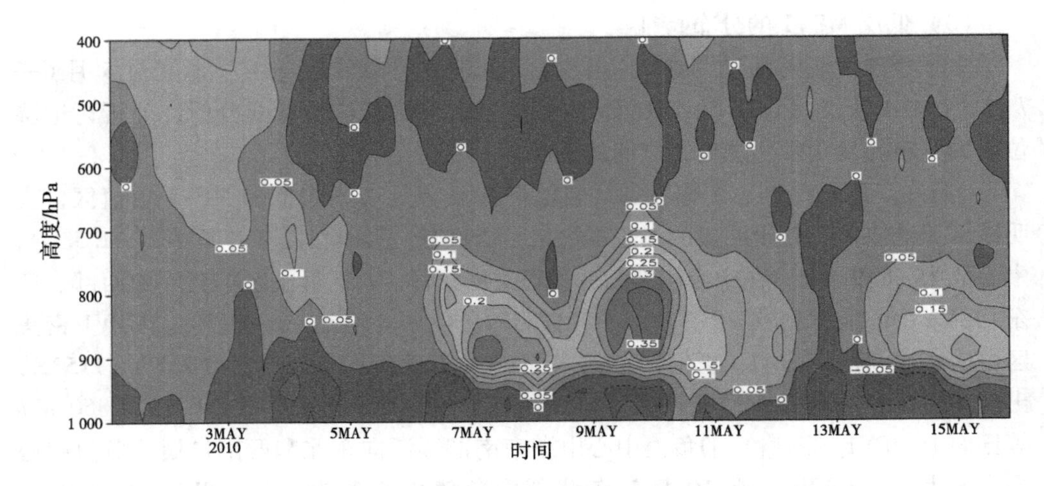

图 4　2010 年 5 月 1—15 日 MPV2 的时间—高度剖面（PVU）

弱。14—15 日暴雨过程的 850 hPa 上 MPV2（图略）的正值中心由广西东北部向西移动，正值中心最大值为 0.9 PVU，中心位置（24.8°N，110°E）。15 日正值中心最大值减弱为 0.7 PVU，表明暴雨强度趋于减弱。

综上，湿斜压位涡的增大，可导致垂直涡度的发展，非常有利于对流运动的加剧，使降水强度加剧，这与文献［1］提出的低对流层大的正值 MPV2 的移动可作为低空急流和暖湿气流活动或涡旋活动示踪的结论一致。当 MPV2 正值区减弱或移出，意味着暴雨区的暖湿气流不断减弱，同时随着对流不稳定区的移出，暴雨过程结束。

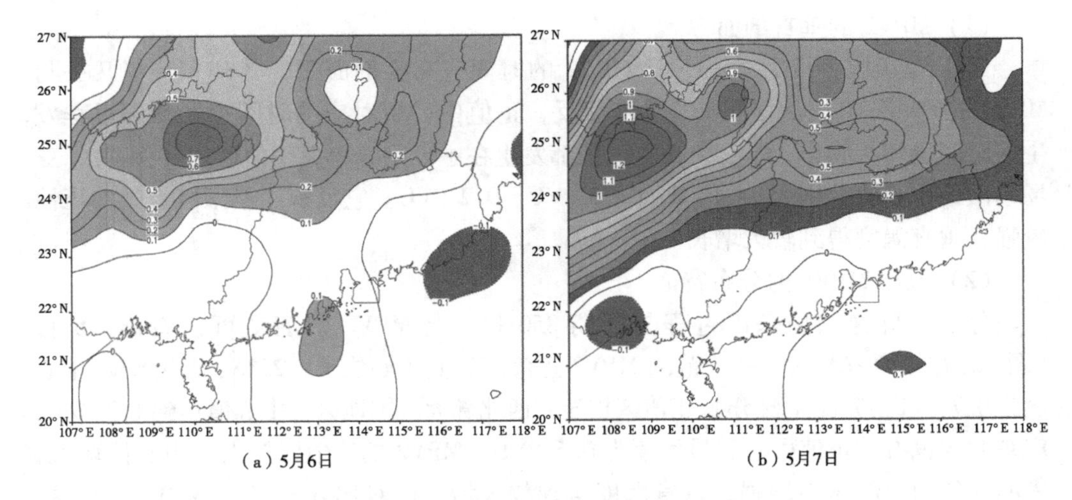

图 5　850 hPa 上 MPV1 的分布（PVU）

5　结论

通过对广东省 2010 年 5 月 1—15 日大范围强降水天气特别是其中的三次暴雨过程的湿位涡诊断分析，可得出以下几点结论。

（1）湿位涡正压项 MPV1 反映了暴雨天气对流不稳定能量的释放过程。低层 MPV1 负值增大，密集区梯度加大，降水将增强。强降雨区基本发生在对流层低层湿位涡正压项的正值区东北和东南侧的零线附近。

（2）湿位涡斜压项 MPV2 尽管比正压项小一个量级，但斜压项的发展预示着斜压涡度发展，是暴雨天气发展的一种重要机制。当低层 MPV2 正值增大时，对应降水将增幅；反之，降水减弱或停止。

（3）暴雨发生时，低层（850 hPa）湿位涡有 $MPV1 < 0$ 同时 $MPV2 > 0$ 的特征。因此把对流层低层湿位涡正、斜压项结合起来作为一项预报指标，将对暴雨天气的分析预报及气象防灾减灾工作起到较大的参考作用。

参考文献

[1] 吴国雄，蔡雅萍，唐晓菁．湿位涡和倾斜涡度发展［J］．气象学报，1995，53（4）：387－404.

[2] 吴国雄，蔡雅萍．风垂直切变和下滑倾斜涡度发展［J］．大气科学，1997，21（3）：273－281.

[3] 李国平，刘行军．西南低涡暴雨的湿位涡诊断分析［J］．应用气象学报，1994，5（3）：354－360.

[4] 田珍富，滕俏彬，王作述．一次局地特大暴雨湿位涡的中尺度分析［J］．热带气象学报，1998，14（2）：163－172.

[5] 王建中，马淑芬，丁一汇．位涡在暴雨成因分析中的应用［J］．应用气象学报 1996，7（1）：19－27.

[6] 刘开宇，赵重安，高勇，等．贵州暴雨的湿位涡诊断分析［J］．贵州气象，2005（6）：12－16.

[7] 赵宇，杨晓霞，孙兴池．影响山东的台风暴雨天气的湿位涡诊断分析［J］．气象，2004，30（4）：15－19

[8] 刘环珠，张绍晴．湿位涡与锋面强降水天气的三维结构［J］．应用气象学报，1996，7（3）：275－284.

[9] 纪忠萍，方一川，梁建，等．“5·6”广东致洪暴雨过程的 500 hPa 环流场及低频特征［J］．广东气象，2006，28（2）：15－18.

[10] 梁巧倩，林良勋，谢健标，等．广东前汛期西风槽暴雨个例的强度及落区［J］．广东气象，2007，29（2）：32－35.

[11] 张小霞，陈小芸，杨宇声，等．佛山一场大暴雨的强降水特征［J］．广东气象，

2006，28（2）：40－42.
[12] 钟咏暖. 用关键区和指标站作新会区前汛期暴雨预报［J］. 广东气象，2006，28（1）：42－44.
[13] 安洁，张立凤. 暴雨过程中湿位涡的中尺度时空特征［J］. 气象科学，2004，24（1）：72－29.

作者简介： 陶丽，四川省气象服务中心；熊光明，中国人民解放军96163部队；李国平，博士，成都信息工程大学教授、博士生导师。

2016年1月浙江中部暴雪强降温灾害过程分析①

范瑜越[1]　李国平[2]
（1. 浙江省金华市气象局；2. 成都信息工程大学大气科学学院）

摘要：2016年1月下旬一次持续性强冷空气自北而南袭击了我国。受强冷空气和西南暖湿气流影响，浙江中部地区先后出现强降雪和强降温，其带来的雪灾和冻害对人民生产生活造成了严重影响。此次气象过程，天气形势典型，变化趋势明确，气象局据此作出了正确的趋势预测。后期气象部门精准预报，科学服务，各政府部门科学分工，合理安排防灾减灾措施，明显减小了灾害损失，受到民众肯定，值得今后气象防灾减灾工作借鉴。

关键词：强寒潮；雪灾；冻害；防灾减灾

1　引言

2016年1月下旬受极涡主体南下影响，我国自北而南出现了一次强降温过程。此次过程持续时间长，降温幅度大，我国大部分地区都出现了降温，其中东部和南部地区的最低温度普遍突破或逼近30年的最低气温极值。此外，受强冷空气和西南暖湿气流的共同影响在我国中东部地区还普遍出现降雪天气。

由于此次过程低温强度大，影响范围广，南方多地出现暴雪、冰冻灾害，给人民的生产生活造成了巨大的影响。据国家减灾委员会办公室发布的报告[1]显示，全国有19个省（自治区、直辖市）346个县遭受低温冷冻和雪灾，共造成982.4万人受灾，2人死亡；农作物受灾面积1 166.8 $\times 10^3$ hm^2，其中绝收114.1 $\times 10^3$ hm^2；直接经济损失102.5亿元。其中浙江、广东、云南等南方13个省（自治区、直辖市）的受灾人口、农作物受灾面积和房屋倒塌数量等占此次受灾总数的90%以上。

地处浙江中部的金华地区，处于冷暖气流对峙的主要区域，暴雪强度是整个浙江最强的，低温冻害也尤为明显。1月21—23日全市普降大到暴雪，山区大暴雪。在降雪过程结束后，23日夜里到26日全区出现了严重的极寒冰冻天气，其中25日早晨最低气温普遍突破近30年最低气温极值。以金华站为例，25日早晨的最低气温为－7.3℃，比30年最低气温极值－5.7℃偏低1.6℃。由于此次过程预报准确，各部门通力合作，防灾减灾工作及时、到位，造成的损失较以往同等过程偏小，人

① 本文是第十四届“生态·旅游·灾害——2017长江上游灾害应对与区域可持续发展战略论坛”文章。

民生产生活秩序恢复速度较快，值得以后的防灾减灾服务工作借鉴。

2 天气气候特点分析

2.1 气候特点分析

浙中地处金衢盆地东段，为丘陵盆地地区，地势南北高、中部低，属亚热带季风气候，四季分明，年温适中，热量、雨量丰富，干湿两季明显。

受极地大陆气团的影响，冬季以晴冷天气为主，但因有山体阻挡，气温稍高于同纬度地区，冬季受冷空气和暖湿气流对峙影响常有暴雪过程[2-4]。图1中的(a)、(b)两图分别是金华站年平均气温和年最低气温的年际变化图。从图1(a)中可以看到，金华站年平均气温变化并不显著，基本维持在17~19℃。最高值与最低值的差值仅2.5℃。20世纪60年代前以上升趋势为主，20世纪60年代到80年代呈下降趋势，80年代后表现为持续上升的趋势。

相比之下最低气温的年际变化较显著［图1(b)］，主要变化趋势特征和年平均气温的相近。极端低温主要集中在1985年前。其中1977年最低气温为建站以来最低，其值为-9.6℃，此后最低气温也呈现出波动中上升的趋势，其中2002年达到最大，其值为-1℃。近几年最低气温虽有波动，但整体数值较为相近。2016年受“世纪寒潮”影响，最低气温突降到-7.3℃，为近30年的最低值。

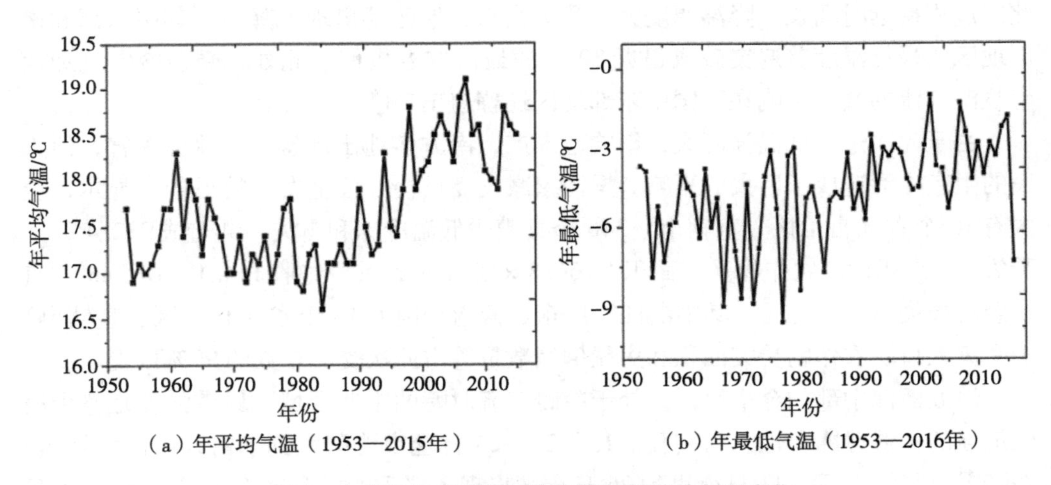

(a) 年平均气温(1953—2015年)　(b) 年最低气温(1953—2016年)

图1 金华站年平均气温和年最低气温的年际变化

2.2 过程概况

1月20日夜间至23日受暖湿气流和冷空气共同影响，浙中地区出现明显的雨雪天气过程，其中21日下午到夜间自北而南出现降雪，23日白天雪势明显减弱，夜里开始转为晴冷天气。截至23日8时（北京时间，下同），金华市积雪5～15 cm，部分区县积雪15～30 cm，海拔较高山区积雪30 cm以上。本次降雪，积雪深度较深，如磐安胡宅乡达到了30 cm、浦江白马镇28 cm、婺城箬阳乡27.5 cm、义乌大陈镇23 cm、武义西联乡14.9 cm等，金华北山气象雷达站达48 cm。

受强寒潮影响，截至25日8时，各县（市）城区最低气温为－11～－7℃，山区在－16～－13℃，突破或接近近30年纪录（表1）。具体气温如下：金华－7.3℃（婺城区北山－15.9℃、婺城双龙－12.2℃、金东区乌珠岭脚－12℃）、兰溪－7.9℃（下陈－11.3℃）、义乌－8.5℃（大畈－15.8℃）、东阳－8.3℃（怀鲁－15.8℃）、永康－7.4℃（棠溪－13℃）、武义－8.5℃（新宅－13.1℃）、浦江－10.6℃（清溪－15.5℃）、磐安－10.8℃（万苍－14.4℃）。

表1　金华全市气象站历史极端最低气温对比

站名	建站以来历史极值	历史排名	近30年历史值（1986—2015年）	近30年历史排名	截至25日8时
金华	－9.6（1977年）	9	－5.7（1991年）	1	－7.3
兰溪	－8.2（1970年）	2	－6.1（1991年）	1	－7.9
义乌	－10.7（1977年）	10	－9.1（1991年）	2	－8.5
东阳	－10.3（1977年）	7	－9.6（1991年）	2	－8.3
浦江	－11.1（1969年）	3	－9（1991年）	1	－10.6
武义	－12.3（1977年）	11	－9.3（1991年）	2	－8.5
永康	－11.8（1970年）	14	－9.5（1991年）	2	－7.4
磐安（2008—　）	－8.2（2011年）	1	－8.2（2011年）	1	－10.8

3　灾害基本特征及防灾减灾服务分析

3.1　灾害基本特征

分析总的灾情数据可以发现，此次灾害具有如下特点。

（1）灾害强度大

此次过程造成的灾害由雪灾和冰冻灾害两类灾害组成，两类灾害影响时段连接在一起，前期的强降雪使后期的冻害形势更为严峻。1月21—23日的降雪过程，降雪量大，积雪深，全区平原地区普遍有大到暴雪，山区有大暴雪，对出行和农业等方面都有不利影响。在23日上午降雪减弱后，23日夜间至26日气温持续维持在0℃以下，导致前期的雨雪马上转化为冻雨和冻雪，对防灾减灾的时效性提出了很高的要求。

（2）影响范围广、受灾人数多

此次过程的涉及面广，浙中地区全部市县和乡镇均受灾，部分乡镇出现交通和电力中断，但都在短期内恢复正常。全市所有中小学为防备此次强暴雪严寒冰冻引发的安全隐患而停课。

（3）农业损失较大，但也有部分有利影响

严重的雨雪低温，导致大部地区受到了重度以上的低温冻害，给蔬菜、水果等产业造成严重影响。据农业部门1月25日14时的统计数据，金华全市农业直接经济损失达到14 109.88万元，其中农作物受灾20.5万亩，成灾8.16万亩，绝收1.53万亩，直接经济损失12 970.53万元。主要损失集中在水果产业上，据统计，全市果园受灾9.96万亩，成灾5.01万亩，绝收1.48万亩，直接经济损失8 011.18万元，且主要集中在枇杷、葡萄等作物上。白枇杷抗冻能力相对较弱，已基本绝收，红枇杷抗冻性较强点，只有少量开花结果。另外，由于连续雨雪天气，超2 000株枇杷树被大雪压倒甚至连根拔起。葡萄产业的损失主要为葡萄设施受损造成的设施损失和葡萄绝收导致的经济损失。其中连片大棚、简易大棚受损相对明显。蔬菜由于及时地采用加盖多层地膜等方式对抗雨雪低温成效显著，受灾情况相对较轻。据金华市农业局统计，此次雨雪低温造成金华地区蔬菜受灾2.69万亩，成灾0.8万亩，绝收0.05万亩，直接经济损失1 871.1万元。畜牧生产损失较轻，直接经济损失172.05万元，畜禽栏舍损毁12 300 m^2。

另外，此次暴雪极寒对农作物还有一定有利影响。极寒低温利于杀灭虫卵和病菌孢子，对减轻病虫危害产生有利影响。

3.2 抗灾减灾服务

这次过程中，气象局、电力局、社区等多部门在市政府的统筹下通力合作，从灾前防灾，到灾后救助工作及时、到位。

（1）气象局预报服务科学高效

在此次过程中，市气象局预报时效强，服务科学、高效、多元。

由于此次过程预报形势稳定、明确，市台提前7天做出预测，并且在后期持续制作更新、更准确的预报。1月18日明确指出：将出现严重雨雪冰冻天气，20日夜间至26日将先后出现大范围的雨雪和严寒天气。该次过程不仅预报早，并且内容丰富，前期除了常规的预报，还以“寒潮和大雪警报”的形式，巧妙利用电视、电台、微信、微博、公共电子显示屏等媒体全方位提醒公众注意该次明显雨雪天气和雪后的严寒冰冻天气，预报做到精细化无缝隙，及时订正。预报定量定性，准确高效。

针对政府的决策需求，气象局于19日开始针对此次雨雪过程，给政府报送重要气象情况汇报，将未来低温雨雪趋势、历史极端最低温度情况及防御建议一并提出。并在20日精确指出暴雪、冰冻发生的时间段和强度，通过决策服务短信发布“大雪警报”，扩大通知面。

当降雪形势趋于明朗后，气象局及时发布预警信号，并以决策服务短信的形式持续向政府部门及时报告实况雪情并对未来趋势做出预测。同时还通过电视、电台、微信、微博等多平台及时更新提示公众。在23日上午雪势明显减弱，但强冷空气主体大举南下，严寒天气接踵而来，市台及时形成“寒潮和道路结冰”相关内容的材料并发出预警信号提醒相关部门和百姓提高防范意识。

（2）多部门通力合作

在经历了2008年的雨雪冰冻灾害后，政府部门就制定了防范雪灾冻害方面的应急预案。在接到有严重雨雪冰冻天气的信息后，金华全市各部门都积极动员起来，针对此次过程的特征制定了有针对性的防灾减灾方案，并积极投入防灾减灾活动中。

由于金华地处金衢盆地，历来是电网覆冰重灾区[5]。随着冷空气来袭，金华供电公司结合历年迎峰渡冬工作经验，从预案制定、人员落实、物资准备、后勤保障、应急响应等多方面入手，完善“网络化”应急抢修模式，做好防大灾、抗大灾的全面准备。提前在容易覆冰的线路杆塔上安装了80余套人工观冰仪，并设立人工观冰驻守点，及时收集线路覆冰信息。同时还对易覆冰区域线路进行防冰改造，缩短杆塔间线路长度，补强杆塔自身强度，防止严重覆冰下塔倒线断。此外，还重点对山区可能影响电力线路安全的毛竹、树枝进行全面清理，同时，对所有电力设备做好安全措施，避免倒杆、断线事故发生。使在建和正在改造的线路避开覆冰区，对高山风口和林区的线路提高标准，抓好工程质量。

在农业方面，农业部门结合当前农业生产实际，开展分类指导，认真落实各项应对措施，指导、帮助农民群众做好灾害性天气防御工作。及时抢收可上市蔬菜，切实做好春粮、油菜、蔬菜瓜果、果树保温防冻除雪等措施和进行大棚加固、除雪，及时疏通田间沟渠，防止渍害冻害发生和大棚倒塌。对畜禽养殖场进行加固和保温工作，加强疫情监测和动态巡查，严防重大动物疫病发生。第一时间向广大农民发送最新气象动态，并根据不同天气情况作出防灾抗灾提示，确保农民朋友不会由于信息不及时而延误防灾抗灾。

林业、交通等部门和各街道社区为应对大雪结束后马上到来的严寒天气所造成的冻雪、道路结冰等灾害，在降雪过程中就开始组织打雪、扫雪，避免了大范围的道路结冰、树木被大雪压坏等问题的发生。

4　灾害天气成因分析

此次对灾害过程预报早，使防灾减灾的前期准备时间充沛，这对减轻灾害影响有巨大的意义。从天气形势上看，此次过程是多次冷空气南下导致的世纪寒潮，冷空气强度较强，持续时间较久。1月21—23日降雪过程的高低空形势配置符合金华地区大雪天气典型的概念模型。同时，各种模式预报一致性较高增大了该过程的可预报性。

4.1 极寒冰冻天气成因

造成此次极寒冰冻天气的冷空气连续影响，大致可以分为三个阶段。

第一阶段：第一波中等强度冷空气南下影响。1 月 16—18 日高层环流有一横槽维持，在俄罗斯东岸的低涡不断加强。在 1 月 18 日低涡中心南下，横槽转竖，中纬度地区径向环流分量加大，浙江省处在槽后西北气流下，伴随有冷空气倾泻南下。

第二阶段：横槽重建，冷空气堆积渗透影响。1 月 19—21 日位于巴尔克什湖与贝加尔湖之间的大陆上有低涡发展并伴有东移，高纬横槽再度建立，中纬环流转平。高纬低层伴有冷空气堆积，新疆东北部蒙古国西侧一带地面场上冷高中心稳定少动，1 月 21 日内蒙古东部额尔古纳最低温度降到了 -44.1℃。

第三阶段：第二波强冷空气南下影响。1 月 22—25 日极涡持续东移南下，配合冷空气主体南下。其中 1 月 22—23 日南下最显著；1 月 24—25 日中纬东部地区偏西气流转偏西北气流，冷中心南下到渤海一带。

受冷空气的持续影响后，整个浙中地区的气温大幅下降，以金华站为例过程气温变化曲线如图 2 所示。在 21 日夜间至 23 日上午出现了强降雪过程，降雪期间全市气温基本维持在 0～1℃。23 日夜晚开始雨雪渐止，受晴空辐射降温、下垫面等的影响，23 日夜间至 25 日早晨气温持续下降并低于 0℃，且在 25 日早晨达到最低值 -7.3℃。25 日后期气温开始回升，由于前期气温较低，所以 26 日平均气温仍低于 0℃。

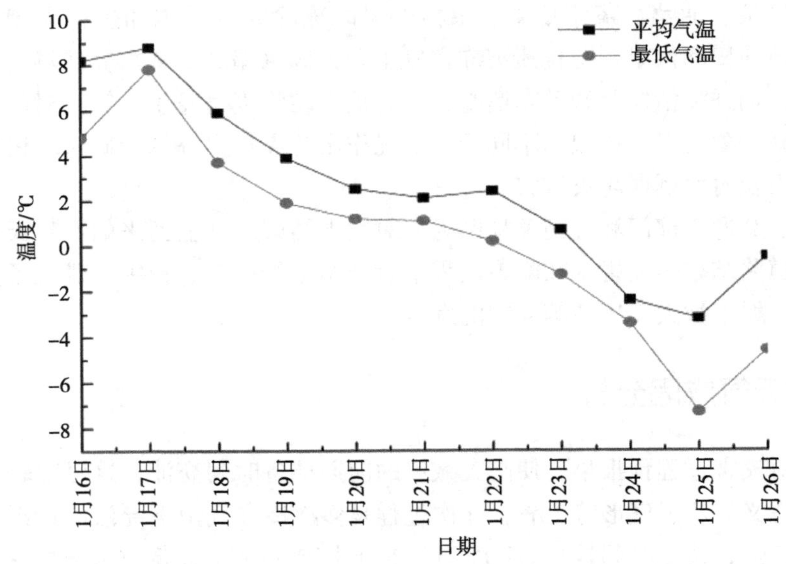

图 2　1 月 16—26 日金华站日平均气温和最低气温变化曲线

4.2 降雪成因分析

1月20—21日700 hPa西南气流发展加强，受低层低涡切变影响，金华市有明显的降水，从21日下午开始，随着高低层冷平流影响，温度持续下降，自北而南，降水相态开始转变。

21日20时在高层（500 hPa）高纬偏西偏北气流下温度线落后于高度线，冷空气持续南下，中纬环流平直偏西偏南气流，造成长江流域形成冷暖空气对峙的背景形势。700 hPa西南急流强度达到20 m/s，浙中处在急流出口区，一方面有充足的水汽供应条件，一方面又有利于形成辐合上升的形势。850 hPa切变低涡东移南压，浙中处在偏东气流里面。从垂直温度对比上看，此时在700～850 hPa形成了一个逆温层。对比早8时，850 hPa浙中处于西南气流切变南缘的暖平流里面，气温为0℃左右，到20时转为冷平流下，温度降为－3℃，达到了降雪的温度层结需求。地面场上处于偏北气流下，冷平流显著。

整个高低配置与金华地区大雪过程的概念模型吻合：高层环流提供冷暖气流对峙的背景形势；700 hPa强西南急流提供了充足的水汽和动力条件；850 hPa周围有一定的辐合切变（线）存在，并且冷空气南压，金华处于东北气流影响下；同时有地面场上北风提供的冷空气垫。

5 结论

通过对此次暴雪强降温过程的天气气候特点、灾害基本特征、防灾减灾服务和灾害成因的分析评估，得出以下结论。

（1）金华地区（浙江中部地区）平均气温年际变化较小，年最低气温的年际变化较年平均气温显著。在趋势上两者基本一致。20世纪60年代至80年代呈下降趋势，80年代后表现为持续上升的趋势。2016年1月下旬的这次“世纪寒潮”过程降温大，最低气温为近30年的最低值。其间，21日夜间至23日降雪显著，平原地区普降大到暴雪，山区有大暴雪。

（2）此次灾害的强度大，影响范围广，受灾人数多，农业损失较大，主要损失集中在琵琶、葡萄上，其他损失相对较小。同时极寒对减低农作物病虫害有积极影响。在此次过程中气象局预报早，服务科学、高效、多元，对政府决策服务起到了积极的作用。多部门通力合作，防灾减灾服务及时到位，为减轻灾害损失发挥了巨大作用。

（3）此次过程是受多次强冷空气持续影响的结果，其中前期中等强度冷空气影响使气温大幅下降，为1月21—23日的降雪过程提供了有利背景。中期降雪，气温稳定在0～1℃。后期天况转好，极涡主体南下，带动强冷空气持续影响东部和南部地区，造成了23—26日的极寒冰冻过程。

（4）由于气象灾害评估还没有专门的标准，各部门的灾情评估数据会有一定差异，需引起重视，研究统一的标准化的灾情数据库。

参考文献

[1] 民政部国家减灾办.2016年1月份全国自然灾害基本情况［EB/OL］.（2016-02-14）. http：//www. mca. gov. cn/article/zwgk/mzyw/201602/20160200880142. shtml.

[2] 曾欣欣，郑沛群，郝世峰，等．“1998. 01. 22”浙中北大到暴雪分析［J］．浙江气象，2002，23（3）：8-10.

[3] 项素清，何丽萍．浙中地区一次暴雪天气过程的成因分析［J］. S1 灾害天气研究与预报，2012.

[4] 梁亮.2005年初浙中地区两次暴雪过程对比分析［J］．第二届浙江中西部科技论坛论文集：第二卷（气象分卷），2005.

[5] 陈柏堃，郜庆林，吴明江．金华近56年电线积冰气候特征及灾害防御［J］．气象，2009，35（8）：85-90.

作者简介：范瑜越，浙江省金华市气象局；李国平，博士，成都信息工程大学教授、博士生导师。

防灾减灾网络信息服务质量影响因素分析[①]

李阳旭
（成都信息工程大学）

摘要： 本文首先找出防灾减灾网络信息服务质量的影响因素；然后建立了影响因素的解释结构模型，并对其进行了分析；在此基础上，对各影响因素进行了集群分析。通过对解释结构模型的分析和集群分析，给出了影响防灾减灾网络信息服务质量的关键因素。

关键词： 防灾减灾；网络信息；服务质量；解释结构模型；集群分析

1 引言

随着全球气候的变化及人口、经济规模的不断扩大，环境恶化的同时，进一步加大了自然灾害发生的风险。如何减少不可抗拒的自然灾害对社会经济、人民生活的影响，防灾减灾服务起着举足轻重的作用。在新兴信息技术发展的背景下，网络作为信息服务的快捷平台起着核心的作用。专业平台、相关网站等都在提供防灾减灾信息服务，这些信息对用户而言能否起到防灾减灾的作用将取决于服务的质量。目前针对防灾减灾信息服务的研究相对较少，主要针对三个方面：一是服务体系的研究，如范一大[1]（2013）、张小明[2]（2013）、司研[3]（2011）、李锁玲[4]（2012）等主要从信息服务的体系、模式等方面进行了研究；二是系统的研究，如杨啸宁[5]（2015）、周萍[6]（2013）、纪勇[7]（2011）、张新[8]（2009）等主要从防灾减灾信息服务系统方面进行了研究；三是服务效益的研究，如张薇[9]（2016）介绍了新媒体深度气象信息服务在防灾减灾中的具体应用，曹广喜[10]（2013）等通过建立模型对气象防灾减灾信息服务效益进行评估，吉莉[11]（2011）等对气象预警服务进行评估，曹大鹏[12]（2011）等对防灾减灾能力的评估。这些研究并没有从网络信息服务质量本身的角度进行。我国网民数量位于全球之首，利用网络向用户提供的防灾减灾信息服务是否切实有效，将影响人们面对突发自然灾害的应急反应，及相关部门相应措施的制定。因此，有必要对防灾减灾网络信息服务质量的影响因素进行深入研究。

---

① 本文2017年10月发表于《四川劳动保障》第S2期，是第十五届“生态·旅游·灾害——2018长江上游资源保护、生态建设与区域协调发展战略论坛”文章。

2 防灾减灾网络信息服务质量的影响因素

当前，国内对信息服务的研究相对较多，但对其服务质量的影响因素研究却相对较少。早期学术界进行的网络信息服务质量研究主要集中在信息可获得性与内容质量、娱乐性、易用性、安全性、隐私性、可靠性、存取性、回应性、补偿性、站点美观、个性化等方面[13]。之后的研究在此基础上有所扩展和延伸，其角度也不尽相同。防灾减灾网络信息服务是从信息资源生产者经过传播渠道到达用户的过程，最终的服务质量取决于公众消费者对所获信息的易用性和有用性的评价。因此，防灾减灾网络信息服务质量的影响因素包括有用性因素和易用性因素。

有用性主要指防灾减灾网络信息要适用于用户所处的环境并能对用户自身产生效用。在环境的适用性方面，由于不同区域的气候、地理环境等不同，导致自然灾害在一定程度上具有地方特征，同时，灾害程度的不同对人类生命财产、生产活动和环境所造成的损失也不同，这将直接影响人们对灾害重视程度，从而影响到灾害信息服务的有用性；此外，网络防灾减灾信息的更新频次、是否能被用户理解等也将直接影响其服务的有用性。在对个体的有用性方面，用户能否及时获得信息、能获得多少信息，以及获得这些信息之后是否有相应的行动等，也将影响信息服务的有用性。因此，本文从地域匹配度、灾害危害性、更新频次、解释水平、用户联通性、信息量、联动性 7 个方面构建有用性因素。

易用性主要指服务信息从信息的供给者到用户的过程中，用户利用网络防灾减灾信息所需付出的努力程度。这主要取决于信息的提供者、网络平台和公众消费者。从信息的生产者角度看，权威且准确的信息更有利于用户对信息的采纳；从网络平台角度看，灾害信息及时地到达公众对用户而言是重要的影响因素；从公众消费者角度看，有了好的信息和好的传播平台，还需要用户有适合的获取渠道及对获取信息正确的理解，才能有效实现信息服务的易用性。因此，本文从权威性、准确性、及时性、平台连通性、可获取性、可理解性 6 个方面构建易用性因素。

综上，本文构建的防灾减灾网络信息服务影响因素如表 1 所示。

表 1 防灾减灾网络信息服务影响因素

一级影响因素	有用性 s_1	易用性 s_2
二级影响因素	地域匹配度 s_3	权威性 s_{10}
	灾害危害性 s_4	准确性 s_{11}
	更新频次 s_5	及时性 s_{12}
	解释水平 s_6	平台连通性 s_{13}
	信息量 s_7	可获取性 s_{14}
	联动性 s_8	可理解性 s_{15}
	用户联通性 s_9	

3　防灾减灾网络信息服务质量影响因素的解释结构模型分析

为了有效分析有用性因素和易用性因素间的影响关系，本文利用解释结构模型（ISM）技术[14]分别建立有用性因素和易用性因素的结构模型。先根据表1中的影响因素，对防灾减灾及网络信息服务相关领域专家进行访谈，得到各因素间二元关系的邻接矩阵 $\boldsymbol{A}_1$ 和 $\boldsymbol{A}_2$；在此基础上，利用ISM技术可得防灾减灾网络信息服务质量影响因素的结构模型，如图1所示。

$$
\boldsymbol{A}_1 = \begin{array}{c|cccccccc}
 & s_1 & s_3 & s_4 & s_5 & s_6 & s_7 & s_8 & s_9 \\
s_1 & 0 & 0 & 0 & 0 & 0 & 0 & 0 & 0 \\
s_3 & 1 & 0 & 0 & 1 & 1 & 1 & 0 & 0 \\
s_4 & 1 & 0 & 0 & 1 & 1 & 1 & 1 & 0 \\
s_5 & 1 & 0 & 0 & 0 & 1 & 1 & 1 & 0 \\
s_6 & 1 & 0 & 0 & 0 & 0 & 0 & 1 & 0 \\
s_7 & 1 & 0 & 0 & 0 & 1 & 0 & 1 & 0 \\
s_8 & 1 & 0 & 0 & 0 & 0 & 0 & 0 & 0 \\
s_9 & 1 & 0 & 0 & 0 & 1 & 1 & 1 & 0
\end{array}
\qquad
\boldsymbol{A}_2 = \begin{array}{c|ccccccc}
 & s_2 & s_{10} & s_{11} & s_{12} & s_{13} & s_{14} & s_{15} \\
s_2 & 0 & 0 & 0 & 0 & 0 & 0 & 0 \\
s_{10} & 1 & 0 & 1 & 1 & 0 & 1 & 0 \\
s_{11} & 1 & 0 & 0 & 0 & 0 & 0 & 1 \\
s_{12} & 1 & 0 & 1 & 0 & 0 & 0 & 0 \\
s_{13} & 1 & 0 & 0 & 1 & 0 & 1 & 0 \\
s_{14} & 1 & 0 & 0 & 1 & 0 & 0 & 0 \\
s_{15} & 1 & 1 & 0 & 0 & 0 & 0 & 0
\end{array}
$$

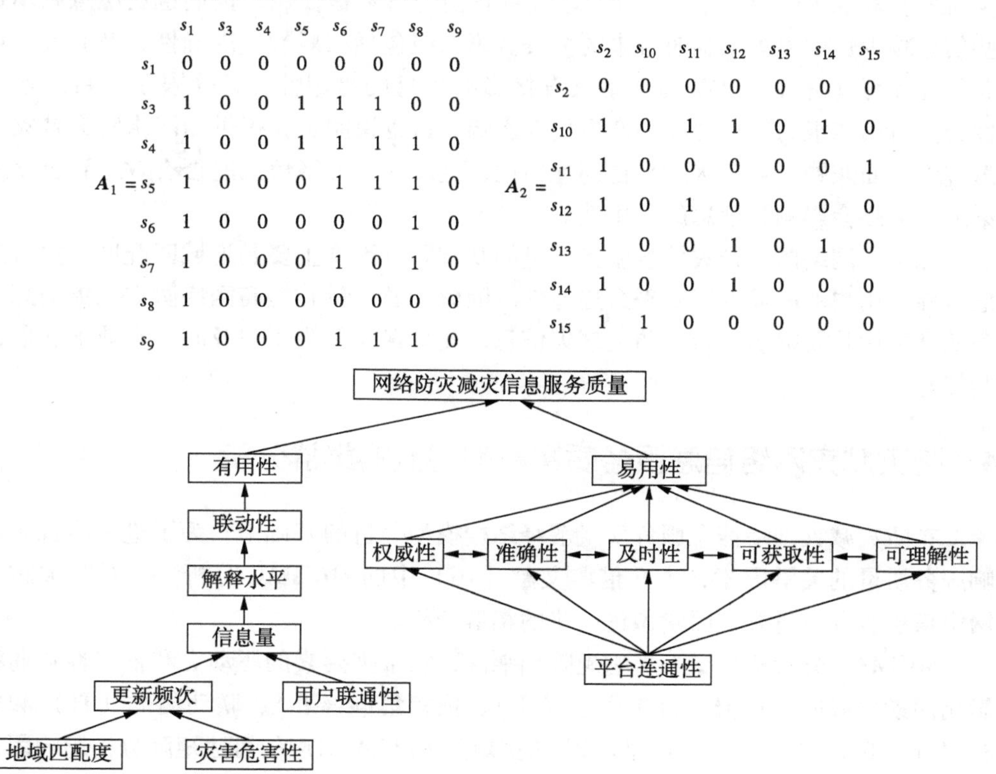

图1　网络防灾减灾信息服务的解释结构模型

从图1的解释结构模型可以看出，防灾减灾网络信息服务质量取决于服务的有用性和易用性。

防灾减灾网络信息服务有用性的影响因素可以分为六级。第一级的有用性直接受联动性的影响，这也说明了，再好的信息，如果不能对用户或相关部门、机构产生影响，也不能体现其价值。第二级的联动性直接受解释水平的影响，只有用户理解了信息，对自身产生了效用，才能产生行动。第三级信息的解释水平受信息量大小的影响，防灾减灾信息量越大，越能促使人们提高防范意识。第四级为信息量因素，用户要获取大量的防灾减灾信息，不仅受网络信息更新频次的影响，还取决于用户是否能有效地获得这些信息，因此，用户的联通性是决定防灾减灾网络信息服务有用性的重要因素之一。第五级包括用户联通性和更新频次，网络的更新频次直接受地域的匹配度和灾害危害性的影响，区域内灾害越严重，网络相关信息的更新越频繁。由此可见，防灾减灾网络信息服务有用性的最终影响因素为地域匹配度、灾害的危害性及用户的联通性。

防灾减灾网络信息服务易用性的影响因素可以分为三级。第一级的易用性受信息的权威性、准确性、及时性、可获取性和可理解性影响，对用户而言，能从网络及时地获取准确的权威信息，意味着这些信息更容易被使用，他们也更愿意利用这些信息减少自然灾害来临时带来的损失。第二级包括权威性、准确性、及时性、可获取性和可理解性，这些因素不仅直接影响信息的易用性，且受限于平台的连通性，同时第二级的因素之间还产生相互影响，这也说明了，提供的网络防灾减灾信息应多方面兼顾。第三级为平台的连通性，这反映了网络信息能否有效达到公众的渠道，最终会影响到信息的易用性。

综上，网络防灾减灾信息服务质量的基础影响因素主要是地域匹配度、灾害的危害性、用户的联通性以及平台连通性。因此，要衡量和提高网络防灾减灾信息服务质量关键是要提供适合的防灾减灾信息，充分保障最终用户及时、有效地获取这些信息。

4 防灾减灾网络信息服务质量影响因素的集群分析

在防灾减灾网络信息服务质量解释结构模型分析的基础上，为了进一步找到影响服务质量的关键因素，本文借鉴文献［16］中的MICMAC分析法，对防灾减灾网络信息服务质量影响因素做进一步的集群分析。

MICMAC分析法即交叉影响矩阵相乘法，它根据要素的驱动力和依赖性强弱将影响因素分成四个集群：自制集群（Ⅰ）、依赖集群（Ⅱ）、联动集群（Ⅲ）和独立集群（Ⅳ）。本文根据第三部分中邻接矩阵$\boldsymbol{A}_1$和$\boldsymbol{A}_2$对应的可达矩阵分析影响因素的驱动力和依赖性。这里，驱动力指受某因素直接和间接影响其他因素的个数；依赖性指直接或间接影响该因素的其他因素的个数。由此可反映出防灾减灾网络信息服务质量的有用性因素和易用性因素的驱动力和依赖性，如表2和表3所示。

表2　网络防灾减灾信息服务质量的有用性因素集群

影响因素	s_1	s_3	s_4	s_5	s_6	s_7	s_8	s_9	驱动力
s_1	1	0	0	0	0	0	0	0	1
s_3	1	1	0	1	1	1	1	0	6
s_4	1	0	1	1	1	1	1	0	6
s_5	1	0	0	1	1	1	1	0	5

续表

影响因素	s_1	s_3	s_4	s_5	s_6	s_7	s_8	s_9	驱动力
s_6	1	0	0	0	1	0	1	0	3
s_7	1	0	0	0	1	1	1	0	4
s_8	1	0	0	0	0	0	1	0	2
s_9	1	0	0	0	1	1	1	1	5
依赖性	8	1	1	3	6	5	7	1	

表3　网络防灾减灾信息服务质量的易用性因素集群

影响因素	s_2	s_{10}	s_{11}	s_{12}	s_{13}	s_{14}	s_{15}	驱动力
s_2	1	0	0	0	0	0	0	1
s_{10}	1	1	1	1	0	1	1	6
s_{11}	1	1	1	1	0	1	1	6
s_{12}	1	1	1	1	0	1	1	6
s_{13}	1	1	1	1	1	1	1	7
s_{14}	1	1	1	1	0	1	1	6
s_{15}	1	1	1	1	0	1	1	6
依赖性	7	6	6	6	1	6	6	

由表2和表3可得网络防灾减灾信息服务质量影响因素的集群划分如图2所示。从图2中可以得出以下结论：

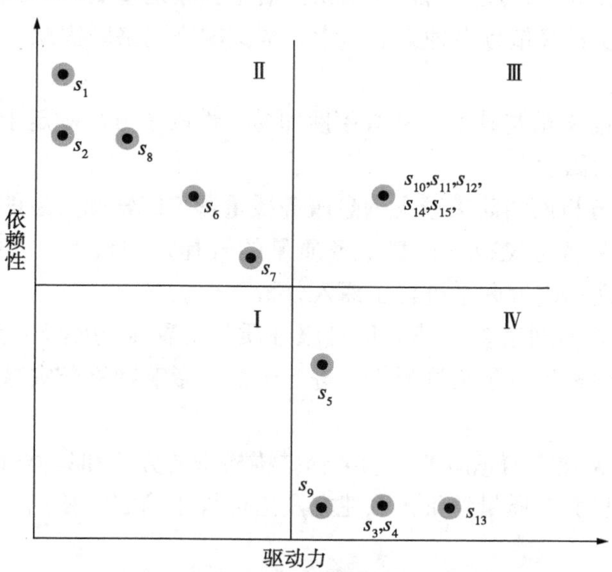

图2　网络防灾减灾信息服务质量影响因素集群划分

（1）网络防灾减灾信息服务质量的影响因素没有落在自制集群的，这说明所有因素与信息服务质量都有较强或强的关联性。

（2）落在依赖集群的影响因素有5个，其中有用性、易用性和联动性的依赖性强，驱动力小，有用性具有最小的驱动力和最强的依赖性。

（3）落在联动集群中的影响因素有5个，分别为权威性、准确性、及时性、可获取性和可理解性，它们既具有强的驱动力，又具有强的依赖性，在解释结构模型中直接影响防灾减灾信息的易用性。与这些因素有关的任何变动都会对其他因素产生影响，其他因素的变动反过来又对它本身产生影响，从而使这些因素处于不稳定状态。因此，在提供网络防灾减灾信息服务时，要兼顾信息的权威性、准确性、及时性、可获取性和可理解性。

（4）落在独立集群的因素有5个，分别为地域匹配度、灾害危害性、更新频次、用户联通性和平台连通性。它们具有弱的依赖性和强的驱动力，在解释结构模型中主要位于底层。这也是影响网络防灾减灾信息服务质量最为关键的因素。因此，要提高网络防灾减灾信息服务质量，首要关注的是这些具有强驱动力的关键因素。

（5）通过影响因素集群的划分，说明了要提高网络防灾减灾信息服务质量，应更多地关注位于联动集群和独立集群的因素。它们是影响最终信息服务质量的关键因素。

5 结语

在防灾减灾服务中，通过网络提供相关信息服务是重要的方式之一，而网络防灾减灾信息服务质量又依赖多种影响因素。本文围绕网络防灾减灾信息服务质量主要做了以下工作。

（1）在已有的文献基础上，从有用性和易用性两个方面确定了影响网络防灾减灾信息服务质量的因素。

（2）在深入分析网络防灾减灾信息服务质量影响因素间关系的基础上，利用模型化技术建立了网络防灾减灾信息服务质量的解释结构模型，并根据所建立的模型，对影响因素间的内容联系进行了深入分析。

（3）根据建立的网络防灾减灾信息服务质量解释结构模型，利用MICMAC分析法，对各影响因素进行了集群分析，进一步找出影响网络防灾减灾信息服务质量的关键因素。

（4）网络防灾减灾信息服务质量解释结构模型的分析和集群分析结果，可作为网络防灾减灾信息服务质量评价体系建立及指标权重确定的依据，为后续的研究做准备。

参考文献

[1] 范一大．防灾减灾空间信息服务的思考［J］．中国减灾，2013（17）：12－15.
[2] 张小明．我国防灾减灾信息管理能力建设战略［J］．中国减灾，2013（17）：16－19.
[3] 司研．论防灾减灾新模式：新媒体深度气象信息服务的应用［J］．电子制作，2012（11）：213－214.
[4] 李锁玲，孟瑞娟，孙秋生．气象手机短信在防灾减灾信息服务中的作用［J］．现代农业科技，2012（8）：49－50.
[5] 杨啸宁，钟金莲，等．长沙市农业气象防灾减灾信息服务客户端的构建［J］．安徽农业科学，2015（23）：336－337.
[6] 周萍．杨千里：建设系统、统一的防灾减灾信息系统［J］．中国减灾，2013（17）：4－7.
[7] 纪勇，曹军．水利防灾减灾信息分析系统建立与研究［J］．中国西部科技，2011（34）：8－9.
[8] 张新，董文，迟天河，等．台湾海峡区域防灾减灾信息服务系统研究［J］．自然灾害学报，2009（6）：87－92.
[9] 张薇，张靖萱，王冠宇，等．防灾减灾新模式中新媒体深度气象信息服务的应用［J］．视听，2016（10）：201.
[10] 曹广喜，丁荷莲，等．基于SEM的气象防灾减灾服务效益评估［J］．数理统计与管理，2013（11）：476－486.
[11] 吉莉，苟思，李光兵．灾害性气象预警服务效益评估的研究［J］．安徽农业科技，2011（23）：14200－14201.
[12] 曹大鹏，郑伟，张人禾，等．安徽淮河流域洪涝灾害防灾减灾能力评估［J］．地理研究，2011（3）：139－146.
[13] 卢涛，雷雪．网络信息服务质量评价及其实证研究［J］．图书情报知识，2008（1）：37－47.
[14] 汪应洛．系统工程［M］．北京：机械工业出版社，2014.
[15] 沈生进．高校图书馆网络信息服务质量测评研究［J］．情报探索，2012（12）：56－58.
[16] 杨晓艳，陈杰．供应链协调中知识流要素的解释结构模型［J］．软科学，2013（5）：140－145.

作者简介：李阳旭，成都信息工程大学物流学院教师。

第五部分

灾害应急管理

我国大面积暴雨天气对旅游业影响的研究[①]

成都信息工程大学、中国气象局公共气象服务中心联合课题组

暴雨具有显著突发性、短时性，易造成河流洪涝、城市内涝、诱发山体崩塌、滑坡、泥石流等严重次生灾害。我国是多暴雨国家，除西北个别省、区外，全国几乎都有暴雨天气出现，且大部分地区暴雨集中在4—9月，恰是国内旅游市场需求旺季。近年来，受全球气候变化异常影响，冷暖空气交汇频繁，暴雨发生次数增多、降雨强度增大，在出游规模巨大的大众旅游时代，暴雨对旅游的影响备受关注。受国家旅游局办公室委托，课题组以国家旅游局、中国气象局、国家统计局、民航系统及部分省市、景区的相关数据为基础，选择旅游人次数、旅游收入两个主要指标，应用统计分析方法，测算了暴雨对旅游经济的影响估算值。结果显示，暴雨天气与旅游呈显著负相关，相关系数约为 -0.41。但面对已经发展起来的大众旅游市场，暴雨对全国旅游市场总量规模的增长影响并不凸显，从另一个角度反映出中国旅游市场强劲发展的旺盛势头，正因为如此，更需要关注包括灾害等各种因素对旅游的影响，以全力保障旅游业的健康持续发展。据初步测算，2016 年第二季度，遭遇暴雨严重影响的部分旅游城市，其游客量与往年同期应有的增幅相比减少了 10% ~12% ，但暴雨没有在全国范围内影响旅游业整体快速、强劲发展势头。暴雨最显著的负面影响集中在以下四个方面：直接威胁游客人身安全、导致旅游设施设备故障、影响部分旅游景区和旅游项目的正常运营以及因延误交通而影响游客行程和安全等，这些不同程度造成旅游业损失。但是从总体上看，我国政府部门的旅游气象公共服务能力正在增强，旅游目的地、旅游景区等灾害预警机制正在逐渐完善，游客自我安全防范意识普遍提高，2016 年暴雨造成的旅游危害事件较往年明显减少。

1　2016 年我国暴雨的时空分布及基本态势

暴雨一般是指降水强度很大的降雨。我国气象部门规定：24 h 降水量为 50 mm 或以上的雨统称为“暴雨”。其中，按降水强度大小又分三个等级，即 24 h 日降水量达 50 ~ 99.9 mm 称“暴雨”、100 ~ 249.9 mm 称“大暴雨”、250 mm 及以上称“特大暴雨”。暴雨是影响人类正常社会经济生活的主要灾害性天气，尤其是大范围

① 本文是国家旅游局资助立项的委托课题研究报告，第十三届“生态 · 旅游 · 灾害——2016 长江上游生态安全与区域发展战略论坛”文章。

持续性暴雨和特大暴雨，通常会造成河流洪涝、城市内涝和诱发山体崩塌、滑坡、泥石流等严重次生灾害发生。

1.1　暴雨范围大，多地遭遇 20 年来最强降雨

受天气系统、陆地与海洋距离、地形等多种因素影响，长期以来，我国暴雨主要集中在 4—9 月，暴雨日数与降水量的空间分布特征基本一致，即南方多北方少。2016 年 4—7 月，我国南方大部分地区先后遭受 20 余次强降雨过程袭击，累积降水量大部分区域都超过了 600 mm。其中，长江中下游、华南北部和中东部等地降水量达1 000 mm以上，尤其是湖北东部、安徽南部、江西东北部、福建西北部等地部分地区降水量高达 1 500 ~ 2 000 mm，局地超过 2 000 mm，是 20 年来最强降雨年份；如安徽黄山，累积降水量为 2 163. 3 mm。北方地区，除新疆、青海中西部、甘肃中西部、宁夏、内蒙古西部和偏北地区外，大部分降水量在 200 ~ 400 mm，吉林中东部、辽宁大部、河北东北部和西南部、山西东南部、河南北部、山东南部等地部分地区降水量在 400 ~ 600 mm。较 2015 年，南北方暴雨范围、强度普遍增大。

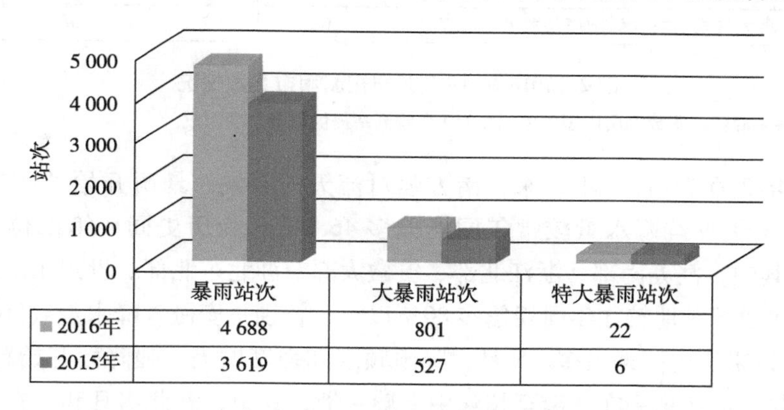

图 1　2015—2016 年 4—7 月我国暴雨站次对比情况

注：2016 年数据为 2 340 站，2015 年数据为 2 344 站，图中表格为通用 2 340 个站统计得出。

根据气象部门从全国 2 340 个观测站获取的暴雨数统计分析显示，2016 年 4—7 月，全国出现暴雨、大暴雨、特大暴雨累计站次均比 2015 年明显增加（图 1）。其中长江中下游、华南北部和中东部一带累积暴雨日数多达 5 天以上，特别是湖北东部、安徽南部、江西东北部、福建西北部等地的部分地区累积暴雨日数多达 10 ~ 14 天、大暴雨日数达 2 ~ 4 天，湖北中部局地还出现了特大暴雨。虽然北方地区整体暴雨日数相对较少，但辽宁中北部、河北东部和中南部、北京、天津、山西南部、河南北部、山东西部和南部等地部分地区暴雨日数也达到了 3 ~ 5 天，大暴雨日数也出现了 1 ~ 2 天，其中，北京、河北、河南局地还出现了特大暴雨。

1.2 4—7 月暴雨频发，频次与强度峰值出现在 6 月、7 月两个月

从暴雨发生时节看，每年 4 月起，我国南方开始进入暴雨期，此后随雨带自南向北呈规律推进特征①。根据 2016 年的统计，4 月以后，我国的暴雨日数呈现出递增的趋势，特别是 6 月和 7 月两个月，随着夏季风的活跃并向北推进和台风活动的增多，我国的暴雨频次和强度也达到入汛以来最大值（图 2）。

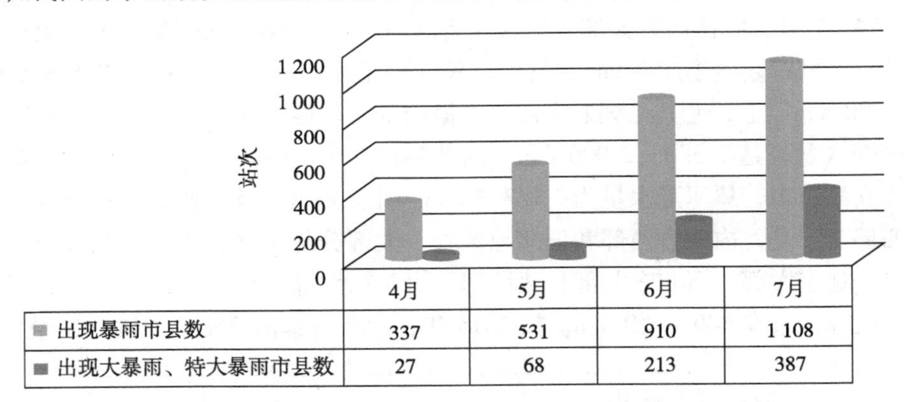

	4月	5月	6月	7月
出现暴雨市县数	337	531	910	1 108
出现大暴雨、特大暴雨市县数	27	68	213	387

图 2 2016 年 4—7 月出现暴雨市县数情况

资料来源：本图数据由中国气象局 2 340 个监测站提供数据整理而成。

2016 年 3 月 21 日入汛以来，南方强对流天气频发，暴雨开始“车轮式”攻击。4 月，全月平均降水量较常年同期偏多 46.1%，为历史同期第二位，仅次于 1964 年。其中，江苏南部、浙江北部、安徽大部、湖北东北部、贵州东南部、广西北部、云南西部等地较往年同期偏多 80% 以上，特别是安徽省降水量（209.5 mm）为 1961 年以来历史同期最多。5 月，降雨频度和强度增大，强降雨开始跨过长江，累积降雨量大值区集中在华南至长江中下游一带，其中，湖北房县和广东信宜都发生了特大暴雨，广东信宜的日降水量高达 455.2 mm，突破历史极值纪录。6 月至 7 月上中旬，长江中下游强降雨频繁，安徽、湖北等 36 市（县）连续降水量突破历史极值，大部地区降水较常年同期偏多 2 倍以上；而 7 月中旬末至下旬，雨带位置由南转北，黄淮、华北和东北地区南部出现暴雨，其中华北中部、辽宁西部等地降水较常年同期偏多超过 2 倍，北方基于日降水量的极端降水事件明显增多。受强降雨影响，长江中下游和海河、辽河流域部分水系出现汛情。此外，7 月受两个台

① 2016 年 4—5 月，暴雨天气主要集中发生在南方地区，其中 4 月强降雨带集中在长江以南，5 月推进至江淮、四川盆地及重庆一带；而 6 月、7 月，长江中下游一带经历了梅雨季，使得暴雨、大暴雨天气集中频发，同时北方暴雨天气也开始陆续增多，特别是 7 月，华北、黄淮、东北南部等地降雨强度增大、暴雨天气多发。（以上只是 2016 年的情况，并不是常年气候特点。常年气候特点如下：4—6 月，华南地区暴雨频频发生。6—7 月，长江中下游常有持续性暴雨出现，历时长、面积广、暴雨量也大。7—8 月是北方的主要暴雨季节，暴雨强度很大。8—10 月雨带又逐渐南撤。）

风登陆影响，东南沿海及云南南部等地局部风雨猛烈，强风暴雨致使闽浙粤等地受损严重。

1.3　2016 年比 2015 年同期全国暴雨呈显著增长态势

与 2015 年同期相比，2016 年 4—7 月全国暴雨天气明显增多，暴雨出现区域也有所扩大（图 3）。

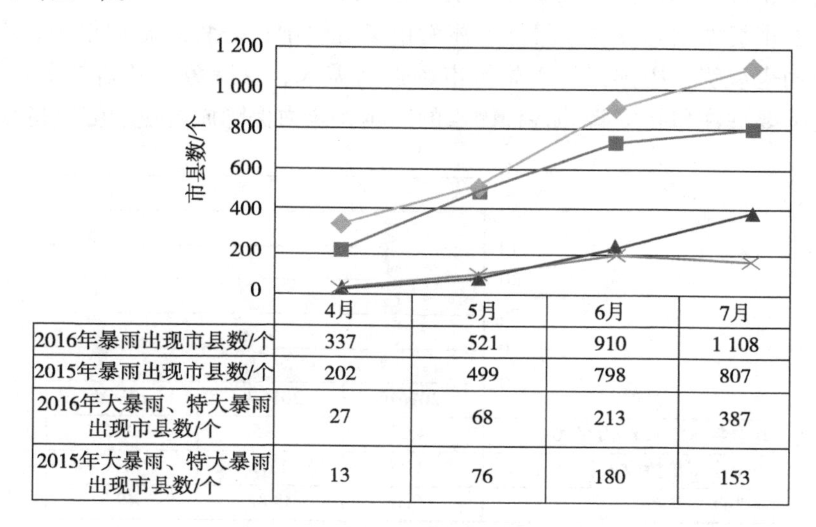

	4月	5月	6月	7月
2016年暴雨出现市县数/个	337	521	910	1 108
2015年暴雨出现市县数/个	202	499	798	807
2016年大暴雨、特大暴雨出现市县数/个	27	68	213	387
2015年大暴雨、特大暴雨出现市县数/个	13	76	180	153

图 3　2016 年与 2015 年 4—7 月发生暴雨市县数量比较

注：2015 年暴雨出现站数：4 月 202 个、5 月为 498 个、6 月为 806 个。

在 2 340 个气象监测站点中，有 1 004 个站点的暴雨日数多于 2015 年同期，且有 52 个站点暴雨日数较去年同期增多 5 ~ 9 天。2016 年 4—7 月暴雨集中的长江中下游、四川盆地、华南东部、东北南部和黄淮东部等地，与 2015 年同期累积降水量和暴雨日数相比均呈增长态势。其中，辽宁中北部、河北西南部、山西中部、河南北部以及长江中下游、四川盆地西南部、云南中西部、福建北部等地降水量普遍比上年同期增多了 300 mm 以上，暴雨日数也比上年同期增多 3 ~ 5 天；特别是湖北东部、安徽南部、福建西北部等地部分地区，累积降水量增多了 500 ~ 800 mm、部分站点暴雨日数更是增多了 6 ~ 8 天。

2　2016 年暴雨天气对旅游的影响评估

2.1　暴雨对全国旺盛的旅游市场总体规模增长态势无显著影响

由于暴雨天气具有显著的突发性、短时性，只要不发生连续性大面积暴雨天气，暴雨对已经培育起来的旺盛大众旅游刚性需求实际产生的阻碍很弱。单从半年度、年度数据看，暴雨对全国旅游市场总体规模的增长无明显直接影响。如 2014—

2016 年 1—6 月，全国国内游客规模、旅游收入两项指标增长稳步，且占全年总量比例都呈现出时间过半、总量过半的常态发展规律（图 4、表 1、表 2）。尽管 2015 年 1—6 月的旅游收入占全年比重偏低，与游客数量占全年比例相比降低 11%，但并没有充分证据说明出现的异常与暴雨直接相关，毕竟影响旅游消费水平的因素很多，而且 2015 年的暴雨程度尚不及 2016 年，可 2016 年的旅游收入占比与游客规模占比却处于正常状态，仅相差 2 个百分点左右，与 2014 年情况基本一致。故从全国整体旅游市场发展角度看，暴雨对旅游市场规模增长态势的影响很小，不具有显像性，从而也说明了中国正处于旅游市场强劲需求、发展势头旺盛的黄金发展期，但此时更需要关注包括灾害等各种因素的影响，全力保障旅游业的健康持续发展。

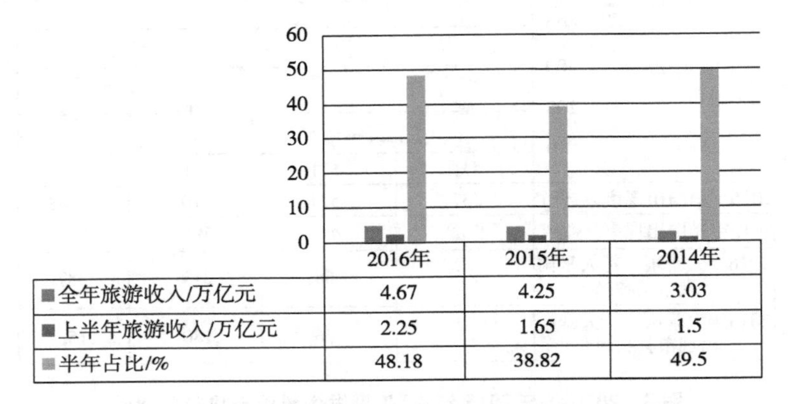

图 4　2014—2016 年上半年国内游客数量、旅游收入及其占全年比例

表 1　2014—2016 年 1—6 月国内游客人数约占全年比例

年度	2016	2015	2014
全年国内旅游人数/亿人次	44	41. 2	36. 11
上半年国内旅游人数/亿人次	22. 36	20. 24	18. 5
上半年占比/%	50. 82	49. 34	51. 23

表 2　2014—2016 年 1—6 月旅游收入占全年的比例

年度	2016	2015	2014
全年旅游收入/万亿元	4. 67	4. 25	3. 03
上半年旅游收入/万亿元	2. 25	1. 65	1. 5
半年占比/%	48. 18	38. 82	49. 5

2. 2　暴雨对国内城镇居民出游季节有明显影响

从需求角度看，一年中第二季度、第三季度正是旅游旺季，但是从实际数据看，第二季度、第三季度并没有成为真正的旅游旺季，反而是旅游淡季。课题组根据2011—2014年的国内游客季度规模数据，测算了四个季度的季节比率值[①]（表1），结果表明：国内旅游市场的旺季出现在第一季度，季节比率高达119.76%；淡季却明显出现在第二季度，季节比例85.66%；第三季度比第二季度旺盛，但也并未达到正常旺季比值，季节比例95.93%。从城乡居民出游规模季节比看，总体上第一季度都是旺季，第二季度也是明显的淡季；不过，农村居民的出游季节比例基本客观反映出农事对旅游的显著影响，而城镇居民的出游季度比，应该在一定程度上与汛期暴雨影响有关，不能排除暴雨在一定程度上会降低旅游购买的可能。

表3 全国国内旅游人数的季节比 单位:%

季度	全国	城镇居民	农村居民
第一季度	119.76	102.29	154.38
第二季度	85.66	89.70	77.67
第三季度	95.93	104.37	79.20
第四季度	98.65	103.64	88.76

资料来源：根据2011—2014年中国统计年鉴、旅游统计报告等数据整理。

2.3 暴雨对入境游客市场影响较小

根据对2014年1月—2016年2月我国入境旅游人数规模变化的分析表明，入境旅游市场增长平缓，季节性不明显（图5）。

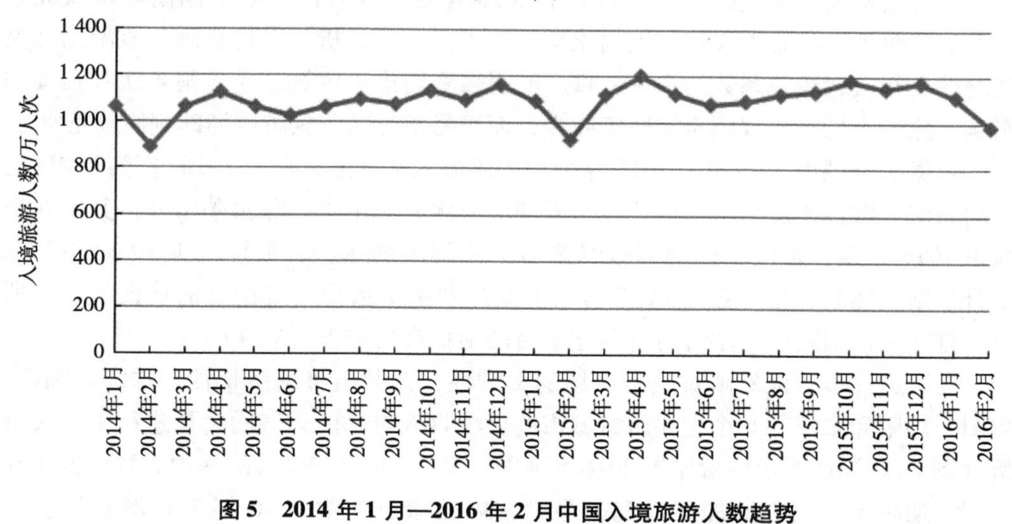

图5 2014年1月—2016年2月中国入境旅游人数趋势

---

① 季节比率大于100%，说明发展处于高峰期（旺季）；季节比例小于100%，说明发展处于低谷期（淡季）；如果所有季节比例都为100%，则说明不受季节因素的干扰。计算公式如下：季节比率 $S = \frac{\text{同月（季）平均数}}{\text{各月（季）的总平均数}} \times 100\%$。

通过与2011—2015年入境旅游人数的季节比率验证（图6），结果表明：2月都是一个淡季，不过存在轻微的线性上升态势。2014—2016年2月的入境游客数依次分别为889.95万人次、927万人次和984万人次，2016年2月同比上涨了6.18%。其他各月也呈现类似的同比上涨特征；4月、10月和12月是入境市场相对的旺季，说明入境旅游市场并不受国内暴雨时节的直接影响。

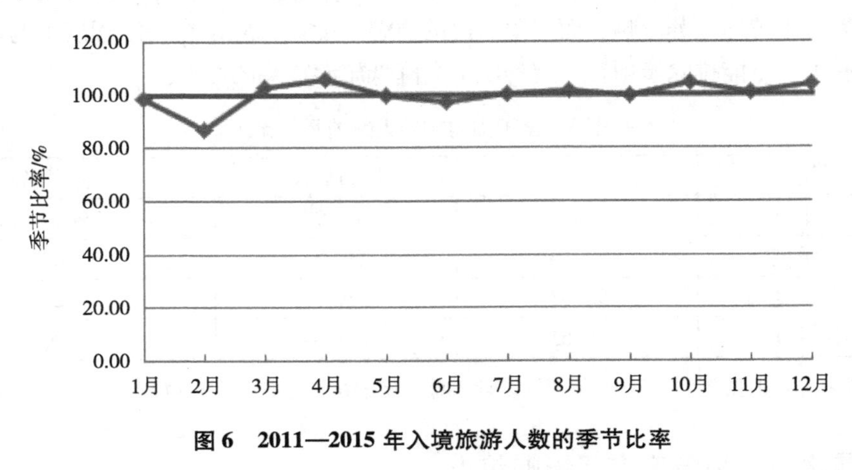

图6　2011—2015年入境旅游人数的季节比率

2.4　暴雨对旅游目的地的游客数量和旅游收入有显著影响

课题组根据可掌握的数据，抽取了2016年处于强降雨中心的湖南6市及北京作为分析对象，将暴雨天数与国内旅游人数进行相关分析，发现暴雨与旅游的确呈显著的负相关，相关系数约为 -0.41。说明强降雨集中区域，受暴雨频次和强度的影响，旅游市场需求规模会有暂短减少，而当暴雨过后，旅游市场即刻恢复正常。

依据7个城市2014年、2015年的国内旅游人数增速，预测2016年第二季度的国内旅游人数，通过与实际值比较，发现7个旅游城市中，除岳阳市外，其余6个城市2016年第二季度国内游客数量都有不同程度的减少，平均减少10% ~12%。结合暴雨实际看，岳阳在2016年第二季度是湖南少数没有暴雨日的旅游城市，所以不排除因暴雨阻碍了游客对这些旅游目的地城市的选择（表4）。

为了进一步验证暴雨对旅游市场的影响性，课题组将湖南长沙、株洲、湘潭、衡阳、岳阳和张家界6个主要旅游城市的旅游收入与暴雨天气的数量进行了相关分析（图7）。湖南6个旅游城市2016年4月、5月、6月三个月的暴雨天数依次为比上年同期减少1次、增加3次和持平，相应的旅游人数2016年4月增长最多达690.29万人次，5月增长最小为350.20万人次，6月增长为369.42万人次，基本可以反映出暴雨发生对局地国内旅游市场存在一定的影响。

表 4　2014 年、2015 年及 2016 年第二季度主要旅游城市国内旅游人数

地区	国内旅游人数/万人次					2016 暴雨天数/天
	2014（第二季度）	2015（第二季度）	2016（第二季度）预测值	2016（第二季度）实际值	游客差距	
长沙	1 701.61	1 865.38	2 044.91	2 020.37	24.54	0
株洲	654.54	812.65	1 008.95	912.85	96.10	4
湘潭	632.31	830.01	1 089.52	967.13	122.39	3
衡阳	650.49	961.13	1 420.12	1 027.72	392.40	1
岳阳	868.06	924.68	984.99	1 047.55	−62.56	0
张家界	323.9	426.43	561.42	525.59	35.83	1
北京	6 435.70	8 229.70	10 523.79	8 883.75	1 640.05	0
合计	11 266.61	14 049.98	17 633.71	15 384.96	2 248.75	9

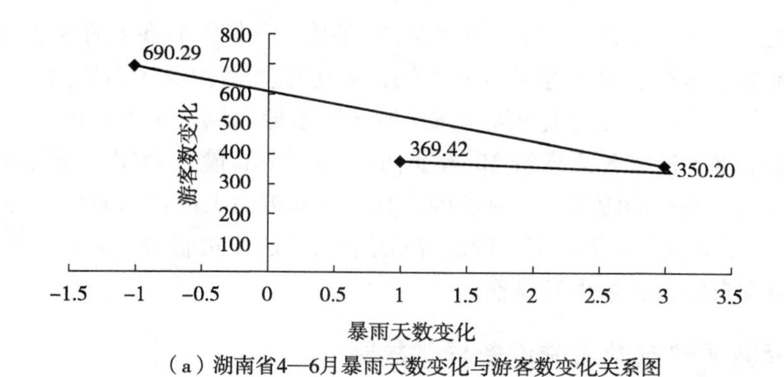

（a）湖南省4—6月暴雨天数变化与游客数变化关系图

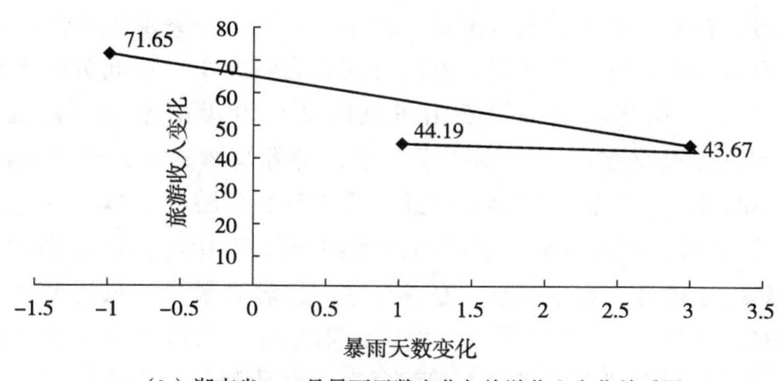

（b）湖南省4—6月暴雨天数变化与旅游收入变化关系图

图 7　2016 年湖南 6 城市暴雨天数变化与游客量、旅游收入变化的关系

此外，课题组还选择了2016年强降雨最多的黄山旅游景区做重点分析。根据国家气象局黄山站点观测数据，2015年4—7月黄山降雨量为1 716.2 mm，出现暴雨日13个，其中包括1个大暴雨日；2016年降雨量达到2 163.3 mm，是全国降雨量最多的地方，出现了14个暴雨日，其中包括5个大暴雨日。根据上市公司“黄山旅游”公布的数据，2016年上半年黄山旅游景区人数及经营收入增幅较2015年同期有一定下降变动。2016年第一季度，黄山旅游景区共接待游客人数和实现的旅游收入分别为62.29万人次和4.63亿元，分别较2015年第一季度同比增长33.91%和43.13%；而从2016年上半年数据看，黄山旅游景区共接待游客141.53万人次，同比增长8.83%；经营收入达到11.39亿元，同比增长9.56%，第二季度增幅分别比2015年同期下降了约5.14%和2.57%。可以在一定程度上说明2016年第二季度受暴雨影响，景区接待游客人数和经营收入增幅相对有所下降。

综上分析，暴雨发生重点区域的旅游目的地，旅游需求会在一定程度上受到短暂下降影响。

2.5 暴雨灾害直接威胁游客人生安全

暴雨天气的出现尽管有一定的时空规律可循，但暴雨的偶发性特征十分明显，且常伴有雷电、冰雹、大风等强对流天气，对游客直接构成生命威胁。如2016年5月30日下午，广东江门台山市凤凰峡旅游区因遭遇台风暴雨引发山洪，导致正在漂流的游客落水，造成8人遇难10人受伤；6月11日晚，西安突降暴雨，4名在沣峪九龙潭景区游玩的游客下山时被困，其中3人被山上的落石砸中，导致1名游客死亡、2名游客受伤；7月11日晚，陕西华山景区周边普降大暴雨，2名游客在山上寻找避雨点时，腿被山石砸伤。

2.6 暴雨会导致旅游设施设备异常故障

突降暴雨，容易导致旅游景区索道、缆车及游乐设备突发故障停运，安全风险大，常引发游客不满，增大景区服务管理难度和运营成本，降低游客旅游品质。如2016年2日下午，湖北麻城市龟峰山风景区受雷电暴雨影响，索道出现故障，45个缆车车厢内160余名游客被困在半空中，游客情绪激动，经当地消防官兵救援，近4个小时才完成对被困游客的救助，其中有5名游客因体力不支送往医院救治。同年6月20日，四川海螺沟景区也因暴雨导致高山索道输电线路空气开关漏电，设备突然终止运行，数十名被困在缆车中的游客悬吊半空长达1个小时，游客不满情绪暴涨。此外，7月1日下午，重庆云阳龙缸国家地质公园遭遇暴雨引发山体大滑坡，造成景区内“老寨子至石笋河谷”观景索道运行设备严重受损，索道下站房内的工作人员1死2伤。

2.7　暴雨直接影响部分旅游项目的正常运营

暴雨汛期季节，水上漂流、游船、游艇，山区休闲度假、山地运动，高空滑翔、索道、观景等旅游项目，面临巨大运营安全危险。据2011—2015年在线报道的不完全统计，每年全国几乎都有多起因暴雨来袭的“夺命漂流”事件发生，其中2011年仅浙江一省就发生12起“夺命漂流”事件。所以，近年来，各地政府严加汛期暴雨的旅游安全监管，要求一旦有暴雨、山洪预警或发生，有安全风险的旅游景区和游乐项目一律停运，严禁经营者涉险运营。如今年入汛以来，持续强降雨导致长江中下游等地洪涝灾害严重，受灾最为严重的湖北、湖南、重庆、安徽、江西5省，都先后暂时关闭了部分景区，仅湖北因暴雨就关闭了武汉植物园、黄陂锦里沟、木兰天池、木兰草原、云雾山、木兰山、罗田天堂寨、薄刀峰以及宜昌九畹溪漂流、三峡人家、英山毕升峡谷漂流等多个景区，给经营者造成了一定的经济损失。

2.8　暴雨直接导致交通延误，阻碍游客正常行程

暴雨是使机场航班大面积延误、取消和高铁、动车、火车晚点、停运的主要因素，也常冲毁道路路基，中断公路交通。据统计，2013—2015年，在导致民航不正常航班的原因中[①]，天气原因的影响比重均超过20%，且呈逐年提升态势（图8）。从我国2016年4月入汛以来，湖南、江西、湖北、安徽、江苏等多地出现暴雨水害，各地民航、铁路受天气影响都有不同程度的交通延误、停运情况（表5）。其中，武汉、阜阳等地因暴发严重内涝，发往长三角及华南多地的航班及列车都遭遇频繁延误、取消或晚点。

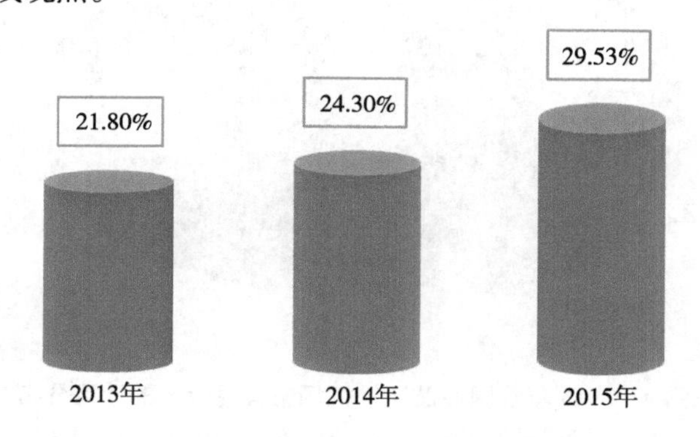

图8　2013—2015年导致我国民航航班不正常的天气原因比例

资料来源：根据民航资源网公布的年度民航统计公报数据信息整理。

---

① 通常导致民航航班延误、取消等的原因有三个：天气原因，空管原因，航空公司运力、飞机调配、设备故障等其他原因。

表5　2016年因暴雨原因导致五省延误、取消的航班和动车情况

取消和延误	湖北		湖南		江苏		江西		福建	
	航班	动车	航班	动车	航班	动车	航班	动车	航班	动车
4月	27	15	34	21	103	53	46	32	67	82
5月	18	108	368	273	584	189	308	283	486	292
6月	262	893	655	63	696	426	367	278	875	372
7月	1 490	689	1 049	321	1 972	782	673	690	1 031	1 150
合计	1 787	1 705	2 106	678	3 355	1 450	1 394	1 283	2 459	1 896

资料来源：根据民航资源网数据信息整理，http：//news. carnoc. com/data/。

尤其是我国民航运输机场和高铁运力分布（图9）与我国主要旅游资源和旅游景区的分布基本一致，即东部暴雨最为集中的主要区域，正好也是民航运力和高铁最集中、旅游资源和旅游景区最密集的区域，显然，交通延误对游客行程产生了较大影响。原本由于天气原因导致航班等交通延误，大部分游客是能充分理解的，但往往交通不正常并非单一天气原因，还常伴有民航、铁路部门自身在管理等方面的各种因素，加之解释及服务不及时、不到位，往往影响游客情绪，使交通延误成为投诉的热点。据2015年民航行业发展统计公报：旅客对民航延误的投诉已占四成，全年处理投诉事件3 418件，比2014年增加1 498件，增长了78.02%。而且交通延误常引起游客牵怒旅行社，抱怨行程安排不妥，甚至有的还要求旅行社退款和赔付。

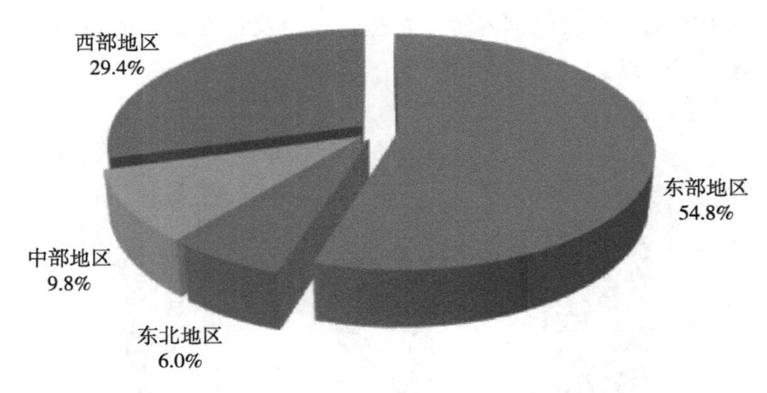

图9　2015年我国民航运输机场旅客吞吐量的地区分布

随着我国自驾游的大规模兴起，因暴雨导致的能见度大幅下降，成道路湿滑、路面积水等问题，给车辆行驶带来较大风险。据统计，雨天高速公路的事故发生率较平时增加2～3倍，最易导致车辆发生追尾事故和侧滑等危险。同时，暴雨还常造成公路路基冲毁，中断道路交通，影响自驾游客的行程和安全。如2016年暴雨已导致云南、新疆等多地出现公路严重塌方事件，阻碍交通长达24小时以上。

此外，暴雨及其诱发的次生灾害对旅游的危害影响，还包括破坏自然景观和历史文化遗产、改变旅游交通线路、影响正常物质供应、损坏供电供水供气等基础设施、增大旅游目的地抗险救助难度等。当然，也要看到，暴雨是一种自然天气现象，它对旅游的影响既有弊也有利，是双重性影响。其有利的方面主要包括：形成独特的壮丽奇观，如瀑布、山洪、彩虹、云雾等；重构地形地貌大地景观；润泽万物后雨过天晴的美丽风光；暴雨洗刷后别样的江河湖泊、城市乡村风貌等，也给旅游业提供了发展的机会。值得一提的是，近年来，随着我国各地各级政府及景区管理者加强了旅游安全防范应对工作，暴雨期间游客自我安全防范意识普遍增强，2016 年暴雨造成的旅游危害事故显著下降，为历史同期最少。

3 当前我国应对暴雨灾害安全防范现状评价

3.1 有暴雨防灾预案，但灾害信息分散联动预警不够

经历了 1998 年长江洪水泛滥、2012 年“7·21”北京特大暴雨事件后，各地各级政府都高度重视灾害应对工作，并加强了包括暴雨在内的气象灾害应急预案建立，采取更加严格的预防措施，努力降低暴雨对人们生活安全造成的影响。但是，以游客安全保障为中心的综合防灾减灾体系建设还很薄弱。截至 2016 年 7 月，在国家层面，成立了国家预警信息发布中心（挂靠中国气象局公共气象服务中心），实现了与公安、民政、国土、交通、水利、农业、卫计委、安监、食药监、林业、旅游、地震、海洋、气象 14 个部门 70 类预警信息的实时收集、共享和快速发布；在地方层面，除海南、山东青岛、山西、湖北、河南洛阳、西藏珠峰等少数地区已建立起旅游气象信息实时共享机制外，大部分地方的旅游气象信息实时共享与预警管理还处于分散分离状态。由于信息多头发布、信息不对称，不仅容易造成预警信息发布漏损、失效，而且易导致主管部门预警监管缺位，一旦事故发生，即相互推诿，存在预警安全隐患。如 2016 年 5 月 28 日，广东省江门台山市端芬镇凤凰峡旅游区发生的 8 人遇难 10 人受伤“漂流”事故就是一个典型例子。事发前，气象部门连续发布了两次暴雨橙色预警。然而，两道预警却没拦住漂流营业。事故后，在 29 日举行的新闻发布会上，记者看到地方政府主管部门还在“互踢皮球”：台山市旅游局坚称，凤凰峡非 A 级风景区，漂流项目由体育局发放执照。台山市体育局承认向涉事企业发放了执照，但坚称安全监管是旅游局的责任。当记者问道“天气已经非常恶劣，他们还不关停，那怎么办”时，出席发布会的政府部门负责人都陷入了沉默。

3.2 有部门大数据，但游客需求的块数据应用不够

目前，国家旅游局、中国气象局、民航系统、交通部门等都建立了自己的行业

数据中心，各地也相继建立了省级的数据中心、旅游数据中心、气象数据中心等，然而，这些数据中心还处于数据相互独立状态，彼此互通互融不够，面临同一个问题，就是没有关联数据做支撑。可是，在互联网时代，规模数十亿元的大众旅游市场，旅游者的吃、住、行、游、购、娱等消费过程，本身就是制造庞大旅游大数据的过程。但是受条块管理体制的限制，目前数据分散在不同的行业部门、地方和企业，而且预报的精细化程度不够、游客分布不明，旅游主管部门难以掌握暴雨发生的准确时间、位置以及游客实时动态数据，既搞不清楚暴雨突然会在哪里发生，也搞不清楚暴雨发生时，会有多少游客正在前往暴雨集中的旅游目的地，又有多少游客正在某个景区的索道中，还有多少游客面临泥石流、山石滑坡、道路冲毁等安全危险，何时旅游可以恢复安全，无法有效开展暴雨灾害防御和风险控制管理，完全限制了旅游大数据的价值作用。因此，目前旅游部门的安全预警管理，多停留在事前广泛提示安全出行须知和发布危险防范规则等注意事项以及事后处理事故阶段，而事中基本无能为力。由于无法掌握精准的旅游大数据情况，也就无能实施精准化应急指挥和服务管理，不能有效指导游客科学规避暴雨风险，合理选择非暴雨区域开展旅游活动。而游客不知从何渠道获取暴雨对旅游的具体影响或可能造成的灾害情况，也无法做出满意的旅游购买决策。如在百度检索中，旅游者关于“暴雨与旅游”的关联搜寻较多，但问题多集中在基本信息询问上，如“现在哪个城市在下暴雨，或者怎么知道下暴雨了”“今年暑假去哪里？到处都在下暴雨!!!”“求指点一个好玩雨水少的地方，主要是想外出旅游”等。在蚂蜂窝，输入“暴雨”关键词，出现了497条同百度上类似的问题信息，如“听说杭州这几天降雨量挺大，会影响旅游吗？路上积水多吗?”“马上就到武汉了，要是暴雨的话行程就很乱，跪求一个暴雨天气的四天安排。”“桂林这会还在暴雨吗？中午就到了，看到阳朔暴雨内涝怎么玩啊”“8月10日武汉内涝吗？会有暴雨吗？张家界会有暴雨吗?”可见，游客急需的信息正是部门条信息无法提供的。当政府信息服务缺位时，一些误导性的信息可能就会影响旅游市场。如百度2016年7月21日发布了一则“暴雨期间好好在家待着，不要出门旅游”的信息，被今日头条、腾讯等多家媒体转发。

3.3 有大量暴雨防范指导，但雨后安全游览引导不够

暴雨，尤其是短时强暴雨，的确会对旅游造成灾难性影响，在中央“以防为主、防抗救相结合”“防大汛、抗大洪、抢大险”的灾害监测预报预警工作要求下，气象、旅游等有关部门及地方政府把暴雨汛期期间的旅游安全防范作为重中之重，在警示游客注意安全和防范危险宣传中工作成效显著。如在百度上输入“暴雨旅游安全”，已经有各地各部门发布的关于“暴雨旅游安全提示”“暴雨旅游安全须知”“暴雨旅游安全防范”等相关条目约2 870 000条，在引导游客规避暴雨风险上取得了明显成效。正如北京春秋国旅总经理杨洋所说，2016年的暴雨洪涝对国内游带来了一定影响，比如长江三峡、张家界、神农架在以往的暑期通常有比较旺的

需求，但今年暑期，这些线路收客量明显减少，有的团期则比原计划向后推迟。一方面，游客对于交通和天气有所顾虑；另一方面，游客也比较担心在这些地方的旅游效果和旅游质量，改换了其他目的地。

然而，“彩虹总在风雨后”，不少绝美景观只出现在暴风雨后，对于喜欢接受挑战、敢于探险的游客而言，往往会不顾危险，冒险一睹景观风采。因此，如何降低游览安全风险，是事中安全防范的主要内容，可是，政府在此方面的工作还比较缺位。从百度上输入“暴雨后美景安全游览”，共出现 165 000 条信息，但只有湖南张家界有一条，由武陵源区人民政府于 2016 年 5 月发布的题为“张家界武陵源应对强降雨天气　确保游览安全”的信息。其内容是对景区安全形象和雨后美景的宣传展示，其内容包括：“针对强降雨天气及有可能出现的汛情，武陵源区人民政府及景区管理局主要领导带领相关职能部门多次深入各大景区实地了解游客接待、应急防范准备等情况，督导各景区（点）全在做好强降雨天气防汛备汛及游客的安全接待工作。区委、区政府主要领导要求，密切关注当前多雨时节的汛情，全面做好景区山洪灾害预警系统的日常监管，加强应急防汛抢险物资的充分储备，确保中外游客和当地群众的生命财产安全。”“强降雨天气也为武陵源带来雨中或雨后的云海美景，不少外地游客虽然觉得下雨天影响旅游心情，但能有幸目睹云雾缭绕的峰林美景，也感叹不枉此行。”课题组认为这是一种很值得推广的旅游安全防范策略，不过很遗憾，在旅游业界类似这样将安全防范与游览引导有机结合的策略实例太少。长此以往，会给游客更多的暴雨危险认知，使其习惯一味地规避应对，可能会令其逐渐丧失探索暴雨后美景的情趣和胆识，失去敢于冒险的勇气和魄力，最终不利于发挥旅游价值，不利于培养国人的创新意识和创新精神。

4　旅游部门针对暴雨趋利避害的对策建议

暴雨是年复一年的自然天气现象，在全球气候变化背景下，暴雨与洪涝、台风、冰雪、沙尘暴、病虫害等各类突发性、异常性、难以预见性自然灾害及次生、衍生灾害频发，灾害对旅游的影响日益增加。旅游部门应充分认识暴雨对旅游的利弊影响，以全域旅游的发展理念，扬长避短、趋利避害，加强领导、整合力量，靠前服务、综合减灾，确保安全、有效引导，采取六大举措，切实做好暴雨期间的科学灾害预警和积极引导服务，力争保持旅游旺季需求活力，保护游客生命财产安全，减轻旅游灾害风险，保障旅游业健康持续发展，以更好地迎接已经到来的大众旅游时代。

4.1　加强建立多部门合作的旅游综合防灾减灾机制

旅游部门要坚持以游客安全保障为中心的防灾减灾指导思想，一是主动加强与气象、交通、水文、环境、地震、地质、国土、海洋、农业、林业、工业、草原、住建、防汛、消防、野生动物疫病疫源等自然灾害监测部门合作，建立旅游灾害监测网络合作机制，强化部门间灾害监测信息实时共享；二是建立各地各级旅游部门旅游灾害灾情上报与统计核查系统；三是推动县级以下旅游景区景点的灾害防范机制建设，增加各类各级旅游风险大的旅游景区景点灾害应急监测设施建设，提高应急监控水平；四是健全旅游灾害预报预警和信息统一发布制度，提升旅游部门灾害预警综合能力。

4.2 加快建立开放共享的旅游数据中心体系

旅游部门要坚持以服务游客为中心的基本理念，要用大数据的开放共享思维，加快集成各地各级旅游数据中心资源，推进全国旅游数据中心体系化建设，积极构建合作块数据平台，发挥旅游大数据在应对旅游灾害风险和应急指挥管理上的重要作用。一是按照市场需求导向原则，坚持能源资源环境保护优先原则，区域统筹协调发展原则，合理编制《中国旅游数据中心“十三五”发展规划》，统筹布局旅游数据中心的体系化、块状化建设；二是积极构建政府主导、市场主体、社会参与的全国旅游数据中心互联平台，实现旅游安全应急管理“联得上、看得清、呼得应、讲得准、听得明”，提升全国旅游应急指挥能力；三是推动创新建立旅游大数据共享开放机制，加快实现旅游大数据在系统内和政府部门间充分共享和向社会有序开放的新局面，让旅游大数据在旅游灾害监管和公共服务等更广泛领域得到充分应用，鼓励社会力量开发各类旅游信息产品并提供共享服务，为大众创业、万众创新注入新活力，促进旅游大数据新业态加快形成和发展。

4.3 加快开展暴雨灾害旅游影响风险评估及区划工作

为了让各地各级旅游部门全面把握所辖区域暴雨灾害对旅游影响情况，真正做到有的放矢，预防有方，防控有效，建议由国家旅游局出面，协同气象、环保、防洪等有关部门，联合开展全国暴雨灾害旅游影响风险评估及区划工作。一是建立工作领导小组，由旅游部门、气象部门主管领导任组长，环境、防洪部门主管领导任副组长，相关部门和地方的主管领导任成员，负责领导组织有序推进该项工作；二是运用气象、环保、防洪等部门的相关数据，组织专门队伍科学测算暴雨对旅游的灾害危险程度，根据暴雨影响强度，结合区域范围受影响的旅游人数、产业经济规模、旅游发展密度等，确定暴雨灾害旅游影响的风险等级和区域；三是推动各地根据暴雨灾害旅游影响风险区划，完善暴雨预警预案，整体提高旅游部门应对暴雨灾害的应急管理水平。

4.4 加快完善暴雨期间的安全引导及宣传营销

旅游部门要坚持以防为主、兼顾发展、趋利避害的原则，既要高度重视防范暴雨对旅游的灾害性影响，提高游客的安全意识与自救能力，又要充分发挥旅游业在扩消费、促增长、调结构、惠民生等方面的带动拉动作用，促进旅游市场有序发展。一是要遵循暴雨发生和时空演进的规律，切实监管各地做好旅游防灾减灾工作，主动开展安全防范精准服务，引导游客科学防范暴雨灾害风险；二是将安全防范和暴雨后旅游引导相结合，有意识地引导游客认识旅游目的地的暴雨防范安全措施和雨后美景，确保游客的旅游安全和旅游品质；三是靠前统筹宣传营销，将常规暴雨时间、空间分布信息提早发布，加快推动全国各地的旅游开发，引导游客选择非暴雨区开展旅游活动，提供替补选择机会，确保正常释放旅游需求活力。

4.5　推动开展暴雨等旅游灾害的常态化研究

旅游部门要坚持按照习近平总书记关于提高综合防范自然灾害能力的四个转变——坚持常态减灾和非常态救灾相统一，努力实现从注重灾后救助向注重灾前预防转变，从应对单一灾种向综合减灾转变，从减少灾害损失向减轻灾害风险转变的指示，加强对暴雨等旅游灾害的基础问题研究，提高灾害防范。一是推动各地各级旅游部门每年定期开展旅游灾害防范工作总结、交流经验，形成一批可推广的应用成果；二是积极发挥高校研究优势，鼓励各地旅游部门与高校合作共建研究平台，结合地方旅游灾害特征，推动形成一系列具有地方特色的应用研究成果；三是鼓励各级各类协会、学会、智库、商业性研究机构、企业研究部门等，通过参与政府研究项目的公开招投标，积极开展旅游灾害专题研究，为政府决策和服务社会提供实用性成果。

4.6　加快推动旅游安全人才队伍的共建共享

旅游部门要坚持大旅游发展观，要紧紧围绕全域旅游发展战略理念，积极推动“旅游＋”行动，依托政府整合资源力量，发会社会人才作用，按照共建共享原则，加快组建发挥不同作用、在不同领域能够高质量开展旅游安全工作的人才队伍体系。一是旅游部门要培养组建一支懂气象防灾减灾知识和旅游专业知识的专职复合人才队伍；二是推动各地各级政府整合地方资源，在机场、车站、码头等游客集中的公共场所，培养组建一批兼职的旅游安全人才队伍，为游客做好旅游突发事件时的安全应急服务；三是政策引导景区、酒店、旅行社等旅游企业，定期开展全体人员的安全应急能力培训，打造旅游一线的安全人才队伍。

市场化背景下气象信息安全等级划分研究①

孙艳玲　黄萍　安程

（成都信息工程大学）

摘要：对我国32个地区近30年以来（1985年1月1日—2015年1月1日）气象灾害的发生状况进行统计的基础上，按照灾害严重程度以及气象信息安全要求，对我国各地区的气象台站及其所关联的气象信息进行了5个等级的划分和区域规划。并依据相关法律法规对我国32个地区气象台站的主要气象信息共享与管理提出建议。

关键词：气象台站；气象信息；安全等级

1　引言

响应《中共中央关于全面深化改革若干重大问题的决定》，中国气象局在规范气象信息传播方面发布了中国气象局令第26号《气象预报发布与传播管理办法》[1]和第27号《气象信息服务管理办法》[2]，明确提出要鼓励气象预报的传播，规范气象预报发布，更好地为经济社会发展和人民生活服务；要促进气象信息服务发展，健全气象信息服务的活动规则。随着社会主义市场经济的不断完善，我国气象系统所面临的国内形势已经发生或者正在发生历史性的根本改变。

随着专业气象业务市场化，面对国内外气象公司的迅速崛起，如何在市场化运行机制下，制定切实可行的保障国家重大气象信息的措施和方案，规范和管理民营气象公司，使其在进行专业服务的同时，保证国家重大气象信息不向境外泄露，确保国家利益不受损失，是中国气象局不得不解决的重大课题。

本文拟通过对我国近30年来重大气象灾害发生情况进行统计和分析，研究气象灾害等级划分依据，进行气象台站和主要气象要素的等级划分和区域规划，并在此基础上，尝试制定不同等级的气象台站资料和主要气象要素不同等级的保密措施和具体的实施方案。

---

① 本文是“中国气象局气象软科学项目资助”成果，是第十三届“生态·旅游·灾害——2016长江上游生态安全与区域发展战略论坛”文章。

2　气象灾害特征和判断标准

依据中国历史上重大气象灾害年表[3]和陈洪滨等[4]（2006）的研究，我国重大气象灾害的主要特点是：破坏力强、持续时间长、群发性突出、区域性明显、季节性强、发生频率高。每个季节均会发生不同类型的气象灾害。春季主要以沙尘暴、干旱、寒潮、雪灾、低温冷冻害等气象灾害为主；夏季台风、干旱、洪涝、冰雹等气象灾害影响最大；秋季干旱、冷害、台风、连阴雨、霜冻等气象灾害最重；冬季雪灾、寒潮、冷冻灾害等最为突出。中国平均每年大范围的干旱约为7.5次、洪涝约为5.8次、台风登陆（含热带风暴）约为6.9个。

根据我国各类气象灾害等级的国家、行业和地方分级标准以及《中国气象年鉴》[5]，将各类气象灾害等级鉴定指标的最低标准汇总，如表1所示。

表1　气象灾害类型及灾害基本标准

气象灾害类型	主要气象信息标准
干旱	连续无雨日数 >10 d 土壤相对湿度≤60% 作物受旱面积百分率≥3%
洪涝	最大日降水量 >25 mm
台风	最大风级 >11 级 最大平均风速≥24.5 m/s
沙尘暴	水平能见度 <1 000 m 最大平均风速 >3 m/s
雪灾	最大降雪量 > 常年同期降雪量的 120%
冷冻害	作物生长情况受到影响：生育期明显延迟，不能成熟，结实率低
冰雹	最大冰雹直径 >5 mm 持续降雹时间 >2 min
雾霾	水平能见度≤1 000 m

3　我国近30年来重大气象灾害发生情况统计

3.1　研究对象和数据来源

本文以重大气象灾害为主要研究对象，重大气象灾害主要是指近30年来累计发生次数大于或等于5次的灾害，包括干旱、洪涝、台风、沙尘暴、冰雹、冷冻害、雪灾、雾霾等，以全国 32 个地区（除香港、澳门外）气象台站近 30 年来（1985 年1 月 1 日—2015 年 1 月 1 日）发生的气象灾害为研究范围。

在统计的数据中，1985 年 1 月 1 日—2012 年 12 月 31 日的气象灾害数据来自《中国气象年鉴》[5]，此阶段所统计的数据比较详细准确，笔者逐年进行了统计。2013 年 1 月 1 日—2015 年 1 月 1 日的气象灾害数据来自中国气象局国家气候中心网站，此部分数据大多数较为准确，有少量数据无法进行统计，因为记载的气象灾害发生地通常被归为了一个区域（如中东部发生雾霾），无法进行细化。

3.2 气象灾害判断标准

气象灾害的严重程度可以由气象信息的多个指标范围来判定（参见我国各类气象灾害等级的相关国家、行业和地方标准），选取多个指标的原因是各年间有记录的气象信息可能存在不一致，无法统一，需要综合判断；但只要有一种指标的范围能判定出该气象灾害的严重程度即可。此外，在判定某种气象灾害的严重程度时，本文利用横向比较的方法，先看最严重的频次，再看次严重频次，依次类推；如（安徽干旱共 15 次，其中：特旱 2 次、重旱 7 次、中旱 6 次，则可以将安徽地区的干旱综合判定为重旱，严重程度判定为比较严重）。如出现次数各占一半的情况，严重程度依据较高频次来定。

3.3 灾害发生情况统计分析

以省（直辖市、自治区）为单位，以不同灾害类型及其灾害严重程度为判断标准，对我国 32 个省（直辖市、自治区）近 30 年重大气象灾害进行统计分析，判断结果如表 2 所示。

表 2 我国 32 个省（直辖市、自治区）近 30 年重大气象灾害统计

地区（按字终 A ~ Z）	气象灾害类型	气象灾害发生频次/次	气象灾害严重程度综合判定
安徽省（共 64 次）	干旱	15	特旱 2 次；重旱 7 次；中旱 6 次； 综合判定：重旱；严重程度：比较严重
	洪涝	21	特洪 1 次；重洪 14 次；中洪 3 次；轻洪 3 次； 综合判定：重洪；严重程度：比较严重
	雪灾	9	重雪灾 7 次；中雪灾 2 次； 综合判定：重雪灾；严重程度：比较严重
	冷冻害	6	重冷冻害 1 次；轻冷冻害 5 次； 综合判定：轻冷冻害；严重程度：轻度严重

续表

地区（按字终 A～Z）	气象灾害类型	气象灾害发生频次/次	气象灾害严重程度综合判定
安徽省（共64次）	冰雹	8	重冰雹冻害6次；中冰雹冻害1次；轻冰雹冻害1次； 综合判定：重冰雹冻害；严重程度：比较严重
	雾霾	5	强雾霾灾害3次；中雾霾灾害2次； 综合判定：强雾霾灾害；严重程度：比较严重
北京市（共23次）	干旱	7	重旱4次；轻旱3次； 综合判定：重旱；严重程度：比较严重
	洪涝	5	特洪1次；重洪1次；中洪2次；轻洪1次； 综合判定：中洪；严重程度：中度严重
	冰雹	5	重冰雹冻害4次；中冰雹冻害1次； 综合判定：重冰雹冻害；严重程度：比较严重
	雾霾	6	强雾霾灾害3次；中雾霾灾害2次；轻雾霾灾害1次； 综合判定：强雾霾灾害；严重程度：比较严重
重庆市（共25次）	干旱	7	特旱2次；重旱4次；中旱1次； 综合判定：重旱；严重程度：比较严重
	洪涝	13	特洪1次；重洪10次；中洪1次；轻洪1次； 综合判定：重洪；严重程度：比较严重
	雾霾	5	强雾霾灾害3次；中雾霾灾害2次； 综合判定：强雾霾灾害；严重程度：比较严重
福建省（共61次）	干旱	5	特旱1次；重旱4次； 综合判定：重旱；严重程度：比较严重
	洪涝	21	特洪3次；重洪11次；中洪2次；轻洪5次； 综合判定：重洪；严重程度：比较严重
	台风	23	超强台风2次；强台风14次；中台风6次；轻台风1次； 综合判定：强台风；严重程度：比较严重
	冰雹	7	重冰雹冻害4次；中冰雹冻害2次；轻冰雹冻害1次； 综合判定：重冰雹冻害；严重程度：比较严重

续表

地区（按字终 A ~ Z）	气象灾害类型	气象灾害发生频次/次	气象灾害严重程度综合判定
福建省（共61次）	雾霾	5	强雾霾灾害4次；中雾霾灾害1次； 综合判定：强雾霾灾害；严重程度：比较严重
甘肃省（共45次）	干旱	11	特旱1次；重旱6次；中旱2次；轻旱2次； 综合判定：重旱；严重程度：比较严重
	洪涝	12	特洪1次；重洪3次；中洪5次；轻洪3次； 综合判定：中洪；严重程度：中度严重
	沙尘暴	10	特强沙尘暴2次；强沙尘暴5次；中沙尘暴2次；轻沙尘暴1次； 综合判定：强沙尘暴；严重程度：比较严重
	冷冻害	6	重冷冻害4次；轻冷冻害2次； 综合判定：重冷冻害；严重程度：比较严重
	冰雹	6	重冰雹冻害1次；中冰雹冻害5次； 综合判定：中冰雹冻害；严重程度：中度严重
广东省（共68次）	干旱	12	特旱2次；重旱6次；中旱2次；轻旱2次； 综合判定：重旱；严重程度：比较严重
	洪涝	21	特洪3次；重洪14次；中洪1次；轻洪3次； 综合判定：重洪；严重程度：比较严重
	台风	28	超强台风3次；强台风13次；中台风7次；轻台风5次； 综合判定：强台风；严重程度：比较严重
	冷冻害	7	重冷冻害4次；轻冷冻害3次； 综合判定：重冷冻害；严重程度：比较严重
广西壮族自治区（共69次）	干旱	22	特旱2次；重旱13次；中旱4次；轻旱3次； 综合判定：重旱；严重程度：比较严重
	洪涝	23	特洪2次；重洪15次；中洪3次；轻洪3次； 综合判定：重洪；严重程度：比较严重
	台风	12	超强台风1次；强台风4次；中台风6次；轻台风1次； 综合判定：中台风；严重程度：中度严重
	冷冻害	12	重冷冻害6次；轻冷冻害6次； 综合判定：重冷冻害；严重程度：比较严重

续表

地区（按字终 A～Z）	气象灾害类型	气象灾害发生频次/次	气象灾害严重程度综合判定
贵州省（共49次）	干旱	11	特旱1次；重旱7次；中旱1次；轻旱1次；综合判定：重旱；严重程度：比较严重
	洪涝	22	特洪1次；重洪14次；中洪4次；轻洪3次；综合判定：重洪；严重程度：比较严重
	冷冻害	8	重冷冻害6次；轻冷冻害2次；综合判定：重冷冻害；严重程度：比较严重
	冰雹	8	重冰雹冻害5次；中冰雹冻害3次；综合判定：重冰雹冻害；严重程度：比较严重
海南省（共32次）	干旱	6	特旱1次；重旱2次；中旱2次；轻旱1次；综合判定：重旱；严重程度：比较严重
	洪涝	5	特洪1次；重洪3次；轻洪1次；综合判定：重洪；严重程度：比较严重
	台风	21	超强台风1次；强台风10次；中台风5次；轻台风5次；综合判定：强台风；严重程度：比较严重
河北省（共56次）	干旱	22	特旱1次；重旱13次；中旱6次；轻旱2次；综合判定：重旱；严重程度：比较严重
	洪涝	10	特洪1次；重洪3次；中洪3次；轻洪3次；综合判定：中重洪；严重程度：中度严重
	冷冻害	5	重冷冻害4次；轻冷冻害1次；综合判定：重冷冻害；严重程度：比较严重
	冰雹	13	重冰雹冻害9次；中冰雹冻害2次；轻冰雹冻害2次；综合判定：重冰雹冻害；严重程度：比较严重
	雾霾	6	强雾霾灾害4次；中雾霾灾害2次；综合判定：强雾霾灾害；严重程度：比较严重

续表

地区（按字终 A ~ Z）	气象灾害类型	气象灾害发生频次/次	气象灾害严重程度综合判定
河南省（共 54 次）	干旱	22	特旱 3 次；重旱 13 次；中旱 5 次；轻旱 1 次； 综合判定：重旱；严重程度：比较严重
	洪涝	12	特洪 1 次；重洪 8 次；中洪 2 次；轻洪 1 次； 综合判定：重洪；严重程度：比较严重
	雪灾	5	重雪灾 2 次；中雪灾 1 次；轻雪灾 2 次； 综合判定：重雪灾；严重程度：比较严重
	冷冻害	6	重冷冻害 4 次；轻冷冻害 2 次； 综合判定：重冷冻害；严重程度：比较严重
	冰雹	9	重冰雹冻害 9 次； 综合判定：重冰雹冻害；严重程度：比较严重
黑龙江省（共 33 次）	干旱	11	特旱 1 次；重旱 8 次；轻旱 2 次； 综合判定：重旱；严重程度：比较严重
	洪涝	10	特洪 1 次；重洪 6 次；中洪 2 次；轻洪 1 次； 综合判定：重洪；严重程度：比较严重
	雪灾	7	重雪灾 6 次；中雪灾 1 次； 综合判定：重雪灾；严重程度：比较严重
	冷冻害	5	重冷冻害 4 次；轻冷冻害 1 次； 综合判定：重冷冻害；严重程度：比较严重
湖北省（共 53 次）	干旱	15	特旱 3 次；重旱 7 次；中旱 4 次；轻旱 1 次； 综合判定：重旱；严重程度：比较严重
	洪涝	18	重洪 12 次；中洪 2 次；轻洪 4 次； 综合判定：重洪；严重程度：比较严重
	雪灾	7	重雪灾 4 次；中雪灾 2 次；轻雪灾 1 次； 综合判定：重雪灾；严重程度：比较严重
	冷冻害	6	重冷冻害 4 次；轻冷冻害 2 次； 综合判定：重冷冻害；严重程度：比较严重
	冰雹	7	重冰雹冻害 6 次；中冰雹冻害 1 次； 综合判定：重冰雹冻害；严重程度：比较严重

续表

地区（按字终 A～Z）	气象灾害类型	气象灾害发生频次/次	气象灾害严重程度综合判定
湖南省（共 79 次）	干旱	18	特旱 3 次；重旱 8 次；中旱 5 次；轻旱 2 次； 综合判定：重旱；严重程度：比较严重
	洪涝	27	特洪 2 次；重洪 20 次；中洪 3 次；轻洪 2 次； 综合判定：重洪；严重程度：比较严重
	台风	8	强台风 3 次；中台风 4 次；轻台风 1 次； 综合判定：中台风；严重程度：中度严重
	雪灾	7	重雪灾 7 次； 综合判定：重雪灾；严重程度：比较严重
	冷冻害	7	重冷冻害 3 次；轻冷冻害 4 次； 综合判定：轻冷冻害；严重程度：轻度严重
	冰雹	7	重冰雹冻害 5 次；中冰雹冻害 1 次；轻冰雹冻害 1 次； 综合判定：重冰雹冻害；严重程度：比较严重
	雾霾	5	强雾霾灾害 3 次；中雾霾灾害 2 次； 综合判定：强雾霾灾害；严重程度：比较严重
吉林省（共 19 次）	干旱	10	重旱 6 次；中旱 3 次；轻旱 1 次； 综合判定：重旱；严重程度：比较严重
	洪涝	9	特洪 1 次；重洪 7 次；中洪 1 次； 综合判定：重洪；严重程度：比较严重
江苏省（共 70 次）	干旱	13	特旱 2 次；重旱 8 次；中旱 2 次；轻旱 1 次； 综合判定：重旱；严重程度：比较严重
	洪涝	17	重洪 13 次；中洪 3 次；轻洪 1 次； 综合判定：重洪；严重程度：比较严重
	台风	13	超强台风 3 次；强台风 4 次；中台风 2 次；轻台风 4 次； 综合判定：强台风；严重程度：比较严重
	冷冻害	7	重冷冻害 6 次；轻冷冻害 1 次； 综合判定：重冷冻害；严重程度：比较严重

续表

地区（按字终 A ~ Z）	气象灾害类型	气象灾害发生频次/次	气象灾害严重程度综合判定
江苏省（共 70 次）	冰雹	12	重冰雹冻害 9 次；中冰雹冻害 1 次；轻冰雹冻害 2 次； 综合判定：重冰雹冻害；严重程度：比较严重
	雾霾	8	强雾霾灾害 5 次；中雾霾灾害 3 次； 综合判定：强雾霾灾害；严重程度：比较严重
江西省（共 71 次）	干旱	15	特旱 3 次；重旱 5 次；中旱 4 次；轻旱 3 次； 综合判定：重旱；严重程度：比较严重
	洪涝	24	特洪 1 次；重洪 17 次；中洪 3 次；轻洪 3 次； 综合判定：重洪；严重程度：比较严重
	台风	7	强台风 5 次；中台风 1 次；轻台风 1 次； 综合判定：强台风；严重程度：比较严重
	雪灾	7	重雪灾 5 次；轻雪灾 2 次； 综合判定：重雪灾；严重程度：比较严重
	冷冻害	8	重冷冻害 3 次；轻冷冻害 5 次； 综合判定：轻冷冻害；严重程度：轻度严重
	冰雹	10	重冰雹冻害 8 次；中冰雹冻害 2 次； 综合判定：重冰雹冻害；严重程度：比较严重
辽宁省（共 28 次）	干旱	12	特旱 1 次；重旱 8 次；中旱 2 次；轻旱 1 次； 综合判定：重旱；严重程度：比较严重
	洪涝	10	重洪 6 次；中洪 2 次；轻洪 2 次； 综合判定：重洪；严重程度：比较严重
	雾霾	6	强雾霾灾害 2 次；中雾霾灾害 4 次； 综合判定：中雾霾灾害；严重程度：中度严重
内蒙古自治区（共 50 次）	干旱	20	重旱 15 次；中旱 3 次；轻旱 2 次； 综合判定：重旱；严重程度：比较严重
	洪涝	5	重洪 3 次；中洪 1 次；轻洪 1 次； 综合判定：重洪；严重程度：比较严重

续表

地区 （按字终 A ~ Z）	气象灾害 类型	气象灾害 发生频次/次	气象灾害严重程度综合判定
内蒙古自治区 （共 50 次）	沙尘暴	11	特强沙尘暴 4 次；强沙尘暴 2 次；中沙尘暴 4 次；轻沙尘暴 1 次； 综合判定：特强沙尘暴；严重程度：特别严重
	雪灾	9	重雪灾 7 次；中雪灾 1 次；轻雪灾 1 次； 综合判定：重雪灾；严重程度：比较严重
	冷冻害	5	重冷冻害 3 次；轻冷冻害 2 次； 综合判定：重冷冻害；严重程度：比较严重
青海省 （共 17 次）	干旱	8	重旱 4 次；中旱 3 次；轻旱 1 次； 综合判定：重旱；严重程度：比较严重
	沙尘暴	9	特强沙尘暴 3 次；强沙尘暴 2 次；中沙尘暴 1 次；轻沙尘暴 3 次； 综合判定：特强沙尘暴；严重程度：特别严重
宁夏回族自治区 （共 17 次）	沙尘暴	7	强沙尘暴 6 次；中沙尘暴 1 次； 综合判定：强沙尘暴；严重程度：比较严重
	雪灾	10	重雪灾 10 次； 综合判定：重雪灾；严重程度：比较严重
山东省 （共 68 次）	干旱	22	特旱 10 次；重旱 7 次；中旱 3 次；轻旱 2 次； 综合判定：特旱；严重程度：特别严重
	洪涝	14	特洪 1 次；重洪 8 次；中洪 3 次；轻洪 2 次； 综合判定：重洪；严重程度：比较严重
	台风	12	超强台风 1 次；强台风 5 次；中台风 4 次；轻台风 2 次 综合判定：强台风；严重程度：比较严重
	冰雹	14	重冰雹冻害 13 次；中冰雹冻害 1 次； 综合判定：重冰雹冻害；严重程度：比较严重
	雾霾	6	强雾霾灾害 3 次；中雾霾灾害 3 次； 综合判定：强雾霾灾害；严重程度：比较严重

续表

地区（按字终 A ~ Z）	气象灾害类型	气象灾害发生频次/次	气象灾害严重程度综合判定
山西省（共46次）	干旱	16	特旱2次；重旱11次；中旱1次；轻旱2次； 综合判定：重旱；严重程度：比较严重
	洪涝	11	特洪1次；重洪6次；中洪2次；轻洪2次； 综合判定：重洪；严重程度：比较严重
	沙尘暴	5	中沙尘暴2次；轻沙尘暴3次； 综合判定：轻沙尘暴；严重程度：轻度严重
	冷冻害	8	重冷冻害6次；轻冷冻害2次； 综合判定：重冷冻害；严重程度：比较严重
	冰雹	6	重冰雹冻害6次； 综合判定：重冰雹冻害；严重程度：比较严重
陕西省（共48次）	干旱	12	特旱1次；重旱7次；中旱2次；轻旱2次； 综合判定：重旱；严重程度：比较严重
	洪涝	19	特洪3次；重洪12次；中洪2次；轻洪2次； 综合判定：重洪；严重程度：比较严重
	沙尘暴	6	强沙尘暴1次；中沙尘暴1次；轻沙尘暴4次； 综合判定：轻沙尘暴；严重程度：轻度严重
	冷冻害	6	重冷冻害2次；轻冷冻害4次； 综合判定：轻冷冻害；严重程度：轻度严重
	冰雹	5	重冰雹冻害4次；轻冰雹冻害1次； 综合判定：重冰雹冻害；严重程度：比较严重
上海市（共17次）	洪涝	7	特洪1次；重洪2次；中洪2次；轻洪2次； 综合判定：重洪；严重程度：比较严重
	台风	10	超强台风1次；强台风6次；中台风1次；轻台风2次； 综合判定：强台风；严重程度：比较严重
四川省（共56次）	干旱	14	特旱6次；重旱4次；中旱3次；轻旱1次； 综合判定：特旱；严重程度：特别严重
	洪涝	24	特洪7次；重洪14次；中洪2次；轻洪1次； 综合判定：重洪；严重程度：比较严重

续表

地区（按字终 A～Z）	气象灾害类型	气象灾害发生频次/次	气象灾害严重程度综合判定
四川省（共56次）	雪灾	6	重雪灾5次；中雪灾1次； 综合判定：重雪灾；严重程度：比较严重
	冰雹	7	重冰雹冻害6次；中冰雹冻害1次； 综合判定：重冰雹冻害；严重程度：比较严重
	雾霾	5	强雾霾灾害4次；中雾霾灾害1次； 综合判定：强雾霾灾害；严重程度：比较严重
台湾省（共16次）	台风	16	超强台风1次；强台风12次；中台风3次； 综合判定：强台风；严重程度：比较严重
天津市（共7次）	干旱	7	重旱3次；轻旱4次； 综合判定：轻旱；严重程度：轻度严重
西藏自治区（共12次）	雪灾	12	重雪灾12次； 综合判定：重雪灾；严重程度：比较严重
新疆维吾尔自治区（共27次）	洪涝	6	特洪1次；重洪3次；轻洪2次； 综合判定：重洪；严重程度：比较严重
	沙尘暴	10	特强沙尘暴3次；强沙尘暴5次；中沙尘暴1次；轻沙尘暴1次； 综合判定：强沙尘暴；严重程度：比较严重
	雪灾	11	重雪灾11次； 综合判定：重雪灾；严重程度：比较严重
云南省（共42次）	干旱	15	特旱1次；重旱8次；中旱5次；轻旱1次； 综合判定：重旱；严重程度：比较严重
	洪涝	15	特洪4次；重洪7次；中洪1次；轻洪3次； 综合判定：重洪；严重程度：比较严重
	冰雹	6	中冰雹冻害6次； 综合判定：中冰雹冻害；严重程度：中度严重
	雾霾	6	强雾霾灾害2次；中雾霾灾害3次；轻雾霾灾害1次； 综合判定：中雾霾灾害；严重程度：中度严重

续表

地区（按字终 A ~ Z）	气象灾害类型	气象灾害发生频次/次	气象灾害严重程度综合判定
浙江省（共 65 次）	干旱	7	特旱 1 次；重旱 5 次；中旱 1 次； 综合判定：重旱；严重程度：比较严重
	洪涝	22	特洪 1 次；重洪 14 次；中洪 6 次；轻洪 1 次； 综合判定：重洪；严重程度：比较严重
	台风	20	超强台风 4 次；强台风 10 次；中台风 4 次；轻台风 2 次； 综合判定：强台风；严重程度：比较严重
	雪灾	5	重雪灾 5 次； 综合判定：重雪灾；严重程度：比较严重
	冷冻害	5	轻冷冻害 5 次； 综合判定：轻冷冻害；严重程度：轻度严重
	冰雹	6	重冰雹冻害 4 次；中冰雹冻害 1 次；轻冰雹冻害 1 次； 综合判定：重冰雹冻害；严重程度：比较严重

4 气象信息安全等级划分

根据 2001 年 11 月 27 日发布的中国气象局第 4 号令《气象资料共享管理办法》[7] 中第一章第五条规定“提供涉密气象资料共享，以及使用、保管共享的涉密气象资料，应当遵守《中华人民共和国保守国家秘密法》和《气象部门保守国家秘密实施细则》等有关规定”。

其中《中华人民共和国保守国家秘密法》[8] 第二章第十条就明确规定：国家秘密的密级一共分为绝密、机密、秘密三级。绝密级国家秘密是最重要的国家秘密，泄露会使国家安全和利益遭受特别严重的损害；机密级国家秘密是重要的国家秘密，泄露会使国家安全和利益遭受严重的损害；秘密级国家秘密是一般的国家秘密，泄露会使国家安全和利益遭受损害。但本文在国家秘密的密级基础之上又将气象信息安全等级增加了两个：内部级国家秘密和公开级国家秘密。属于内部级国家秘密是有一定重要性的国家秘密，一旦泄露会使国家安全和利益遭受一些损害；属于公开级国家秘密是对公众开放的国家秘密，泄露后不会使国家安全和利益遭受到严重损害。这样的等级细分确保划分气象信息的安全等级差异性更加明显，使气象信息能够得到全面有效的保护。

4.1 气象台站安全等级划分

基于以上对各省（自治区、直辖市）近30年来气象灾害发生频次的统计，本文按照各地区气象灾害发生总次数以16次为一个梯度，将各种气象灾害发生地的气象台站安全等级划分为五级：一级（65~80次）、二级（49~64次）、三级（33~48次）、四级（17~32次）、五级（1~16次）。表3给出了各地区气象台站等级划分结果。

表3 各地区气象台站等级划分

各地区气象台站	总计发生次数/次	气象台站等级	各地区气象台站	总计发生次数/次	气象台站等级
湖南	79	一级	山西	46	三级
江西	71	一级	甘肃	45	三级
江苏	70	一级	云南	42	三级
广西	69	一级	黑龙江	33	三级
山东	68	一级	海南	32	四级
广东	68	一级	辽宁	28	四级
浙江	65	一级	新疆	27	四级
安徽	64	二级	重庆	25	四级
福建	61	二级	北京	23	四级
河北	56	二级	吉林	19	四级
四川	56	二级	宁夏	17	四级
河南	54	二级	青海	17	四级
湖北	53	二级	上海	17	四级
内蒙古	50	二级	台湾	16	五级
贵州	49	二级	西藏	12	五级
陕西	48	三级	天津	7	五级

4.2 气象信息安全等级划分

由表2和表3可知，各地区气象台站已被划分为五个安全等级（一级、二级、三级、四级、五级），各地区气象灾害的严重程度被划分为四个等级（特别严重、比较严重、中度严重、轻度严重），那么气象信息的安全等级的划分就可以综合以上两种等级，将国内外提供的服务信息划分为绝密、机密、秘密、内部、公开五个等级（注：由于每个省份发生的气象灾害种类不同，相关联的气象信息也不同，所以同一气象信息在不同省份可以划分为不同的安全等级）。

本着“有效保护、重点保护”的原则，笔者制定了以下八条划分规则：①一级气象台站、特别严重的气象灾害安全等级划分为绝密；②五级气象台站、轻度气象灾害安全等级划分为公开；③一级气象台站的气象信息安全等级，无论气象灾害严重与否均不能划分为内部或公开；④二、三级气象台站的气象信息安全等级，无论气象灾害严重与否均不能划分为公开；⑤四、五级气象台站的气象信息才能公开；⑥特别严重、比较严重气象灾害无论气象台站等级高低与否均不能划分为公开；⑦中度、轻度气象灾害的气象信息才能公开；⑧其余气象信息安全等级可以依据不同等级气象台站和不同气象灾害的严重程度依次适当地类推划分。气象台站安全等级和气象灾害严重程度综合成气象信息安全等级，划分如表4所示。

表4　气象信息安全等级

气象台站安全等级	气象灾害严重程度			
	特别严重	比较严重	中度严重	轻度严重
一级	绝密	绝密	机密	秘密
二级	绝密	机密	秘密	内部
三级	机密	秘密	内部	内部
四级	秘密	内部	内部	公开
五级	内部	内部	公开	公开

（1）绝密气象信息安全等级

由表4可知，等级为绝密的气象信息包含以下三种情况：①气象台站安全等级为一级，同时气象灾害特别严重；②气象台站安全等级为二级，同时气象灾害特别严重；③气象台站安全等级为一级，同时气象灾害比较严重。由表2得出各地区气象信息安全为绝密的如表5所示。

表5　绝密气象信息安全等级

各地区气象台站	气象台站安全等级	气象灾害类型	气象灾害严重程度	各地区气象台站	气象台站安全等级	气象灾害类型	气象灾害严重程度
广东	一级	干旱	比较严重	浙江	一级	干旱	比较严重
		洪涝	比较严重			洪涝	比较严重
		台风	比较严重			台风	比较严重
		冷冻害	比较严重			雪灾	比较严重
湖南	一级	干旱	比较严重			冰雹	比较严重
		洪涝	比较严重	广西	一级	干旱	比较严重
		雪灾	比较严重			洪涝	比较严重
		冰雹	比较严重			冷冻害	比较严重
		雾霾	比较严重	江西	一级	干旱	比较严重
内蒙古	二级	沙尘暴	特别严重			洪涝	比较严重
山东	一级	干旱	比较严重			台风	比较严重
		洪涝	比较严重			雪灾	比较严重
		台风	比较严重			冰雹	比较严重
四川	二级	干旱	特别严重				

（2）机密气象信息安全等级

由表4可知，等级为机密的气象信息包含以下三种情况：①气象台站安全等级为一级，同时气象灾害中度严重；②气象台站安全等级为二级，同时气象灾害比较严重；③气象台站安全等级为三级，同时气象灾害特别严重。由表2得出各地区气象信息安全等级为机密的如表6所示。

表6 机密气象信息安全等级

各地区气象台站	气象台站安全等级	气象灾害类型	气象灾害严重程度	各地区气象台站	气象台站安全等级	气象灾害类型	气象灾害严重程度
安徽	二级	干旱	比较严重	河南	二级	干旱	比较严重
		洪涝	比较严重			洪涝	比较严重
		雪灾	比较严重			冷冻害	比较严重
		冰雹	比较严重			雪灾	比较严重
		雾霾	比较严重			冰雹	比较严重
福建	二级	干旱	比较严重	四川	二级	洪涝	比较严重
		洪涝	比较严重			雪灾	比较严重
		台风	比较严重			冰雹	比较严重
		冰雹	比较严重			雾霾	比较严重
		雾霾	比较严重	河北	二级	干旱	比较严重
广西	一级	台风	中度严重			冷冻害	比较严重
湖北	二级	干旱	比较严重			冰雹	比较严重
		洪涝	比较严重			雾霾	比较严重
		雪灾	比较严重	贵州	二级	干旱	比较严重
		冷冻害	比较严重			洪涝	比较严重
		冰雹	比较严重			冷冻害	比较严重
湖南	一级	台风	中度严重			冰雹	比较严重

（3）秘密气象信息安全等级

由表4可知，等级为秘密的气象信息包含以下四种情况：①气象台站安全等级为一级，同时气象灾害轻度严重；②气象台站安全等级为二级，同时气象灾害中度严重；③气象台站安全等级为三级，同时气象灾害比较严重；④气象台站安全等级为四级，同时气象灾害特别严重。由表2得出各地区气象信息安全等级为秘密如表7所示。

表7　秘密气象信息安全等级

各地区气象台站	气象台站安全等级	气象灾害类型	气象灾害严重程度
甘肃	三级	干旱	比较严重
		沙尘暴	比较严重
		冷冻害	比较严重
河北	二级	洪涝	中度严重
黑龙江	三级	干旱	比较严重
		冷冻害	比较严重
		洪涝	比较严重
		雪灾	比较严重
湖南	一级	冷冻害	轻度严重
江西	一级	冷冻害	轻度严重
宁夏	四级	沙尘暴	特别严重

各地区气象台站	气象台站安全等级	气象灾害类型	气象灾害严重程度
山西	三级	干旱	比较严重
		洪涝	比较严重
		冷冻害	比较严重
		冰雹	比较严重
陕西	三级	干旱	比较严重
		洪涝	比较严重
		冰雹	比较严重
云南	三级	干旱	比较严重
		洪涝	比较严重
浙江	一级	冷冻害	轻度严重

（4）内部气象信息安全等级

由表4可知，等级为内部的气象信息包含以下7种情况：

①气象台站安全等级为二级，同时气象灾害轻度严重；

②气象台站安全等级为三级，同时气象灾害中度严重；

③气象台站安全等级为三级，同时气象灾害轻度严重；

④气象台站安全等级为四级，同时气象灾害比较严重；

⑤气象台站安全等级为四级，同时气象灾害中度严重；

⑥气象台站安全等级为五级，同时气象灾害特别严重；

⑦气象台站安全等级为五级，同时气象灾害比较严重。

由表2得出各地区气象信息安全等级为内部的如表8所示。

表8　内部气象信息安全等级

各地区气象台站	气象台站安全等级	气象灾害类型	气象灾害严重程度
安徽	二级	冷冻害	轻度严重
北京	四级	干旱	比较严重
		洪涝	比较严重
		冰雹	比较严重
		雾霾	比较严重

各地区气象台站	气象台站安全等级	气象灾害类型	气象灾害严重程度
辽宁	四级	干旱	比较严重
		洪涝	比较严重
		雾霾	比较严重
青海	四级	沙尘暴	比较严重
		雪灾	比较严重

续表

各地区气象台站	气象台站安全等级	气象灾害类型	气象灾害严重程度	各地区气象台站	气象台站安全等级	气象灾害类型	气象灾害严重程度
江苏	四级	干旱	比较严重	新疆	四级	沙尘暴	比较严重
		洪涝	比较严重			雪灾	比较严重
		台风	比较严重	云南	三级	冰雹	比较严重
		冷冻害	比较严重			雾霾	比较严重
		冰雹	比较严重	台湾	五级	台风	比较严重
		雾霾	比较严重	吉林	四级	干旱	比较严重
						洪涝	比较严重
重庆	四级	干旱	比较严重	宁夏	四级	干旱	比较严重
		洪涝	比较严重	山西	三级	沙尘暴	轻度严重
		雾霾	比较严重	陕西	三级	沙尘暴	比较严重
甘肃	三级	洪涝	比较严重			冷冻害	比较严重
		冰雹	比较严重	上海	四级	洪涝	比较严重
海南	四级	干旱	比较严重			台风	比较严重
		洪涝	比较严重	西藏	五级	雪灾	比较严重
		台风	比较严重	新疆	四级	洪涝	比较严重

（5）公开气象信息安全等级

由表4可知，信息安全等级为公开的气象信息包含以下三种情况：①气象台站安全等级为四级，同时气象灾害轻度严重；②气象台站安全等级为五级，同时气象灾害中度严重；③气象台站安全等级为五级，同时气象灾害轻度严重。根据表2得出各地区气象信息安全等级为公开的如表9所示。

表9　公开气象信息安全等级

气象台站	气象台站安全等级	气象灾害类型	气象灾害严重程度
天津	五级	干旱	轻度严重

5　气象信息共享的保密措施和实施方案

根据《气象部门保守国家秘密实施细则》（国气办发〔1992〕16号）[9]第四章第十七条向外国人提供绝密、机密、秘密、内部、公开的气象资料、刊物及气象科技成果（含载体）的审批程序要求审批，制定气象信息共享的实施方案。

5.1 绝密气象信息共享的实施方案

广东省、广西壮族自治区、湖南省、江西省、山东省、浙江省的气象台站在全国的安全等级为一级；内蒙古自治区、四川省的气象台站在全国的安全等级为二级。

表5中八个地区的绝密气象信息在向外国人提供时必须由主办单位报省（自治区、直辖市）气象局或国家气象局，经过中国国家气象局有关的职能机构审核，中国国家气象局保密委员会审批后，报中国国家保密局备案。而国内其他部门、单位因工作需要借用涉密的气象资料、刊物等时，必须经过中国国家气象局领导批准。

5.2 机密气象信息共享的实施方案

广西壮族自治区、湖南省气象台站在全国的安全等级为一级；安徽省、福建省、贵州省、河北省、河南省、湖北省、四川省的气象台站在全国的安全等级为二级。

表6中九个地区所统计的机密气象信息在向外国人提供时必须由主办单位报省（自治区、直辖市）气象局或国家气象局，经过中国国家气象局有关职能机构审核后，报中国国家气象局保密委员会审批。国内其他部门、单位因工作需要借用涉密气象资料、刊物等时，必须由司局级主管单位领导批准。

5.3 秘密气象信息共享的实施方案

湖南省、江西省、浙江省的气象台站在全国的安全等级为一级；河北省气象台站在全国的安全等级为二级；甘肃省、黑龙江省、山西省、陕西省、云南省的气象台站在全国的安全等级为三级；宁夏回族自治区的气象台站在全国的安全等级为四级。

表7中十个地区所统计的秘密气象信息在向外国人提供时必须由主办单位报省（自治区、直辖市）气象局或国家气象局，经过中国国家气象局有关职能机构审核后，报中国国家气象局保密委员会审批。国内其他部门、单位因工作需要借用涉密气象资料、刊物等时，必须由司局级主管单位领导批准。

5.4 内部气象信息共享的实施方案

安徽省的气象台站在全国的安全等级为二级；甘肃省、山西省、陕西省、云南省的气象台站在全国的安全等级为三级；北京市、重庆市、海南省、吉林省、江苏省、辽宁省、青海省、宁夏回族自治区、上海市、新疆维吾尔自治区的气象台站在全国的安全等级为四级；西藏自治区、台湾省的气象台站在全国的安全等级为五级。

表8中十七个地区所统计的内部气象信息在向外国人提供时必须由主办单位报

省（自治区、直辖市）气象局或国家气象局有关职能机构审查批准。国内其他部门、单位因工作需要借用涉密气象资料、刊物等时，必须由主管处级单位领导批准。

5.5 公开气象信息共享的实施方案

天津市的气象台站在全国的安全等级为五级。表9中所统计的公开气象信息在对外国人提供时必须由主办单位与地（市）、县级的气象局或中国国家气象局和省（自治区、直辖市）级气象局处级单位协商后来解决。国内其他部门、单位因工作需要借用涉密气象资料、刊物等时，必须由主管单位领导批准。

参考文献

[1] 中国气象局第26号令．气象预报发布与传播管理办法．2015.

[2] 中国气象局第27号令．气象信息服务管理办法．2015.

[3] 中国历史上重大气象灾害年表［EB/OL］．(2015－04－08)．http：//wenku.baidu.com.

[4] 陈洪滨，范学花，董文杰．2005年极端天气和气候事件及其他事件的概要回顾［J］．气候与环境研究．2006，11（2）：237－244.

[5] 中国气象局．中国气象年鉴［EB/OL］．(2015－03－05)．http：//lib.cnki.net/cyfd/J154N2005 010031.html.

[6] 中国气象局国家气候中心［EB/OL］．(2015－01－10)．http：//cmdp.ncccma.net/Monitoring/cn_ china_ extreme.php.

[7] 中国气象局令 第4号．气象资料共享管理办法．2001.

[8] 新华社．中华人民共和国保守国家秘密法．2010.

[9] 国气办发〔1992〕16号．气象部门保守国家秘密实施细则．1992.

作者简介：孙艳玲，成都信息工程大学管理学院副院长、教授，硕士生导师，四川省高校人文社科研究基地“气象灾害预测预警与应急管理研究中心”副主任；黄萍，博士，成都信息工程大学管理学院院长、教授，硕士生导师，四川省高校人文社科研究基地“气象灾害预测预警与应急管理研究中心”主任；安程，成都信息工程大学信息管理与信息系统专业本科生。

四川气象灾害的危害及其治理①

鲍文
（成都信息工程大学管理学院）

摘要：随着人类活动的加剧和气候变暖，重大气象灾害频繁发生，气象灾害呈日益加重的趋势，不仅使直接经济损失上升，其引发生态、资源、环境等间接性危害也日益凸显，成为四川社会经济持续、协调发展的重要制约因素之一。文章通过对四川主要气象灾害及其特点和气象灾害防灾减灾工作面临严峻挑战进行分析，提出了面向未来的气象灾害治理要求和建立城乡统筹气象综合改革试验区的建议。

关键词：四川；气象灾害；危害；治理

四川西连青藏高原，北临秦岭山脉，南接云贵高原，东靠大巴山、华蓥山；东部是四川盆地，西部是高原和山地。受复杂地形与大气环流的影响，全省自然灾害种类繁多，其中气象灾害造成的损失在占所有灾害损失的70%以上，冰雹、秋绵雨、大雾等气象灾害高发，尤以强降水引发的地质气象灾害（山洪、泥石流、崩塌、滑坡）最为突出。随着人类活动的影响加剧和气候变暖，重大气象灾害频繁发生，气象灾害呈日益加重的趋势，不仅直接经济损失上升，其引发的生态、资源、环境等方面的间接性危害也日益凸显，成为四川社会经济持续、协调发展的重要制约因素之一。

1 四川主要气象灾害及其特点

1.1 四川主要气象灾害

四川的气象灾害主要有暴雨洪涝、干旱、大风、冰雹、雷电、低温、连阴雨、寒潮、霜冻、雪灾、大雾、高温以及次生、衍生灾害，如山洪、泥石流、崩塌、滑坡、病虫害、水土流失等[1]。

（1）洪涝灾害

洪涝灾害是四川发生频率最高、危害最重的气象灾害，具有出现频率高、范围广、强度大、重复性强、年际变化大等特点。四川洪涝灾害以暴雨洪灾为主，涝灾

---

① 本文是第十二届“生态·旅游·灾害——2015长江上游灾害管理与区域协调发展战略论坛”文章。

次之，溃决洪灾发生概率虽小，但一旦发生危害极大。由于东西部地形差异显著，使四川洪涝灾害分布有着明显的区域特征：盆地多，川西北高原少；江河上游山洪多，中下游大面积洪灾频繁，江河交汇处洪灾尤重。

（2）干旱

在各种气象灾害中，干旱对四川社会经济发展的危害极大，对农业来说尤为严重。四川盆地年降水量地域差异较大，大体可描述为盆地四周多于盆地内，山区多于平原。该地年降水量随季节变化也较大，冬春季少雨，夏季多暴雨，秋季多绵雨。夏秋两季平均降水占全年总降水量的60%～90%，降水时段往往非常集中，即便是大涝年，也难免出现大旱。干旱旱一片，危害面大，不仅破坏农业生产，还影响城乡居民生活，加剧水质污染，诱发环境灾害。干旱是一种渐进性灾害，其危害主要通过对承灾体作用逐渐显现。四川农业生产到目前为止基本上仍然是靠天吃饭，因此每年干旱对四川农业都会造成不同程度的影响。

（3）风灾

四川大风多发区为川西的甘孜、阿坝、凉山三州，但川西高原人烟稀少，农牧业欠发达，故大风所造成的危害远不如盆地区。虽然四川盆地是全国少大风地区之一，大部分地区年平均大风日数不超过3天，但大风的危害不可小觑。盆地瞬时最大风速较大，个别地方可超过40m/s，而且常伴强对流天气，引起多灾并发。四川境内多高山峡谷，焚风效应较为常见，典型焚风主要出现在川西高山峡谷和盆地南边缘山区。四川盆地的焚风主要出现在春夏两季，特别是盛夏季节。春季，冷空气越过盆地北部进入盆地，往往在盆地北部产生焚风效应；夏季，偏南气流经过贵州高原，盆地南部边缘山区也可产生焚风。由于焚风效应显著，在岷江上游和大渡河中游谷地形成干暖或干旱河谷气候[2-3]。在春夏季节的农业区，焚风可对玉米、水稻、小麦、大豆等作物造成危害，使水田干裂、苗稼枯萎甚至干死，在作物成熟期可吹掉籽粒或造成逼熟减产。

（4）冰雹、雪灾

川西高原为我国多雹地区，年平均冰雹日数以甘孜、阿坝两州最多，一般在5天以上；攀西地区次之，一般为1～3天。冰雹常发生在3—10月，尽管冰雹灾害的范围不如干旱大，但冰雹来势迅猛，降雹时往往伴随阵性大风和暴雨，虽通常只有几分钟到十几分钟，但可致庄稼、果木颗粒无收，造成人畜伤亡等，破坏性极大。因此，冰雹是四川重要灾害性天气之一。雪灾主要发生在川西高原的阿坝、甘孜两州，雪灾对当地畜牧业生产危害极大。

1.2　气象灾害发生特点

（1）发生频繁，季节分布明显

四川气象灾害年年发生，灾害发生频率很高，如干旱几乎年年在盆地出现，常年发生洪涝灾害的县级区域超过60%。气象灾害季节分布明显，春夏两季较频繁，秋季次之，冬季最少。主要气象灾害的季节性特点为：夏季发生暴雨、洪涝、干旱、高温、冰雹；春季发生低温、连阴雨、冰雹、大风、暴雨；秋季以绵雨为主；冬季发生雾、低温、雪、冷冻。

（2）种类多、延续时间长、波及面广

全国7类18种气象灾害中，除热带气旋外，其他气象灾害在四川均有发生，灾害时间最长的是干旱，包括冬旱、春旱、夏旱、伏旱、秋旱，甚至会发生四季连旱。从西部高原到东部盆地，一年之中，任何季节和时段均有气象灾害发生，只是发生频率与轻重之分，区别仅为地点不同、灾害种类不同、殃及范围不同、损失程度不同而已。

（3）多灾并发

许多气象灾害相互关联，因而经常同时出现几种气象灾害。有的地方一年内出现多种灾害并发，出现连续数年遭灾的情形。川西北高原的甘孜、阿坝两州境内，很少有日降水量≥50 mm 的暴雨。由于这一地区多高山深谷，地势陡峭、植被受到破坏等原因，日降水量达到或接近30 mm 时，即可引发山洪、崩塌、滑坡和泥石流等地质气象灾害。

（4）旱涝交错

四川盆地大部地区年自然降水量为1 000～1 200 mm，但时空分布不均。某些地方长期少雨，往往干旱严重。年降水量中40%～60%降在夏季，而夏季雨量盆地西部又多于东部，所以盛夏盆地东部多伏旱、西部多暴雨，部分地区先涝后旱或先旱后涝。

2　气象灾害防灾减灾工作面临严峻挑战

2.1　潜在的气象灾害危害严重

四川省位于青藏高原向东部平原过渡地带，地质条件异常复杂、断裂构造极为发育，区内高山峡谷广泛分布，新构造运动活动强烈，地震活动频繁，近地表岩体破碎、斜坡稳定性差。当前，受全球气候变化加剧的影响，省内气象条件复杂多变，极端天气象明显增多，局部干旱、局地强降雨等灾害性天气也频繁发生。极端天气条件将导致地质气象灾害发生的可能性增加，范围扩大，危险性升级，风险性加大。

四川省大规模、高速度的基础设施建设在带动经济社会发展的同时，也加大了对自然生态环境的影响。一些山区县城、乡镇和村庄的房屋、工厂等仍然处在老滑坡体或泥石流冲洪积扇上，加之汶川特大地震的影响和气候变化作用，导致省内地质灾害具有点多、面广、规模大、成灾快、暴发频率高、延续时间长的特点。

2011—2012年，四川省在持续强降雨天气和局地暴雨、大暴雨的影响下，滑坡、崩塌以及泥石流等地质气象灾害频发。连接成都与汶川的“生命线”213 国道、京昆高速等出川通道一度中断，造成人员及财产的重大损失。由此可见人地关系的矛盾性、复杂性、风险性将长期困扰和制约四川经济社会发展。因此，气象灾害防灾减灾体系建设必须适应社会发展需要，适应保障人民生命与社会财产安全的需要。

2.2　气象灾害防灾减灾体系尚未形成

根据对四川气象灾害发生强度和频率的分析，四川省气象灾害呈高发趋势，具有突发性、破坏性强以及规模大等特点。气象灾害的高易发性、群发性，极大地增加了气象灾害的危险性以及风险程度[4]，使气象灾害防灾减灾工作面临严峻的形势。

目前来看，现有从事气象灾害研究与管理的科技队伍还不能满足气象灾害监测、预警、排查与应急的需要，尤其是气象灾害风险评估与风险管理明显滞后于形势需求，缺少一套部门联动、各负其责的、完整的、行之有效的规范性管理模式，同时，国家层面还缺少用于气象灾害防治的设计规范以及气象灾害及其次生、衍生灾害防治工程定额预算等方面的规程、规范和技术要求，使气象灾害防灾减灾工程处于非标准化的境地，缺乏规范作为依据。在防灾减灾方面，基层的科技能力更显薄弱，气象灾害应急管理体系尚需进一步完善，基层气象灾害防灾减灾能力建设尚有较大提升空间，还没有形成一个自上而下的完整体系，这不利于全社会防灾减灾体系的系统性建设。

2.3　对变化环境下气象灾害形成机理、时空分布规律、动力作用机制的认知有限

当前受全球气候变化和人类活动影响，气象灾害呈现新的变化特征，其发生的不确定性和机制的复杂性，造成科学认知层面面临着重大的挑战，给气象灾害防灾减灾工作带来更多难度。作为气象灾害大省，四川省缺少重大科技项目的系统性支持，且其在气象灾害的基础性、前瞻性、战略性研究工作仍显薄弱，造成其整体上对气象灾害的认知能力和水平都非常有限，远远满足不了社会经济发展对气象灾害防灾减灾的迫切需求。因此，必须要积极汇集各方面的科技资源，加大对气象灾害研究的科技投入，要建立权威性的协调机制，加强组织和引导，积极部署，全面加强气象灾害研究和防灾减灾技术创新工作。

2.4　灾害管理有待加强

一是在灾害管理方面“重救轻防”。灾前气象防灾减灾人力和资金投入不足，特别是农业气象灾害防灾减灾基础设施不足，防灾抗灾公益性事业缺乏稳定、连续的资金投入。二是科技创新和成果转化能力仍待加强。四川省气象防灾减灾科技水

平与发达国家相比有一定差距，研究力量分散、防灾研究偏重单一技术，缺乏科研成果转化能力。

3 面向未来的气象灾害治理要求

3.1 “点、线、面”紧密结合，做好气象灾害防灾减灾体系建设

防患于未然，及早部署有关加强应急管理能力建设和提升科学研究能力等的基础性工作，省级应尽快成立气象灾害应急管理专门机构，并加强气象灾害防灾减灾能力建设，为尽可能降低气象灾害风险提供应急管理保障和科技支撑。

“点、线、面”结合，专兼结合，加大气象灾害危险性区划和风险评估等工作，重点放在盆地区域，突出重要交通干线、城镇、重点农牧区气象灾害防灾减灾工作。围绕上述工作重点，要建立国土资源、交通、水利、建设和气象主管部门分工明确、各负其责、统筹防灾、横向联动的防灾机制，实行系统的防灾减灾措施，形成气象灾害防灾减灾工作合力。

建立农村气象灾害防灾减灾科普知识宣传的长效机制，多手段多途径加强对气象灾害知识的宣传。

加强基层气象灾害防灾减灾专业人员队伍建设，以及相关装备的配备。定期开展专业培训，及时将气象灾害防灾减灾与应急管理的新知识、新技术、新成果普及到基层，逐步推进气象灾害防灾减灾体系建设。

3.2 提高社会防灾减灾能力

为提高气象灾害防灾减灾管理效率，必须建立多方的气象灾害防灾减灾会商和预警联动机制，联合国土、气象、水利、地震、环保、通信等部门，建立统一的、层次明确的气象灾害防灾减灾信息系统，大幅度提高其共享程度，逐步联网构建有效的、实用的气象灾害预警预报系统，统一信息发布渠道，充分发挥现有资源的效用，形成联防联动、协同防灾减灾的合力，全面提高气象灾害防灾减灾和应急管理能力。

以县域为单元，针对人口密集区、重点防灾减灾区域，深化气象灾害的调查及动态巡查工作，加大气象灾害风险评价工作力度，充分掌握区内气象灾害分布状况、危害程度，增强防灾减灾工作的针对性、前瞻性，为人居安全和经济发展提供科学的防灾减灾依据。

3.3 加强规范、标准和制度建设

要根据气象灾害变化的新特点，从防灾减灾实际需要出发，进一步完善和加强气象灾害危险性评估、风险区划、监测预警和应急处置的行业规范、标准的编制工

作。统一气象、水利、公路、铁路以及国土等各部门气象灾害防灾减灾设计、施工、监理及概预算等方面的有关技术规范、标准，率先实现气象灾害防灾减灾管理法制化、规范化、科学化。

建立气象灾害防灾减灾重点防控机制和绩效评估制度。定期分析本地区气象灾害形势，及时公布防御相关气象灾害的重点地区和薄弱环节，并针对突出问题开展专项整治；建立重要工程和次生灾害危险源数据库，在特殊季节或接到灾害预警时，及时部署、落实各项保障措施；开展灾后工作绩效评估，提出改进工作的措施和完善技术标准的建议。

3.4　加大投入与推动防灾减灾科学研究与成果转化

积极探索与经济社会发展相协调的气象灾害防灾减灾投入机制，加大气象灾害防灾减灾科学研究的投入。建立应急评估和工程抢险的激励政策和投入补偿机制；研究应用气象灾害防灾减灾新技术的激励政策，配合相关部门推行灾害保险机制，提高社会对灾害的承受能力。

依托现有科研力量分区、分级设立气象灾害防灾减灾研究中心，建立科研基地支撑体系；针对不同地形地貌、社会经济条件，开展气象灾害综合防御体系试点研究；加强对应急保障基础设施预警保护的研究。鼓励各地开展多种形式的防灾减灾技术应用试点；支持抗旱、抗风、防雹等各类防灾新技术、新产品的开发研究，并积极、稳妥地推广应用；制定、完善技术配套措施，提高设计施工企业应用新技术的能力。

4　建立城乡统筹气象综合改革试验区的建议

随着四川各行各业对天气、气候的依赖度、敏感度和关联度的不断增强，积极探索省域统筹城乡发展的气象防灾减灾现代化新路径，必然要发挥区域优势，先行先试、改革创新、作出示范。同时，以构建社会化的气象灾害防御体系为目标，调整基层气象机构的职能定位，探索基层气象工作的新型管理模式；探索气象社会管理的体制创新，提升气象依法行政能力；探索气象服务社会化的有效途径，整合社会资源，提高服务水平；以综合探测基地为切入点，建设集约化综合业务平台，大力提升灾害预警监测预报能力；系统集成气象灾害防灾减灾技术，有目的、有组织地统筹城乡气象综合改革试验区建设，推广防灾减灾新技术，可以不断提高全省气象灾害防灾减灾科技水平。根据建设“两个体系”（城乡一体化气象业务服务体系和气象灾害防御体系）的要求，气象防灾减灾工作示范区建设主要包括以下四个方面。

4.1　建立精细化的城乡气象灾害监测网络

对现有区域站网进行优化升级，确保所有乡镇实现多要素自动气象观测；在灾害易发区，有计划地加大观测站密度，形成精细化的城乡气象灾害监测网。

4.2 健全城乡气象灾害风险管理机制

开展气象灾害隐患调查，编制城乡气象灾害风险区划图；编制县（市、区）、乡（镇）、村三级气象灾害防御规划和应急预案；进一步规范气象灾情收集上报网络；初步建立城乡大风、暴雨、雷击等气象灾害风险评估制度。落实气象灾害防御的责任主体，开展气象灾害敏感单位评估认证、气象安全社区认证管理。按“6个有”原则，实现乡镇气象信息服务站认证及敏感单位气象安全认证。

4.3 建立城乡气象灾害防御组织管理体系

切实落实气象灾害防御工作的原则（“以人为本、科学防御、政府主导、部门联动、社会参与”的原则与机制），成立县级气象防灾减灾政府管理机构“气象灾害防御中心”或“气象灾害防御办公室”；落实气象防灾减灾工作“6个有”：有固定场所、有信息设备、有信息员、有定期活动、有管理制度、有长效机制；建立具有地方编制的气象防灾减灾组织体系和乡镇气象信息服务站，将气象机构和服务延伸到乡镇。

4.4 完善城乡气象灾害预警信息发布体系建设，提升灾害性天气预警能力

深化四川省的观测系统综合布局，对现有区域站网进行优化升级，在灾害易发区形成精细化的气象灾害监测网。结合利用现有预警信息发布体系，探索创新具有地方特色的城乡气象信息传播渠道。规范建设乡镇综合信息服务站和信息员队伍，建立和完善气象防灾减灾志愿者队伍；加强气象与安全生产监管、水利、国土、环保、教育等机构的联动，发挥相关部门信息、人才、渠道、专业等资源与力量，构建有效联动的城乡应急减灾组织体系；集约农村信息项目资源实现政府主导的发布渠道；利用移动、联通、电信公司技术力量实现短信定点区域绿色通道发布机制，利用电信公司终端平台的多样性实现固定电话自动呼叫报警和电视开机预警及滚动插播预警；发展以手机短信、电视、广播、网络为主体，电子显示屏、气象大喇叭等多种手段为补充的城乡气象灾害发布网络，尽早实现省域所有行政村均能及时接收气象预报和预警信息。

参考文献

[1]《中国气象灾害大典》编委会．中国气象灾害大典：四川卷［M］．北京：气象出版社，2006：1－4.

[2] Bao Wen. The impact of arid climate change on agriculture of dry valley in Southwest China and its adaptive countermeasures［J］. Agricultural Science & Technology，2011，12

(5)：737－740.
[3] 鲍文．岷江上游干旱河谷气候变化对农业发展的影响及适应性对策［J］．广东农业科学，2011（11）：162－165.
[4] 鲍文．气象灾害对西南地区农业的影响及适应性对策研究［J］．农业现代化研究，2011，32（1）：59－63.

作者简介：鲍文，副教授，主要从事区域经济学与环境经济学等方面的研究工作。

四川省各市州公共服务供给空间自相关分析①

宋雪茜[1]　刘颖[2]

（1. 成都信息工程大学管理学院；2. 中国科学院成都山地灾害与环境研究所）

摘要：通过空间自相关分析模型对2012年四川省各市州公共服务供给效率及空间相关性进行研究，结果表明：偏基本公共服务支出空间差异相对较小，但仍呈现以成都市为中心向东部溢出的扇形扩散趋势；偏高级公共服务支出聚集程度过高，具有“中心—外围”空间溢出特征；灾后重建支出聚集在“5·12汶川特大地震”灾区且对东部城市有一定的外溢；川西山区各类公共服务供给效率均较低，且呈现“低—低”相关的空间特点。公共服务供给效率及空间相关性受经济、政策和地理条件等综合因素影响。基于分析结果，建议针对不同类型公共服务应实施差异化空间供给策略，并针对山区实施特殊的公共服务供给政策。

关键词：公共服务；空间自相关性；Moran’s I指数；地势起伏度；四川省；山区

1　引言

区域公共服务供给水平对于提高区域发展能力起着至关重要的作用。受自然、经济、制度等多种因素的影响，公共服务供给空间分布不均衡现象普遍存在，因此公共服务供给空间不均衡性及其影响因素成为学界研究的热点。在城乡二元结构成为阻碍公共服务均等化重要原因的背景下，学界对我国城乡之间公共服务空间差异[1-2]及农村公共服务空间差异[3]研究成果颇丰，近年来公共服务供给地区差异研究也日益受到重视，当前的相关研究多围绕着东西部差异展开。陈诗一和张军利通过分析中国省级地方政府服务供给的相对效率，指出西部省份比东中部地区省级服务供给效率低[4]。张明玖进一步指出西部地区基本建设支出对经济增长的贡献明显高于东部地区，而东部地区科教文卫支出对经济增长的贡献远高于西部地区的结论[5]。马慧强等对我国286个地级以上城市（除拉萨）进行了分析，结果表明基本公共服务呈现从东部沿海到中、西部逐步降低的趋势[6]。随着空间特征被引入公共服务效率的分析中，公共服务供给的空间相互作用成为国际上相关领域研究热点。

①　本文原载于《地域研究与开发》2015年第3期，是第十三届“生态·旅游·灾害——2016长江上游生态安全与区域发展战略论坛”文章。

相关研究结果表明财政竞争[7-9]、锦标竞争[10-13]、支出外溢[14-18]地方政府间公共服务投资相互影响是公共服务财政投入空间聚集的主要原因。国内现有研究主要集中于对公共服务空间差异的描述或统计分析，对公共服务供给的空间相关性研究较少。对公共服务空间分布格局影响因素的分析多集中在经济、政策和社会因素[19]等方面，从地理因素角度进行深入研究的较为少见。根据中国公共服务供给的实践，本研究推测公共服务供给差异应与地理空间因素有关，为了从空间统计及计量的角度验证本研究的猜测，笔者以四川省为例，引入空间自相关模型检验不同类别公共服务供给在地理空间上是否具有相关性，并从地理、经济和政策等角度对公共服务供给空间相关性的影响因素进行探究，并针对不同类别的公共服务，提出差异化的空间供给策略。

2 研究区概况

四川省地处我国西南，国土总面积48.6万km^2。其中山地、丘陵、高原面积达90%以上。2013年四川省实现地区生产总值（GDP）26 260.8亿元，居全国第8位，西部地区第1位。2013年年末，全省常住人口8 107万人，城镇化率53.73%。四川省辖18个地级市、3个自治州，其中凉山彝族自治州、甘孜藏族自治州、阿坝藏族羌族自治州为少数民族聚居地。

3 研究数据

3.1 样本尺度和指标选择

本研究以四川省各市州为研究的空间样本对公共服务供给的空间关系进行研究。由于四川省丘陵和山地占总面积比例很大，尤其是川西地区山高人稀，如果以人均指标评价山区公共服务供给水平会得出贫困山区公共服务效率较高的错误结论[20]；以公共服务支出占GDP比重为指标评价，会由于转移支付和专项投入的因素而得出越偏远贫穷的山区的公共服务供给水平越高的结论；以各项支出占财政总支出比重指标衡量各地公共服务供给状况更因掩盖了各地的经济、社会和地理因素的差异性而并不可行[21]。相对而言，地均指标更能客观地反映经济、社会发展不平衡的公共服务供给状况，因此本研究以地均公共服务支出为基础数据进行分析。

3.2 数据来源

一是公共服务财政支出统计数据。本研究运用《四川省统计年鉴2013》数据，选择与公共服务相关性较强的15项，包括科学技术、文化体育与传媒、地均环境保护、地均农林水事务、地均交通运输、地均公共安全、地均城乡社区事务、资源勘探电力信息、地震灾后恢复重建、国土资源气象等事务，住房保障、教育、医疗卫生事务，一般公共服务，社会保障和就业。二是地理空间数据。本研究数字高程模型（DEM）数据为地球电子地形数据 ASTER GDEM，基本格网单元大小为 30 m×30 m，精度相当于 1∶10 万。行政界线数据来自国家遥感应用工程技术研究中心西南分中心，基本比例尺为 1∶10 万。研究中用到的空间权重矩阵和各地区地理空间坐标均来源于此。

3.3 数据处理

对空间数据的处理是利用 ArcGIS 软件对四川省行政区划图进行栅格化处理，将其转化为矢量数据，将各种属性数据“离散化”到行政单元上，直接作为空间单元，以便将空间数据与经济数据进行匹配分析。对经济数据的处理是将四川省各市州 15 项公共服务支出的地均数据以因子分析法进行降维后提取公因子计算得分，再将公因子得分与数字化后的空间数据进行合成，形成空间统计数据。

4 研究方法

4.1 因子分析法

各市州公共服务支出的 15 个项目间可能存在显著的内部相关性，因子分析可以将具有复杂关系的变量综合为数量较少的几个因子[22]，本研究先采用因子分析法对公共服务供给变量进行降维。首先采用 KMO 样本测度法和 Bartlett 球体检验法对 15 个支出项目变量间的相关程度进行检验，再采用主成分分析法计算反映四川省各市州公共服务支出状况的综合测评得分，计算公式为：

$$F_{综i} = \sum_{i=1}^{n} d_i f_i = \sum_{i=1}^{n} \sum_{j=1}^{m} d_i b_{ij} x_{ij} \tag{1}$$

式中，d_i为公共因子特征值方差贡献率；f_i为公共因子得分；b_{ij}为因子得分系数；x_{ij}为各市州标准化指标值。

4.2 空间自相关模型

（1）空间权重矩阵。在明确空间相互作用特征的基础上构造空间邻近性矩阵，将空间邻近性矩阵归一化，就得到空间权重矩阵 W[23]。

（2）全局空间自相关。空间自相关系数可用来度量属性值在空间上的分布特征及其对邻域的影响程度[24]。在实际的应用研究中 Moran's I 较为常用[25-26]，全局空间自相关 Global Moran's I 指数常用来分析研究对象在全局空间内表现出的分布特征，计算公式如下：

$$I = \frac{n\sum_{i=1}^{n}\sum_{j=1}^{n}W_{ij}(X_i - \bar{x})(X_j - \bar{x})}{\sum_{i=1}^{n}\sum_{j=1}^{n}W_{ij}\sum_{i=1}^{n}(X_i - \bar{x})^2} = \frac{\sum_{i=1}^{n}\sum_{j=1}^{n}XW_{ij}(X_i - \bar{x})(X_j - \bar{x})}{S^2\sum_{i=1}^{n}\sum_{J=1}^{n}W_{ij}} \tag{2}$$

式中，n 为观测点个数；W_{ij}为空间权重；X_i，X_j代表地区 i 和 j 变量数值；$\bar{x} = \frac{1}{n}\sum_{i=1}^{n}X_i$ 是 X_i的平均值；$S^2 = \frac{1}{n}\sum_{i=1}^{n}(X_i - \bar{x})^2$，是 X_i的方差。Moran's I 指数的取值范围为［－1，1］，正数表示空间集聚分布特征，即存在空间正相关性，值越大集聚特征越明显；负数表示空间发散分布特征，即存在空间负相关性，值越小发散特征越明显；等于 0 表示空间的随机分布特征，即不存在空间相关性[27]。

（3）局部空间自相关。局部空间自相关分析可以帮助研究更准确地把握空间要素异质性特征的局部空间相关性[28-29]，分析局部空间相关性时通常使用 LISA 方法计算的 Local Moran's I 指数，计算公式为：

$$I_i = \frac{(X_i - \bar{x})}{S^2}\sum_{j}W_{ij}(X_j - \bar{x}) \tag{3}$$

式中，I_i为正表示变量存在局部空间正相关，为负则表示负相关。①HH 型：$I_i > 0$，市州 i 与相邻市州的服务支出均高于全省平均水平；②LL 型：$I_i > 0$，市州 i 与相邻市州的服务支出均低于全省平均水平。③HL 型：$I_i < 0$，市州 i 的服务支出高于全省平均水平，相邻市州服务支出低于全省平均水平。④LH 型。$I_i < 0$，市州 i 的服务支出低于全省平均水平，相邻市州服务支出高于全省平均水平。

4.3　地势起伏度

地势起伏度（Relief Degree of Land Surface，RDLS）是指在指定的分析区域内所有栅格中最大高程与最小高程的差，是反映地形起伏的宏观地形因子。地势起伏度的引入可以更科学地分析地形地貌对公共服务供给空间相关性的影响程度。采用 DEM 数据作为基础数据，利用 ArcGIS 中的空间分析模块提取地形起伏度。随着“某一个范围”的增大，地势起伏度必然会增加。所以确定地势起伏度的关键是确定这一范围的大小，本研究选取矩形作为分析窗口，窗口为 3×3、5×5、7×7…45×45，移动步距为 2。分析窗口内的高差作为目标栅格的起伏度，由此计算出 DEM 上每个窗口的起伏度，求得地形起伏度的栅格数字矩阵。计算公式为：

$$\Delta H_{ij} = \text{Max}(H_{ij}) - \text{Min}(H_{ij})(i = 1,2,3,\cdots,n;j = 1,2,3,\cdots,n) \tag{4}$$

式中，H_{ij}为领域内像元的高程值；Max（H_{ij}）和 Min（H_{ij}）分别为分析窗口中的最大高程值和最小高程值；ΔH_{ij}为领域内的高差即表示分析窗口的起伏度大小。[30]

5 研究结果

5.1 因子分析结果

指标相关性及模型适用性检验结果显示公共服务支出地均指标的 KMO 值为 0.686，适合做因子分析。Bartlett 球体检验的验结果 Sig 值为 0.000，t 球体检验 χ^2 的统计值为 716.627，说明变量之间存在相关关系，适合作因子分析。提取公共因子、求解旋转后的因子载荷矩阵，结果表明 F_1、F_2、F_3 三个因子的方差贡献率分别为 76.801%、12.298% 和 7.426%，累积方差贡献率为 96.526%，表明提取的公因子能够解释 15 个原始变量的 90% 以上，充分地保留了原始变量信息，具有很好的代表性，因此提取 F_1、F_2、F_3 三个因子作为主因子。用 Kaiser 标准化正交旋转法对各类指标提取的公共因子建立因子载荷矩阵，经 5 次正交旋转以后收敛，结果见表 1。

表 1　旋转后的因子载荷矩阵

服务供给项目	因子			服务供给项目	因子		
	F_1	F_2	F_3		F_1	F_2	F_3
科学技术支出	0.938	0.256	0.204	地震灾后恢复重建	0.211	0.065	0.951
文化体育与传媒支出	0.794	0.563	0.091	国土资源气象等事务	0.944	0.283	0.044
地均环境保护支出	0.365	0.878	-0.097	住房保障	0.211	0.742	0.55
地均农林水事务	0.367	0.901	0.04	教育	0.718	0.675	0.091
地均交通运输	0.932	0.296	0.146	医疗卫生事务	0.596	0.787	0.066
地均公共安全	0.842	0.507	0.174	一般公共服务	0.843	0.499	0.184
地均城乡社区事务	0.903	0.341	0.179	社会保障	0.197	0.944	0.205
资源勘探电力信息	0.976	0.168	0.104				

由表 1 可知，公因子 F_1 在科学技术支出、文化体育与传媒、地均交通运输、地均公共安全、地均城乡社区事务、地均资源勘探电力信息、国土资源气象等事务、一般公共服务上载荷较大，这些变量多为政府为促进经济社会更好地发展而提供的公共服务支出，因而可以命名为"偏高级公共服务因子"；F_2 在地均环境保护支出、地均农林水事务支出、教育、医疗卫生事务、社会保障、住房保障上载荷较大，这些指标多属于基本公众服务类支出，因而可以命名为"偏基本公共服务因子"；F_3 在地震灾后恢复重建上载荷较大，可命名为"灾后重建因子"。

运用因子分析法求解三类公共服务因子得分（图 1），结果表明：四川省偏高级公共服务聚集程度非常高，成都市得分远高于其他市州，空间差异十分明显；偏基本公共服务空间差异相对较小，但仍呈现出中部、东部地区供给高于西部山区的特点；灾后重建公共服务供给聚集在汶川大地震主要灾区。进一步计算四川省各市州公共服务供给综合得分（图2），结果表明：四川省公共服务供给空间差异较为明显，公共服务资源主要聚集在成都平原及东、南部丘陵地区，川西山区公共服务供给普遍较低，其中阿坝、凉山和甘孜三个少数民族自治州公共服务供给综合得分最低，这也证实了地形复杂山区公共服务能力基础与配套性较差。

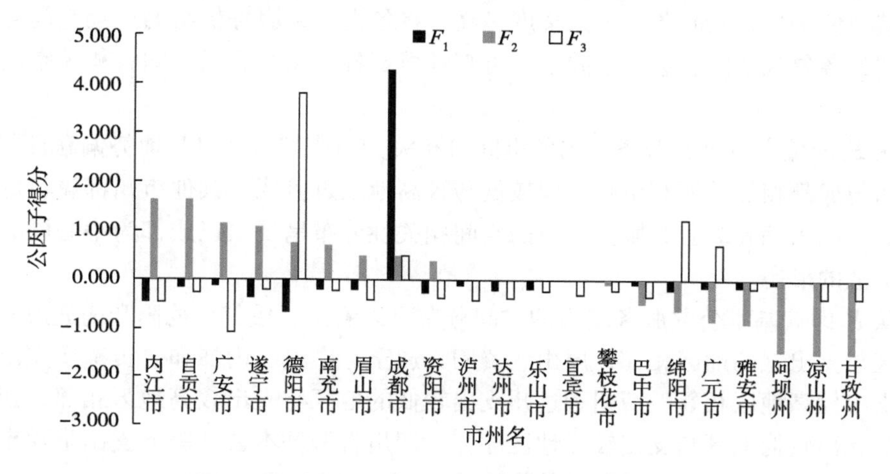

图1　四川省各市州三类公共服务支出因子得分

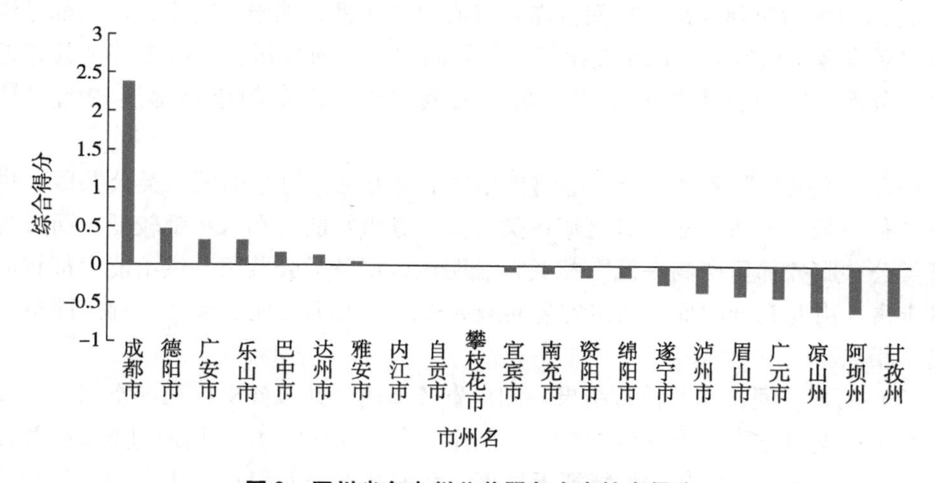

图2　四川省各市州公共服务支出综合得分

5.2　空间自相关检验结果

为度量四川省各市州偏基本公共服务、偏高级公共服务和灾后重建支出的全局及局部空间集聚程度，采用空间自相关模型，引入一阶邻接“车标准”权重矩阵（rook contiguity），通过 GeoDa 软件对四川省各市州三类公共服务支出空间相关性进行分析。

（1）全局空间自相关检验结果。全局空间自相关分析结果表明，四川省各市州各类公共服务财政支出均具有较高的空间相关性，其中，偏高级公共服务支出（$I=-0.0788$，$p<0.05$）呈负相关，表明该类支出较高的地区与较低的地区相邻；偏基本公共服务支出（$I=0.2667$，$p<0.01$）及灾后重建支出（$I=0.1672$，$p<0.01$）都呈聚集分布，说明这两类公共服务支出较高的地区相邻，较低的地区相邻，其中偏基本公共服务支出聚集度最高。将各类公共服务供给的全局空间自相关散点图的各象限地区表达在空间上，可直观再现各市州的全局空间自相关空间分布状况。

从 F_1 即偏高级公共服务支出的空间自相关分布成都地区自身地势偏高且周边偏低，而与成都相邻的所有市州则属较低与较高地区过渡区，其他市州都属较低与较低相邻。四川偏高级公共服务支出的空间相关性分布呈现出以成都为中心同心圆式向外扩散的形态。

从 F_2 即偏基本公共服务支出的空间分布可以看出，成都、德阳和南充属支出高的地区与支出低的地区相邻，眉山、资阳、遂宁、广安、内江和自贡都属支出较高且与支出较高地区相邻，泸州和达州支出较低的地区与支出较高地区相邻，西部山区都是支出较低地区与支出较低地区相邻。四川省偏基本公共服务支出呈现出以成都平原为中心向东部扇形扩散的趋势。

从 F_3 即灾后重建支出的空间分布可以看出，成都、绵阳、德阳、广元都是汶川地震灾后重建重点区域，都属支出较高与较高邻近；阿坝州及灾区东部与其邻近的遂宁、资阳、巴中三市均属支出较低与较高邻近；其余的市州都属较低与较低邻近。

综合三类公共服务供给全局空间自相关结果可见：川西山区三类公共服务供给都呈“低—低”相关，表明该区域各类公共服务供给能力和水平都较低，而成都平原三类公共服务都呈“高—低”相关，表明该区域各类公共服务供给能力都较周边地区丰富。由此充分印证了四川省公共服务资源的聚集与地形条件、都市圈空间关联密切相关。

（2）局部空间自相关检验结果。四川省各市州公共服务支出局部空间，在偏高级公共服务支出方面，雅安为 LH 型，绵阳、遂宁均为 LL 型，均通过 5% 相关性水平检验，其他地区空间相关性特征不显著。在偏基本公共服务支出方面，甘孜、资阳通过 1% 水平的相关性检验，雅安、泸州通过 5% 水平相关性检验。甘孜和雅安是 LL 型，资阳为 HH 型，泸州为 LH 型。在灾后重建支出方面，阿坝和绵阳通过 1% 水平的相关性检验，德阳通过 5% 水平相关性检验。阿坝为 LH 型，绵阳和德阳均为 HH 型。

5.3 地势起伏度结果

采用均值分析法计算最佳统计单元，确定地形起伏度的最佳统计单元为0.15 km^2，以此计算出四川省各市州的地势起伏度，结果如表2所示。

表2 四川省各市州地势起伏度

市州名称	地势起伏度	市州名称	地势起伏度	市州名称	地势起伏度
成都市	212.67	雅安市	779.36	巴中市	433.10
德阳市	236.54	自贡市	90.07	乐山市	441.93
攀枝花	628.93	广安市	168.04	资阳市	86.15
宜宾市	286.70	绵阳市	495.28	达州市	370.07
南充市	170.11	广元市	444.35	凉山州	700.12
泸州市	301.88	遂宁市	108.44	甘孜州	628.20
眉山市	189.67	内江市	93.03	阿坝州	655.65

5.4 各市州公共服务供给空间相关性影响因素

（1）经济发展水平与公共服务总体供给水平呈显著正相关。以人均GDP作为反映地方经济发展状况的指标，计算其与公共服务支出综合得分的Pearson相关系数，结果表明，公共服务支出综合得分与人均GDP在0.01水平上显著相关，Pearson相关系数为0.592，说明四川省各市州公共服务供给水平与当地经济发展水平呈显著正相关。

（2）地势起伏度与偏基本公共服务支出呈显著负相关。分别计算各市州地势起伏度与三类公共服务支出综合得分的相关性，结果如表3所示，偏基本公共服务支出与地势起伏度呈显著负相关，说明地形地貌对偏基本公共服务供给产生了极大影响，西部山区偏基本公共服务效率明显低于成都平原和东部、南部丘陵地区。其原因主要在于山区城镇系统的离散性质使得山区公共服务投入高、收益低；山区城镇空间关联性相对偏弱，内外经济联系较少，要素流动的速度很低，对周边的带动作用小，[31]这些导致山区偏基本公共服务支出溢出效应不明显。从成都平原到川西山地是中国地势从第二阶梯向第一级阶梯过渡的地带，巨大的海拔落差导致人流、物流和信息流成本偏高，使成都平原偏基本公共服务的高投入难以自然扩散到西部山区，只能依地势向东部呈扇形扩散。

表 3　三类公共服务支出得分与地形起伏度的相关性

项目	F_1	F_2	F_3
Pearson 相关性	-0.056	-0.888**	0.008
显著性	0.810	0.000	0.973

注：**表示在0.01水平（双侧）上显著相关。

（3）区域一体化使偏高级公共服务支出溢出效应明显。四川省偏高级公共服务呈以成都为中心同心圆式向外扩散的趋势，表现出典型的弗里德曼“中心—外围”空间相互作用形态。其原因主要有以下几方面：第一，由于大成都区域经济一体化步伐的加速，经济发展具有明显的收敛特征，在系统内相互作用产生了动态联动效应，成都市偏高级公共服务的高投入受经济文化联系、人口流动等因素的影响，对周边市州辐射较大[32]；第二，周边市州享受成都提供的偏高级公共服务，在制定相应财政预算支出政策时与成都市相互影响；第三，偏高级公共服务是具有明显外溢性的公共服务[33]，由于其他地区的私人或企业可以消费成都地区投入的交通运输、科学技术、文体传媒和城乡社区事务等公共服务，使产业的成本降低，吸引了更多的生产要素，由于规模收益递增，出现了增长极与其腹地间的聚集趋势。

（4）政策环境是各类公共服务供给产生地区差异的重要影响因素。四川省公共服务因子分析结果表明四川省三类公共服务空间差异程度有所不同，偏基本公共服务配置相对均衡，其原因主要在于当前中国公共服务供给政策以实现基本公共服务均等化为重点。根据2009—2013年统计数据计算四川省5年各项服务供给的离散系数，结果表明：环境保护、农林水事务、社会保障、医疗卫生事务、教育等五项公共服务支出近5年的离散系数都小于0.8，说明偏基本公共服务支出地区差异较小；偏高级公共服务支出项目近5年的离散系数绝大多数都在0.8以上，地区差异较大。由此可见，四川省各市州对于满足人民基本生存需要的公共服务供给趋向均衡，这说明在基本公共服务均等化的方针指引下，地方在财政分配中重点向基本公共服务部门倾斜并取得了明显的成效。偏高级公共服务的供给则主要依赖当地经济社会发展水平，造成地方偏高级公共服务供给过分聚集。汶川特大地震灾后重建大大增加了灾区公共服务的供给，灾后重建支出全局空间自相关结果表明受灾影响大的市州该类公共服务支出都较高，同时还向东部城市有一定的溢出。

6　结论与建议

（1）四川省公共服务供给具有较明显的空间相关性，不同类型公共服务在空间上具有不同的相关性特征。偏基本公共服务呈现以成都市为中心向东部溢出的扇形扩散趋势；偏高级公共服务支出具有“中心—外围”空间溢出特征；灾后重建支出聚集在“5·12”汶川特大地震灾区且对东部城市有一定的外溢。

（2）经济发展水平、地势地貌、区域一体化和政策环境是公共服务供给效率的重要影响因素，不同类型公共服务受各因素影响的程度不同。经济发展水平对整体公共服务供给效率有显著正向影响；地势起伏度越高的地区偏基本公共服务供给效率越低；在一体化程度高的地区，其中心城市的偏高级公共服务对其腹地有较强的辐射效应；当前中国的政策环境有利于基本公共服务均等化和灾后重建地区的公共服务基础设施高效供给，但偏高级公共服务供给的过度聚集还未引起政策层面的重视。

（3）川西山区各类公共服务供给效率均较低，而且全部呈现“低—低”相关的空间特点。其主要原因在于山区经济发展水平低、区位条件差，大多数地方政府没有足够财力进行各类公共服务的投入；山区经济一体化程度低、城镇系统离散度高，使山区不易自然形成增长极，不能通过溢出效应促进周边公共服务供给效率提高；山区海拔落差大，山区内部地势起伏度高导致人流、物流和信息流不畅，各类公共服务投入成本高、收益低；山区市场化程度较低、人力资源匮乏造成公共服务供给主体单一、管理水平不高等现状。

基于分析结果，建议针对不同类型公共服务采取差别化供给政策，以期更好地发展山区公共服务能力。具体建议体现在以下五个方面。

第一，统一性政策与地方性政策相结合，外部资源和内部能力相结合。实现我国基本公共服务均等化的重要条件是每一个公民都具有享受法定基本公共服务的财政支出权力，但只有当服务成本相同的情况下，财政能力的均等才等同于提供基本公共服务结果的均等。统一性政策忽视了“空间”这一选择性媒介，在不同空间采取同一政策会带来深层次的不平等。因此，在山区就应充分考虑地形地貌对公共服务溢出效应的制约影响和山区公共服务投资成本大、收益低的特点，在中央政府基本公共服务均等化政策下，制定特殊的地方性基本公共服务供给扶持政策。继续加强对山区的转移支付和专项投资力度，降低山区基本公共服务投资项目的配套资金要求，同时应通过发展本地特色产业实现经济水平提升。

第二，提高山区城镇化率，调控山区人口密度。通过山区城镇化建设、产业发展、移民政策、就业引导等措施进一步促进山区人口的合理聚集，根据地方资源环境承载力科学规划和控制山区城镇人口密度，解决山区分散聚落基本公共服务供给效率低下的难题。针对现阶段仍大量存在的山区分散聚落，可完善地区间对口帮扶政策，建立发达地区对山区的医疗、教育等基本公共服务对口帮扶长效机制，并结合山区地形和交通特点，实施“马帮式”公共服务供给方法，即形成适合向边远分散聚落提供流动式教育、文化和医疗服务的体系。

第三，在山区培育新的公共服务供给增长极并提高其辐射能力。考虑到偏高级公共服务“中心—外围”空间格局和溢出效应及其过分聚集在成都平原的现状，应在宏观层面考虑在空间自相关“低—低”地区选择新的增长极进行重点投资。针对山区偏高级公共服务供给区的投入难以产生聚集和扩散效应的问题，大力实施交通和通信基础设施的改善，并切实加强区域间经济社会合作，使山区公共服务供给水平较高的地区逐渐成为区域经济增长极，带动周边区域发展；为了通过区域一体化提高公共服务供给效率，各市州之间需加强基础网络共享建设，推进城镇化进程，促进教育和信息分享，加强金融联系，储备人力资本，普及科技知识，推广创新成果，利用增长极效应加快偏高级公共服务从集聚到扩散的步伐，缩小地区差距。

第四，探索偏高级公共服务供给多元化途径。由于政府投资主要用于实施基本公共服务均等化，偏高级公共服务供给对当地经济社会发展水平有较强的依赖，因此应积极探索偏高级公共服务供给多元化途径，地方政府可以考虑适度放开偏高级公共服务供给的市场准入与价格管制，引入适度的市场竞争机制，提高偏高级公共服务的供给效率。

第五，实现灾后重建中公共服务投资的科学管理。对于灾后重建区域的公共服务供给，应注重建立规范化、长期性的管理机制。川西山区往往是各种地质灾害的高发地区，因此，应利用灾后重建机遇促进山区发展。重建资金除了注重在道路、农田水利设施、医院、校舍等硬件建设方面的投入外，还应注重对人才引进与培养等软件建设的投入；除了注重偏基本公共服务以外，还要注重对偏高级公共服务的投资，才能实现受灾地区的可持续发展。根据本文空间自相关分析，灾后重建的投资也存在空间外溢性的现象，所以也可引导重建资金投入外溢性较强的公共服务领域，促进周边地区的共同发展。

致谢

对中国科学院成都山地灾害与环境研究所邓伟研究员在本文写作思路和研究方法方面给予的指导，深表谢意！

参考文献

[1] 曾伟军．城乡差距的核心—边缘模型分析［J］．地域研究与开发，2013，32（3）：22－25.

[2] 吴涛，李同昇．基于城乡一体化发展的关中地区基础设施建设评价［J］．地域研究与开发，2011，30（4）：71－75.

[3] 李乐，张凤荣，张新花，等．农村公共服务设施空间布局优化研究——以北京市顺义区为例［J］．地域研究与开发，2011，30（5）：12－16，59.

[4] 陈诗一，张军．中国地方政府财政支出效率研究：1978—2005［J］．中国社会科学，2008（4）：65－78.

[5] 张明玖．东西部公共服务与经济发展关系的实证研究［J］．重庆工商大学学报（社会科学版），2009，26（5）：50－56.

[6] 马慧强，韩增林，江海旭．我国基本公共服务空间差异格局与质量特征分析［J］．

经济地理，2011，31（2）：212－217.

[7] Wilson JD, Wildasin DE. Capital tax competition: bane or boon [J]. Journal of Public Economics, 2004, 88 (6): 1065－1092.

[8] Besley T, Coate S. Centralized versus decentralized provision of local public goods: A political economy approach [J]. Journal of Public Economics, 2003 (87): 2611－2637.

[9] 沈坤荣，付文林．税收竞争、地区博弈及其增长绩效［J］．经济研究，2006（6）：16－26.

[10] Thenbürger MK. Tax Competition and Fiscal Equalization [J]. International Tax and Public Finance, 2002. 9 (4): 391－408.

[11] Frederico R. Reaction or interaction? Spatial process identification in multitiered government structures [J]. Journal of Urban economics, 2003, 53 (1): 29－53.

[12] Freret S. Spatial Analysis of Horizontal Fiscal Interactions on Local Public Expenditures: The French Case [J]. Working paper, 2006, 16 (3): 49－56.

[13] Gebremeskel H, Gebremariam TG, Gebremedhin PVS. County－Level determinants of Local Public Services in Appalachia: A Multivariate Spatial Autoregressive Model Approach [J]. Working paper, 2006, 22 (4): 52－60.

[14] Dalhby B. Fiscal Externalities and the Design of Intergovernmental grants [J]. International Regional Science Review, 1994, 18 (3): 397－412.

[15] Conley J, Dix M. Optimal and Equilibrium Membership in Clubs with the Presence of Spillovers [J]. Journal of Urban Economics, 1999, 32 (46),: 215－229.

[16] Sato M. Fiscal Externalities and Efficient Transfers in a Federation [J]. International Tax and Public Finance, 2000, 7 (2): 119－139.

[17] Boadway R. Inter－Governmental Fiscal Relations: The Facilitator of Fiscal Decentralization [J]. Constitutional Political Economy, 2001, 12 (2): 93－121.

[18] Brueckner JK. Strategic Interactions among Governments: An Overview of the Empirical Literature [J]. International Regional Science Review, 2003, 26 (2): 175 －188.

[19] 王肖惠，杨海娟，王龙升．陕西省农村基本公共服务设施均等化空间差异分析［J］．地域研究与开发，2013，32（1）：152－157.

[20] 陈国阶，方一平，高延军．中国山区发展报告——中国山区发展新动态与新探索［M］．上海：商务印书馆，2010：25－30.

[21] 吕鹏浩．中国省级地方财政支出与经济增长关系的空间计量分析［D］．天津：天津财经大学，2011：60－62.

[22] 匡小平，杨得前．基于因子分析与聚类分析的中国地方财政支出结构的实证研究［J］．中国行政管理，2013（1）：105－110.

[23] 陈彦光．基于 Moran 统计量的空间自相关理论发展和方法改进［J］．地理研究，2009，28（6）：1449－1463.

[24] 谢花林，刘黎明，李波，等．土地利用变化的多尺度空间自相关分析——以内蒙

古翁牛特旗为例［J］. 地理学报，2006，61（4）：389－400.
［25］吴玉鸣，徐建华. 中国区域经济增长集聚的空间统计分析［J］. 地理科学，2004，24（6）：654－659.
［26］Fischer MM，Wang JF. Spatial data analysis［M］. Springer Briefs in Regional Science，2011：6－8.
［27］赵儒煜，刘畅，张锋. 中国人口老龄化区域溢出与分布差异的空间计量经济学研究［J］. 人口研究，2012，36（2）：71－81.
［28］Anselin L，Rey S. Properties of tests for spatial dependence in linear regression models［J］. Geographical Analysis，1991，23（2）：112－131.
［29］陈斐. 区域空间经济关联模式分析理论与实证研究［M］. 北京：中国社会科学出版社，2007：68－72.
［30］于慧，邓伟，刘邵权. 地势起伏度对三峡库区人口及经济发展水平的影响［J］. 长江流域资源与环境，2013，22（6）：687－692.
［31］邓伟，方一平，唐伟. 我国山区城镇化的战略影响及其发展导向［J］. 中国科学院院刊，2013，28（1）：66－73.
［32］王玮. 基于人口视角的公共服务均等化改革［J］. 中国人口·资源与环境，2011，21（6）：6－12.
［33］许箫迪，王子龙，谭清美. 知识溢出效应测度的实证研究［J］. 科技管理，2007，28（5）：76－86.

作者简介：宋雪茜，博士，成都信息工程大学教授、科技处副处长；刘颖，博士，中国科学院成都山地灾害与环境研究所助理研究员。

微时代情境下气象防灾减灾教育研究①

曾利
（成都信息工程大学政治学院）

摘要：气象灾害是导致国家、集体和人民群众生命财产安全受到威胁的重要因素，基于微时代的各种新兴媒体都可以作为气象防灾减灾信息发布的有效途径，达到防灾减灾教育的目的。在微时代运用各种媒体终端构建发布气象防灾减灾信息时，要做到对气象防灾减灾信息发布的政府主导、严格监管；气象防灾减灾要注重社会参与、关注民生。

关键词：微时代；气象防灾减灾成果；气象防灾减灾教育

党的十八大高度重视气象防灾减灾工作，要求积极应对气候变化，加强防灾减灾体系建设，提高气象、地质、地震灾害防御能力。这是党中央对新时期气象防灾减灾形势的科学研判，确定了气象防灾减灾的重要地位，对做好气象防灾减灾工作提出了更高要求。在微时代情境下，面对不断升级的技术平台，气象防灾减灾工作者要获取微时代平台主导效应的话语权，则既要用包容的思维方式接纳，也要用科学的工作方法驾驭，用开阔的眼界发展基于微时代平台的气象防灾减灾教育。

1 我国气象防灾减灾的成果

进行准确和精细化的气象灾害预报是防灾减灾的前提。另外，提高灾害信息的发布能力也非常重要。灾害信息必须“报得准、发得出、收得到、用得上”。[1]这要求预警发布渠道要多样化并保持通畅，要确保用户能在第一时间接收到预警信息。同时，灾害信息的用语要通俗易懂，明确告诉用户在灾害来临时应当如何避灾，怎么自救。近年来，各级政府大力推进气象灾害预警信息发布能力建设，发布手段更加丰富，发布机制也更加完善。

2008 年以来，气象部门利用电视和广播、网络、手机、声讯电话等多种手段拓展预警信息覆盖面，不断延伸面向农村基层的服务，利用农村高音喇叭、乡村气象电子显示屏、农村气象服务站等做好农村气象信息发布工作。2011 年《关于加强气象灾害监测预警和信息发布工作的通知》（国办发 33 号文件，以下简称《通

① 本文是第十四届“生态·旅游·灾害——2017 长江上游灾害应对与区域可持续发展战略论坛”文章。

知》)，要求到“十二五”末，我国灾害性天气预警信息能够提前15～30 min发出，气象灾害预警信息公众覆盖率达到90%以上；到2020年，建成功能齐全、科学高效、覆盖城乡和沿海的气象灾害监测预警及信息发布系统，基本消除预警信息发布盲区。《通知》进一步强调要坚持“政府主导、部门联动、社会参与”的气象防灾减灾机制建设，要求各级政府和各有关部门切实履行职责，将气象预警信息传播手段的建设和运行纳入地方财政预算以及对各级政府的绩效考核。进一步强调各社会媒体要切实承担社会责任，及时、准确、无偿播发或刊载气象灾害预警信息，要求基础电信运营企业根据应急需求对手机短信平台进行升级改造，建立“绿色通道”，提高预警信息发送效率。进一步强调依靠基层、面向基层，要求县、乡级人民政府有关部门，学校、医院、社区、工矿企业、建筑工地等指定专人负责气象灾害预警信息接收传递工作，形成县—乡—村—户直通的气象灾害预警信息传播渠道。[2]《通知》还要求社会媒体切实承担预警信息发布和传播的社会责任，气象预警信息发布和传播工作要重点面向基层，解决“最后一公里”的问题。

各省（自治区、直辖市）均出台了贯彻落实《通知》的实施意见或配套文件，气象部门与中国移动、中国联通和中国电信全面加强合作，构建预警信息手机短信全网发布的绿色通道。各省（自治区、直辖市）均实现了重大气象灾害预警信息在广播电台和电视台的即时插播。

2 微时代平台传播气象信息的特点

2.1 话语载体的开放性、大众化

微博、微信、QQ等媒介是一个基于用户关系的信息随时分享、时时传播和及时获取的平台，用户可以通过WEB、WAP以及各种客户端组建个人社区。微博、微信、QQ等媒介具有快速共享、强力辐射和迅速到达等特点，已经走向大众化。微博、微信、QQ等媒介的媒体效应凸显，并极大地改变着人们的信息获取、人际交往和休闲娱乐等工作、学习和生活方式。全球任何一个地域的人们都可以通过网络联系、了解、沟通，并进行信息传播，人们更希望在网络上获得大众的关注，新兴媒介彻底打破传统社会中人物关系、工作关系等时间、空间的限制，人们可以更方便地通过媒介表达自己的思想。传统模式下的角色优势、主动地位和控制能力被消解，普通大众拥有了轻松、随意表达个性的渠道和平台。发表意见的人既可以是实名认证的真实身份，也可以是虚拟的“用户昵称”[3]；既可以是社会名人，也可以是普通民众，只要是网络空间的参与者、行动者，都可能成为议程设置者和舆论主导者。这使得传统媒体时代“沉默的大多数”有了发声的机会和平台，任何个人都可以在第一现场、第一时间发布信息，每个人都能通过网络平台成为事件报道的主体。在当下的微时代语境中，大众有了更多的参与教育活动的自由权、信息选择

的自决权、信息反馈的主动权。

2.2 话语发布的便捷性、碎片化

微时代的话语发布区别于传统媒介时期的重要特点就是便捷性和碎片化。微博、微信、QQ 等媒介的信息发布渠道，均可实现媒介平台和终端设备的绑定，使得公众可以通过随身携带的终端设备在任何时间、任何地点发布任何内容，任何一名网络行动者都可以通过智能手机、iPad 等“微载体”终端设备，及时便捷地进行信息发布和观点表达。微时代所引领的话语发布的便捷传播也影响着气象防灾减灾教育的公共话语权，为教育者和受教育者双方话语权实现提供了便捷、快速、高效的话语表达平台。与即时传播的便捷性相伴而来的是碎片化呈现。在微博、微信、QQ 等媒介平台中，网络行动者以零碎的时间、高频率地发布各类信息，打破了传统媒体从信息中心到个人的辐射式传播格局。信息的发布者是分散的，受众的信息需求也是多样的，信息的冗积与泛滥并存，分化的、主动的、裂变的主体交流方式使碎片化成为可能和趋势。

2.3 话语传播的交互性、隐匿化

微时代人们面对的是一种不同于以往的信息传播途径和交互平台，在这个“隐匿了身体存在的缺场交往”[4]中，交互成为这个场域的核心特征之一，其作用和效应是由网络行动者的交互行为生成的。丹尼斯·麦奎尔（Denis Mc Quail）认为网络媒体与传统媒体的“主要的区别就在于它的交互性”[5]。在这个平等交互的空间，每个微时代参与者均是网络信息沟通和自我情感表达的主体。他们既可以实名发布信息，同样也可以隐匿真实身份、年龄、职业、性别进行话语传播，这就使人们在现实社会之外有了虚拟的话语空间。

3 基于“微”平台的气象防灾减灾教育的要求

3.1 政府主导、严格监管

2000 年以来，国务院先后颁布并实施了《中华人民共和国气象法》《人工影响天气管理条例》《气象灾害防御条例》等气象防灾减灾的专门法律行政法规。2007 年，全国气象防灾减灾大会召开，提出了“政府主导、部门联动、社会参与”的气象防灾减灾机制。《国家气象灾害应急预案》作为我国气象防灾减灾体系建设的重要组成部分，2009 年 12 月由国务院办公厅印发实施。《国家气象灾害应急预案》从全社会防灾减灾的角度出发，再次明确了“政府主导、部门联动、社会参与”的气象防灾减灾机制，气象部门的“消息树”作用及各防灾主体职责得以确立，实现了从部门动员到全社会参与的转变，使中国特色防灾减灾机制的优越性得到进一步

发挥。

“政府主导”要求政府在防灾减灾工作中发挥主导作用，负责协调行政组织，制定发展规划，进行政策法规建设，加大财政经费投入、基础设施建设和减灾队伍建设。具体到“微”平台的气象防灾减灾教育信息的审核、内容的发布等都应由政府把关，防止各种虚假气象灾害信息在社会公众中引起恐慌。

一个良好的网络载体的有效运用离不开监管机制。尽管互联网微时代提供了一个零门槛的传播方式，但是为了有效遏制不良信息对气象防灾减灾教育造成的不良影响，政府应该加强网络传播信息管理，对不良信息做好防范工作，制定网络规章制度，严惩网络犯罪，线上线下多方面配合做好网络传播媒介的监管，及时关注“微”平台信息，发现问题，及时引导，提高鉴别信息的能力，减少“微”平台所带来的不良影响。正如中央网络安全和信息化领导小组办公室（国家互联网信息办公室）新闻发言人在2015年8月16日的表态，对网上谣言采取零容忍的态度，对传播重大灾害事故谣言的网站严厉打击，发现一起、查处一起，同时责令互联网站切实落实主体管理责任，不给谣言传播提供平台渠道，自觉维护网络传播秩序。基于微时代的气象防灾减灾教育应严格在政府主导下，真正地做到“微”载体为气象防灾减灾教育所用。

3.2 社会参与、关注民生

利用“微”平台进行气象防灾减灾教育还要动员社会参与、关注民生热点，就是改变气象灾害防御中强政府、弱社会的局面，以政府组织管理为主导，以社区网络“微”平台为载体，以公众、企业、社会组织为主体，以社区的气象防灾减灾志愿者和气象信息员为骨干，提高公众防灾减灾意识和避灾自救能力，推动社会各界积极参与灾害管理。在社区基层推动气象信息员队伍建设，确保及时接收和传播气象灾害预警信息，协助组织群众防灾避险。具体来讲，一是推动社会组织配合建立各种网络“微”渠道的气象信息发布平台，建立社区同舟共济的观念；二是重视网络“微”平台中的社会防灾教育，培训防灾救灾技能；三是促使社区居民参与网络“微”渠道的气象防灾减灾信息发布平台，如关注社区气象微信、添加社区气象QQ号，加强灾害信息交流。

在气象防灾减灾教育工作中应将传统教育载体同网络“微”载体相结合，发挥新旧载体的合力作用，在传统内容的基础上，引入社会热点内容，以民生关注为基点，关注即时讯息，适时地进行热点问题的讨论，有效利用网络“微”载体丰富创新气象防灾减灾教育内容，克服传统内容老套、无趣的特点，充分调动学习的积极性，最终实现防灾减灾的教育目标。随着公众对自身健康的关注，开始对$PM_{2.5}$、PM_{10}等方面知识进行了解。基于网络“微”平台的气象防灾减灾教育就应该适时推出权威、公开、全面的相关资料供公众查阅，以免其他良莠不齐的信息充斥网络混淆视听。

随着网络"微"技术的不断发展，气象防灾减灾教育信息的发布途径除了电视、广播、手机、报纸等传统媒体外，又增加了网络"微"平台这一新方式，而且其在提供气象防灾减灾教育信息、科普宣传方面的作用也越来越突出。气象防灾减灾教育应综合运用传统媒体与网络"微"平台，拓宽信息发布渠道，为社会公众避险（安全转移）争取更多时间，降低气象灾害损失。

参考文献

[1] 陈振林．我国气象防灾减灾能力建设与实践［J］．阅江学刊，2013（6）：21－25.
[2] 人民网．"十二五"末气象灾害预警信息覆盖90%以上公众．http：//scitech.people.com.cn/GB/15207228.html.
[3] 周炯．论微时代情境下高校思想政治教育话语权建构［J］．湖南师范大学教育科学学报，2015（5）：81－83.
[4] 刘少杰．网络化时代的社会结构变迁［C］．"全球化、信息化、网络化与中国经济社会变迁"学术研讨会论文集，2011.
[5] 丹尼斯·麦奎尔．麦奎尔大众传播理论［M］．崔保国，李琨，译．北京：清华大学出版社，2006.

作者简介：曾利，成都信息工程大学政治学院。

山岳型景区气象灾害的游客应急救援保障体系研究①

王旌璇

（成都信息工程大学管理学院）

摘要：随着山岳型旅游景区的增加，游客不断追求刺激和挑战，散客旅游群体的规模也在不断增大，这要求我国山岳型旅游景区将游客应急救援保障体系提升到新的高度。本文对山岳型旅游景区气象灾害类型及成因进行简要分析，运用管理学中的管理控制理论，从预先控制、现场控制、事后控制三个方面把控全局，同时关注灾后游客心理救助工作，构建山岳型景区气象灾害的游客应急救援保障体系。

关键词：山岳型景区；气象灾害；游客应急救援保障体系；管理控制；心理救援

1 引言

山地，是指海拔高度在500 m以上，大体呈锥形、脊状隆起，轮廓曲折多变的地貌类型。山地受人类影响较弱，较多地保留了自然的原貌，加之地形起伏大，形态变化丰富，往往是自然旅游资源汇集的地方，因而成为常态地貌中最有现实旅游价值的自然旅游资源[1]。山地旅游资源又可称为山岳型旅游资源，分为极高山、高山、中山、低山几种类型，不同海拔高度的山岳，其旅游意义也不尽相同。我国是一个多山的国家，广义的山地占到国土面积的2/3以上，因此我国的山岳旅游资源十分丰富，山岳型旅游景区质量也很高：以泰山、黄山、峨眉山等为代表被列入《世界遗产名录》的中国世界遗产共有48项，其中山岳型风景名胜区共有14处，占总数的近30%（统计截至2015年7月）。我国5A级景区共184个，在此名单中，以山岳风光为主的占到1/3以上（59个）。

山岳型旅游一直是我国传统的旅游项目。但是近年来，山岳型旅游目的地发生的各种旅游气象灾害造成的惨剧频频见诸报端，造成的各种损失令人震惊。随着山岳型旅游方式的多样化，如徒步、漂流、林地探险、野外拓展、露营、滑雪、溯溪、骑马、考察、攀岩、山地摩托等活动越来越普遍，游客不断追求刺激和挑战，对旅游地的安全预警与应急救援保障要求越来越高。随着生活水平的提高，散客旅

---

① 本文原载于《经营管理者·上旬刊》2016年第11期，是第十四届“生态·灾害·旅游——2017长江上游灾害应对与区域可持续发展战略论坛”文章。

游群体的规模不断增加，自驾游、背包游、火车游等个性化旅游方式也层出不穷，散客旅游方式越流行、散客旅游者规模越大，越需要旅游者公共安全服务体系的完善[2]。我国旅游业正经历散客化浪潮（有学者认为以2012年国庆华山大量游客滞留山顶事件和2013年国庆游客滞留九寨沟景区事件为标志，我国旅游业进入了散客时代，此后散客数量呈井喷式增长，团队与散客比例已达到3：7），这就要求我国游客应急救援保障水平提升到新的高度。

在我国，学界对山岳型旅游的应急救援研究始于20世纪70年代。目前，对山岳型旅游气象灾害应急救援管理体系的研究在整体上处于初级阶段。邵冬梅、苗维亚（2006）对旅游景区自然灾害进行了研究，提出了旅游景区自然灾害防治管理体系的基本构架[3]；席建超、刘浩龙（2007）提出了旅游地安全风险评估模式，并对国内10条重点探险旅游线路进行了对比研究[4]；岑乔、魏兰（2010）以四川山地旅游为研究对象，构建出由信息管理、安全预警和应急救援三大要素构成的山地旅游安全预警与安全事故救援系统[5]；叶欣梁、温家洪（2010）对重点旅游地区进行研究，提出旅游地自然灾害风险管理框架[6]；程蕉（2014）对澳大利亚阿尔卑斯山户外运动的安全保障制度进行了研究，认为澳大利亚户外运动完善的安全保障制度是安全控制、安全预警、安全教育、安全救援、保险五个部分共同运作的结果[7]；陈金华（2015）通过问卷调查的形式对武夷山景区的安全管理进行了实证研究，发现游客有一定的安全意识，但是获取安全知识的途径有限[8]。

从以往研究来看，我国对山岳型旅游气象灾害应急救援管理体系的研究主要集中于危机的处置（事中）和灾后的救济与恢复（事后）等方面，缺乏灾害之前的安全预警以及灾难之后对游客的心理关怀等内容，对如何在整个游览过程中实施景区与游客的实时互动、安全跟踪、准确定位、及时救援、灾害心理辅导等深层次问题的探究亟待展开。

2　山岳型旅游景区气象灾害类型及成因

2.1　山岳型旅游景区主要的气象灾害类型

我国几乎所有的旅游热点城市和绝大多数国家级旅游地都有自然灾害发生的历史，且多仍面临自然灾害的威胁[9]。我国主要的旅游气象灾害包括大风、暴雨、冰雹、雷电、大气污染等（王利溥，2001），由表1可见，山岳型旅游景区几乎囊括所有气象灾害类型，以及由这些气象灾害引发的次生灾害、地质灾害，如山洪、泥石流、塌方、雪崩等。气象灾害轻则影响旅游活动，重则导致游客人身伤亡：2003年四川九寨沟强降水引起泥石流灾害，游客伤亡严重，在相当长的一段时间内造成大幅度的旅游滑坡；2007年，云南梅里雪山发生雪崩，10多名游客遭遇灾害，最终造成2人死亡，7人受伤；2009年，重庆自助游团队35人在穿越重庆潭獐峡时突遇山洪，17 人遇难；2010 年，上海"驴友"探险黄山被困，为救援，一名 24 岁的民警牺牲；2011 年，14 人组成的登山队进入四川四姑娘山景区后与外界失去联系，经过 13 天搜救后方才脱险；2013 年 8 月，黄山风景区突降雷雨，一男性游客因雷击坠崖身亡，3 名浙江游客被击伤；2015 年 3 月，广西桂林市叠彩山发生山石坠落事故，造成 7 名游客死亡、25 人不同程度受伤……

表 1　我国山岳型旅游景区发生的部分气象灾害

发生时间	地点	灾害类型	灾害损失、产生影响
2008 年 7 月 20 日	重庆阿依河景区	山洪	千余名游客受困，共有 8 名游客受伤，其中 7 人轻伤，合川一 30 多岁的男子受伤严重
2008 年 10 月 30 日	迪庆香格里拉	暴风雪	20 余名游客受困
2009 年 8 月 15 日	陕西省秦岭	山洪	6 名游客罹难
2010 年 7 月 22 日	肃南东柳沟景区	山洪	54 名游客被困
2010 年 8 月 20 日	四川省宜宾市仙人洞景区	暴雨	7 名避暑游客被困"水帘洞"约 5 h
2010 年 8 月 21 日	河南省辉县万仙山景区	山洪	河南省辉县市通往万仙山景区和山西省的省道愚公洞隧道北口坍塌，近百辆车和数百名景区游客被困
2010 年 10 月 3 日	海南省吊罗山度假村	山体滑坡	造成 2 人失踪，约 100 m 道路被埋没，125 名游客被困
2011 年 7 月 28 日	山海关长寿山景区	暴雨	334 名游客被困 3 h 后成功获救
2011 年 8 月 12 日	新疆温宿县大峡谷	特大暴雨	致使峡谷内进出路面洪水汹涌，41 名游客被困谷底
2011 年 8 月 13 日	临海兰田十八潭	暴雨	52 名上海"驴友"被困
2011 年 8 月 22 日	西岭雪山	暴雨	导致上山道路多处塌方，山上停水停电，没有信号，3 000 名游客被困
2011 年 8 月 23 日	四川九寨沟	山体塌方	游客九寨沟被困 28 h
2011 年 8 月 23 日	神农架木鱼镇	泥石流	南阳镇 10 个村普遍受灾，5 条村级公路交通中断，170 多户房屋受损，倒塌房屋 60 多间，水毁河堤两处 100 多 m
2012 年 5 月 5 日	西藏雅鲁藏布江大峡谷	雪崩	2 人当场死亡，3 人受重伤

续表

发生时间	地点	灾害类型	灾害损失、产生影响
2012 年 12 月 21	大洪山风景区	大雪封山	30 余名襄阳游客被困
2013 年 6 月 6 日	云南西游洞景区	滚石	山石滚落与连续数日下雨有关，共造成 4 名游客受伤
2013 年 6 月 27 日	湖北九宫山	山体滑坡	致 3 伤 2 死 1 人失踪
2013 年 7 月 15 日	江西宜春明月山景区	山洪	27 名游客遇险，其中 26 人安全获救，1 人不幸遇难
2013 年 8 月 8 日	朱雀森林公园	雷劈	索道遭雷劈，多名游客被困上百米高空
2013 年 8 月 18 日	黄山景区	雷击	雷击致 3 人受伤 1 人死亡
2014 年 3 月 11 日	黄山	山体滑坡	将山脚下一栋 5 层酒店推出十余米，酒店整体坍塌，2 人被埋在废墟中
2014 年 7 月 5 日	福建宁德九鲤溪景区	山洪	景区内户外拓展训练中心外出道路全部被洪水阻断，百余名观光游客被困峡谷中
2014 年 7 月 12 日	九华山花台景区	雷击	2 名游客在防火棚中躲雨时不幸被雷电击中身亡
2015 年 8 月 16 日	浙江安吉县浙北大峡谷和龙王山景区	山洪	共 11 名游客被困
2015 年 8 月 20 日	河北邢台县九龙峡景区	强降雨	游客 4 人死亡，1 人受伤

资料来源：中国旅游新闻网，http：//www. cntour2. com/。

2.2 山岳型旅游景区主要气象灾害的成因

分析我国近年山岳型旅游景区发生的气象灾害，总结出造成山岳型旅游景区气象灾害的原因主要来源于自然和社会两个方面。

（1）自然原因

1）气候方面：我国的气候类型主要是季风气候和大陆性气候，受季风气候影响的山岳景区降水量大，多暴雨、风暴、雷电天气，在造成雷击、山洪等直接性灾害的同时也容易引发泥石流、山体滑坡、滚石等次生灾害。而受大陆性气候影响的山区，降水不均匀，气候比较干旱，对山区地形地貌的风化腐蚀严重，岩层疏松，一旦遇上强降水，也容易发生各种地质灾害。2010 年 8 月发生在云南怒江贡山的由暴雨引发的泥石流灾害，造成了 67 人失踪，冲毁路基 200 多 m、石拱桥 1 座，道路和通信中断的重大损失。

2）地形方面：山岳型旅游景区主要由高山、中山、低山、丘陵、断层和崎岖不平的高原等构成，其本身地质构造复杂，一旦发生气象灾害，容易引发次生灾害和地质灾害，如在地质内力和外力的作用下导致岩体发生变形移位、垮塌掉落，造成山体滑坡、雪崩、塌方、飞石坠落等。2012年1月5日，发生在西藏雅鲁藏布江大峡谷的雪崩造成2人当场死亡、3人重伤；2015年6月30日，四川茂县山区飞石击中旅游大巴，导致游客1死5伤。

（2）社会原因

1）景区安全系统运行和安全设施监管不到位。不少山岳景区由于地势险要，山路崎岖险峻，所以对部分景点的安全监管工作不能落实，做不到对气象灾害的全方位监测和预警。如有的景区路标不清晰或者缺失，导致游客在遇到突发气象灾害时不能及时疏散逃生。此外，对景区的安全设施、地形和路段安全排查不到位，缺乏专业人员进行监督检查，一旦发生气象灾害，将导致严重后果。

2）景区过度商业化，开发利用不合理导致气象、地质灾害频发。某些山岳景区过度开发利用山地资源、过度伐木采矿或者在景区进行过度商业开发，导致景区原生态自然景观破坏，地表植被破坏严重，造成土质疏松、地表坍塌和水土流失，引发滑坡、泥石流、山洪等灾害。台湾清境风景特定区，由于过度开发，使属于"高地质灾害风险"的区域占全部面积46%；属于"中地质灾害风险"的区域占全部面积18%，高度及中度地质灾害风险相加，共占了64%，这意味着一旦发生台风暴雨，就必然发生泥石流。

3）游客自身安全意识薄弱，自救能力不足，对气象灾害防范措施缺乏了解。许多游客安全防范意识不足，在出游时没有考虑气象因素或缺乏必要的准备，导致气象灾害发生时缺乏自救能力。如2015年7月，英国威尔士的布雷肯比肯斯山区突降雷雨，登山者用自拍杆自拍导致遭雷击身亡。2015年9月，在广东英德中峪大峡谷发生的6名"驴友"遇难事件，就是他们雨天在不合适的地方露营造成的，当山洪来袭时，来不及反应和撤离。可悲的是，类似中峪大峡谷这样的"驴友"遇险和遇难事件，之前已经发生了很多次。

4）缺乏及时准确的气象服务。在气象灾害频发的今天，游客需要更加贴心、细致的气象服务，然而有的景区缺乏实时气象监督机构，不能对景区气象进行跟踪监测预警，使得气象灾害发生时游客无法及时采取预防和自救措施，最终导致游客陷入险境。2015年7月19日，广东江门古兜山的观光缆车支架突遭雷击，导致82台缆车停摆悬在空中，52人被困数小时。此次事件就是由于景区气象监测预警不到位，景区没有及时做好缆车停运工作。

3 山岳型景区气象灾害的游客应急救援保障体系

本文拟构建的山岳型景区气象灾害的游客应急救援保障体系，运用管理学中的管理控制理论，从预先控制、现场控制、事后控制三方面全局把控，同时关注灾后游客心理干预工作，避免游客受到二次伤害。

3.1　游客应急救援保障组织机构

游客应急救援保障组织机构的设置是游客应急救援顺利进行的组织保证。本文所构建的山岳型旅游景区游客应急救援保障体系拟实行三级组织三级管理的方式。第一级为“地方应急管理委员会”，是核心决策机构，由山岳型旅游景区所在地区的最高领导组成。第二级为“安全保障办公室”“灾害救援指挥中心”“心理救援工作小组”“灾后恢复工作小组”四个主要的执行机构。第三级为各个基础性操作机构，包括“信息管理”“安全预防”“新闻沟通”“应急救援”“安全控制”“灾后心理干预”“保险理赔”“法律服务”“形象重塑”等部门（见图1）。

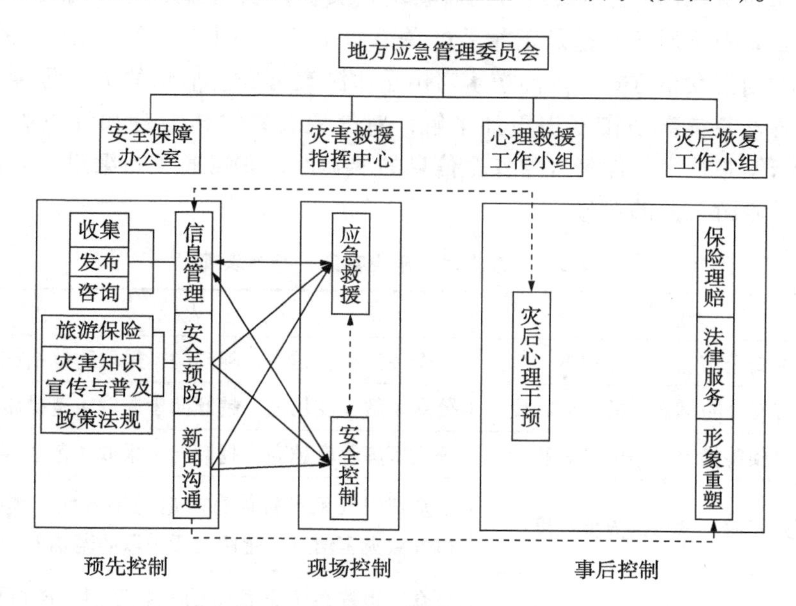

图1　山岳型景区气象灾害的游客应急救援保障体系

3.2　游客应急救援保障体系的建设

（1）预先控制

1）法规保障与政策支持

山岳型旅游景区游客应急救援保障体系应由地方政府牵头，由地方应急管理委员会从战略的高度制定山岳旅游气象灾害的应急预案，编制山岳旅游气象灾害预防、救援、恢复的整体规划，编写山岳旅游气象灾害应急管理指南手册等。制定相应的地方性法规，为应急方案、整体规划提供法律保障，也从法律角度规定相关负责人的职责。财政部门应设立旅游气象灾害资金，实行专款专用。

2）旅游气象信息的管理

旅游气象信息的管理主要涉及信息的收集、咨询、发布三个方面。

气象信息的收集贯穿整个事件，将如灾害前的气象服务与预警、灾害发生时的游客伤亡情况、救灾过程中的信息传播情况、灾后医疗救治与心理援助情况等汇总。气象信息的咨询，需要相关技术的支持，以保障咨询渠道的畅通与便捷。

旅游气象信息的发布方式关乎信息受众能否及时接收关键信息。旅游气象灾害造成损失的大小，不仅取决于气象灾害的强度，更取决于受灾游客的防灾意识及采取的行为。受灾公众是灾害事件的行为主体，其在防灾抗灾中的参与程度对于防灾减灾效果具有关键作用[10]。公众只要有了足够的气象灾害意识，了解所遇到的气象灾害并能正确应对，就能够将灾害的损失降至最低[11]。根据2014年吴先华、刘华斌等对深圳市3 109名市民进行的问卷调查实证，表明公众应对气象灾害风险行为表现与表2中所列各变量是正相关的关系（表2）。因此，在旅游气象信息发布时，应：①创新发布方式，提高游客对山岳旅游灾害安全信息的关注程度，使游客对山岳旅游气象灾害防御知识更加了解，对气象灾害宣传教育和气象服务更加满意；②更新发布技术，保障气象安全信息的准确性；③畅通发布渠道，方便游客及时获取山岳旅游气象的信息。

表2　公众应对气象灾害风险行为表现

变量	表现
对气象灾害安全信息的关注程度	公众关注程度越高，越倾向于采取防范措施
对气象灾害安全防御知识的了解程度	公众了解程度越高，越倾向于采取防范措施
对气象灾害预警播报用语的理解程度	公众理解程度越高，越倾向于采取防范措施
获得气象灾害信息途径的方便程度	公众获得气象灾害信息的途径越方便，越有可能获得气象灾害信息，越倾向于采取防范措施
气象灾害预警信号发布的及时性程度	公众获得气象灾害预警信号越及时，越倾向于采取防范措施
对防灾减灾气象知识宣传教育工作的态度	认可程度越高，说明公众越相信气象预警预报等气象服务工作，防范灾害的态度更为积极，也越倾向于采取防范措施
对气象服务的满意程度	公众对气象服务越满意，越倾向于采取防范措施

资料来源：吴先华、刘华斌（2014）。

3）灾害知识宣传与普及

气象灾害宣传教育应包括灾前意识教育、灾时应变能力教育和灾后自救能力教育。应加强山岳旅游气象灾害知识的宣传与普及力度，特别是应对雷电、暴雨、大雪等山岳气象灾害的科普宣传，采用直观形象、贴近生活、科学实用、喜闻乐见的形式，向公众普及正确应对的措施。同时加强面向领导干部的宣传工作，使其树立正确的旅游气象预防观念，了解旅游气象防灾减灾工作的重要性，尤为重要。通过宣传教育，可引起政府及公众对山岳旅游气象灾害的重视，增强防御意识。经常开展山岳旅游气象防灾减灾演练，能加强公众应变能力，提高全社会自救互救的能力。

4）新闻沟通

设立新闻沟通处，保持日常与山岳景区周边相关服务部门、社会公共部门、媒体机构的沟通与联系，一方面建立良好关系，共享信息资源，一遇到问题能以最快速度做出反应；另一方面在危机来临时、灾后恢复工作中可借助相关政府部门的力量共渡难关。建立“发言人”制度，在山岳型旅游景区暴发气象灾害时，正面引导社会舆论，及时开展气象灾害分析评估和相关解释说明工作，掌握游客救援的主动性，增强社会抵御气象灾害的信心。

5）旅游保险

山岳型旅游景区管理部门应与保险机构合作，一方面景区自身应树立保险意识，参加相应的旅游保险，如旅游企业责任险；另一方面景区应向游客提供旅游保险，甚至在一些极度危险的景区可以强制保险，购买游客人身意外险、旅游救助保险、住宿游客人身险等旅游保险产品，最大限度地转移旅游景区的经营风险，降低旅游者的旅游风险，减少财产损失。

（2）现场控制

山岳型旅游景区气象灾害发生后，灾害救援指挥中心应迅速做出反应。应急救援部门的主要工作有：①对信息管理部门收集的游客伤亡情况数据进行处理，分析当前可采取的应急措施、存在的问题、执行后果，并生成相应游客救援信息，选择合理预案；②联合地方相关部门，实现信息、资源、物资共享，快速形成包括公安、武警、消防、医疗、交通、卫生防疫等部门的联合应急救援网络，保证预案启动后，各救援组织迅速出动并有针对性地采取措施，缩短救援时间、降低游客伤亡损失。安全控制部门的主要工作有：①在游客救援工作中，及时向灾害救援指挥中心反馈救援的实施过程、突发状况与最终结果，以供决策参考；②掌握旅游救援客服电话号码，畅通连线渠道，及时把受灾游客信息报告应急救援部门，前往援救；③救援工作结束后对气象灾害事故现场进行勘察和责任初步鉴定，同时将整个救援过程中的相关信息、数据移交信息管理部门。

（3）事后控制

心理救援工作小组的主要工作有：①立即开展受灾游客心理安抚和思想疏导工作，灾害后有条件应继续跟踪调查或定期回访，进行心理辅导；②灾后在景区、目的地开展针对大众的心理援救教育活动，随时监测当地居民心理异常情况，并及时处理；③培训当地心理辅导人员，自救自强重建景区。心理救援工作不能局限于游客，因为面对暴发的大规模自然灾害，创伤及压力会直接或间接影响灾难中的每一个人。无论是灾难的幸存者、现场的救援人员甚至是通过媒体报道目睹灾难发生的普通民众，大多会产生创伤后的心理反应[12]。灾后心理救援是一项长期工作，灾区应在地方应急管理委员会的支持下建立长效心理救援机制。

灾后恢复工作小组的主要工作有：①向受灾游客以及旅行受影响游客提供保险理赔和法律服务，确保旅游者得到救治及赔偿，保障游客利益；②采取公关行动重塑旅游景区和目的地形象，如投资公益广告、组织员工参加公益活动等，确保景区和工作人员对外形象良好且与景区形象高度一致；③与新闻沟通处合作进行广泛宣传，向公众公布重振计划和重建信息，解除社会心理顾虑，增强游客信任度。

4 结论与建议

伴随着散客时代的到来和科技的进步，山岳型旅游市场越发广泛，发展潜力巨大。随着山岳型旅游方式的多样化，游客不断追求刺激和挑战，散客旅游群体的规模也在不断增加，这一变化要求我国山岳型旅游景区游客应急救援保障体系提升到新的高度。本文拟构建山岳型景区气象灾害的游客应急救援保障体系，在其中加入了管理控制理论与灾后游客心理救援工作，但还需要继续完善，特别是游客应急救援技术的开发（如现代化的设施设备、高科技的信息管理手段）和灾后救援工作的开展等具体内容仍待进行深入研究。

参考文献

[1] 李娟文. 中国旅游地理：第四版［M］. 大连：东北财经大学出版社，2011：40.

[2] 张丹，谢朝武. 我国旅游者公共安全服务：体系建设与供给模式研究［J］. 旅游学刊，2015，30（9）：82－90.

[3] 邵冬梅，苗维亚. 旅游景区自然灾害防治管理的研究［J］. 桂林旅游高等专科学校学报，2006，17（2）：153－155.

[4] 席建超，刘浩龙. 旅游地安全风险评估模式研究——以国内10条重点探险旅游线路为例［J］. 山地学报，2007，25（3）：370－375.

[5] 岑乔，魏兰. 山地旅游安全预警与应急救援体系的构建——以四川省山地旅游为例［J］. 云南地理环境研究，2010，22（6）：80－84.

[6] 叶欣梁，温家洪. 重点旅游地区自然灾害风险管理框架研究［J］. 地域研究与开发，2010，29（5）：68－73.

[7] 程蕉. 澳大利亚阿尔卑斯山户外运动安全保障制度研究［J］. 体育文化导刊，2014（7）：24－27.

[8] 陈金华. 中国山岳型景区安全管理实证研究［J］. 华侨大学学报（哲学社会科学

版），2015（1）：72－82.
[9] 王利溥. 旅游气象学［M］. 昆明：云南大学出版社，2001：259.
[10] 吴先华，刘华斌. 公众应对气象灾害风险的行为特征及其影响因素研究——基于深圳市3109份调查问卷的实证［J］. 灾害学，2014，29（1）：103－108.
[11] 官昌贵，左雄，何泽能. 提高公众灾害意识增强公众应对气象灾害能力［J］. 经济研究导刊，2010，5：236－237，248.
[12] 张侃，王日出. 灾后心理援助与心理重建［J］. 科技赈灾，2008，23（4）：304－310.

作者简介：王旌璇，成都信息工程大学管理学院教师、英国威尔士三一圣大卫大学在读博士。

经纪商做市成本对天气衍生产品定价的影响①

滕磊[1]　叶智[2]

（1. 成都信息工程大学统计学院；2. 德阳市环境监测站）

摘要：天气衍生产品在非灾难性天气风险管理中发挥着重大作用，这一衍生产品市场的健康发展离不开产品本身的合理定价。作为非传统金融衍生品，天气衍生品市场能够很好地提供风险对冲和套期保值。同时，在天气衍生品市场上，经纪商扮演着比在传统金融衍生品市场更为重要的作用，因此在对天气衍生品定价时必须考虑经纪商的做市角色，考虑其套期保值成本对天气衍生品定价的影响。基于基本的衍生品合约的期望赔付和风险赔付，讨论经纪商做市的套期保值成本、风险厌恶水平和已有仓位的影响，研究天气衍生品定价问题。

关键词：天气衍生品；套期保值；仓位；做市商

1　引言

天气衍生产品是构成天气风险市场的核心产品，特别是在非灾难性天气市场的风险管理中，以制冷指数（Cooling Degree Day，CDD）、取暖指数（Heating Degree Day，HDD）和生长温值（Growth Degree Day，GDD）等为代表的天气衍生品持续发挥着重要作用。目前天气衍生品交易市场集中在北美、西欧以及日本等发达经济体，成功实现了一般天气风险向有意愿有能力处理风险的第三方的转移，满足了能源、农业、旅游、交通等天气敏感行业转移和规避风险的需求。

在我国，发展天气衍生品市场需要天气风险各相关方面的参与意识、避险意识进一步增强，需要传统金融市场进一步发展壮大，需要我国气象体制进一步市场化改革，但最重要的问题是解决作为核心要素的天气衍生品的定价问题。由于天气风险合约不能代替传统上市交易的有价证券等金融资产，因此无法针对同一种风险使用不同的合约对目标合约进行估价，但天气衍生品市场的存在和成长仍然为套期保值提供了相关的市场信息和选择。相应地，天气风险的定价方法也能借用保险和传统衍生品的定价方法，如精算定价和市场定价等。这些定价方法可以较好地对天气衍生品合约进行定价，但都是针对单一的合约孤立进行的。而对于天气衍生品市场来说，做市商的经纪人承担了尤为重要的角色。但因为天气衍生品市场尽管需求强

---

① 本文是第十四届“生态·灾害·旅游——2017 长江上游灾害应对与区域可持续发展战略论坛”文章。

劲，但是流动性尚显不足，且交易的执行又需要较长时间从而导致交易量较小，进而导致没有足够的利润支撑经纪行业的运行。因此，在对天气衍生品进行定价研究时，有必要考虑做市商的角色，如做市商套期保值动机和已有风险仓位对定价的影响。

天气衍生品市场上已有的观测价格和做市商的风险仓位都对天气衍生品最终交易价格的形成起着重要的作用。天气合约的市场观测价格通过两种方式影响产品的定价过程。一方面，基于历史天气数据正态分布导出的价格未必能全面反映其实际价值，市场价格很可能反映了历史天气数据里并没有包含的信息。这些信息可能包括预报信息、供求力量、观测站变更数据或其他被前期交易者错误解读的原始历史数据，做市商很可能对市场中其他人如何对类似的风险定价感兴趣，这种兴趣可能使做市商认识到定价模型没有反映的情况和应该考虑的其他因素。市场价格可以提示对天气交易仓位进行套期保值的成本，比如某项合约之前有过交易，并且从前的交易价格在某种程度上代表了现在的可以交易价格，那么这种交易记录就非常重要。另一方面，对于做市商来说，尽管执行完全的套期保值是不太可能的，但是利用相关合约得到部分风险的套期保值却是可以实现的。在这种情况下，套期保值可能是静态的，也可能随着时间的延伸和市场条件的变化等需要进行重新权衡。无论是在哪一种情况下，建立套期保值仓位的成本都将影响做市商为得到想要的回报而报出的出价或要价，也必将影响天气衍生品的市场定价。

2　套期保值成本的影响

2.1　相对价值和套期保值成本

对于 HDD 或 CDD 等天气指数产品，我们假定它们都是服从正态分布的，那么我们就可以运用平均值和标准差来对其统计特征进行描述。当然对于 HDD 和 CDD 指数来说，很多时候我们需要通过趋势确定化的方法对其进行处理，才能运用以上方法获得计算期望赔付和风险赔付统计值所需要的全部信息。但无论如何只要能够获得平均值和标准差的数值，那么就能够用来衡量期望赔付和风险赔付的统计值。相反，如果期权或者互换的市场价格可以观察得到，那就可以导出指数平均值和标准差的市场含义值。例如，对于一份行权价格是 K，赔付率是 N_0，赔付上限是 L 的互换产品，在指数服从 $N(\mu, \sigma)$ 正态分布时，我们可以计算互换的期望赔付。如果我们假设互换的合理行权价格是使期望赔付为零的价格，那么行权价格必然是 μ，也就是基础资产分布的平均值。这样我们可以从市场的互换水平 k 推导出具有市场含义的平均值：

$$\mu_m = k \tag{1}$$

如果希望利用市场上已有的互换对一个期权仓位进行套期保值，那么就需要为期权和互换计算出基础资产的期望值每增加一个单位，合约价值变化的数量，这个数量可以用Δ表示：

$$\begin{aligned}\Delta(\mu,\sigma;\varphi,N_0,K,t,T,L) &= \frac{\partial E(\mu,\sigma;\varphi,N_0,K,t,T,L)}{\partial\mu} \\ &= \Delta(\mu,\sigma;\varphi,N_0,K,t,T) - \Delta(\mu,\sigma;\varphi,N_0,K+\varphi\frac{L}{N_0},t,T)\end{aligned} \quad (2)$$

式中，$E(\mu,\sigma;\varphi,N_0,K,t,T,L)$ 是赔付上限为 L 的合约的数学期望，该合约定价时刻为 t，到期时刻为 T。这样的合约可以视为无赔付上限的一个多头和空头合约的叠加，因此：

$$\begin{aligned}E(\mu,\sigma;\varphi,N_0,K,t,T,L) &= E(\mu,\sigma;\varphi,N_0,K,t,T) \\ &- E(\mu,\sigma;\varphi,N_0,K+\varphi\frac{L}{N_0},t,T)\end{aligned} \quad (3)$$

而没有赔付额上限的合约的数学期望：

$$E(\mu,\sigma;\varphi,N_0,K,t,T) = N_0\left\{\frac{\sigma}{\sqrt{2\pi}}e^{\frac{-(K-\mu)^2}{2\sigma^2}} + \varphi(K-\mu)N[\varphi(K-\mu)/\sigma]\right\} \quad (4)$$

式中，φ 是用来区别合约性质的指数，对于看涨期权来说取值为1，对于看跌期权来说取值为（-1，$N(\bullet)$）是标准正态分布 $N(0,1)$ 的累积分布函数。

对于没有赔付上限的期权，单位基础资产期望值变化引起的合约价值的变化为：

$$\Delta(\mu,\sigma;\varphi,N_0,K,t,T) = \varphi N_0 D(t,T)N[\varphi(K-\mu)/\sigma] \quad (5)$$

我们知道，互换合约可以认为是多头看涨期权和空头看跌期权形成的套保期权，因此式（1）和式（4）也能够计算互换合约中单位基础资产期望值变化引起的合约价值的变化。

对于那些基于流通的上市资产的合约，比如各类有价证券及其衍生品市场，期权的Δ值代表为了对由于股票价格变动带来的期权短期变化进行套期保值，必须持有的股票的数量。对于所有动态套期保值策略，delta值都是一个关键的问题。但对于天气合约来说，用这种方法进行动态的套期保值也许不能实现，但却能够帮助我们寻找合理地进行静态套期保值的方向。我们知道，对于正态分布指数，Δ值就是为了使得加上互换仓位的期权的方差最小化必须进行套期保值的数量。如果我们利用互换对期权仓位进行套期保值，那么我们在给期权定价的时候就要计算 μ_m 的值，方法就是调整期权的理论价值，调整量是因套期保值策略引发的任何额外套期保值成本或收益。

2.2 套期保值成本对合约要价的调整实例

为了更好地理解以上定价过程，我们可以考虑假如市场上存在一部分合约价格信息，比如在冬季存在价格区间为3 500~3 550元的互换合约。现在假设市场上的互换合约以3 510元的价格成交，在对多头或空头合约进行套期保值时我们可以用同样的价格进行交易。同时我们考虑历史HDD或CDD数据服从μ_m =3 600元，σ_m = 210的正态分布，那么，对于行权价格是3 510元，赔付率是5 000元，赔付上限为1 000 000元的看跌期权，由于其标准正态分布的累计分布函数可以计算出来，为$N[\varphi(K-\mu)/\sigma] = N(90/210) = 0.665\,9$，根据式（2）和式（3）可以得到期权的期望赔付为：

$$
\begin{aligned}
&E(\mu,\sigma;\varphi,N_0,K,t,T,L)\\
&= E(\mu,\sigma;\varphi,N_0,K,t,T) - E(\mu,\sigma;\varphi,N_0,K+\varphi\frac{L}{N_0},t,T)\\
&= 5\,000 \times \left[\frac{210}{\sqrt{2\pi}}e^{\frac{-(3\,510-3\,600)^2}{2\times210^2}} - (3\,510-3\,600)\times 0.665\,9\right]\\
&- 5\,000 \times \left[\frac{210}{\sqrt{2\pi}}e^{\frac{-(3\,310-3\,600)^2}{2\times210^2}} - (3\,310-3\,600)\times N(\frac{3\,600-3\,310}{210})\right]\\
&= 971\,659
\end{aligned}
$$

如果卖出合约的看跌期权，那么我们实际是在做多这一合约，这样可以尝试通过卖出合约的互换产品，对期权仓位的风险进行部分的套期保值。根据式（2）和式（5），可以计算出对于赔付率是5 000，赔付上限是1 000 000的空头期权仓位的Δ值是−1 253，而空头互换仓位的Δ值是1 829。那么，对于期权仓位的最好的互换套期保值是：做价值为3 425（1 253×5 000÷1 829）的互换空头。然而，当我们估计平均值是3 600，而以价格3 510卖出互换合约时，我们的期望损失是−112 770［计算过程为−1 253×（3 600−3 510）］，或者说额外收益为112 770。在满足无风险套利的前提下，或者说考虑到套期保值成本，我们只能以这个额外收益（套期保值成本）对我们的要价进行调整，这就将使得实际的期权价格从971 659调整到858 889（计算过程为971 659−112 770）。

这仅仅是考虑了互换水平对于期权定价的影响，当然期权合约的市场价格也将会带给我们一些有用的信息，从而利用期权合约本身对其风险进行套期保值。

3　已有仓位的影响

3.1　已有仓位和资产组合的风险成本

我们假定天气期权或互换等合约仓位的风险赔付依赖合约仓位的历史赔付统计，也依赖做市商已有的资产组合或已有的仓位，我们将风险赔付统计记为$R(P, CP)$，其中P为合约的最终价格或赔付额，CP表示已有仓位。与简单的在合约上建仓不一样，已有的仓位代表了做市商对合约指数价值的风险敏感性。这种敏感性可能是直接的，如当做市商基于相同指数的合约已建立仓位做出判断时；但如果做市商是基于任何其他相关或无关的指数合约建立金融产品合约时，这种敏感性则认为是间接的。已有仓位所表示的这种敏感性可能存在于包括天气衍生品在内的各类金融产品中。

当做市商的已有仓位为零时，对于期望赔付和标准差分别为μ和σ的某种天气选择权，其报价可以表示为

$$P = D(t,T)(\mu \pm \alpha\sigma) \tag{6}$$

式中，D（t，T）为合约到期时刻T和合约定价时刻t之间的贴现因子；α表示用夏普比例形式表示的风险厌恶水平。

那么对于已有仓位非零时，便可推广为

$$P = D(t,T)\{\mu \pm \alpha[\sigma(P,\mathrm{CP}) - \sigma(\mathrm{CP})]\} \tag{7}$$

式中，标准差σ是合约赔付P和已有仓位CP的函数，使用此公式计算出的天气选择权的价格可以确保做市商维持其整个资产组合的风险成本。另外，式中的协方差计算方法如式（8）所示。

$$\sigma(P,\mathrm{CP}) = \sqrt{\sigma^2(P) + \sigma^2(\mathrm{CP}) + 2\rho(P,\mathrm{CP})\sigma(P)\sigma(\mathrm{CP})} \tag{8}$$

式中，σ（P）和σ（CP）是合约赔付和已有仓位的标准差；ρ（P，CP）是赔付和已有仓位的相关系数。

因为$-1<\rho<1$，所以σ（P，CP）既可能比原来的风险σ（CP）大，也可能比其小。在式（6）中α的比例项系数代表资产组合风险的增量，当这个系数是正的时候，说明在目前仓位下这样的交易会增加做市商的风险，而当这个系数是负的时候，说明在目前仓位下类似的交易可以减少风险。至于是增加风险还是减少风险，则取决于这项合约与目前仓位的相关系数以及σ（P）和σ（CP）的相对数量。

在进行精算定价时，尽管交易对手可能用同样的方式来计算风险，可能有同样的风险偏好，并且均选择不对已有仓位进行套期保值，但因为交易的每一方的风险仓位都可能因相反的交易得到改进，所以他们在合约的公平价格方面未必意见一致，从而交易就可能发生。

3.2 已有仓位对天气互换产品的定价影响实例

我们知道天气互换产品是一种要求参与者在天气指数上升到某一特定水平之上（或下降到某一特定水平之下）时进行赔付，同时授权参与者在天气指数下降到同样的水平之下（或上升到同样的水平之上）时获得赔付的合约。因此，根据天气某指标数值的变化，参与者既可能是赔付者也可能是受赔者。在这个意义上，互换等同于执行价格相等的套保期权。互换合约往往基于以下的原因，并不会经常出现在终端客户的交易合约里：第一，终端客户需要找到希望在自己预期水平甚至比预期水平好的水平进行互换的交易对手；第二，终端客户很可能要保留收入超过预期的

可能性，因此他们往往更倾向于选择各类期权产品；第三，虽然某些行业天气与销售量等指标的相关性比较高，但是很少完全相关，而不完全相关则可能导致互换不能带来所期望的下部保护。因此，互换产品往往是在终端客户和天气衍生品经纪商之间进行交易。而理解经纪商在做市角色中套期保值成本对其价格的影响尤为重要。

考虑某羽绒服装生产商，由于寒冷的冬季可以带动其羽绒服的销量，从而给其带来超额的收益，而温暖的冬季则会损害其销售收益，因此对于羽绒服生产商来说，其实是 HDD 指数多头。羽绒服生产商可以与天气衍生品的经纪商达成某项互换协议，将其执行价格定在 3 000 HDD，那么公司就可以消除天气变动带来的收入的不确定性，公司获得的收入不多于预期收入也不少于预期收入。该互换协议对于羽绒服生产商销售收入的影响可用图 1 表示。

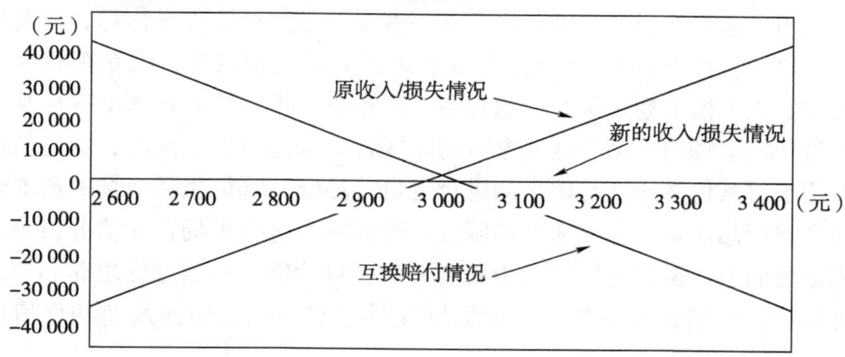

图 1 HDD 互换示例

假设羽绒服生产商通过分析认为对公司而言，有效的合约赔付是多头 HDD 每度 20 000 元，当地冬季（假定为每年的 11 月至次年 3 月）历年统计的 HDD 指数的标准差是 350，那么由于气温变化导致的收益变化的标准差是 700 万元（计算过程为 $350 \times 20\ 000$）。羽绒服生产商决定进行赔付率是每度 20 000 元的套期保值，赔付上限定得足够大，远离行权价格，同时假定贴现因子 $D(t, T)$ 大约等于 1。当地冬季的 HDD 指数服从于平均值为 3 000，标准差为 350 的正态分布。同时，羽绒服生产商和天气衍生品经纪商都用标准差来量化风险，用 $\alpha = 10\%$ 将标准差转化为等量的回报。这样，羽绒服生产商就可以用式（1）来计算盈亏平衡的要价，从而确定其行权价格

$$P = D(t, T)(\mu \pm \alpha\sigma) = 3\ 000 - 10\% \times 350 = 2\ 965$$

因为交易可以减少终端用户的风险，所以终端用户也可以用期望值以下的价格卖出合约。天气衍生品经纪商应用同样的公式来计算其出价。但如果经纪商已有天气合约组合，那么往往就会将任何新增交易仓位的风险累计进其组合中。这时，我们假设其已有仓位组合的标准差是 2 000 万，同时假设该组合与该地区冬季的 HDD 指数相互独立而没有相关性，那么，建立 HDD 指数多头仓位增加的风险成本是

$$\alpha[\sigma(P,\mathrm{CP}) - \sigma(\mathrm{CP})] = 10\% \times (\sqrt{2\,000^2 + 700^2} - 2\,000) = 11.9\text{ 万}$$

那么，经纪商对该互换协议的盈亏平衡的行权价格出价是：2 994.05HDD（计算过程为 3 000 − 11.9 ÷ 2）。这样一来，对于经纪商来说，任何低于 2 994.05 的行权价格都是有利可图的，而羽绒服生产商用任何高于 2 994.05 的价格卖出 HDD 指数都会获利。终端用户同意某一行权价格，这个价格对双方而言都是有利可图的价格。

4 结论

对于天气衍生产品市场来说，由于做市商角色的存在，产品定价必然会根据实际的套期保值策略和已有仓位等情况不断进行调整，也就是市场信息会对最终的价格形成产生不可忽视的影响。这就要求参与者需要深刻理解市场信息，需要运用适当的工具，比如说用来对 EDD 合约定价的正态分布模型假设，就是理解这一定价过程的关键。正态模型通过两个指数参数（μ 和 σ）将合约的具体情况反映在价格中，这使得利用市场信息推导这些参数的市场含义成为可能。同时，这些数值也将反过来被用于对其他尚未交易的合约进行定价。尽管天气衍生品市场的流通性相较于传统的金融产品市场存在很大的局限性，造成对于这些市场含义值的讨论有时候仅限于理论层面上，但是它同样能为我们评价相对价值提供很好的思路和方向。对于那些可以得到市场价格的情况，他们则提供了和约定价中涉及套期保值成本的方法。

做市商已有的仓位和组合情况则代表了对于指数价值的风险敏感程度，讨论这一点有助于理解做市商的风险计量方法、风险偏好以及是否进行套期保值的决定和具体的套期保值策略。这一系列的行为将导致合约价格的变动，最终使天气衍生品的定价趋近到无风险套利的水平上。

作者简介：滕磊，成都信息工程大学金融工程教研室教师，副教授，硕士研究生。研究方向：金融市场（金融衍生品、互联网金融）。研究成果：互联网金融的进化博弈监管研究、南方金融。

基于胜任力模型的四川省公共气象服务人才测评指标研究①

刘宇[1]　黄萍[1]　王菁[1]　郭志武[2]　陈静[1]　钟泽敏[1]
（1. 成都信息工程大学；2. 中国气象局）

摘要： 公共气象服务新发展对公共气象服务人才提出了新挑战。目前气象部门对公共气象服务人才的胜任力评价标准局限在经验和定性层面上，缺乏定量分析和实证研究。本文以四川省为例，通过查找文献、调研分析，构建了四川省公共气象服务人才胜任力理论模型，并对模型在气象部门人力资源管理中的应用进行了分析。

关键词： 胜任力模型；公共气象服务；人才测评

随着人民生活质量的不断提升，民众对气象服务的需求也不断增多。做好公共气象服务，满足大众对气象服务的需求，逐渐成为气象部门关注的主要问题之一。公共气象服务为政府决策部门、社会公众、生产部门提供气象信息和技术服务，是气象部门的重要战略任务。公共气象服务战略需要相应的人才支撑。基于胜任力模型的人才测评体系，可以提高公共气象服务领域人才测评的准确性，为后续人力资源开发提供有效的信息支持。

1　胜任力的含义

《美国词源大辞典》中，对胜任力的定义是“具有或者完全具有某种资格的状态或者品质”。[1]于胜任力被提出，最早可以追溯到“管理科学之父”Taylor在对科学管理的研究中所进行的时间—动作研究，这是早期对胜任力进行的探索。1973年，哈佛大学著名心理学家麦克利兰（McClelland）发表了“测量胜任力而不是智力”的文章，提出胜任力测试和进行基于胜任力的有效测验的六个原则。综合国内外学者提出的胜任力定义，胜任力涵盖了个人完成某项工作所应具备的知识、技能、态度和个人特质等因素，它是一系列不同能力和素质要素的组合，其中包括动机、态度、个性与品质要求、自我形象与社会角色特征以及知识与技能水平等诸多方面。学者将这些不同能力和要素的总和统称为胜任力。

---

① 本文是第十二届“生态·灾害·旅游——2015长江上游灾害管理与区域协调发展战略论坛”文章。

2 四川省公共气象服务人才胜任力测评指标的构建

2.1 指标选取思路

四川省公共气象服务人才岗位胜任力测评指标的建构是为有效选拔人才服务的，所以要以四川省公共气象服务人才所需胜任的工作为本，以公共气象服务人才的相关职务分析和行为事件访谈作为构建四川省公共气象服务人才胜任力测评指标的基础，并以此明确公共气象服务人才胜任力测评指标的内容和目标。

2.2 指标选取方法

胜任力的人才测评指标的选取，主要采用文献研究法、工作分析法和对10名优秀的公共气象服务工作者进行行为事件访谈和开放式问卷调查等方法。

2.3 四川省公共气象服务人才胜任力的理论建构

公共气象服务人才胜任力是公共气象服务岗位从业人员个体所应具备的，能积极推进气象事业发展、实现气象现代化目标的专业知识、专业技能和专业价值观，是四川省公共气象服务人才从事公共气象服务事业的必要条件，也是为适应公共气象服务这一特定岗位所必须具备的知识、技能、能力和特质的总和。通过以上分析初步构建的四川省公共气象服务人才胜任力基本结构的理论模型，如图1所示。

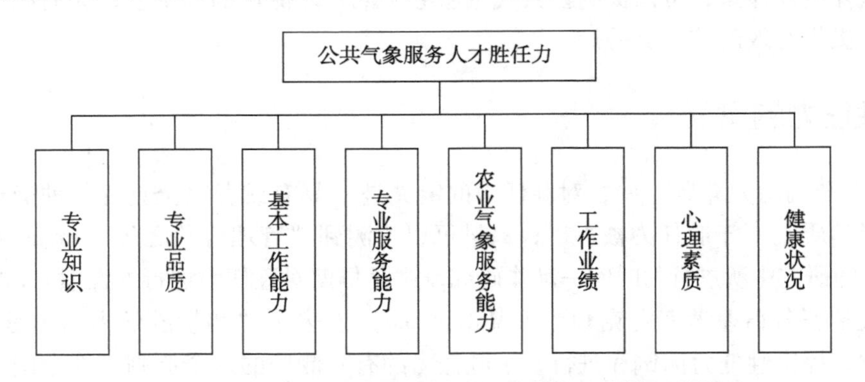

图1 四川省公共气象服务人才胜任力基本结构的理论模型

专业知识是公共气象服务人才在从事公共气象服务工作时应具备的基本职业技能；专业品质是指公共气象服务人才应具备的职业素养，如敬业、冷静、乐观、积极、善于沟通等；基本工作能力是公共气象服务这个特殊岗位的基本能力；专业服务能力涉及气象学科与其他自然学科的交叉、气象科学与人文学科的交叉，同时还包括理论与实践的交叉；农业气象服务是公共气象服务的一个重要部分，四川省是农业大省，农业气象服务能力很重要，公共气象服务人才需要掌握农业气象服务专业知识技能；工作业绩是公共气象服务人才胜任力的重要表现；良好的心理素质和健康状况是公共气象服务人才的必备条件。

3　问卷调查及分析

3.1　问卷的编制与发放

根据上述研究，笔者编制了《四川省公共气象服务人才胜任力调查问卷》，该问卷共有8个一级指标，56个二级指标。问卷采用五点量表法，即每个指标设1~5级（不重要—非常重要）。让被调查者对四川省公共气象服务人才胜任力的重要性进行评分。随机抽取四川省各市州气象局的工作人员共500名，发放问卷500份，回收有效问卷466份，回收率为93.2%。

3.2　调查结果与分析

将所有调查的资料整理后，用Excel 2007建立数据库文件，所有统计数据都用计算机软件SPSS 19.0进行处理。

（1）问卷信度结果及分析

对于信度的测量，本文采用Cronbach's α 系数法（由于 α 系数法具有很强的统计严密性，而被认为是评价内部一致性最恰当的方法）。该问卷共8个一级指标，即8个分量表，专业知识、专业品质、基本工作能力、专业服务能力、农业气象服务能力、工作业绩、心理素质及健康情况，每个分量表含若干个条目，每个条目采用5级评分（1~5，分别表示不重要、较不重要、一般、重要、非常重要）。分析计算出各分量表的Cronbach's α 系数（表1）。

表1　各一级指标 Cronbach's α 系数

一级指标	专业知识	专业品质	基本工作能力	专业服务能力	农业气象服务能力	工作业绩	心理素质	健康状况
项数	6	12	7	13	4	5	7	2
α 系数	0.827	0.933	0.884	0.931	0.890	0.886	0.934	0.749

由表1可知，除了健康状况以外，其他7个一级指标Cronbach's α 系数均在0.8以上，条目间的相关性较高，内部一致性极好。健康状况的Cronbach's α 系数也达到了0.749，一致性也较好。

（2）问卷效度结果及分析

本文通过对因子进行分析来判别结构的效度，检验调查问卷的结构是否与所要达到的理想一致。因子分析法评价结构效度时，主要对累积贡献率、共同度和因子负荷三个指标进行考察。评价问卷结构效度的结果，主要从三个标准来考虑：一是公告因子的意义，是否与问卷设计时的结构组成相符合（一般来说，公告因子的累积贡献率得大于40%）；二是每个题目项在且仅在某个公告因子上有高负荷（在此因子的负荷大于0.4，且在其他公因子上负荷都比较低）；三是公告因子的方差大于一定的值（一般取0.4）。

1）KMO 检验和巴特利球体检验

首先对问卷中的56 项指标进行 KMO 检验和巴特利球形检验，必须在 KMO 检验系数 >0.5，巴特利特球形检验的 χ^2 统计值的显著性概率 $p<0.05$ 时，问卷结构才有结构效度。检验结果如表2 所示。

表2 KMO 和巴特利球形检验

KMO 检验系数		0.963
巴特利球形检验	KMO 值	20 336.755
	df	1 540
	Sig.	0.000

由表2 可知，该问卷 KMO 检验系数为 0.963，大于 0.5，球形检验 Sig 值为 0.00，小于 0.05，所以该问卷指标有结构效度，适合做因子分析。

2）因子分析

对问卷中 56 项指标做主成分分析，得到表3。

表3 解释的总方差

成分	初始特征根			被提取的载荷平方和		
	总计	方差/%	方差累计/%	总计	方差/%	方差累计/%
1	25.758	45.996	45.996	25.758	45.996	45.996
2	2.606	4.653	50.649	2.606	4.653	50.649
3	1.808	3.228	53.877	1.808	3.228	53.877
4	1.613	2.880	56.756	1.613	2.880	56.756
5	1.438	2.567	59.323	1.438	2.567	59.323
6	1.286	2.296	61.619	1.286	2.296	61.619
7	1.174	2.097	63.716	1.174	2.097	63.716
8	1.099	1.963	65.679	1.099	1.963	65.679

根据表3，按特征值大于1的原则，提取8个主成分，公告因子与问卷设计时的结构假设是相符，8个公告因子的累积贡献率为65.679%，大于40%。因子旋转后得到表4。

表4　旋转成分矩阵

指标	成分							
	1	2	3	4	5	6	7	8
13_ g	0.718	0.231	0.158	0.209	0.160	0.061	0.154	0.079
13_ e	0.692	0.211	0.154	0.198	0.196	0.137	0.186	0.187
13_ f	0.686	0.194	0.156	0.085	0.223	0.203	0.169	0.095
13_ l	0.677	0.317	0.113	0.261	0.132	0.058	0.030	0.124
13_ h	0.614	0.175	0.274	0.146	0.192	0.236	0.317	0.129
14_ a	0.595	0.361	0.297	0.055	0.120	0.122	0.056	0.151
14_ c	0.556	0.374	0.364	0.088	0.105	0.111	-0.039	0.046
14_ b	0.549	0.251	0.386	0.076	0.081	0.107	0.181	0.105
13_ d	0.544	0.282	-0.054	0.202	0.147	0.139	0.320	0.328
14_ d	0.510	0.293	0.401	0.147	0.228	0.080	0.140	0.077
13_ k	0.463	0.195	0.295	0.210	0.260	0.113	0.337	0.203
12_ e	0.451	0.341	0.142	0.312	0.028	0.406	-0.126	-0.002
18_ d	0.316	0.728	0.173	0.159	0.195	0.076	0.113	0.027
18_ c	0.197	0.702	0.315	0.128	0.182	0.162	0.139	0.122
18_ e	0.241	0.692	0.223	0.165	0.221	0.166	0.197	0.027
18_ f	0.239	0.659	0.258	0.224	0.216	0.213	0.210	-0.015
18_ g	0.321	0.645	0.191	0.189	0.226	0.176	0.235	0.059
18_ a	0.334	0.643	0.253	0.135	0.183	0.193	0.004	0.144
19_ a	0.386	0.591	0.126	0.109	0.062	0.197	0.120	0.211
19_ b	0.235	0.545	0.104	0.238	0.168	0.032	0.150	0.252
18_ b	0.141	0.543	0.481	0.143	0.115	0.115	0.163	0.260
14_ g	0.169	0.349	0.278	0.346	0.272	0.046	0.221	0.176
15_ f	0.236	0.197	0.693	0.202	0.189	0.178	0.079	0.018

续表

指标	成分							
	1	2	3	4	5	6	7	8
15_ i	0.133	0.221	0.691	0.140	0.047	0.099	0.208	0.082
15_ g	0.127	0.235	0.632	0.199	0.144	0.285	0.228	-0.063
15_ l	0.111	0.195	0.595	0.360	0.041	0.168	0.042	0.300
15_ c	0.230	0.063	0.582	0.212	0.329	0.176	0.064	0.230
15_ k	0.222	0.301	0.538	0.387	0.005	0.119	0.143	-0.009
14_ f	0.136	0.283	0.508	0.089	0.153	0.164	0.445	0.136
15_ a	0.214	0.233	0.501	0.169	0.165	0.252	-0.028	0.401
15_ j	0.325	0.209	0.491	0.365	0.201	0.094	0.119	-0.051
15_ e	0.282	0.150	0.458	0.347	0.361	0.246	0.046	0.035
15_ b	0.176	0.140	0.447	0.352	0.271	0.153	-0.168	0.330
15_ m	0.370	0.222	0.419	0.385	-0.011	0.076	-0.018	0.226
15_ h	0.316	0.173	0.410	0.405	0.233	0.212	0.075	-0.156
15_ d	0.332	0.161	0.385	0.343	0.299	0.205	0.020	-0.005
16_ d	0.126	0.174	0.156	0.771	0.214	0.084	-0.016	0.097
16_ b	0.203	0.189	0.231	0.746	0.089	0.162	0.145	0.051
16_ a	0.181	0.164	0.249	0.711	0.123	0.210	0.186	0.099
16_ c	0.118	0.136	0.344	0.697	0.093	0.108	0.185	0.220
17_ d	0.290	0.300	0.069	0.172	0.660	0.177	0.074	0.026
17_ c	0.195	0.340	0.279	0.165	0.625	0.093	0.113	0.190
17_ b	0.256	0.360	0.226	0.287	0.548	0.129	0.071	0.184
17_ e	0.310	0.404	0.322	0.129	0.540	0.075	0.145	0.099
17_ a	0.225	0.323	0.247	0.161	0.441	0.186	0.207	0.350
12_ b	0.185	0.192	0.253	0.136	-0.029	0.701	0.198	0.161
12_ a	0.003	0.158	0.139	0.048	0.081	0.649	0.103	0.399
12_ d	0.205	0.156	0.205	0.212	0.248	0.603	0.115	-0.150
12_ c	0.230	0.078	0.283	0.172	0.206	0.584	0.238	0.139
12_ f	0.238	0.367	0.149	0.315	0.161	0.493	-0.099	0.116

续表

指标	成分							
	1	2	3	4	5	6	7	8
13_ i	0.234	0.195	0.185	0.124	0.148	0.190	0.705	0.119
13_ j	0.302	0.295	0.145	0.135	-0.001	0.125	0.649	0.168
14_ e	0.375	0.281	0.366	0.125	0.330	0.079	0.377	0.079
13_ b	0.399	0.169	0.135	0.131	0.136	0.117	0.304	0.588
13_ a	0.379	0.219	0.074	0.200	0.141	0.181	0.179	0.525
13_ c	0.456	0.128	0.199	0.116	0.135	0.281	0.271	0.474

56 项指标中有 53 项指标在公告因子的负荷大于 40%，14_ g、15_ d、14_ e 三项意义不明确，需要删除。通过对问卷所做的验证性因素分析以及信度检验，问卷《四川省公共气象服务人才胜任力调查问卷》具有良好的信、效度，可以作为测量和评定四川省公共气象服务人才胜任力的工具。

4 胜任力模型在人才测评体系中的运用

胜任力模型的构建为人才测评体系的建立和实施提供了重要的测评依据。气象部门通过对人力资源工作流程的梳理与优化，明确和建立以胜任力模型为基础的人才测评工作体系，具体运用如下。

4.1 招聘

招聘中的胜任力考察是胜任力模型的重要应用。由于公共气象服务事业对人才需求的特殊性，在招聘中，可以采用用以胜任力考察结构化面试为主体的招聘流程。气象部门把胜任力模型中的各项指标作为评价依据，进行结构性面试问题的开发与设计。面试官可以将胜任力模型中的能力要素作为候选人的考察要点，有针对性地分析候选人在核心能力上的特征，由此判断候选人的适用性。

4.2 人力资源开发

通过基于胜任力模型的人才测评指标体系对公共气象服务人才进行测评，然后进行分项诊断，可以掌握公共气象服务人才的胜任力状况，并逐一建立胜任力档案[2]，有针对性地进行人力资源开发。一方面，弥补不足，进行基于胜任力模型的培训，以职位所需的关键胜任特征作为培训的重点内容，补足短板，达到综合平衡。另一方面，择优开发，对身上体现的胜任力素质较高的公共气象服务人才，进行择优开发，并安排到相应的岗位上，以便更好地进行公共气象服务。

4.3 高层次公共气象服务人才甄选

随着人民生活水平的不断提高，公众对气象服务的需求也不断增加。骆月珍等(2006)[3]提出从群体差异化、服务人性化、产品多样化以及沟通互动化方面做好公共气象服务，因此必须造就大批高素质、高层次的公共气象服务人才。通过基于胜任力模型的人才测评指标体系对公共气象服务人才进行素质测评，可以帮助公共气象服务部门，在一个较短的时间内对人才的素质和能力进行评估，依靠科学的人才评价手段，帮助决策者进行正确的人事决策，提高了甄选效率。

4.4 基于胜任力模型的人力资源规划

基于胜任力模型的人力资源规划，对公共气象服务部门人力资源进行全面“盘点”，了解人力资源数量、结构以及不同岗位人员的胜任力总体特征，根据分析结果确定人力资源结构的合理与否。根据公共气象服务事业中长期发展需要，对公共气象服务人才的供需进行必要的预测。

4.5 职业发展与自我设计

公共气象服务人才通过测评，能较好地评估自己的专业知识、技能、品质、态度与健康状态，了解自己在公共气象服务事业方面的发展潜力与事业进展等情况，引导公共气象服务人才对自己测评前后的职业发展进行对比，为个人职业发展目标的实现、制订或调整提供依据。

5 结语

胜任力模型的构建为气象部门对公共气象服务人才的管理走向精细化提供了重要途径，本文建立公共气象服务人才胜任力模型的目的，是以模型为支撑，将其应用于气象部门人力资源管理领域，全面提升公共气象服务人才的素质和管理能力，提升公共气象服务水平。胜任力系统是一个动态的开放的系统，随着时间的推移，胜任力指标也要做相应的修改。因此，对于公共气象服务人才胜任力的研究也应不断进行，进一步深入下去。

参考文献

[1] 安托尼特·D. 露西亚，理查兹·莱普辛格．胜任：员工胜任能力模型应用手册［M］. 北京：北京大学出版社，2004.
[2] 吴颖．烟草行业并购整合绩效研究［D］．上海：华东政法大学，2013.
[3] 骆月珍，王仕，钱吴刚．公共气象服务“无所不在、无微不至”解读与探索［J］. 浙江气象，2006，27（4）：32－36.

“5·12”汶川特大地震公路灾害分析和防治对策①

李朝安[1]　谭炳炎[2]　胡卸文[3]

（1. 成都信息工程大学物流学院；2. 中铁西南科学研究院有限公司；
3. 西南交通大学地球科学与环境工程学院）

摘要：2008年5月12日汶川发生8.0级特大地震中，震区公路及其设施设备遭到了极为严重的破坏，公路受损里程累计53 295 km。震区公路绝大部分在高山峡谷区中穿行，本文通过灾后现场调查资料对震区高山峡谷地带的公路破坏特征进行了剖析和归纳，探讨了高山峡谷地区公路地震灾害防治对策。文章按震区高山峡谷地带的公路破坏作用形式将地震灾害破坏模式划分为两种：一种是与地震同步发生的地震波对公路结构本身造成的直接破坏模式，主要有公路的路面、桥梁、隧道结构本身的变形和破坏，如路基的开裂、水平和垂直错位、地陷、隆起、曲扭等，桥墩断裂、倾倒，桥梁的垮塌，梁体错位等，隧道洞身的断裂、错位、塌陷等；另一种是地震诱发诸如崩塌、滑坡、泥石流、塌陷等次生灾害对公路的间接破坏作用。其对公路的破坏形式有淤埋、冲毁、巨石堵塞、推移等。通过对两种破坏作用分析，从五个方面提出了对震区高山峡谷地带的公路抗震防灾对策建议。

关键词：“5·12”汶川特大地震；公路地震灾害类别和防灾对策；灾后现场调查；震区高山峡谷地带的公路建设

5月12日汶川8.0级特大地震中，震区公路、公路设施和设备遭到了极为严重的破坏，根据交通部截至2008年7月12日统计结果，公路受损里程累计53 295 km，直接经济损失达583亿元。震区公路绝大部分是在高山峡谷区中穿行，其工程地质环境和人文环境十分独特而且复杂，震后修复极为艰巨。如都江堰至汶川震中区的唯一交通大动脉完全中断后，根据四川交通厅信息，于8月底才被抢通，救援部队和物资不能在第一时间赶到现场，给抗震救灾和灾后重建工作增加了新的难度。这种情况在我国西部地震多发区的山区具有很强的代表性，及时总结这次地震灾害中公路（生命线工程之一）建设方面的经验教训是防灾工作的重大命题。

在“5·12”汶川特大地震震区公路破坏调查中，我们不仅看到震后公路触目惊心的破坏情况，也看到经历了8级大地震不毁的道路、桥梁、隧道，这说明地震

① 本文原载于《自然灾害学报》2009年第18卷第6期，是第十五届“生态·灾害·旅游——2018长江上游资源保护、生态建设与区域协调发展战略论坛”文章。

对公路造成的灾害在一定条件下是可以避免的。本文试以“5·12”汶川特大地震公路地震灾害类别剖析开始，建立震区高山峡谷地带的公路地震灾害破坏模式，总结高山峡谷地带公路修建经验和教训，探讨我国震区、地灾频发区公路建筑的安全问题。以期在西部地震多发区高山峡谷地带的公路建设中能争取主动，防患于未然，把地震对公路的危害消灭在勘查、设计阶段，减少高山峡谷地带公路地震灾害损失，确保公路主控建筑能在地震中达到“大震不倒、中震可修、小震不坏”的安全要求。

1　震区公路地震灾害破坏模式

震区公路地震灾害破坏模式通过现场的调查统计分析，可归纳为两种：

一种是与地震同步发生的地震波直接作用于公路结构本身的破坏模式：这类灾害主要沿断裂带发育，和地震波的传递等因素密切相关[1,5,6]。灾害发生的时空规律性，存在某些内在联系，灾害范围相对较窄。这次汶川地震的发震构造是龙门山构造带中央断裂带，公路建筑物的破坏则大量集中在龙门山北川——映秀地区。主要破坏模式包括：一是公路的路面、桥梁、隧道结构本身的变形和破坏，如路基的扭曲、开裂、地陷、水平和垂直错位等；二是桥墩变形和断裂，桥梁垮塌，隧道洞身的断裂、错位、塌陷等。

另一种是地震诱发诸如崩塌、滑坡、泥石流、地塌陷等次生灾害[1-3,7-12]对公路的破坏模式：这类灾害主要受高山峡谷的地形、地质环境、岩性、不良地质发育状况和人类不合理活动强弱等的影响。在灾害发生的时空规律性方面，除一些已知的崩、滑体外，多数灾害的发生是随机的，灾害范围很大，据国家统计，截至6月10日12时，汶川地震已造成四川、甘肃、陕西、重庆、云南、湖北、河南等省市高速公路受损达19条，国省干线公路受损159条，农村公路受损7 605条，损毁公路里程47 277 km，毁坏桥梁5 560座，毁坏隧道110座。其对公路的破坏形式有淤埋、冲毁、巨石堵塞、推移等。

1.1　地震波直接作用公路结构本身的破坏模式

巨大的地震波直接作用于公路结构本身，由于建筑物的抗灾能力小于地震波的破坏能力，因此造成公路线路、桥梁、隧道等道路各种建筑物多样的破坏形式。

（1）地震波直接对公路线路的破坏模式，如线路开裂、错位（水平向和垂直向）、断裂、垮塌、隆起、扭曲、地陷等（图1~图4）；

（2）地震波直接对公路桥梁的破坏模式，如桥墩剪断、错位（水平向和垂直向）、桥面开裂、跨塌、落梁等（图5~图7）；

（3）地震波直接对公路隧道的破坏模式，如隧道塌方、洞身错位（水平向和垂直向）、衬砌开裂和断裂等（图8~图10）。

这类灾害的发生与否，根据灾变过程判别式[1-2]：

灾害发生的概率（D）＝致灾体的致灾能力（F）/受灾体的承（抗）灾能力（E）

当$D<1$时，发生灾害的概率很小，受灾体处于正常安全工作状态。

当$D=1$时，发生灾害与否的概率各占50%，受灾体处于灾变的临界工作状态，可适当增加构筑物抗震、减震防治措施。

当$D>1$时，发生灾害的概率超过不会发生灾害的概率，受灾体处于有危险的工作状态，成灾可能性大，需对灾害体进行工程治理或绕避改线等措施，提高受灾体的抗灾能力。

地震的致灾能力（F）：主要取决于地震的裂度和距震中的距离。地震事件是随机的，目前还不能预知它发生的时间、空间、量级。因此地震灾害现阶段具有不可避免性。

受灾体的承（抗）灾能力（E）：主要取决于公路的抗震设防标准、线路的区位条件、地质环境和施工质量等。这些条件绝大部分取决于我们对地震发生的认知度和防灾的技术水平，因此从防灾的视野看，地震灾害现阶段不仅具有可避免性，而且留给我们的防灾空间是很大的。我们可以通过合理选线、提高设计标准、采用适当的抗震构造措施、提高施工质量等来减轻或避免，我们的责任就是要将灾害消灭于勘查、设计阶段。

图1　路面破裂

图2　路基水平错位

图3　路基垂直错位

图4　路基隆起

图 5　梁体错位及桥墩断裂

图 6　桥梁垮塌

图 7　桥梁掉梁

图 8　隧道环向错位

图 9　隧道仰拱垂直错位

图 10　隧道衬砌开裂

1.2　地震诱发次生灾害对公路的破坏模式

地震诱发次生灾害对公路的破坏模式是在强烈地震波作用下[13-15]，与地震同步发生或在余震期间先诱发崩塌、落石、滑坡、泥石流等地震次生灾害，而后对公路建筑物造成的破坏或非损毁性破坏。非损毁性破坏可以导致公路功能的长时间瘫痪。综观这次地震灾害中，这类地震灾害点多、分布极广，其发生时、空、量级的不确定性对高山峡谷地区的公路危害最大，灾害持续期也最长，造成的灾害损失的总和也最大，修复耗时较长且相当困难。这类破坏模式具体可分为：

（1）与地震同步发生或在余震期中地震波先造成公路两侧崩塌、落石而后对公路建筑物造成的破坏或非损毁性破坏。这些崩塌、落石具有高位能、物量巨大、直冲性强的特点，处于下方的公路线路、桥梁受地震波作用过程中可能有损或无损，但面对崩塌、滚石的造成毁损则几乎无法幸免。公路路基、桥梁、隧道口形成淤埋、巨石阻塞、推移、冲毁、砸毁等破坏作用，对过往车辆及行人形成极大的潜在威胁（图 11、图 12）。

图 11　崩塌落石

图 12　落石堵塞整条公路

（2）与地震同步发生或在余震期中既有滑坡复活和诱发的新生滑坡，对公路建筑物造成的破坏或非损毁性破坏。易对公路路基、桥梁、隧道形成淤埋、冲毁、堵塞，以及对过往车辆及行人等产生危害（图 13 ~ 图 16）。在这次汶川地震中，这类破坏相当普遍，也是危害最大的灾种，从成都进出汶川的唯一通道至今未抢通，给当时的抢险救灾以及当前的灾后重建工作带来了极大的影响。

图 13　滑坡后缘的道路

图 14　整条道路掩埋于滑坡堆积体下

（3）地震后由于暴雨、水体溃决而发生的泥石流对公路建筑物造成的破坏或非损毁性破坏。易对下方公路形成冲毁、淤埋等破坏作用及危害过往车辆及行人（图 17）。这类灾害受水动力条件件的控制，目前发生的量虽不多，但形成泥石流的物源条件已充分具备，预期在未来一段相当长的时期内将会成为一类区域性的地质灾害，在未来的规划设计中应予以重视。

（4）与地震同步发生或在余震期间的塌陷对公路建筑物造成的破坏或非损毁性破坏（图18）。

上述这些次生灾害的灾源位置、规模、发生的时间、危害模式具有很大的不确定性，应加强公路建设前期的地震安全性评估、详细地质调查、地质灾害危险性评估、选线等工作。

图15　滑坡掩埋了整条道路并堵塞桥头

图16　滑坡掩埋隧道口

图17　泥石流淤埋了整个道路

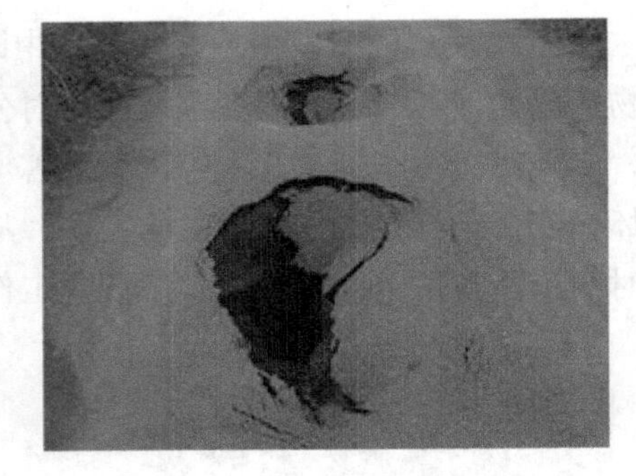

图18　路基塌陷

2　震区高山峡谷地带公路抗震防灾对策

“5·12”汶川特大地震中公路作为生命线工程的特殊地位是公认的。原设计线路受地形和地质条件约束，被迫依山傍水、桥隧相连，使其不可避免地遭遇各种断裂地带和崩塌、滑坡、泥石流等地质灾害危胁。公路设计作为一个系统工程，在勘测、设计中已按抗震标准设防。“5·12”汶川特大地震后暴露出来的问题是实际发生的地震烈度远大于规范中的设计烈度，地震诱发的各种次生灾害的危害性则是原设计所始料不及的。为了提高震区高山峡谷地带的公路抗震与防灾水平，建议如下：

（1）震区高山峡谷地带的公路在勘测设计阶段应扩大勘测范围至峡谷分水岭，查明线路通过地区的地质环境，做好地质灾害危险性评估。提高控制性工程的设防标准，要坚定实施“大震不倒、中震可修、小震不坏”的原则。

（2）线路尽可能采用大角度穿越断层并尽可能绕避新、老崩滑体，确实没有绕避的平面空间，则应考虑采用立面绕避。高切坡和高填方慎用。对有潜在威胁和有隐患的工程，应提高设防标准。

（3）主要桥梁应从桥位选择、结构选型等方面提高抗震能力，优先采用抗震、减震结构措施。落梁是梁式桥最严重的震害之一（图7），其原因几乎均为未增设防止落梁的加固措施。高山峡谷带的桥梁多是高架桥，高墩顶部的振幅最大，落梁的概率也最大，要尽可能减少自由振动的振幅。墩台受地震力作用的最大部位在地面以上，如桥墩断裂图5所示。为此科研部门应做好抗震和减震技术措施的开发与应用。

（4）公路跨越高山峡谷区的沟谷，山洪、泥石流的危害突出，流量和含沙量变差很大，泥石流体中的巨石和输移过程中巨大能量和直冲性等都是形成公路灾害的不确定的灾源，因此在泥石流灾害多发地区公路过沟建筑物宜贯彻“宁桥勿涵，遇水设桥，改沟并沟慎行”的防灾原则。

（5）严重的塌方、大型滑坡地段和大型泥石流危险地段一般治理难度很大，治理后常有后遗症，也不一定经济，根据铁路的设防经验，宜采用隧道、明洞渡槽穿越。

（6）对隧道选址应慎重考虑，综合考虑环境保护和功能要求，进行详细的地质研究，依据水文地质条件、工程地质条件选址。

3　结论及建议

本文通过灾害现场调查，总结“5·12”汶川特大地震中公路破坏形式，将震区高山峡谷地带公路地震灾害破坏模式划分为两种：一种是与地震同步发生的地震波直接作用于公路结构本身的破坏模式；另一种是地震诱发诸如崩塌、滑坡、泥石流、地塌陷等次生灾害对公路的破坏模式。

通过对两种破坏特点分析，现阶段我们还没有降低地震致灾的能力，因此对于第一种破坏模式，我们只能通过提高公路构筑物的抗震设计标准，增加抗震构造措施等来提高建筑物的抗灾能力，在一定程度上是可以避免或减轻地震对公路的破坏作用的。对于第二种破坏模式，则可以通过对公路线路通过区进行地震安全性评估、详细地质调查、灾源分析、地质灾害危险性评估等工作，从降低致灾体的致灾能力（F）和提高受灾体的承（抗）灾能力（E）两个方面来减轻或防止灾害的威胁。

笔者提出以下5个方面的防灾对策及建议。

（1）震区高山峡谷地带的公路在勘测设计阶段应扩大勘测范围至峡谷分水岭，查明线路通过地区的地质环境，做好地质灾害危险性评估。

（2）线路尽可能采用大角度穿越断层，并尽可能绕避新、老崩滑体。高切坡和高填方慎用。

（3）主要桥梁应从桥位选择、结构选型等方面提高抗震能力，优先采用抗震、减震结构措施。做好抗震和减震技术措施的开发与应用。

（4）公路跨越高山峡谷区的沟谷，山洪、泥石流的危害突出，公路过沟建筑物应坚持“宁桥勿涵，遇水设桥，改沟并沟慎行”的防灾原则。

（5）在严重的塌方段和大型泥石流危险地段宜采用隧道、明洞穿越。

（6）隧道应以水文地质条件、工程地质条件为基础，综合考虑环境保护和功能要求来选址。

“5・12”汶川特大地震公路破坏是极为严重的，从防灾的视角看，反映了我国西部地震区高山峡谷带的公路建设尚有很多安全问题有待探讨。现场有很多珍贵的现象等待解读。本文通过有限的调查，进行了初步总结，一管之见，欢迎共同探讨，不当之处盼指正。

4 致谢

本文得到了中铁西南科学研究院有限公司地质灾害防治研究所、隧道结构研究所、监理公司提供的部分资料和帮助，在此一并致谢。

参考文献

[1] 中国灾害防御协会铁道分会，等．中国铁路自然灾害及其防治［M］．北京：中国铁道出版社，2000.

[2] 中国地质调查局．泥石流灾害防治工程设计规范：DZ/T 0239—2004［S］．北京：中国标准出版社，2006.

[3] 中华人民共和国国土资源部．泥石流灾害防治工程勘查规范：DZ/T 0220—2006［S］．北京：中国标准出版社，2006.

[4] 崩塌、滑坡、泥石流监测规范：DZ/T 0221—2006［S］．北京：中国标准出版社，2006.

[5] 中交路桥技术有限公司公路工程抗震规范：JTG B02—2013［S］．北京：人民交通出版社，2013.

[6] 中交第一公路勘察公路路线设计规范：JTG D20—2017［S］．北京：人民交通出版社股份有限公司，2017.

[7] 王霄志．浅谈边坡稳定的抗震考虑［J］．广东土木与建筑，2001（3）：27－30.

[8] Mario Parise, RandallW J ibson. A seismic landslide susceptibi – lity rating of geologic units based on analysis of characteristics of landslides triggered by the 17 January, 1994 Northridge, California earthquake [J]. Engineering Geology, 2000, 58 (3/4): 251 – 270.

[9] 许增会. 地震区隧道稳定性的定性判断方法 [J]. 公路交通技术, 2005 (3): 155 – 158.

[10] 丁彦慧, 王余庆, 孙进忠, 等. 地震崩滑预测方法及其工程应用研究 [J]. 工程地质学报, 2000, 8 (4): 475 – 480.

[11] Scott A Ashford, Nicholas Sitar, John Lysmer, et al. Topographic effects on the seismic response of steep slopes [J]. Bulletin of the Seismological Society of America, 1997, 87 (3): 701 – 709.

[12] 陈玲玲, 陈敏中, 钱胜国. 岩质陡高边坡地震动力稳定分析 [J]. 长江科学院院报, 2004 (1): 35 – 37.

[13] 薛守义, 王思敬, 刘建中. 块状岩体边坡地震滑动位移分析 [J]. 工程地质学报, 1997, 5 (2): 131 – 136.

[14] 孙进忠, 陈祥, 王余庆. 岩土边坡地震崩滑的三级评判预测 [J]. 地震研究, 2004, 27 (3): 256 – 263.

[15] 许向宁, 王兰生. 岷江上游叠溪地震区斜坡变形破坏分区特征及其成因机制分析 [J]. 工程地质学报, 2005 (1): 68 – 75.

[16] 李朝安, 魏鸿. 西南地区泥石流灾害及防灾预警 [J]. 中国地质灾害与防治学报, 2004, 15 (3): 34 – 37.

作者简介：李朝安，博士，现成都信息工程大学物流学院副教授，原中铁西南科学研究院有限公司工程地质灾害防治研究所高级工程师，2006—2012 年西南交通大学在职博士生；谭炳炎，中铁西南科学研究院有限公司地质灾害防治研究所研究员，享受国务院政府特殊津贴专家；胡卸文，博士，西南交通大学地球科学与环境工程学院教授，博士生导师。

四川省“8·13”特大泥石流灾害成生机制与防治原则①

李朝安[1,2]　胡卸文[2]　李冠奇[3]　马显春[3]

（1. 成都信息工程大学物流学院；2. 西南交通大学地球科学与环境工程学院；
3. 中铁西南科学研究院有限公司）

摘要：2010年8月12—14日强降雨过程导致“5·12”汶川特大地震的极重灾区映秀镇、龙池镇、清平乡集中暴发了大面积泥石流灾害，损失惨重。针对四川“8·13”特大泥石流三大典型泥石流沟所表现出来的共同特点，本文研究了地震重灾区泥石流灾害成生机制，对泥石流灾害治理及灾害预警工作具有极其重要的意义。文章首先研究了映秀镇、龙池镇、清平乡典型泥石流灾害的基本情况及其地质环境条件，泥石流的分布规律、成生规律和表现形式。针对这类泥石流的特点及成生机制，文章最后提出了相应的泥石流的防治原则。

关键词：泥石流；成生机制；防治；汶川地震区

“5·12”汶川特大地震导致发震断裂附近山体更加破碎、斜坡稳定性更差，使灾区山地区域的地质环境更加脆弱，泥石流固体物源剧增，暴雨后易暴发不同程度的泥石流灾害[1]。汶川特大地震发生至今已有三年多，经历了近4个雨季，震后暴雨诱发了大量的泥石流灾害，2008年四川“9·24”暴雨，2009年7—8月暴雨，2010年8月13日及8月18日暴雨、2011年7月暴雨均诱发了大量的灾害性泥石流，给灾区人民带来巨大的灾难，造成了大量人员伤亡和经济损失，影响地震灾区的恢复重建。特别是2010年8月12—14日暴雨导致四川汶川地震极重灾区集中暴发大面积大规模泥石流灾害，给人民生命财产安全及灾后恢复重建带来了极大的损失和影响。2010年8月12—14日，四川省部分地区普降大到暴雨，局部地区大暴雨，地震灾区多处暴发了泥石流灾害，造成了惨重的损失，其中汶川地震极重灾区汶川县映秀镇、都江堰市龙池镇、绵竹市清平乡是集中暴发区，这次泥石流被相关部门统称为四川省“8·13”特大泥石流灾害，本文以该次泥石流为例进行研究。

四川省“8·13”特大泥石流灾害三个集中暴发区域较为典型的泥石流沟为汶川县映秀镇红椿沟泥石流、绵竹市清平乡文家沟泥石流、都江堰市龙池镇八一沟泥石流，四川省国土资源厅均立项进行了专项治理。但是8月12—14日暴雨诱发的泥石流中，即使是以往实施完成或正在实施的治理工程，也被本次泥石流摧毁，表

① 本文原载于《水土保持研究》2012年第19卷第2期，是第十一届“灾害·生态·旅游——2014长江上游生态保护与灾害管理战略论坛”文章。

明了地震后震区泥石流的分布规律、启动条件、暴发规模、活动形式和危害方式等方面与非地震区有显著差别。因此，本文通过对四川省“8·13”特大泥石流集中暴发的3个区域的3条典型泥石流沟泥石流灾害进行归纳总结，探讨其规律性，研究该类泥石流成生机制及防治方法，为今后此类大规模、突发性泥石流灾害的防治提供了可资借鉴的依据。

1　典型泥石流灾害介绍

1.1　映秀镇红椿沟泥石流灾害

在“8月12—14日”强降雨期间，映秀镇绝大部分沟道均发生了一定规模的泥石流灾害，呈现出“逢沟必发”“沟沟吹喇叭”的景象，如图1所示[2]。根据泥石流成因及影响，选取具有典型代表意义的红椿沟泥石流进行介绍。

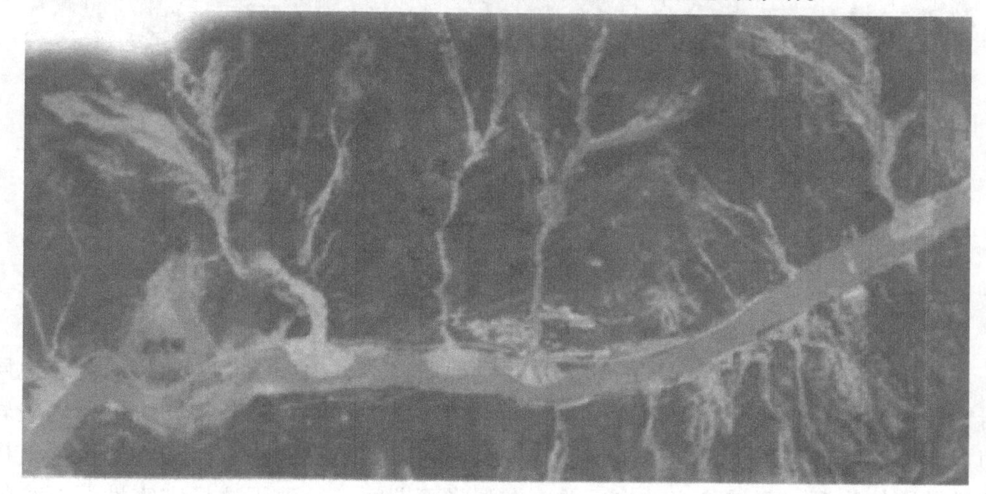

图1　岷江流域映秀镇至老虎嘴段“8·13”泥石流航拍

（1）红椿沟泥石流灾害概况

红椿沟泥石流位于汶川县映秀镇东北侧，岷江左岸，沟口堆积扇区为映秀镇场镇灾后恢复重建规划区，都江堰至汶川高速公路及G213国道亦穿越泥石流堆积区。红椿沟地震前属于活动性较弱的低频泥石流沟，有泥石流灾害史。汶川地震后，受地震作用，沟内的物源条件发生了较大变化，物源丰富，转为高危险性泥石流沟。

2010年8月12日17时，映秀镇开始普遍降雨，当日累计降雨量为19.9 mm，13日继续降雨，累计降雨量为126.8 mm，到8月14日凌晨3时暴发泥石流为止，累计的降雨量为162.1 mm，到14日7时，累计降雨量220 mm左右。该次红椿沟泥石流峰值流量计算值高达745.76 m^3/s，总冲出松散固体物质约70×10^4 m^3，冲毁和淤埋在建的都汶高速公路及G213国道，其中约40×10^4 m^3泥石流松散固体物质冲入岷江，形成宽约 100 m、长 350 ~ 400 m 的堰塞体，堵断岷江主河道，导致河水改道冲入映秀新镇，引发洪水泛滥，造成映秀镇 13 人死亡、59 人失踪，受灾群众 8 000 余人被迫避险转移[3]。

2010 年 8 月 18 日的映秀镇强降雨使红椿沟再一次暴发泥石流灾害，使岷江河道再一次被堵塞，造成映秀镇二次洪涝灾害（图 2）。

图 2　红椿沟"8·13"特大泥石流沟口灾害情况航拍

（2）红椿沟泥石流灾害成因分析

映秀镇红椿沟泥石流灾害的形成主要受地质构造、地震活动、地形地貌、地层岩性的控制，映秀镇位于汶川地震发震断裂带和震中附近，该断裂同时也是岩浆岩边界，坡面岩体破碎，风化变质程度均较强，在强烈地震作用下向沟中提供了大量的松散固体物源，斜坡稳定性也更差，在强降雨期间，导致了这场灾害性泥石流的暴发，原本是一个有可能预测到的结果。

"5·12"汶川特大地震的发震断裂"映秀—北川主断裂"沿红椿沟沟谷主方向穿越整个流域，断层西北为平武茂汶褶皱带火山岩区，断层东南属四川台地边缘，以花岗岩为主，中细粒闪长岩次之，为火成岩与花岗岩的边界，构造活动强烈，风化壳厚而植被欠佳，裂隙发育，岩体破碎、松散。红椿沟沟谷呈"V"字形谷，纵坡比降大，沟道上游跌坎多，显现出新构造运动期间山体强烈抬升的特征。受汶川地震强烈作用，导致沟谷两岸坡体大面积失稳，风化层（带）滑坡和断层破碎带滑坡成为斜坡破坏的主要形式，形成较大规模崩塌、滑坡堆积，为泥石流的形成提供了重要的松散物质，这些滑坡堆积物胶结和固结很差，在流水冲刷下，极易产生底蚀和侧蚀，继续滑入沟中，堵塞沟水或造成排水不畅，使泥沙迅速发生输移流动。红椿沟流域内发育大小规模滑坡体共 70 处，滑坡平面总面积为 76.1×10^4 m²，厚度变化较大，从 1 ~ 18 m 不等，估算流域滑坡总体积可达 284.3 × 10^4 m^3。此外，在泥石流物源区 70% 以上的沟道都堆积了大量松散堆积物，这些松散固体物质是泥石流强烈活动的重要补给源。

红椿沟流域面积 5.35 km^2，地形总体上属深切割构造侵蚀低山和中山地形，具有岸坡陡峻、切割深度较大的特点，中上游呈深切割“V”形谷，下游沟口段沟床较宽缓，呈“U”形。主沟纵长 3.6 km，平均纵坡降约 358‰，呈现陡缓相间的空间变化特征。沟域内两侧山高坡陡，坡度 35° ~ 50°，由于地形陡峻，表层土体结构松散、岩石节理裂隙发育，多被切割成块状，为崩塌、滑坡等不良地质现象的发育提供了有利条件。红椿沟流域的形成区与流通区沟道较顺直，有利于雨水的快速汇流，使得松散物质容易启动，且物质在运动过程中流速快、能量消耗少。汶川地震后，沟谷地形发生了明显变化，沟道堆积和堵塞现象严重，而陡峻的山坡和沟床为坡面和沟床松散堆积物势能的释放和转化为动能提供了有利条件。

（3）红椿沟泥石流形成与启动

红椿沟地处火成岩与花岗岩边界，映秀—北川主断裂沿红椿沟沟谷穿过，处于活动强烈地带，加之汶川地震作用，岩体结构破碎、小型风化带滑坡广泛分布，降雨沿坡面下渗量普遍增大，这又进一步降低了斜坡的稳定性。在强降雨作用下，首先是坡面侵蚀失稳，经沟床再搬运形成小规模泥石流。随着降雨持续作用，引起红椿沟上游多处滑坡强烈活动，在中游沟道两岸坡松散残坡积堆积层发生大面积滑塌，在局部较狭窄的沟段造成严重堵塞，形成不同大小的堵塞体，流域上游洪水迅速汇流后，冲刷沟谷和斜坡松散固体堆积物，夹带泥沙的洪水（泥石流）在各个堰塞体后，形成堵沟、断流、蓄能作用，达一定程度堰塞体突然溃决而形成携砂能力更大的泥石流。根据调查资料显示，“8・13”特大泥石流在高程 1 080 m 和 1 500 m 处分别形成有一定规模的滑坡堰塞体，高程 1 080 m 处的滑坡堰塞体滑坡总方量约 65 × $10^4 m^3$，滑坡整体下滑并严重堵塞沟道，沿沟道堆积长度约 150 m，堆积高10 ~ 40 m。高程 1 500 m 处的滑坡堰塞体滑坡总方量约 24 × $10^4 m^3$，该滑坡堰塞体沿沟道堆积长度约 60 m，堆积高 10 ~ 30 m，滑坡堰塞体溃决作用致积蓄水能的瞬时释放是导致“8・13”特大泥石流灾害的根源。沟中存在的大大小小的堰塞体的蓄能—溃决作用对泥石流流量的增加也起了决定性的作用。

1.2　清平乡文家沟泥石流灾害

2001 年 8 月 12 日 18 时至 13 日凌晨 4 时，“5・12”汶川特大地震极重灾区四川省绵竹市清平镇出现局地大暴雨，清平镇场镇区有 11 条沟同时暴发泥石流，泥石流灾害大范围损毁和掩埋了清平镇场镇，直接经济损失达 6 亿元左右。本次泥石流灾害在清平镇场镇形成了长达 3.5 km，宽 400 ~ 500 mm，平均厚约 5 m（最大厚度超过 13 m），总方量约 600 × 10^4 m^3的堆积和淤埋区，覆盖面积达 120 × 10^4 m^2左右[4]。泥石流的堆积物质主要来自清平镇场镇北（绵远河上游）的文家沟和走马岭沟。下文选取具有典型代表意义的清平镇文家沟泥石流进行介绍。

（1）文家沟泥石流灾害概况

文家沟泥石流发生于四川省绵竹市西北部山区的清平镇场镇北侧，属绵远河上游的一级支沟。“5·12”汶川特大地震为泥石流提供了非常丰富的松散固体物源，截至目前，在震后的4个雨季里，文家沟先后于2008年9月24日、2010年7月31日、2010年8月13日、2010年8月18日、2010年9月18日共暴发了5次泥石流灾害[5]，其中2010年8月13日那场特大泥石流灾害最为严重。2010年8月12日15时至8月13日2时，绵竹清平镇发生局地大暴雨，持续历时10余个h，累计降雨量达227.5 mm，降雨强度大于90 mm/h，在强降雨的激发下，文家沟于13日凌晨0：30前后暴发特大泥石流灾害，持续时间长达数小时。泥石流冲塌绵远河上游幸福大桥后堵塞老清平大桥，致使绵远河堵塞、水位抬高、河水改道。泥石流堆积扇长约1 600 m，宽200～500 m（平均300 m），最大淤积深度超过15 m（平均7 m），总堆积物质量约310×10^4 m^3。该次泥石流灾害共造成7人死亡，5人失踪，39人受伤，约479户农房受损，卫生院、学校和农房等设施严重受损或被掩埋，农田被毁300余亩，水、电、通信全部中断，清平至汉旺公路被泥石流冲毁掩埋，直接经济损失4.3亿元（图3）。

图3　文家沟“8·13”特大泥石流在绵远河清平场镇段淤埋情况

（2）文家沟泥石流成因分析

清平镇位于汶川地震发震断裂龙门山中央断裂（映秀—北川断裂）地带，区内地质构造作用强烈、断裂发育、褶皱保存不完整，多为推覆体内的次级褶皱，方向多变，岩层多陡倾、直立乃至倒转，裂隙发育、岩体破碎，为山地灾害的形成提供了有利条件。在本次汶川强烈地震作用下提供了大量的松散固体物源，斜坡稳定性差，受强降雨下渗激发斜坡失稳，导致了这场群发性灾害泥石流的暴发。

文家沟刚好处于"5·12"汶川特大地震的发震断裂"映秀—北川主断裂"与分支断裂交叉部位的压应力集中区这一特殊部位，"5·12"汶川特大地震时地震烈度为Ⅸ～Ⅹ度，属极重灾区。受汶川地震强烈作用，文家沟沟谷两岸坡体稳定性降低，形成较大规模崩塌、滑坡体，并曾经堵塞河道形成4处堰塞湖，滑坡形成的堆积物方量就达5 000 $\times 10^4$ m^3以上，为泥石流的形成提供了重要的松散物质，这些滑坡堆积物胶结和固结很差，在流水冲刷下，极易产生潜蚀和侧蚀，使泥沙迅速发生输移流动，为后期的泥石流活动埋下了严重的隐患。

文家沟沟谷在地貌上属构造侵蚀中切割陡峻低—中山地貌、斜坡冲沟地形。文家沟流域面积7.81 km^2，主沟长3.25 km，沟床平均纵坡降467.4‰。文家沟沟谷岸坡陡峻，切割深，纵坡降大，迭水坎多，横断面呈"V"字形。在汶川地震影响下，沟谷地形发生了明显变化，沟道堆积和堵塞现象严重。这样的地形和沟道条件为坡面和沟床松散堆积物及沟水势能转化为动能提供了有利条件。

"5·12"汶川特大地震为文家沟泥石流提供了非常丰富的松散固体物源，在合适降雨雨强下，均会暴发泥石流。在汶川特大地震震后的4个雨季里，文家沟先后暴发的5次泥石流均与强降雨有关，由此可见降雨是激发大规模泥石流形成的重要因素。

（3）文家沟泥石流的形成与启动

文家沟地处龙门山中央断裂下盘的龙门山褶皱断束的太平推覆体前缘，处于构造活动强烈地带，加之受"5·12"汶川特大地震作用，岩体裂隙发育、结构破碎，沟谷斜坡稳定性更差，沟床松散固体物源丰富，在沟道内形成大大小小的堰塞体。在强降雨作用下，首先是坡面侵蚀，沟床在搬运过程中形成小规模泥石流。随着降雨持续作用，中、上游沟道两岸坡松散残坡积堆积层发生大面积滑塌，在局部较狭窄的沟段造成严重堵塞，形成不同大小的堰塞体，泥石流在各个堰塞体后暂时淤积，形成断流、蓄能作用，达一定程度堰塞体突然溃决形成更大规模的洪水和泥石流。"8·13"特大泥石流后在文家沟留下了"槽谷"和"峡谷"相间出现的沟谷地貌就是泥石流在沟道中遇堰塞体产生蓄能—溃决作用形成的，它对泥石流流量的增加也起了决定性的作用，增强了其破坏能力，这也是震区泥石流破坏性极大的原因之一。

1.3 龙池镇八一沟泥石流灾害

2010年8月13日和18日四川省都江堰市龙池镇受局地强降雨影响，龙池镇龙池湖片区最高降雨量达到256.2 mm，龙溪河流量达到314 m^3/s，是有历史记载以来最大流量，在龙池镇沿龙溪河18 km长度范围内有44条沟暴发泥石流，泥石流冲出量达800 $\times 10^4$ m^3，使刚刚重建好的龙池镇旅游设施毁于一旦，受灾人数达5 149人，农林作物受灾面积达95 hm^2，交通、电力、通信、供排水、天然气等基础设施以及农家乐、乡村酒店、景观景点等旅游配套设施均遭受严重破坏，造成重大的生命财产损失。其中八一沟泥石流最为严重。

（1）八一沟泥石流灾害概况

八一沟位于都江堰龙池镇云华村，属于岷江一级支流龙溪河右岸的次级支沟，流域面积约 8.63 km^2，主沟全长约 4.45 km。八一沟在地震前就是一条多期次老泥石流沟，历史上发生过 3 期次大规模泥石流。“5·12”汶川特大地震造成大量松散物质堆积于八一沟及其支沟沟谷和两岸斜坡地带，斜坡稳定性较差，并于 2008 年 5 月14 日、5 月 19 日和 2009 年 7 月 17 日在降雨影响下连续暴发了 3 次泥石流，体积约 114.3×10^4 m^3。3 次泥石流淹没了茶马古道、都汶公路连接线、耕地、安置房屋等[6]。

2010 年 8 月 13 日 14 时左右，龙池镇开始降雨，1 小时后降雨量增大，约 16 时暴发大规模泥石流，17：40 泥石流转为洪水流，降雨于次日早 7 时停止。此次泥石流失踪 2 人，受伤 1 人，冲毁 36 余间民房，板房 100 余间，掩埋都汶路连接线 280 m，冲毁或淤埋谷坊、拦砂坝 11 座，排导槽全埋，轻微堵塞主河道龙溪河，影响紫坪铺水库，安置区水、电、道路等基础设施全部被毁，造成直接经济损失约 1 500万元[7]。

（2）八一沟泥石流成因分析

在地质构造上，虹口映秀断裂和灌县断裂均从八一沟中上游沟段穿过，虹口映秀断裂“5·12”汶川特大地震发震断裂映秀—北川断裂的一部分，在八一沟流域内断裂破碎带宽达 30 m。龙池—虹口断裂带 3 ~5 km 宽度带区域内地震最高烈度达Ⅺ度[8]，新构造运动强烈，主要表现在地区性不均匀升降和断裂的继承性活动。区内地质构造作用强烈、断裂发育、岩体破碎，沟谷斜坡稳定性差，为泥石流灾害的形成提供了有利条件。

八一沟流域内出露的地层岩性主要有第四系崩滑堆积物 Q_4^{del}、第四系洪积物 Q_4^{pl}、第四系崩坡堆积物 Q_4^{e+dl}，第四系地层主要分布在堆积区和流通区，以碎块石为主。形成区出露地层主要为元古代澄江—晋宁期的中粒斜长花岗岩 γ_{o2} 及震旦系下统火山岩组 Za 的灰绿色安山岩、凝灰岩及安山玄武岩，风化强烈，又在断裂带附近，裂隙发育、岩体破碎，斜坡坡面失稳，为泥石流提供了丰富的固体物源。

八一沟沟谷在地貌上属构造侵蚀中切割陡峻低—中山地貌。八一沟泥石流流域面积约 8.63 km^2，主沟全长约 4.45 km，沟床平均纵坡降 376.1‰，主沟泥石流主要由大干沟泥石流、小干沟泥石流和小湾沟泥石流汇集而成。支沟沟道狭窄，沟谷切割深，迭水坎多，横断面呈“V”字形，沟床平均纵坡均超过 500‰以上，支沟两岸斜坡较陡峻，坡度大多在 25°以上，支沟断面呈“V”字形。支沟多沿映秀断裂带的分支断裂发育，流域内元古代澄江—晋宁期斜长花岗岩及震旦系下统火山岩经历了多期强烈构造运动，岩体十分破碎。“5·12”汶川特大地震造成八一沟内山体开裂松弛，斜坡稳定性差，曾发生大量的崩塌、滑坡，物源丰富，总计约 757.61×10^4 m^3，其中可能参与泥石流活动的动储量约 438.34×10^4 m^3。滑坡及崩塌进入沟中形成迭坎或堰塞体，这样的迭坎或堰塞体在强降雨期间经过蓄能—溃决而形成灾害性泥石流。

汶川地震为八一沟泥石流提供了非常丰富的松散固体物源，在合适降雨及沉积条件下，易暴发泥石流。

（3）八一沟泥石流形成与启动

八一沟流域处于龙门山映秀断裂带上，流域内元古代澄江—晋宁期斜长花岗岩及震旦系火山岩岩体破碎，斜坡较陡峻，处于构造活动强烈地带，加之受"5·12"汶川特大地震作用，岩体裂隙发育、结构破碎，沟谷斜坡稳定性较差，沟床松散固体物源丰富，在沟道内形成大大小小的堰塞体。在强降雨作用下，首先在斜坡体表面形成冲刷侵蚀作用，形成纹沟、细沟、冲沟和坡面泥石流，运动到堵塞体后，在堵塞体内侧形成断流、蓄能作用，达一定程度堰塞体突然溃决形成更大规模的泥石流，对泥石流流量的增加起决定性的作用，使其破坏能力大大增强，这也是"8·13"特大泥石流破坏性极大的主要原因。

2　"8·13"特大泥石流共同特征

（1）泥石流沟沿断裂带发育，斜坡稳定性差。红椿沟地处火成岩与花岗岩破裂边界，映秀—北川主断裂沿红椿沟沟谷穿过；文家沟处于龙门山中央断裂下盘的龙门山褶皱断束的太平推覆体前缘，刚好处于"5·12"汶川特大地震的发震断裂"映秀—北川主断裂"与支断裂交叉部位的应力集中区，次级褶皱、断裂发育；八一沟位于龙门山前山断裂与发震中央断裂接合部，虹口映秀断裂和灌县断裂均从八一沟穿过，虹口映秀断裂为汶川特大地震发震断裂映秀—北川断裂的一部分，在八一沟沟流域内断层破碎带宽达 30 m。

（2）"5·12"汶川特大地震为泥石流形成提供丰富的物源。三条泥石流沟均处于"5·12"汶川特大地震发震断裂附近、区域地质构造接合部，构造活动强烈，岩体破碎，地形较陡峻，斜坡稳定性差，加之"5·12"汶川特大地震作用，为泥石流的形成提供了海量的物源。

（3）泥石流发生地均属于"5·12"汶川特大地震作用强的重灾区，在强烈地震作用下，有更多的物源进入沟中，成为堵（拦）水流障碍物或"堤""坎"，对沟道中的洪水或泥石流形成拦蓄作用，同时堵塞体自身的稳定性较差，极易形成洪水蓄满、翻坝溃决，即蓄能—溃决，形成更大规模、破坏性更强的泥石流。

（4）"8·13"特大泥石流峰值流量均超过正常流量，事后根据调查资料计算，"8·13"特大泥石流中各沟峰值流量如下：红椿沟泥石流计算峰值流量 745.76 m^3/s，文家沟泥石流最大峰值流量 1 530 m^3/s，八一沟泥石流最大峰值流量 1 082 m^3/s。究其原因主要为泥石流在沟床中运动时，受大大小小的滑坡、崩塌堰塞体堵塞，形成蓄能—溃决模式，堰塞体溃决对泥石流流量起到放大作用。

（5）在“5·12”汶川特大地震前或以后进行过治理的地区，在“8·13”特大泥石流中，均遭受到不同程度的破坏，工程未发挥预期效果。

3 泥石流形成和启动机制

四川省“8·13”特大泥石流灾害在空间上多沿“5·12”汶川特大地震的发震断裂附近集中暴发，主要集中暴发地点为映秀镇、清平镇、龙池镇，其特点是松散固体物源丰富、峰值流量大、冲出固体物质多、破坏力强，成生机制显示较清楚。

受“5·12”汶川特大地震的影响，在重灾区泥石流沟内存在海量固体物源，斜坡稳定性差，坡面表土层松散，在降雨期间，坡面表土层饱水和受面流冲刷作用，易形成坡面泥石流。坡面泥石流汇入沟谷中，如能顺畅地流走，即使带走冲刷沟道内的松散固体物质也只会形成规模较小的泥石流，其破坏性小。但是由于汶川地震影响，岩土体结构松散，斜坡稳定性差，可发生滑坡及崩塌而在沟内形成大大小小的堰塞体，加之降雨过程中沟道汇水集中冲刷，岸坡临空失稳，进入沟中也会形成堵（拦）水流障碍物或“堤”“坎”。当坡面泥石流或雨水汇流入沟道，在沟道中运动，遇到这些堰塞体、堵（拦）水流障碍物或“堤”“坎”时，就会受堵蓄流蓄能，往往这些堰塞体及堵（拦）水流障碍物或“堤”“坎”自身的稳定性也较差，当洪水、泥石流积蓄到临界点时极易溃决，形成更大的泥石流，在一级一级的蓄能—溃决过程中，形成规模巨大、破坏力极强的灾害性泥石流。这也是这三条泥石流峰值流量巨大的原因之一，“8·13”特大泥石流过后对流域内泥石流发生后留下的痕迹调查也证明了这点。

4 防治原则

映秀镇红椿沟泥石流、清平镇文家沟泥石流、龙池镇八一沟泥石流在地震前或地震后均进行过治理，何以原来的治理不成功呢？究其原因是对地震重灾区泥石流的启动和发展机制认识不够清楚，其相应措施针对性和预测性不强。由于沿发震断裂带发育的沟谷斜坡稳定性差，在沟谷内原本储存有巨量松散固体物质。而沟道上堰塞体及堵（拦）水流障碍物或“堤”“坎”则起到堵水蓄能作用，当能量的积蓄到临界点或水流翻“坝”时，极易引起这些天然“坝”体的溃决，瞬时增加泥石流流量形成破坏性极强的泥石流，根据三条沟内原有防治工程的破坏失效情况，面对重灾区沟谷内海量的固体物源，仅仅修建拦渣坝拦截固体物源而不及时清库和固坡是远远不够的。通过对地震重灾区泥石流成生及启动机制分析，从以预防为主的角度，消除和削弱泥石流形成的三大条件（尤其是物源和水动力条件），提出以下的泥石流防治原则：

（1）治沟与治坡相结合，“8·13”特大泥石流之所以峰值流量很大，破坏力极强，一个重要原因是两侧岸坡破坏严重，而带到沟中的固体物源量较多且易堵塞沟槽，使沟水积聚而不能及时排泄，因而，治沟应同时治坡，消除沟道堵水的可能性，使水（泥石流）流路顺畅。对于这类沿岩浆岩边界和断层带发育的沟坡，应按照生物措施与工程措施相结合的原则进行固坡。生物措施宜以植矮乔和灌木为主，必要时局部可采用开放型工程措施。切勿封堵地下水排泄通道。工程措施中一般也可兼植矮乔、灌木等。

（2）工程措施的兴建应与其功能的维护（维修）相结合，以往有的拦渣坝的失事正是为了增大库容而增大坝高，将坝体上游水位抬得太高后，对坝下的地基的强烈侵蚀所致。都江堰水利工程虽然看起来不宏伟，却是世界上唯一的一个经过两千多年仍在发挥效益的水利工程。这与其“深掏低筑”和多年的维修是分不开的。对那些在“8·13”特大泥石流之后一味强调提高工程设计标准和希望“一劳永逸”的意见，笔者实难苟同。

一般来说，对泥石流沟的上游段，多是低于5 m的谷坊坝、格栅坝等为主。下游段（所谓的流通区和堆积区）则排导工程为主。其实，物源往往不一定是在上游，下中游的大、中型滑坡入沟堵洪更加可怕。所以，在适当位置修建拦渣坝，防止泥石流的形成和进入江河也很有必要，但仍应以低坝为宜，以免上下游水位差过大。库容则能吸纳一次较大泥石流固体物质即可。事后即时将其清除，以保证设计功能。

（3）将防灾与建设相结合。低矮拦渣坝（含谷坊坝、格栅坝）等之上游近坝段均可就地取材做成反滤结构，以促成其淤积物自然分选，并将其用于固坡（压脚）、筑路、修渠和扩大耕地之土石料。这些工作可与维修清库合并进行。

（4）对于可能出现滑坡入沟“蓄洪（能）—溃堤释能”型泥石流的预警系统，应在可能失稳形成堵沟的潜在滑坡或崩塌体上下游段同时布设泥位监测仪器，监测泥位（水位）暴涨暴落等灾害前兆信息[9]，才能更加准确和更加超前地进行预警。

5　结语

“5·12”汶川特大地震后，近年来重灾区泥石流灾害频发，给灾区灾后恢复重建工作及人民的生命财产安全带来了严重的威胁。文章通过介绍四川省“8·13”暴雨泥石流集中暴发区中的三条典型泥石流沟灾害，探讨其孕育和启动机制。汶川地震发震断裂映秀—北川断裂附近是灾后泥石流集中暴发区域，其泥石流有固体物源丰富、峰值流量大、破坏力强、一次冲出量大等特点，其启动过程主要与沟内在强烈地震中或在降雨过程中形成的堰塞体及堵（拦）水流障碍物或“堤”“坎”的“蓄能—溃决”有关。通过对地震重灾区泥石流成生机制分析，面对灾区沟谷海量的松散固体物质，结合灾区恢复重建工作，提出“治沟与治坡相结合，工程措施的兴建应与其功能的维护（维修）相结合，将防灾与建设相结合，该类泥石流预警应关注堵塞体”的4条具体防治原则。

四川省“8·13”特大泥石流部分泥石流在之前均进行过治理，但对地震重灾区泥石流的启动和发展机制认识不够清楚，其相应措施针对性和预测性不强，导致原来的治理不成功。因此，从防灾的视角看，我国西部地震区泥石流治理尚有很多问题待探讨[10]，现场有很多珍贵的现象待笔者去解读。本文通过有限的调查和资料，进行了初步总结，一管之见，欢迎共同探讨，不当之处盼指正。

参考文献

[1] 李朝安，谭炳炎，胡卸文．“5·12”汶川特大地震公路灾害分析和防治对策[J]．自然灾害学报，2009，18（6）：97-104.

[2] 许强．四川省“8·13”特大泥石流灾害特点、成因与启示[J]．工程地质学报，2010，18（5）：610-621.

[3] 唐川，李为乐，丁军，等．汶川震区映秀镇“8·13”特大泥石流灾害调查[J]．地球科学—中国地质大学学报，2011，36（1）：172-180.

[4] 苏鹏程，韦方强，冯汉中，等．“8·13”四川清平群发性泥石流灾害成因及其影响[J]．山地学报，2011，29（3）：337-347.

[5] 余斌，马煜，吴雨夫．汶川地震后四川省绵竹市清平镇文家沟泥石流灾害调查研究[J]．工程地质学报，2010，18（6）：827-836.

[6] 张自光，张志明，张顺斌．都江堰市八一沟泥石流形成条件与动力学特征分析[J]．中国地质灾害与防治学报，2010，21（1）：34-38.

[7] 马煜，余斌，吴雨夫，等．四川都江堰龙池“8·13”八一沟大型泥石流灾害研究[J]．四川大学学报，2011，43（增刊1）：92-98.

[8] 沈军辉，朱容辰，刘维国，等．“5·12”汶川地震诱发都江堰龙池镇干沟泥石流可能性地质分析[J]．山地学报，2008，26（5）：513-517.

[9] 李朝安，胡卸文，王良玮．山区铁路沿线泥石流泥位自动监测预警系统[J]．自然灾害学报，2011，20（5）：74-81.

[10] 李朝安，魏鸿．西南地区泥石流灾害及防灾预警[J]．中国地质灾害与防治学报，2004，15（3）：34-37.

作者简介：李朝安，博士，现成都信息工程大学物流学院副教授，原中铁西南科学研究院有限公司工程地质灾害防治研究所高级工程师，2006—2012年西南交通大学在职博士生；胡卸文，博士，西南交通大学地球科学与环境工程学院教授，博士生导师；李冠奇，四川大学在读博士生，中铁西南科学研究院有限公司工程地质灾害防治研究所工程师；马显春，博士，中铁西南科学研究院有限公司工程地质灾害防治研究所工程师。

地质灾害与应急教育的思考①

陈帅
（成都信息工程大学管理学院）

摘要：本文通过对地质灾害类型和其带来危害的解读，阐述了当前我国地质灾害防治面临的问题，进而提出地质灾害防治中注重加强全民应急教育，树立科学的应急教育观，建立素质化、全民化的应急教育理念，树立科学的应急教育观，扩大应急教育的实施广度；构建完善的应急教育培训体系，进一步提高应急教育培训实效；适度扩大应急教育的高层次人才储备等措施。

关键词：地质灾害；防治；应急；教育

由于全球气候异常变化，世界范围内的降水、降雨量日渐增多，地质灾害隐患也在不断增加，特别是随着人类活动的加剧和活动范围的不断扩大，工程建设造成的地质性破坏越来越多。我国疆域辽阔，国土面积广大，孕育地质灾害的自然地质环境条件复杂多变，自然变异强烈，不同地区人类工程活动的性质和强度也各不相同，因此所形成的地质灾害的类型、发育强度及危害大小差异甚大，已成为世界上地质灾害多发的国家之一。我国的地质灾害种类多、分布广、影响大，因此在地质灾害防治方面常通过有效的地质工程手段，改变这些地质灾害产生的过程，以达到减轻或防止灾害发生的目的。地质灾害防治工作，实行预防为主、避让与治理相结合的方针，按照以防为主、防治结合、全面规划、综合治理的原则进行。而我国民众对地质灾害知识的了解水平较低，渠道较少，地质灾害应对知识欠缺。地质灾害统计资料显示，我国每年都要发生各种自然灾害，约有 3 亿人不同程度受灾和损伤，年均经济损失 2 000 多亿元，年均倒塌房屋 300 多万间，从地质灾害后果的严重程度可看出民众对突发事件的应急措施不甚了解；对抗自然灾害，人类力量有限，如果提前加强了这方面知识的学习和树立安全防范意识，把损失减小到最小限度；对于人为灾害，人人都有防范意识，灾害损失就可减少到最小限度。

---

① 本文是第十三届“生态·灾害·扶贫——2016 长江上游生态安全与区域发展战略论坛”文章。

1　地质灾害的含义与类型

1.1　自然灾害及地质灾害

灾害，是由自然或人为的原因造成的，在一定范围内，对人类、物质和环境造成了超常的破坏与损失，并由此导致社会功能的严重毁坏的现象或过程。自然灾害一般指的是干旱、洪涝、风雹、低温冷冻、地震、雪灾、山体滑坡、泥石流、病虫害和其他异常自然现象给人类造成的危害。地质灾害简称地灾，以地质动力活动或地质环境异常变化为主要成因的自然灾害。在地球内动力、外动力或人为地质动力作用下，地球发生异常能量释放、物质运动、岩土体变形位移及环境异常变化等，危害人类生命财产、生活与经济活动或破坏人类赖以生存与发展的资源环境的现象或过程。不良地质现象通常叫作地质灾害，是指自然地质作用和人类活动造成的地质环境恶化，降低了环境质量，直接或间接危害人类安全，并给社会和经济建设造成损失的地质事件。

1.2　常见地质灾害的类型

常见的地质灾害主要指危害人民生命和财产安全的崩塌、滑坡、泥石流、地面塌陷、地裂缝、地面沉降等6种与地质作用有关的灾害。我国疆域辽阔，影响地质灾害发育的自然地质条件复杂多样，人为工程活动的性质及强度差异大。广义上的地质灾害有数十种，常见的地质灾害可以罗列如下：地震、火山喷发、滑坡、崩塌、泥石流、地面塌陷、地裂缝、地面沉降、沙漠化、水土流失、水土污染、土地盐渍化、沼泽化、煤与瓦斯突出、矿坑突水、岩（煤）爆、顶板冒落、地下热害、煤层燃烧、边岸再造、泥沙淤积、库区浸没、洪涝、海岸侵蚀、黄土湿陷、膨胀土胀缩、冻土冻融，等等。

地质灾害的分类，有不同的角度与标准，十分复杂。就其成因而论，主要由自然变异导致的地质灾害称自然地质灾害；主要由人为作用诱发的地质灾害则称人为地质灾害。

按地质作用，分为内生地质灾害、外生地质灾害和人类活动诱发的地质灾害。

根据灾害发生区的地理或地貌特征，可分为山地地质灾害，如崩塌、滑坡、泥石流等；平原地质灾害，如地面沉降。

按灾害发生及持续时间，可分为突发性地质灾害和缓变性地质灾害。前者如地震、火山喷发、滑坡、崩塌、泥石流、地面塌陷等，即习惯上的狭义地质灾害；后者如地面沉降、水土污染、水土流失、土地沙漠化等，又称环境地质灾害。

2　地质灾害的防治现状

我国因地质灾害造成人员伤亡和经济损失较为严重。据统计，1996—2010 年，平均每年因突发滑坡、崩塌、泥石流等地质灾害死亡和失踪 1 090 人，年均经济损失 120 亿～150 亿元。特别是 2008 年“5・12”汶川特大地震共造成 69 227 人死亡，374 643 人受伤，17 923 人失踪，是中华人民共和国成立以来破坏力最大的地震，也是继唐山大地震后伤亡最严重的一次地震。2010 年，全国因地质灾害造成 2 246 人死亡、669 人失踪、534 人受伤，其中仅舟曲“8・8”特大山洪泥石流灾害就造成 1 501 人死亡、264 人失踪。缓变性地面沉降造成的经济损失也十分严重。1999 年以来以县（市）为单元的地质灾害调查显示，全国除上海外各省、自治区、直辖市均存在滑坡、崩塌、泥石流灾害。截至 2010 年年底，已记录编目的灾害隐患点约 24 万处，直接威胁人口达 1 359 万人，受影响人口预计 6 795 万人。其中，西南、西北以及山陕等地最为严重，灾害隐患点约占全国总数的 75%。当前我国的防灾工作仍然面临严峻形势，主要表现在以下几方面。

2.1　我国特定的地质环境条件决定了地质灾害呈长期高发态势

我国地形地貌起伏变化大，地质构造复杂，具有极易发生地质灾害的环境基础。据预测，21 世纪前期在全球气候变化背景下，我国极端天气气候事件发生的频率、强度和区域分布变得更加复杂，中小尺度天气系统孕育暴雨的不确定性因素加大，局地突发性强降水和台风等极端气候事件增多，地震趋于活跃，强降雨过程和地震引发地质灾害发生的概率加大，可能造成地质灾害的总体形势更加严重，未来数年仍是地质灾害的高发期。

2.2　社会经济发展迅速，不合理的人类工程活动干扰破坏地质环境

大规模的基础设施建设对地质环境的影响剧烈，劈山修路、切坡建房、造库蓄水等人为活动引发的滑坡、崩塌、泥石流等地质灾害仍将保持增长态势。而随着城市化进程的加快，现代都市圈逐渐形成，水资源供需矛盾加剧，由于过量开采地下水和油气造成的地面沉降和地裂缝灾害仍将呈上升趋势。加之全国各地采矿挖掘形成了许多地质灾害隐患，采矿活动引发的地面塌陷、地裂缝灾害在矿区和矿业城市普遍存在。

我国地质灾害点多面广，严重威胁人民群众的生命财产、国家重大工程与城镇安全，防治任务十分繁重。我国科学技术水平对地质灾害防治工作的支撑明显滞后于社会经济发展的迫切需求。如重庆鸡尾山、贵州关岭、甘肃舟曲等重大地质灾害的形成与运动过程极具复杂性，充分暴露了地质灾害防治科学技术支撑不足问题，如地质安全隐患识别探测、影响因素与成因机制分析、破坏模式和灾害风险判别等

方面的研究仍处于探索阶段，地质灾害调查评价、监测预警和防治工程理论方法尚不成熟，更没有形成体系，亟须加强对地质灾害孕育过程、运动规律、成灾机制、监测预警与防治技术等的系统研究，全面提升防灾减灾科学技术水平。

3 地质灾害的防治中应急教育的必要性

地质灾害防治是指对由于自然作用或人为因素诱发的对人民生命和财产安全造成危害的山体崩塌、滑坡、泥石流、地面塌陷、地裂缝、地面沉降等地质现象，通过有效的地质工程手段，可以改变这些地质灾害产生的过程，达到减轻或防止灾害发生的目的。地质灾害防治工作，实行预防为主、避让与治理相结合的方针，按照以预防为主、防治结合、全面规划、综合治理的原则进行。地质灾害防治的重点区域是：城市、农村和其他人口集中居住区、大中型工矿企业所在地、重点工程设施、主要河流、交通干线、重点经济技术开发区、风景名胜区和自然保护区等。

对地质灾害的认识，应该明确两点：一是地质灾害和其他自然灾害一样，也是以人为中心的，离开对人类的生存和生活的危害、威胁，灾害便无从谈起。二是地质灾害的动力来源是内外动力地质作用（含人类活动的营力作用）。除了科学规划地质灾害防治工作，加强地质灾害的防治与管理，避免和减少地质灾害给人民生命和财产造成的损失，维护社会稳定，保障生态环境、促进国民经济和社会可持续发展外，对加强对广大人民群众的应急教育也有着重要意义。

应急教育是指针对突发灾害性事件进行的教育。有学者提出，改善急救知识的宣传途径很重要，要将应急救护知识融入学前教育、义务教育和岗前培训中，以提高公众对应急急救知识的重视程度。应急教育最早可以追溯到1950年联合国难民事务高级专员公署（the UK Refugee Agency）的创建，是一种始于难民教育，以灾难发生时的教育援助和灾后的教育重建为中心，以危机中的青少年为重点人群的教育。最早出现于1951年，美国应急教育萌芽的标志是1993年成立的国际应急管理协会（IAEM），它促进了应急教育的国际合作与学术交流。美国政府2000年“9·11”事件后开始积极推动建立以“防灾型社区”为中心的公众安全应急教育体系，并高度重视应急学历教育，相继在几所高校设置了应急管理、国土安全、反恐减灾、企业危机管理等专业。而我国应急教育起步较晚，目前，主要由防灾减灾应急部门和红十字会培训中心推广实施，各大医疗机构在本行业内实施，而没有系统纳入全民教育和规范的学校教育体系。

4 加强应急教育、有效防治灾害对人类的影响

4.1 建立素质化、全民化的应急教育理念

我国应该重视对儿童与青少年危机理念、危机文化、应急技能的培养，始终以

危机理念贯穿基础教育改革当中，以危机文化作为一种力量和信念内化到民族精神和社会形态中，并以应急技能作为生活适应性素质教育内容。从幼儿园开始就教孩子摔倒或扭伤时的应对方法，并进行食品安全教育，从小就培养孩子的应急和食品安全意识；进入中小学，增设安全教育等应急课程，通过这些专门的课程教给孩子遇到各类灾害如地震、火灾等的应急措施。此外，也要充分利用网络、电视等媒体开展宣传教育。在公众应急教育中，注重培养公民的安全意识、提高自我保护和自我救援能力，倡导学会生存的理念并将其内化为每个公民的安全意识与行动。

4.2　树立科学的应急教育观，扩大应急教育的实施广度

为了有效实施应急教育，首先要树立科学的应急教育观，从认识上讲，要最大限度地集各方合力推进应急教育发展。实施应急教育回归素质教育是关键。我国应急教育已经积累了初步的经验，正处于迈入理性发展的关键期。在基本条件具备的情况下，观念往往决定着发展速度和质量。因此，要认真分析当前的认识问题，走出误区，以素质教育为基础，着力培养受教育者的应急意识和应急技能。在这个过程中，坚持应急教育与素质教育相统一，为推动应急教育的纵深发展争取更多内外部资源和支持。广大个体的应急素质是应急管理工作的基础，也是有效开展应急管理工作的必备条件。教育内容应侧重于培养公共安全应急意识和自救互救能力。从现代教育倡导以人为本、关注发展的理念出发，将应急教育列入中小学必修课，不仅十分必要，而且刻不容缓。课程设置时应将应急教育作为素质教育的重要组成部分，组织相关部门编写专门的应急教育教材，内容应涵盖各类突发事件应对形成科学系统的教育体系，包括对意识、知识、技能、心理素质的培养和训练，包括水灾、火灾、地震、海啸、滑坡、泥石流等自然灾害中的逃生和自救方法；交通事故、煤气泄漏、溺水、食物中毒、外伤出血、内外科急症的急救知识，以及网络交友安全、毒品危害、性侵犯、艾滋病等方面的自我保护措施等，并要求他们掌握应急求助渠道及政府设立的常用应急电话，同时，也要让他们经常参加一些必要的应急演练，从实践操作中锻炼与提高应急能力。

其次，要扩大应急教育的实施广度。切实提高我国政府预备、响应、救援、恢复等应急管理能力，必须要高度重视应急教育，从提高国民整体应急综合素质、培养应急管理专业人才、加强应急科学研究等方面抓起，积极开展多层次的应急教育，进一步扩大我国应急教育的实施广度，构建覆盖全社会、全方位、多层次、全过程的应急教育体系，力争使我国应急教育组织系统化、教育对象全民化、教育形式常态化、教育方式多样化、教育目标素质化、教育水平专业化。此外，要建立一套完善的应急教育长效机制，使常态化的应急教育走进城市、乡村，走进校园、社区。

4.3 构建完善的应急教育培训体系，进一步提高应急教育培训实效

首先，建立起国家级、综合性、开放型的应急教育培训基地。借鉴美国 EMI（应急管理学院）的经验，以国务院应急管理办公室、国家行政学院等为依托，整合各方面的应急教育资源与力量，建立起国家级、综合性、开放型的应急教育培训基地，从而辐射带动其他教育培训机构的建设，乃至整个国家应急教育培训体系的建设。应急教育培训基地的建设是一项系统工程，涉及机构设置、基础设施、学科队伍、培训模式、教学设备、管理体制等，需要各级政府与相关部门的高度重视与相互配合。同时，加大对应急教育培训基地的现代化教学设备购置的投入力度，建立应急演练模拟中心，为案例教学、情景模拟教学和各种决策指挥演练教学提供可靠的保障，切实提高应急教育培训的针对性和实效性。

其次，增强应急教育培训课程内容主要是针对性政府部门、非政府组织等单位的应急管理机构主要负责人和从事应急管理的工作人员设置的，教育内容应侧重于提高学员的应急指挥能力和处置能力，使其系统地了解和掌握突发事件的基本应急管理知识，熟悉国内外应急管理的一般模式，能够熟练掌握应对各种突发事件的工作流程。课程设置应涵盖突发事件的类型及其社会因素、突发公共事件中的政府形象及其重塑、声明与新闻发布会实务、社会安全应急预案设计、应急管理法律常识、灾后重建理论与实践、公共应急管理案例分析、国内外公共应急管理模式、公共应急模拟演练等。全力推进案例式、模拟式、演练式教学模式，进一步提高培训质量和效果。

最后，建立健全分级分类的应急教育培训机制。由于应急教育培训对象涉及面广、层次多，从学生到社会公众、从应急管理部门的工作人员到政府领导干部，从公共部门到私营部门，培训对象千差万别，培训量也非常大。因此，建立健全分级分类的培训机制，是提高应急教育培训针对性、实效性和覆盖率的必然选择，这也有利于应急教育资源的有效配置，缓解国家级应急教育培训基地资源紧张的矛盾和培训力量的不足，调动各级各类培训机构和全社会参与应急教育培训的积极性、主动性和创造性。

4.4 适度扩大应急教育的高层次人才储备

首先，做好国家应急教育的顶层设计，制定好应急教育的中长期总体发展规划，进一步明确各层次人才培养目标，优化课程设置，组织相关力量做好教材建设，加强应急教育师资队伍的建设。在财政投入方面，国家应将应急教育所需的经费进行单列，纳入年度预算，设立一个应急教育基金，也可通过多渠道筹集资金，保证应急教育的财政投入，为应急教育的可持续发展提供可靠的资金保障。

其次，建立起一套涵盖学士、硕士、博士等应急教育的人才培养体系，为国家培养大量高层次的应急教育人才提供的保证。尽管目前我国应急教育高层次人才缺

口很大，但也要有计划地分步实施，对应急教育高层次人才现状需求进行摸底并对潜在需求进行分析推测，根据“质量优先，规模适度”的原则，宁缺毋滥，在审核一些高校申办应急管理专业过程中，要经过充分的社会调研和论证方可批准，正确处理好规模与质量的关系。对批准开办应急教育相关专业的高校，在政策和资金上要大力扶持。同时，希望进一步明确应急教育学科专业设置的“法律”地位，建议教育部、国务院学位委员会在本科招生目录里添加应急管理专业，正式将“应急管理学”列为“管理学”一级学科下属的二级学科，以解决目前学科隶属关系混乱的问题，促进应急教育学科建设的健康发展。

最后，制定相关人才培养质量评估体系，进一步提高应急教育高层次人才培养质量。对于在校攻读应急管理相关专业的本科生与研究生，教育内容应侧重于培养应对各种传统和非传统的、自然的和社会的安全风险的能力，使其具备较多知识生长点，培养能从事突发公共事件的预测预警、信息报告、应急响应、恢复重建、调查评估等应急管理工作的专业人才，以及能够理论联系实际、创造性地从事科学研究、教学和管理工作的高级专门人才。课程设置应涵盖行政管理学、新闻传播学、法学、生物医学等多学科理论基础课，以及应急管理学、预警与应急管理、减灾应急管理、灾后重建理论与实践、应急情景模拟开发、应急演习设计等应急实操课程。

参考文献

[1] 国土资源部地质环境司，等．地质灾害防治条例释义［M］．北京：中国大地出版社，2004.

[2] 周新民，王雁林．镇坪县地质灾害防治工作的基本经验和主要做法［R］．国土资源简报，2004.

[3] 苏涛．我国城市地质灾害的主要类型［J］．决策管理专家论坛，2009 (9)：58 –59.

[4] 林涛，林毓铭．美国应急教育的借鉴与启示［J］．中国应急管理，2012 (2)：53 –57.

[5] 陆继锋，曹梦彩．FEMA 对美国应急管理教育的贡献与启示［J］．防灾科技学院学报，2017，19 (4)：48 –56.

[6] 王鑫．我国防灾减灾教育的现状分析及优化对策［J］．科学技术创新，2011 (22)：170.

作者简介：陈帅，成都信息工程大学管理学院副教授。

川渝两地大学生赴岷江流域地震灾区考察纪实[①]

黄萍　詹飞　尹子重

（成都信息工程大学管理学院）

2010年10月24日至28日，由成都信息工程大学、德国艾伯特基金会、四川省人民对外友好协会共同发起的川渝两地大学生“重走汶川地震灾区，见证岷江流域恢复重建”的科学考察活动顺利完成（图1）。在为期5天的考察活动中，考察队伍跋山涉水，先后辗转奔赴都江堰、汶川、茂县、松潘和北川等“5·12”汶川特大地震灾区，对岷江流域生态环境现状、灾后各项基础设施建设、灾区人民的精神生活状况、政府和援建单位的工作效率等热点内容进行了详尽的考察与记录，取得了丰硕的考察研究成果。

图1　出征仪式现场

1　跨区域、跨学科人员组成的考察队伍大范围、多角度地观察和分析问题

灾后恢复重建是一项庞大的系统工程，包括基础设施、生态环境、非物质文化遗产、旅游开发、心理疏导等各个方面。此次科考活动中地处川渝两地的成都信息工程学院、四川大学、西南民族大学、成都理工大学、四川农业大学、重庆文理学院、西华师范大学、四川旅游发展研究中心积极参与。成员研究领域涉及环境科学、地理学、管理学、经济学、民族学、文化人类学、历史学等多个学科，其中学

---

① 本文是第六届“生态·旅游·灾害——2010汶川特大地震科学考察专题论坛”文章。

生 11 人（包括博士研究生、硕士研究生、本科生）。

自然生态组　　区域经济组　　文化遗产保护组

图 2　科考活动分组

根据此次科考活动的任务和目的将全体队员分为自然生态、区域经济和文化遗产保护三个专业考察小组（图 2）。每个专业小组都详细考察重建过程中该学科重点关注的问题和应对措施。当讨论到某个领域内的实际问题时，小组成员能从学科专业背景出发，深入浅出地为大家分析和讲解。既避免了单一地看待问题，又丰富了队员们的视角。

2　灾后重建抢抓"三年任务，两年完成"目标，建设成果喜忧参半

考察途中给队员们留下最深印象的莫过于一栋栋舒适漂亮的民宅、坚固结实的校舍、功能完善的医院和一条条宽敞的道路等关系民生的基础设施和房屋建筑（图 3）。队员们先后实地考察了上海市援建的都江堰壹街区、佛山援建的汶川水磨古镇、江门援建的萝卜寨、山东各市援建的北川新城。所有基础设施都比地震前更坚固、更安全、更漂亮。都江堰市农业发展局局长告诉考察队员，全市重建后的建成区面积是地震前的 1.6 倍。汶川宣传部部长座谈时说全县所有干部均采用"5 + 2""白 + 黑"的工作制度，时时刻刻坚守在工作的岗位上。各省市援建单位也是分秒必争，确保三年任务在两年内保质保量的完成。汶川灾区重建是一次高效的、安全的、开放的、阳光的、和谐的重建。考察队伍还参观了北川新城，选址在离北川老城 30 km的一处平地上。这里依山傍水，环境甚是优美，并将于近期投入使用。

汶川水磨古镇　　北川新城

图 3　重建成果

在快速抢建中，为了全面实现“三年任务，两年完成”的硬目标，打赢打好灾区恢复重建的攻坚战，各地都呈现出一派火热的建设场景。但是考察队发现，部分市（城）区重建住宅区项目的建设显然缺乏系统、周密、前瞻的规划设计，道路、通道、停车场、绿地、广场、公共休憩空间等公共设施欠整体考虑，没有给未来城市（镇）社区的多元发展留足空间，未来可能会显现出一系列供需结构性问题。

3　岷江流域部分河段生态环境脆弱，次生灾害频发

岷江作为川西人民的母亲河、长江上游流量最大的支流，是长江上游生态屏障建设的重要区域之一。其水质安全不仅直接影响长江干流的水质等级，也关系到下游城市的生活和农业用水安全。在“5·12”汶川特大地震中，岷江流域生态环境受到严重破坏，最主要的表现形式是滑坡和强降雨引发的泥石流灾害频发（图4）。两年多过去了，岷江流域部分河段的生态环境不但没有得到恢复，局部地区甚至比地震后变得更加恶劣。队员实地考察了不久前由于强降雨而引发的都江堰虹口镇的特大泥石流案例，泥石流从半山腰一直倾泻到河谷中，并冲毁了山脚处的部分房屋。都江堰—映秀—汶川—萝卜寨沿线河流两侧的生态环境最为脆弱，滑坡分布密集。茂县—松潘—黄龙—北川沿线的生态环境较好。考察队还考察了位于九寨沟县和松潘县交界处的岷江源，岷江的发源地正是这儿的几座大雪山。生态环境恢复修复是一个复杂且缓慢的过程，植被恢复作为能够固定土壤、涵养水分的重要手段有待进一步加强。

都江堰虹口泥石流

汶川境内滑坡频发区域

图4　次生灾害

4　灾区人民积极向上，各项建设方兴未艾

经过两年多的沉淀和恢复建设，灾区人民的精神面貌已经焕然一新、激昂向前。在与都江堰九鼎坪一户人家交谈时，户主的收放自如、悠然自得给考察队员留下了深刻的印象。沿途经过的学校、集市无不充满着欢声笑语。考察队夜宿汶川县

城时，在一个露天的广场上，看到成群结队的当地居民和游客在这儿跳着“锅庄”舞，大家手牵着手，跟着大屏幕一起舞动，每位考察队员都被这种积极向上、追求新生活的精神所感动。同时，各地政府积极展开农业生产、旅游开发、特色工业等经济建设。汶川水墨古镇以重建为契机，将建设与古老的羌族文化结合在一起，打造出一个有历史、有文化、有特色的旅游胜地。汶川县大力倡导羌绣的发展，成立羌绣制作公司并组织了专业的培训队伍，既保护了独具特色的少数民族文化遗产，又增加了居民的收入（图5）。

美丽的萝卜寨

羌绣

图5　数民族文化特色产业

5　吃水不忘挖井人，浴火重生记党恩

灾区在短时间内能够取得恢复重建的巨大成功，是党中央坚强领导的结果，是中华民族坚强不屈品质支撑的结果，是全社会无私援助支持的结果。对口援建机制体现了中国特色社会主义制度下集中力量办大事的有效机制。无论是马路边、建设工地、临时搭建的板房区，还是新建的住宅、公共建筑等周围，都能看见醒目的大幅红色标语（图6）。虽然只有简短文字，却真切凝结了灾区人民对党和国家的无限感激之情。考察队伍在北川临时搭建的板房区与百姓交谈时，正好遇见政府给大家发放新房的产权证（图7）。人们都在神采飞扬地谈论生活在社会主义新中国的无限幸福，纷纷表示“吃水不忘挖井人，浴火重生记党恩”。

图6　感恩标语

图7　领取产权证

6 见证重建有助于培养当代大学生的社会责任感和爱国主义情操

地震给人民的生命财产带来极大损害，地震遗址却形成了宝贵的精神财富——爱国主义教育示范基地，抗震救灾过程中涌现出的无谓精神成了整个中华民族的宝贵精神财富。考察队先后参观了映秀漩口中学（图8）、汶川博物馆（图9）、北川县城等地震遗址，深深体会到了大自然的不可预知、党和政府抗震救灾的决心和灾区人民坚强不屈的精神。这对于以大学生为主体的考察队伍来说是至关重要的，它将有助于培养大学生的社会责任感和爱国主义情怀，促使我们与大自然和谐相处，激励同学们励志刻苦学习，用实际行动来报答党和国家的培养之情。

图8 映秀漩口中学

图9 汶川博物馆

作者简介：黄萍，博士，成都信息工程大学管理学院院长、教授，硕士生导师，四川省高校人文社科研究基地“气象灾害预测预警与应急管理研究中心”主任；詹飞，硕士研究生，成都信息工程大学管理学院；尹子重，硕士研究生，成都信息工程大学管理学院。

灾区标语说重建：汶川地震带沿线重建考察纪实[①]

赵靓　徐新建
（四川大学文学与新闻学院）

2010年10月24日至28日，由德国弗里德里希·艾伯特基金会（以下简称艾伯特基金会）、四川省人民对外友好协会资助，成都信息工程大学、四川大学—育利康文化遗产研究所等单位发起和主办的“重走汶川地震灾区，见证岷江流域恢复重建”科学考察活动，在成都启动。考察队通过为期五天的实地调研，对岷江流域灾后经济、文化、生态、社会重建资料进行了收集，并对重建实效进行了科学评估，力求进一步思考灾难之后人与自然和谐共生的经验和方法。

作为考察队中文化遗产保护小组的成员，我选择了地震及重建地区的标语作为考察对象，从沿途收集、整理的资料中分析了解汶川地震带沿线的重建情况。本文之所以选择地震标语作为考察切入点，有以下原因：其一，标语作为“用简短文字写出的口号（一般只有一句），具有纲领性和鼓动性特征”，是官方文件的固态呈现，可以充分反映灾后国家和地方的工作重点和方向；其二，标语作为公共空间的重要组成，是联系官方和民间的话语纽带，可以透视灾难与重建引发的社会变迁；其三，灾区标语既有一般标语的共性，又有因地震影响而产生的特殊性，它们同灾难背景一道构成了汶川地震带独特的文化空间。

1　地震重建标语收集、分布情况

重建标语的研究，首先要在行走路线上尽可能多地收集资料，其次要进行分类和整理，最后从内容、意义方面进行深入分析。

收集主要通过现场取样、访谈询问和查找网络资料三种方式进行：一是现场取样：眼见为实，考察者与标语面对面，用拍照方式获得了大量直观、感性的资料。二是访谈询问：通过访谈都江堰农发局局长、汶川县宣传部长、萝卜寨团委书记等官员了解标语发布途径，并从对标语所在地群众的走访中获取较为主观的标语效果评价。三是查找网络资料：以标语、地震标语、震中和重灾区等关键词查找相关文献，补充背景材料。

需要注意的是，由于原始收集多通过驾车拍照完成，所以无法避免部分标语的

---

① 本文是第六届“生态·旅游·灾害——2010汶川特大地震科学考察专题论坛”文章。

遗漏或残缺，但此问题不会对报告结果造成重大影响。

地震标语的实际收集路线与考察行程一致：2010 年 10 月 24 日，考察队从成都信息工程大学出发，沿 213 国道北上，途经紫坪铺水库，到达都江堰市。25 日依旧沿 213 国道，经水磨镇前往映秀，直至汶川。26 日从汶川出发至萝卜寨，进入 213 国道到松潘。27 日抵达岷江源，之后驱车通过九寨—平武旅游线至绵阳。28 日参观新、老北川城后沿京昆高速返回成都。

为期 5 天的考察，共收集标语 236 条，按照地区、形式、发布主体、内容四种方式进行了分类：

①地区分布（图 1）：我们把标语分布地区分成都至都江堰、都江堰至汶川、汶川至松潘、岷江源至绵阳、绵阳至北川及北川遗址公园五段。

大约 600 km 的行程，驾车即可收集到清晰、可用的标语 200 多条，加上遗漏、残缺、删减的，数量并不少。实际上，在平武古城镇和北川新城，考察队还遇见了很多令人印象颇深的“标语阵”——几乎整条路都被标语所覆盖，每隔一棵道旁树就悬挂一条标语。

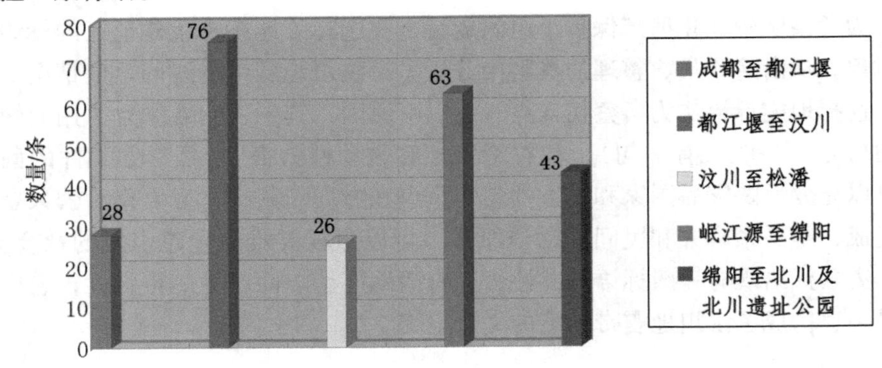

图 1　汶川地震带沿线标语分布数量

值得注意的是，根据路程和标语数量可以估算出每公里标语分布密度，由此我们可以观察到：受灾越严重的地方标语越多，汶川、绵阳和北川地区较成都、都江堰、松潘周边有更多标语出现。

设：某路段到北川最大距离点与最小距离点的平均值为 m；

路段到汶川最大距离点与最小距离点的平均值为 n；

则该路段与震源距离 $=\min\{m, n\}$。

注：最大距离和最小距离是在条件允许范围内最大限度保证精确的估算。

②形式：标语形式如图 2 所示，主要以钢架广告牌和布质条幅为主，配以建筑物喷漆、鲜花堆放等其他形式。形式的选择以受众习惯和制作成本为导向，因而高速公路沿途多广告牌，乡村小道多横幅，城市中心有鲜花堆放，而民间还有诸如家庭对联、电线杆海报等起到标语作用的表达形式。

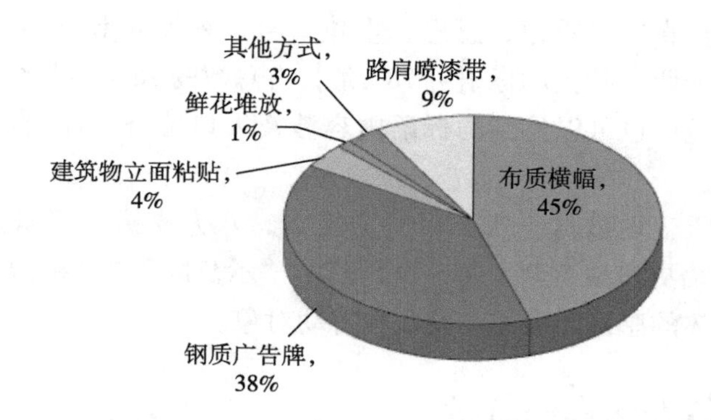

图 2　汶川地震带沿线标语形式分类

③主体：从发布主体上看如图 3 所示。

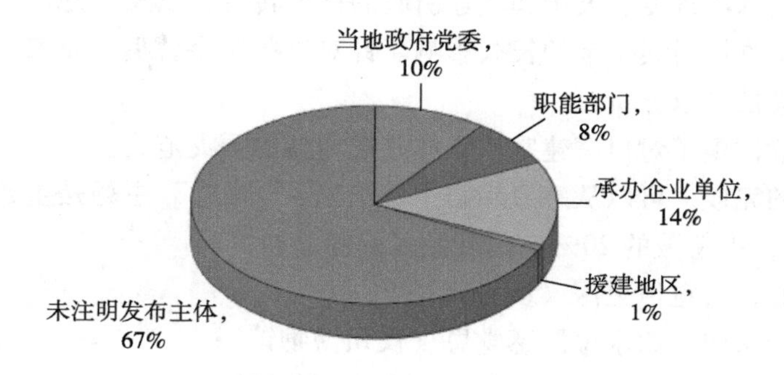

图 3　汶川地震带沿线标语发布主体分类统计

明确注明宣传主体的标语有 78 条，主体包括当地政府党委、职能部门、承办企业单位、援建地区，其余的 157 条标语均未注明发布主体。发布主体不再以政府、公共机构为主，援建地与被援建地、村与村，甚至个人与个人之间都在使用表达情意（图 3）。

④内容：标语内容如图 4 所示。

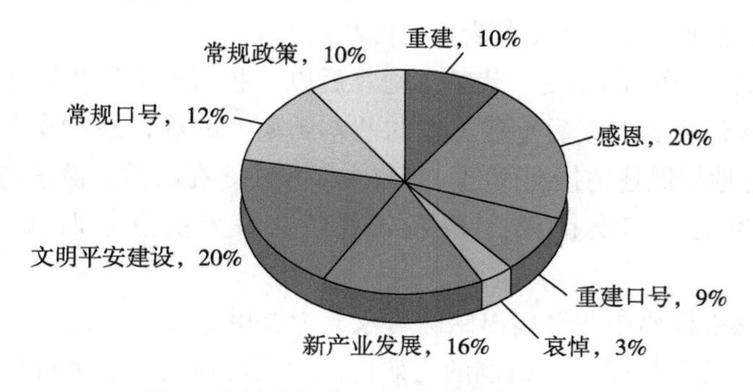

图 4　汶川地震带沿线标语内容分类统计

与地震及重建直接（重建、感恩、重建口号、哀悼）和间接（灾后新产业发展、文明安全的强调）相关的标语近180条，占总数的78%；其余与地震及重建无关的，即非地震地区也可以见到的标语内容涉及人口普查、计划生育、义务教育、生态保护等方面。

相比之前铺天盖地鼓舞士气的“一方有难，八方支援”“众志成城，共渡难关”等，重建标语更多地落到了每一个村落的“示范区”“瓜果园”中，大部分表达的内容都有具体的感谢、哀悼、动员和行动对象。

2 地震及重建地区标语分析

上述236条标语文本，成为我们了解灾后重建的一个窗口。在文字背后，可以看出灾区重建的基本进度、灾难和重建引起的社会转变，以及“地震”作为公共空间的特殊符号给汶川沿线带来的长久影响。针对这些文字背后的意义，本文进行了深入思考，并尝试加以分析：

首先，标语体现了对口援建基本完成并成为新的赈灾范式。

对口援建的完成，可以从感恩标语中看出来。“感恩”主题是重建标语的第一旋律，共48条，占总数的20%。出现最多的标语如：

党恩惠民心，灾重情更深（萝卜寨）；

灾后重建新家园，饮水思源感党恩（汶川博物馆）；

特殊党费解急难，党恩党情记心间（北川新县城）。

在感谢祖国、感谢党的同时，更多的是感谢援建单位的标语，绵延300 km的汶川地震带，18个援建省市的名字相继出现在沿途的标语之中。例如：

向大爱无疆的广东人民致敬！（水磨镇）

人生能有几回博，奉献热情筑水磨。（广州佛山市对口援建工作组）

安徽情似九天雨，沐浴松潘万千民。（松潘政府）

邯郸平通手牵手，重建路上一起走。（平通政府）

河北恩人，您们辛苦了！（平武县人民政府）。

大量“感恩”话语的出现，代替了地震后以“抗震救灾”“大爱无疆”等为主题的标语，向人们宣告：灾后重建工作的基本结束。的确，通过在灾区的走访，我们确实看到了各地居民住宅拔地而起，等待主人入住。在映秀，被采访到的失去了亲人、以卖羌绣为生的妇女也说：“现在好些了，每天卖点东西就不太想难过的事了。”

并且，在感恩标语中明确指出感谢对象成为汶川标语的一大特色，反映了“一省帮一重灾县”的对口援建[2]机制的有效性。地区对地区、乡镇对乡镇、村落对村落的援建机制，代替了以往中央、国家、政府“一刀切”救灾的传统，因地制宜、各显神通的援助方式给灾区带来了比1998年长江洪水和2009年南方雪灾更有效的赈灾范式。对口援建范式的成功，也许会带来中央权力的灵活运用，加强地方与地方间友好的交流与合作。[1]

其次，标语显示灾难社会正逐步走向提升后的正常社会。

伴随重建的结束，灾区也正在回归正常的生活，标语中越来越多的与地震无关的内容出现，成为新生活的最好证明。灾区和全国各地一样，同步关注着人口普查、计划生育、义务教育、生态保护等问题。例如：

妈妈，别忘了告诉普查员，我也是人口普查对象！（都江堰市区）

优生优育优教，利国利民利家。（松潘县人口计生委）

当然，灾难和重建必然给汶川地震带一线带来生产方式、产业结构、生态环境、人民生活、民族文化各个方面的重大改变，它们在标语中也被明晰地表现了出来：

培养新市民，倡导新生活，建设新家园。（汶川）

服务汶川经济，争取恢复重建新胜利，创造生产经营新辉煌。（汶川）

重建之后，灾区一片“新”景，大规模的建设成为跨越式发展的契机。按都江堰农发局王局长的话说：“恢复重建已基本完成，现在进入提升重建阶段。”

多彩猕猴桃，让世界共享成都的味道。（都江堰猕猴桃生态园区）

“十一五”国家科技支撑计划重大项目示范基地，西天部落第一藏寨。（松潘，国家科技部，西南交通大学旅游学院）

安徽援建松潘高效蔬菜产业示范园欢迎您！（松潘）

正如被上海援建的都江堰，被安徽援建的松潘，很多地区在重建过程中，利用国家灾后资金，学习援建单位带来的先进理念技术，一步到位，转变了落后的生产模式。这些在标语上都有所体现：

中国首座遗址剧场——道解都江堰。（都江堰）

建美丽新家园，走科学发展观，发展旅游经济，建设美丽汶川。（汶川广场）

扎实推进城乡环境综合整治，奋力建设国际旅游胜地。（松潘人大常委）

建设防灾减灾示范区，打造现代抗震博物馆。（映秀）

灾区经济结构也在重建中发生重大变化，过去以农业、工业为主的地区如今旅游业变为第一经济支柱。传统旅游资源的重新开发以及以地震为主题的旅游资源开发成为新的关注点：

向历史承诺，为子孙造福，重现古羌王遗都风采。（萝卜寨）

大禹故里，熊猫家园，羌绣之乡，震中汶川。（汶川）

打造大禹文化产业品牌，构建人爱尚善精神家园。（汶川）

综合整治城乡环境，创建九环线千里文明走廊。（平武县委）

震前未被关注的少数民族文化、地区特色产业也在重建中崛起，被大力保护和

---

① 新浪财经．对口援建：中国式赈灾试验．http：//finance. sina. com. cn/roll/20090509/16036205018. shtml.

发扬。考察沿线经过的水磨镇，是以羌族文化为元素的新建旅游地；萝卜寨，是羌族文明最古老、保留最完整的“云朵中的街市”；汶川，也极力打造“大禹故里”和“熊猫家园”两条九环线文明走廊。可以说，地震和重建让更多的人关注到汶川沿线的文化。

告别板房生活，迈入幸福家园，相互理解，相互帮助，坚强自立，和谐入住。（北川新城）

社会公德进我家，文明建设靠大家。（都江堰壹街区）

这些标语体现了人民生活方式发生的变化，以上海援建的都江堰壹街区为例，我们了解到：即将入住这个现代化小区的部分居民在地震前住在山区平房，过着以农耕为主、自给自足的生活，而重建后，他们住进了社区楼房，没有了出门晒太阳的自家小院，没有了鸡犬相闻的邻里生活，还需寻找除种田外能养家糊口的工作，缴纳社区公共管理费用等。这些变化，无一不对人民生活造成重大影响。

两年的重建完全改变了灾区的模样，人们开始关注新的政策，找新的工作，发展新的产业，更加关注传统文化和特色产业，灾区逐步从灾难社会走向正常社会。并且，这个正常社会较之前的汶川沿线生活水平有了大幅度的提升，生动证明了中国那句古话“祸兮福所之所倚，福兮祸之所伏”。

最后，地震被定格为特殊的时空记忆。

虽然重建工作基本完成，灾区从灾难社会逐步走向了正常社会，但“地震”作为汶川地震带沿线公共空间中的特殊符号被长久地留了下来。有意思的是，标语似乎充当了记录和提醒人们灾难的载体，现在去灾区，我们只有看见少数黑白色的、表示哀悼的、遗址一般悬挂在山崖或坍塌的建筑上的标语，才会警醒：这里曾经发生过如此巨大的灾难。

这类标语最集中出现的地方是北川老城地震遗址公园（图5），一旦步入其中，大型黑、白色调的标语接连出现在眼前：有的强调遗址保护是后代的责任，有的提醒保持安静给逝者安宁，有的表达对逝去亲人的深深哀悼，有的提倡忘记伤痛浴火重生……从中不难看出：地震和重建使人们对灾区表现出两种截然不同的态度：一方面是哀痛和肃穆的，永远保留对逝者的怀念和对自然的敬畏；另一方面是乐观和积极的，力求从灾难中汲取经验，用保护遗址的方式提醒、鼓励幸存者。

以上标语，似乎已经超越了一般印象中标语的公式化、情感化，失掉了口号性的标语的作用，它们融化在了遗址空间当中，担当起记录历史的责任，同灾难背景一同构成了特殊的公共话语。这些标语的性质更接近纪念碑，成为一种具有特定形式的表意符号，一种昭示着公共价值的表达，一种不断唤起创造性记忆的设置。它们和北川老城遗址一起成为被故意保留下来的“景观”，反复告诉外部世界地震的发生和经过，告诉生者死亡降临的方式，告诉到访者对地震、遗址、生命、自然、灾难需持有的既定评价和判断。

放眼汶川沿线的地震带，关于地震和重建的标语正在减少，而关于正常生活和

图5 北川地震遗址公园（拍摄：赵靓）

新兴产业的标语越来越多，但那些仅有的、被完整保留下来的“遗址标语”，在一定程度上起到了重要的记录作用。与其说灾难标语不能被完全抹去，不如说“地震”已被抽象为汶川沿线公共空间的特殊符号，发生过地震的汶川已经不是之前的汶川，这片土地如今已和“5·12”“灾区”“灾民”“重建”一连串词汇紧密关联，在未来的发展中必然带上“地震”的印记和影响。

3 结语：标语与重建

川渝大学生对汶川地震带沿线的考察，力图摸清岷江流域灾后经济、文化、生态、社会重建的情况。本报告以灾区标语作为切入点，对沿途收集整理的200多条标语文本进行了深入分析，总结出关于灾后重建的三点结论：一是对口援建基本完成并成为新的赈灾范式。二是灾难社会正逐步走向提升后的正常社会。三是“地震”已被定格为特殊的时空记忆。

但值得注意的是，标语“说”出的重建并不代表重建本身。标语只提供了公共话语空间中表层观察对象，其所产生的影响多来自咬文嚼字的推测，很可能产生过度阐释，特别是在对统计结果进行分析的时候，存在主观预设结论的风险。

“重建”和“标语”无疑是本文的两个关键词，重建是标语描述的对象，标语是了解重建的媒介，二者构成了本文和文本的对话关系——既可以通过灾区标语研究看出重建的情况和问题，又可以通过汶川沿线的重建分析标语在灾难背景中的叙事功能。本文选择前者作为报告主线，但认为后者具有更为长远的研究价值：地震和重建已经渐渐离我们而去，但标语的使用仍在延续，标语的灾难叙事更是未来必须考虑的问题和运用的手段。标语文本是否能够最贴近地表现灾难本文，标语如何适应不同灾难的发生和发展，这都有待于进一步的讨论。

作者简介：赵靓，博士，四川大学文学与新闻学院教师；徐新建，博士，四川大学文学与新闻学院教授，博士生导师。

凤凰涅槃重生，大灾过后我们更加坚强[①]

——写在“5·12”汶川特大地震两周年之际

潘安

（西华师范大学国土资源学院）

2010年10月24—28日，“重走汶川地震灾区，见证岷江流域恢复重建”科考项目取得圆满成功。本次考察项目是2008年11月川渝两地大学生“汶川大地震对岷江流域生态环境影响”考察活动的延伸。

考察活动由成都信息工程大学主办。来自成都信息工程大学、四川大学、西南民族大学、成都理工大学、重庆文理学院、西华师范大学等高校的18名师生以及德国艾伯特基金会、四川省人民对外友好协会的2名观察员共同组成考察队。其中学生11人，包括博士研究生、硕士研究生、本科生，涉及环境科学、治理学、地理学、民族学、文化人类学、历史学等多学科专业，是一次跨区域、跨学校、跨学科、跨专业的联合实地科学考察。考察活动将持续5天，重点考察都江堰、汶川、茂县、松潘、平武、北川，将重点深入了解岷江流域灾后恢复重建情况，旨在科学评价流域灾后生态、文化、经济、社会的重建实效，进一步思索人与自然的和谐共生、可持续发展思路，并做两次考察对比研究形成新的考察报告，为政府及社会各界决策研究参考。

此次灾后重建国家采用对口援助的方式，本身就是一种创新，大大推进了恢复重建的速度。援建单位充分考察调研，在千方百计保证民生的同时，将援建地的特点与援建单位风格相结合，使灾后重建的成果具有高效性、科学性、兼容性、多元性和可持续性。

1　地震灾区恢复重建工作基本完成预期目标，处于深化完善阶段

在考察过程中，我们看到昔日满目疮痍的灾区如今已经恢复正常的生活秩序，各种具有民族风情的民生工程，老街铺面、高楼、公共设施，已经粗具规模，灾区人民陆续搬入新家。灾区重建工作主题工程已经完成，受到老百姓的好评。但是由于灾区地质条件的原因，地处龙门山地质活跃区域，地质次生灾害时有发生，受其影响映秀、北川、松潘、萝卜寨等地的部分工程还在紧张的施工当中。在主体工程

① 本文是第六届“生态·旅游·灾害——2010汶川特大地震科学考察专题论坛”文章。

完成的同时，其他配套设施还需要进一步完善：如萝卜寨幼儿上学问题，建设过程中的固体废弃物处置问题等。

2 灾区基础设施恢复重建是经济重建和产业优化契机

“5・12”汶川特大地震给我们带来了巨大的创伤，可能经历过的人一辈子都无法忘记，但是生活还在继续。不但要恢复生活，还要在社会主义大家庭的帮助下生活得更好，幸福指数应该更高。所以灾区的重建过程也是生态环境、经济发展、人民水平提高的过程。都江堰是由上海援建的，受灾群众在壹街区统一安置，农村受灾群众按照农村旅游接待的要求进行重建，都江堰的虹口、贾家沟等乡镇成为成都市乡村旅游的重要目的地。新农村建设与农村集约经营相结合，实现了特色农产品厚朴、猕猴桃的规模化种植和经营，收到了良好的经济效益，改善了农村、近郊的人居环境，提高了农民收入。汶川县、萝卜寨、水磨镇、映秀镇也纷纷转变其经济模式，提升产业结构。尤其是水磨镇的旅游产业开发、城市风格打造、经济发展方向的转变使其成为恢复重建的典型。

3 灾区生态环境破坏有增无减，生态环境恢复重建缓慢

灾区地震和次生灾害的叠加，使生态环境破坏严重。加上当前基础设施还处于建设过程中，所以对生态环境破坏有增无减。生态环境恢复本身就是一个漫长的过程，也可以通过人工的方法加速其恢复的速度和质量。但是由于当前的主导工作是恢复生产，发展灾区经济，解决民生工程。灾区生态环境的恢复重建工作还处于规划、考察、摸索缓慢推进的阶段，生态环境的恢复将成为灾区社会经济环境协调发展的薄弱环节之一。

4 灾区历史文化的保护重开发轻研究

考察区藏、羌、汉文化共同存在，相互影响、共同发展。尤以藏文化、羌文化作为区域旅游文化的主要产品应竭力挖掘和宣传。灾后的非物质文化保护工作在前期有一定的进展，但是其保护力度和延续性缺乏。这也与当前灾后重建的中心工作有关。所以在今后一段时间对灾区的非物质遗产保护应该加强。

5 考察后的思考

恢复重建工作涉及面广，涉及的部门、人员、财力、物力庞大，社会、国家、国际关注度空前。在重建过程中难免出现一些值得商榷和改进的问题，通过这次考察，总结如下，当然这只代表个人观点，不代表整个考察队的意见。

5.1　灾区恢复重建工作总体进展良好，但细节仍需把握

细节决定成败。灾后重建工作已经堪称为中华民族体现社会主义优越性的窗口和契机。灾后重建已经进入成果的验收期和维护期。此时应该是查漏补缺的时候，将规划和建设过程中没有考虑到的问题进行补救和完善。如萝卜寨村民居住方式、生活方式、就业方式改变过程中产生了就业难、就学难问题，另外观念上的冲突也应该引起政府的重视。都江堰受灾安置点居民收入来源问题，对水磨镇居民经营方式引导，北川、汶川、映秀极重灾区地震博物馆周边居民的就业方向引导等应该受到相关部门的重视。

5.2　非物质文化遗产开发与保护并举

旅游产业在开发、利用非物质文化遗产的同时应该对其进行反哺。灾后重建对藏、羌文化载体的“硬件”表述非常看重，表现形式多样，浓墨重彩。形式上对藏、羌文化进行了保护。尤其是羌文化旅游开发已成为重灾区的一道风景线。但是藏、羌非物质文化遗产“软件”薄弱，有待进一步加强。

5.3　重灾区生态环境恢复重建形势严峻

考察队一致认为经过两年的恢复重建，灾区生态环境破坏有增无减。这与当地地质条件和次生灾害密切相关，更与当前灾区基础设施建设有关。生态环境建设是一项功在当代利在千秋的工程。出现这种现象是当前经济建设与环境建设博弈的具体体现，所以生态环境建设刻不容缓。

5.4　灾区区域性地址灾害调查、防灾减灾工作迫在眉睫

灾区区域性地质调查是保证灾区人民安居乐业、经济复苏、社会环境协调发展的基础。灾区本身就在龙门山活动构造带，地质构造复杂，次生灾害严重，对灾区，尤其是大工程、居民集中区域的地质灾害进行评估调查、研究、治理、预警必将成为科学界热议的话题。政府和相关部门应该充分予以引导和重视。

5.5　进一步引导农业经营模式的转变

考察区主要发展旅游产业，并朝着使其成为经济发展的支柱产业努力。但是考察区还有大量的农业部门未参与旅游行业，仍然停留在自给自足的传统农业经营方式。进一步推动灾区农业向生态型农业、现代农业转化是该区农业发展的必然。

作者简介：潘安，博士，西华师范大学国土资源学院副研究员。

我国小城镇灾后重建模式研究①

——以汶川县水磨镇为例

潘安[1]　黄萍[2]　覃建雄[3]

（1. 西华师范大学；2. 成都信息工程大学；3. 西南民族大学）

摘要：“5·12”汶川特大地震给地震灾区带来了巨大的灾难和难以磨灭的伤痛。我们在痛定思痛的同时开始思考灾区人民今后的经济、生活、环境等各方面的发展，汶川县水磨镇灾后重建发展模式从基础设施建设、经济发展模式转变、社会意识形态提升、历史文化保护方面都得到较大的发展，成为“全球灾后重建最佳范例”。本文将对汶川县水磨镇灾后重建发展模式进行探讨，为小城镇发展建设提供借鉴。

关键词：汶川地震；水磨镇；灾区；恢复重建；旅游发展；经济建设

1　前言

2008年5月12日14：28在中国西部龙门山断裂带发生里氏8.0级特大地震，即“5·12”汶川特大地震。地震所造成的伤亡和破坏程度成为世界关注的焦点。抗震救灾波澜壮阔，灾后重建任重道远。烈火中重生的地震灾区焕然一新，灾区恢复重建方式、重建速度以及重建效果牵动全国人民的心，同时也让世界震惊，灾区社会、经济、生态环境发展备受关注。

汶川地震灾后重建采用中国特色“对口援建”方式，东部发达省市对口地震灾区的援建不仅仅是对基础设施的恢复，更加重视如何对灾区的社会、经济、环境进行重建，形成“造血功能”帮助灾区社会发展。灾区优化、提升产业结构的重建方式将成为我国西部大开发建设过程中的宝贵经验。

2　研究区概况

2.1　水磨镇区位分析

水磨镇原属灌县（今都江堰市），位于四川省汶川县南部，岷江支流寿溪河畔，东临都江堰市，南倚世界遗产青城山，西接卧龙大熊猫自然保护区，是阿坝藏族羌

① 本文是第六届“生态·旅游·灾害——2010汶川特大地震科学考察专题论坛”文章。

族自治州进入成都平原的南大门，具有十分优越的区位优势。

水磨镇距汶川县城 82 km，距世界自然文化遗产都江堰约 30 km，离震中映秀镇不足 10 km，距成都约 70 km，处于成都 1.5 h 经济圈内。将来青水公路（青城山至水磨）开通后，水磨镇至都江堰开车只需十几分钟。

2.2 水磨镇经济概况

水磨镇幅员 88.44 km^2。全镇共辖 1 个居委会，18 个行政村，73 个村民小组，总人口约 16 900 人，其中农业人口 10 380 人。2008 年以前水磨镇的支柱产业以农业为主，主要为种植业和养殖业。

2.3 水磨镇历史文化概况

水磨镇有碑文记载的历史可追溯到商代，汉代便有了“老人村”之称，现还残存着唐代、宋代的道路，明代的台阶和清代的古树。水磨镇是历史上有名的长寿之乡和“世外桃源”。苏东坡为它写过《和桃花源诗并序》，张大千寻它未果凭想象画过《老人村》。

3 水磨镇灾后恢复重建现状

水磨古镇旅游景区于 2008 年年初正式开放，后遇“5·12”汶川特大地震，基础设施和服务设施几乎损毁殆尽。水磨镇经灾后重建，以禅寿老街和水磨羌城两个片区延续传统文化肌理和历史文脉，搭建藏、羌、汉多元文化的大舞台，以“一湖两岸四区六桥”的规划布局，将自身定位为教育、安居和休闲度假旅游的“汶川生态新城、西羌文化名镇”，以优美生态为载体，以民族文化为灵魂，以特色产业为支撑，实现了经济社会的可持续发展，创造了一个“人居共山水一色，文化与经济齐飞”的幸福生活理想模式，构建出 21 世纪的“世外桃源”；因水磨重建奇迹，为世界贡献了快速的和可持续发展的灾后重建创新经验，被誉为“中国魅力羌城，灾后重建典范”，并于 2010 年 4 月被全球人居环境论坛理事会和联合国人居署《全球最佳范例》杂志（亚太版）评为“全球灾后重建最佳范例”。

3.1 灾后重建的理念

水磨镇政府和广东省佛山市、第二炮兵部队、香港政府援建单位通过多次论证和调研，最终制定了水磨镇灾后重建的思路：在解决水磨镇灾区人民民生问题的同时，充分发挥水磨镇的历史文化和优美自然生态条件的潜力，遵循经济发展规律，调整产业结构。将共计约 40 亿元的重建经费合理分配，周密部署，科学规划，因地制宜，民生问题得到快速解决，同时制定了以旅游、文化、教育、卫生作为今后水磨镇经济发展主要支柱的建设方案。从目前来看，这种稳中求快，快中求优，优中求远的灾后重建、经济发展思路是可取的。

3.2 灾后旅游重建的方式

水磨镇将旅游作为今后发展的支柱产业，主要以羌文化、古镇文化、良好生态环境作为旅游产品的“卖点”，灾后重建主要以羌文化为基础打造古镇基础设施，恢复和改造古镇风貌。恢复重建过程主要遵循如下几条原则：

（1）修旧如旧。古镇，顾名思义，古老的历史文化是其灵魂，而古老建筑是其载体。在地震中古建筑多数已经倒塌、损毁。重建过程中对水磨镇古建筑原来面貌进行考察和恢复，坚持保留原来的材料、规格、样式、风貌进行恢复重建，在恢复其往日神韵的同时加入现代防震抗震技术，使得古镇重新展现在世人面前。恢复重建过程中，恢复了禅寿老街、万年台、大夫第庭院、春风阁的原始面貌，使得水磨古镇古风依旧。

（2）维危如旧。在地震中没有倒塌的旧房子、商铺、城墙、亭台轩榭等，使用现代防震抗灾技术，将其加固。恢复重建后许多商铺、住房外旧内新，外面保持了原有的古建筑特色，与古镇的色调和风格保持一致，内设则能够抗击9级地震。古老文化与现代科学技术在这里体现得淋漓尽致。

（3）推倒移建。对于在地震中还没有倒塌，但是其所处位置妨碍城市整体设计的建筑则采用推倒移建的方法，使水磨镇的规划设计能够统一、协调；尤其在古镇的4家水泥厂的处理上，将其中的3家进行了整体的搬迁。还有一家正处于规划搬迁过程中。

（4）“无中生有”。为使水磨镇在阿坝州的旅游中发挥其窗口和纽带作用，规划建设者可谓煞费苦心，在展现古老而神奇羌文化的同时，还将广东佛山飞鸿文化、瓷器艺术、雕刻艺术、都江堰漫水滩、丽江小溪体现在水磨镇的规划建设中，将水磨羌寨的旅游产品打造更具兼容性和多元化。

4 水磨镇灾后旅游发展SWOT分析

SWOT分析法又称为态势分析法，由旧金山大学的管理学教授韦里克于20世纪80年代初提出，是一种能够较客观而准确地分析和研究一个单位现实情况的方法。通过对分析对象的竞争优势、竞争劣势、机会和威胁的分析，从发展战略上将分析对象内部资源、外部环境有机结合。运用此法能清楚地确定水磨镇旅游资源优势和缺陷，了解水磨镇所面临的机会和挑战，对于制定水磨镇未来的旅游发展战略有着至关重要的意义。灾后水磨镇旅游发展SWOT分析见表1。

表1 灾后水磨镇旅游发展SWOT分析

优势	劣势
·城市功能比较完善，规划立意高远。文化、卫生、教育、交通发展良好，定位较高。 ·基础设施条件优越，规划设计施工建设都具有前瞻性、科学性。 ·历史悠久，文化源远流长，尤以羌文化最具特色。以其为载体，可为文化旅游注入灵魂。 ·自然生态条件良好，有世外桃源之称。 ·交通便利，通达性良好[1]，距都江堰、青城山20～30 min车程；属于成都1 h经济圈内。 ·政府重视，资金投入大，旅游效益良好。 ·四川九环线黄金旅游线路的窗口之一，阿坝州旅游的门户之一。 ·旅游产品设计融入广东省发达城市文化元素和设计理念。 ·阿坝民族师范学院新区坐落于水磨镇	·地震后次生灾害时有发生，对旅游季节延续性和游客的安全性产生影响。 ·旅游接待能力和接待水平有限，旅游配套设施有待提升。 ·旅游宣传营销力度不足，发展目标立意不高。 ·旅游资源整合不足。 ·地处西部山区，城市发展过程中人地矛盾突出，旅游投资、房地产投资、企业投资、轻工业投资等相关产业发展受到影响。 ·镇政府发展旅游产业的管理、经营能力有待提升
机会	**威胁**
·地处西部，旅游业发展成为西部发展增长极，旅游产业发展大气候良好。 ·旅游业发展可借助地震灾区宣传的机遇。 ·毗邻世界文化遗产都江堰、青城山，形成联合旅游产品共同营销态势。 ·阿坝州自然生态旅游发展成熟，少数民族文化旅游方兴未艾。 ·水磨镇—佛山市联合宣传效果明显	·全国尤其是四川古镇众多，发展较成熟，构成较大竞争[2]。 ·阿坝州其他县市区古镇、古寨（萝卜寨、桃坪羌寨等）旅游景点的重复打造[3]

通过对水磨镇灾后重建的现状进行SWOT分析，可以看出，水磨镇旅游发展优势明显，大部分劣势可以通过后期规划解决，但其旅游发展威胁是无法在短时间内成功抵御的，同时如果抓住发展机会，水磨镇的旅游发展将大有可为。

4.1 水磨镇旅游发展重在善用优势

灾后地震灾区的基础设施建设都是按照9级防震或更高要求进行修建的，其设计的理念比较新颖。这次灾后重建中水磨镇房屋、道路等基础设施建设水平前进了

30 年。但基础设施并不能成为吸引游客的因素，吸引游客的因素是古镇历史文化和人文风情，所以古镇羌寨的历史文化底蕴和羌寨风情仍然是其发展的根基[4]。

羌寨特有的风情和西部江南的水墨山水将使欲火重生的水磨镇焕发出别具一格的吸引力。充分利用毗邻成都和世界自然、文化双遗产的都江堰和青城山的优势[5]，大力开发城际旅游，水磨镇立足四川面向全国。

4.2 正视水磨镇旅游发展劣势

国务院规定汶川地震灾后重建工作“三年计划，两年完成”。虽然硬件的恢复重建工作，如基础设施、民生工程、重点项目已经基本完成，但是制约灾区人民造血功能的软实力仍是各级政府的工作重心。省政府和州政府应该对道路及旅游景点进行全面的地质次生灾害评估和排查，消除旅游者的安全顾虑；整合水磨镇羌文化中的游、乐、购、食、住、行等内涵，加大对外宣传力度，提升宣传范围，不仅要让四川人知道灾后重建典范在汶川水磨，还要让东部、全国甚至全世界都知道“水墨山水，羌寨古镇”——水磨；通过会议交流、学术研讨、对口联系和城市名片等方式，为水磨镇的旅游发展插上腾飞的翅膀；充分利用阿坝民族师范学院的智力支持，培养优秀旅游管理人才，引入先进的管理、营销理念，让游客成为水磨镇的宣传者、水磨镇发展的推动者。

4.3 水磨古镇提升竞争力的关键就是挖掘内涵

“远学丽江，近学阆中。”[6]在水磨镇恢复重建过程中不仅植入了国内一些著名古镇的元素，并且还有所创新。运用中国都江堰水利工程中满水滩修建原理构建的太极，静动相映成趣的巧妙构思，给水磨镇城市建筑输入了灵魂。而羌文化、历史古迹的内涵是水磨古镇的生命。

4.4 水磨旅游腾飞必须抓住机遇

国家对西部旅游产业的大力支持，水磨镇产业结构的调整和提升将成为水磨发展的契机。搭载都江堰、青城山、九寨沟、黄龙、熊猫故乡、地震遗址的旅游发展快车，水磨将在川西北旅游发展中发挥其独特的魅力。充分利用文化旅游热、对口援建宣传和地震科考，把水磨镇的旅游品牌介绍给大家，使旅游产业成为水磨镇的支柱产业。

5 总结

总之，水磨镇作为灾后重建的典范，其旅游资源的挖掘和旅游业的兴起，已经成为我国小城镇建设的典型案例，水磨镇若能够充分发挥旅游优势，抑制地域不足，充分借鉴和学习提高旅游管理水平的运作方法，抓住旅游发展机遇期，其旅游将迎来飞跃式发展。

（本文部分资料来源于水磨镇旅游局，特此鸣谢！）

参考文献

[1] 覃建雄．四川旅游资源评价内容、指标及规范初探［J］．成都理工学院学报，2002，29（2）：113－118.

[2] 黄萍．西部民族旅游可持续评价体系构建研究［J］．中华文化论坛，2006，4：115－119.

[3] 黄萍，杜通平，李贵卿，等．文化生态村：四川民族旅游可持续发展的有效模式［J］．农村经济，2005，1：109－106.

[4] 黄萍，王元珑．创建四川民族文化生态旅游可持续发展模式研究［J］．西南民族大学学报（人文社科版），2005，26（8）：177－180.

[5] 覃建雄，李晓琴．地质公园与可持续发展——理论与实践［M］．成都：四川科技出版社，2006.

[6] 唐勇，覃建雄，刘妍．四川十大古镇旅游发展比较研究［J］．成都理工大学学报（社会科学版），2009，17（12）：105－108.

作者简介：潘安，博士，西华师范大学国土资源学院副研究员；黄萍，博士，成都信息工程大学管理学院院长、教授，硕士生导师，四川省高校人文社科研究基地“气象灾害预测预警与应急管理研究中心”主任；覃建雄，博士，西南民族大学区域地理与旅游发展研究所所长、教授，博士生导师。

第六部分

农业气象减灾

政策性农业保险气象服务研究①

王明田[1]　刘琰琰[2]　张玉芳[3]　刘布春[4]

（1. 四川省气象台；2. 成都信息工程学院大气科学学院；
3. 四川省农业气象中心；4. 中国农业科学院农业环境与可持续发展研究所）

摘要：本文简要介绍了国内外农业保险和我国政策性农业保险的发展历史，论述了开展政策性农业保险气象服务的必要性，提出了政策性农业保险气象服务的发展思路和主要内容，并建议从提高农业气象监测能力和科技支撑能力，建立信息收集处理中心和业务服务平台，强化人工影响天气等方面加强政策性农业保险气象服务能力建设。

关键词：政策性农业保险；农业气象灾害；气象服务

1　前言

政策性农业保险是将财政手段与市场机制相结合，改进政府救灾方式，提高财政资金使用效益，分散农业灾害风险，促进农业可持续发展的有效手段，是世贸组织所允许的支农、稳农、惠农"绿箱政策"。我国政策性农业保险始于2004年，发展虽然迅速，但仍属起步阶段，还面临着法律法规不健全、保险公司和农民之间的互信度不够、险种不能满足需要、保费设计不科学、勘灾定损难度大等诸多问题[1-3]。农业气象灾害是农业自然灾害的主要组成部分，农业保险在很多时候是农业气象灾害的风险转移，开展农业保险气象服务，气象部门义不容辞。近年来，安徽、浙江、陕西、江苏、海南、湖南、河北、四川等省气象部门在农业保险气象服务领域进行了一些研究和实践，但就全国气象部门而言，还存在认识不统一，研究不够深入，服务重点不够明确，服务能力欠缺等问题。本文在查阅相关文献和调研的基础上，结合作者的思考与实践，初步提出了一些观点。

2　政策性农业保险发展概况

2.1　基本概念

农业保险是指农业生产者以支付保险费为代价，把农业生产过程中由于不利气

① 本文是第十四届"生态·灾害·旅游——2017长江上游灾害应对与区域可持续发展战略论坛"文章。

候条件、病虫害等因素导致的生产风险转嫁给保险人的一种制度安排。简单地讲，农业保险就是对动植物进行承保的一种保险[4]，和其他保险一样，农业保险本质上也是一种通过集合众多风险单位分散风险的风险管理工具。

政策性农业保险是以保险公司市场化经营为依托，政府通过保费补贴等进行政策扶持，对种植业、养殖业因遭受自然灾害和意外事故造成的经济损失提供的直接物化成本保险。

2.2 发展概况

农业保险在西方一些国家已有100多年的历史。法国在19世纪中叶开展农业保险，美国政府在1922年提出了有关农业保险的政策。20世纪，美国、日本、西欧等农业发达的国家陆续开展农业保险。到2000年，美国参保的农作物已达100余种，承保面积8000万 hm^2，占可保面积的76%，保险责任包括干旱、洪水、火山爆发、山体滑坡、雹灾、火灾和作物病虫害等。日本保险责任包括台风、洪灾、旱灾、冻害、雪灾、火灾以及病虫害、鸟兽害等。大多数发展中国家，农业保险的推进较为缓慢，没有形成行之有效的降低农业气象灾害风险的对策，对农业受灾多采用事后应急机制，即经济救援、免债等[5]。

中国的农业保险始于1934年，1934—1949年出现了农村互助性质的农业保险和当时的政府及商业保险公司参与的农业保险，但是都毫无例外以亏损和失败告终。1950年新中国试办农业保险，经过停办、重办的曲折过程，1958年由于政治原因退出历史舞台。中国人民保险公司1982年重新恢复商业性农业保险，但由于在保险政策及运行中存在诸多问题，到2002年陷入停滞。针对商业性农业保险存在的保费偏高、农民难以接受，保险公司成本高、利润微薄、难以为继等问题，2004年开始，我国政府加快实施政策性农业保险，中央一号文件连续强调政策性农业保险问题，通过国家扶持，一方面给农民保险补贴、使农民承担得起保费、乐于投保；另一方面给保险公司补贴，使保险公司运行有保障，从而推动了农业保险的快速发展[6]。到2010年，种植业保险覆盖了全国22个省份，种植、养殖业保险险种达160多个，中央财政对政策性农业保险补贴达到103.2亿元。另外，2009年，中国第一例天气指数农业保险产品成功销售[7]，标志着无须政府补贴，完全市场化经营的农业保险产品诞生并开始试点工作。

3 开展政策性农业保险气象服务的必要性

农业是稳社会、安天下的基础产业。中国素有重农的传统。“有粮则稳，无粮则乱”“五谷丰登，国泰民安”就是这一传统的写照。新中国的每一代党和国家领导人都高度重视“三农”问题，不断提升“三农”工作的战略地位。早在1934年，毛泽东同志就提出要把农业生产放在根据地“经济建设工作的第一位”。1960年发出的《中共中央关于全民动手，大办农业，大办粮食》中提出了“农业是国民经济的基础”“粮食是基础的基础”等著名论断。20世纪80年代，邓小平同志指出，“农业是根本”“农村不稳定，整个政治局势就不稳定”。21世纪初江泽民同志指出，“农业兴，百业兴；农民富，国家富；农村稳，天下稳。深化农村改革，加快农村发展，维护农村稳定，我们就能赢得全局工作的主动”。2004年，温家宝总理进一步强调指出，解决农业、农村和农民问题，是我们全部工作的重中之重。

农业是高风险的弱质产业。农业面临自然、市场、社会、制度等多种风险，其中自然灾害对农业造成的风险最大。迄今为止，我国的农业生产，尤其是粮食生产基本上是在露天进行。由于自然灾害种类多，危害重，加之灾害预报预警和抗灾技术的局限性，灾害风险难以控制，作物产量和品质有显著的年际波动。减产之年即是大灾大难之年，丰收之年即风调雨顺之年，难有例外。气候变化背景下农业自然灾害呈多发、重发之势，极端气候事件显著增加，农业生产将面临更加严峻的形势。由于自然灾害成为农业可持续发展和农村稳定的重要制约因子，党中央、国务院审时度势，将解决“三农”问题提升为全部工作的重中之重。同时，将自然灾害管理作为重要抓手，从体制、机制和法制等方面不断完善[8]。政策性农业保险作为农业灾害风险转移的主要手段得到高度重视，连续11年的中央一号文件和十七届三中全会通过的《中共中央关于推进农村改革发展若干重大问题的决定》对此提出明确要求。

气象灾害在各种农业自然灾害影响因素中起主导作用。据统计，气象灾害损失占农业灾害损失的60%。同时，农业气象灾害还对农业生物灾害、农业环境恶化具有重要影响。因此，农业气象灾害风险控制和风险转移在农业灾害风险管理中具有极端重要性。农业保险，尤其是政策性农业保险具有典型的准公共产品特征（准公共产品是指介于纯公共物品和私人物品之间、在消费过程中具有不完全非竞争性和非排他性的产品），而气象事业又是科技型、基础性社会公益事业。加大气象科技创新力度，发挥气象科技优势，开展农业保险气象服务，既对政策性农业保险和农业可持续发展具有十分重要的意义，又可进一步拓展气象业务服务领域，提高气象科技水平和服务能力，促进气象事业的全面发展。

4 政策性农业保险中气象服务的发展思路

4.1 强化基础，狠抓科技

深入开展农业保险气象服务必须具备强大的气象科技支撑。高质量的农业保险气象服务产品离不开准确的农业气象灾害监测预测、精细化的农业气象灾害风险分析与区划、定量化的农业气象灾害评估以及高效的人工影响天气等防灾减灾措施。为此，必须有针对性地强化基础研究，完善台站建设，加强人才培养，突出能力建设，狠抓气象科技创新和成果转化应用，提高农业保险气象服务产品的针对性、实用性和科技含量。

4.2　突出重点，注重实用

农业保险与农业气象关系极为密切，气象科技服务可以贯穿于农业保险的方方面面及其各个环节。不管是政策制定、险种设计、费率厘定，还是灾害监测与预警、灾害诊断与评估以及防灾减灾的工程与非工程措施等领域，都有大量的基础性、实用性课题需要研究，气象部门可以发挥其独到的优势。但受人员、资金和技术等限制，以及保险公司作为实体运作的实用主义理念和现实需求影响，仍须确保农业保险气象服务必须坚持有所为、有所不为的原则，在整体推进的同时，集中有限资源，分阶段、抓重点、重实用，在专业人才培养、应用基础研究、实用技术开发与推广、科技服务等方面稳步推进。

4.3　统筹兼顾，集约发展

气象部门作为一个整体，在农业气象灾害监测、预测、风险分析、灾害诊断与评估、人工影响天气、农作物产量预报等方面具有强大的组织、科技、人才、信息、网络等优势，但作为一个独立的单位或个体，不管是县局，还是地（州、市）的气象部门，甚至省局都不可避免地存在着自己的弱项或短板。为此，应统筹国、省、市、县四级气象事业，统筹农业保险气象科研、业务、服务的协调发展，加强部门内的纵横联动，实现集约发展。

4.4　加强合作，共同发展

农业气象灾害风险管理涉及自然科学、社会科学诸多领域，涉及党政机关、企事业单位诸多部门，为此应加强部门间的合作，尤其应加强气象与财政、保险、农业以及相关科研院校之间的深度合作。部门间可以围绕需求确定合作机制，共同设立研究开发项目，开发政策性农业保险气象服务系统和平台，促进政策性农业保险工作健康、可持续发展。

5　政策性农业保险气象服务的主要内容

5.1　农业气象灾害风险评估

按照等价交换规律，只有风险责任与保费负担相一致，即不同风险区有不同的费率范围，才能充分体现公平合理原则，避免道德风险和逆向选择[9]。美国、日本、加拿大等农业保险比较发达的国家实行差别费率的成功经验[4]，以及我国农业保险长期采用统一费率的失败教训从正反两方面给出了很好的佐证。

差别费率客观上要求必须对风险区域进行划分，这就造成了农业保险对农业气象灾害风险评估的客观需求，即农业气象灾害风险评估是农业保险费率厘定的基础。

不同区域、不同灾种、不同作物及其不同生育期面临的农业气象灾害风险可能相差很大，因此农业气象灾害风险评估可以根据农业保险需求分为单一灾种评估和综合灾害评估，全生育期风险评估和阶段性（或关键生育期）风险评估等。

在区域上，根据目前的气象资料，风险评估可以做到县一级，部分地区可以做到乡村，并可结合多年的作物产量资料分析作物多年平均灾害损失率，这样可以建立以县为单位的保险费率表，使目前的保险费率得到细化和优化[5]。

5.2　农业气象灾害认证

灾害认证是农业保险勘灾、定损、理赔的重要前提。是什么原因导致保险标的物受损，是伪劣种子、农药、化肥等生产资料或生产者管理不善等人为因素，还是自然灾害引起的绝收或减产？在自然灾害引起的损失中哪些是旱涝等气象灾害引起的，哪些是鼠、虫、草害引起的？致灾因子是否属于保险理赔范围？这些问题处理不当，很容易出现超责任理赔，使保险公司面临亏损；或出现保险公司与保户之间信任度下降，出现信任危机，甚至出现严重的群体性事件。

实际工作中，灾损原因有时很难鉴定，即使是专业技术人员，有时也会判断失误。农业气象工作者在农业气象灾害认证方面常常表现出独到的专业优势。例如，2000 年 8 月 3 日前后，四川省雅安市雨城区和名山县 2 万余亩水稻突然变成“白穗”，省、市、区（县）领导高度重视，组织专家立即查找原因，研究对策，结果众说纷纭，没有找到令各方信服的原因，最后省、市农业气象专业技术人员现场考察后给出了各方认可的鉴定意见[10]。2005 年四川省遂宁市船山区、安居区个别乡镇因稻瘟病重发引起群体性上访事件，市、区领导高度重视，组织省、市种子、栽培、植保专家现场诊断，遗憾的是诊断结论不为老百姓所接受。受上访群众代表邀请，笔者现场调研和全面分析后写出专题调研报告从农业气象角度系统阐述了该次稻瘟病大发生的原因，并从科技发展水平和相关法律法规角度提出了解决问题的思路和对策，调研报告成为国务院工作组、市区政府和相关部门圆满解决上访事件的关键性材料，受到各方好评。

5.3　农业气象灾害损失评估

灾害损失评估是农业保险定量理赔的主要依据。目前，农业保险灾害勘查采取保户申报、保险公司选点抽样调查的方式，定损主要采取实地测量法。总体而言，存在工作量大、覆盖面小、代表性和准确性有限等问题。

农业气象工作者在农业气象灾害指标、农业气象灾害损失评估方面做了大量研究，积累了比较丰富的经验。近年来，在农业气象灾害定量化评估及其业务应用方面取得了较大进展。尤其是随着卫星遥感和 GIS 技术的快速发展，结合加密气象观测数据和灾害损失历史数据分析，农业气象灾害损失的定量化、精细化评估水平日益提高。农业保险公司可以参照农业气象灾害损失评估产品，在确定受灾范围、受灾强度、损失程度等因素后，更加科学合理地确定现场勘查的抽样方式和样点，并将现场勘灾定损的结果与气象评估结果相结合，提高定损的准确性、客观性、时效性和保险公司的信誉度，降低勘灾定损的人力和经济成本。

5.4　农业气象灾害监测预测

给保险公司、联保单位和保户提供有针对性的土壤墒情、气温、风速、日照等农业气象要素信息，旱、涝、冰雹、大风、高（低）温、连阴雨等农业气象灾害监测信息，农用天气、农业气象灾害等预测预报信息是农业保险气象服务的一项重要内容，该项服务的主要目的是让保户能及时采取适当措施减轻气象灾害损失，从而减少保险赔付。当前可以充分利用公众气象服务平台、手机短信、电子显示屏、语音平台、计算机网络等手段为保险公司和保户提供相关信息。为提高服务质量，还可以为保险公司和重要客户建立农业保险气象监测预警服务平台，既可以提高服务时效，又可以丰富服务内容、增加一些专题专项服务，同时可以提供信息交换和共享的渠道，收集服务反馈信息等。

5.5　农业气象防灾减灾技术研发与推广

气象部门可以与保险公司、相关部门及科研院校广泛合作，成立联合实验室或研究室。在农业气象灾害发生发展规律及其对农业的影响、灾害指标、防灾减灾实用技术、灾害风险评估、灾害损失评估等领域加强研究；探索开发新的气象灾害指数保险业务产品，不断拓展保险业务面、提高保险服务水平；对一些重大保险项目，在可能的情况下，可以通过人工影响天气作业在关键时节削减气象灾害的影响，从而以较小的代价获取较大的回报，减少保险赔付。

此外，气象部门与保险公司可以联合开展防灾减灾和农业保险的科普教育及宣传推广工作。双方可以充分利用各自的教育培训平台共同举办农业气象灾害风险管理、农业气象灾害识别、灾害损失评估和农业保险技术交流与培训等。气象部门还可利用气象影视频道、中国兴农网、手机短信、电子显示屏、气象语音平台以及公共媒体，向公众宣传气象灾害防御和保险知识，推广防灾减灾实用技术，提高公众抗御农业气象灾害的意识和能力，引导其自愿参保，扩大保险覆盖面和渗透度，充分发挥保险的农业气象灾害风险转移功能。

6 政策性农业保险气象服务能力建设

6.1 提高农业气象监测能力

一是在现有气象综合观测网的基础上，根据农业保险标的物的区域布局和当地农业气象灾害时空分布特征，补充、优化、完善具有针对性的农业气象观测站网和加密自动气象站。二是配备或更新卫星遥感接收处理软硬件设备；配备遥感监测产品的地面验证设备，开展地面真实性检验；引进或组织开发遥感资料分析软件，建立卫星遥感监测业务平台，提高气象卫星资料在作物长势、农业气象灾害监测、作物灾害评估方面的分辨率、准确率、时效性和应用水平，定期或及时发布作物长势、面积、产量和干旱、洪涝、冷（冻）害等农业气象遥感监测分析业务产品。三是有针对性地加强对农业灾害性天气过程的监测和预测预报。四是加强对气候变化背景下农业气象灾害，尤其是极端气候事件及其对农业影响的监测分析。五是省、市和有条件的县应建设农业气象移动观测平台，建立移动观测与野外调查资料处理与传输平台，提高农业气象灾害应急处理能力。

6.2 强化应用基础研究，提高农业保险气象服务的科技支撑能力

一是加强农业气象灾害影响和作物生长模拟研究，凝练农业气象灾害指标，建立完善农业气象灾害指标体系，有条件的地方可以与保险公司或其他相关部门共建实验室或试验站；二是积极开展农业气象灾害风险评估、损失评估的技术方法和评估模型研究，加速推进定性化评估走向定量化评估；三是加快农业气象监测仪器的研发和监测方法的研究，并争取建立相应的保障系统；四是进一步加强农用天气、农业气象灾害的预报方法研究；五是加强农业气象防灾减灾实用技术的研发；六是加强“3S”等高新技术在农业气象灾害风险管理中的应用研究；七是积极开展农业保险气象服务方法和服务效益评估技术研究；八是在深入研究和服务实践的基础上，编制出台农业保险气象服务业务流程和技术标准，主要包括规章制度、工作流程、产品分类、产品格式、服务材料编制的技术规范等。

6.3 建立农业保险气象服务信息收集处理中心

一是创建农业保险气象服务专用数据库。主要包含农业气象灾害基础数据库、农业气象监测实时数据库和农业保险气象服务专题数据库等。农业气象灾害基础数据库可以提供历史上重大气象灾情信息，包括灾害类型、受灾时间、受灾范围、灾害强度、灾害损失等。农业气象监测实时数据库主要包括：当时的农作物面积、种类、品种、生育期、生长状况等农业信息，土壤水分、日照、气温、雨日、雨量等气象监测信息，农用天气预报、农业气象灾害预报等预测预报信息和卫星遥感监测

信息。农业保险气象服务专题数据库主要包括：农业保险基本信息数据，如主保作物分类、保险时段、赔付标准、保费等；保险对象（作物）农业气象数据，如作物多年平均发育期及变率、以县或乡为单位的多年平均产量及波动系数、各保险时段的平均气象要素及其极值等；农业保险气象指标数据，如保险对象各保险时段适宜气象条件、气象灾害判别指标、农业灾损评估指标等；农业保险气象服务产品数据等。二是建立农业保险气象服务数据分析平台。利用现代信息处理技术、数据仓库技术、多媒体技术建立信息采集、加工系统。

6.4 建立农业保险气象服务业务平台

农业保险气象服务业务服务平台可以有效提高政策性农业保险气象服务的工作效率、技术水平和规范化程度，实现基于GIS的农业气候资源、农业气象灾害空间分布、农业（生态）遥感信息、农业气候区划和农业气象灾害风险区划等产品的查询共享系统，实现农业气象灾害风险评估和灾害损失评估模型的建立等，提供政策性农业保险气象服务数据指标的检索查询、数据分析处理、服务产品制作和发布等功能。主要功能包括：农业气象灾害预测预警、农业损失定量评估、农业保险气象服务产品制作、农业保险气象信息浏览检索、数据库检索维护等。

6.5 强化人工影响天气能力

科学开展人工影响天气作业，可以以较小的代价减少或避免农业气象灾害损失，从而减少保险赔付。人工影响天气能力建设主要包括：健全人工影响天气指挥体系，建立省、市（州）人工影响作业指挥中心，优化省、市、县各级人工影响天气业务布局，完善跨区域作业调度运行决策机制，开发空中云水资源动态监测系统和信息传输系统，完善省、市、县人工影响天气业务技术系统等。

参考文献

[1] 龚明军. 政策性农业保险具体实施中存在的问题及建议 [J]. 金融纵横，2009 (10)：71－72.

[2] 汪秋湘，张勇，杜吉春. 对江苏省政策性农业保险发展状况的调查 [J]. 金融纵横，2009 (11)：27－30.

[3] 王敏. 政策性农业保险试点工作的现状问题和对策——四川省泸州市案例 [J]. 理论与实务，2010 (2)：64－68.

[4] 庹国柱，李军. 农业保险 [M]. 北京：中国人民大学出版社，2005：384.

[5] 张爱民，江春. 农业保险气象服务探讨 [J]. 安徽农业科学，2009，9：13303－13305.

[6] 张跃华，顾海英，史清华. 1935年以来中国农业保险制度研究的回顾与反思 [J]. 农业经济问题，2006，27 (6)：43－47.

[7] 刘布春，梅旭荣．农业保险理论与实践［M］．北京：科学出版社，2010.
[8] 邹铭，范一大，杨思全，等．自然灾害风险管理与预警体系［M］．北京：科学出版社，2010.
[9] 张友祥，金兆怀．区域划分经营是我国农业保险发展的必然选择［J］．经济纵横，2008（9）：79－82.
[10] 王明田，刘勇洪．雅安2000·7·29水稻“白穗”诊断［J］．四川气象，2001，21（3）：40－42.

作者简介：王明田，博士，四川省气象台正研究员级高级工程师，博士，成都信息工程大学硕士生导师。

双流区“全国休闲农业示范点”葡萄产业气象灾害对策研究①

钱妙芬　梁垚

（成都信息工程大学大气科学学院）

摘要： 通过对双流区彭镇羊坪村“全国休闲农业示范点”实地考察，对主要气象灾害问题讨论。根据双流区1984—2013年气象资料，运用现代统计方法分析。结论为：当地雨季主要集中在6月中旬—9月中旬，建议雨棚搭建日期为6月上旬，拆除日期为9月下旬视天气而定，搭建高度高于品种生长最高点且应方便操作。3天及以上连阴雨灾害性天气主要出现在每年6—9月，集中在7月，建议引进与当地气候相适、抗逆性强的品种。双流区1984—2013年年均气温随年份呈上升趋势，倾向率为0.49℃/10a。年降水量呈下降趋势，倾向率为－49 mm/10 a。

关键词： 休闲农业与乡村旅游；葡萄；灾害性天气；气候倾向率

1　引言

休闲农业是以促进农民就业增收和社会主义新农村建设为重要目标，横跨第一、第二、第三产业，融合生产、生活和生态功能，紧密联结农业、农产品加工业和服务业的新型农业产业形态。乡村旅游是以农业生产、农民生活、农村风貌以及人文遗迹、民俗风情为旅游吸引物，以城市居民为主要客源市场，满足旅游者乡村观光、度假、休闲等需求的旅游产业形态。

根据《农业部　国家旅游局关于开展全国休闲农业与乡村旅游示范县和全国休闲农业示范点创建活动的意见》（农企发〔2010〕2号）文件精神，以推进科学发展观为指导，全面落实统筹城乡农业发展和建设社会主义新农村，以促进农民就业增收为核心，以规范提升休闲农业与乡村旅游发展为重点，坚持“农旅结合、以农促旅、以旅强农”方针，因地制宜、科学规划、创新机制、规范管理、加强服务，不断丰富和拓展休闲农业与乡村旅游功能和文化内涵，逐步形成政府引导、农民主体、社会参与的休闲农业与乡村旅游发展新格局，为推进现代农业发展、促进农民就业增收和社会主义新农村建设做出积极的贡献。

2010年至2014年年底前，农业部办公厅、国家旅游局公布了四川省“全国休

---

① 本文是第十五届“生态·旅游·灾害——2018长江上游资源保护、生态建设与区域协调发展战略论坛”文章。

闲农业与乡村旅游示范县”8个、“全国休闲农业与乡村旅游示范点”15个、“中国美丽田园”10个、“中国最美休闲乡村”5个。对上述景区从气象角度进行研究的成果尚未见报道。

位于双流区彭镇羊坪村的成都双流区元聪万亩葡萄生态园是2011年12月15日农业部办公厅、国家旅游局公布的“全国休闲农业与乡村旅游示范点”（简称“全国休闲农业示范点”）。2015年5月6日成都信息工程大学大气科学学院三位教师和四位本科毕业生，选择规模最大的“四川愧丰生态农业投资有限公司”进行基地考察并与相关领导座谈，特别是对主导产业葡萄当下的气象问题进行了交流，对气象灾害、农业气象服务、应对气候变化等内容进行研究并提出建议，期望对产业可持续发展有所帮助。

2 “全国休闲农业与乡村旅游示范点”评审基本条件（略）[1]

“全国休闲农业与乡村旅游示范点”评审基本条件见《农业部国家旅游局关于开展全国休闲农业与乡村旅游示范县和全国休闲农业示范点创建活动的意见》。

3 双流区“全国休闲农业与乡村旅游示范点”旅游资源特色

3.1 气候资源特征概况

双流区属于中亚热带季风湿润气候，全年气候温和，年平均气温15.4～17.6℃，常年平均气温16.4℃。气候温暖湿润，降水充沛，年降水量737～1 420 mm，常年平均降水量为877.8 mm。双流区属全国日照低值中心区之一，常年年均日照时数为940.8 h，占当地可照时数的23%。有春旱秋凉，夏无酷暑，冬无严寒的四季气候特征。

对双流区1984—2013年逐年逐月平均气温、月降水量、月平均相对湿度、月日照时数、月平均风速进行30年平均，结果见表1。

表1　双流区气候要素

要素＼月份	1	2	3	4	5	6	7	8	9	10	11	12
气温/℃	5.6	8.0	11.7	16.9	21.3	23.9	25.5	25.1	21.7	17.3	12.5	7.3
降水量/mm	9.9	11.7	23.7	44.5	79.1	124.1	222.8	189.2	114.7	37.0	15.0	6.1
相对湿度/%	83.6	81.8	79.3	78.4	80.3	78.4	84.8	84.5	84.0	83.6	82.1	83.1
日照/h	290	29.6	48.4	58.0	154.6	140.4	188.3	135.0	64.8	41.1	26.1	25.5
风速/（m/s）	0.9	1.0	1.2	1.3	1.3	1.3	1.2	1.1	1.2	1.0	0.9	0.8

由表1可知，双流区的气候特点，即葡萄生态园的气候特点，这些为企业主导产业的日常生产管理提供了气象参考，为新品种引进时考察是否与原产地或者盛产地研究气候相似提供了气候资料，为乡村旅游者出游季节的决策提供了气象依据。

3.2　乡村旅游资源特色

双流彭镇规模化种植葡萄已有近10年历史，彭镇羊坪村的万亩生态葡萄园，以大面积的土地流转和农用地规模经营来发展葡萄产业，是目前四川乃至西南片区规模最大的，集生产、观光为一体的连片葡萄生产基地。园区集葡萄生产、鲜果销售、葡萄加工、葡萄酒酿制、西域风情生态观光休闲旅游为一体。葡萄博览园目前有含香蜜、夏里内无核、金手指等20多个品种。下一步，彭镇为打造现代观光农业，将以万亩葡萄观光园、3 000亩银杏园、4 000亩创新农业园、万亩国际花木果蔬博览基地四大农业园区建设为重点。实行"一园区一特色"，四大农业园区整体规划，分步实施。高质量推进农用地向适度规模经营发展，大力发展集农产品生产经营、休闲旅游观光、农业现代物流业为一体的以集体化、集约化为特征的现代都市观光农业，打造以休闲观光为主的双流特色农业旅游示范区，实现第一、第三产业互动，统筹城乡发展。葡萄园里有奇异瓜果。2007年彭镇人修建起一座长1.5 km、高7 m的葡萄文化长廊，除了生态葡萄，在万亩葡萄观光园内，还种植了富硒冬瓜、南瓜、丝瓜、茄子等蔬菜。8月4日，"2011成都·双流生态果蔬采摘节——双流区第六届有机葡萄节"在彭镇羊坪村万亩有机葡萄观光园浪漫开幕。

主要旅游区彭镇羊坪村的"四川槐丰生态葡萄园"除了2 400余亩葡萄已挂果（品种丰富，有巨峰、夏黑、高妻、醉金香等数十个品种），另有50余亩蔬菜采摘区，种植了10余种时令蔬菜，市民来此选购葡萄，还能顺带捎一些新鲜蔬菜回家。2014年"双流彭镇葡萄采摘节"于7月—9月在此顺利举办。

另一个旅游区"四川红葡萄采摘基地"：该基地种植的富硒葡萄，硒含量高出市场其他葡萄品种20倍，是养生保健的佳品。此外，该基地还有独特的生态大棚酒店。生态大棚酒店通过抽取温度15℃左右的地下水形成内循环，使整个大棚内的温度始终维持在25℃左右，十分舒适。

4　双流区葡萄产业气象灾害研究

笔者2015年5月6日去双流区彭镇羊坪村参与"全国休闲农业示范点"实地考察，与四川槐丰生态农业投资有限公司代表针对葡萄产业气象灾害问题进行交流、研究。

4.1　基本概况

四川槐丰生态农业投资有限公司是以生态农业生产为基础，融合休闲观光旅游为一体的多元化发展企业。占地3 500余亩，主栽品种有巨峰、夏黑、寒香蜜、美人指等10多个精品葡萄品种，多数为欧亚、日本品种。开花期一般在4月底至5月初，从6月底开始，一些葡萄品种开始成熟，进入采摘期，一直到9月初都会有成熟葡萄供人品尝，而集中采摘期主要为8月。企业为延长园区的旅游时间，准备栽培圣诞玫瑰葡萄，采摘期可延长到春节（1月左右），是提升旅游效益的有力举措。

4.2 目前主要气象灾害问题

目前，主要面临与气象灾害相关的问题为遮雨棚的使用时段问题。每年为了避免雨季的大雨和大风对葡萄的直接伤害，也为了减轻雨季高湿病害侵袭和虫害发生的风险，将薄膜覆盖在葡萄树冠的一个架上，形成一个避雨棚，但由于当时规划设计没有考虑当地盛行风的来向，雨棚影响了通风降湿，另外，雨棚影响透光也影响葡萄生长。再者棚的高度不合适，晴天的中午因温度太高引起葡萄枝叶直接被灼伤，只能用刀直接在薄膜上划口子应急降温透气。

葡萄结果期怕连续阴雨天，如出现3天或3天以上阴雨天，雨过天晴后的高温天气会导致葡萄出现烂果落果现象，特别是在6—8月，如果有超过20小时的连续降雨，葡萄就开始腐烂。

当务之急应对双流区从雨季开始至结束3天或者3天以上阴雨天出现时段进行预报。

5 遮雨棚使用时段气候分析

关于成都市雨季开始、结束日期，四川气象部门没有明确统计指标。因此，根据晏红明[1]等在研究中国西南区域雨季时给出的定义：每候雨量>72候平均降雨量时为雨季开始，每候雨量<72候平均降雨量时为雨季结束，候雨量是指一个候的累积降水量。根据双流区实际气候特点，用36候平均降雨量（5—10月）作为基准时段，每候降雨量稳定>36候平均降雨量时为雨季开始候，每候降雨量<36候平均降雨量时为雨季结束候。

普查双流1984—2013年每年日降水量资料，统计每年36候（5—10月）平均降水量、雨季开始候和结束候，并对每一个年代进行总结，结果见表2。

表2　双流区36候雨量与雨季开始、结束期（候）年际变化

年份	36候平均降雨量/mm	开始/候	结束/候	年份	36候平均降雨量/mm	开始/候	结束/候
1984	27.8	27	49	年代最早（少）	15.8	27	46
1985	23.4	30	54	年代最晚（多）	27.4	38	55
1986	18.9	37	52	年代平均	20.0	32	51

续表

年份	36候平均降雨量/mm	开始/候	结束/候	年份	36候平均降雨量/mm	开始/候	结束/候
1987	14.8	35	54	2001	24.4	30	53
1988	27.5	30	55	2002	19.6	31	51
1989	16.0	30	56	2003	20.6	35	49
1990	29.4	34	51	2004	19.5	32	49
年代最早（少）	14.8	27	49	2005	18.2	28	48
年代最晚（多）	29.4	37	56	2006	18.4	35	49
年代平均	22.5	32	53	2007	19.9	32	57
1991	24.1	31	49	2008	23.1	32	55
1992	18.7	27	46	2009	17.6	35	52
1993	19.4	36	50	2010	22.9	33	54
1994	22.7	31	53	年代最早（少）	17.6	28	48
1995	21.1	33	48	年代最晚（多）	24.4	35	57
1996	15.8	38	54	年代平均	20.4	32	52
1997	16.6	32	52	2011	24.9	37	53
1998	27.4	32	52	2012	17.2	38	56
1999	21.9	33	55	2013	33.4	34	53
2000	16.8	31	50	年代平均	25.2	36	54

由表2可知，36候平均降雨量随着年代呈减小趋势，平均为21.2mm。30年里雨季出现最早时间为1984年、1992年的第27候（5月第3候），最晚时间为1996年、2012年的第38候（7月第2候）；结束时间最早为1992年的第46候（8月第4候），最晚为2007年的第57候（10月第3候）；雨季平均开始时间为第32候（6月第2候），雨季平均结束时间为第52候（9月第4候）。雨季时间最短的为1993年、2003年和2006年只有14候即约2个月10天，最长的在1989年达26候即约4个月10天，每年平均雨季时长为19.2候即3个月。平均雨季时长从20世纪80年代至21世纪10年代，每10年分别为21.1候、18.5候、19.5候、17.7候呈波动下降趋势。

分别对20世纪80年代到21世纪10年代雨季开始、结束的最早、最晚时间、平均时间、36候年降雨量和雨季时长进行统计，结果发现：雨季开始最早为20世纪80年代到21世纪00年代，为第27~28候，只有21世纪10年代为第34候有推迟趋势，最晚时间呈波动状态，平均时间从20世纪80年代到21世纪00年代均为第32候，只有21世纪10年代为第36候。雨季结束最早时间在第46~53候、最晚结束时间在第55~57候、年代平均结果时间为51~54候，随年代均呈波动状态。36候降雨量，从20世纪80年代到21世纪00年代，最少为14.8~17.6 mm呈增加趋势，只有21世纪10年代突增为17.2 mm；最多为20.4~29.4 mm呈减少趋势，只有21世纪10年代突降为33.4 mm，30年36候平均降雨量为21.2 mm。雨季时长20世纪80年代到21世纪00年代最短为14~15候比较稳定，最长在22~26候波动，平均在18.5~21.1候波动。

综上可得如下结论，葡萄避雨栽培技术葡萄遮雨棚使用时间应常年控制在6月中旬—9月中旬。建议雨棚搭建日期为6月上旬，棚膜四周用夹子夹好，防止被风刮下。9月下旬视天气情况拆除雨棚。雨棚高度考虑与葡萄枝叶生长高度最高点保留一定空间，以有利于通风以及不影响人工作业为高度确定原则。

6 连阴雨灾害天气出现时段统计分析

将3天及以上连续阴雨天气选作一次灾害性天气过程，普查双流区1984—2013年6—9月出现灾害性天气的次数如表3所示。

表3 双流区灾害性天气出现次数年变化

年份	月份				年份	月份			
	6	7	8	9		6	7	8	9
1984	1	4	1	1	1999	2	3	2	3
1985	3	1	2	3	2000	4	4	0	2
1986	2	1	0	1	2001	4	1	2	1
1987	2	1	2	2	2002	2	3	1	1
1988	1	4	1	3	2003	1	1	2	2
1989	1	2	2	2	2004	2	2	0	0
1990	1	3	2	3	2005	0	2	3	1
1991	2	3	2	2	2006	3	2	0	2
1992	3	3	2	1	2007	2	2	2	2
1993	0	2	1	3	2008	2	0	3	2
1994	4	3	0	3	2009	0	2	1	2
1995	1	3	2	1	2010	1	2	2	2
1996	0	5	2	1	2011	1	4	2	2
1997	3	2	2	0	2012	0	2	2	1
1998	1	1	4	1	2013	1	2	1	2

为更加直观地分析灾害性天气出现的时间规律，统计30年每月平均出现次数，结果如图1。从图中可以看出，双流每年在6—9月平均出现灾害天气次数达7次之多，对葡萄的生长和成熟形成较大的威胁。连续阴雨天气高发期也是降水比较集中的时段，30年月平均降水量为222.8mm。在此期间高温天气最强盛，葡萄出现落果、烂果的情况较严重。30年来灾害天气在7月共出现70次，出现次数最多，年均为2.3次，且7月又是葡萄生长最关键的时期。6月、8月、9月灾害天气分布比较均匀。为此，葡萄园宜采取有效手段，如选择早熟、抗病品种，使关键发育期避开7月，减少葡萄因落果而造成的产量、质量损失。

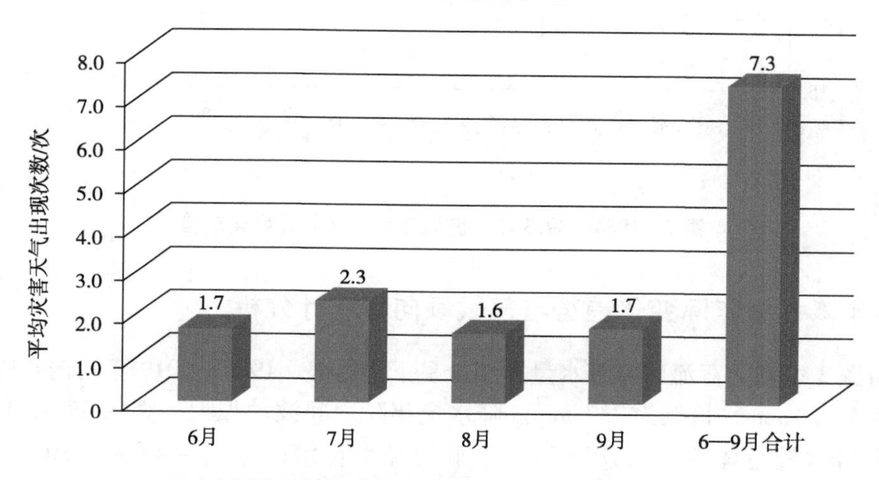

图1 双流区连阴雨灾害天气平均出现次数月份比较

7 气候变化对葡萄产业、乡村旅游景观可持续发展影响的思考

气候变化对双流区造成影响事实，为保证休闲农业与乡村旅游产业的可持续发展，需要对未来气候变化制订相关的应对策略。根据双流区1984—2013年逐年平均气温、年降水量，分析年际变化趋势，计算气候倾向率，结果如图2、图3所示。

7.1 年均气温年际变化趋势与气候倾向率统计分析

由图2可以看出，双流区1984—2013年年均气温逐年上升趋势很明显，与全球气候变暖的整体趋势相对应。1984—2013年平均气温为16.4℃，其中，年均温度最高为17.6℃，最低为15.4℃。在1997年以前年平均气温基本低于1984—2013年均值，1997年以后开始高于平均值，除2004年、2005年气温有所回落外，温度基本保持上升的趋势，气温倾向率为0.49℃/10 a，即每10年年均温度升高0.49℃。

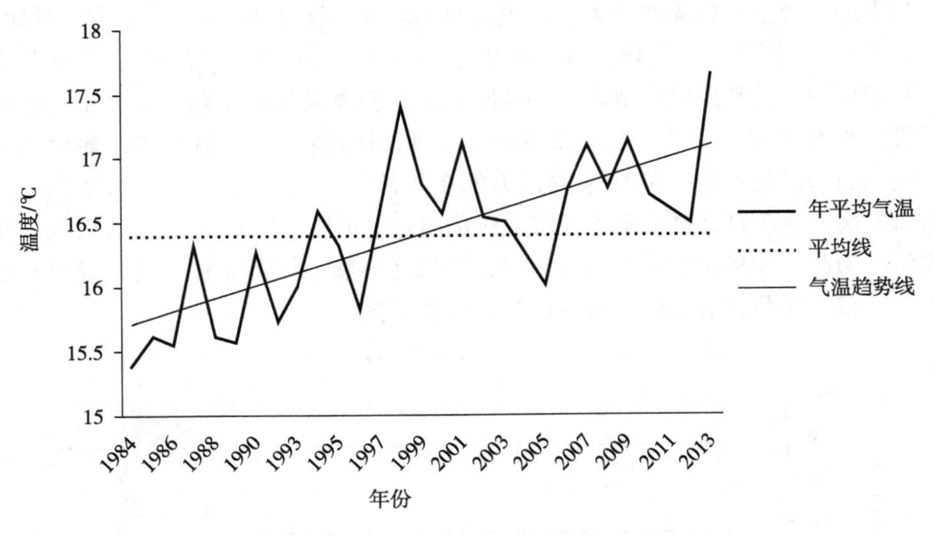

图 2　1984—2013 年双流区年均气温年际变化趋势

7.2　年降水量年际变化趋势与气候倾向率统计分析

由图 3 可知，双流区年降水量随年份呈下降趋势，1984—2012 年年内年降水量最高为 1 420 mm，最低为 737 mm。降水量年际之间波动很大，高低交替，1984—2012 年降水量总体趋势有所下降，年平均降水量倾向率为 -49 mm/10 a，即每 10 年降水量减少 49 mm。

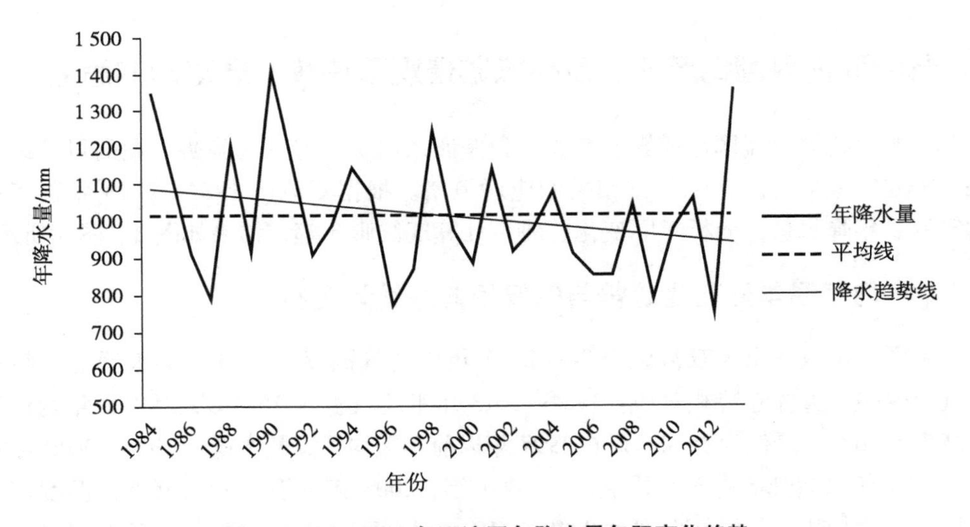

图 3　1984—2012 年双流区年降水量年际变化趋势

7.3　面对气候变化的应对策略

为了适应气候变化，实现葡萄产业的可持续发展，主导葡萄品种应选择适应当地气候特点、关键发育期避开灾害多发期、抗逆能力强的品种。引入优良品种使乡村旅游产品更新、创意农业使产业提档升级，提高经济效益。

（1）利用生物适生性分析系统[2]引进新品种

为延长观光期、采摘期，提高乡村旅游满意度，引用适合当地的新品种是趋利避害的有力举措。运用该系统可以从世界两万个、国内两千个地区引进新品种、新技术。改变先试验再扩大的传统做法，运用科技手段了解新品种在当地的适应性、适应程度，可达到减少生产成本、提高归避风险能力的目的，从而提高投入产出比，这是提高乡村旅游产品产量、质量的有效途径。

引入早、中、晚不同熟期，不同果型，不同果色的品种，还能避免旅游产品同质化，实现有别于大众的错季采摘。

（2）科技创新、创意农业提高抗风险能力

随着旅游者视野的开阔、阅历的丰富和观赏能力的提高，消费者绿色旅游、低碳消费理念的升级，乡村旅游产品必须适应市场变化的需要，科技创新必定成为新常态，农作物病虫害绿色防控技术、创意农业技术、电子商务、植物声频控制技术、信息管理技术等，是提升旅游产品市场价值的有效助力。

山东省青岛市王家山后专业葡萄合作社，新品种官妥一号葡萄，色青绿，果粒大小适中，丰产性好亩产达 6 000 斤，售价可达 80 元/斤，一上市就被订购一空。“官妥一号葡萄”是听音乐长大的葡萄，早晨 8 点、晚上 6 点在大棚里面自动响起音乐，每次 90 min，提高了葡萄品质，不裂果、果紧凑、表光好、水分多、耐运输、甜酸适中无涩、有香味。应用生物声波技术提高葡萄品质，产量提高 20% ~ 30%。该技术运用原农业部设施农业重点实验室监制的植物声频发生器，能改变植物生活环境，调节植物细胞，使植物叶脉多、细胞致密、不得病。推迟虫子产卵孵化期，音乐环境还能使虫子因不适应而离开。

8　结论与建议

通过对双流区彭镇羊坪村“全国休闲农业示范点”主要气象问题进行交流、研究，根据双流区对 1984—2013 年温度、降水量资料进行统计分析，得出如下结论。

（1）根据对四川槐丰生态农业投资有限公司提出的葡萄种植面临的气象问题的研究可知，双流区雨季主要集中在每年 6 月中旬—9 月中旬，建议雨棚搭建日期为 6 月上旬，9 月下旬视天气情况拆除雨棚，搭建时考虑搭建的盛行风方向和合适高度。

（2）每年 6—9 月为灾害性天气频发时段，主要集中在 7 月，对葡萄生长威胁较大，建议采取有效手段，引进与当地气候相适的品种，以适应当地条件，延长观光期、采摘期。如引进早熟、晚熟品种，使葡萄在7月之前或之后结果。引进抗逆性强的品种，抗高温、高湿环境及抗病虫害品种。

（3）双流区1984—2013年年平均气温随年份呈上升趋势，倾向率为0.49 ℃/10 a。年降水量随年份呈下降趋势，倾向率为 -49 mm/10 a。

（4）建议加大科技投入。

1）不同葡萄品种的抗病能力不同，发病的气象条件不同，应与当地同期的气象条件进行平行试验、分析。尽量做到错开某葡萄品种病虫害高发期与有利病虫害发生的环境条件。

2）南方葡萄避雨栽培技术，要求种植选择地势较高排水方便的地方。栽培管理配套，定植、树形与架式相适应，标准的树形为单杆双臂“Y”形，注意定梢、立杆绑梢，下雨期盖膜，采收后揭膜。

3）形成生产资料标准化观测记录：包括不同品种发育期、产量、品质测评。病虫害发生、发展情况记录。以便及时分析影响葡萄产量、品质、含糖量波动等因素的对应气象条件。

参考文献

［1］晏红明，李清泉，孙丞虎，等．中国西南区域雨季开始和结束日期划分标准的研究．大气科学［J］．2013，37（5）：1112－1126.

［2］魏淑秋．中国与世界生物气候相似研究［M］．北京：海洋出版社，1994，19－21.

作者简介：钱妙芬，双流区老科协服务现代服务业工委会员，成都信息工程大学大气科学学院教授；梁垚，成都信息工程大学大气科学学院2011级本科毕业生。

三峡库区李家沟库岸稳定性分析及防治措施①

李朝安[1,2]　周小军[2]　谷明成[2]
（1. 成都信息工程大学物流学院；2. 中铁西南科学研究院有限公司）

摘要： 本文主要介绍了三峡库区李家沟库岸的边坡类型及特征，根据库岸特征对库岸进行库岸类别分区，针对李家沟库岸在三峡水库蓄水运营后可能失稳的原因机制进行分析，利用刚体极限平衡法对李家沟滑移型库岸边坡稳定性进行定量评价。最后根据李家沟库岸的不同分区特征及可能失稳破坏模式，提出相应的防治措施。

关键词： 库岸边坡；成因机制；稳定性分析；防治措施

1　前言

长江三峡工程库岸稳定性研究，不但与枢纽建筑、航道安全、水库淤积、城镇搬迁等直接相关，也是沿岸工农业布局与防灾工作的重要前提，对于确保三峡水库建设、移民安置顺利进行具有重大意义[1]。三峡水库蓄水运营后，库区水位在145～175 m周期性波动，水位变幅达30 m，原有水文地质条件改变，在集中降雨、江水的淘蚀和浪蚀等多种因素破坏作用下，库区库岸边坡易失稳破坏[2,3]。正确认识库岸边坡破坏的基本形式与发育规律，对于正确评价和预测岸坡稳定性，合理开发与有效地保护岸坡是必要的[4]。本文以三峡库区李家沟库岸为例，阐明其库岸特征，探讨其破坏模式，并用定性分析和定量评价相结合的方法对其稳定性进行全面、科学的评价，提出相应的防治措施，经过3个水文年的考验，通过了于2008年9月28日开始的175 m蓄水试验，该库岸防治工程目前运行良好。可为库区及其他水库类似成因和结构的库岸边坡稳定性评价及治理提供参考。

2　库岸地质概况

李家沟库岸区主要为中山、河谷地貌。李家沟为长江一级支流香溪河左岸的一条支沟，切割深度100～200 m，沟口段近东西向，长约1 km。

地层由老到新主要由侏罗系下、中统聂家山组（J_{1-2n}）、第四系全新统（Q_4）

---

① 本文原载于《地质灾害防治与环境保护》2009年第20卷，是第八届“生态·旅游·灾害——2011灾害管理与长江上游生态屏障建设战略论坛”文章。

组成。侏罗系下、中统聂家山组（J_{1-2n}）主要为中厚层状紫红色粉砂岩、石英长石砂岩、灰黄色粉砂质泥岩互层，分布于李家沟整个库岸段内。第四系全新统主要有冲洪积、崩坡积、人工填土层等。此层主要分布在坡脚香溪河内的河漫滩、香溪河Ⅰ级阶地上和库岸斜坡面上，厚度变化较大，上部堆积层主要由该层组成。

李家沟库岸附近无大的断裂构造。岩层走向较为稳定，为北东向，倾角变化较小，一般在30°~50°，局部在20°~30°，区内节理较为发育。挽近期以来，兴山县地壳构造活动相对较弱，总体表现为间歇性的抬升运动，差异活动微弱，属于地震波及区。

李家沟库岸段内地下水类型主要为松散岩类孔隙水。地下水赋存条件差，受季节影响变化较大，主要以大气降水、下伏基岩裂隙水补给为主，与香溪河河水水位有着密切的水力联系，受三峡水库蓄水、周期涨落影响较大。

3　岸坡结构特征

李家沟库岸是由香溪河左岸—李家沟北坡段共570 m范围内的岸坡组成：香溪河左岸为顺向坡，其坡度一般为40°左右，最高可达60°；李家沟北坡段为切向坡，坡度一般为40°左右。水库蓄水后李家沟库岸的塌岸类型主要为人工弃土和崩坡积物的坍塌型、滑移型与局部强风化基岩的冲蚀、剥蚀型。根据岸坡形态及岩土特征，将李家沟库岸分为A、B、C三段，见图1、图2。

图1　香溪河左岸段库岸分区概览

A类区段：为土质库岸，总长约270 m。该库岸段覆盖层主要为人工填土、崩坡积层，厚1~5 m，由碎石、块石和含角砾黏土构成，结构松散—稍密，均匀性较差，稳定性较差。下伏基岩为侏罗系下、中统聂家山组砂岩、泥质砂岩、薄层状泥岩、粉砂质泥岩互层，岩层产状以240°~280°，倾角以40°~60°为主，产状较为稳定，岩层倾角略大于基岩面坡角，为稳定的顺层坡，蓄水后，上覆填土极易坍塌，坍塌后为稳定的基岩顺向坡。

B类区段，为岩质库岸，总长约100 m，为侏罗系下、中统聂家山组砂岩、泥

图 2　李家沟北坡段库岸分区概览

质砂岩、薄层状泥岩、粉砂质泥岩组成，岩层产状以 240°～280°，倾角以 40°～60°为主，产状较为稳定，基岩由顺层转为切层，岩层差异性风化明显，坡体破碎，整体较稳定，但存在局部失稳落石等，蓄水后库岸再造的类型主要为冲蚀、剥蚀型。

C 类区段，为土质库岸，主要为崩坡积体，由崩坡积碎石、块石土组成，是潜在不稳定斜坡变形体，斜坡横向长 200 余 m，纵向长 180 m 左右，平均坡度为 28°左右，崩坡积体厚度 1.1～10.4 m，下覆基岩为砂泥岩互层，基岩切向坡，坡堆积体与基岩接触面起伏不平，总方量在 24 万 m^3 左右，为坍塌型、滑移型库岸。

4　岸坡破坏影响因素及其变形影响机制

影响李家沟库岸稳定性的因素有地层结构、地质结构、地形地貌、人类工程活动、水文地质条件，其中水文地质条件对库岸稳定性影响极大，特别是三峡水库蓄水及水位波动，将极大地改变库岸斜坡坡体内的水文地质条件。

①水文地质条件：水库建成蓄水运营后，受水文因素影响最大，改变了原有的水文地质条件，水的软化作用降低了斜坡岩土体及滑动面的物理力学性质，特别是由于水库水位在 145～175 m 周期性波动时，还会产生动水压力作用于滑动岩体，降低斜坡的稳定性。在波浪、水库水位涨落和地表水、河水、大气降水的冲蚀、侵蚀、淘蚀等综合作用下，库岸边坡极易失稳破坏。水文地质条件是库岸斜坡稳定性极其敏感和极其重要的影响因素。

②地层岩性：本段库岸其下伏基岩为侏罗系聂家山组砂岩、泥质砂岩、泥岩。砂岩、泥质砂岩和泥岩的风化速度不一致，差异风化严重，易在层间形成软弱结构面。基岩上覆土体主要为崩坡积的碎石土、块石土和含角砾黏土等，局部还有人工填土，其结构松散，抗剪强度低，均匀性极差，局部常有变形现象，在降雨和库水位的作用下易沿基岩面滑动或沿软弱结构面滑动失稳。

③岸坡结构：大量的调查资料表明，岸坡稳定性取决它的介质与结构特征，而所谓的岸坡结构，除岩体结构外，还包括结构面与坡面的关系，对岸坡稳定性有很大的影响。李家沟库岸A类区段斜坡地形较陡，表层为人工填土及崩坡积层，平均坡度在31°，下覆砂泥岩互层，为顺向坡，倾角多为40°~60°；B类区段平均坡度45°，基岩裸露，岩体破碎，砂泥岩互层，差异性风化严重，目前变形迹象主要为扩离落石，在李家沟内库岸段为基岩切向坡、香溪河岸段为顺向坡；C类区段岸坡地形较陡，表层主要为崩坡积体，由崩坡积碎石、块石土组成，是潜在不稳定斜坡变形体，平均坡度为28°，下覆砂泥岩互层，为切向坡，倾角以40°~60°为主。三峡水库蓄水后，对于土质库岸，斜坡大部分处于水位变动带内，会在库岸斜坡上产生较多的小型崩塌或滑坡，使水上坡形向水下休止角和水位变动带的稳定坡角调整，部分库岸段向岩质库岸转变，对岩质库岸稳定性影响不大。

④地质构造：李家沟库岸段在大的区域地质构造上处于扬子地台北部神农地块、秭归盆地和黄陵背斜三个二级构造单元的交接部位，处于间歇性微抬升区，虽然区内无次一级构造影响，但区内斜坡结构类型多而复杂，岩体内节理、裂隙十分发育。这些特征给岸坡坍塌、冲蚀、剥蚀提供了十分有利的条件。

⑤人类工程经济活动因素：人类工程活动主要有边坡开挖、挖砂采石、建筑物加载、爆破振动、弃渣、排水、耕地以及新建公路、房屋、桥梁等，这些活动都对库岸的稳定性产生一定影响。

5 稳定性分析

5.1 水库蓄水对不同库岸段作用影响方式

李家沟库岸的A类区段为土质库岸段，在三峡三期蓄水运行后，由于岸坡上覆土体主要为崩坡积的碎石土、块石土和含角砾黏土、人工填土等，厚度较薄，其结构松散，抗剪强度低，均匀性极差，在降雨和库水位的周期涨落作用下，会在库岸斜坡上产生较多的小型崩塌或滑坡，土体内部产生坍塌库岸，使水上坡形向水下休止角和水位变动带的稳定坡角调整。根据李家沟该类库岸特征，其塌岸最终为基岩面，转变为岩质库岸，再造方式主要为坍塌型、冲蚀—剥蚀型，其规模较小。

李家沟库岸的B类区段为岩质库岸，根据中科院地质与地球物理研究所和武汉岩土力学研究所、地科院水文地质环境地质研究所等单位长期试验结果，除微结构或亚微结构遭到破坏的剪切带外，黏土岩在有水作用下也不会软化。三峡地区自新生代以来地壳一直间歇性上升，库水位变动影响带也曾是地质历史上的河水变动带。随着河流下切及岸坡调整，现在的坡形一般都比河流下切以前平缓，稳定性也相应提高，因此，水库蓄水对该类库岸段影响不大。目前该库岸段整体稳定，三峡水库蓄水后其库岸破坏类型主要是在库水位作用之下冲蚀、剥蚀，以及砂、泥岩差异性风化引起扩离落石等，其规模和影响均较小。

李家沟库岸的C类区段为崩、坡残积土质库岸，在淹没和浸没条件下，除土体强度较低外，至少在底部有一个很好的贯通性间断面可作为局部或整体再次滑动的滑面，在反复遭受侵蚀、淹没或浸没作用后极易形成滑坡。三峡蓄水运行后将产生较大规模的库岸再造，属于滑移型库岸，土体沿软弱面向水库整体滑移，其规模大、位移大、危害性大。

5.2　稳定性定量分析

根据李家沟库岸不同类别的库岸特征，A类、B类区段由于上覆崩坡积层不厚，库岸再造以坍塌、冲蚀—剥蚀为主；C类区段为滑移型土质库岸，由一崩坡积斜坡变形体组成，由于坡陡而高，坡体物质松散，水库蓄水后有可能产生滑移型库岸再造，本文主要采用刚体极限平衡法针对李家沟C类区段进行稳定性分析。

结合李家沟库岸特征及三峡水库运营规划，稳定性分析主要采用以下工况。

静止水位工况1：自重 + 地表荷载 + 现状水位；

静止水位工况2：自重 + 地表荷载 + 水库坝前175 m静水位 + 非汛期20年一遇暴雨（q枯）；

静止水位工况3：自重 + 地表荷载 + 水库坝前162 m静水位 + 20年一遇暴雨（q全）；

动水位工况4：自重 + 地表荷载 +坝前水位从175 m降至145 m。

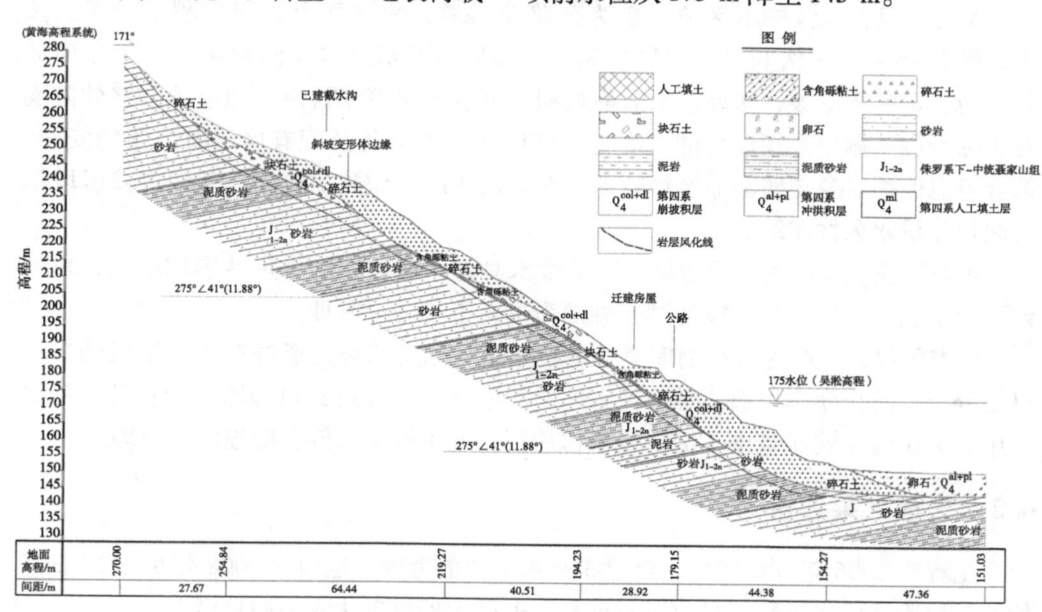

图3　李家沟C类区段典型剖面

各工况下对类库岸段稳定性计算结果如表1所示。

表 1　稳定性计算成果

工况	工况 1	工况 2	工况 3	工况 4
稳定性	1.463	1.099	1.334	1.035

稳定性计算表明，C 类区段在天然状态下处于稳定状态；在蓄水期 175 m 水位时库岸稳定性较天然状态下低；在汛期水位 162 m 时，库岸处于稳定状态；供水期水位 175 m 降至 145 m 时，库岸处于欠稳定状态，沿基岩面发生整体性滑动可能性较大。三峡工程蓄水运行后，坝前水位（6 月中旬—9 月下旬）在 145 ~ 175 m 波动时，水位变幅 30 m，由于水位抬升，相应的排泄和侵蚀基准面抬升，改变原有的水文地质环境条件，在江水的淘蚀破坏等作用下，覆盖层粉质黏土易受到江水的冲蚀、浪蚀和水流作用，处于水位变动带的坡体极易形成小滑体和坍塌破坏，从而使上部坡体有可滑动的临空面和空间，在适当的条件下整个斜坡体极有可能沿基岩面或土体内部滑移（面向水库整体滑移或坍塌）。同样，库水位下降，孔隙水压力和浮托力作用骤然明显，岩体变形加剧，也可能发生崩塌滑移破坏。

6　防治措施

6.1　工程治理方案

A 类区段：该段护岸保护对象为公路及房屋，斜坡面上为崩坡积土、人工填土，厚 1 ~ 5 m，下伏基岩为顺层砂岩、泥质砂岩互层，岩层倾角略大于基岩面坡角，为稳定的顺层坡，水库蓄水后崩坡积土可能产生库岸再造，但坡顶公路外侧现有房屋均位于塌岸范围以外的基岩上，库岸再造不会危及现有房屋及公路的安全。综合考虑保护对象与防治的经济效益，对该段库岸不做防护措施，建议在该区段不再规划建设永久性建筑。

B 类区段：该段为岩质边坡，三峡蓄水对其库岸边坡的稳定性影响不大，目前处于稳定状态，库岸再造以冲蚀—剥蚀为主，不需进行治理。

C 类区段：该段为滑移型库岸，斜坡处于欠稳定状态，通过对该库岸段的破坏机制分析，防止库岸再造，维持现有库岸的稳定性就可达到治理库岸的目的，依次采用回填压脚 + 坡面浆砌石框格 + 干切片石护坡 + 坡面截排水措施进行治理。

6.2　工程效果评价

工程于 2006 年开始实施，经过 3 个水文年的考验，通过了 2008 年 9 月 27 日开始的三峡库区蓄水试验，目前运营良好，工程治理效果达到预期目标。

7　结语及建议

（1）根据坡体形态及水库蓄水后李家沟库岸的塌岸类型，可将其分为 A 类、B 类、C 类区段，A 类区段主要为人工填土和崩坡积物坍塌型；B 类区段主要为强风化基岩的冲蚀—剥蚀型；C 类区段主要为滑移型。

（2）根据稳定性计算结果，该库岸段现状处于稳定状态，三峡水库蓄水后将向不稳定状态发展，在水位降落工况条件下失稳的可能性较大。

（3）根据库岸特征及保护对象进行分段治理，C 类区段综合采用回填压脚 + 坡面浆砌石框格 + 干切片石护坡 + 坡面截排水工程治理措施是合理的。

（4）本治理工程表明，三峡库岸稳定性是一个针对性和实用性很强的科学问题，需要根据库岸特征进行稳定性评价，有针对性地采用工程治理措施。

参考文献

[1] 陈喜昌，黄金宝，伍法权，等．长江三峡工程库岸类型与稳定性：1 版［M］．成都：四川科学技术出版社，1993：350 – 362.

[2] 孙仁先，陈江平，陈钰．三峡库区金乐滑坡形态、结构特征及其治理［J］．三峡大学学报（自然科学版），2008（4）：18 – 21.

[3] 刘新喜，夏元友，张显书，等．库水位下降对滑坡稳定性的影响［J］．岩石力学与工程学报，2005（8）：1439 – 1444.

[4] 胡新丽，David M. Potts，Lidija Zdravkovic，等．三峡水库运行条件下金乐滑坡稳定性评价［J］．地球科学（中国地质大学学报），2007（3）：403 – 408.

作者简介：李朝安，博士，现成都信息工程大学物流学院副教授，原中铁西南科学研究院有限公司工程地质灾害防治研究所高级工程师，2006—2012 年西南交通大学在职博士生；周小军，中铁西南科学研究院有限公司工程师；谷明成，中铁西南科学研究院有限公司教授级高级工程师。